学习资源展示

课堂案例·课堂练习·商业案例实训

课堂案例：制作餐桌 所在页：83页
学习目标：学习“长方体”的创建方法、练习“选择并移动工具”的操作技巧

课堂案例：制作地灯 所在页：86页
学习目标：学习“球体”的创建方法、练习“选择并移动工具”的操作技巧

课堂案例：制作个性茶几 所在页：91页
学习目标：切角圆柱体工具、管状体工具、切角长方体工具、移动复制功能

课堂案例：制作冰块盒 所在页：96页
学习目标：学习“布尔”运算的使用方法

课后习题：制作凳子 所在页：98页
学习目标：练习“切角长方体”的建模技巧

课后习题：制作床头柜 所在页：98页
学习目标：学习使用切角圆柱体、切角长方体工具

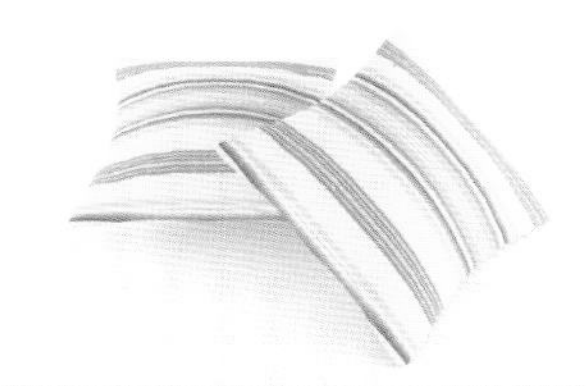

课堂案例：制作枕头 所在页：108页
学习目标：学习FFD修改器的使用方法

课堂案例：制作水龙头 所在页：110页
学习目标：学习 “弯曲”修改器的使用方法

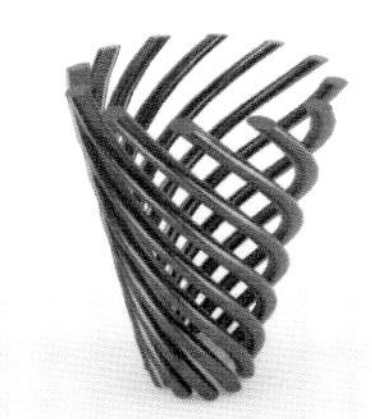

课堂案例：制作装饰品 所在页：112页
学习目标：学习“扭曲”修改器的使用方法

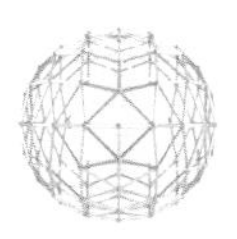

课堂案例：制作创意吊灯 所在页：115页
学习目标：学习“晶格”修改器的使用方法

课后习题：调整螺旋扶梯 所在页：119页
学习目标：熟悉“弯曲”修改器的使用方法

课后习题：制作花瓶 所在页：120页
学习目标：熟悉“扭曲”“锥化”“壳”修改器的使用、了解“网格平滑”的作用

课堂案例：制作铁艺书立 所在页：124页
学习目标：学习“样条线”的创建方法、学习“挤出”修改器的使用方法

课堂案例：制作霓虹灯牌 所在页：126页
学习目标：学习“文本”的创建方法、熟悉“渲染”卷展栏的参数

课堂案例：制作艺术茶杯 所在页：132页
学习目标：练习“编辑样条线”的操作技巧、学习“车削”修改器的使用方法

课堂案例：制作魔方 所在页：141页
学习目标：学习“多边形建模”的方法

课堂案例：制作床头柜 所在页：142页
学习目标：多边形建模、样条线建模

课堂案例：制作玻璃花瓶 所在页：150页
学习目标：学习点“曲线”工具、“创建U向放样曲面”工具、“创建封口曲面”工具的使用方法

课堂案例：制作床罩 所在页：151页
学习目标：学习“NURBS曲面”工具的使用方法

课堂案例：制作地毯 所在页：155页
学习目标：学习“VRay毛皮”的使用方法

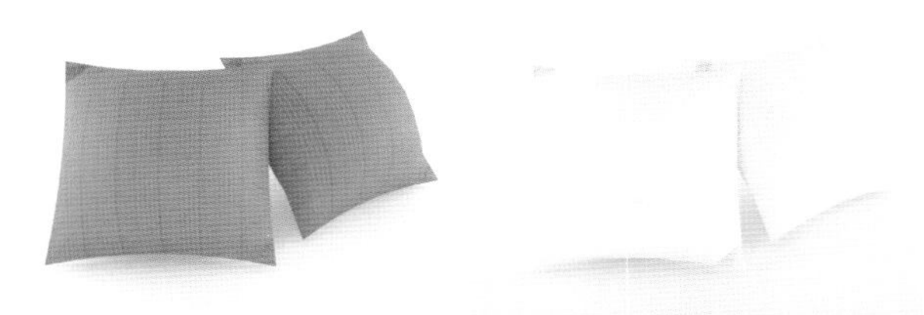

课后习题：制作抱枕 所在页：156页
学习目标：练习“NURBS建模”的操作技巧

课后习题：制作煎锅 所在页：157页
学习目标：练习“切角”工具、“挤出”工具和“网格平滑”修改器的运用

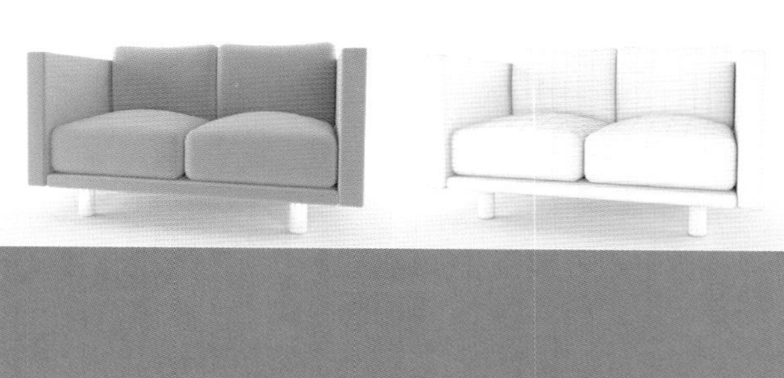

课后习题：制作双人沙发 所在页：158页
学习目标：练习“多边形建模”技术、熟悉“网格平滑”的使用方法

课堂案例：用目标摄影机制作景深 所在页：168页
学习目标：学习“目标摄影机”的使用方法

课堂案例：用物理摄影机制作景深 所在页：172页
学习目标：学习“物理摄影机”的使用方法

课后习题：用物理摄影机制作景深 所在页：180页
学习目标：练习使用“物理摄影机”制作景深效果

课堂案例：简约客厅 所在页：188页
学习目标：学习“目标灯光”的使用方法

课堂案例：欧式饰品 所在页：192页
学习目标：学习“目标聚光灯”的使用方法

课堂案例：简约休闲室 所在页：193页
学习目标：学习“目标平行光”的使用方法

课堂案例：梳妆台台灯 所在页：198页
学习目标：学习使用VRay灯光模拟台灯灯光

课堂案例：日光书房 所在页：200页
学习目标：学习“VRay太阳”的使用方法

课后习题：洗手间 所在页：203页
学习目标：练习“目标灯光”的使用方法，练习使用“VRay灯光”模拟照明光

课后习题：日光客厅 所在页：204页
学习目标：练习使用“VRay太阳”和“VRay灯光”模拟室内灯光、环境光

课后习题：日光会议室 所在页：204页
学习目标：练习“VRay太阳”的使用方法、练习使用“VRay灯光”制作补光

课堂案例：制作坐垫材质 所在页：220页
学习目标：学习“标准”材质的使用方法

课堂案例：制作装饰灯管 所在页：223页
学习目标：学习“VRay灯光材质”的使用方法

课堂案例：制作不锈钢材质 所在页：230页
学习目标：学习VRayMtl材质的使用方法

课堂案例：制作陶瓷花瓶 所在页：230页
学习目标：学习VRayMtl的使用方法

课堂案例：制作玻璃器皿 所在页：231页
学习目标：学习VRayMtl的使用方法

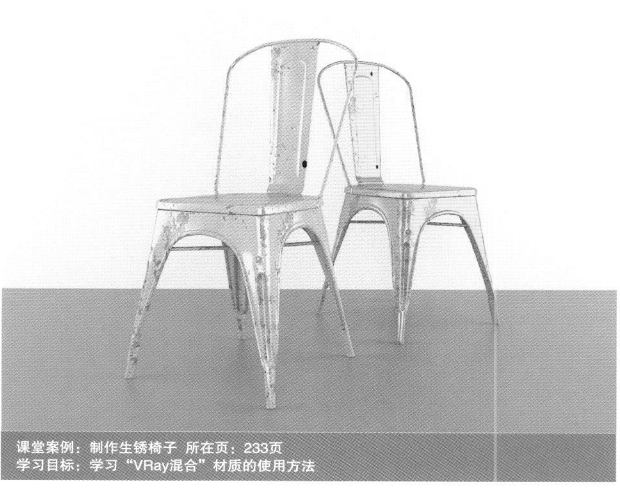

课堂案例：制作生锈椅子 所在页：233页
学习目标：学习“VRay混合”材质的使用方法

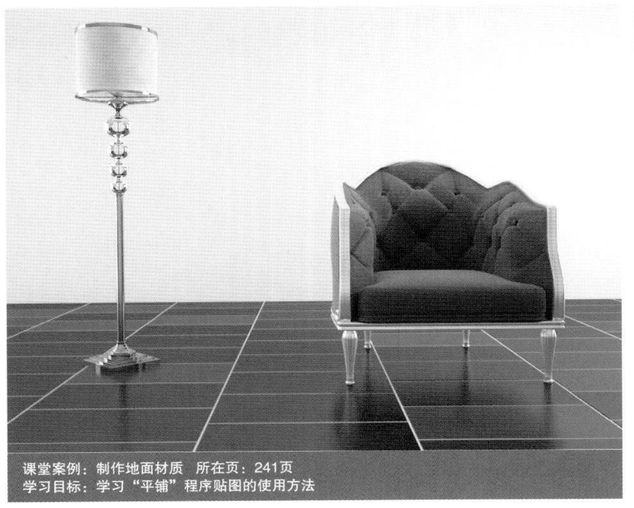

课堂案例：制作地面材质　所在页：241页
学习目标：学习“平铺”程序贴图的使用方法

课堂案例：制作绒布沙发　所在页：242页
学习目标：学习“衰减”程序贴图的使用方法、熟悉VRayMtl的使用方法

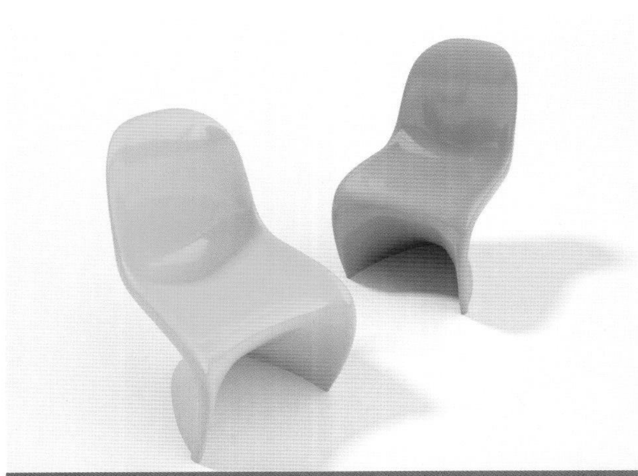

课后习题：制作硬质塑料材质　所在页：248页
学习目标：练习VRayMtl的使用方法

课后习题：制作亚光不锈钢材质　所在页：250页
学习目标：练习VRayMtl的使用方法

课堂案例：渲染卧室效果　所在页：268页
学习目标：学习渲染参数的设置方法

课后习题：渲染洗手间效果　所在页：270页
学习目标：熟悉渲染参数的设置方法

课堂案例：用曲线调整亮度 所在页：274页
学习目标：学习如何使用“曲线”命令调整图像的亮度

课堂案例：调整清晰度 所在页：275页
学习目标：学习如何使用“USM锐化”滤镜调整图像的清晰度

课堂案例：统一画面色调 所在页：277页
学习目标：学习如何使用“照片滤镜”调整图层统一画面色调

课堂案例：调整图像的层次感 所在页：278页
学习目标：学习如何使用“色阶”命令调整图像的层次感

课堂案例：合成体积光 所在页：282页
学习目标：学习如何使用“多边形套索工具”合成体积光

课堂案例：添加室外环境 所在页：284页
学习目标：学习如何添加室外环境

课后习题：使用亮度/对比度调整亮度 所在页：285页
学习目标：学习“亮度/对比度”的使用方法

课后习题：使用色彩平衡调整图片色调 所在页：285页
学习目标：学习“色彩平衡”的使用方法

课后习题：为卧室添加户外环境 所在页：286页
学习目标：练习为效果图添加外景

第11章　商业案例实训1：现代风格客厅

实例概述：本场景是一个休闲客厅空间，该空间中的两个面积很大的开窗是非常好的进光口，同时考虑到现代简约的设计风格，所以决定采用白天的日光效果进行表现，表现出阳光穿过玻璃投射到室内的温馨气氛。从最终的效果来看，画面很干净，光感也很温馨，有一股休闲的味道。在本例的教学中，我们将详细介绍场景摄影机的建立、材质的赋予、布光的方法以及渲染设置，其目的就是让读者对制作室内效果图的流程有一个宏观的把握。

学习目标：学习商业效果图的制作流程　　**所在页：**288页

第12章　商业案例实训2：简约风格卧室

实例概述：本场景是一个简约风格的卧室，空间陈设比较简洁，没有多余的东西，色调以橘色为主，看起来青春活泼。场景表现夜晚时间段，因此灯光以室内光源作为主光，室外天光作为辅助光。

学习目标：学习室内夜景表现的布光思路和技巧　　**所在页：**300页

第13章　商业案例实训3：现代风格电梯厅

实例概述：工装空间的类型有很多，不同空间的材质和布光也有所差异。例如，办公空间和KTV空间的色彩感觉、灯光气氛就明显不同，这就需要大家平时多观察各类空间的特性，在生活中积累经验。办公、会议、购物等空间，通常要求干净、明亮、稳重的感觉；而KTV、会所、酒店大堂等空间，则要有时尚、奢华的感觉。本例是一个电梯厅，设计风格简洁大方，大量石材的运用使空间显得大气有档次，灯光上通过室内光源的搭配，使画面看起来更加有质感。

学习目标：学习工装室内灯光表现的布光思路和技巧　　**所在页：**310页

中文版

3ds Max 2016/VRay
效果图制作实用教程

时代印象 编著

人民邮电出版社
北京

图书在版编目（CIP）数据

中文版3ds Max 2016/VRay效果图制作实用教程 / 时代印象编著. -- 北京 : 人民邮电出版社, 2018.5(2024.2重印)
ISBN 978-7-115-48084-2

Ⅰ. ①中… Ⅱ. ①时… Ⅲ. ①三维动画软件－教材
Ⅳ. ①TP391.414

中国版本图书馆CIP数据核字(2018)第059989号

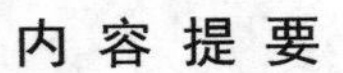

内容提要

本书主要讲解中文版 3ds Max 结合 VRay 制作室内效果图的方法和技巧，包含建模、灯光、摄影机、材质与贴图、渲染输出、后期处理以及商业实训等内容。本书主要针对零基础读者编写，是指导初学者快速掌握室内效果图制作方法的参考书。

书中内容均以各种实用技术为主线，对每个技术板块中的重点内容进行介绍，并针对常用知识点安排合适的课堂案例，让读者可以结合实例深入学习、快速上手，在熟悉软件的同时掌握制作思路。另外，从第 2 章开始，每章的后面都安排了课后习题，课后习题的内容是在实际工作中经常用到的，读者可以根据提示边学边练，或者配合视频教学进行学习。

本书附赠学习资源，内容包括书中所有课堂案例及课后习题的场景文件、贴图文件和多媒体视频教学，读者在实际操作过程中可以结合视频来学习。

本书适合作为数字艺术教育培训机构以及相关院校的专业教材，也可以作为 3ds Max/VRay 初学者学习效果图制作技术的自学教程。

另外，书中内容均采用中文版 3ds Max 2016 和 VRay 3.4.01 编写，请读者注意。

◆ 编　　著　时代印象
责任编辑　张丹丹
责任印制　陈　犇

◆ 人民邮电出版社出版发行　　北京市丰台区成寿寺路 11 号
邮编　100164　　电子邮件　315@ptpress.com.cn
网址　http://www.ptpress.com.cn
三河市君旺印务有限公司印刷

◆ 开本：787×1092　1/16　　彩插：6
印张：20　　2018 年 5 月第 1 版
字数：587 千字　　2024 年 2 月河北第13次印刷

定价：59.80 元

读者服务热线：(010)81055410　印装质量热线：(010)81055316
反盗版热线：(010)81055315
广告经营许可证：京东市监广登字 20170147 号

前言 PREFACE

3ds Max是Autodesk公司开发的三维制作软件，是应用范围广、用户群体多、综合性能强的通用三维制作平台。3ds Max不仅自身功能强大，拥有完整的工作流，还可以结合其他模型、特效、渲染插件进行工作，其应用领域涉及广告制作、影视包装、工业设计、建筑设计、三维动画、游戏开发等领域。

在效果图制作领域，除了3ds Max之外，VRay也被业界广泛认可。在实际工作中，3ds Max用于创建模型，VRay用于渲染输出，两者各司其职，完美配合。VRay是一款性能优异的全局光渲染器，优点是简单易用、渲染效果真实、速度较快。基于这些优点，尽管VRay只是一款独立的渲染插件，但依然获得了业界的一致认可，成为当前主流的渲染利器。

为了给读者提供一本好的3ds Max/VRay效果图制作教材，我们精心编写了本书，并对图书的体系做了优化，按照“重要功能介绍→重要参数介绍→课堂案例→课后习题”思路进行编排，力求通过功能介绍和参数详解使读者快速掌握软件功能，通过课堂案例使读者快速上手并具备一定的动手能力，通过课后习题拓展读者的实际操作能力，达到巩固和提升的目的。在内容编写方面，本书力求通俗易懂、细致全面；在文字叙述方面，注意言简意赅、突出重点；在案例选取方面，强调案例的针对性和实用性。

本书附赠的学习资源包含书中所有课堂案例和课后习题的源文件、素材文件。同时，为了方便读者学习，本书还配备了所有案例的大型多媒体视频教学录像。这些视频均由专业人士录制，详细记录了案例的操作步骤，使读者一目了然。另外，为了方便教师教学，本书还配备了PPT课件等丰富的教学资源，任课老师可直接使用。

本书的参考学时为66学时，其中授课环节为42学时，实训环节为24学时，各章的参考学时如下表所示（本表仅供参考，教师授课可根据实际情况灵活安排）。

章	课程内容	学时分配	
		讲授	实训
第1章	效果图制作基础	2	
第2章	3ds Max 的基本操作	3	1
第3章	基础建模技术	4	2
第4章	3ds Max的修改器	4	2
第5章	高级建模技术	6	2
第6章	摄影机技术	2	1
第7章	灯光的应用	6	2
第8章	材质与贴图技术	8	4
第9章	VRay渲染输出设置	2	2
第10章	Photoshop后期处理技法	2	2
第11章	商业案例实训1：现代风格客厅	1	2
第12章	商业案例实训2：简欧风格卧室	1	2
第13章	商业案例实训3：现代风格电梯厅	1	2
学时总计		42	24

1.课堂案例

本书安排了课堂案例表格，表格中归纳了这个案例的案例位置、视频位置、难易指数和学习目标，如下图所示。凡是难易指数为3颗星及以上的课堂案例，都是比较难的案例，读者必须仔细领会，并对该课堂案例认真学习，务必做到完全掌握。

2.商业案例实训

本书安排了商业案例实训表格，表格中归纳了案例的实例位置、视频名称、难易指数和学习目标，如下图所示。商业案例实训都是较难的综合案例，读者必须仔细领会，并对实训多加练习，务必做到完全掌握。

3.课后习题

本书安排了课后习题表格，表格中归纳了案例的案例素材位置、视频位置、难易指数和学习目标，如下图所示。凡是难易指数为3颗星及以上的课后习题，都是比较难的习题，读者必须仔细领会，并对该课后习题多加练习，务必做到完全掌握。

4.技巧与提示

本书中有很多"技巧与提示"。"技巧与提示"是一些需要注意的技术问题。不要小看这些技巧与提示，它们在实际工作中都很有用，往往能起到很好的辅助作用。

课堂案例：包含大量的案例详解，可使大家深入掌握中文版3ds Max 2016&VRay的基础知识及各种工具的使用方法。

商业案例实训：列举较难的综合案例，使读者掌握效果图制作全流程。

课后习题：可强化刚学完的重要知识点。

技巧与提示：对软件的实用技巧及制作过程中的难点进行重点提示。

售后服务

本书所有的学习资源文件均可在线下载（或在线观看视频教程），扫描"资源下载"二维码，关注我们的微信公众号即可获得资源文件下载方式。资源下载过程中如有疑问，可通过我们的在线客服或客服电话与我们联系。在阅读本书的过程中，如果遇到问题，也欢迎读者与我们交流，我们将竭诚为读者服务。

资源下载

读者可以通过以下方式来联系我们。

客服邮箱：press@iread360.com

客服电话：028-69182687、028-69182657

作者

2018年3月

目录 CONTENTS

第1章 效果图制作基础 11

1.1 概述......12

1.2 构图......12

1.2.1 九宫格构图......12
1.2.2 十字形构图......12
1.2.3 三角形构图......12
1.2.4 V字形构图......13
1.2.5 垂直线构图......13

1.3 色彩......13

1.3.1 色彩的基调......13
1.3.2 色彩的对比......14
1.3.3 色彩在室内设计中的运用......15

1.4 灯光......16

1.4.1 物理世界中的光影关系......16
1.4.2 自然光......18
1.4.3 人造光......21
1.4.4 灯光在室内设计中的应用......22

1.5 材质......24

1.5.1 物体的材质属性......25
1.5.2 办公空间的材质......26
1.5.3 家居空间的材质......26
1.5.4 展示空间的材质......26

1.6 设计风格......27

1.6.1 欧式风格......28
1.6.2 中式风格......28
1.6.3 现代风格......28

1.7 根据场景特性确定渲染气氛......29

1.8 效果图应体现设计师的意志......30

1.9 本章小结......30

第2章 3ds Max的基本操作 31

2.1 关于3ds Max......32

2.2 3ds Max 2016的工作界面......32

2.2.1 启动3ds Max 2016......32
2.2.2 3ds Max 2016的工作界面......33

2.3 标题栏......35

2.3.1 应用程序......35
2.3.2 快速访问工具栏......40
2.3.3 信息中心......40
课堂案例:用归档功能保存场景......41

2.4 菜单栏......42

2.4.1 关于菜单栏......42
2.4.2 编辑......43
2.4.3 工具......46
2.4.4 组......49
2.4.5 视图......50
2.4.6 创建......52
2.4.7 修改器......52
2.4.8 动画......52
2.4.9 图形编辑器......53
2.4.10 渲染......53
2.4.11 Civil View菜单......53
2.4.12 自定义......53
2.4.13 MAXScript（MAX脚本）......55
2.4.14 帮助......55
课堂案例:加载背景图像......55

2.5 主工具栏......56

2.5.1 撤销/重做......57
2.5.2 选择并链接......57
2.5.3 断开当前选择链接......57
2.5.4 绑定到空间扭曲......58
2.5.5 选择过滤器......58
课堂案例:用过滤器选择场景中的灯光......58
2.5.6 选择对象......59
2.5.7 按名称选择......60
2.5.8 选择区域......61
2.5.9 窗口/交叉......61
2.5.10 选择并移动......61
2.5.11 选择并旋转......62
2.5.12 选择并缩放......62
课堂案例:用选择并缩放工具调整花瓶形状......62
2.5.13 选择并放置......63
2.5.14 参考坐标系......64
2.5.15 使用轴点中心......64
2.5.16 选择并操纵......64
2.5.17 键盘快捷键覆盖切换......64

目录 CONTENTS

2.5.18 捕捉开关 64
2.5.19 角度捕捉切换 65
课堂案例:用角度捕捉切换工具制作挂钟刻度....65
2.5.20 百分比捕捉切换 66
2.5.21 微调器捕捉切换 67
2.5.22 编辑命名选择集 67
2.5.23 创建选择集 67
2.5.24 镜像 67
课堂案例:用镜像工具镜像椅子 67
2.5.25 对齐 68
2.5.26 切换场景资源管理器 69
2.5.27 层管理器 69
2.5.28 功能切换区 69
2.5.29 曲线编辑器 69
2.5.30 图解视图 69
2.5.31 材质编辑器 69
2.5.32 渲染设置 70
2.5.33 渲染帧窗口 70
2.5.34 渲染工具 70
2.5.35 在Autodesk A360中渲染 70

2.6 视口区域 70

2.7 命令面板 71
2.7.1 创建面板 71
2.7.2 修改面板 72
2.7.3 层次面板 72
2.7.4 运动面板 72
2.7.5 显示面板 72
2.7.6 实用程序面板 72

2.8 时间尺 72

2.9 状态栏 73

2.10 时间控制按钮 73

2.11 视图导航控制按钮 73
2.11.1 所有视图可用控件 73
2.11.2 透视图和正交视图可用控件 74
2.11.3 摄影机视图可用控件 74

2.12 本章小结 75
课后习题:复制对象 75
课后习题:对齐对象 76

第3章 基础建模技术 77

3.1 关于建模 78
3.1.1 建模思路分析 78
3.1.2 参数化对象与可编辑对象 78
3.1.3 建模的常用方法 81

3.2 创建标准基本体 83
3.2.1 长方体 83
课堂案例:制作餐桌 83
3.2.2 圆锥体 84
3.2.3 球体 85
课堂案例:制作地灯 86
3.2.4 几何球体 86
3.2.5 圆柱体 87
课堂案例:制作书柜 87
3.2.6 管状体 88
3.2.7 圆环 89
3.2.8 四棱锥 89
3.2.9 茶壶 89
3.2.10 平面 90

3.3 创建扩展基本体 90
3.3.1 异面体 90
3.3.2 切角长方体 91
3.3.3 切角圆柱体 91
课堂案例:制作个性茶几 91

3.4 创建复合对象 93
3.4.1 图形合并 93
3.4.2 布尔 94
3.4.3 放样 95
课堂案例:制作冰块盒 96

3.5 本章小结 97
课后习题:制作凳子 98
课后习题:制作床头柜 98

第4章 3ds Max的修改器 99

4.1 关于修改器 100
4.1.1 修改面板 100
4.1.2 为对象加载修改器 102
4.1.3 修改器的排序 102

目录 CONTENTS

4.1.4 启用与禁用修改器 103
4.1.5 编辑修改器 104
4.1.6 塌陷修改器堆栈 104

4.2 选择修改器 105

4.2.1 网格选择 105
4.2.2 面片选择 107
4.2.3 多边形选择 107

4.3 自由形式变形 107

4.3.1 FFD修改 108
4.3.2 FFD长方体/圆柱体 108
课堂案例:制作枕头 108

4.4 参数化修改器 110

4.4.1 弯曲 110
课堂案例:制作水龙头 110
4.4.2 锥化 111
4.4.3 扭曲 112
课堂案例:制作装饰品 112
4.4.4 噪波 113
4.4.5 拉伸 113
4.4.6 挤压 113
4.4.7 推力 114
4.4.8 晶格 114
课堂案例:制作创意吊灯 115
4.4.9 镜像 116
4.4.10 置换 116
4.4.11 壳 117
4.4.12 平滑类修改器 118

4.5 本章小结 119

课后习题:调整螺旋扶梯 119
课后习题:制作花瓶 120

第5章 高级建模技术 121

5.1 样条线建模 122

5.1.1 关于样条线 122
5.1.2 线 122
课堂案例:制作铁艺书立 124
5.1.3 文本 126
课堂案例:制作霓虹灯牌 126
5.1.4 对样条线进行编辑 127
5.1.5 车削 131
课堂案例:制作艺术茶杯 132

5.2 多边形建模 133

5.2.1 塌陷多边形对象 133
5.2.2 编辑多边形对象 133
课堂案例:制作魔方 141
课堂案例:制作床头柜 142

5.3 NURBS建模 144

5.3.1 NURBS对象类型 145
5.3.2 创建NURBS对象 145
5.3.3 转换NURBS对象 146
5.3.4 编辑NURBS对象 147
5.3.5 “创建点/曲线/曲面”卷展栏 148
5.3.6 NURBS工具箱 149
课堂案例:制作玻璃花瓶 150
课堂案例:制作床罩 151

5.4 创建毛皮 152

5.4.1 VRay渲染器 152
5.4.2 VRay毛皮 153
课堂案例:制作地毯 155

5.5 本章小结 156

课后习题:制作抱枕 156
课后习题:制作煎锅 157
课后习题:制作双人沙发 158

第6章 摄影机技术 159

6.1 关于摄影机 160

6.1.1 摄影机的重要术语 160
6.1.2 摄影机的创建 161
6.1.3 安全框 163

6.2 3ds Max中的摄影机 165

6.2.1 目标摄影机 165
课堂案例:用目标摄影机制作景深 168
6.2.2 物理摄影机 170
课堂案例:用物理摄影机制作景深 172

6.3 VRay摄影机 174

6.3.1 VRay物理摄影机 174
6.3.2 VRay穹顶摄影机 179

目录 CONTENTS

6.4 本章小结......180
课后习题:用物理摄影机制作景深......180

第7章 灯光的应用......181

7.1 关于灯光......182
7.1.1 灯光的作用......182
7.1.2 灯光的基本属性......182
7.1.3 效果图中的灯光......184
7.1.4 三点布光法......184

7.2 光度学灯光......185
7.2.1 目标灯光......185
7.2.2 自由灯光......188
课堂案例:简约客厅......188

7.3 标准灯光......189
7.3.1 目标聚光灯......190
课堂案例:欧式饰品......192
7.3.2 自由聚光灯......193
7.3.3 目标平行光......193
课堂案例:简约休闲室......193
7.3.4 自由平行光......195
7.3.5 泛光灯......195
7.3.6 天光......195

7.4 VRay灯光......196
7.4.1 VRay灯光......196
课堂案例:梳妆台台灯......198
7.4.2 VRay太阳......199
课堂案例:日光书房......200
7.4.3 VRay天空......201

7.5 本章小结......203
课后习题:洗手间......203
课后习题:日光客厅......204
课后习题:日光会议室......204

第8章 材质与贴图技术......205

8.1 关于材质......206
8.1.1 材质的特性......206
8.1.2 材质的设置......207

8.2 材质编辑器......207
8.2.1 菜单栏......208
8.2.2 材质球示例窗......210
8.2.3 工具栏......211
8.2.4 参数控制区......212

8.3 材质资源管理器......212
8.3.1 场景面板......212
8.3.2 材质面板......214

8.4 3ds Max的材质......215
8.4.1 标准......215
课堂案例:制作坐垫材质......220
8.4.2 混合......221
8.4.3 Ink'n Paint（墨水）......221
8.4.4 多维/子对象......223

8.5 VRay材质......223
8.5.1 VRay灯光材质......223
课堂案例:制作装饰灯管......223
8.5.2 VRayMtl材质......225
课堂案例:制作不锈钢材质......230
课堂案例:制作陶瓷花瓶......230
课堂案例:制作玻璃器皿......231
8.5.3 VRay混合材质......233
课堂案例:制作生锈椅子......233
8.5.4 VRay双面材质......234

8.6 3ds Max的贴图......235
8.6.1 位图......235
8.6.2 渐变......240
8.6.3 平铺......240
课堂案例:制作地面材质......241
8.6.4 衰减......242
课堂案例:制作绒布沙发......242
8.6.5 噪波......244
8.6.6 斑点......244
8.6.7 泼溅......244

8.7 VRay程序贴图......245
8.7.1 VRayHDRI......245
8.7.2 VR位图过滤器......246
8.7.3 VR合成纹理......246
8.7.4 VR污垢......246
8.7.5 VR边纹理......247

8.7.6 VR颜色 247
8.7.7 VR贴图 247

8.8 本章小结 248

课后习题:制作硬质塑料材质 248
课后习题:制作棉布材质 249
课后习题:制作亚光不锈钢材质 250

第9章 VRay渲染输出设置 251

9.1 关于渲染 252

9.1.1 渲染器的类型 252
9.1.2 渲染工具 252

9.2 VRay 渲染器 252

9.2.1 V-Ray 253
9.2.2 GI 261
9.2.3 设置 266
课堂案例:渲染卧室效果 268

9.3 本章小结 270

课后习题:渲染洗手间效果 270

第10章 Photoshop后期处理技法...271

10.1 后期处理的作用 272

10.2 构图裁剪 272

10.3 亮度与清晰度 273

10.3.1 调亮方式 273
课堂案例:用曲线调整亮度 274
10.3.2 提高清晰度 274
课堂案例:调整清晰度 275

10.4 色彩与层次 275

10.4.1 色彩的处理方法 275
课堂案例:统一画面色调 277
10.4.2 画面的层次感 277
课堂案例:调整图像的层次感 278

10.5 特效制作 278

10.5.1 光晕 279
10.5.2 体积光 282
10.5.3 景深 282
课堂案例:合成体积光 282

10.6 添加配景 283

10.6.1 配景简介 283
10.6.2 添加方法 283
课堂案例:添加室外环境 284

10.7 本章小结 285

课后习题:使用亮度/对比度调整亮度 285
课后习题:使用色彩平衡调整图片色调 285
课后习题:为卧室添加户外环境 286

第11章 商业案例实训1:现代风格客厅 287

11.1 案例介绍 288

11.2 创建摄影机 288

11.2.1 创建摄影机 288
11.2.2 检查模型 289

11.3 主要材质 291

11.3.1 藤椅材质 291
11.3.2 地板材质 291
11.3.3 地毯材质 292
11.3.4 木纹材质 293
11.3.5 不锈钢材质 293
11.3.6 靠垫材质 293
11.3.7 玻璃材质 294
11.3.8 窗帘材质 294

11.4 灯光的设定 295

11.4.1 创建日光 295
11.4.2 创建天光 295

11.5 最终渲染参数的设定 296

11.6 Photoshop后期处理 296

11.7 本章小结 298

课后习题:简约风格餐厅 298

第12章 商业案例实训2:简约风格卧室 299

12.1 案例介绍 300

12.2 创建摄影机及检查模型 300

12.2.1 创建摄影机 300

目 录 CONTENTS

12.2.2 检查模型 300

12.3 制作场景中的材质 302

12.3.1 床单材质 302
12.3.2 被罩材质 302
12.3.3 乳胶漆材质 303
12.3.4 木纹材质 303
12.3.5 白漆材质 303
12.3.6 灯罩材质 304
12.3.7 不锈钢材质 304
12.3.8 地毯材质 304

12.4 布置灯光 305

12.4.1 创建天光 305
12.4.2 创建台灯 305
12.4.3 创建落地灯 306

12.5 渲染输出 307

12.6 Photoshop后期处理 307

12.7 本章小结 308

课后习题:现代风格卧室 308

第13章 商业案例实训3：现代风格电梯厅 309

13.1 案例介绍 310

13.2 创建摄影机及检查模型 310

13.2.1 创建摄影机 310
13.2.2 检查模型 310

13.3 制作场景中的材质 312

13.3.1 墙砖材质 312
13.3.2 地砖材质 312
13.3.3 边线材质 313
13.3.4 镜子材质 313
13.3.5 不锈钢材质 313
13.3.6 乳胶漆材质 314
13.3.7 画框材质 314
13.3.8 灯片材质 314

13.4 布置灯光 314

13.4.1 创建天光 314
13.4.2 创建灯带 315
13.4.3 创建筒灯 316

13.5 渲染输出 317

13.6 Photoshop后期处理 317

13.7 本章小结 320

课后习题:简洁风格办公室 320

第1章 效果图制作基础

本章重点讲解效果图制作需要具备的一些基本知识，这些知识都是效果图制作人员必备的，具有宏观的指导意义，如良好的色彩感觉、理解真实光影关系、清楚各种材质的物理特性等。在效果图制作中，灯光的运用、材质的搭配是为设计服务的；理解构图、选择适合的时间段（表现气氛）是为了更好地体现设计。因此，做好一张效果图，这些基本要素都是不可或缺的。除此之外，还要增加自己的审美情趣，通过生活中的点点滴滴来丰富自己的作图经验。

课堂学习目标

色彩在室内设计中的运用
物理世界中的光影关系
自然光和人造光的物理特性及运用
不同的材质适合什么样的空间
效果图的构图思路及方法
各种室内设计风格的特征
根据场景特性确定氛围
如何让效果图体现设计师的意志

1.1 概述

在效果图的制作过程中，设计师的意识一直贯穿整个创作过程，对软件的熟练程度是意识发挥的一个方面。很多初学效果图的朋友都认为软件掌握得好，做出的作品就一定非常漂亮，其实这是一个误区。效果图可以简单地理解为是一种在计算机上对艺术的诠释，软件代替了画笔和颜料，但是有好的画笔和颜料不一定就能画出一张好的作品。

创造真实的图像基于对真实世界的理解，创造美丽的画面基于如何去发现美。美的事物往往能够引起人的共鸣。所以对真实的理解、对光和色彩的把握，都是影响作品的重要因素。每个人的性格虽然不同，但对色彩和光线的感觉基本一致，如红色让人联想到喜庆，蓝色让人联想到海洋和天空，绿色让人联想到春天等。

在本章中，将要强调几个比较重要的知识点：色彩的把握、材质的搭配、光影的真实、画面构图和根据场景选择最有魅力的时间段，这几个方面是构成一张好图不可或缺的因素。

1.2 构图

画面的基础是构图，构图是一个作品开始之前最重要的准备工作。画面的构图，将决定一张画面的整体效果是否完整和协调。

构图主要是指画面形式的选择、画面主体或中心的位置及背景的处理方法等。从软件的使用上来说，重点需要注意三维软件中的摄像机位置和后期处理时对画面的裁剪。

从效果图的构图方面来说，会用到以下5种构图方式。

1.2.1 九宫格构图

九宫格构图也称井字构图，实际上属于黄金分割式的一种。就是把画面平均分成9块，画面中会形成4个交点，以任意一点的位置来作为主体的位置。最佳的位置还应考虑平衡、对比等因素。

这种构图能呈现变化与动感，画面富有活力。上边两个点的动感比下边的强，左边的比右边的强，如图1-1所示。

图1-1

1.2.2 十字形构图

十字形构图就是把画面平均分成4块，也就是在画面的中心画横竖两条线条，以中心交叉点的位置作为主体的位置。此种构图，增强了画面的安全感、和平感、庄重感以及神秘感。

这种构图适宜表现对称式构图，如表现古建筑、法式建筑题材，可产生中心透视效果，如图1-2所示。

图1-2

1.2.3 三角形构图

三角形构图就是将画面中所表达的主体以三角形排列，如果图中包含线形结构，可以将主体安排在三角形斜边的中心位置。

三角形构图，易产生稳定感（A字形构图类似），如图1-3所示。

图1-3

1.2.4 V字形构图

V字形构图是非常富有变化的一种构图方法，其主要变化是方向上的安排，或倒放或横放，但不管怎么放其交点必须是向心的。V字形的双用，能使单用的性质发生根本的改变。

正V字形构图一般用在前景中，作为前景的框式结构来突出主体，如图1-4所示。

图1-4

1.2.5 垂直线构图

垂直线构图能充分显示景物的高大和纵深，常用于街道、建筑等大型场景。这种画面构图，表现鲜明，构图简练，如图1-5所示。

图1-5

1.3 色彩

一张生动的效果图的色彩一定是有表现力的，而要让色彩有丰富的表现力就应该了解色彩的基本原理。

1.3.1 色彩的基调

色彩的基调是指画面色彩的基本色调，通常把彩色画面的基调分为3种：冷调、暖调和中间调。如果划分得更详细一些，则可以把彩色画面的基调分为冷调、暖调、对比、和谐、浓彩、淡彩、亮彩和灰彩。每一个基调都有不同的氛围，因此在初次看到场景的时候，就应决定图的基调。

图1-6所示的是一个休闲场所，大部分的建筑材料是暖色的，灯光的颜色也是以暖色为主，营造了一个温暖舒适的空间环境。

图1-6

图1-7所示的是一个基于冷色调的场景，大气反射的是蓝色的光波，所以一旦没有了阳光，在肉眼看来，天空就是蓝色的。以蓝色的夜光为主，配合室内温暖的灯光，营造了一个幽静的夏日之夜。

图1-7

图1-8所示的是一个色彩很和谐的空间，没有使用太多色彩过激的材料，主要以白色为主，灯光也是以白色为主，设计手法简约、纯净，传递一种整洁、心无杂念的感受。

图1–8

1.3.2 色彩的对比

色彩的对比主要包括冷暖对比、明度对比和饱和度对比等，有了对比，画面才显得丰富生动。

举一个简单的例子，在一张全白的纸上画一个黑色块，这个黑色块显得很黑，是因为有了白色的对比；但如果在一张墨纸上画一个黑色块，黑色块基本不可见，这就是因为没有了对比。所以说色彩对比是相对的，没有绝对的亮暗，有了亮的地方才能对比出暗的地方。同样的道理，冷暖对比也是如此。

图1-9所示的是一个色彩冷暖对比性很强的空间，色彩的差异给人一种很强的距离感。远处的蓝色是受到天空色彩的影响，近处由于暖色的灯光而显得发红。

图1–9

图1-10所示的是一个明度对比很强的空间，利用灯罩和射灯使室内空间形成非常强的明暗对比，使整个空间的重点突出，同时也让空间更加具有层次感、立体感和空间感。

图1–10

图1-11所示的是一个色彩比较统一的场景，店门上方有屋檐，由于屋檐的色彩饱和度比较高，所以视觉感受是屋檐在建筑墙体的前面，饱和度越高的颜色越往前“跳”。

图1–11

把握好色彩的基调能够使色彩与设计相呼应，能达到表现与设计的统一；把握好色彩的对比能够拉开图像的层次关系，可以给人带来视觉上的感官刺激，进而引起共鸣。

1.3.3 色彩在室内设计中的运用

色彩的视觉质感影响着现代建筑的发展，现代建筑更多关注材质与色彩的组合关系，利用自然色彩的材质，形成和谐的色彩视觉质感变化。色彩与灯光会深度推进空间，没有光就没有色彩的感知，也就无法感觉到空间的存在。在深度的表达方面，除了空间透视对其有作用外，还有色彩与灯光。

背景的色彩会直接影响色彩视觉的深度。如果将7种色彩全部放置在黑色背景上，用比较的方法去看，黄色因明度的差别而显得特别靠前，而与黑色明度相近的蓝色与紫色就容易被淹没，在白色背景上则恰好相反。在相同明度的冷、暖色调中，暖色向前而冷色退后。

色彩丰富了空间的层次感，使空间产生联系和分化，并表达了空间质感，如图1-12所示。

图1-12

在制作室内效果图时，我们通常会通过色彩来表现整个空间场景的氛围、层次等，下面简单介绍几种不同色彩表现的效果。

1.深沉的暗色调

暗色调的特征是采用大量的黑色，同时配有少量的其他颜色，表现出深沉、坚实、冷静、庄重的气质，如图1-13所示。

图1-13

2.稳重的中暗调

中暗调属于暗色系色彩，采用了少量黑色。此色调在保持原色相的基础上又笼罩了一层较深的调子，显得稳重老成、严谨与尊贵，如图1-14所示。

图1-14

3.朴实的中灰调

中灰调是中等明度的灰色调，中灰调带有几分深沉与暗淡，有着朴实、含蓄、稳重的特点，如图1-15所示。

图1-15

明灰调是在全色相色系中调入大量的浅灰色，使色相全部带有灰浊的感觉。过多调入灰白色，能使色相的明度提高，形成高明度的灰调子，这是明灰调的特征。明灰调给人一种平静、高雅和恬静的感觉，如图1-16所示。

图1-16

4.鲜明的纯色调

纯色调是由高纯色相组成的色调，每一个色相都个性鲜明，具有挑战性，令人振奋，赏心悦目。强烈的色相对比意味着年轻，充满活力与朝气，如图1-17所示。

图1–17

1.4 灯光

“光影效果是否真实”是衡量一张效果图质量的关键因素之一，要表现最真实的光影效果，首先要了解物理世界中的光影特性。

1.4.1 物理世界中的光影关系

在这里，我们先通过一个示意图来说明真实物理世界的光影关系，如图1-18所示。这里表示的大约是15:00的光影关系，可以看出主要光源是太阳光，在太阳光通过天空到达地面以及被地面反射出去的这一过程中，就形成了天光，而天光也就成了第二光源。

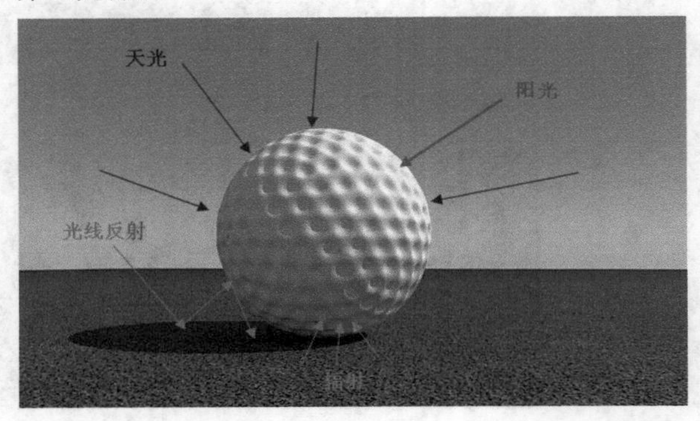

图1–18

从图1-18中可以看出，太阳光产生的阴影比较实，而天光产生的阴影比较虚（见球的暗部）。这是因为太阳光类似于平行光，所以产生的阴影比较实；而天光从四面八方照射球体，没有方向性，所以产生了虚而柔和的阴影。

再来看球体的亮部（太阳光直接照射的地方），它同时受到了阳光和天光的作用，但是由于阳光的亮度比较大，所以它主要呈现的是阳光的颜色；而暗部没有被阳光照射，只受到了天光的作用，所以它呈现出的是天光的蓝色；在球的底部，由于光线照射到比较绿的草地上，反射出带绿色的光线，影响到白色球的表面，形成了辐射现象，从而呈现出带有草地颜色的绿色。

在球体的暗部，还可以看到阴影有着丰富的灰度变化，这不仅是因为天光照射到了暗部，更多是由于天光和球体之间存在着光线反射，球和地面的距离以及反射面积影响着最后暗部的阴影变化。

真实物理世界里的阳光阴影为什么会有虚边呢？图1-19所示为真实物理世界中的阳光阴影的虚边。

图1–19

在真实物理世界中，太阳是个很大的球体，但是它离地球很远，所以发出的光到达地球后，都近似于平行光，但是就因为它实际上不是平行光，所以地球上的物体在阳光的照射下会产生虚边，而这个虚边也可以近似地计算出来：（太阳的半径/太阳到地球的距离）×物体在地球上的投影距离 0.00465×物体在地球上的投影距离。由这个计算公式可以得出，一个身高1700mm的人，在太阳照射夹角为45°的时候，他头部产生的阴影虚边大约为11mm。根据这个科学依据，我们就可以使用VRay的球光来模拟真实物理世界中的阳光了，控制好VRay球光的半径和它到场景的距离就能产生真实物理世界中的真实阴影。

那为什么天光在白天的大多数时间是蓝色，而在早晨和黄昏又不一样了呢？

大气本身是无色的，天空的蓝色是大气分子、冰晶和水滴等与阳光共同创作的景象。太阳发出的白光是由紫、青、蓝、绿、黄、橙、红光组成的，它们的波长依次增加，当阳光进入大气层时，波长较长的色光（如红光）透射力强，能透过大气射向地面；而波长短的紫、蓝、青色光，碰到大气分子、冰晶和水滴等时，就很容易产生散射现象，被散射了的紫、蓝、青色光布满天空，就使天空呈现出一片蔚蓝，图1-20所示为蔚蓝天空。

图1-20

在早晨和黄昏的时候，太阳光穿透大气层到达观察者所经过的路程要比中午的长得多，更多的光被散射和反射，所以光线也没有中午的明亮。因为在到达所观察的地方时，波长较短的蓝色和紫色的光几乎已经散射，只剩下波长较长、穿透力较强的橙色和红色的光，所以随着太阳慢慢升起，天空的颜色是从红色变成橙色的，图1-21所示为早晨的天空色彩。

图1-21

当落日缓缓消失在地平线以下时，天空的颜色逐渐从橙红色变为蓝色。即使太阳消失以后，贴近地平线的云层仍然会继续反射着太阳的光芒，由于天空的蓝色和云层反射的红色太阳光融合在一起，所以较高天空中的薄云呈现出红紫色，几分钟后，天空会充满淡淡的蓝色，它的颜色逐渐加深，并向高空延展。图1-22所示为黄昏天空色彩，其中暗部呈现蓝紫色，这是因为蓝、紫光被散射以后，又被另一边的天空反射回来。

图1-22

下面来了解一下光线反射，当白光照射到物体上时，物体会吸收一部分光线，反射一部分光线，吸收和反射的多少取决于物体本身的物理属性。当遇到白色的物体时光线就会全部被反射，当遇到黑色的物体时光线就会全部被吸收（当然，真实物理世界中找不到纯白或者纯黑的物体），即反射光线的多少是由物体表面的亮度决定的。当白光照射到红色的物体上时，物体反射的光子就是红色（其他光子都被吸收了）。当这些光子沿着它的路线照射到其他表面时将是红光，这种现象叫作辐射，因此相互靠近的物体颜色会因此受到影响。

图1-23所示的是光线照射在橘红色的木头上，反射出木头的颜色，辐射在地面上。在使用VRay渲染效果图的时候，我们常会遇到溢色问题，这就需要对材质进行处理。

图1-23

1.4.2 自然光

所谓自然光，就是除人造光以外的光。在我们生活的世界里，主要的自然光就是太阳光。太阳给大自然带来了丰富美丽的色彩变化，让我们看到了日出、日落，感受到了冷暖。在前面的小节中，介绍了真实物理世界中的光影关系，接下来将详细介绍不同时刻和天气的光影关系。

1.中午

一天中，太阳的照射角度大约为90°的时候是中午，这时的太阳光直射，光线是最强的，对比也是最大的，阴影也比较黑，相比其他时刻，中午的阴影的层次变化也要少一点。

在强烈的光照下，物体的饱和度看起来会比其他时刻低一些，而小的阴影细节变化却不丰富。因为要在真实的基础上来表现更优秀的效果图，所以选择中午时刻来表现效果图并不是不可以，但是相比其他时刻来说，表现力度和画面的层次要弱一些。

从图1-24中可以看出，这是个中午时刻的画面，画面的对比很强烈，暗部阴影比较黑，而变化层次相对较少。

图1-24

2.下午

在下午这段时间里（14:30～17:30），阳光的颜色会慢慢地向暖色方向偏移一点，而照射的对比度也慢慢地降低，同时饱和度慢慢地增加，天光产生的阴影也随着太阳高度的下降而变得更加丰富。

大体来说，下午的阳光会慢慢地向暖色方向变化，而色彩和比较柔和的阴影会让我们的眼睛感觉更舒服，特别是在日落前大约1个小时的时间里，这样的现象更加明显，很多摄影师都会抓住这段黄金时段去拍摄美丽的风景。

色彩的饱和度在这个时段变得比较高，高光的暖调和暗部的冷调，给我们带来了丰富的视觉感受。选择这个时段作为效果图的表现时段，比起中午的时段要好很多，因为此时无论是色彩还是阴影的细节都要强于中午。

从图1-25中可以看出，阳光带点黄色，而暗部的阴影层次比中午时刻要丰富一些；阴影带点蓝色，对比没有中午时段那么强烈。

下面来看看图1-26，从图中可以看出，阳光的暖色和阴影区域的冷色，色彩的变化相对来说比较丰富。

图1-25

图1-26

3.日落

在日落这个时段里，阳光变成了橙色甚至是红色，光线和对比度变得更弱，较弱的阳光就使天光的效果变得更加突出。所以，阴影色彩变得更深和更冷，同时阴影也变得比较长。

在日落的时候，天空在有云的情况下会变得更加丰富，有时候还会呈现出让人感觉不可思议的美丽景象，这是因为此时的阳光看上去是从云的下面照射的。

从图1-27中可以看到，阳光不是那么强烈，而是带黄色的暖调，天光在这个时段更加突出，暗部的阴影细节很丰富，并且呈现出天光的冷蓝色。

从图1-28中可以看到，这时的太阳快落到地平线以下，阳光的色彩变成了橙色，甚至带着点红色，而阴影也拖得比较长，暗部的阴影呈现出蓝紫色的冷调。

图1-27

图1-28

4.黄昏

黄昏在一天中是非常特别的，经常给人们带来美丽的景象。当太阳落山的时候，天空中的主要光源就是天光，而天光的光线比较柔和，它给我们带来了一个柔和的阴影和一个比较低的对比度，同时色彩也变得更加丰富。

当来自地平线以下的太阳光被一些山岭或云块阻挡时，天空中就会被分割出一条条的阴影，形成一道道深蓝色的光带，这些光带好像是从地平线以下的某一点（即太阳所在的位置）发出的，以辐射状指向苍穹，有时还会延伸到太阳相对的天空，呈现出万道霞光的壮丽景象，给只有色阶变化的天空增添一些富有美感的光影线条，人们把这种现象叫作曙暮晖线。

日落之后，当太阳刚刚处在地平线以下时，高山上面对太阳一侧的山岭和山谷中会呈现出粉红色、玫瑰红或黄色等色调，这种现象叫作染山霞或高山辉。傍晚时的染山霞比清晨明显，春夏季节又比秋冬季节明显，这种光照让物体的表面看起来像是染上了一层浓浓的黄色或紫红色。

在黄昏的自然环境下，如果有室内的黄色或者橙色的灯光对比，整体的画面会让人感觉到无比的美丽与和谐，所以黄昏时段的光影关系也比较适合表现效果图。

从图1-29中可以看出，此时太阳附近的天空呈现红色，而附近的云呈现蓝紫色，由于太阳已经落山，光线不强，被大气散射产生的天光亮度也随着降低，阴影部分变暗了很多，同时整个画面的饱和度也增加了。

图1-29

从图1-30中可以看到，太阳被云层压住，从云的下面照射，呈现出美丽的景象。

图1-30

5.夜晚

在夜晚，虽然太阳已经落山，但是天光本身仍然是个光源，只是比较弱而已，它的光主要来源于被大气散射的阳光、月光，还有遥远的星光。

所以大家要注意，夜晚的表现效果仍然有天光的存在，只是比较弱。

图1-31所表现的是夜幕降临时的一个画面，由于太阳早已经下山，这时候天光起主要作用，仔细观察屋顶可以发现，它们呈现的都是蓝色。

图1-31

从图1-32中可以看出，整个天光比较弱，呈现蓝紫色，月光明亮而柔和。

图1-32

6.阴天

阴天的光线变化多样，这主要取决于云层的厚度和高度。阴天也能得到一个美丽的画面，在整个天空中只有一个光源，它是被大气和云层散射的光，所以光线和阴影都比较柔和，对比度比较低，色彩的饱和度比较高。

阴天里的天光的色彩主要取决于太阳的高

度（虽然是阴天，但太阳高度依然需要考虑）。通过观察和分析，可以发现在太阳照射角度比较高的情况下，阴天的天光主要呈现灰白色；而当太阳的照射角度比较低，特别是快落山的时候，天光的色彩就发生了变化，这时候的天光呈现蓝色。

从图1-33中可以看出阴天的特点，阴影柔和，对比度低，而饱和度高。

图1-33

图1-34所示的是在太阳照射角度比较高的情况下的阴天，整个天光呈现灰白色。

图1-34

图1-35所示的是在太阳照射角度比较低的情况下的阴天，我们可以看到，暗部呈现淡淡的蓝色。

图1-35

1.4.3 人造光

人造光是随着人类的文明、科学技术的发展而逐渐制造出来的光源，也是人们有目的地去创造的，例如，一般的家庭照明是为了满足人们的生活需要，而办公室照明则是为了让人们更好地工作。

1.钨灯

钨灯也就是大家平常看见的白炽灯，它是根据热辐射原理制成的，钨丝达到炽热状态，让电能转化为可见光。钨丝的温度达到500℃时就开始发出可见光，随温度的增加，从“红→橙黄→白”逐渐变化。人们平时看到的白炽灯的颜色都和灯泡的功率有关，一个15W的灯泡照明看上去很暗，色彩呈现红橙色，而一个200W的灯泡照明看上去就比较亮，色彩呈现黄白色。

通常情况下，白炽灯产生的光影都比较硬，人们为了得到一个柔和的光影，都会通过灯罩来改变白炽灯的光影，让它变得更柔和，如台灯的灯罩。从图1-36中可以看出，在白炽灯的照明下，高亮的区域呈现接近白色的颜色，随着亮度的衰减，色彩慢慢地变成了红色，最后到黄色。

图1-36

从图1-37中可以看到，加上灯罩的白炽灯，光影要柔和很多，看上去并不是那么刺眼。

图1-37

2.荧光

荧光照明主要是为了节约电能而被广泛采用的技术，荧光的色温通常是绿色，这和我们眼睛看到的有点不同，因为我们的眼睛有自动白平衡功能。荧光照明被广泛地应用在办公室、公共建筑等地方，因为这些地方要用的电能比较多，所以能更多地节约电能。

荧光灯的光源效率高、寿命长、经济性好，颜色性优良、光色丰富、适用范围广，可得到发光面积大、阴影少而宽的照明效果，故更适用于要求照度均匀一致的照明场所。从图1-38中可以看到荧光的照明效果，它的颜色呈现绿色，光影相对柔和。

图1-38

人造光是为了弥补在没有太阳光直接照射的情况下，光照不充分而产生的光照，如阴天和晚上就需要人造光来弥补光照。随着社会的发展，室内光照也有了它自身的定律，人们把居室照明分为3种，分别是集中式光源（主）、辅助式光源（辅光）、普照式光源（背景光），用它们组合起来营造一个光照气氛。其亮度比例大约为5:3:1，其中5是指光亮度最强的集中性光线（如投射灯），3是指给人柔和感觉的辅助式光源，1则是提供整个房间最基本照明的光源。

3.烛光

相比电灯发出的灯光，烛光的色彩变化更加丰富，只是烛光的光源经常跳动和闪烁。现代人经常用烛光来营造一种浪漫的气氛，就是因为烛光本身的色温不高，并且光影柔和。图1-39展现的是烛光照明效果，可以看到烛光本身的色彩非常丰富，它产生的光影也比较柔和。

图1-39

1.4.4 灯光在室内设计中的应用

前面介绍了物理世界中存在的两类光源，其实无论是在物理世界还是在效果图中，往往都不是只有一个或一种灯光进行照明，尤其是在效果图中，大部分效果都要靠多个灯光来互相协作表现。

1. 自然光照明

窗户采光就是利用自然光照明，是室外光通过窗户照射到室内的采光方式。窗户采光比较柔和，因为窗户面积一般都比较大（注意，在同等亮度下，光源面积越大，产生的光影越柔和）。如果是一个小窗口，虽然光影比较柔和，但是却能产生高对比的光影，这从视觉上来说都是比较有吸引力的。大窗户或者多窗户的情况下，这种对比就减弱了。

在不同天气状况下，窗户采光的颜色也是不一样的。如果在阴天，窗户光是白色、灰色或者是淡蓝色；在晴天，又变成蓝色或者白色。窗户光一旦进入室内，它首先照射到窗户附近的地板、墙面和天花上，然后通过它们再反射到家具上，如果反射比较强烈，就会产生辐射现象，让整个室内的色彩有丰富的变化。

图1-40展示了小窗户的采光情况，我们可以看到，由于窗户比较小，所以暗部比较暗，整个图的对比相对比较强烈，而光影却比较柔和。

图1-40

从图1-41中可以看到大窗户和小窗户采光的不同，在大窗户的采光环境下，整个画面的对比比较弱，由于窗户进光口大，所以暗部也不是那么暗。

图1-41

从图1-42中可以看到，这里的天光略微带点蓝色，这是由于云层的厚薄和阳光的高度不同造成的。

图1-42

2. 人造光照明

虽然自然光能够提供很大程度上的照明，但是局限于自然条件，如夜晚，自然光不是非常明显，这个时候就需要通过人造光来提供照明。

相比自然光的局限性，人造光可根据实际的需要布置光源的发光位置和角度，且不受季节、时间、地域的限制，也就是说任何季节、任何时间、任何地区都可选用人造光提供所需的照明。如夜晚的室内照明、地下空间的照明等，都属于摆脱条件限制的人造光源照明。通常，根据人造光的不同作用，可将其划分为3类。

第1类：普通照明，这种照明方式是给一个环境提供基本的空间照明，用来把整个空间照亮。它要求照明器的匀布性和照明的均匀性，这种照明方式主要体现在日常家居和办公空间。

第2类：重点照明，也叫物体照明，它是针对某个重要物品或重要空间的照明，如橱窗的照明应该属于商店的重点照明。这种照明方式通常是提供有方向的、光束比较窄的、高亮度且具有针对对象的照明，使用点式光源并配合投光灯具实现。

第3类：局部照明，这种方式通常是装饰性照明，用来制造特殊的氛围，以达到一定的视觉效果，如西餐厅、酒店的照明方式。另外，现在城市夜景中常见的勾勒建筑轮廓的照明也可归纳为局部照明。

图1-43所示的场景展现了餐厅的照明效果，这种照明属于局部照明，通过对餐桌部分的照明，与周围形成强烈的明暗对比，使整个场景有一种高贵、优雅的氛围，从而使顾客享受高雅的用餐环境。

图1-43

图1-44所示的场景是一个画展场景的照明，这种照明方式为重点照明，通过对场景的直接观察就能发现其表达主体是壁画，与局部照明不同，虽然这种照明方式可能会有区域的灯效，但并不是为了表现一种氛围，而是为了直接表达主体。

图1-44

3. 混合照明

我们常常可以看到自然光和室内人造光混合在一起的情景，特别是在黄昏，室内的暖色光和室外天光的冷色在色彩上形成了鲜明而和谐的对比，从视觉上给人们带来美的感受。

这种自然光和人造光的混合，常常会带来很好的气氛，优秀的效果图在色彩方面都或多或少地对此有借鉴。

图1-45所示的是建筑不仅受到了室外蓝紫色天光的光照，同时在室内也有橙黄色的光照。在色彩上形成了鲜明的对比，同时又给我们带来了和谐统一的感觉。

图1-45

图1-46所示的是临摹的一张图，目的就是练习一下这种色彩的对比。

图1-46

1.5 材质

什么是材质呢？简单地说就是物体外观样子，材质可以看成是材料和质感的结合。在渲染程序中，它是物体表面各种可视属性的结合，这些可视属性是指物体表面的色彩、纹理、光滑度、透明度、反射率、折射率和发光度等。正是有了这些属性，人们才能够识别三维空间中的物体属性是怎么表现的，也正是有了这些属性，计算机模拟的三维虚拟世界才会和真实世界一样缤纷多彩。

1.5.1 物体的材质属性

要想做出真实材质的效果，就必须深入了解物体的属性，这需要对真实物理世界中的物体进行观察，并对其材质进行细致的分析，更加深入地了解其材质属性。

1.物体的颜色

色彩是光的一种特性，通常情况下看到的色彩是光作用于眼睛的结果。光线照射到物体上的时候，物体会吸收一些波长的光，同时也会漫反射一些波长的光，这些漫反射出来的光到达人们的眼睛之后，就决定物体看起来是什么颜色，这种颜色常被称为“固有色”。这些被漫反射出来的光除了会影响人们的视觉之外，还会影响它周围的物体，即“光能传递”。当然，影响的范围不会像人们的视觉范围那么大，它要遵循“光能衰减”原理。

在图1-47中可以看到，远处的光照较亮，而近处的光照较暗。这是由于光的反射与照射角度有关系，当光的照射角度与物体表面呈90°垂直照射时，光的反射最强，而光的吸收最弱；当光的照射角度与物体表面呈180°时，光的反射最弱，而光的吸收最强。同时，大家要明白，物体表面越白，光的反射越强；反之，物体表面越黑，光的吸收越强。

图1-47

2.光滑与反射

一个物体是否有光滑的表面，往往不需要用手去触摸，视觉就会告诉我们结果。因为光滑的物体，总会出现明显的高光，如玻璃、瓷器、金属等；没有明显高光的物体，通常都是比较粗糙的，如砖头、瓦片、泥土等。

这种差异在自然界无处不在，但它是怎么产生的呢？这是由于光线的反射作用，和上面“固有色”的漫反射方式不同，光滑物体有一种类似镜子的效果，在物体的表面还没有光滑到可以镜像反射出周围物体的时候，它对光源的位置和颜色是非常敏感的，所以，光滑的物体表面只“镜射”光源。这就是物体表面的高光区，它的颜色是由照射它的光源颜色决定的（金属除外），随着物体表面光滑度的提高，对光源的反射会越来越清晰。这就是在材质编辑中，越是光滑的物体高光范围越小，强度越高的原因。

在图1-48中可以看到，从洁具表面可以看到高光，这就是因洁具表面比较光滑而产生的高光。

图1-48

3.透明与折射

自然界的大多数物体通常会遮挡光线，当光线可以自由穿过物体时，这个物体就是“透明”的。这里所说的穿过，不但指光源的光线穿过透明物体，还指透明物体背后的物体反射出来的光线也要再次穿过透明物体，这样我们才可以看见透明物体背后的东西。

由于透明物体的密度不同，光线射入后方向会发生偏移现象，这就是“折射”，如插进水里的筷子，看起来是弯的。自然界中不同的透明物质的折射率也不一样，即使同一种透明的物质，温度不同也会影响其折射率，如当穿过火焰上方的热空气观察对面的景象时，会发现景象有明显的扭曲现象，这就是因为温度改变了空气的密度，不同的密度产生了不同的折射率。正确的使用折射率是真实再现透明物体的重要手段。

在自然界中还存在另一种形式的“透明”，在三维软件的材质编辑中把这种属性称为“半透明”，如纸张、塑料、植物的叶子、蜡烛等。它们原本不是透明的物体，但在强光的照射下背光部分会出现“透光”现象，这种现象就称为“半透明”。

在图1-49中可以看到，树叶在阳光的照射下呈现出“半透明”现象，大家在平时的效果图材质调节过程中，应该先分析物体本身材质的特点，再有针对性地进行设置，这样才能表现出更好的效果。

图1-49

1.5.2 办公空间的材质

办公空间要明亮清新，所以在搭配材质时应注意以“简”为主，其目的是让人有一个比较纯净的空间环境办公，这样心神就不会受到外物的刺激，同时应避免使用过激的色彩，多用中性色，如图1-50所示。

图1-50

1.5.3 家居空间的材质

家居空间的材质搭配主要以主人的喜好而定，有简约的，也有奢华的，有稳重的，也有前卫的。简约家居一般采用玻璃、橡胶、金属、强化纤维等高科技材料。特别是玻璃，玻璃的清透质感不仅可以让视觉延伸，创造出通透的空间感，还能让空间更为简洁。另外，具有自然纯朴本性的石材和原木皮革也很适合现代简约空间，如图1-51所示。

图1-51

奢华空间的设计一般采用金色或者银色金属，带有暗花纹理的材质，柔软的布艺，带有金属质感的缎子等，如图1-52和图1-53所示。

图1-52

图1-53

1.5.4 展示空间的材质

展示空间的材质一般采用金属、玻璃、橡胶和石材等，一般根据施工的类型分钢筋混凝土和钢架结构两类，如图1-54和图1-55所示。

图1-54

图1-55

1.6 设计风格

与美术学的“风格”一样，不同的人对绘画有着不同的理解，所以会形成不同的绘画风格。设计风格也是如此，所以效果图表现也自然如此。

效果图表现经过长期的发展，逐步出现了写实与写意两大风格。写实以真实地表现室内场景为前提，真实高于一切，甚至出现类似死黑的效果来表达真实的空间构成与明暗关系，给人以震撼的真实感。写意以“意”为主导，不同的空间和设计风格有着不同的意境，如何把不同的意境表达出来，是写意风格制作者最注重的，设计师在效果图中更注重表现画面的意境，而在真实性上有所夸张。

风格没有好与不好，也不会有谁强谁弱之分，只是针对的客户群体不一样，如写实风格更适合国外的客户群体，而写意风格则更受国内大多数业主的喜爱。

以“设计风格”这个词来讲，定义本身就比较模糊。目前比较流行的几大主要设计风格有现代风格、中式风格、欧式风格等。这些风格太过于笼统，如现代风格，经过长期的发展出现了简约现代风格以及特殊的后现代风格；中式和欧式风格更是出现了现代中式、巴厘风情以及北欧风格等趋向于现代风格的形式，使原本模糊的界限更难定义。在图1-56中可以看到一些风格各异的室内设计。

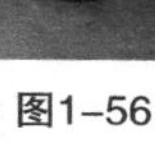

图1-56

1.6.1 欧式风格

奢华稳重是欧式风格给我们视觉上的第一印象。通过色彩构成的学习，我们知道冷色调给人一种清新感，暖色调给人一种慵懒感。

作为由西方贵族及皇室风格发展而来的奢华风格，暖色调给人的慵懒感与奢华感一般更适合表现欧式风格的“意境”，如图1-57~图1-59所示。

图1-57

图1-58

图1-59

1.6.2 中式风格

中式风格或是深沉稳重或是清淡优雅，利用偏蓝色的基调可以增添一些历史的神秘感，但缺少中式的深沉感，因此一般以冷色调的光线作为基础，再以无色系灯光进行搭配，来表现中式风格的深沉与神秘，如图1-60所示。

图1-60

暖色调搭配的中式风格所表达的意境是以人为本，并非中式设计本身所体现的神秘感，体现出了以生活为主题的人文环境，感觉更加的温馨，如图1-61所示。

图1-61

1.6.3 现代风格

现代风格注重突破传统，重视功能和空间的组织，讲究材料本身的搭配效果，以软装饰的搭配为根本，以达到环保的“重装饰、轻装修”效果。

由于现代风格的定义比较模糊，如高调的梁式风格，简洁明快的简约风格，具有神秘气息的后现代风格等。想要将这些风格表现好，往往要根据不同的设计及场景构造来搭配不同的灯光色彩。另外，现代风格的适应性很强，往往各种不同的灯光色彩搭配，都能获得令人满意的效果，如图1-62所示。

图1-62

风格学说的覆盖面比较广，读者可以在学习和工作中了解更多搭配灯光与色彩的方法。

1.7 根据场景特性确定渲染气氛

每个场景在不同的时间段都会有不同的氛围，那么，怎样根据场景来选择时间段呢？

首先需要明白的是所表现空间的功能，其次要配合设计师的需求，这样就可以选择一个好的时间段来表现该场景了。例如，家装的表现可以选择白天或者夜晚；工装的空间要根据建筑本身的营业时间来选择表现时间，银行的表现一般是采用白天，而酒吧的表现则一般采用夜晚。下面以一些例子来进行说明。

14:00左右的日光比较强烈，强烈的日光照在沙发上，给人一种温暖安详的自然感受，如图1-63所示。

黄昏多多少少给人一丝惆怅的感觉，在建筑的表现上能够体现出历史的沉重感，如图1-64所示。

图1-63

图1-64

夜晚的人造光源能够体现场景的功能、情调，常常用来营造某种氛围，如图1-65所示。

图1-65

1.8 效果图应体现设计师的意志

很多时候，设计师都会对场景做出某些要求，比如说，哪里应该突出一点，画面的色彩是否要更饱和一点等。要想理解客户的需求，就需要对设计进行理解。理解了设计，即使客户没有做出要求，也可以把图像表达得相当契合。灯光、色彩都不是可以笼统概括的，不能说酒店就一定是灯红酒绿的氛围，一定要根据场景的材质、灯光布置来综合分析。

图1-66所展示的空间的材质比较单一，只有黑和白两种，设计师力求这种简而素的风格，所以做这类的图时不用找太多颜色。如果空间结构允许，以表现白天为好（天光下，室内的灯光效果比较弱，天光比较统一）。相机的高度要足以看清空间的纵深关系，不是任何空间都可以把相机放得较低，并不是相机放得低就可以将场景表现得大气一些，要根据实际情况决定。

图1-66

图1-67所示的是关于色彩的冷暖对比，首先不要认定蓝色就是冷色，红色就是暖色。其实有的时候冷暖的差别不是很大，也不一定是红蓝对比。粉红色虽然属于暖色系，但是相比橙色，它显得偏冷。红色和绿色在一起也是一组冷暖对比的色彩，黄色和绿色相比，绿色显得偏冷，但是和蓝色相比，绿色又显得偏暖。

构图方面，采用竖向构图，相机放得较低，所以画面的高度感显得比较充分。这种构图多用在表现比较高的建筑空间，如大堂、别墅客厅等。

图1-67

1.9 本章小结

本章重点介绍了效果图制作的要素，有技术层面的，有美术层面的，还有商业层面的，总之都是为了实现高品质的效果图，希望读者能够认真掌握这些内容，为后面的技术教学打下良好的理论基础。

第2章

3ds Max的基本操作

从本章开始，我们正式进入3ds Max的软件技术学习阶段，3ds Max 2016有两个版本，但是本书不会同时用两个版本进行教学，所以我们选用面向专业人士的3ds Max 2016进行教学。当然，读者也要明白，虽然3ds Max有两个版本，但版本之间的功能差异是极其细微的，而且从实际工作来看，两个版本基本上是互通的，也就是说用哪个版本来学习都一样。本章主要带领读者认识3ds Max 2016的工作界面，以及学习软件的基本操作。

课堂学习目标

- 3ds Max 2016的工作界面
- 标题栏
- 菜单栏
- 主工具栏
- 视口区域
- 命令面板
- 时间尺
- 状态栏
- 时间控制按钮
- 视图导航控制按钮

2.1 关于3ds Max

Autodesk公司出品的3ds Max是非常好的三维软件。3ds Max强大的功能，使其从诞生以来就一直受到CG艺术家的喜爱。3ds Max在模型塑造、场景渲染、动画及特效等方面都能制作出高品质的对象，这也使其在效果图制作、插画、影视动画、游戏和产品造型等领域占据重要地位，成为全球非常受欢迎的三维制作软件，如图2-1~图2-5所示。

图2-1

图2-2

图2-3

图2-4

图2-5

技巧与提示

从3ds Max 2009开始，Autodesk公司推出了两个版本的3ds Max，一个是面向影视动画专业人士的3ds Max，另一个是专门为建筑师、设计师以及可视化设计量身定制的3ds Max Design，对于大多数用户而言，这两个版本是没有任何区别的。本书中采用的是中文版3ds Max 2016，请读者注意。

2.2 3ds Max 2016的工作界面

下面将重点介绍3ds Max 2016的工作界面及其工具选项，所以读者最好在自己的计算机上安装3ds Max 2016，以便于边学边练。

2.2.1 启动3ds Max 2016

安装好3ds Max 2016后，可以通过以下两种方法来启动。

第1种方法：双击桌面上的快捷图标。

第2种方法：执行"开始>程序>Autodesk>Autodesk 3ds Max 2016 >3ds Max 2016-Simplified Chinese"命令，如图2-6所示。

在启动3ds Max 2016的过程中，可以观察到3ds Max 2016的启动画面，如图2-7所示。启动完成后可以看到其工作界面，如图2-8所示。

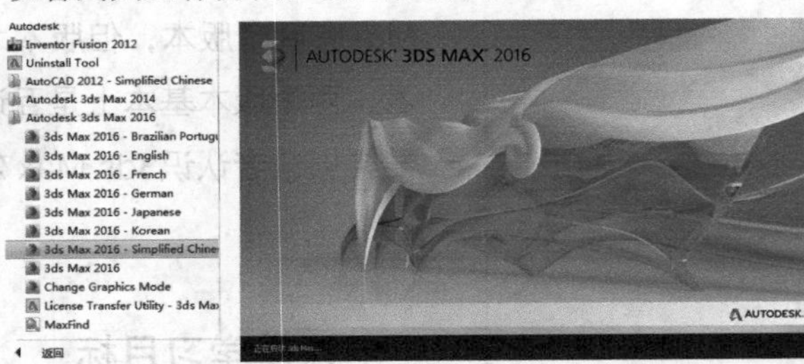

图2-6

图2-7

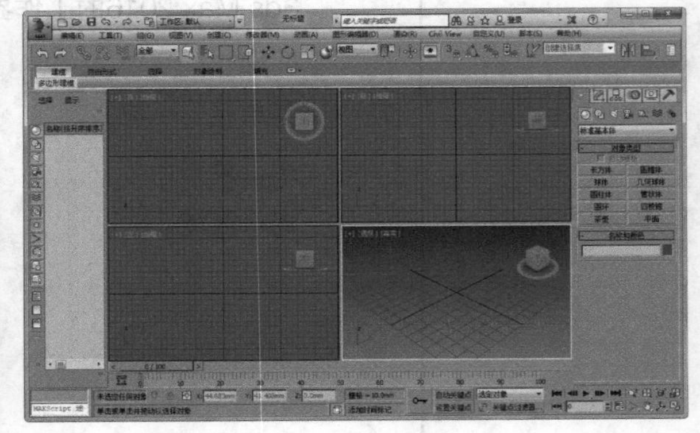

图2-8

3ds Max 2016的默认工作界面是四视图显示，如果要切换到单一的视图显示，可以单击界面右下角的“最大化视口切换”按钮或按快捷键Alt+W，如图2-9所示。

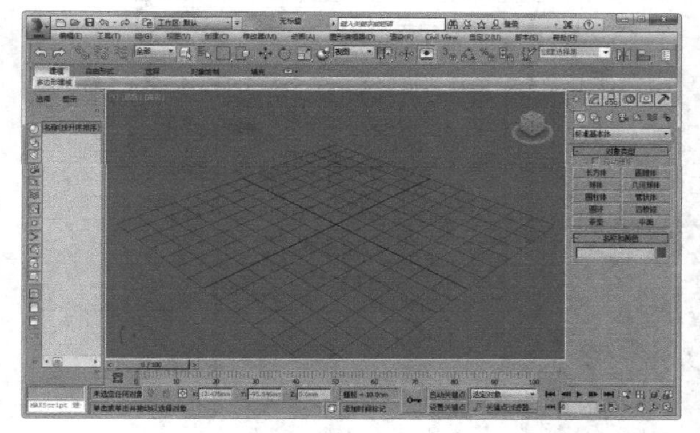

图2-9

技巧与提示

在初次启动3ds Max 2016时，系统会自动弹出欢迎屏幕，其中包括“学习”“开始”“扩展”3个选项卡，如图2-10所示。

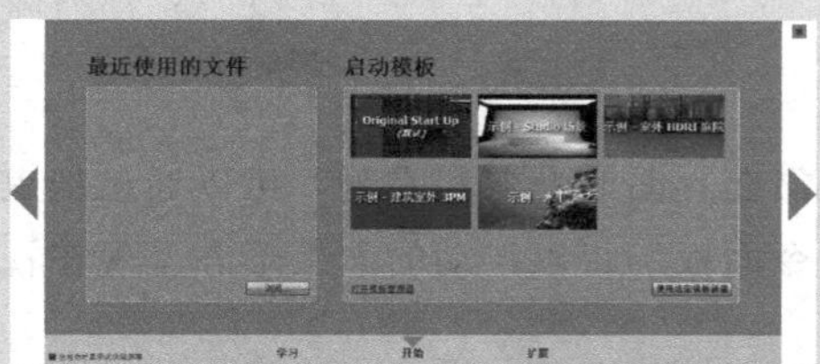

图2-10

在“学习”选项卡中，提供了“1分钟启动影片”列表和其他学习资源，如图2-11所示。

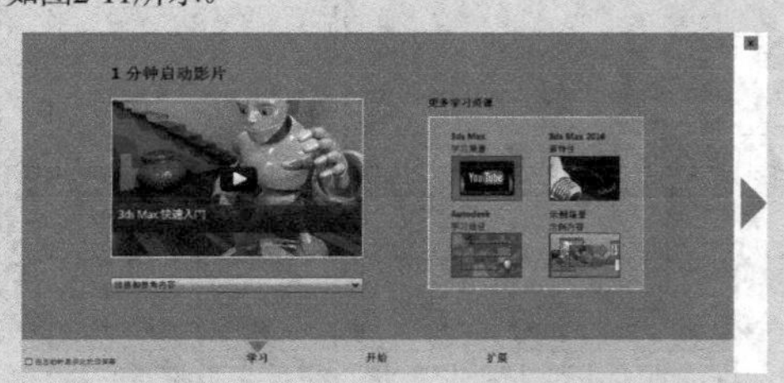

图2-11

在“开始”选项卡中，不仅可以在“最近使用的文件”中打开最近使用过的文件，还可以在“启动模板”中选择对应的场景类型，并新建场景，如图2-12所示。

图2-12

在“扩展”选项卡中，提供了扩展3ds Max功能的途径，可以搜寻Autodesk Exchange商店提供的精选应用和Autodesk资源的列表，包括Autodesk 360和The Area，并且可以通过单击“Autodesk动画商店”链接和“下载植物”链接将资源添加到场景中，如图2-13所示。

图2-13

若想在启动3ds Max 2016时不弹出欢迎屏幕对话框，只需要在欢迎屏幕的左下角关闭“在启动时显示此欢迎屏幕”选项，如图2-14所示；若要恢复欢迎屏幕对话框，可以执行“帮助>欢迎屏幕”菜单命令来打开该对话框，如图2-15所示。

图2-14

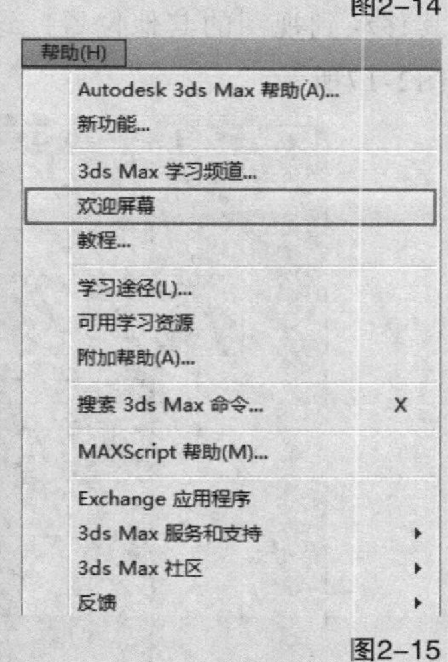

图2-15

2.2.2 3ds Max 2016的工作界面

3ds Max 2016的工作界面分为“标题栏”“菜单栏”“主工具栏”“视口区域”“场景资源管理器”“Ribbon工具栏”“命令面板”“时间尺”“状态栏”、时间控制按钮和视口导航控制按钮11大部分，如图2-16所示。

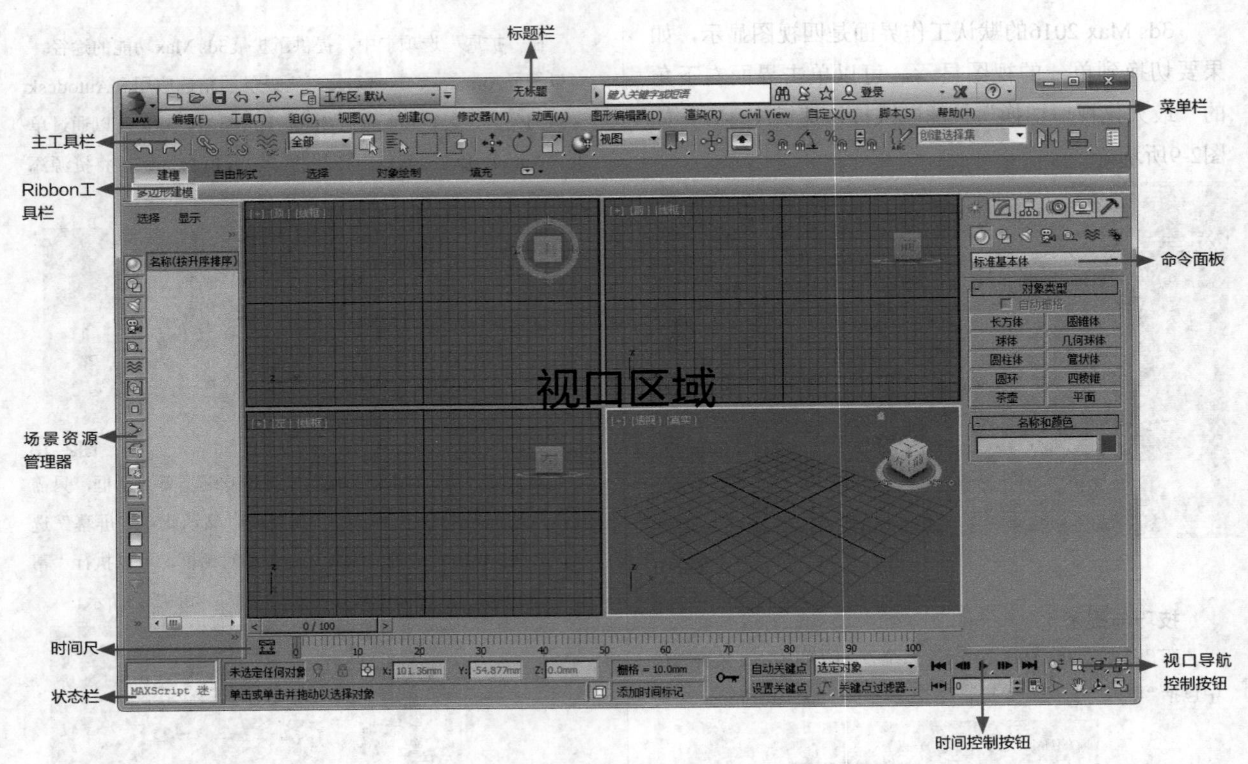

图2-16

默认状态下的“主工具栏”和“命令面板”分别停靠在界面的上方和右侧，可以通过拖曳的方式将其移动到视图的其他位置，这时的“主工具栏”和“命令面板”将以浮动的面板形态呈现在视图中，如图2-17所示。

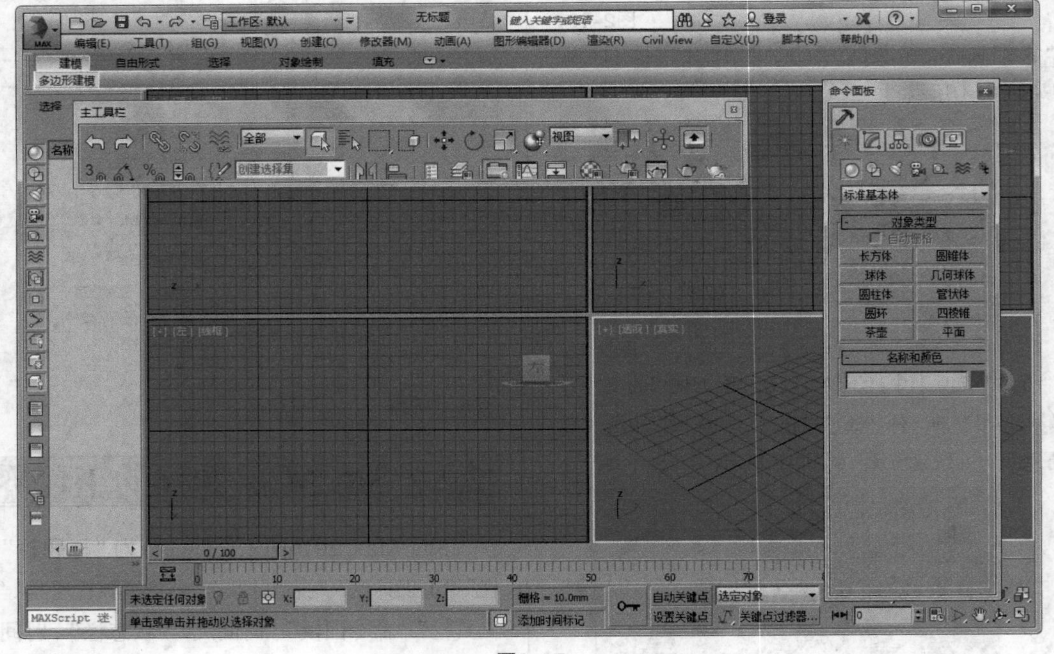

图2-17

技巧与提示

若想将浮动的“主工具栏”切换回停靠状态，可以将浮动的面板拖曳到任意一个面板或主工具栏的边缘，或者直接双击“主工具栏”的标题名称也可返回到停靠状态。例如，“命令面板”是浮动在界面中的，将光标放在“命令面板”的标题名称上，然后双击鼠标左键，这样“命令面板”就会返回到停靠状态，如图2-18和图2-19所示。另外，也可以在“主工具栏”的顶部单击鼠标右键，然后在弹出的菜单中选择“停靠”菜单下的子命令来选择停靠位置，如图2-20所示。

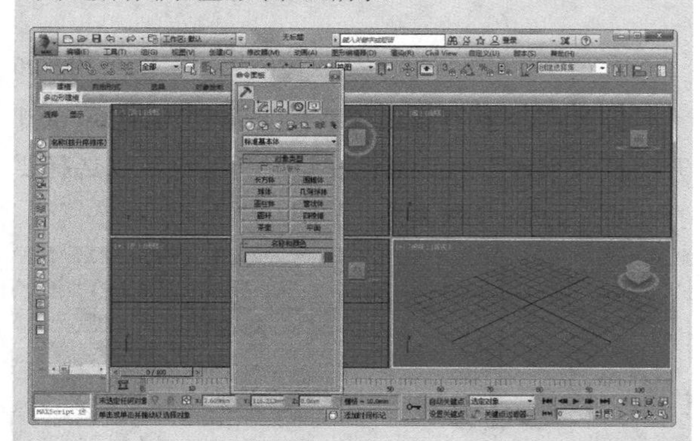

图2-18

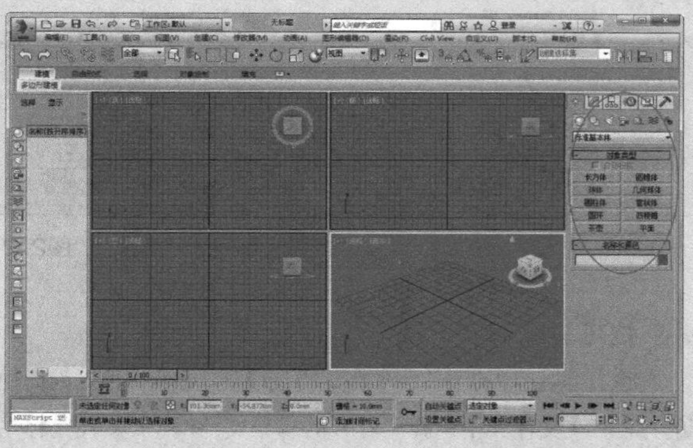

图2-19

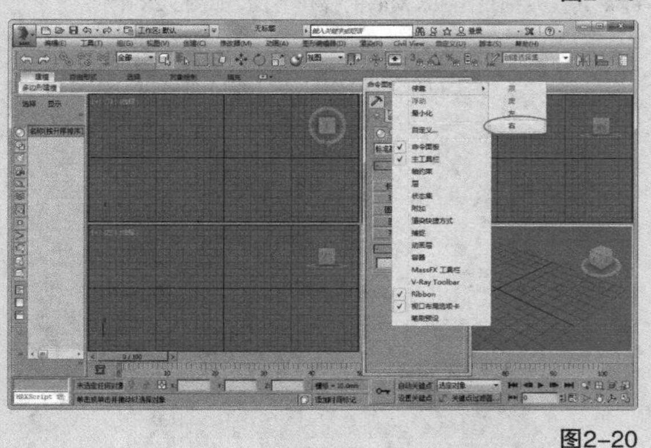

图2-20

本节知识介绍

知识名称	主要作用	重要程度
标题栏	显示当前编辑的文件名称及软件版本信息	中
菜单栏	包含所有用于编辑对象的菜单命令	高
主工具栏	包含最常用的工具	高
视口区域	用于实际工作的区域	高
命令面板	包含用于创建/编辑对象的常用工具和命令	高
时间尺	预览动画及设置关键点	高
状态栏	显示选定对象的数目、类型、变换值和栅格数目等信息	中
时间控制按钮	控制动画的播放效果	高
视图导航控制按钮	控制视图的显示和导航	高

2.3 标题栏

3ds Max 2016的“标题栏”位于界面的最顶部。“标题栏”中包含当前编辑的文件名称、软件版本信息，还有软件图标（这个图标也称为“应用程序”图标）、快速访问工具栏和信息中心3个非常人性化的工具栏，如图2-21所示。

图2-21

2.3.1 应用程序

单击“应用程序”图标会弹出一个用于管理场景文件的下拉菜单。这个菜单与之前版本的“文件”菜单类似，主要包括“新建”“重置”“打开”“保存”“另存为”“导入”“导出”“发送到”“参考”“管理”“属性”11个常用命令，如图2-22所示。

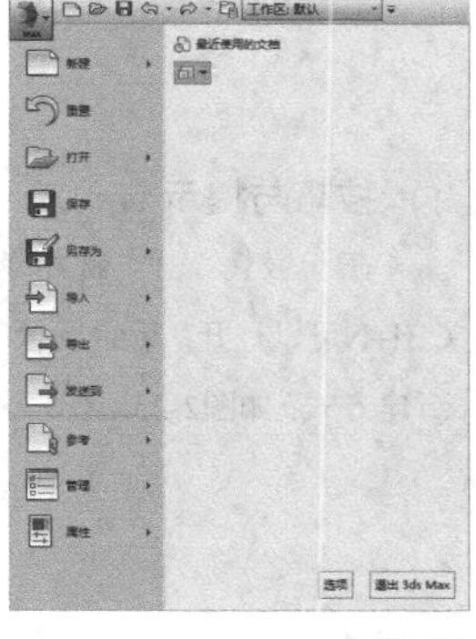

图2-22

技巧与提示

由于“应用程序”菜单下的命令都是一些常用的命令，因此使用频率很高，这里提供了这些命令的键盘快捷键，如下所示。请牢记这些快捷键，这样可以节省很多操作时间。

新建：Ctrl+N

打开：Ctrl+O

保存：Ctrl+S

退出3ds Max：Alt+F4

【重要参数介绍】

新建：该命令用于新建场景，包含4种方式，如图2-23所示。

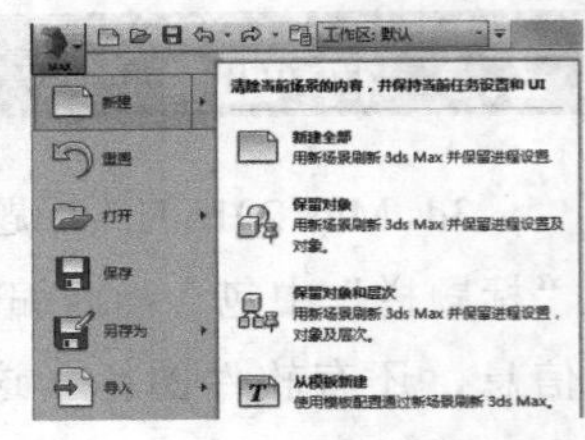

图2-23

新建全部：新建一个场景，并清除当前场景中的所有内容。

保留对象：保留场景中的对象，但是删除它们之间的任意链接以及任意动画键。

保留对象和层次：保留对象以及它们之间的层次链接，但是删除任意动画键。

从模板新建：从“创建新场景”对话框中选择场景模板进行创建，如图2-24所示。

图2-24

技巧与提示

在一般情况下，新建场景都用快捷键来完成。按快捷键Ctrl+N可以打开“新建场景”对话框，在该对话框中也可以选择新建方式，如图2-25所示。这种方式是最快捷的新建方式。

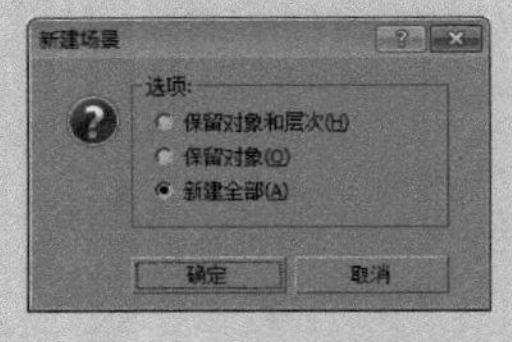

图2-25

重置：执行该命令可以清除所有数据，并重置3ds Max设置（包括视口配置、捕捉设置、材质编辑器、视口背景图像等）。重置可以还原启动默认设置，并且可以移除当前所做的任何自定义设置。

打开：该命令用于打开场景，包含两种方式，如图2-26所示。

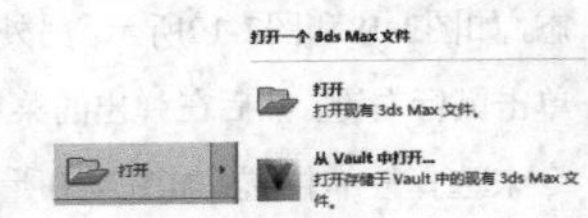

图2-26

打开：执行该命令或按快捷键Ctrl+O可以打开“打开文件”对话框，在该对话框中可以选择要打开的3ds Max场景文件，如图2-27所示。

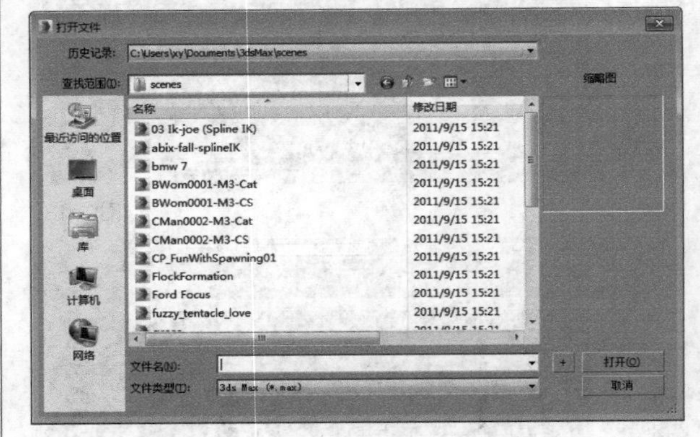

图2-27

技巧与提示

除了可以用“打开”命令打开场景以外，还有一种更为简便的方法。在文件夹中选择要打开的场景文件，然后按住鼠标左键将其直接拖曳至3ds Max的操作界面，如图2-28所示。

图2-28

从Vault中打开：执行该命令可以直接从Autodesk Vault（3ds Max附带的数据管理提供程序）中打开 3ds Max文件，如图2-29所示。

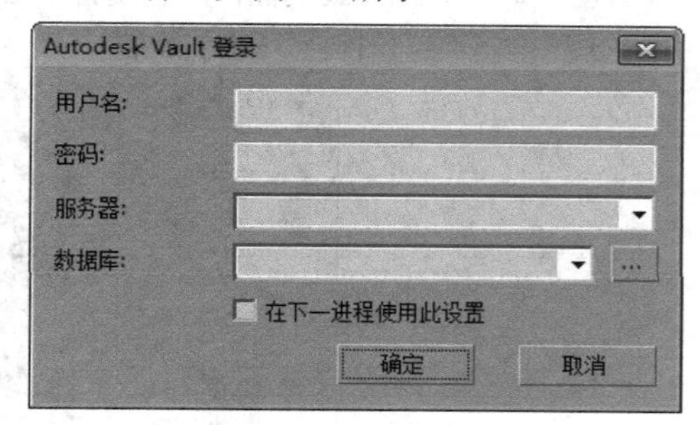

图2-29

保存：执行该命令可以保存当前场景。如果先前没有保存场景，执行该命令则会打开“文件另存为”对话框，在该对话框中可以设置文件的保存位置、文件名以及保存的类型，如图2-30所示。

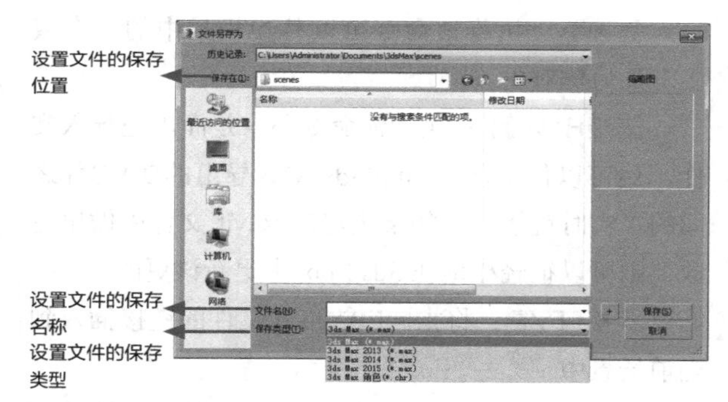

图2-30

另存为：执行该命令可以将当前场景文件另存一份，包含4种方式，如图2-31所示。

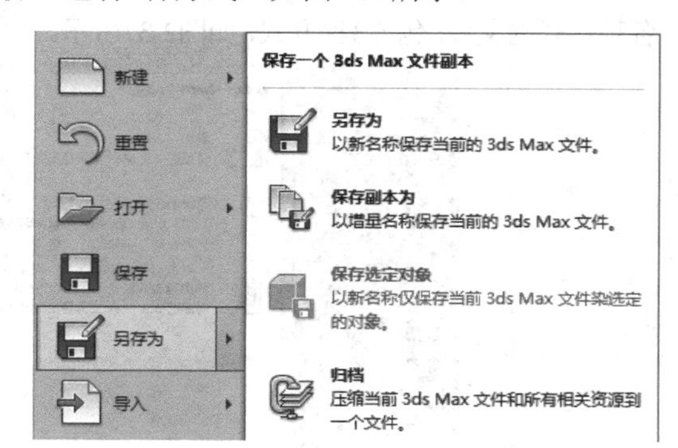

图2-31

另存为：执行该命令可以打开“文件另存为”对话框，在该对话框中可以设置文件的保存位置、文件名以及保存的类型，如图2-32所示。

图2-32

技巧与提示

“保存”与“另存为”命令都是用来保存文件的，它们之间有什么区别呢？

关于“保存”命令，如果事先已经保存了场景文件，也就是计算机硬盘中已经有这个场景文件，那么执行该命令可以直接覆盖这个文件；如果计算机硬盘中没有场景文件，那么执行该命令会打开“文件另存为”对话框，设置好文件保存位置、保存命令和保存类型后才能保存文件，这种情况与“另存为”命令的工作原理是一样的。

关于“另存为”命令，如果硬盘中已经存在场景文件，执行该命令同样会打开“文件另存为”对话框，可以选择另存为一个文件，也可以选择覆盖原来的文件；如果硬盘中没有场景文件，执行该命令还是会打开“文件另存为”对话框。

保存副本为：执行该命令可以用一个不同的文件名来保存当前场景的副本。

保存选定对象：在视口中选择一个或多个几何体对象以后，执行该命令可以保存选定的几何体。注意，只有在选择了几何体的情况下该命令才可用。

归档：这是一个比较实用的功能。执行该命令可以将创建好的场景、场景位图保存为一个zip压缩包。对于复杂的场景，使用该命令进行保存是一种很好的保存方法，因为这样不会丢失任何文件。

导入：该命令可以加载或合并当前3ds Max场景文件中以外的几何体文件，包含6种方式，如图2-33所示。

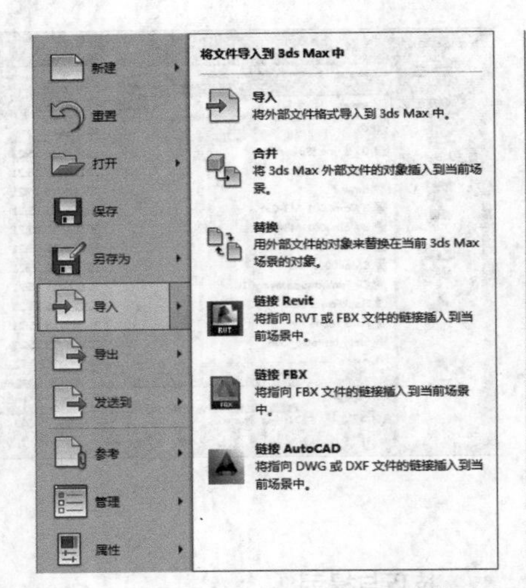

图2-33

导入：执行该命令可以打开“选择要导入的文件”对话框，在该对话框中可以选择要导入的文件，如图2-34所示。

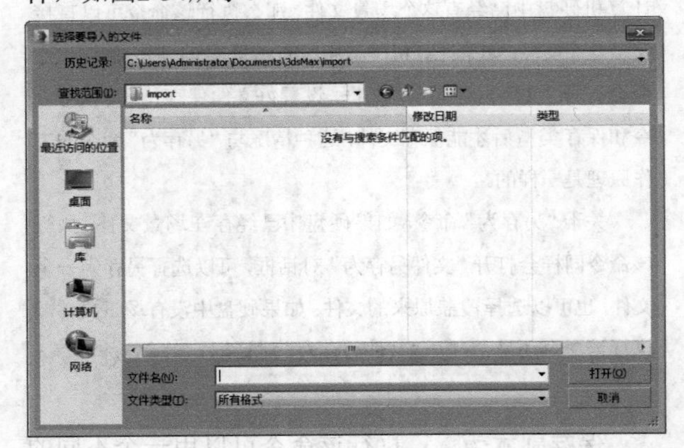

图2-34

合并：执行该命令可以打开“合并文件”对话框，在该对话框中可以将保存的场景文件中的对象加载到当前场景中，如图2-35所示。

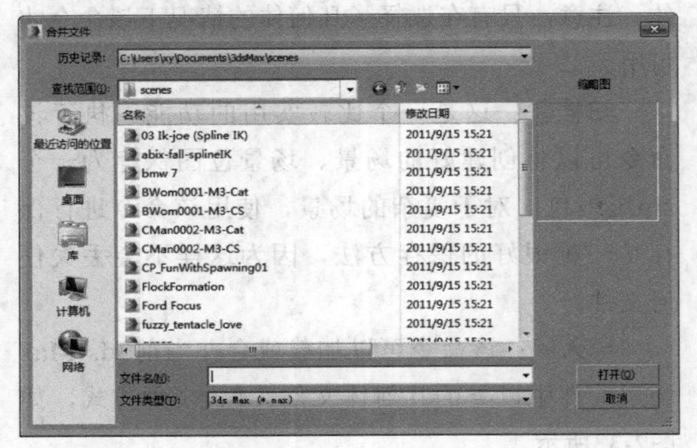

图2-35

技巧与提示

选择要合并的文件后，在“合并文件”对话框中单击“打开”按钮，3ds Max会弹出“合并”对话框，在该对话框中可以选择要合并的文件类型，如图2-36所示。

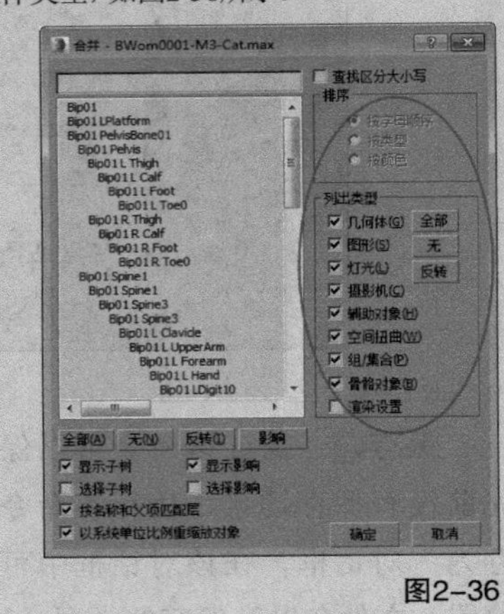

图2-36

替换：执行该命令可以替换场景中的一个或多个几何体对象。

链接Revit：执行该命令不只是简单地导入文件，还可以保持从Revit和3ds Max导出的DWG件之间的“实时链接”。如果决定在 Revit 文件中做出更改，则可以很轻松地在 3ds Max 中更新该更改。

链接FBX：将指向FBX格式文件的链接插入到当前场景中。

连接到AutoCad：将指向DWG或DXF格式文件的链接插入到当前场景中。

导出：该命令可以将场景中的几何体对象导出为各种格式的文件，包含3种方式，如图2-37所示。

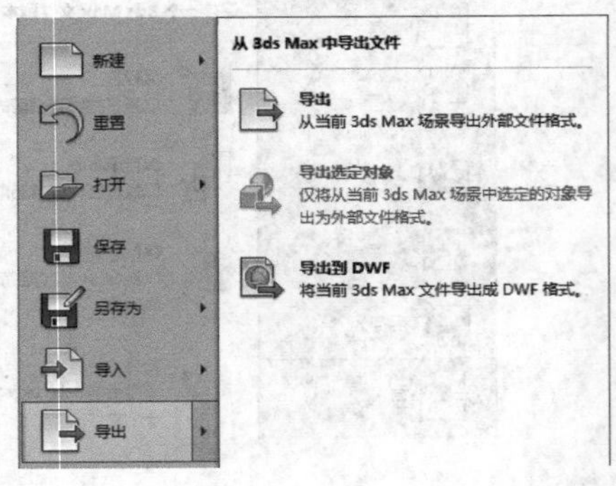

图2-37

导出：执行该命令可以导出场景中的几何体对象，在弹出的“选择要导出的文件”对话框中可以选择要导出的文件格式，如图2-38所示。

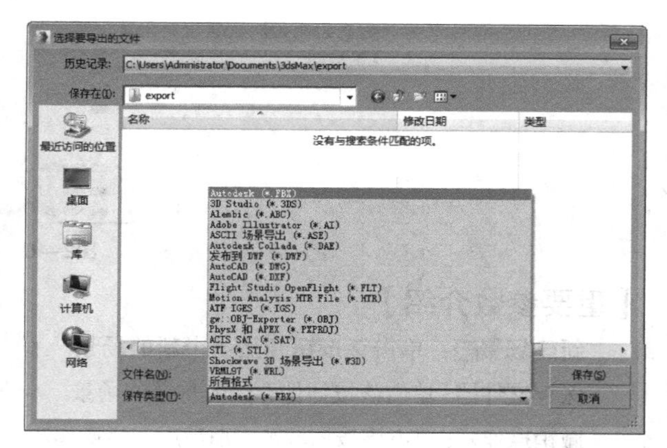

图2-38

导出选定对象：在场景中选择几何体对象以后，执行该命令可以用各种格式导出选定的几何体。

导出到DWF：执行该命令可以将场景中的几何体对象导出成dwf格式的文件。这种格式的文件可以在AutoCAD中打开。

发送到：该命令可以将当前场景发送到其他软件中，以实现交互式操作，可发送的软件有3种，如图2-39所示。

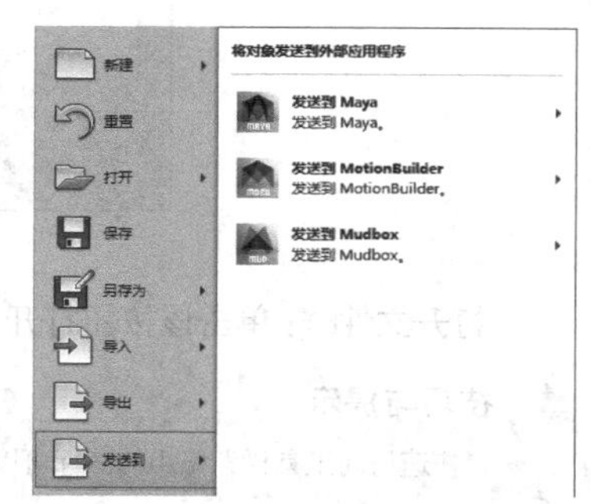

图2-39

技巧与提示

上面的内容涉及了Maya、Softimage、MotionBuilder和Mudbox等软件，这里顺便介绍一下这些软件的基本情况。

Autodesk Maya是美国Autodesk公司出品的三维动画软件，应用对象是专业的影视广告、角色动画、电影特技等。Maya功能完善，工作灵活，易学易用，制作效率极高，渲染真实感极强，是电影级别的高端制作软件。

Softimage（该软件是Autodesk公司的软件）是一款专业的3D动画制作软件。Softimage占据了娱乐业和影视业的主要市场，动画设计师们用这个软件制作出了很多优秀的影视作品，如《泰坦尼克号》《失落的世界》《第五元素》等电影中的很多镜头都是由Softimage完成的。

MotionBuilder（该软件是Autodesk公司的软件）是业界重要的3D角色动画制作软件之一。它集成了众多优秀的工具，为制作高质量的动画作品提供了保证。

Mudbox（该软件是Autodesk公司的软件）是一款用于数字雕刻与纹理绘画的软件，其基本操作方式与Maya相似。

参考：该命令用于将外部的参考文件插入3ds Max中，以供用户进行参考，可供参考的对象包括5种，如图2-40所示。

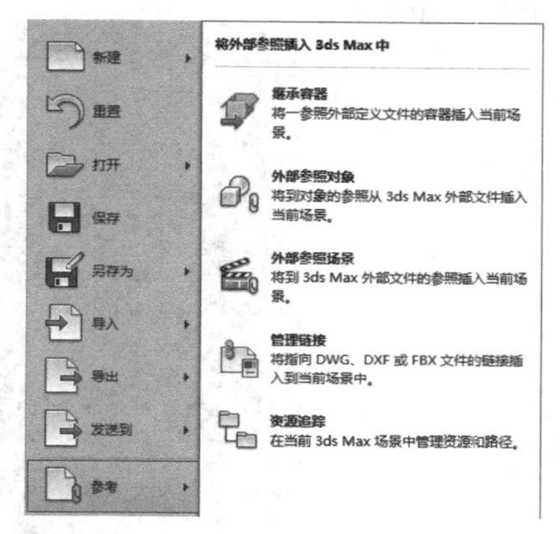

图2-40

管理：该命令用于对3ds Max的相关资源进行管理，如图2-41所示。

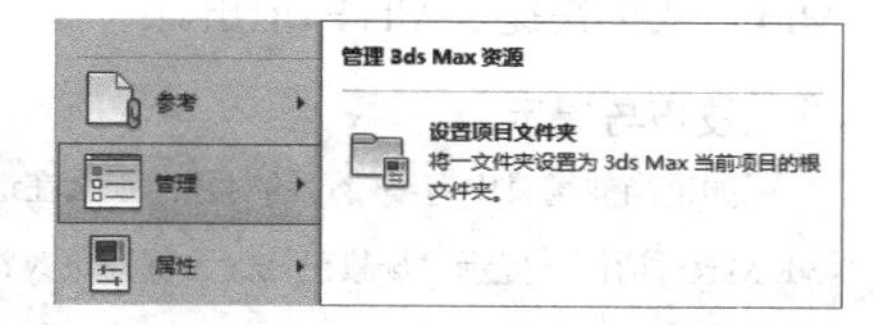

图2-41

设置项目文件夹：执行该命令可以打开"浏览文件夹"对话框，在该对话框中可以选择一个文件夹作为3ds Max当前项目的根文件夹，如图2-42所示。

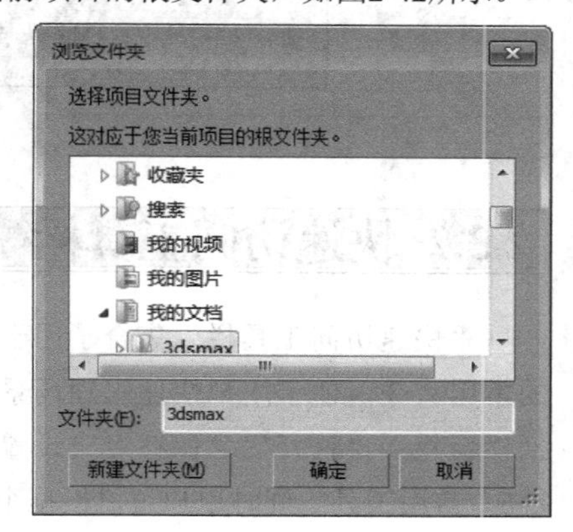

图2-42

属性：该命令用于显示当前场景的详细摘要信息和文件属性信息，如图2-43所示。

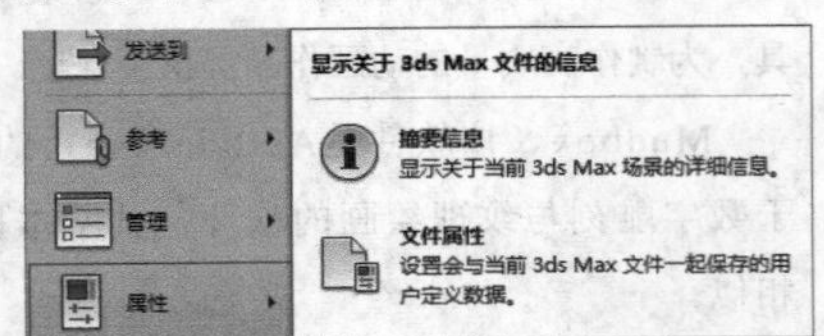

图2-43

选项：单击该按钮可以打开“首选项设置”对话框，在该对话框中几乎可以设置3ds Max所有的首选项，如图2-44所示。

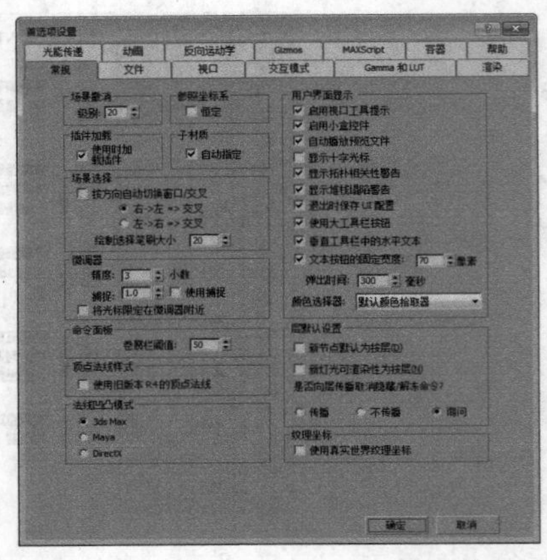

图2-44

退出3ds Max：单击该按钮可以退出3ds Max，或按快捷键Alt+F4退出。

技巧与提示

如果当前场景中有编辑过的对象，那么在退出时会弹出一个3ds Max对话框，提示“场景已修改。保存更改？”，用户可根据实际情况来进行操作，如图2-45所示。

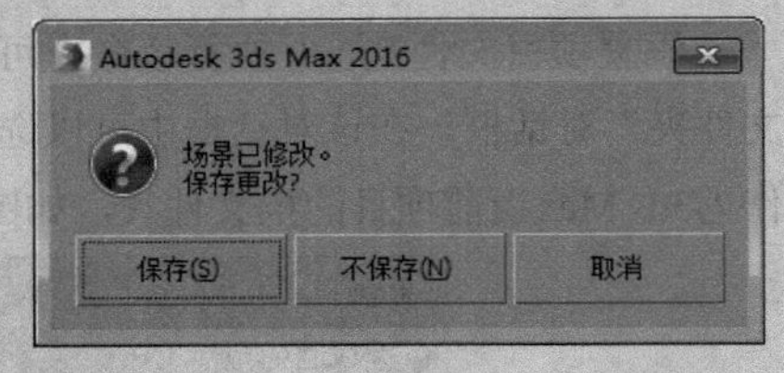

图2-45

2.3.2 快速访问工具栏

“快速访问工具栏”集合了用于管理场景文件的常用命令，便于用户快速管理场景文件，主要包括“新建”“打开”“保存”“设置项目文件夹”等6个常用工具。同时用户可以根据个人喜好对“快速访问工具栏”进行设置，如图2-46所示。

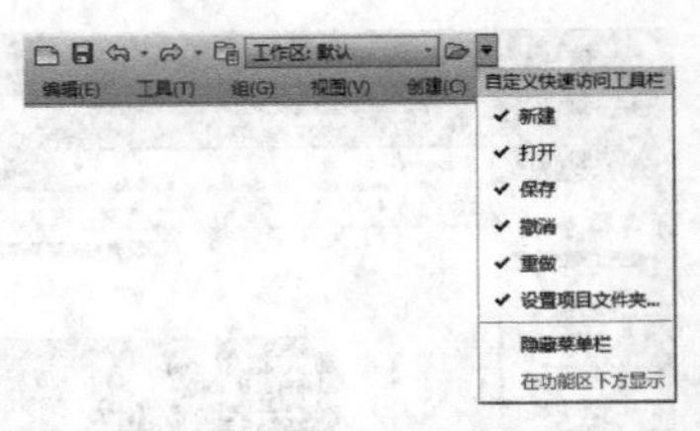

图2-46

【重要参数介绍】

新建场景：单击该按钮开始一个新的场景。

保存文件：单击该按钮保存当前打开的场景。

撤销操作：单击该按钮取消当前最后一步操作。

重做操作：单击该按钮取消当前最后一步撤销操作。

项目文件夹：单击该按钮打开“浏览文件夹”对话框，该对话框可以为当前场景设置项目文件夹，如图2-47所示。

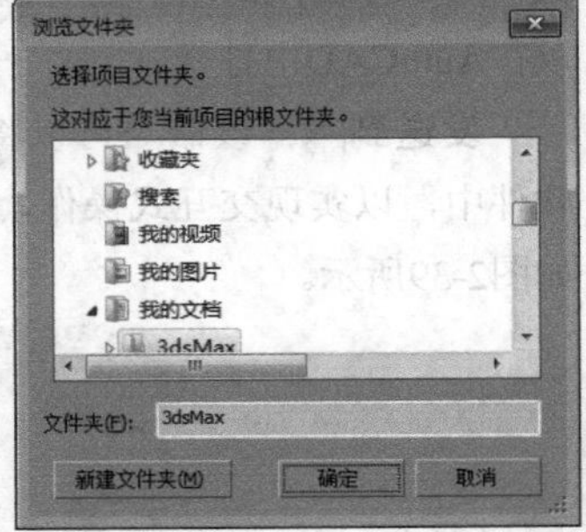

图2-47

打开文件：单击该按钮打开以前保存的场景。

技巧与提示

“快速访问工具栏”集中的图标可以进行自定义设置，如可以控制显示哪些图标或不显示哪些图标。在图2-46中，右边的弹出式下拉菜单就是用来控制图标的显示与否。例如，在菜单中选择“新建”命令（前面出现√符号表示被选中），那么“快速访问工具栏”中将显示图标。

2.3.3 信息中心

“信息中心”用于访问有关3ds Max 2016和其他Autodesk产品的信息，如图2-48所示。一般来讲，这个工具的使用频率非常低，绝大部分用户基本上不使用。

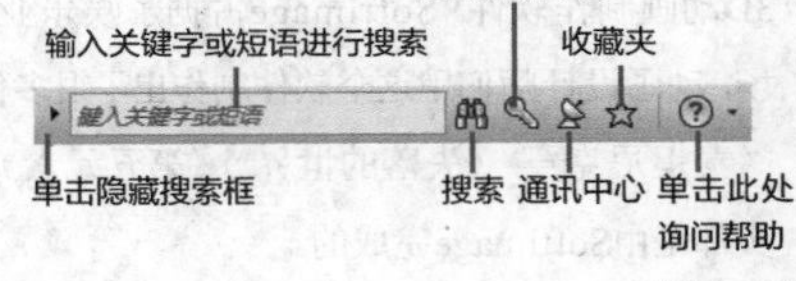

图2-48

课堂案例

用归档功能保存场景

场景文件	场景文件>CH02>01.max
实例文件	实例文件>CH02>课堂案例：用归档功能保存场景.zip
视频名称	用归档功能保存场景.mp4
难易指数	★☆☆☆☆
学习目标	练习使用归档功能保存场景

通常情况下，我们在完成场景后会对其进行保存，当场景文件或者其他子文件较多的时候，都会将其打包保存为一个.zip格式的压缩文件，具体操作步骤如下。

01 按快捷键Ctrl+O打开“打开文件”对话框，然后打开本书学习资源中的“场景文件>CH02>01.max”文件，接着单击“打开”按钮 打开(O) ，如图2-49所示，打开的场景效果如图2-50所示。

图2-49

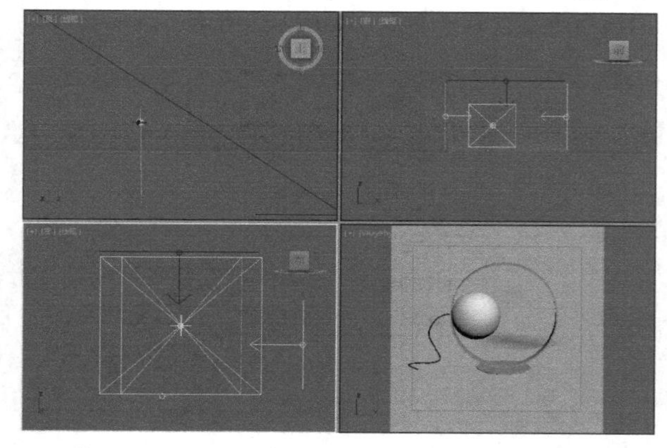

图2-50

技巧与提示

观察图2-50所示的摄影机视图，发现里面有些斑点，这是3ds Max 2016的实时照明和阴影显示效果（默认情况下，在3ds Max 2016中打开的场景都有实时照明和阴影），如图2-51所示。如果要关闭实时照明和阴影，可以执行“视图>视口配置”菜单命令，打开“视口配置”对话框，然后在“照明和阴影”选项组下取消勾选“阴影”“环境光阻挡”“环境反射”选项，接着单击“应用到活动视图”按钮，如图2-52所示，这样在活动视图中就不会显示出实时照明和阴影，如图2-53所示。另外，开启实时照明和阴影会占用一定的系统资源，建议计算机配置比较低的用户关闭这个功能。

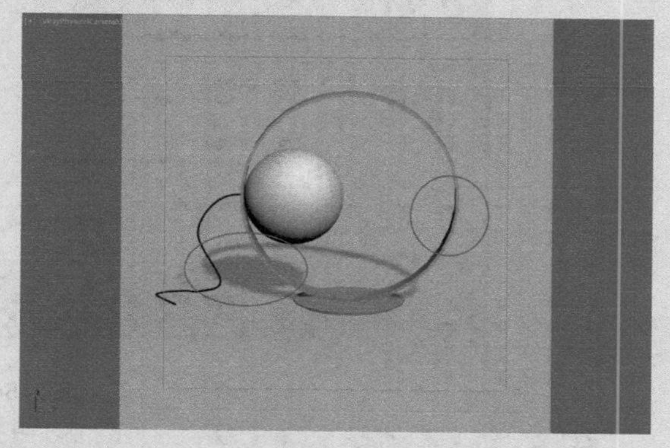

图2-51

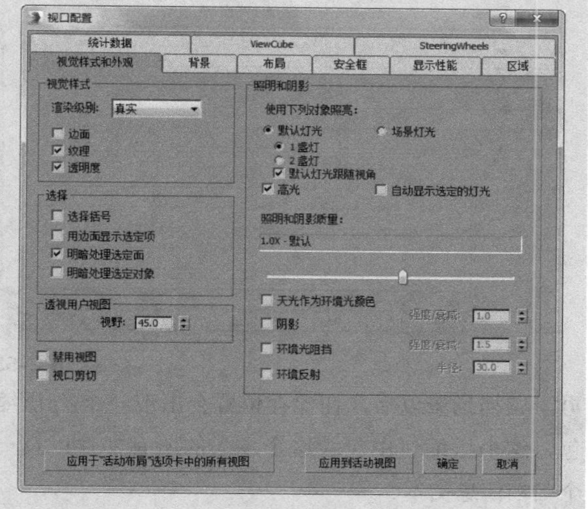

图2-52

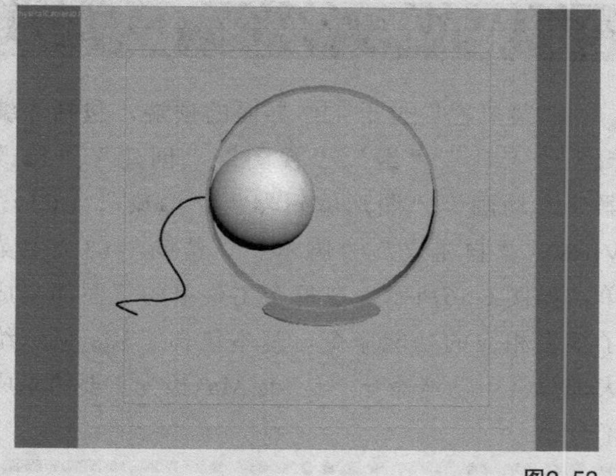

图2-53

02 单击界面左上角的“应用程序”图标，然后在弹出的菜单中执行“另存为>归档”菜单命令，如图2-54所示。接着在弹出的“文件归档”对话框中设置好保存位置和文件名，最后单击“保存”按钮 保存(S) ，如图2-55所示。

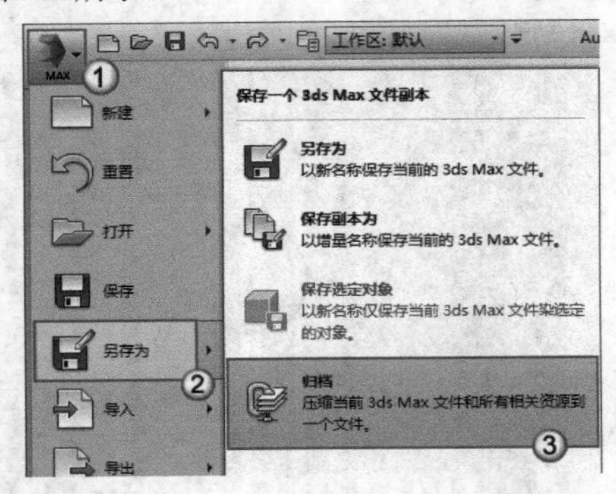

图2-54

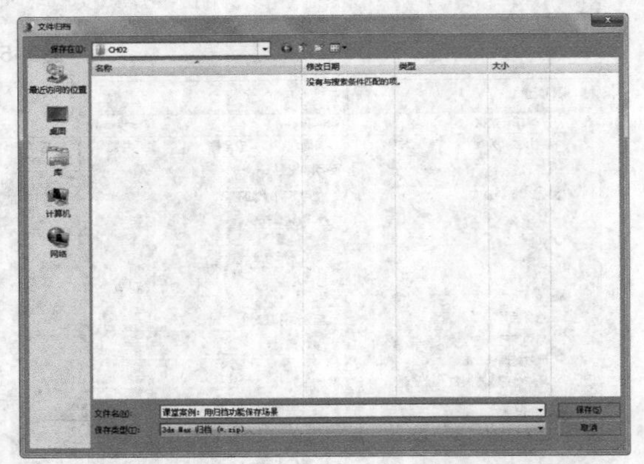
图2-55

03 归档场景以后，在保存位置会出现一个zip压缩包，这个压缩包中包含这个场景的所有文件以及一个归档信息文本。

2.4 菜单栏

“菜单栏”位于工作界面的顶端，包括“编辑”“工具”“组”“视图”“创建”“修改器”“动画”“图形编辑器”“渲染”、Civil View、“自定义”“脚本”“帮助”13个主菜单，如图2-56所示。在每个主菜单的下面都集成了很多相应的功能命令，基本包含了3ds Max绝大部分常用功能命令，是3ds Max极为重要的组成部分。

图2-56

2.4.1 关于菜单栏

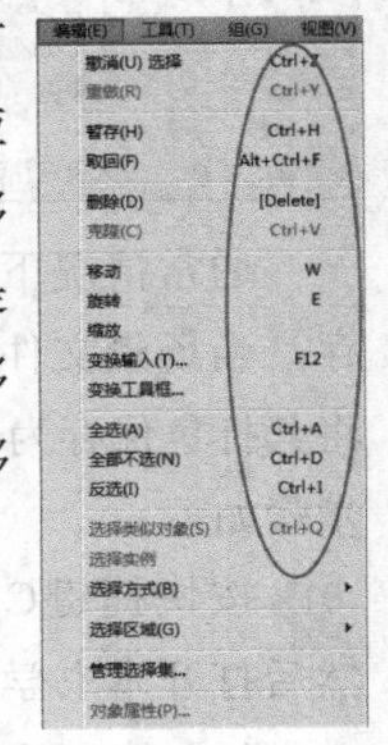
图2-57

在执行菜单栏中的命令时可以发现，某些命令后面有与之对应的快捷键，如图2-57所示。如“移动”命令的快捷键为W键，也就是说按W键就可以切换到“选择并移动”工具。牢记这些快捷键能够节省很多操作时间。

若下拉菜单命令的后面带有省略号，则表示执行该命令后会弹出一个独立的对话框，如图2-58所示。

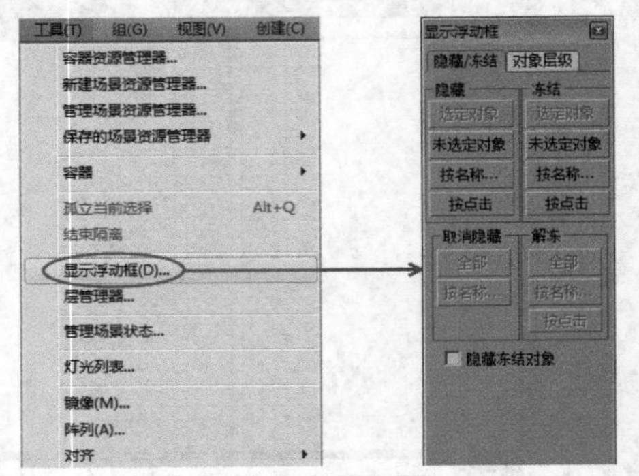

图2-58

若下拉菜单命令的后面带有小箭头图标，则表示该命令还含有子命令，如图2-59所示。

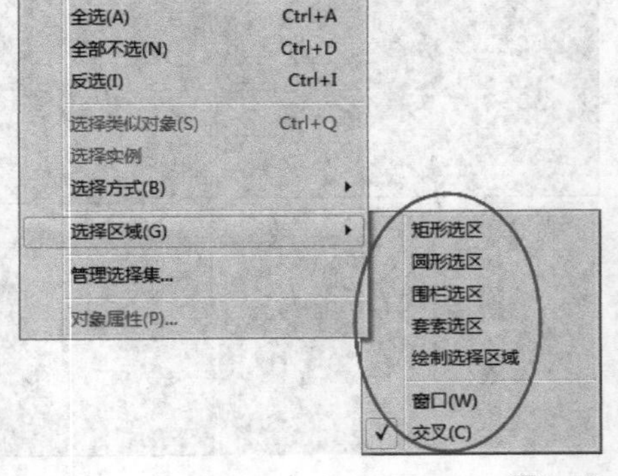

图2-59

部分菜单命令的字母下有下画线，需要执行该命令时可以先按住Alt键，然后在键盘上按该命令所在主菜单的下画线字母，接着在键盘上按下拉菜单中该命令的下画线字母即可执行相应的命令。以“撤销”命令为例，先按住Alt键，然后按E键，接着按U键即可撤销当前操作，返回到上一步（按快捷键Ctrl+Z也可以达到相同的效果），如图2-60所示。

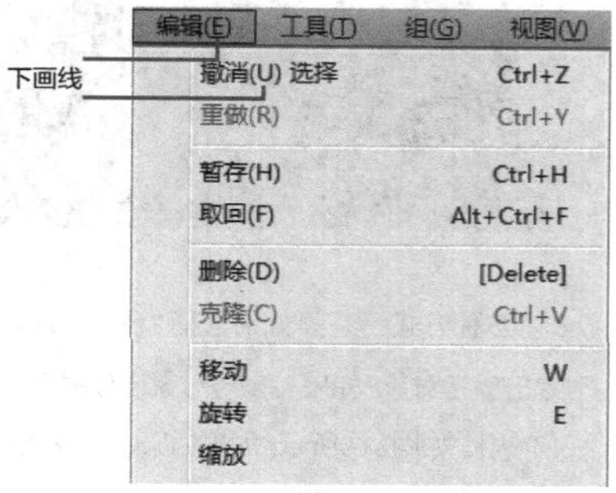

图2-60

仔细观察菜单命令，会发现某些命令显示为灰色，表示这些命令不可用，这是因为在当前操作中该命令没有合适的操作对象。如在没有选择任何对象的情况下，“组”菜单下的命令只有一个“集合”命令处于可用状态，如图2-61所示，而在选择了对象以后，“组”命令和“集合”命令都可用，如图2-62所示。

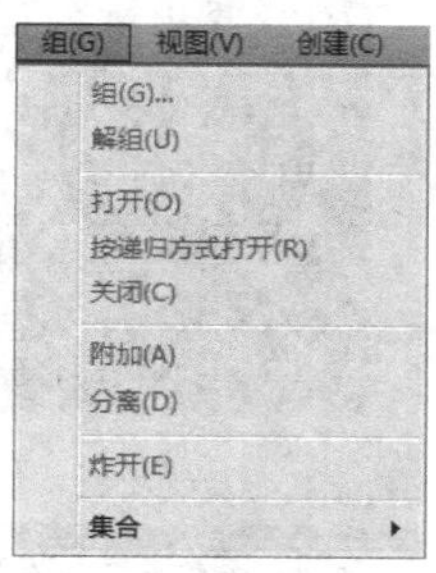

图2-61

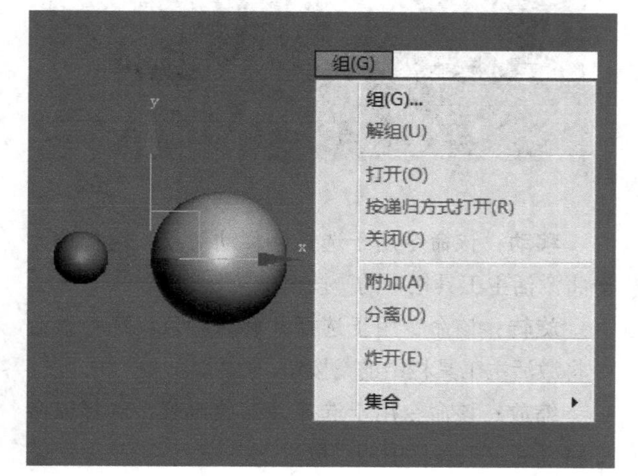

图2-62

2.4.2 编辑

顾名思义，“编辑”菜单集成了一些常用于文件编辑的命令，如“移动”“缩放”“旋转”等，这些都是使用频率极高的功能命令。“编辑”菜单下的常用命令基本都配有快捷键，如图2-63所示。

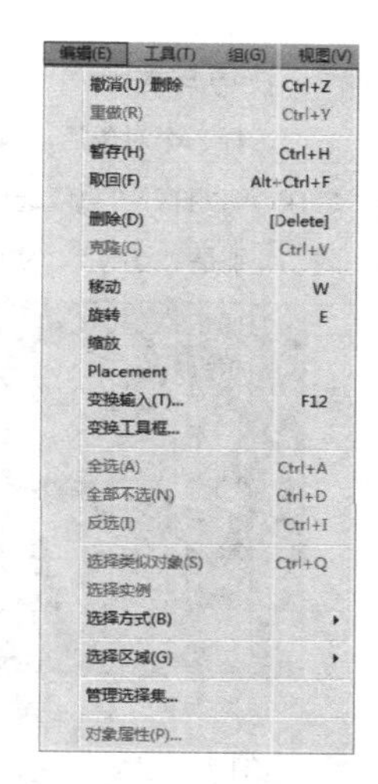

图2-63

技巧与提示

“编辑”菜单常用命令的快捷键如下所示。请牢记这些快捷键，这样可以节省很多操作时间。

撤销：Ctrl+Z

暂存：Ctrl+H

删除：Delete

克隆：Ctrl+V

移动：W

旋转：E

全选：Ctrl+A

全部不选：Ctrl+D

反选：Ctrl+I

【重要参数介绍】

撤销：用于撤销上一次操作，可以连续使用，撤销的次数可以控制。

重做：用于恢复上一次撤销的操作，可以连续使用，直到不能恢复为止。

暂存：使用“暂存”命令可以将场景设置保存到基于磁盘的缓冲区，可存储的信息包括几何体、灯光、摄影机、视口配置以及选择集。

取回：当使用了“暂存”命令后，使用“取回”命令可以还原上一个“暂存”命令存储的缓冲内容。

删除：选择对象以后，执行该命令或按Delete键可将其删除。

克隆：使用该命令可以创建对象的副本、实例或参考对象。

技巧与提示

选择一个对象后，执行“编辑>克隆”菜单命令或按快捷键Ctrl+V可以打开“克隆选项”对话框，在该对话框中有3种克隆方式，分别是“复制”“实例”“参考”，如图2-64所示。

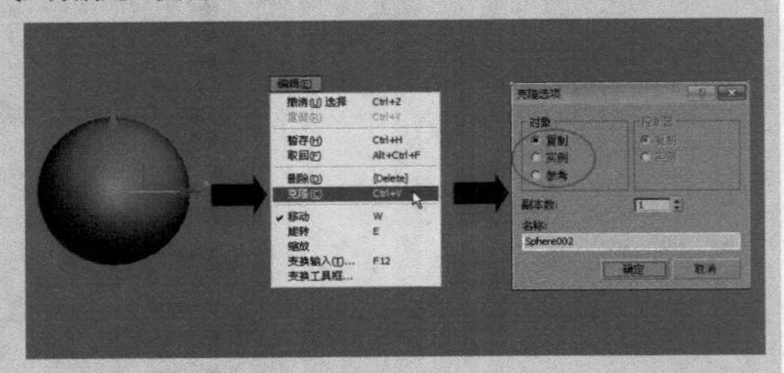

图2-64

第1种方式：复制，如果选择“复制”方式，那么将创建一个原始对象的副本对象，如图2-65所示。如果对原始对象或副本对象中的一个进行编辑，那么另外一个对象不会受到任何影响，如图2-66所示。

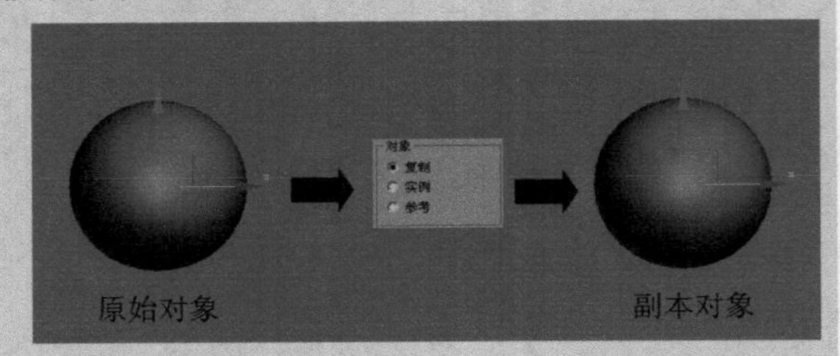

图2-65

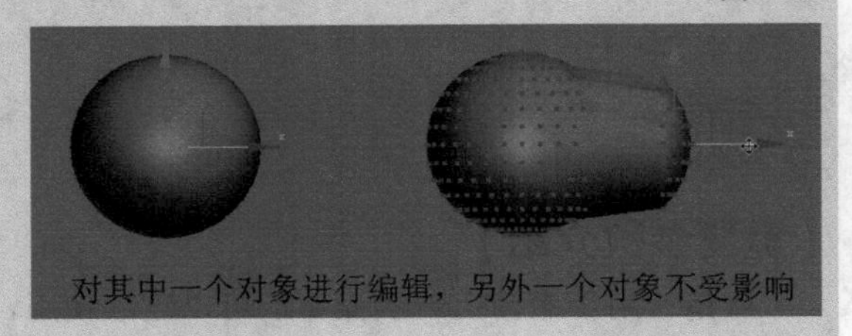

图2-66

第2种方式：实例，如果选择“实例”方式，那么将创建一个原始对象的实例对象，如图2-67所示。如果对原始对象或副本对象中的一个进行编辑，那么另外一个对象也会跟着发生变化，如图2-68所示。这种复制方式很实用，如在一个场景中创建一盏目标灯光，调节好参数以后，用“实例”方式将其复制若干盏到其他位置，这时如果修改其中一盏目标灯光的参数，所有目标灯光的参数都会跟着发生变化。

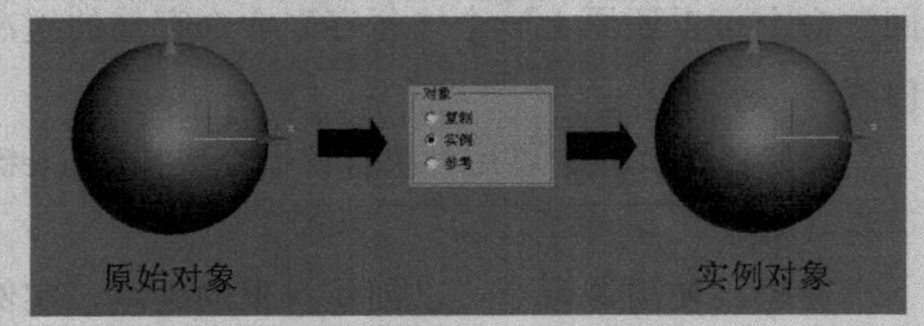

图2-67

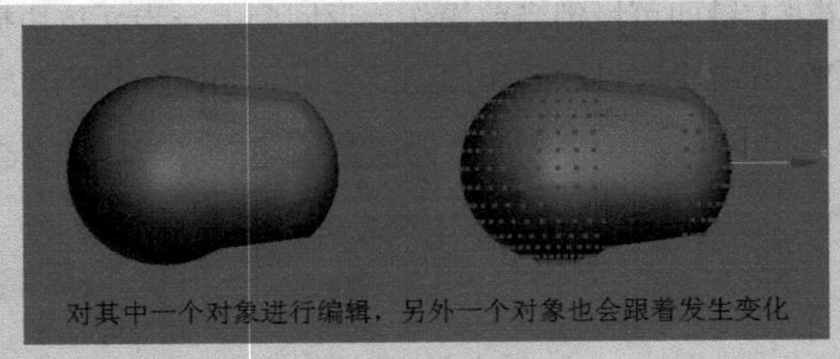

图2-68

第3种方式：参考，如果选择“参考”方式，那么将创建一个原始对象的参考对象。如果对参考对象进行编辑，那么原始对象不会发生任何变化，如图2-69所示；如果为原始对象加载一个FFD 4×4×4修改器，那么参考对象也会被加载一个相同的修改器，此时对原始对象进行编辑，那么参考对象也会跟着发生变化，如图2-70所示。注意，在一般情况下都不会用到这种克隆方式。

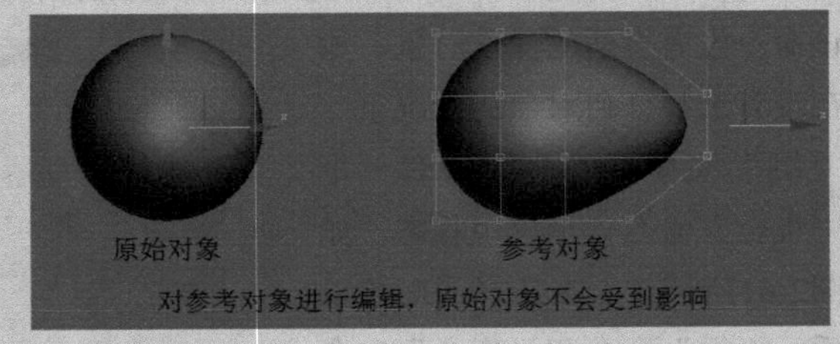

图2-69

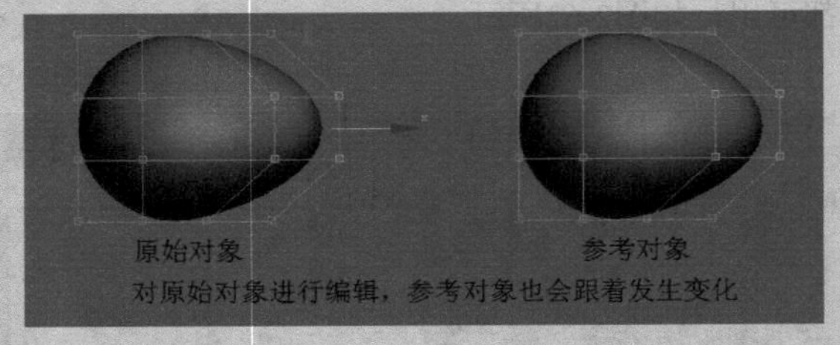

图2-70

移动：该命令用于选择并移动对象，选择该命令将激活主工具栏中的按钮。

旋转：该命令用于选择并旋转对象，选择该命令将激活主工具栏中的按钮。

缩放：该命令用于选择并缩放对象，选择该命令将激活主工具栏中的按钮。

技巧与提示

这里暂时不详细介绍“移动”“旋转”“缩放”命令的使用方法，笔者将在后面的“主工具栏”内容中进行详细介绍。

变换输入：该命令可以用于精确设置移动、旋转和缩放变换的数值。例如，当前选择的是“选择并移动”工具，那么执行“编辑>变换输入”菜单命令可以打开“移动变换输入”对话框，在该对话框中可以精确设置对象的*x*/*y*/*z*坐标值，如图2-71所示。

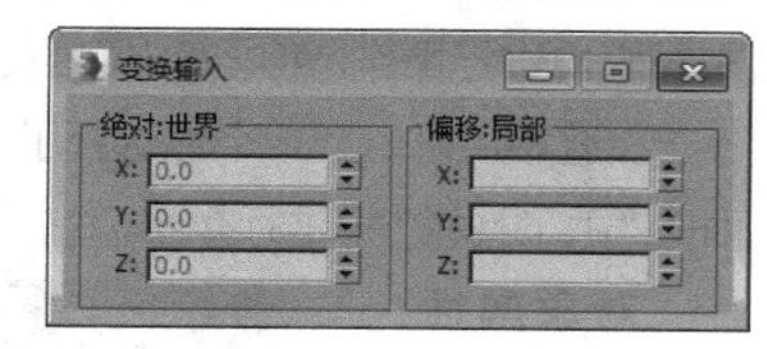

图2-71

技巧与提示

如果当前选择的是“选择并旋转”工具，执行“编辑>变换输入”菜单命令将打开“旋转变换输入”对话框，如图2-72所示；如果当前选择的是“选择并均匀缩放”工具，执行“编辑>变换输入”菜单命令将打开“缩放变换输入”对话框，如图2-73所示。

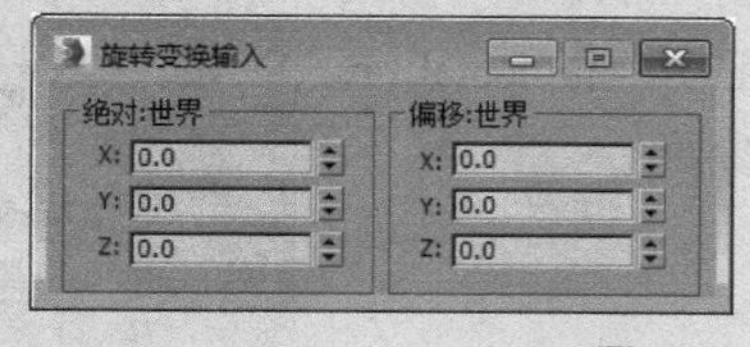

图2-72

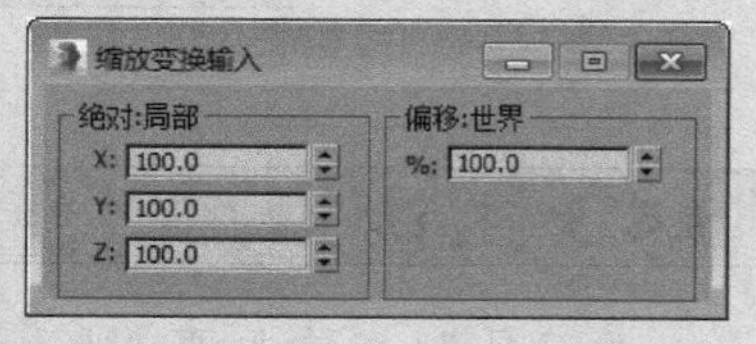

图2-73

变换工具框：执行该命令可以打开“变换工具框”对话框，如图2-74所示。在该对话框中可以调整对象的旋转、缩放、定位以及对象的轴。

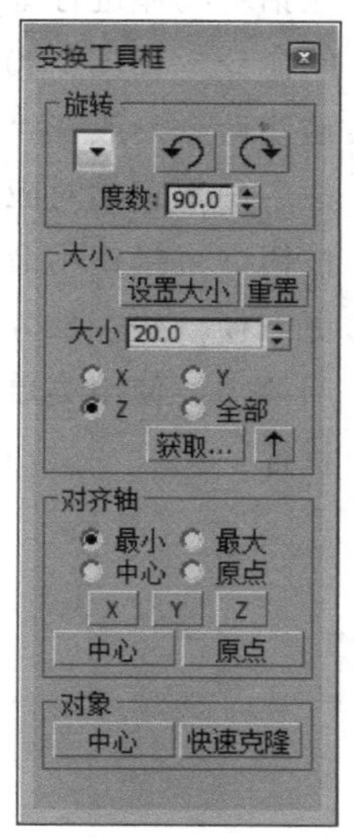

图2-74

全选：执行该命令或按快捷键Ctrl+A可以选择场景中的所有对象。

技巧与提示

“全选”命令是基于“主工具栏”中的“过滤器”列表而言的。例如，在“过滤器”列表中选择“全部”选项，那么执行“全选”命令可以选择场景中所有的对象；如果在“过滤器”列表中选择“L-灯光”选项，那么执行“全选”命令将选择场景中的所有灯光，而其他对象不会被选择。

全部不选：执行该命令或按快捷键Ctrl+D可以取消对任何对象的选择。

反选：执行该命令或按快捷键Ctrl+I可以反向选择对象。

选择类似对象：执行该命令或按快捷键Ctrl+Q可以自动选择与当前选择对象类似的所有对象。这里需要注意，类似对象是指这些对象位于同一层中，并且应用了相同的材质或不应用材质。

选择实例：执行该命令可以选择选定对象的所有实例化对象。如果对象没有实例或者选定了多个对象，则该命令不可用。

选择方式：该命令包含3个子命令，如图2-75所示。

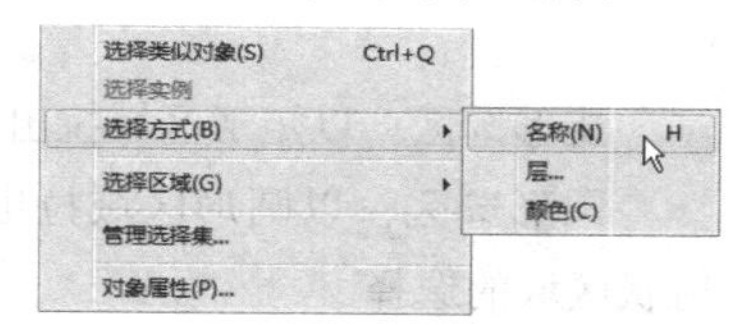

图2-75

名称：执行该命令或按H键可以打开“从场景选择”对话框，如图2-76所示。

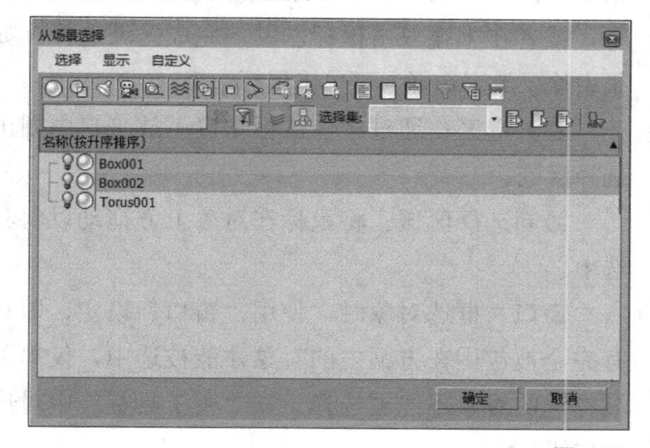

图2-76

技巧与提示

“名称”命令与“主工具栏”中的“按名称选择”工具是相同的，关于该命令的具体用法将在后面的“主工具栏”中进行介绍。

层：执行该命令可以打开“按层选择”对话框，如图2-77所示。在该对话框中选择一个或多个层以后，那么这些层中的所有对象都会被选择。

图2-77

颜色：执行该命令可以选择与选定对象具有相同颜色的所有对象。

选择区域：该命令包含7个子命令，如图2-78所示。

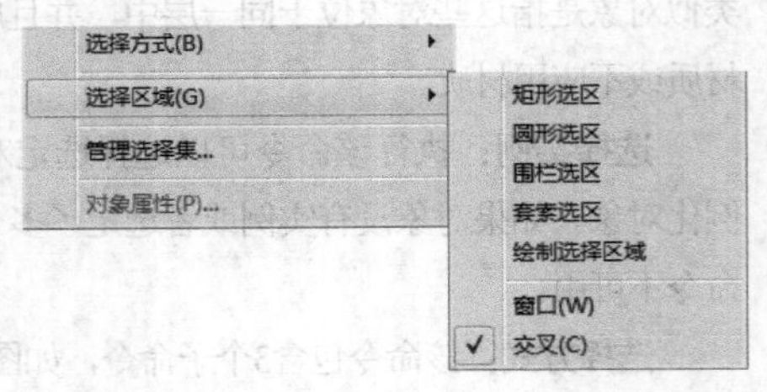

图2-78

矩形选区：以矩形区域拉出选择框选择对象。

圆形选区：以圆形区域拉出选择框，常用于放射状区域的选择。

围栏选区：用鼠标绘制出多边形框来圈出选择区域。不断单击鼠标左键拉出直线段（类似绘制样条线）围成多边形区域，最后单击起点进行区域闭合，或者在末端双击鼠标左键，完成区域选择。如果中途要放弃选择，可单击鼠标右键。

套索选区：通过按住鼠标左键不放来自由圈出选择区域。

绘制选择区域：将鼠标在对象上方拖动以将其选中。

窗口：框选对象时，使用“窗口”设定，即只有完全被包围在方框内的对象才能被选中，仅局部被框选的对象不能被选择。在“主工具栏”中对应的按钮是。

交叉：框选对象时，使用“交叉”设定，部分区域被框选的对象也会被选择（也包含全部都在框选区域内的对象）。在“主工具栏”中对应的按钮是。

管理选择集：3ds Max可以对当前的选择集合指定名称，以方便对它们进行操作。例如，在效果图制作中，把将要使用同一材质的物件都选择，为了方便以后再回来对它们进行操作，可以对它们的选择集合命名，这样下一次就不用再一个一个地选择了。具体的方法将在后面的“主工具栏”中进行介绍。

对象属性：选择一个或多个对象以后，执行该命令可以打开“对象属性”对话框，如图2-79所示。在该对话框中可以查看和编辑对象的“常规”“高级照明”和mental ray参数。

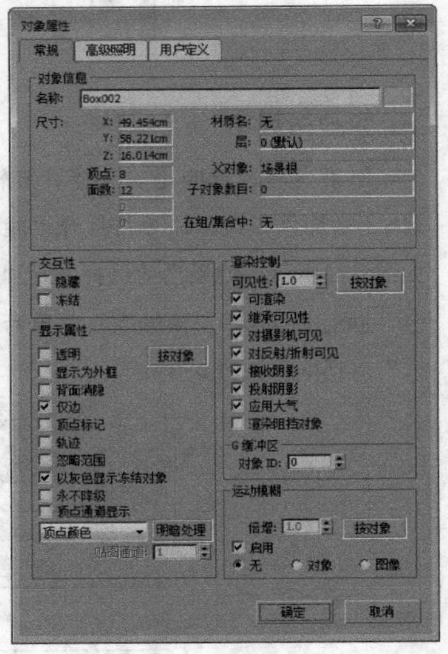

图2-79

2.4.3 工具

“工具”菜单主要包括对物体进行基本操作的命令，如图2-80所示。这些命令一般在“主工具栏”中都有相对应的命令按钮，直接使用命令按钮更方便一些，部分不太常用的需要使用菜单命令来执行。

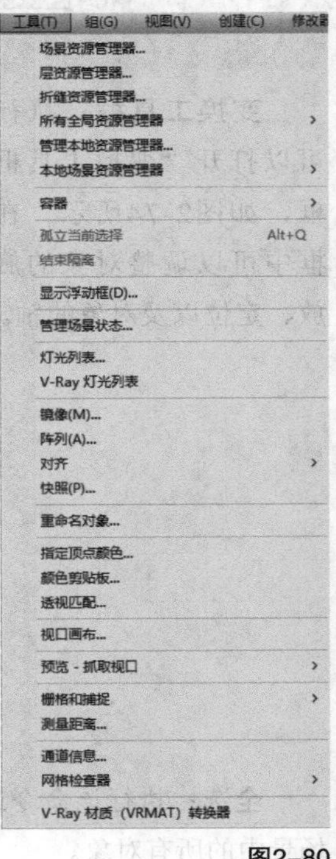

图2-80

技巧与提示

"工具"菜单常用命令的键盘快捷键如下所示。

孤立当前选择：Alt+Q

对齐>对齐：Alt+A

栅格和捕捉>捕捉开关：S

栅格和捕捉>角度捕捉切换：A

【重要参数介绍】

场景资源管理器：执行该命令，可以打开"场景资源管理器"。在3ds Max中，"场景资源管理器"是一个场景对象列表，用来查看、排序、过滤和选择对象，并且还提供一些属性编辑功能，如重命名、删除、隐藏和冻结对象、创建和修改对象层次等，如图2-81所示。

图2-81

管理本地资源管理器：所有活动的场景资源管理器都使用场景来保存和加载，要单独保存和加载场景资源管理器，以及删除和重命名它们，可以执行该命令打开"管理场景资源管理器"对话框，如图2-82所示。通过该对话框，用户可以保存和加载自定义的场景资源管理器，删除和重命名现在的实例，以及将喜欢的场景资源管理器设置为默认值。

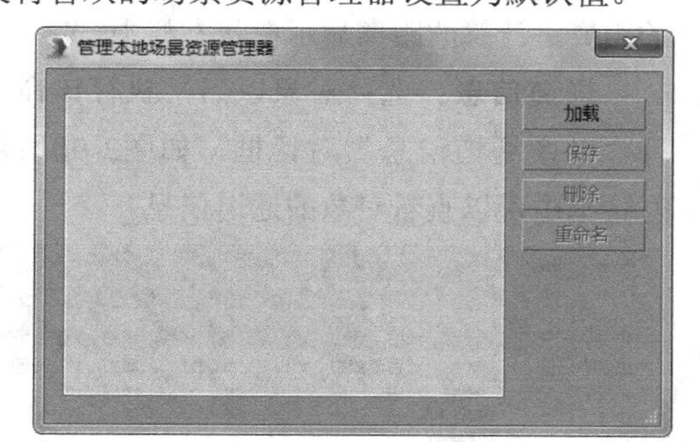

图2-82

孤立当前选择：这是一个相当重要的命令，也是一种特殊选择对象的方法，可以将选择的对象单独显示出来，以方便对其进行编辑。

显示浮动框：执行该命令将打开"显示浮动框"面板，里面包含了许多用于对象显示、隐藏和冻结的命令设置，这与显示命令面板内的控制项目大致相同，如图2-83所示。它的优点是可以浮动在屏幕上，不必为显示操作而频繁在修改命令和显示命令面板之间切换，对于提高工作效率是很有帮助的。

图2-83

层资源管理器：执行该命令可以打开"层管理器"对话框，层管理器可用于全面管理3ds Max中的对象，并且界面合理、直观。在"主工具栏"中单击按钮也可以打开"层管理器"对话框，具体内容将在后面介绍。

管理场景状态：执行该命令可以打开"管理场景状态"对话框，如图2-84所示。该功能可以让用户快速保存和恢复场景中元素的特定属性，其最主要的用途是可以创建同一场景的不同版本内容而不用实际创建出独立的场景。它可以在不复制新文件的情况下来改变场景中的灯光、摄影机、材质、环境等元素，并且可以随时调出用户保存的场景库，这样非常便于比较在不同参数条件下的场景效果。

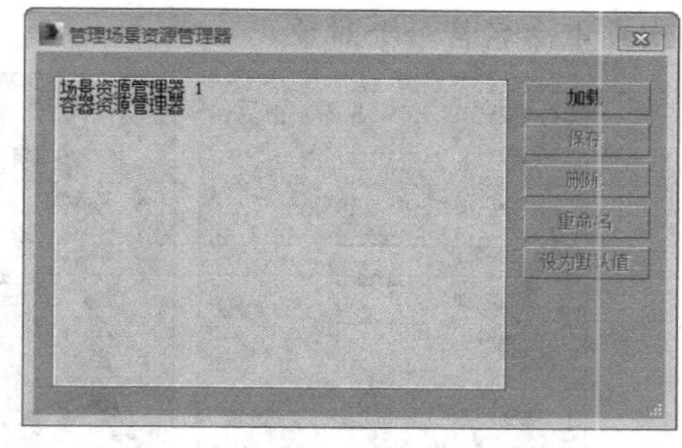

图2-84

灯光列表：执行该命令可以打开"灯光列表"对话框，如图2-85所示。在该对话框中可以设置每个灯光的很多参数，也可以进行全局设置。

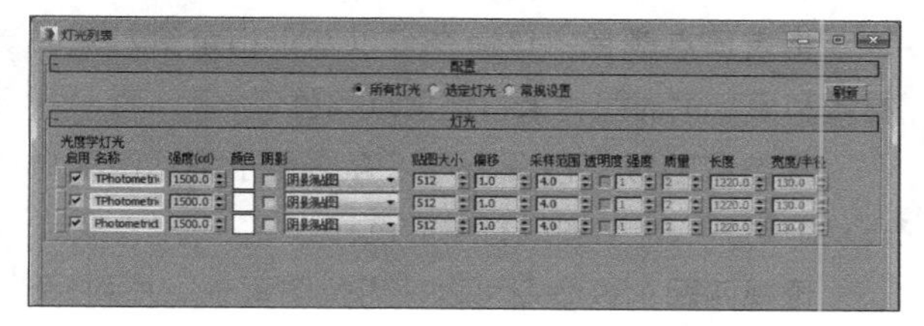

图2-85

技巧与提示

“灯光列表”对话框中只显示3ds Max的灯光类型，不能显示渲染插件的灯光。

镜像：选择对象进行镜像操作，它在“主工具栏”中有相应的命令按钮。

阵列：选择对象以后，执行该命令可以打开“阵列”对话框，如图2-86所示。在该对话框中可以基于当前选择创建对象阵列。

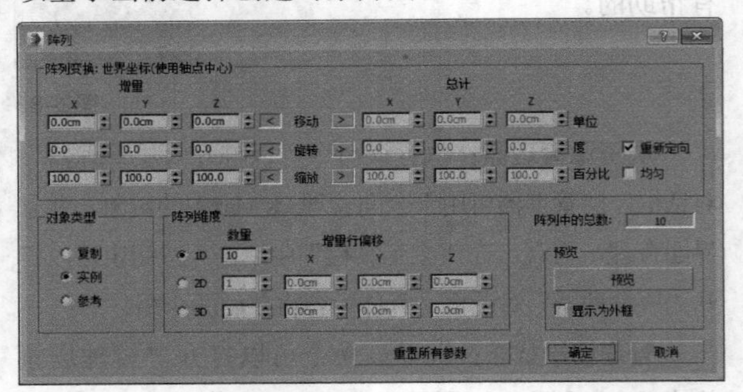

图2-86

对齐：选择对象并进行对齐操作，它在“主工具栏”中有相应的命令按钮。

快照：执行该命令打开“快照”对话框，如图2-87所示。在该对话框中可以随时间克隆动画对象。

重命名对象：执行该命令可以打开“重命名对象”对话框，如图2-88所示。在该对话框中可以一次性重命名若干个对象。

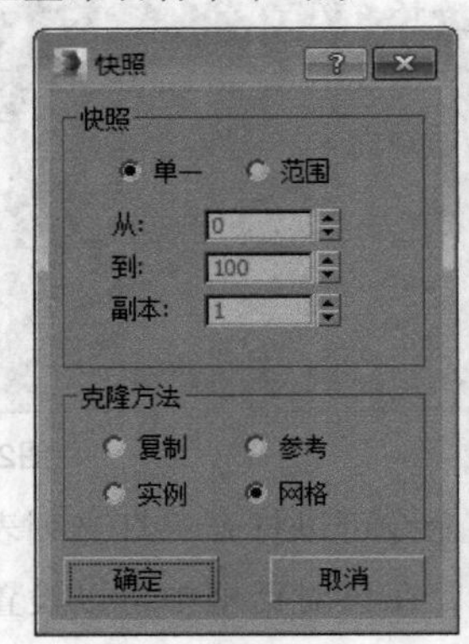

图2-87

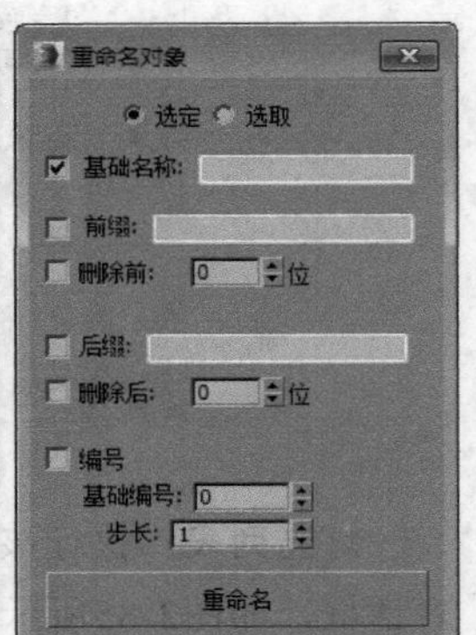

图2-88

指定顶点颜色：该命令可以基于指定给对象的材质和场景中的照明来指定顶点颜色。

颜色剪贴板：该命令可以存储用于将贴图或材质复制到另一个贴图或材质的色样。

透视匹配：该命令可以使用位图背景照片和5个或多个特殊的CamPoint对象来创建或修改摄影机，以便其位置、方向和视野与创建原始照片的摄影机相匹配。

视口画布：执行该命令可以打开“视口画布”对话框，如图2-89所示。可以使用该对话框中的工具将颜色和图案绘制到视口中对象的材质中任何贴图上。

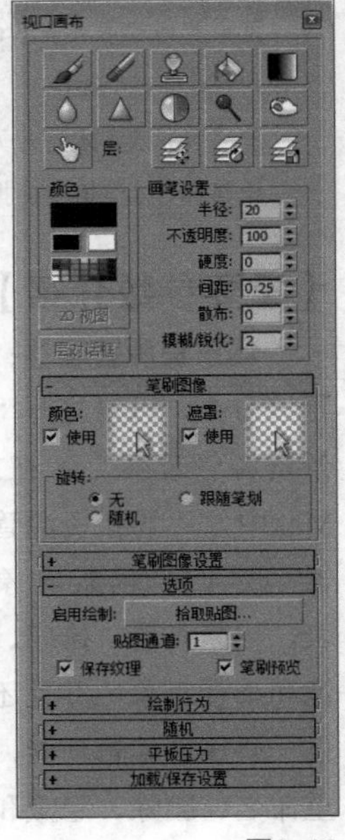

图2-89

预览-抓取视口：该命令可以将视口抓取为图像文件，还可以生成动画的预览。

栅格和捕捉：该命令的子菜单中包含使用栅格和捕捉工具帮助精确布置场景的命令。关于捕捉工具的应用，与“主工具栏”中的应用相同。栅格工具用于控制主栅格和辅助栅格对象。主栅格是基于世界坐标系的栅格对象，由程序自动产生。辅助栅格是一种辅助对象，根据制作需要而手动创建的栅格对象。

测量距离：使用该命令可快速计算出两点之间的距离，计算的距离显示在状态栏中。

通道信息：选择对象以后，执行该命令可以打开“贴图通道信息”对话框，如图2-90所示。在该对话框中可以查看对象的通道信息。

贴图通道信息

复制 粘贴 名称 清除 添加 子成分 锁定 更新

复制缓冲区信息:

对象名	ID	通道名称	顶点数	面数	不可用…	大小(KB)
Box001	网格	-无-	8	12	0	0kb
Box001	顶点选择	-无-	8	12	0	0kb
Box001	-2:Alpha	-无-	0	12	0	0kb
Box001	-1:照明	-无-	0	12	0	0kb
Box001	0:顶点…	-无-	0	12	0	0kb
Box001	1:贴图	-无-	12	12	0	0kb

图2-90

2.4.4 组

“组”菜单中的命令可以将场景中的两个或两个以上的物体编成一组，同样也可以将成组的物体拆分为单个物体，如图2-91所示。

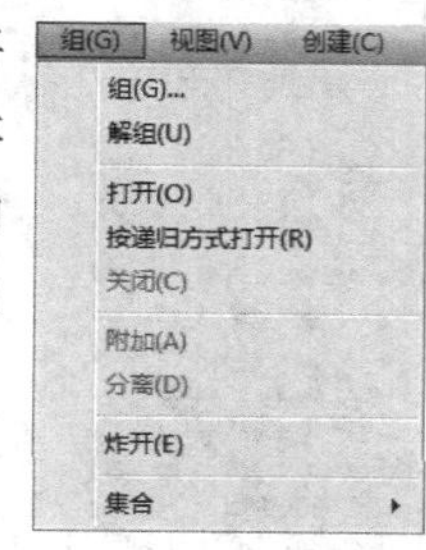

图2-91

【重要参数介绍】

组：选择一个或多个对象以后，执行该命令将其编为一组。

解组：将选定的组解散为单个对象。

打开：执行该命令可以暂时对组进行解组，这样可以单独操作组中的对象。

关闭：当用“打开”命令对组中的对象编辑完成以后，可以用“关闭”命令关闭打开状态，使对象恢复到原来的成组状态。

附加：选择一个对象以后，执行该命令，然后单击组对象，可以将选定的对象添加到组中。

分离：用“打开”命令暂时解组以后，选择一个对象，然后用“分离”命令可以将该对象从组中分离出来。

炸开：这是一个比较难理解的命令，下面用一个“技术与提示”来进行讲解。

技巧与提示

要理解“炸开”命令的作用，就要先介绍“解组”命令的深层含义。先看图2-92，其中茶壶与圆锥体是“组001”，而球体与圆柱体是“组002”。选择这两个组，然后执行“组>组”菜单命令，将这两个组再编成一组，如图2-93所示。在“主工具栏”中单击“图解视图（打开）”按钮，打开“图解视图”对话框，在该对话框中可以观察到3个组以及各组与对象之间的层次关系，如图2-94所示。

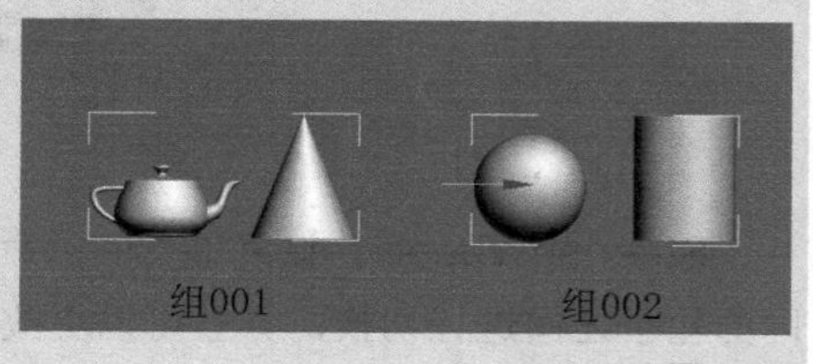

图2-92

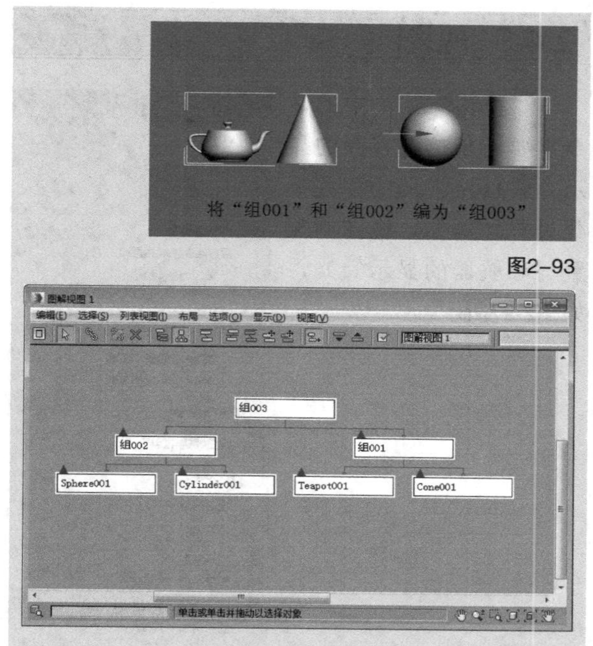

图2-93

图2-94

1．解组

选择“组003”，然后执行“组>解组”菜单命令，然后在“图解视图”对话框中观察各组之间的关系，可以发现“组003”已经被解散了，但“组002”和“组001”仍然保留了下来，也就是说“解组”命令一次只能解开一个组，如图2-95所示。

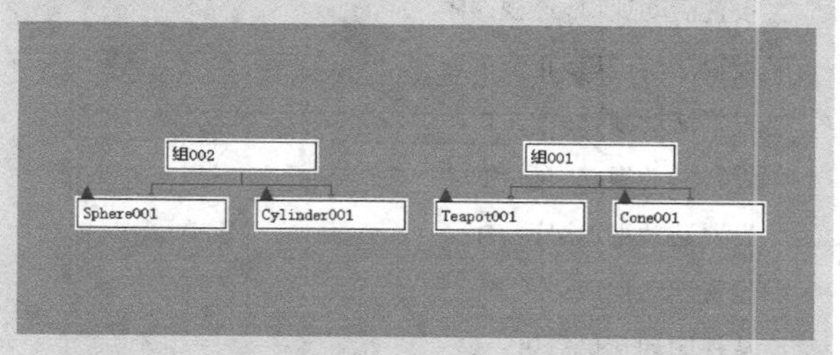

图2-95

2．炸开

同样选择“组003”，然后执行“组>炸开”菜单命令，然后在“图解视图”对话框观察各组之间的关系，可以发现所有的组都被解开了，也就是说“炸开”命令可以一次性解开所有的组，如图2-96所示。

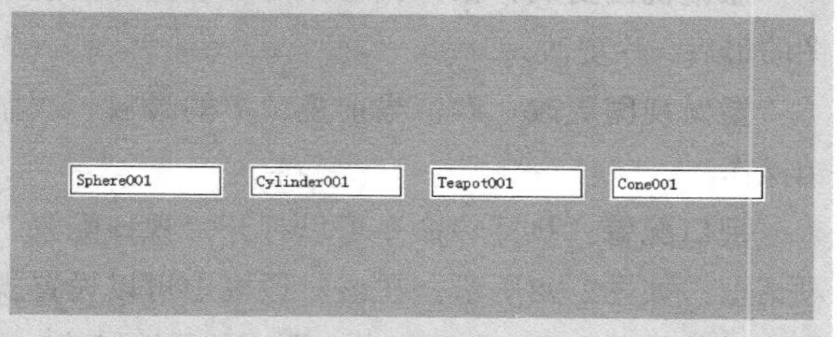

图2-96

2.4.5 视图

“视图”菜单中的命令主要用于控制视图的显示方式以及视图的相关参数设置（例如，视图的配置与导航器的显示等），如图2-97所示。

图2-97

技巧与提示

“视图”菜单常用命令的快捷键如下所示。

设置活动视口>透视：P

设置活动视口>正交：U

设置活动视口>前：F

设置活动视口>顶：T

设置活动视口>底：B

设置活动视口>左：L

从视图创建摄影机：C

xView>显示统计：7（大键盘）

视口背景>视口背景：Alt+B

专家模式：Ctrl+X

【重要参数介绍】

撤销视图更改：执行该命令可以取消对当前视图的最后一次更改。

重做视图更改：取消当前视口中的最后一次撤销操作。

视口配置：执行该命令可以打开“视口配置”对话框，如图2-98所示。在该对话框中可以设置视图的视觉样式外观、布局、安全框、显示性能等。

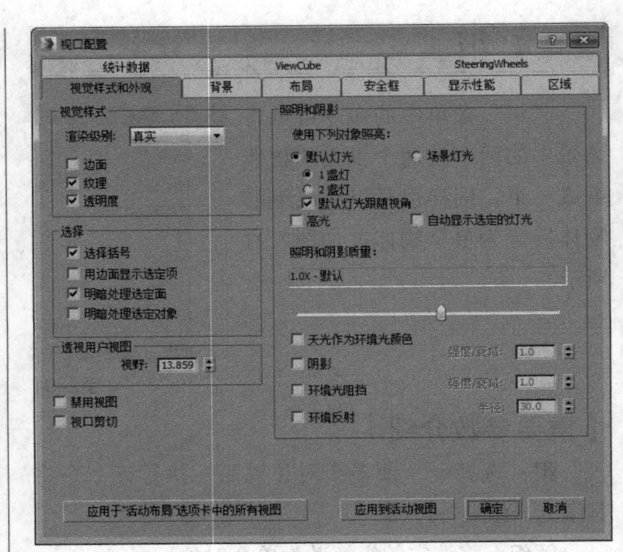

图2-98

重画所有视图：执行该命令可以刷新所有视图中的显示效果。

设置活动视口：该菜单下的子命令用于切换当前活动视图，如图2-99所示。比如当前活动视图为透视图，按F键可以切换到前视图。

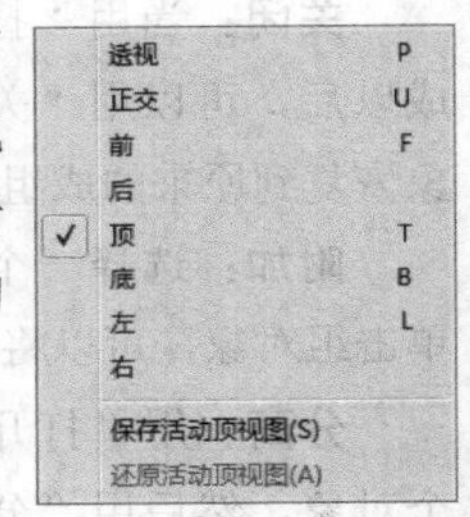

图2-99

保存活动X视图：执行该命令可以将该活动视图存储到内部缓冲区。X是一个变量，如当前活动视图为透视图，那么X就是透视图。

还原活动X视图：执行该命令可以显示以前使用“保存活动X视图”命令存储的视图。

ViewCube：该菜单下的子命令用于设置ViewCube（视图导航器）和“主栅格”，如图2-100所示。

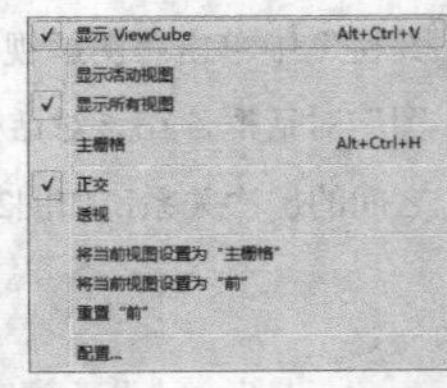

图2-100

SteeringWheels：该菜单下的子命令用于在不同的轮子之间进行切换，并且可以更改当前轮子中某些导航工具的行为，如图2-101所示。

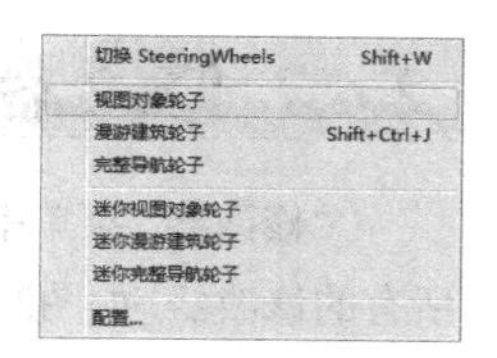

图2-101

从视图创建标准摄影机：执行该命令可以创建其视野与某个活动的透视视口相匹配的目标摄影机。

视口中的材质显示为：该菜单下的子命令用于切换视口显示材质的方式，如图2-102所示。

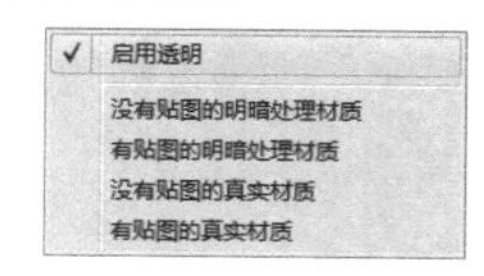

图2-102

视口照明和阴影：该菜单下的子命令用于设置灯光的照明与阴影，如图2-103所示。

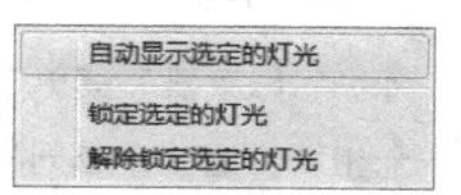

图2-103

xView：该菜单下的“显示统计”和“孤立顶点”命令比较重要，如图2-104所示。

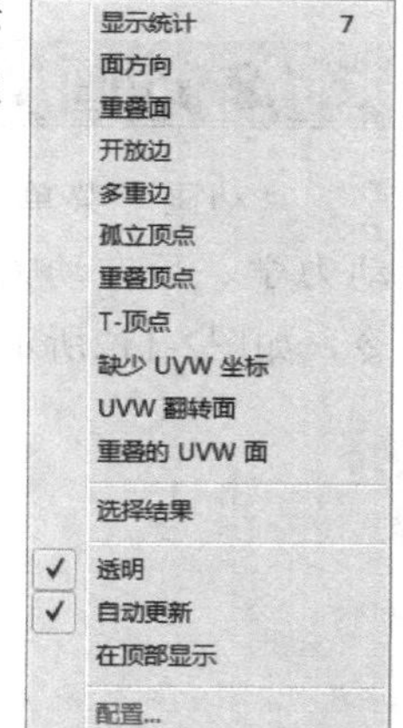

图2-104

显示统计：执行该命令或按大键盘上的7键，可以在视图的左上角显示整个场景或当前选择对象的统计信息，如图2-105所示。

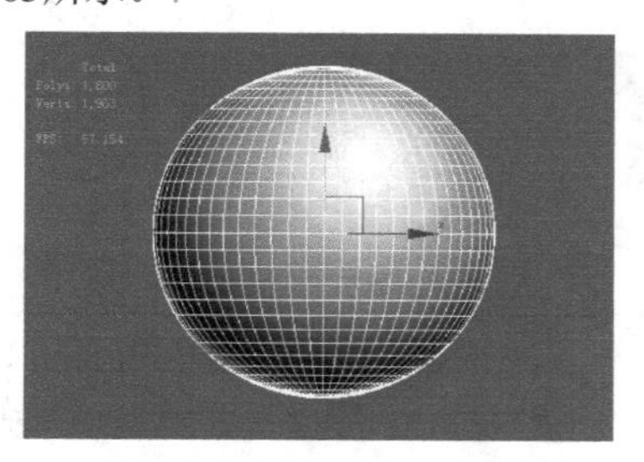

图2-105

孤立顶点：执行该命令可以在视口底部的中间显示出孤立的顶点数目，如图2-106所示。

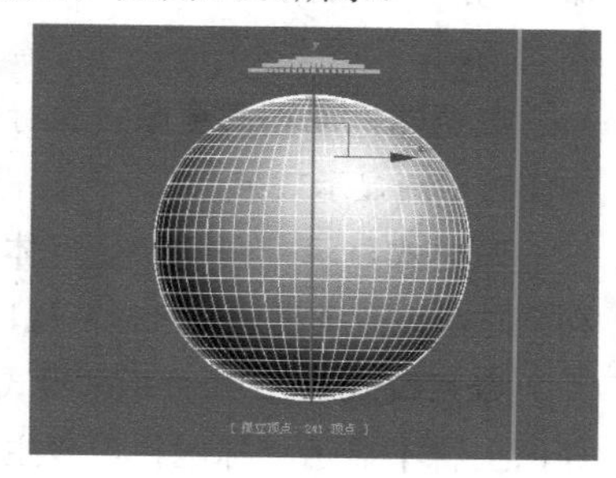

图2-106

技巧与提示

“孤立顶点”就是与任何边或面不相关的顶点。“孤立顶点”命令一般在创建完一个模型以后，对模型进行最终的整理时使用，用该命令显示出孤立顶点以后可以将其删除。

视口背景：该菜单下的子命令用于设置视口的背景，如图2-107所示。设置视口背景图像有助于辅助用户创建模型。

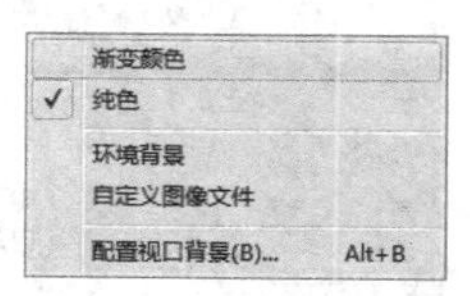

图2-107

显示变换Gizmo：该命令用于切换所有视口Gizmo的3轴架显示，如图2-108所示。

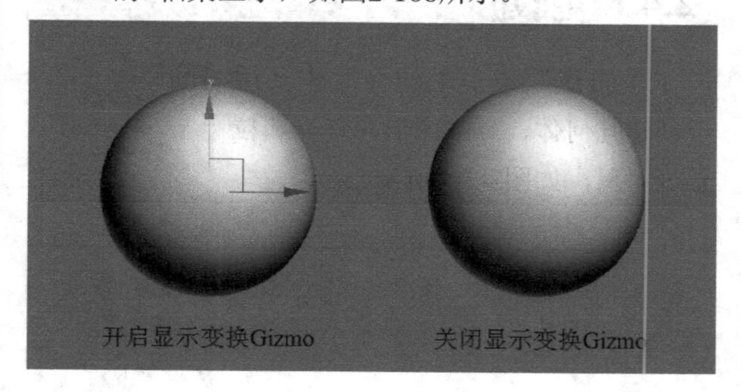

图2-108

显示重影：“重影”是一种显示方式，它在当前帧之前或之后的许多帧显示动画对象的线框“重影副本”，使用重影可以分析和调整动画。

显示关键点时间：该命令用于切换沿动画显示轨迹上的帧数。

明暗处理选定对象：如果视口设置为“线框”显示，执行该命令可以将场景中的选定对象以“着色”方式显示出来。

显示从属关系：使用“修改”面板时，该命令用于切换从属于当前选定对象的视口高亮显示。

微调器拖动期间更新：执行该命令可以在视口中实时更新显示效果。

渐进式显示：在变换几何体、更改视图或播放动画时，该命令可以用来提高视口的性能。

专家模式：启用“专家模式”后，3ds Max的界面上将不显示“标题栏”“主工具栏”“命令面板”“状态栏”以及所有的视口导航按钮，仅显示菜单栏、时间滑块和视口，如图2-109所示。

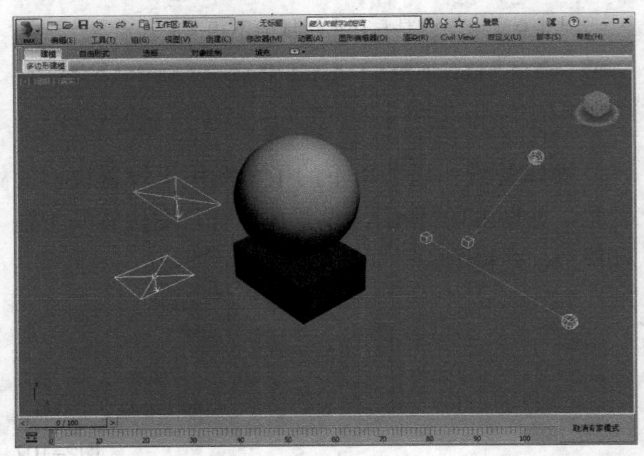

图2-109

2.4.6 创建

“创建”菜单中的命令主要用于创建几何体、二维图形、灯光和粒子等对象，如图2-110所示。

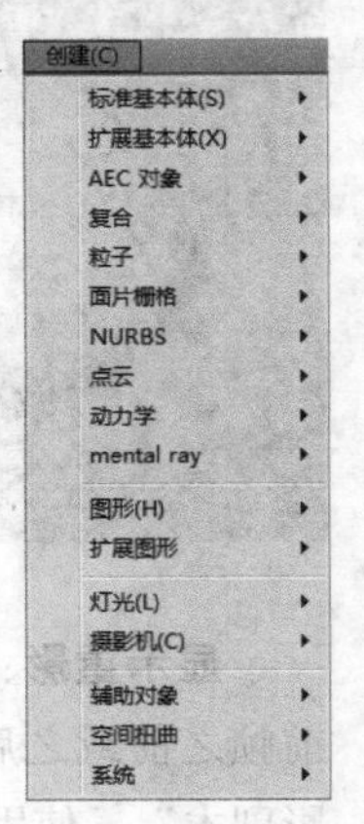

图2-110

技巧与提示

“创建”菜单下的命令与“创建”面板中的工具完全相同，这些命令非常重要，这里就不再讲解了，大家可参阅后面各章内容。

2.4.7 修改器

“修改器”菜单中的命令集合了所有的修改器，如图2-111所示。

图2-111

技巧与提示

“修改器”菜单下的命令与“修改”面板中的修改器完全相同，这些命令同样非常重要，大家可以参阅后面的相关内容。

2.4.8 动画

“动画”菜单主要用于制作动画，包括正向动力学、反向动力学以及创建和修改骨骼的命令，如图2-112所示。

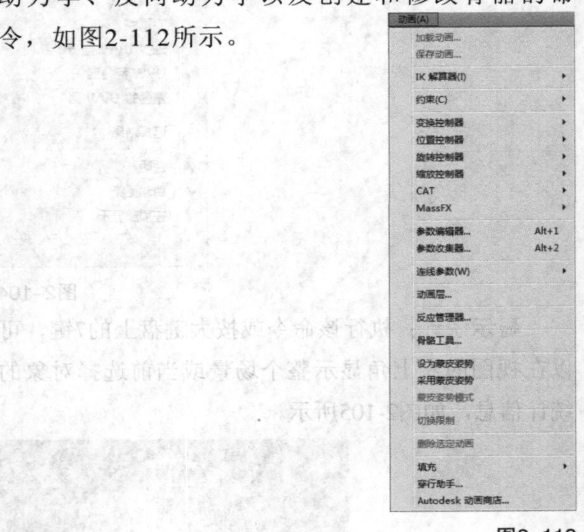

图2-112

技巧与提示

在本书中主要讲解效果图的制作，“动画”部分就不进行叙述了，有兴趣的读者可以参阅其他相关书籍。

2.4.9 图形编辑器

“图形编辑器”菜单是场景元素之间用图形化视图方式来表达关系的菜单，包括“轨迹视图-曲线编辑器”“轨迹视图-摄影表”“新建图解视图”“粒子视图”等命令，如图2-113所示。

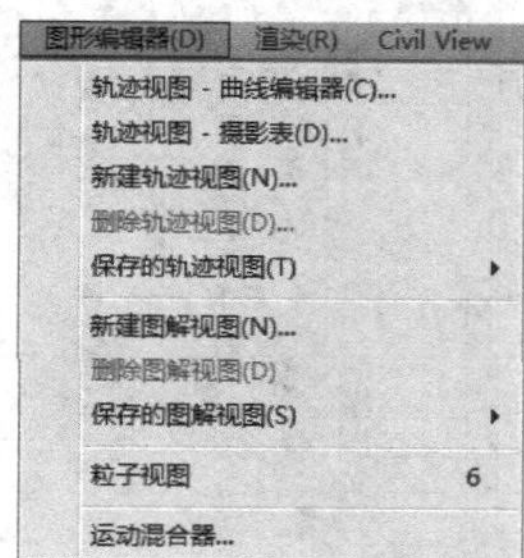

图2-113

2.4.10 渲染

“渲染”菜单主要用于设置渲染参数，包括“渲染”“环境”“效果”等命令，如图2-114所示。这个菜单下的命令将在后面的相关章节进行详细讲解，这里不做赘述。

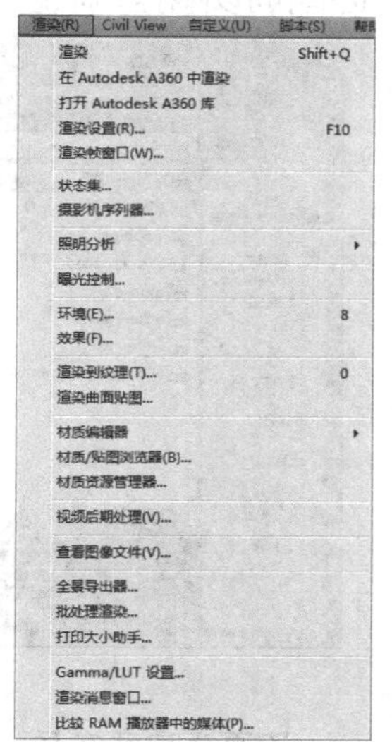

图2-114

2.4.11 Civil View菜单

Civil View（Autodesk Civil View for 3ds Max）是一款供土木工程师和交通运输基础设施规划人员使用的可视化工具。Civil View可以与各种土木设计应用程序（包括 AutoCAD Civil 3D软件）紧密集成，从而在发生设计更改时几乎可以立即更新可视化模型。Civil View菜单下包含一个“初始化Civil View”命令，如图2-115所示。如果要使用Civil View可视化工具，必须先执行“初始化Civil View”命令，然后关闭并重启3ds Max。

图2-115

2.4.12 自定义

“自定义”菜单主要用来更改用户界面以及设置3ds Max的“首选项”。通过这个菜单可以制订自己的界面，同时还可以对3ds Max系统进行设置，例如，设置场景单位和自动备份等，如图2-116所示。

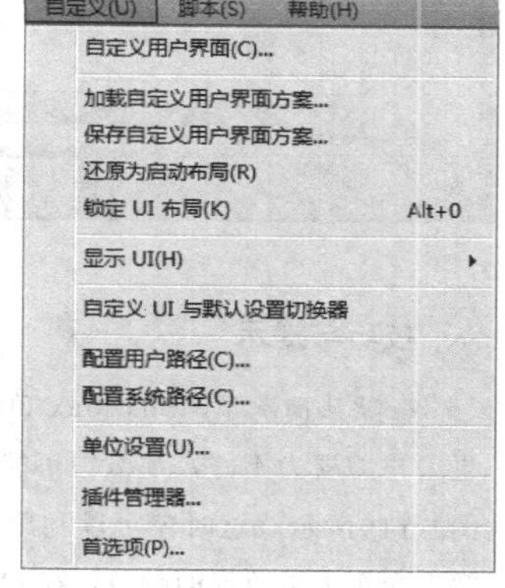

图2-116

【重要参数介绍】

自定义用户界面： 执行该命令可以打开“自定义用户界面”对话框，如图2-117所示。在该对话框中可以创建一个完全自定义的用户界面，包括快捷键、四元菜单、菜单、工具栏和颜色。

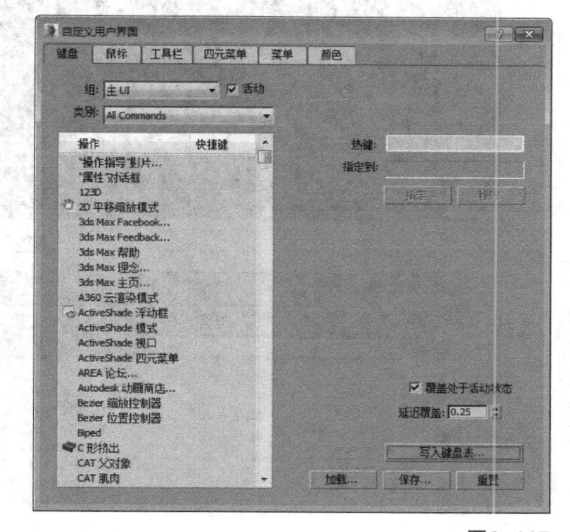

图2-117

加载自定义用户界面方案： 执行该命令可以打开“加载自定义用户界面方案”对话框，如图2-118所示。在该对话框中可以选择想要加载的用户界面方案。

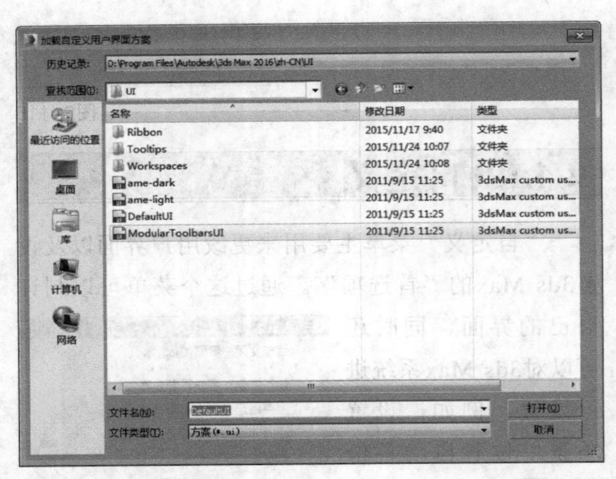

图2-118

技巧与提示

在默认情况下，3ds Max 2016的界面颜色为黑色，如果用户的视力不好，那么很可能看不清界面上的文字，如图2-119所示。这时就可以利用“加载自定义用户界面方案”命令来更改界面颜色，在3ds Max 2016的安装路径下打开UI文件夹，然后选择想要的界面方案，如图2-120和图2-121所示。

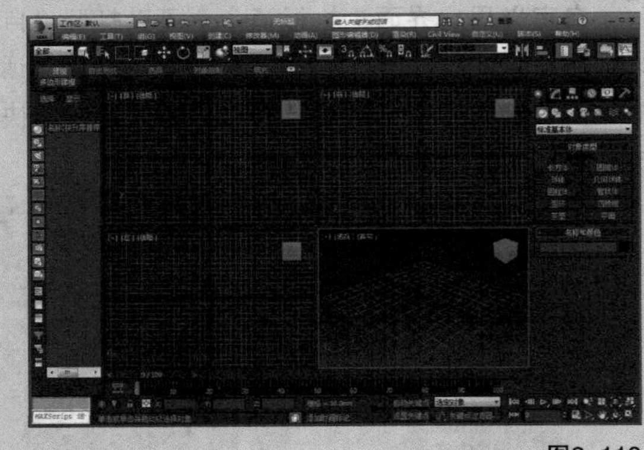
图2-119

图2-120

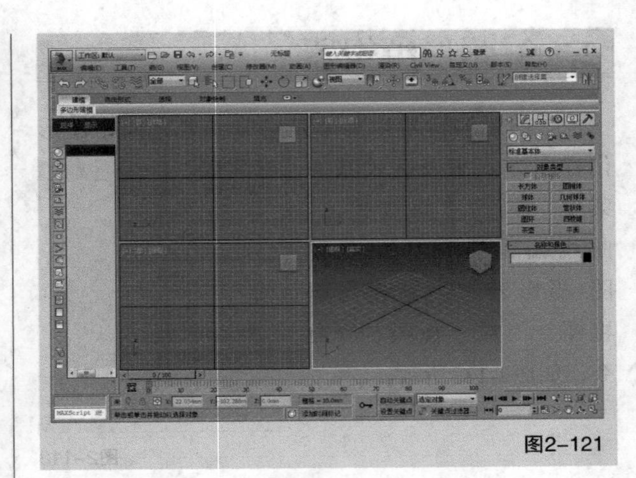
图2-121

保存自定义用户界面方案：执行该命令可以打开“保存自定义用户界面方案”对话框，如图2-122所示。在该对话框中可以保存当前状态下的用户界面方案。

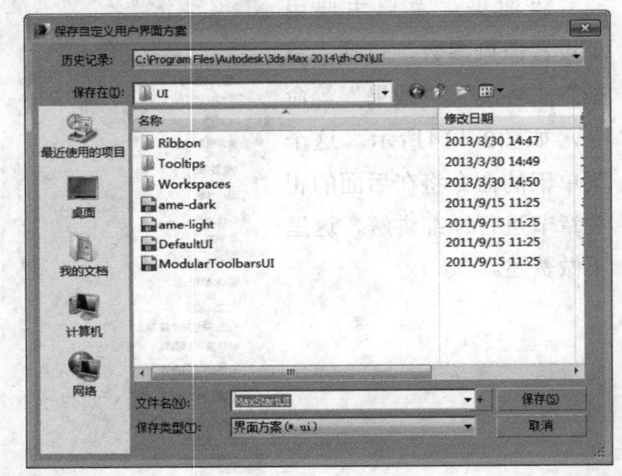

图2-122

还原为启动布局：执行该命令可以自动加载_startup.ui文件，并将用户界面返回到启动设置。

锁定UI布局：当该命令处于激活状态时，通过拖动界面元素不能修改用户界面布局（可以使用鼠标右键单击菜单来改变用户界面布局）。利用该命令可以防止由于鼠标单击而更改用户界面或发生错误操作（如浮动工具栏）。

显示UI：该命令包含5个子命令，如图2-123所示。勾选相应的子命令即可在界面中显示出相应的UI对象。

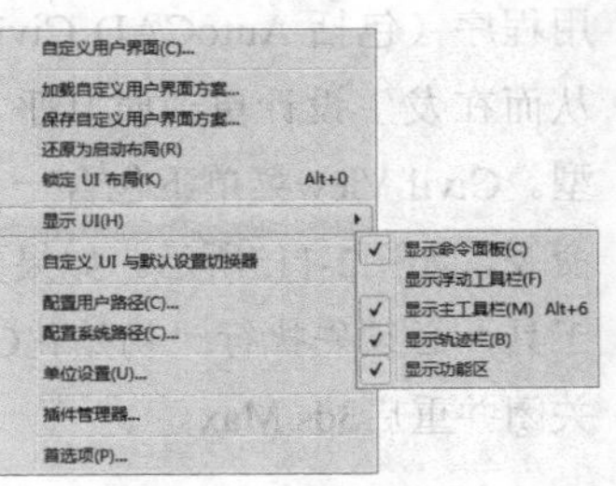

图2-123

自定义UI与默认设置切换器：使用该命令可以快速更改程序的默认值和UI方案，以更适合用户所做的工作类型。

配置用户路径：3ds Max可以使用存储的路径来定位不同种类的用户文件，其中包括场景、图像、DirectX效果、光度学和MAXScript文件。使用“配置用户路径”命令可以自定义这些路径。

配置系统路径：3ds Max使用路径来定位不同种类的文件（包括默认设置、字体）并启动MAXScript 文件。使用“配置系统路径”命令可以自定义这些路径。

单位设置：这是“自定义”菜单下最重要的命令之一，执行该命令可以打开“单位设置”对话框，如图2-124所示。在该对话框中可以在通用单位和标准单位间进行选择。

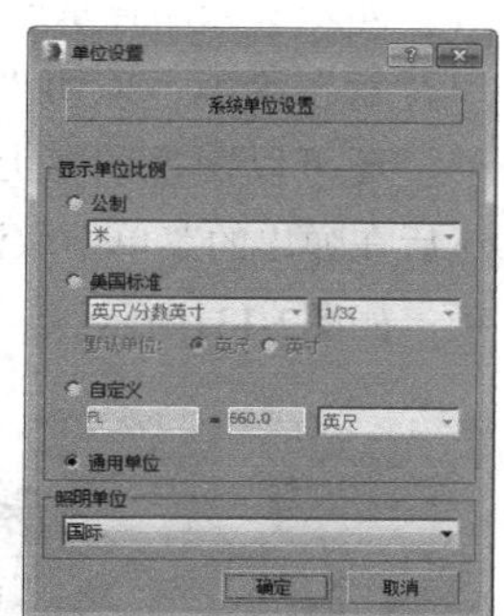

图2–124

插件管理器：执行该命令可以打开“插件管理器”对话框，如图2-125所示。该对话框提供了位于3ds Max插件目录中的所有插件的列表，包括插件描述、类型（对象、辅助对象、修改器等）、状态（已加载或已延迟）、大小和路径。

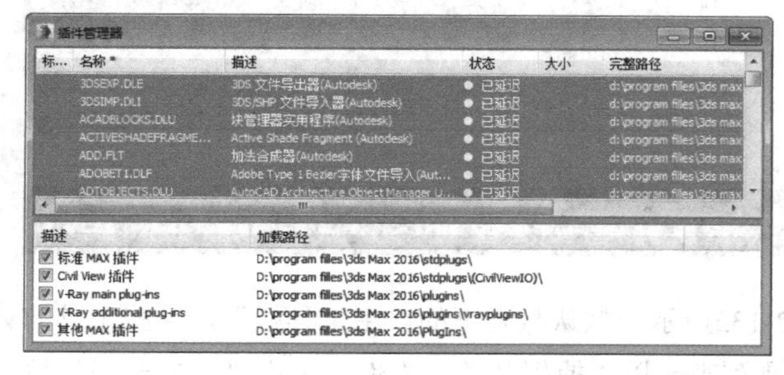

图2–125

首选项：执行该命令可以打开“首选项设置”对话框，在该对话框中几乎可以设置3ds Max所有的首选项。

技巧与提示

在“自定义”菜单下有3个命令比较重要，分别是“自定义用户界面”“单位设置”“首选项”命令。

2.4.13 MAXScript（MAX脚本）

MAXScript（MAX脚本）是3ds Max的内置脚本语言，菜单中包含用于创建、打开和运行脚本的命令，如图2-126所示。

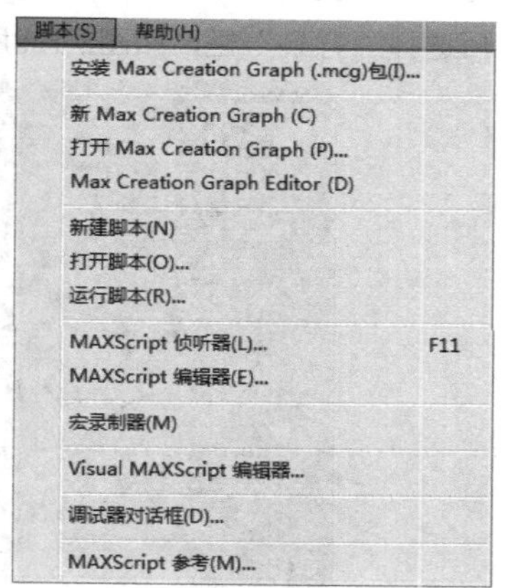

图2–126

2.4.14 帮助

“帮助”菜单中主要是一些帮助信息，供用户参考学习，如图2-127所示。

图2–127

课堂案例

加载背景图像

场景文件	场景文件>CH02>02.jpg
实例文件	实例文件>CH02>课堂案例：加载背景图像.max
视频名称	课堂案例：加载背景图像.mp4
难易指数	★☆☆☆☆
学习目标	练习将参考图像加载至视图中

开始练习模型创建的时候，都是采用模仿的方法，可以将参考图像加载至视图中，让其成为视图背景，然后以其为参考，对照起来进行模型的创建。当熟练后，就可以直接通过肉眼观察来直接进行建模。

01 执行“视图>视口背景>配置视口背景”菜单命令或按快捷键Alt+B，打开“视口配置”对话框，然后选择“背景”栏，如图2-128所示。

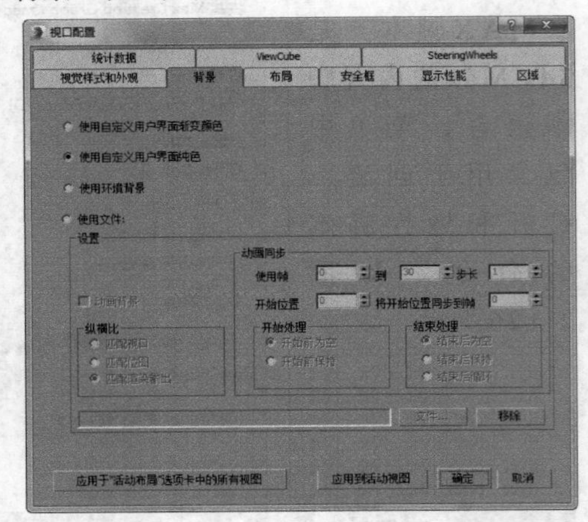

图2-128

02 在“视口配置”对话框的“背景”选项卡中选中“使用文件”选项，然后单击“文件”按钮，在弹出的“选择背景图像”对话框中选择学习资源中的“02.jpg”文件，接着单击“打开”按钮，最后单击“确定”按钮，如图2-129所示。此时的视图显示效果如图2-130所示。

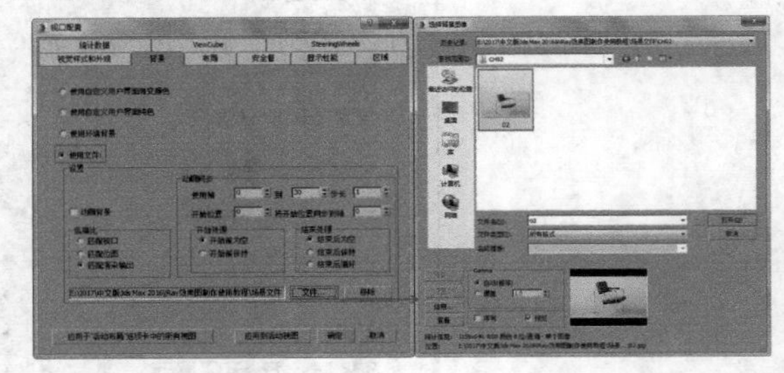

图2-129

图2-130

03 如果要关闭背景图像的显示，可以在“视图>视口背景”菜单下关闭“自定义图像文件”选项。另外，还可以在视图左上角单击视口显示模式文本，然后在弹出的菜单中取消勾选“自定义图像文件”选项，如图2-131所示。

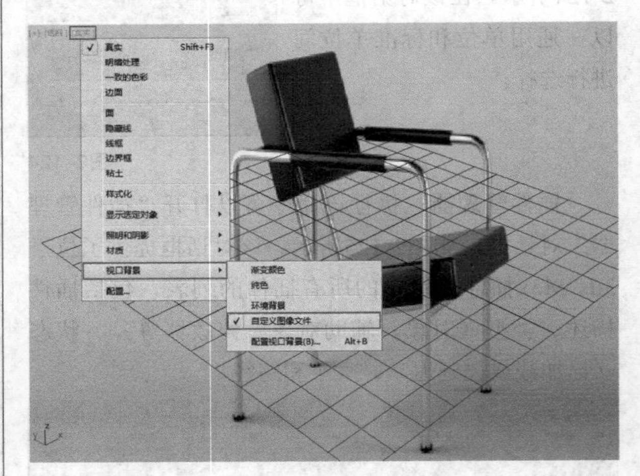

图2-131

2.5 主工具栏

“主工具栏”中集合了最常用的一些编辑工具，图2-132所示为默认状态下的“主工具栏”，某些工具的右下角有一个三角形图标，单击该图标就会弹出下拉工具列表。以“捕捉开关”为例，单击“捕捉开关”按钮就会弹出捕捉工具列表，如图2-133所示。接下来笔者将主要介绍效果图制作的常用工具。

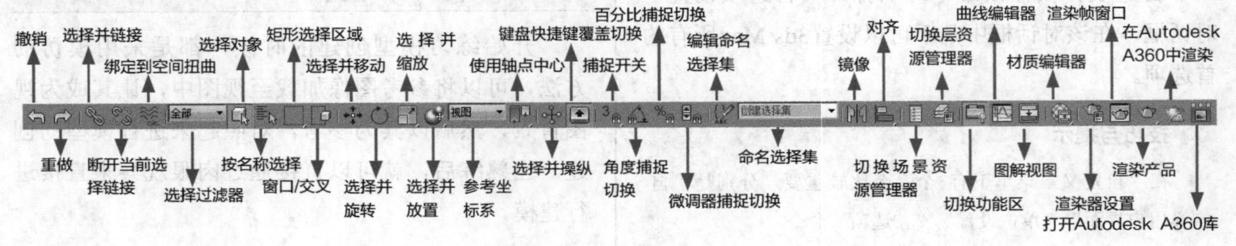

图2-132

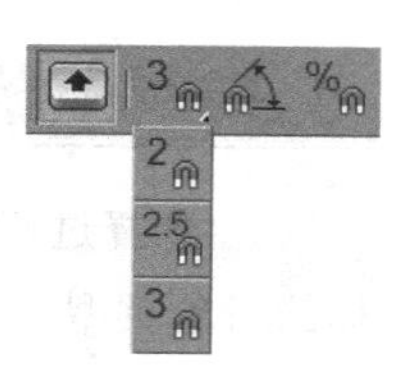

图2-133

技巧与提示

若显示器的分辨率较低，“主工具栏”中的工具可能无法完全显示出来，这时可以将光标放置在“主工具栏”上的空白处，当光标变成手型时使用鼠标左键左右移动“主工具栏”查看没有显示出来的工具。在默认情况下，很多工具栏都处于隐藏状态，如果要调出这些工具栏，可以在“主工具栏”的空白处单击鼠标右键，然后在弹出的菜单中选择相应的工具栏，如图2-134所示。如果要调出所有隐藏的工具栏，可以执行“自定义>显示UI>显示浮动工具栏”菜单命令，如图2-135所示，再次执行“显示浮动工具栏”命令可以将浮动的工具栏隐藏。

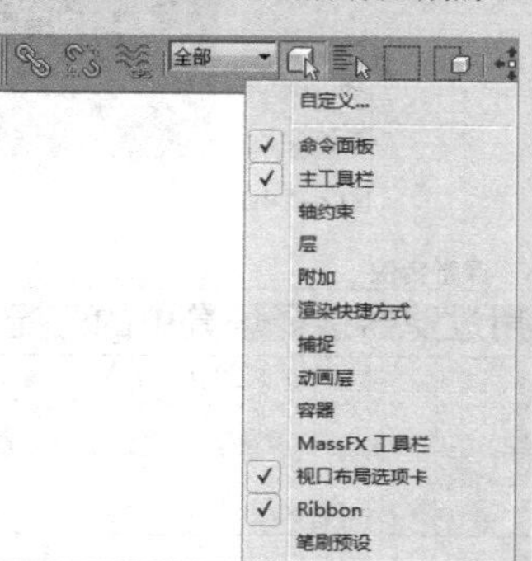

图2-134

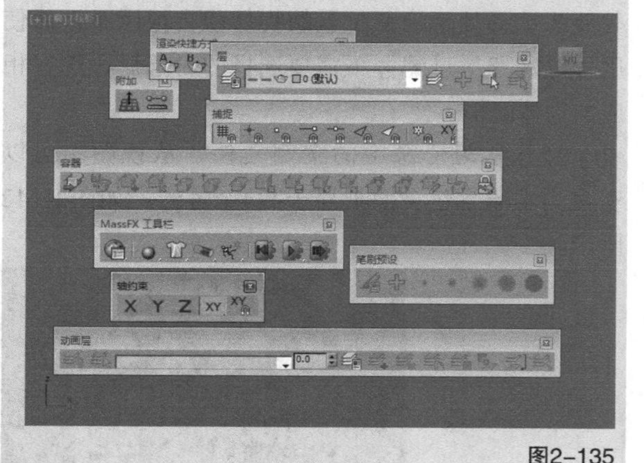

图2-135

2.5.1 撤销/重做

在使用3ds Max 2016进行场景操作时，难免会出现错误操作，这时可以单击“主工具栏”上的“撤销”按钮，取消上一步的操作，回到之前的操作，连续单击该按钮可撤销多步操作。如果撤销操作过多，导致取消了正确的操作，可以单击“重做”按钮，取消上一步撤销的操作。

2.5.2 选择并链接

“选择并链接”工具主要用于建立对象之间的父子链接关系与定义层级关系，但是只能父级物体带动子级物体，而子级物体的变化不会影响到父级物体。例如，使用“选择并链接”工具将一个球体拖曳到一个导向板上，可以让球体与导向板建立链接关系，使球体成为导向板的子对象，那么移动导向板，则球体也会跟着移动，但移动球体时，则导向板不会跟着移动，如图2-136所示。

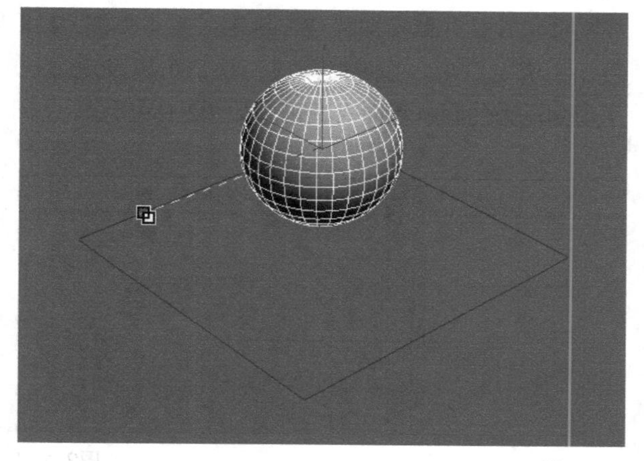

图2-136

技巧与提示

这里说明一下操作方法，笔者将其分为4个步骤。

第1步：选择“选择并链接”工具。

第2步：在视图中选择子级物体并按住鼠标左键。

第3步：拖动鼠标箭头到父级物体上，这时会引出虚线，鼠标箭头牵动这个虚线。

第4步：释放鼠标左键，父级物体会闪烁一下外框，表示链接操作成功。

2.5.3 断开当前选择链接

“断开当前选择链接”工具与“选择并链接”工具的作用恰好相反，用来取消两个对象之间的层级链接关系。换句话说，就是拆散父子链接关系，使子级物体恢复独立，不再受父级物体的约束。这个工具是针对子级物体执行的。

其操作方法较为简单，首先在视图中选择要取消链接关系的子级物体，然后单击“断开当前选择链接”工具，就取消了它与父级物体之间的层级关系。

2.5.4 绑定到空间扭曲

使用“绑定到空间扭曲”工具可以将对象绑定到空间扭曲对象上。例如，在图2-137中有一个风力和一个雪粒子，此时没有对这两个对象建立绑定关系，拖曳时间线滑块，发现雪粒子向左飘动，这说明雪粒子没有受到风力的影响。使用“绑定到空间扭曲”工具将雪粒子拖曳到风力上，但光标变成形状时松开鼠标即可建立绑定关系，如图2-138所示。绑定以后，拖曳时间线滑块，可以发现雪粒子受到风力的影响而向右飘落，如图2-139所示。

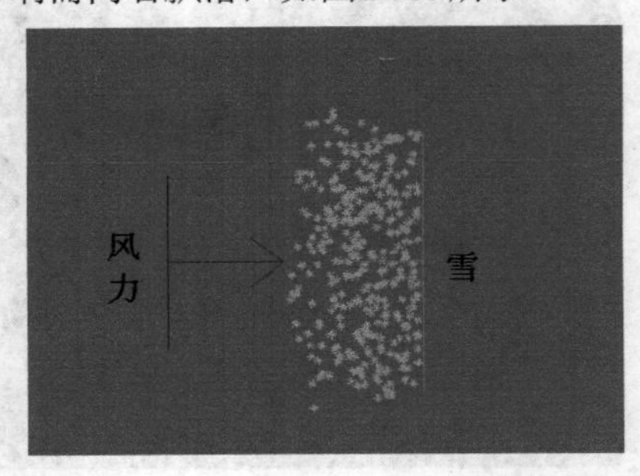

图2-137

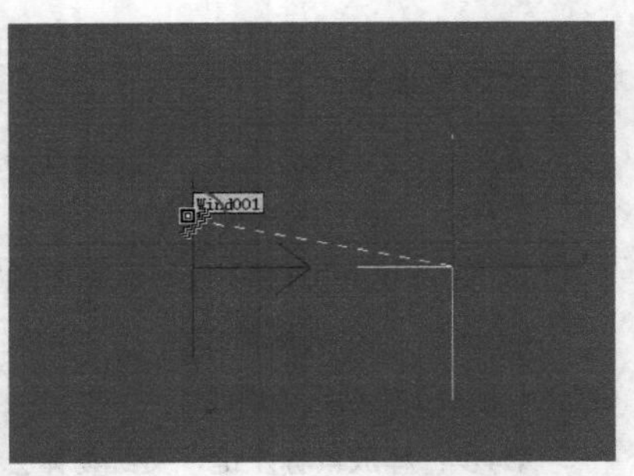
图2-138

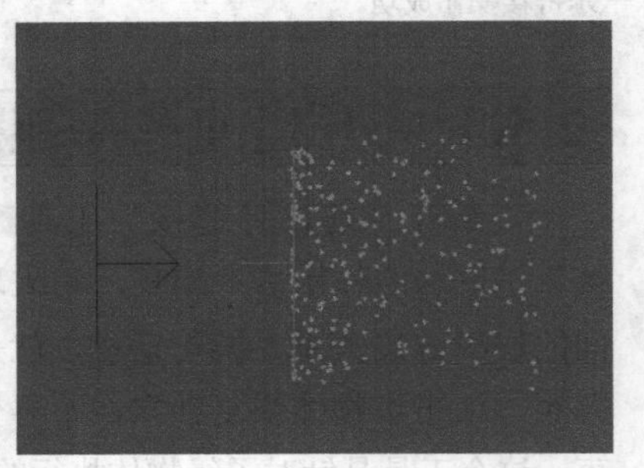
图2-139

2.5.5 选择过滤器

“选择过滤器”全部主要用来过滤不需要选择的对象类型，这对于批量选择同一种类型的对象非常有用，如图2-140所示。例如，在下拉列表中选择“L-灯光”选项，那么在场景中选择对象时，只能选择灯光，而几何体、图形、摄影机等对象不会被选中，如图2-141所示。

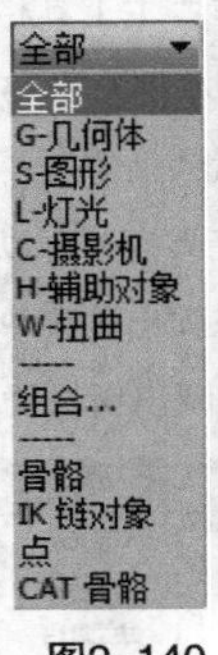

图2-140

图2-141

课堂案例

用过滤器选择场景中的灯光

场景文件	场景文件>CH02>03.max
实例文件	实例文件>CH02>课堂案例：用过滤器选择场景中的灯光.max
视频名称	课堂案例：用过滤器选择场景中的灯光.mp4
难易指数	★☆☆☆☆
学习目标	练习过滤器的使用

在较大的场景中，物体的类型可能非常多，这时要想选择处于隐藏位置的物体就会很困难，而使用“过滤器”过滤掉不需要选择的对象后，选择相应的物体就很方便了。

01 打开学习资源中的案例文件，从视图中可以观察到本场景包含两把椅子和4个灯光，如图2-142所示。

图2-142

02 如果只想选择灯光，可以在“过滤器”下拉列表中选择“L-灯光”选项，如图2-143所示，然后使用“选择对象”工具框选视图中的灯光，框选完毕后可以发现只选择了灯光，而椅子模型并没有被选中，如图2-144所示。

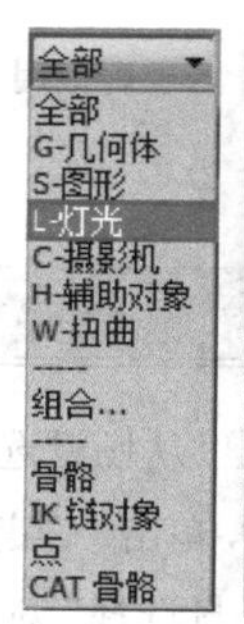

图2-143

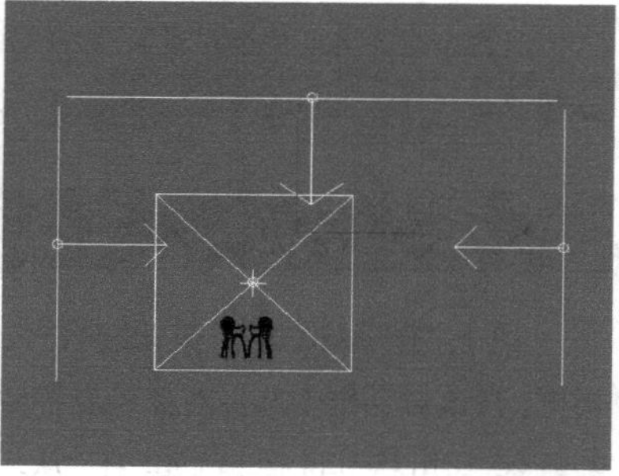
图2-144

03 要想选择椅子模型，可以在“过滤器”下拉列表中选择“G-几何体”选项，然后使用“选择对象”工具框选视图中的椅子模型，框选完毕后可以发现只选择了椅子模型，而灯光并没有被选中，如图2-145所示。

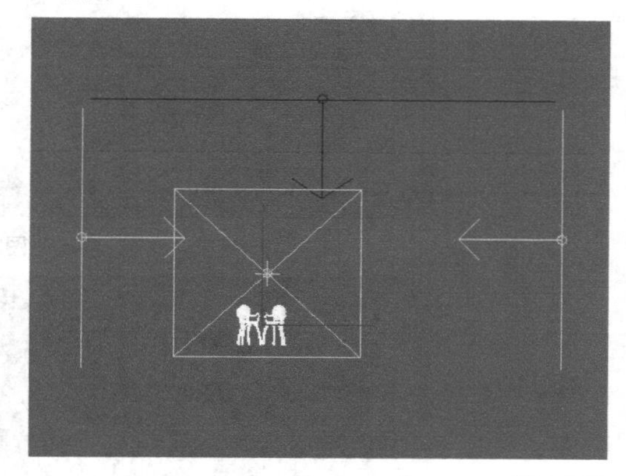
图2-145

2.5.6 选择对象

“选择对象”工具是非常重要的工具，主要用来选择对象，对于想选择对象而又不想移动它来说，这个工具是最佳选择。使用该工具单击对象即可选择相应的对象，如图2-146所示。

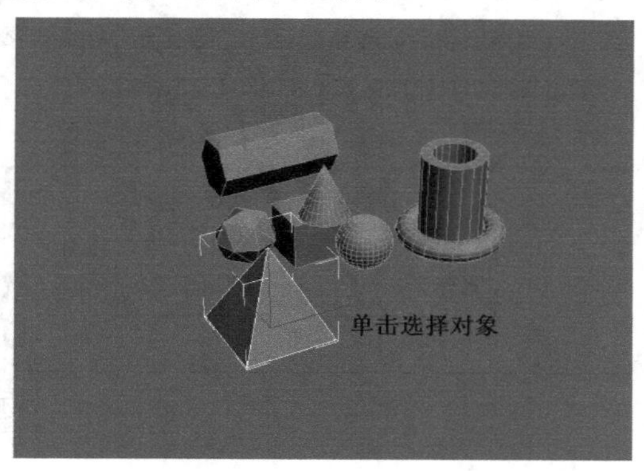

图2-146

技巧与提示

上面介绍使用“选择对象”工具单击对象即可将其选择，这只是选择对象的一种方法，下面介绍其他5种选取方法。

第1种：框选对象。这是选择多个对象的常用方法之一，适合选择一个区域的对象，如使用“选择对象”工具在视图中拉出一个选框，那么处于该选框内的所有对象都将被选中（这里以在“过滤器”列表中选择“全部”类型为例），如图2-147所示。另外，在使用“选择对象”工具框选对象时，按Q键可以切换选框的类型，如当前使用的“矩形选择区域”模式，按一次Q键可切换为“圆形选择区域”模式，如图2-148所示，继续按Q键又会切换到“围栏选择区域”模式、“套索选择区域”模式、“绘制选择区域”模式，并一直按此顺序循环下去。

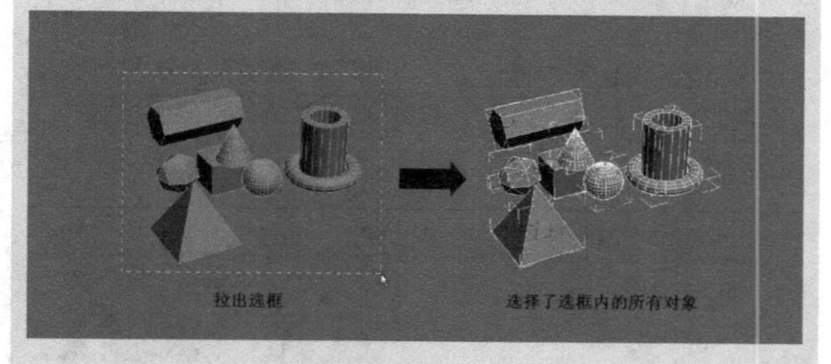

图2-147

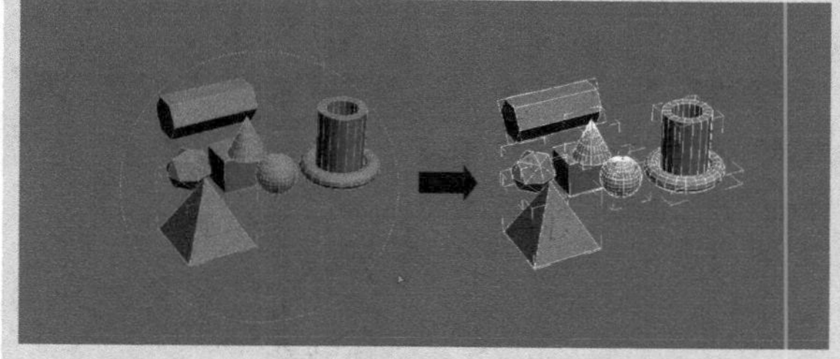
图2-148

第2种：加选对象。如果当前选择了一个对象，还想加选其他对象，按住Ctrl键单击其他对象，这样即可同时选择多个对象，如图2-149所示。

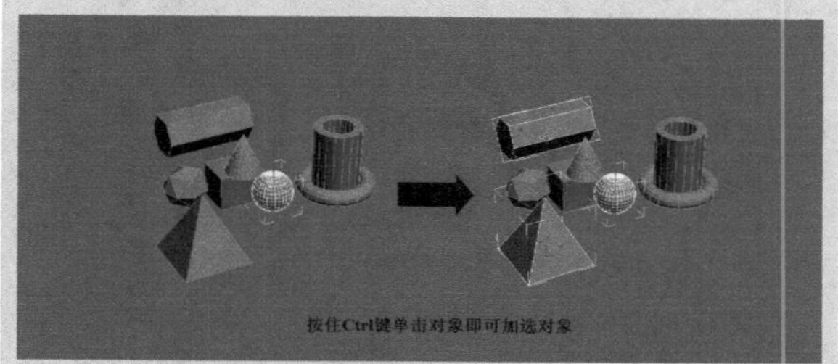

图2-149

第3种：减选对象。如果当前选择了多个对象，想减去某个不想选择的对象，按住Alt键单击想要减去的对象，这样即可减去当前单击的对象，如图2-150所示。

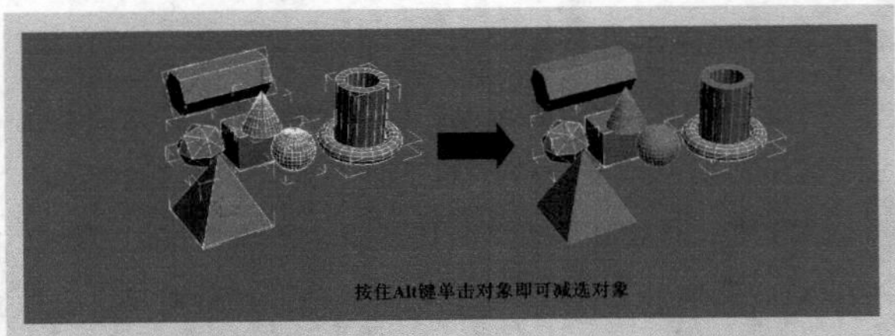

图2-150

第4种：反选对象。如果当前选择了某些对象，想要反选其他的对象，可以按Ctrl+I组合键来完成，如图2-151所示。

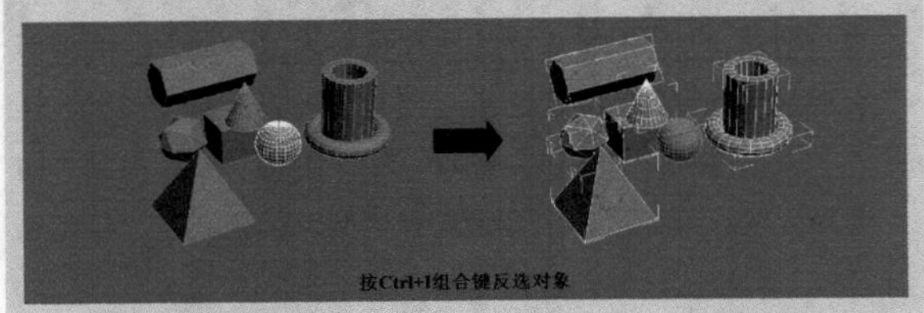

图2-151

第5种：孤立选择对象。这是选择对象的一种特殊方法，可以将选择的对象单独显示出来，以方便对其进行编辑，如图2-152所示。

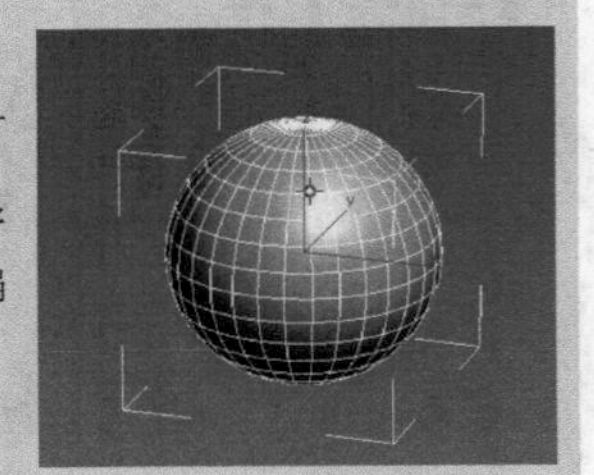

图2-152

切换孤立选择对象的方法主要有以下两种。

①执行“工具>孤立当前选择”菜单命令或直接按快捷键Alt+Q，如图2-153所示。

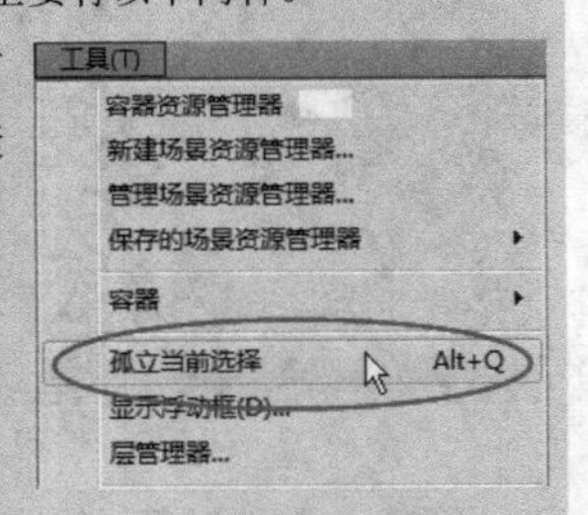

图2-153

②在视图中单击鼠标右键，然后在弹出的菜单中选择“孤立当前选择”命令，如图2-154所示。

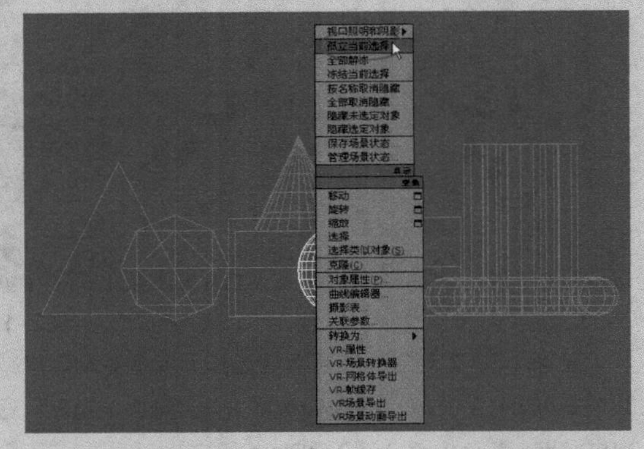

图2-154

请大家牢记这几种选择对象的方法，合理地运用这些方法可以在选择对象时达到事半功倍的效果。

2.5.7 按名称选择

单击“按名称选择”按钮会弹出“从场景选择”对话框，在该对话框中选择对象的名称后，单击“确定”按钮 确定 即可将其选择。例如，在“从场景选择”对话框中选择了Sphere001，单击“确定”按钮 确定 后即可选择这个球体对象，如图2-155和图2-156所示。

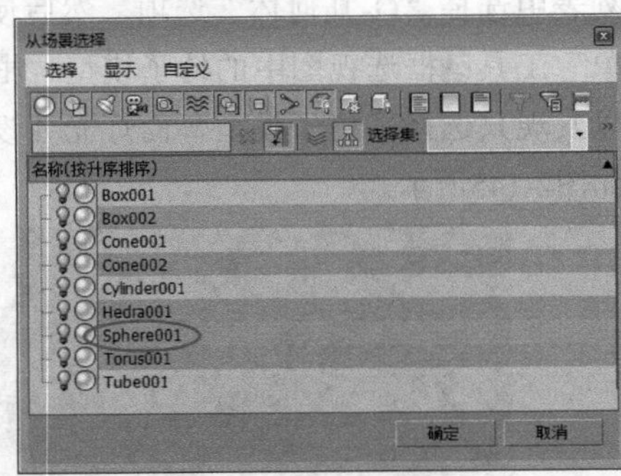

图2-155

图2-156

技巧与提示

如果当前已经选择了部分对象，那么按住Ctrl键可以进行加选，按住Alt键可以进行减选。

另外，“从场景选择”对话框中有一排按钮与“创建”面板中的部分按钮是相同的，这些按钮主要用来显示对象的类型，当激活相应的对象按钮后，在下面的对象列表中就会显示出与其相对应的对象，如图2-157所示。

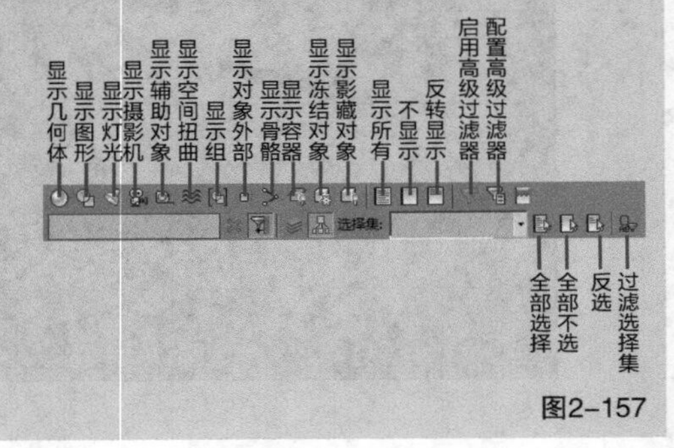

图2-157

2.5.8 选择区域

选择区域工具包含5种模式，如图2-158所示，主要用来配合“选择对象”工具一起使用。在前面的内容中已经介绍了其用法，这里就不再重复了。

矩形选择区域
圆形选择区域
围栏选择区域
套索选择区域
绘制选择区域

图2-158

2.5.9 窗口/交叉

当“窗口/交叉”工具处于突出状态（即未激活状态）时，其显示为，这时如果在视图中选择对象，那么只要选择的区域包含对象的一部分即可选中该对象，如图2-159所示；当“窗口/交叉”工具处于凹陷状态（即激活状态）时，其显示为，这时如果在视图中选择对象，那么只有选择区域包含对象的全部才能将其选中，如图2-160所示。在实际工作中，一般都要让“窗口/交叉”工具处于未激活状态。

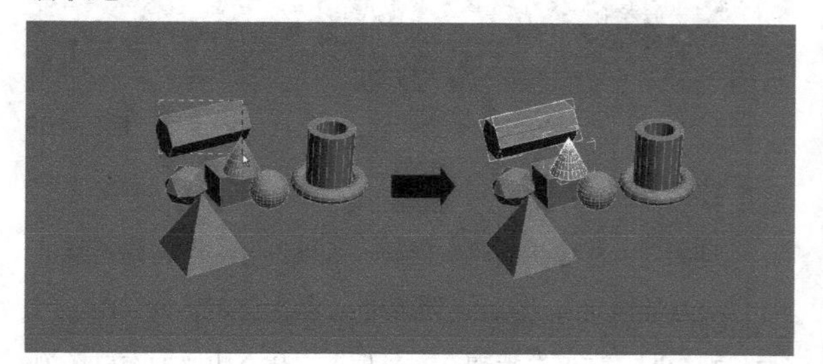

图2-159

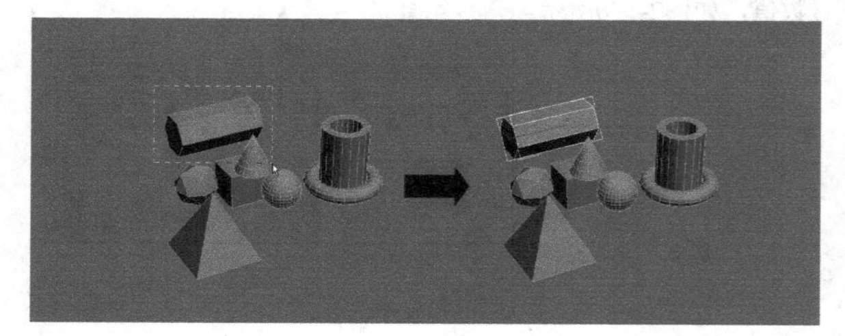

图2-160

2.5.10 选择并移动

“选择并移动”工具是非常重要的工具（快捷键为W键），主要用来选择并移动对象，其选择对象的方法与“选择对象”工具相同。使用“选择并移动”工具可以将选中的对象移动到任何位置。当使用该工具选择对象时，在视图中会显示出坐标移动控制器，在默认的四视图中只有透视图显示的是x/y/z这3个轴向，而其他3个视图中只显示其中的某两个轴向，如图2-161所示。若想要在多个轴向上移动对象，可以将光标放在轴向的中间并拖曳，如图2-162所示；如果想在单个轴向上移动对象，可以将光标放在这个轴向上并拖曳，如图2-163所示。

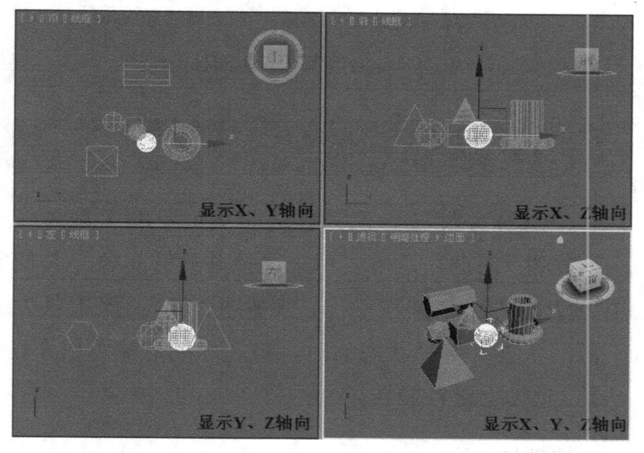

图2-161

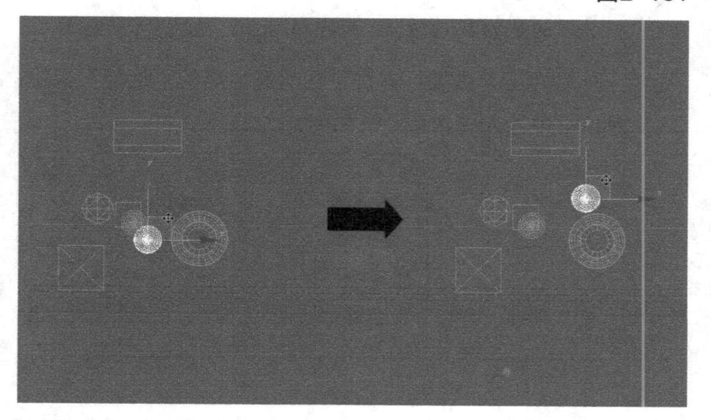

图2-162

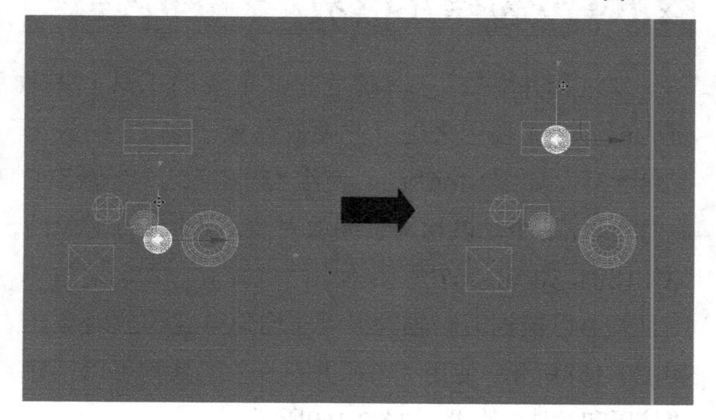

图2-163

技巧与提示

如果想将对象精确移动一定的距离，可以在“选择并移动”工具上单击鼠标右键，然后在弹出的“移动变换输入”对话框中输入“绝对:世界”或“偏移:屏幕”的数值，如图2-164所示。

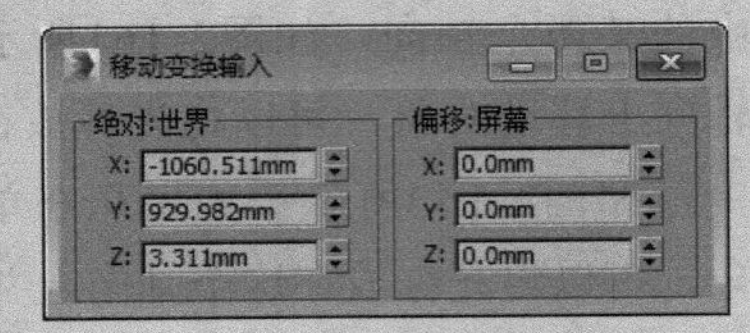

图2-164

“绝对”坐标是指对象目前所在的世界坐标位置；“偏移”坐标是指对象以屏幕为参考对象所偏移的距离。

2.5.11 选择并旋转

“选择并旋转”工具是非常重要的工具之一（快捷键为E键），主要用来选择并旋转对象，其使用方法与“选择并移动”工具相似。当该工具处于激活状态（选择状态）时，被选中的对象可以在*x*/*y*/*z*这3个轴上进行旋转。

技巧与提示

如果想要将对象精确旋转一定的角度，可以在“选择并旋转”按钮上单击鼠标右键，然后在弹出的“旋转变换输入”对话框中输入旋转角度，如图2-165所示。

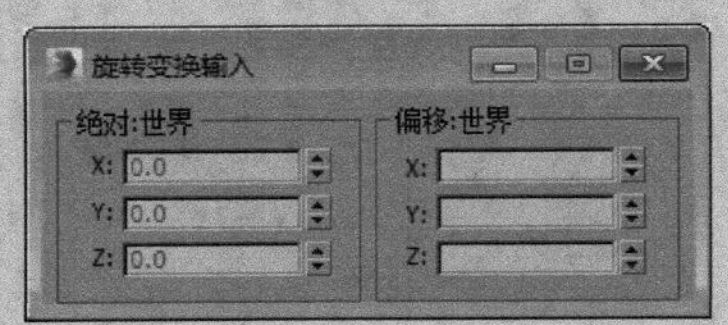

图2-165

2.5.12 选择并缩放

“选择并缩放”工具是非常重要的工具（快捷键为R键），主要用来选择并缩放对象。选择并缩放工具包含3种，如图2-166所示。使用“选择并均匀缩放”工具可以沿3个轴以相同量缩放对象，同时保持对象的原始比例，如图2-167所示；使用“选择并非均匀缩放”工具可以根据活动轴约束以非均匀方式缩放对象，如图2-168所示；使用“选择并挤压”工具可以创建“挤压和拉伸”效果，如图2-169所示。

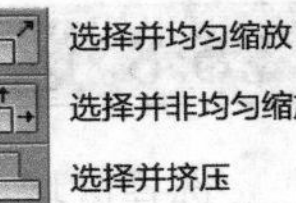

图2-166

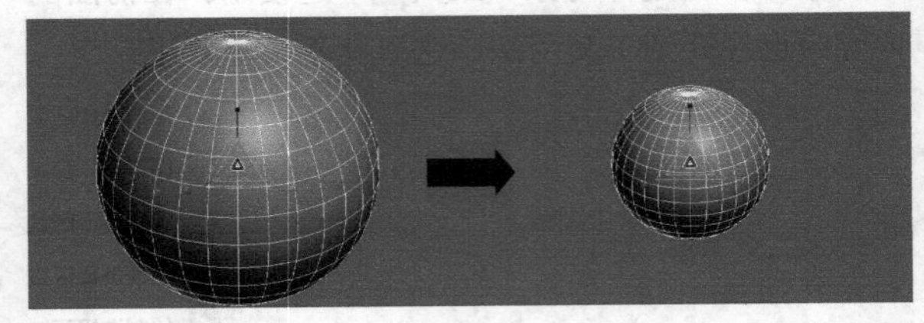

图2-167

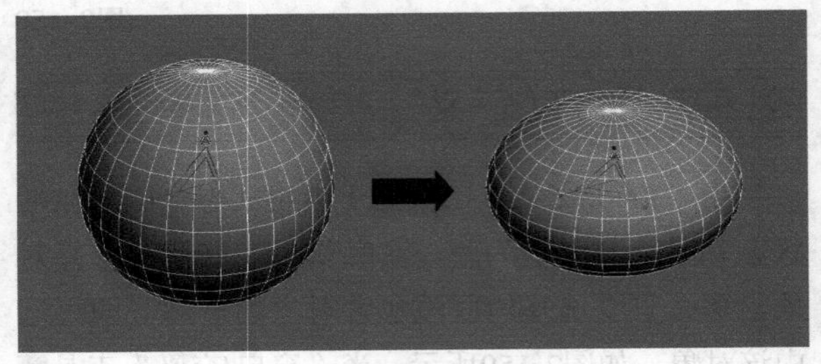

图2-168

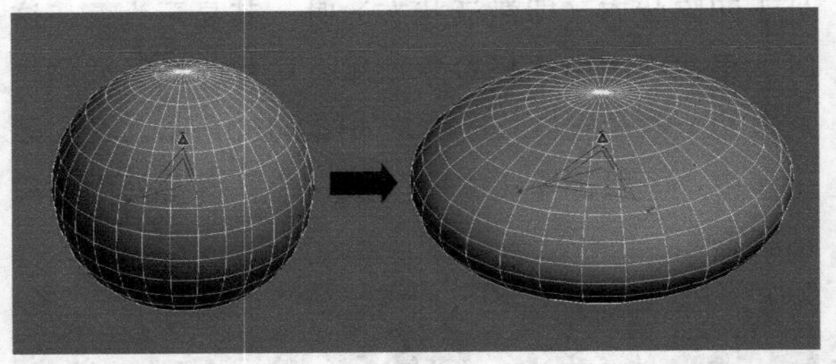

图2-169

技巧与提示

同理，“选择并缩放”工具也可以设定一个精确的缩放比例，具体操作方法就是在相应的工具上单击鼠标右键，然后在弹出的“缩放变换输入”对话框中输入相应的缩放比例数值，如图2-170所示。

图2-170

课堂案例

用选择并缩放工具调整花瓶形状

场景文件	场景文件>CH02>04.max
实例文件	实例文件>CH02>课堂案例：用选择并缩放工具调整花瓶形状.max
视频名称	课堂案例：用选择并缩放工具调整花瓶形状.mp4
难易指数	★☆☆☆☆
学习目标	练习缩放工具的使用

在建模的时候，我们经常会对模型做缩放处理，通常缩放不但会使一个物体的大小发生变化，甚至可以使其额度形状发生变化。

01 打开学习资源中的模型文件，如图2-171所示。

图2-171

02 在“主工具栏”中选择“选择并均匀缩放”工具，然后选择最左边的花瓶，接着在前视图中沿x轴正方向进行缩放，如图2-172所示，完成后的效果如图2-173所示。

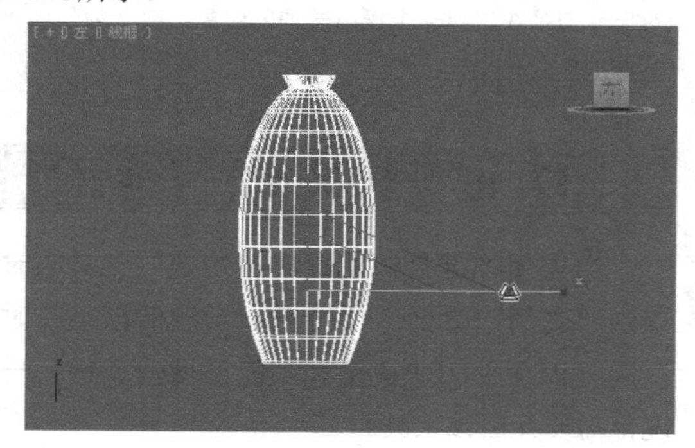

图2-172

图2-173

03 在“主工具栏”中选择“选择并非均匀缩放”工具，然后选择中间的花瓶，接着在透视图中沿y轴正方向进行缩放，如图2-174所示。

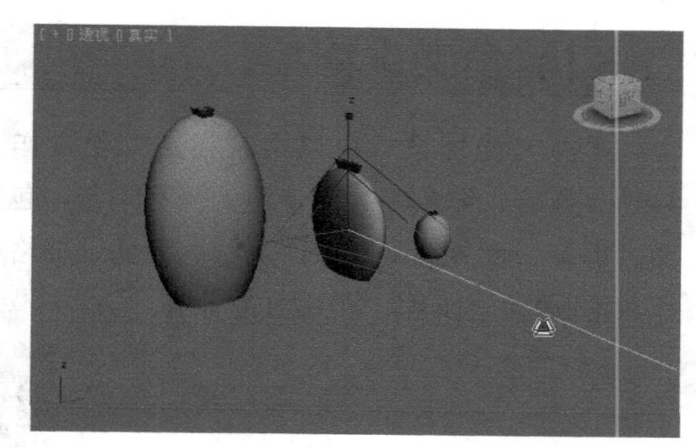

图2-174

04 在“主工具栏”中选择“选择并挤压”工具，然后选择最右边的模型，接着在透视图中沿z轴负方向进行挤压，如图2-175所示。

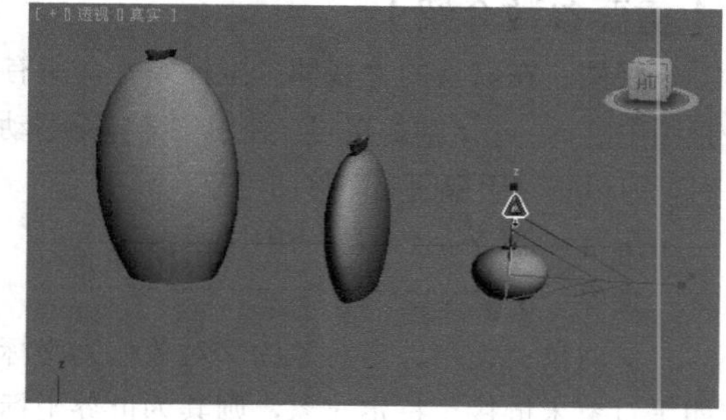

图2-175

2.5.13 选择并放置

“选择并放置”工具是3ds Max 2016的新增工具，使用该工具可以将对象准确地定位在另一个对象的曲面上。当该工具处于活动状态时，单击对象将其选中，然后拖动鼠标将对象移动到另一个对象上，即可将其放置到另一个对象上。使用“选择并旋转”工具可以将对象围绕放置曲面的法线进行旋转。

在默认情况下，基础曲面的接触点是对象的轴心，如果要使用对象的底座作为接触点，可以在“选择并放置”工具上单击鼠标右键，然后在弹出的“放置设置”对话框中单击“使用基础对象作为轴”按钮，如图2-176所示。

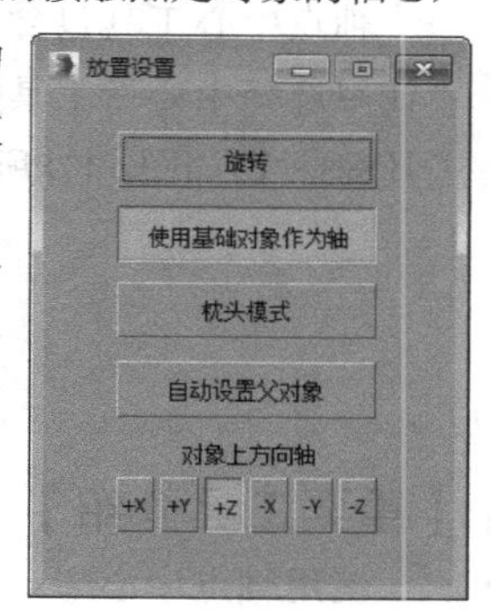

图2-176

2.5.14 参考坐标系

“参考坐标系”可以用来指定变换操作（如移动、旋转、缩放等）所使用的坐标系统，包括视图、屏幕、世界、父对象、局部、万向、栅格、工作和拾取9种坐标系，如图2-177所示。

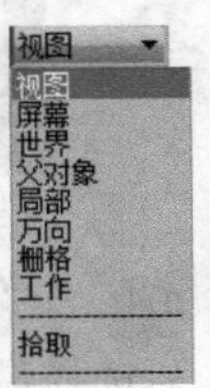

图2-177

【重要参数介绍】

视图：在默认的“视图”坐标系中，所有正交视图中的 x、y、z 轴都相同。使用该坐标系移动对象时，可以相对于视图空间移动对象。

屏幕：将活动视口屏幕用作坐标系。

世界：使用世界坐标系。

父对象：使用选定对象的父对象作为坐标系。如果对象未链接至特定对象，则其为世界坐标系的子对象，其父坐标系与世界坐标系相同。

局部：使用选定对象的轴心点作为坐标系。

万向：万向坐标系与Euler XYZ旋转控制器一同使用，它与局部坐标系类似，但其3个旋转轴相互之间不一定垂直。

栅格：使用活动栅格作为坐标系。

工作：使用工作轴作为坐标系。

拾取：使用场景中的另一个对象作为坐标系。

2.5.15 使用轴点中心

轴点中心工具包含“使用轴点中心”工具、“使用选择中心”工具和“使用变换坐标中心”工具3种，如图2-178所示。

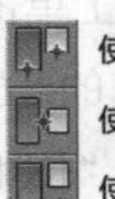
使用轴点中心
使用选择中心
使用变换坐标中心

图2-178

【重要工具介绍】

使用轴点中心：该工具可以围绕其各自的轴点旋转或缩放一个或多个对象。

使用选择中心：该工具可以围绕其共同的几何中心旋转或缩放一个或多个对象。如果变换多个对象，该工具会计算所有对象的平均几何中心，并将该几何中心用作变换中心。

使用变换坐标中心：该工具可以围绕当前坐标系的中心旋转或缩放一个或多个对象。当使用“拾取”功能将其他对象指定为坐标系时，其坐标中心在该对象轴的位置上。

2.5.16 选择并操纵

使用“选择并操纵”工具可以在视图中通过拖曳“操纵器”来编辑修改器、控制器和某些对象的参数。这个工具不能独立应用，需要与其他选择工具配合使用。

技巧与提示

“选择并操纵”工具与“选择并移动”工具不同，它的状态不是唯一的。只要选择模式或变换模式之一为活动状态，并且启用了“选择并操纵”工具，那么就可以操纵对象。但是在选择一个操纵器辅助对象之前必须禁用“选择并操纵”工具。

2.5.17 键盘快捷键覆盖切换

当关闭“键盘快捷键覆盖切换”工具时，只识别“主用户界面”快捷键；当激活该工具时，可以同时识别主UI快捷键和功能区域快捷键。一般情况都需要开启该工具。

2.5.18 捕捉开关

捕捉开关工具（快捷键为S键）包含“2D捕捉”工具、“2.5D捕捉”工具和“3D捕捉”工具3种，如图2-179所示。

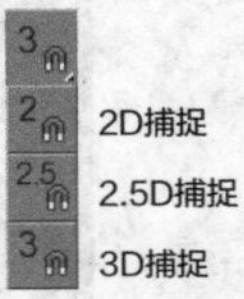

2D捕捉
2.5D捕捉
3D捕捉

图2-179

【重要工具介绍】

2D捕捉：主要用于捕捉活动的栅格。

2.5D捕捉：主要用于捕捉结构或捕捉根据网格得到的几何体。

3D捕捉：可以捕捉3D空间中的任何位置。

技巧与提示

在“捕捉开关”上单击鼠标右键，可以打开“栅格和捕捉设置”对话框，在该对话框中可以设置捕捉类型和捕捉的相关选项，如图2-180所示。

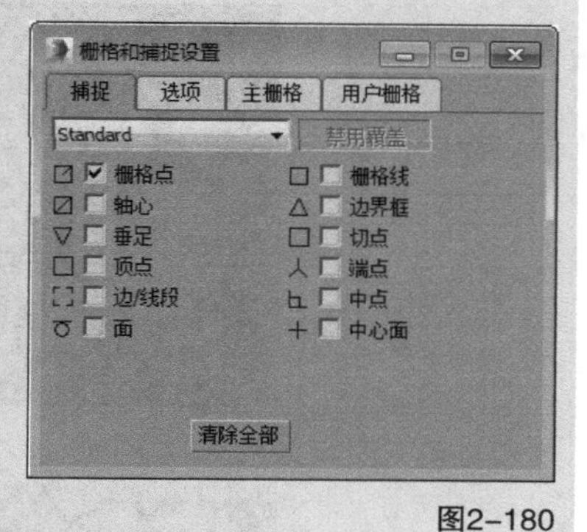

图2-180

2.5.19 角度捕捉切换

“角度捕捉切换”工具可以用来指定捕捉的角度（快捷键为A键）。激活该工具后，角度捕捉将影响所有的旋转变换，在默认状态下以5°为增量进行旋转。

若要更改旋转增量，可以在“角度捕捉切换”工具上单击鼠标右键，然后在弹出的“栅格和捕捉设置”对话框中单击“选项”选项卡，接着在“角度”选项后面输入相应的旋转增量角度，如图2-181所示。

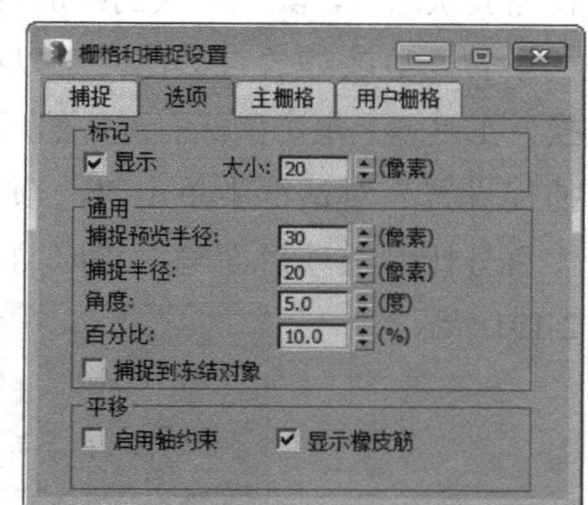

图2-181

课堂案例

用角度捕捉切换工具制作挂钟刻度

场景文件	场景文件>CH02>05.max
实例文件	实例文件>CH02>课堂案例：用角度捕捉切换工具制作挂钟刻度.max
视频名称	课堂案例：用角度捕捉切换工具制作挂钟刻度.mp4
难易指数	★★☆☆☆
学习目标	练习角度捕捉工具的使用

建模的时候，尺寸的精度是尤为重要的，如本例中的时钟刻度，我们都知道时钟的大刻度为30°，但是在视图中要怎么才能确定其刻度为30°呢？这就需要用到“角度捕捉切换”工具，本例的模型效果如图2-182所示。

图2-182

01 打开学习资源中的“场景文件>CH02>05.max”文件，如图2-183所示。

图2-183

技巧与提示

从图2-183中可以观察到挂钟没有指针刻度。在3ds Max中，制作这种具有相同角度且有一定规律的对象一般都使用“角度捕捉切换”工具。

02 在“创建”面板中单击“球体”按钮 球体 ，然后在场景中创建一个大小合适的球体，如图2-184所示。

图2-184

03 选择“选择并均匀缩放”工具，然后在左视图中沿x轴负方向进行缩放，如图2-185所示，接着使用“选择并移动”工具将其移动到表盘的“12点钟”的位置，如图2-186所示。

图2-185

图2-186

04 在“命令”面板中单击“层次”按钮，进入“层次”面板，然后单击“仅影响轴”按钮 仅影响轴 （此时球体上会增加一个较粗的坐标轴，这个坐标轴主要用来调整球体的轴心点位置），接着使用“选择并移动”工具将球体的轴心点拖曳到表盘的中心位置，如图2-187所示。

图2-187

05 单击“仅影响轴”按钮 仅影响轴 退出“仅影响轴”模式，然后在“角度捕捉切换”工具上单击鼠标右键（注意，要使该工具处于激活状态），接着在弹出的“栅格和捕捉设置”对话框中单击“选项”选项卡，最后设置“角度”为30°，如图2-188所示。

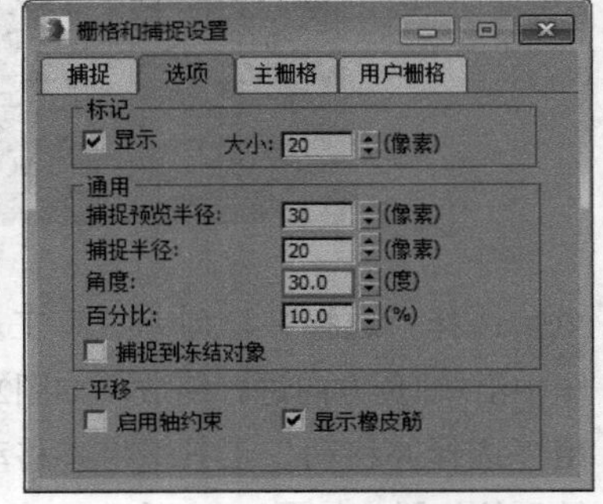

图2-188

06 选择“选择并旋转”工具，然后在前视图中按住Shift键顺时针旋转-30°，接着在弹出的“克隆选项”对话框中设置“对象”为“实例”、“副本数”为11，最后单击“确定”按钮 确定 ，如图2-189所示，最终效果如图2-190所示。

图2-189

图2-190

2.5.20 百分比捕捉切换

使用“百分比捕捉切换”工具可以将对象缩放捕捉到自定的百分比（快捷键为Shift+Ctrl+P），在缩放状态下，默认每次的缩放百分比为10%。

若要更改缩放百分比，可以在“百分比捕捉切换”工具上单击鼠标右键，然后在弹出的“栅格和捕捉设置”对话框中单击“选项”选项卡，接着在“百分比”选项后面输入相应的百分比数值，如图2-191所示。

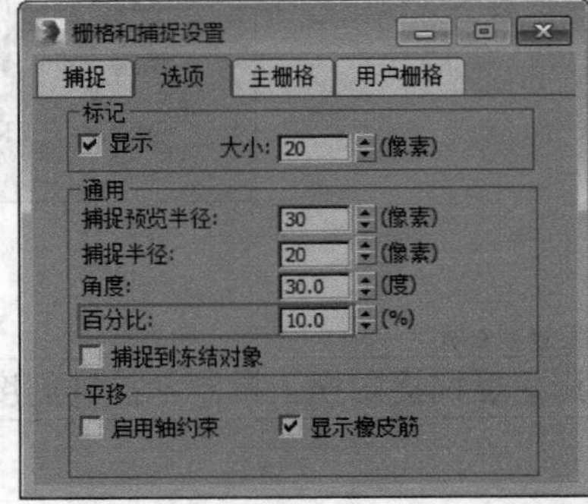

图2-191

2.5.21 微调器捕捉切换

“微调器捕捉切换”工具可以用来设置微调器单次单击的增加值或减少值。

若要设置微调器捕捉的参数，可以在“微调器捕捉切换”工具上单击鼠标右键，然后在弹出的“首选项设置”对话框中单击“常规”选项卡，接着在“微调器”选项组下设置相关参数，如图2-192所示。

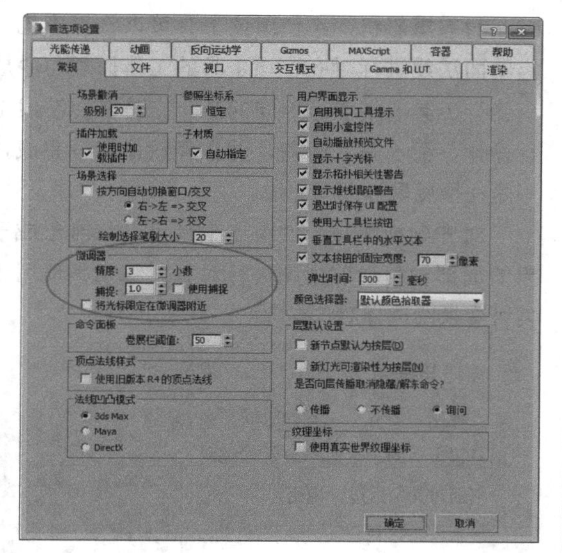

图2-192

2.5.22 编辑命名选择集

使用“编辑命名选择集”工具可以为单个或多个对象创建选择集。选中一个或多个对象后，单击“编辑命名选择集”工具可以打开“命名选择集”对话框，在该对话框中可以创建新集、删除集以及添加、删除选定对象等，如图2-193所示。

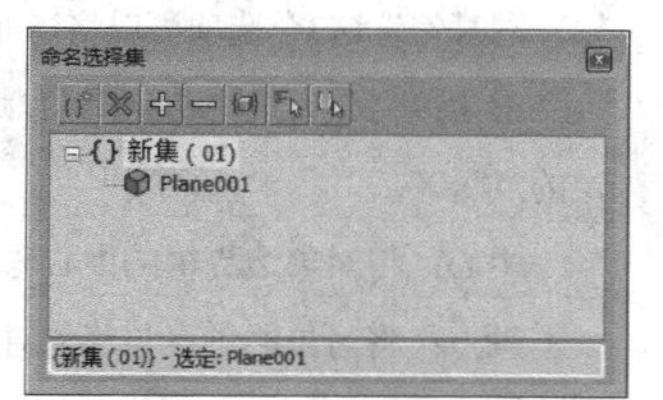

图2-193

2.5.23 创建选择集

如果选择了对象，在“创建选择集”中输入名称以后就可以创建一个新的选择集；如果已经创建了选择集，在列表中可以选择创建的集。

2.5.24 镜像

使用“镜像”工具可以围绕一个轴心镜像出一个或多个副本对象。选中要镜像的对象后，单击“镜像”工具，可以打开“镜像：屏幕坐标”对话框，在该对话框中可以对“镜像轴”“克隆当前选择”“镜像IK限制”进行设置，如图2-194所示。

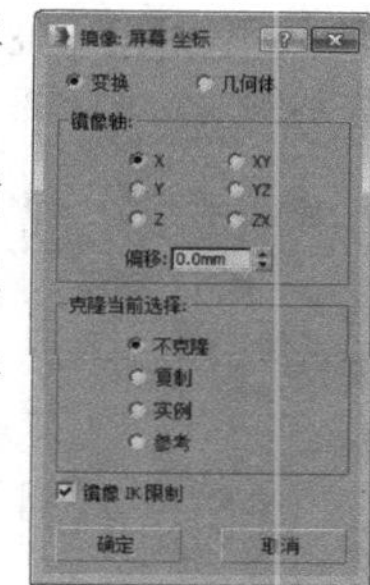

图2-194

课堂案例

用镜像工具镜像椅子

场景位置	场景文件>CH02>06.max
实例位置	实例文件>CH02>课堂案例：用镜像工具镜像椅子.max
视频名称	实战：用镜像工具镜像椅子.mp4
难易指数	★☆☆☆☆
学习目标	掌握“镜像”工具的用法

现实生活中存在许多轴对称的物体，而在效果图制作中，我们也经常会使用轴对称摆放，所以在常规建模过程中，我们可能会逐步进行建模，但是这样太浪费时间，我们可以采用一种事半功倍的方法，那就是使用“镜像”工具。本例使用“镜像”工具制作的椅子效果如图2-195所示，从图中可看出两个椅子成轴对称。

图2-195

01 打开学习资源中的“场景文件>CH02>06.max”文件，如图2-196所示。

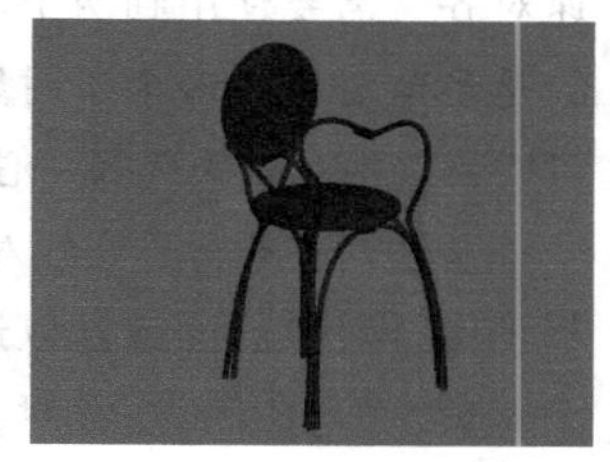

图2-196

02 选中椅子模型，然后在“主工具栏”中单击“镜像”按钮，接着在弹出的“镜像”对话框中设置“镜像轴”为x轴、“偏移”值为-120mm，再设置“克隆当前选择”为“复制”，最后单击“确定”按钮确定，具体参数设置如图2-197所示，最终效果如图2-198所示。

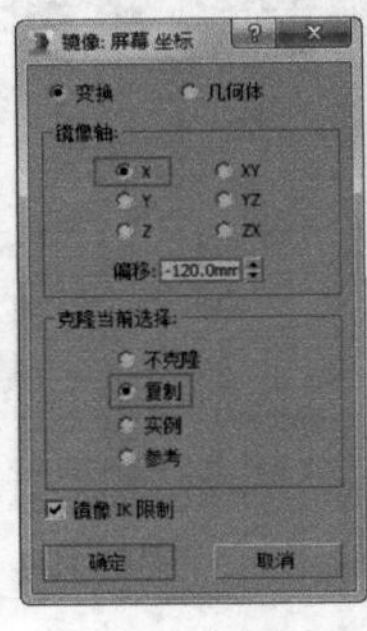

图2-197

图2-198

2.5.25 对齐

对齐工具包括6种，分别是“对齐”工具、“快速对齐”工具、“法线对齐”工具、“放置高光”工具、“对齐摄影机”工具和“对齐到视图”工具，如图2-199所示。

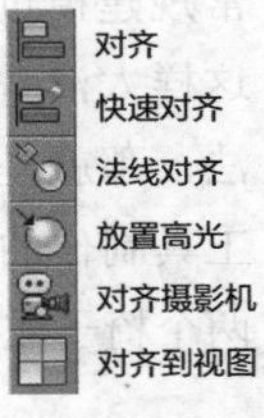

图2-199

【重要工具介绍】

对齐：使用该工具（快捷键为Alt+A）可以将当前选定对象与目标对象进行对齐。

快速对齐：使用该工具（快捷键为Shift+A）可以立即将当前选择对象的位置与目标对象的位置进行对齐。如果当前选择的是单个对象，那么“快速对齐”需要使用到两个对象的轴；如果当前选择的是多个对象或多个子对象，则使用“快速对齐”可以将选中对象的选择中心对齐到目标对象的轴。

法线对齐：“法线对齐”（快捷键为Alt+N）基于每个对象的面或是以选择的法线方向来对齐两个对象。要打开“法线对齐”对话框，首先要选择对齐的对象，然后单击对象上的面，接着单击第2个对象上的面，释放鼠标后就可以打开“法线对齐”对话框。

放置高光：使用该工具（快捷键为Ctrl+H）可以将灯光或对象对齐到另一个对象，以便精确定位其高光或反射。在“放置高光”模式下，可以在任一视图中单击并拖曳光标。

技巧与提示

“放置高光”是一种依赖于视图的功能，所以要使用渲染视图。在场景中拖曳光标时，会有一束光线从光标处射入到场景中。

对齐摄影机：使用该工具可以将摄影机与选定的面法线进行对齐。该工具的工作原理与“放置高光”工具类似。不同的是，它是在面法线上进行操作，而不是入射角，并在释放鼠标时完成，而不是在拖曳鼠标期间完成。

对齐到视图：使用该工具可以将对象或子对象的局部轴与当前视图进行对齐。该工具适用于任何可变换的选择对象。

技巧与提示

当使用“对齐”工具的时候，会弹出设置参数的对话框，如图2-200所示，下面对其参数进行说明。

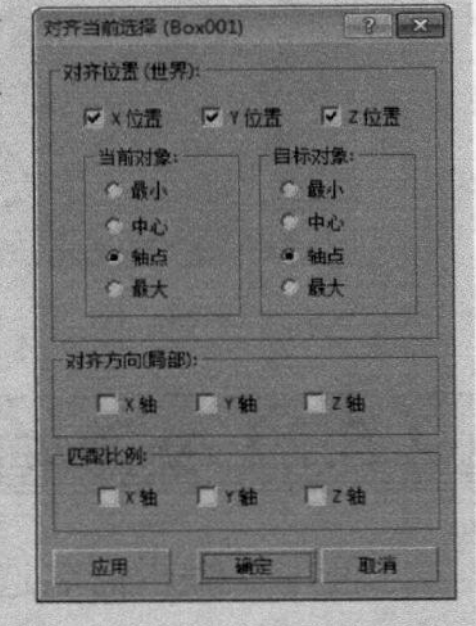

图2-200

X/Y/Z位置：用来指定要执行对齐操作的一个或多个坐标轴。同时勾选这3个选项可以将当前对象重叠到目标对象上。

最小：将具有最小x/y/z值对象边界框上的点与其他对象上选定的点对齐。

中心：将对象边界框的中心与其他对象上的选定点对齐。

轴点：将对象的轴点与其他对象上的选定点对齐。

最大：将具有最大x/y/z值对象边界框上的点与其他对象上选定的点对齐。

对齐方向（局部）：包括x/y/z轴3个选项，主要用来设置选择对象与目标对象是以哪个坐标轴进行对齐。

匹配比例：包括x/y/z轴3个选项，可以匹配两个选定对象之间的缩放轴的值，该操作仅对变换输入中显示的缩放值进行匹配。

2.5.26 切换场景资源管理器

单击“切换场景资源管理器”按钮▣可以打开“场景资源管理器”对话框，如图2-201所示。使用该管理器不仅可以查看、排序、过滤、选择、重命名、删除、隐藏和冻结对象，还可以创建、修改对象的层次和编辑对象属性。

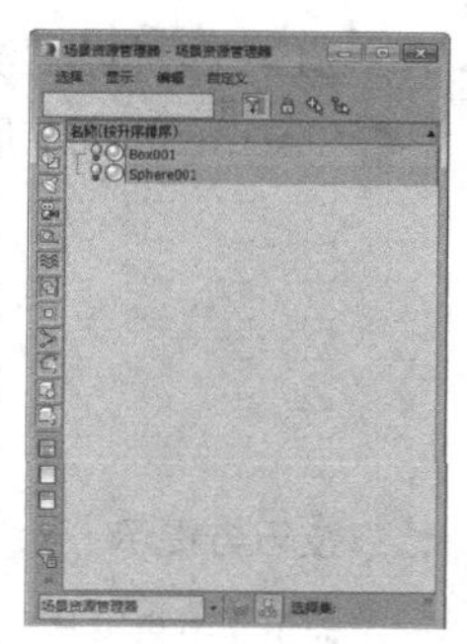

图2-201

2.5.27 层管理器

使用“层管理器”▣可以创建和删除层，也可以用来查看和编辑场景中所有层的设置以及与其相关联的对象。单击“层管理器”工具▣可以打开“层”对话框，在该对话框中可以指定光能传递中的名称、可见性、渲染性、颜色以及对象和层的包含关系等，如图2-202所示。

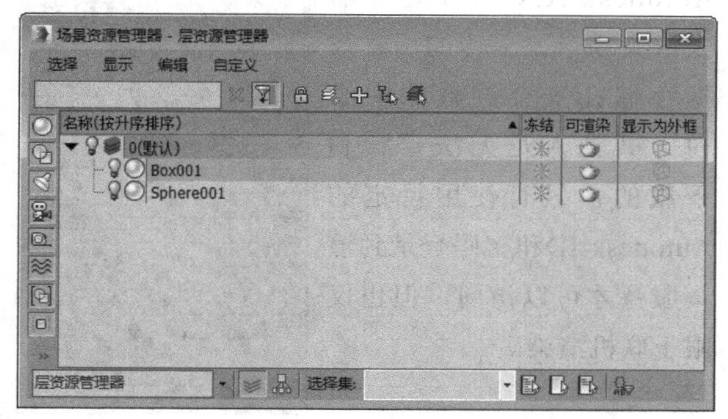

图2-202

2.5.28 功能切换区

单击“功能切换区”按钮▣可以打开或关闭Ribbon工具栏（这个工具栏在以前的版本中称为“石墨建模工具”或“建模工具”选项卡），如图2-203所示。Ribbon工具栏是优秀的PolyBoost建模工具与3ds Max的完美结合，其工具摆放的灵活性与布局的科学性大大方便了多边形建模的流程。

图2-203

2.5.29 曲线编辑器

单击“曲线编辑器”按钮▣可以打开“轨迹视图-曲线编辑器”对话框，如图2-204所示。“曲线编辑器”是一种“轨迹视图”模式，可以用曲线来表示运动，而“轨迹视图”模式可以使运动的插值以及软件在关键帧之间创建的对象变换更加直观。

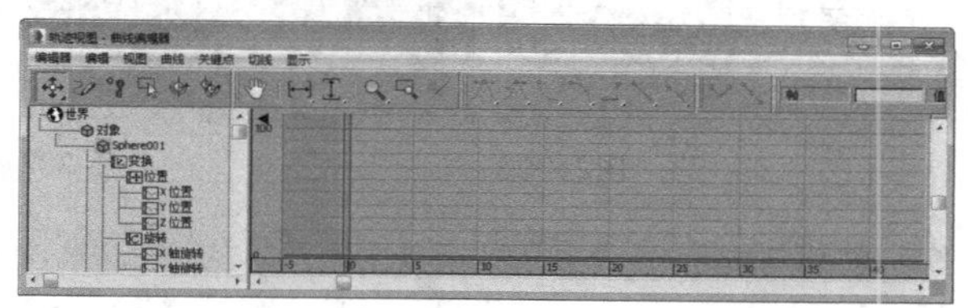

图2-204

2.5.30 图解视图

“图解视图”▣是基于节点的场景图，通过它可以访问对象的属性、材质、控制器、修改器、层次和不可见场景关系，同时在“图解视图”对话框中可以查看、创建并编辑对象间的关系，也可以创建层次、指定控制器、材质、修改器和约束等，如图2-205所示。

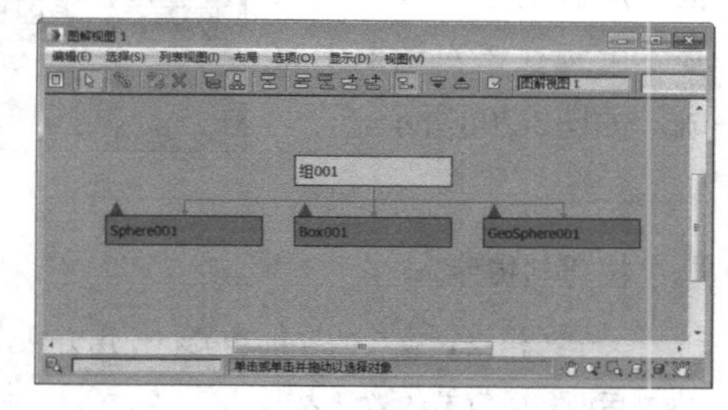

图2-205

技巧与提示

在“图解视图”对话框列表视图中的文本列表中可以查看节点，这些节点的排序是有规则性的，通过这些节点可以迅速浏览极其复杂的场景。

2.5.31 材质编辑器

“材质编辑器”▣是非常重要的编辑器（快捷键为M键），在后面的章节中将有专门的内容对其进行介绍，主要用来编辑对象的材质。3ds Max 2016的“材质编辑器”分为“精简材质编辑器”▣和“Slate材质编辑器”▣两种，如图2-206和图2-207所示。

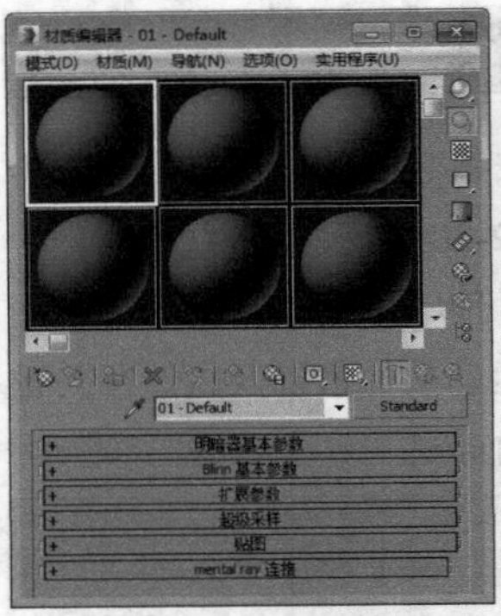

图2-206 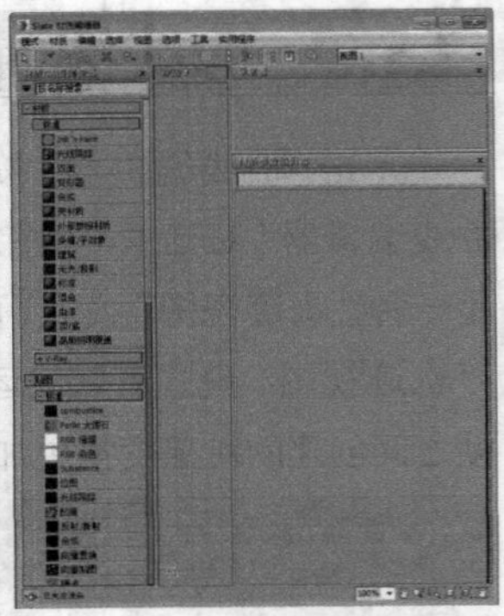　　图2-207

技巧与提示

关于“材质编辑器”的详细功能和使用方法，请读者参考本书后面相关章节的教学内容。

2.5.32 渲染设置

单击“主工具栏”中的“渲染设置”按钮（快捷键为F10键）可以打开“渲染设置”对话框，所有的渲染设置参数基本上都在该对话框中完成，如图2-208所示。

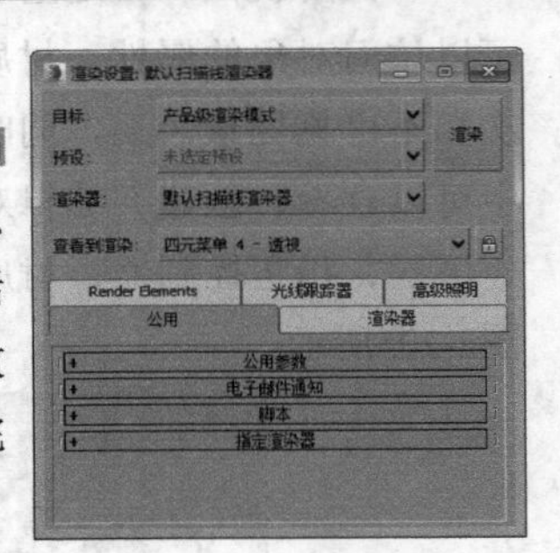

图2-208

技巧与提示

关于“渲染设置”的详细功能和使用方法，请读者参考本书后面相关章节的教学内容。

2.5.33 渲染帧窗口

单击“主工具栏”中的“渲染帧窗口”按钮可以打开“渲染帧窗口”对话框，在该对话框中可执行选择渲染区域、切换图像通道和存储渲染图像等任务，如图2-209所示。

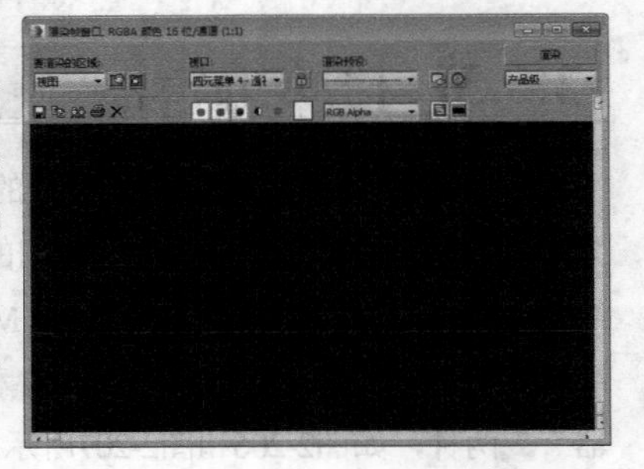

图2-209

2.5.34 渲染工具

渲染工具包含“渲染产品”工具、“渲染迭代”工具和ActiveShade工具3种，如图2-210所示。

图2-210

技巧与提示

关于“渲染工具”的详细功能和使用方法，请读者参考本书后面相关章节的教学内容。

2.5.35 在Autodesk A360中渲染

A360是一种云端渲染方法，单击“在Autodesk A360中渲染”按钮可以打开“渲染设置”对话框，同时将渲染的“目标”自动设置为“A360云渲染模式”，如图2-211所示。用户通过登录Autodesk账户，可以借助Autodesk A360中的渲染器来渲染场景。上传的场景数据存储在安全的数据中心内，其他人是无法查看和下载的，只有使用特定的Autodesk ID和密码登录到渲染服务才可以访问，但也仅限于联机渲染。

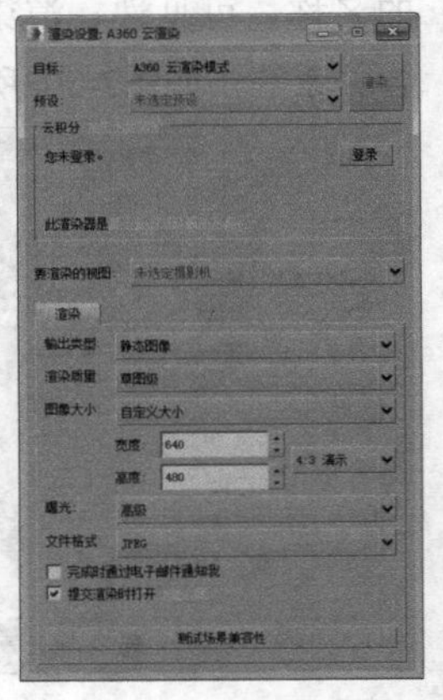

图2-211

2.6 视口区域

视口区域是操作界面中最大的一个区域，也是3ds Max中用于实际工作的区域，默认状态下为四视图显示，包括顶视图、左视图、前视图和透视图4个视图，在这些视图中可以从不同的角度对场景中的对象进行观察和编辑。

每个视图的左上角都会显示视图的名称以及模型的显示方式，右上角有一个导航器（不同视图显示的状态也不同），如图2-212所示。

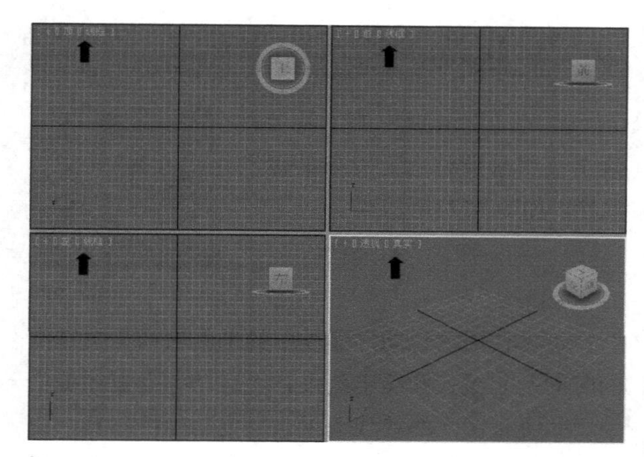

图2-212

技巧与提示

常用的几种视图都有其对应的快捷键，顶视图的快捷键是T键，底视图的快捷键是B键，左视图的快捷键是L键，前视图的快捷键是F键，透视图的快捷键是P键，摄影机视图的快捷键是C键。

3ds Max 2016中视图的名称部分被分为3个小部分，用鼠标右键分别单击这3个部分会弹出不同的菜单，如图2-213~图2-215所示。第1个菜单用于还原、激活、禁用视口以及设置导航器等；第2个菜单用于切换视口的类型；第3个菜单用于设置对象在视口中的显示方式。

图2-213

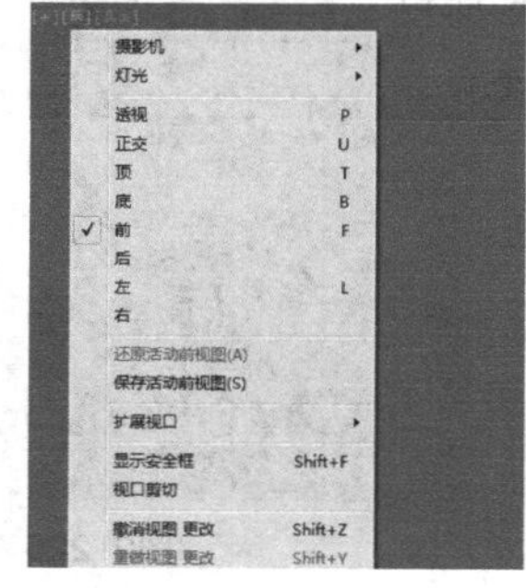

图2-214

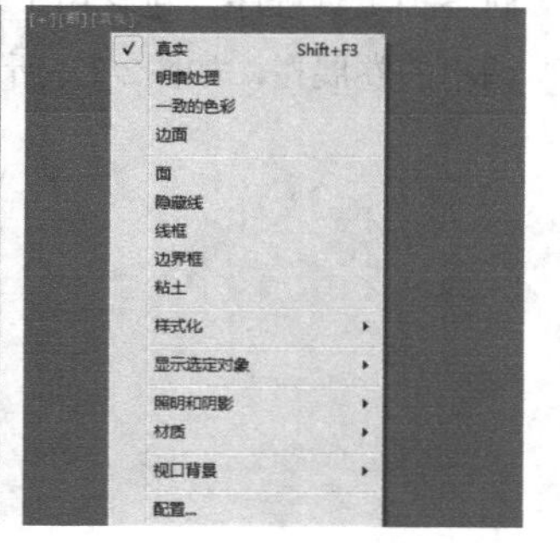

图2-215

2.7 命令面板

“命令”面板非常重要，场景对象的操作都可以在“命令”面板中完成。“命令”面板由6个用户界面面板组成，默认状态下显示的是“创建”面板，其他面板分别是“修改”面板、“层次”面板、“运动”面板、“显示”面板和“实用程序”面板，如图2-216所示。

图2-216

2.7.1 创建面板

“创建”面板是非常重要的面板，在该面板中可以创建7种对象，分别是“几何体”、“图形”、“灯光”、“摄影机”、“辅助对象”、“空间扭曲”和“系统”，如图2-217所示。

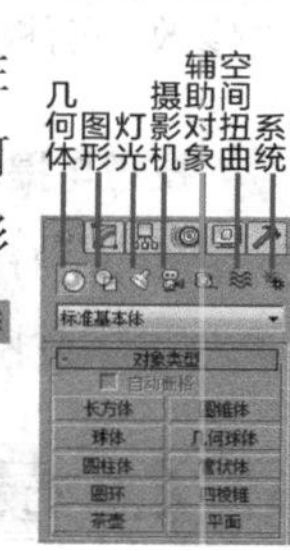

图2-217

【重要工具介绍】

几何体：主要用来创建长方体、球体和锥体等基本几何体，同时也可以创建出高级几何体，如布尔、阁楼以及粒子系统中的几何体。

图形：主要用来创建样条线和NURBS曲线。

技巧与提示

虽然样条线和NURBS曲线能够在2D空间或3D空间中存在，但是它们只有一个局部维度，可以为形状指定一个厚度以便于渲染，但这两种线条主要用于构建其他对象或运动轨迹。

灯光：主要用来创建场景中的灯光。灯光的类型有很多种，每种灯光都可以用来模拟现实世界中的灯光效果。

摄影机：主要用来创建场景中的摄影机。

辅助对象：主要用来创建有助于场景制作的辅助对象。这些辅助对象可以定位、测量场景中的可渲染几何体，并且可以设置动画。

空间扭曲：使用空间扭曲功能可以在围绕其他对象的空间中产生各种不同的扭曲效果。

系统：可以将对象、控制器和层次对象组合在一起，提供与某种行为相关联的几何体，并且包含模拟场景中的阳光系统和日光系统。

技巧与提示

关于各种对象的创建方法将在后面的章节中分别进行详细讲解。

2.7.2 修改面板

“修改”面板是非常重要的面板，该面板主要用来调整场景对象的参数，同样可以使用该面板中的修改器来调整对象的几何形体，图2-218所示的是默认状态下的“修改”面板。

图2-218

技巧与提示

关于如何在“修改”面板中修改对象的参数将在后面的章节中分别进行详细讲解。

2.7.3 层次面板

在“层次”面板中可以访问调整对象间的层次链接信息，通过将一个对象与另一个对象相链接，可以创建对象之间的父子关系，如图2-219所示。

图2-219

【重要参数介绍】

轴：该工具下的参数主要用来调整对象和修改器中心位置，以及定义对象之间的父子关系和反向动力学IK的关节位置等，如图2-220所示。

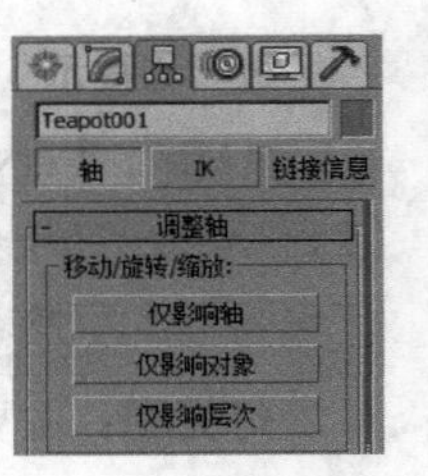

图2-220

IK：该工具下的参数主要用来设置动画的相关属性，如图2-221所示。

链接信息：该工具下的参数主要用来限制对象在特定轴中的移动关系，如图2-222所示。

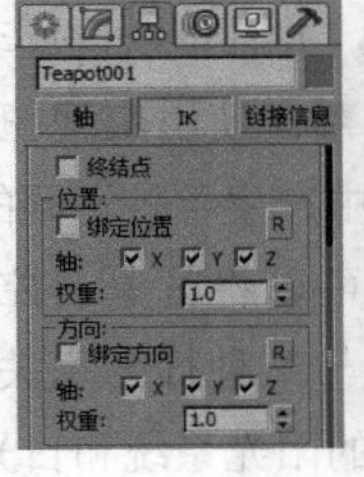

图2-221

图2-222

2.7.4 运动面板

“运动”面板中的工具与参数主要用来调整选定对象的运动属性，如图2-223所示。

图2-223

可以使用“运动”面板中的工具来调整关键点的时间及其缓入和缓出效果。“运动”面板还提供了“轨迹视图”的替代选项来指定动画控制器，如果指定的动画控制器具有参数，则在“运动”面板中可以显示其他卷展栏；如果“路径约束”指定给对象的位置轨迹，则“路径参数”卷展栏将添加到“运动”面板中。

2.7.5 显示面板

“显示”面板中的参数主要用来设置场景中控制对象的显示方式，如图2-224所示。

图2-224

2.7.6 实用程序面板

在“实用程序”面板中可以访问各种工具程序，包含用于管理和调用的卷展栏，如图2-225所示。

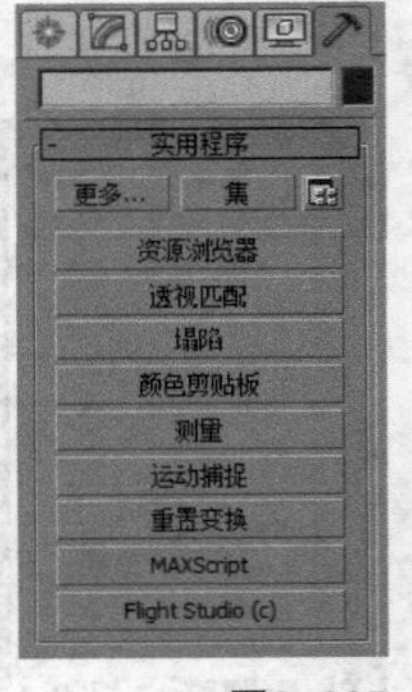

图2-225

2.8 时间尺

“时间尺”包括时间线滑块和轨迹栏两大部分，如图2-226和图2-227所示。“时间尺”在效果图制作方面的使用并不多，所以笔者在此处就不进行叙述了。

图2-226

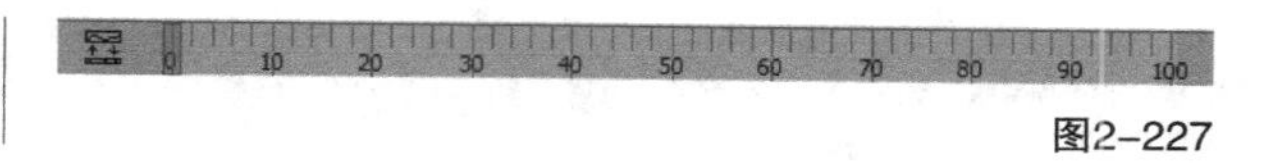

图2-227

2.9 状态栏

状态栏位于轨迹栏的下方，它提供了选定对象的数目、类型、变换值和栅格数目等信息，并且状态栏可以基于当前光标位置和当前活动程序来提供动态反馈信息，如图2-228所示。

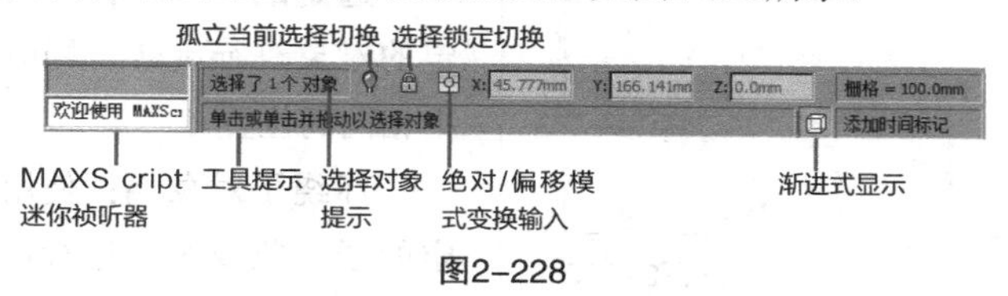

图2-228

2.10 时间控制按钮

时间控制按钮位于状态栏的右侧，这些按钮主要用来控制动画的播放效果，包括关键点控制和时间控制等，如图2-229所示。

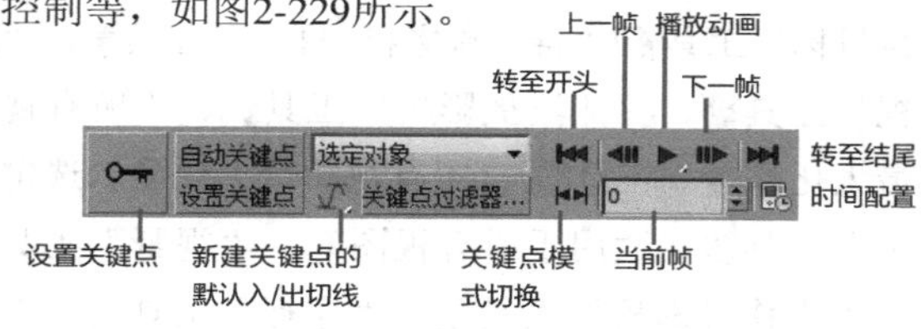

图2-229

2.11 视图导航控制按钮

视图导航控制按钮在状态栏的最右侧，主要用来控制视图的显示和导航。使用这些按钮可以缩放、平移和旋转活动的视图，如图2-230所示。

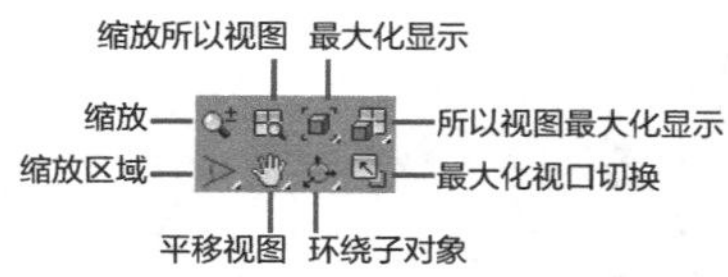

图2-230

2.11.1 所有视图可用控件

所有视图中可用的控件包含“所有视图最大化显示”工具、“所有视图最大化显示选定对象”工具、“最大化视口切换”工具。

【重要工具介绍】

所有视图最大化显示：将场景中的对象在所有视图中居中显示。

所有视图最大化显示选定对象：将所有可见的选定对象或对象集在所有视图中以居中最大化的方式显示。

最大化视口切换：可以将活动视口在正常大小和全屏大小之间进行切换，其快捷键为Alt+W。

技巧与提示

以上3个控件适用于所有的视图，而有些控件只能在特定的视图中使用。

在工作中，有时候会遇到这种情况，就是“按快捷键Alt+W不能最大化显示当前视图”，导致这种情况可能有两种原因，具体如下。

第1种：3ds Max出现程序错误。遇到这种情况可重启3ds Max。

第2种：可能是由于某个程序占用了3ds Max的快捷键Alt+W，如腾讯QQ的“语音输入”快捷键就是Alt+W，如图2-231所示。这时可以将这个快捷键修改为其他快捷键，或直接不用这个快捷键，如图2-232所示。

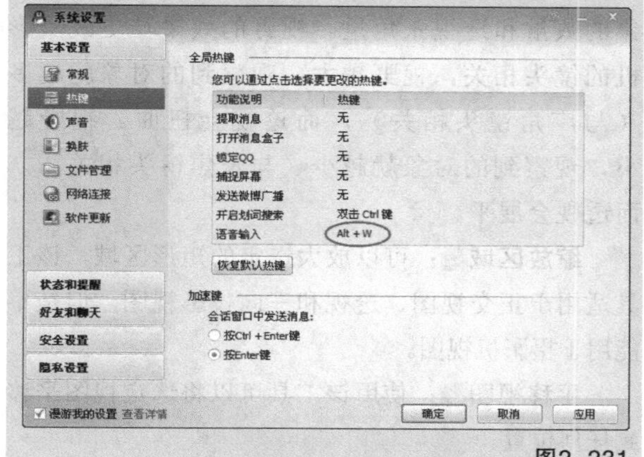

图2-231

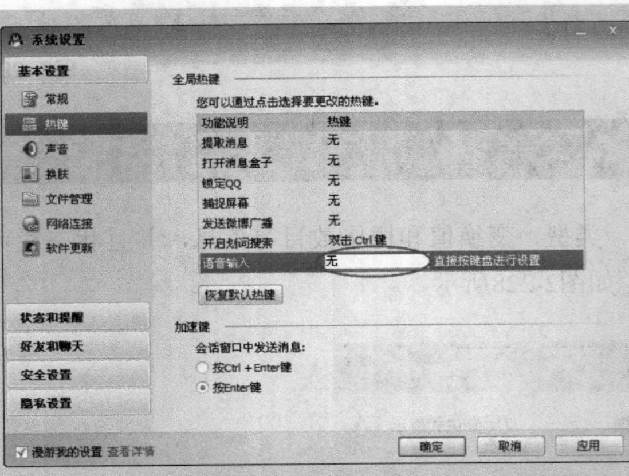

图2-232

2.11.2 透视图和正交视图可用控件

透视图和正交视图（正交视图包括顶视图、前视图和左视图）可用控件包括“缩放”工具、“缩放所有视图”工具、“所有视图最大化显示”工具，“所有视图最大化显示选定对象”工具（适用于所有视图）、“视野”工具、“缩放区域”工具、“平移视图”工具、“环绕”工具/“选定的环绕”工具/“环绕子对象”工具和“最大化视口切换”工具（适用于所有视图）。

【重要工具介绍】

缩放：使用该工具可以在透视图或正交视图中通过拖曳光标来调整对象的显示比例。

缩放所有视图：使用该工具可以同时调整透视图和所有正交视图中的对象的显示比例。

视野：使用该工具可以调整视图中可见对象的数量和透视张角量。视野的效果与更改摄影机的镜头相关，视野越大，观察到的对象就越多（与广角镜头相关），而透视会扭曲。视野越小，观察到的对象就越少（与长焦镜头相关），而透视会展平。

缩放区域：可以放大选定的矩形区域，该工具适用于正交视图、透视和三向投影视图，但是不能用于摄影机视图。

平移视图：使用该工具可以将选定视图平移到任何位置。

技巧与提示

按住Ctrl键可以随意移动平移视图；按住Shift键可以在垂直方向和水平方向平移视图。

环绕：使用该工具可以将视口边缘附近的对象旋转到视图范围以外。

选定的环绕：使用该工具可以让视图围绕选定的对象进行旋转，同时选定的对象会保留在视口中相同的位置。

环绕子对象：使用该工具可以让视图围绕选定的子对象或对象进行旋转的同时，使选定的子对象或对象保留在视口中相同的位置。

2.11.3 摄影机视图可用控件

创建摄影机后，按C键可以切换到摄影机视图，该视图中的可用控件包括“推拉摄影机”工具/“推拉目标”工具/“推拉摄影机+目标”工具、“透视”工具、“侧滚摄影机”工具、“所有视图最大化显示”工具/“所有视图最大化显示选定对象”工具（适用于所有视图）、“视野”工具、“平移摄影机”工具、“穿行”工具、“环游摄影机”工具、“摇移摄影机”工具和“最大化视口切换”工具（适用于所有视图），如图2-233所示。

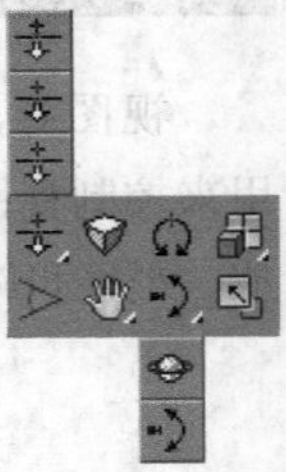

图2-233

技巧与提示

在场景中创建摄影机后，按C键可以切换到摄影机视图，若想从摄影机视图切换回原来的视图，可以按相应视图名称的首字母。比如要将摄影机视图切换到透视图，可按P键。

【重要工具介绍】

推拉摄影机/推拉目标/推拉摄影机+目标：这3个工具主要用来移动摄影机或其目标，同时也可以移向或移离摄影机所指的方向。

透视：使用该工具可以增加透视张角量，也可以保持场景的构图。

侧滚摄影机：使用该工具可以围绕摄影机的视线来旋转"目标"摄影机，同时也可以围绕摄影机局部的z轴来旋转"自由"摄影机。

视野：使用该工具可以调整视图中可见对象的数量和透视张角量。视野的效果与更改摄影机的镜头相关，视野越大，观察到的对象就越多（与广角镜头相关），而透视会扭曲。视野越小，观察到的对象就越少（与长焦镜头相关），而透视会展平。

平移摄影机/穿行：这两个工具主要用来平移和穿行摄影机视图。

技巧与提示

按住Ctrl键可以随意移动摄影机视图，按住Shift键可以将摄影机视图在垂直方向和水平方向进行移动。

环游摄影机/摇移摄影机：使用"环游摄影机"工具可以围绕目标来旋转摄影机；使用"摇移摄影机"工具可以围绕摄影机来旋转目标。

技巧与提示

当一个场景已经有了一台设置完成的摄影机时，并且视图是处于摄影机视图，直接调整摄影机的位置很难达到预想的最佳效果，而使用摄影机视图控件来进行调整就方便多了。

2.12 本章小结

本章主要讲解了3ds Max 2016的应用领域、界面组成及各种界面元素的作用和基本工具的使用方法。本章是初学者认识3ds Max 2016的入门章节，希望大家认真学习3ds Max 2016的各种重要工具及命令，为后面熟练掌握效果图制作技术打好扎实的基础。

课后习题

复制对象

场景文件	场景文件>CH02>07.max
实例文件	实例文件>CH02>课后习题：复制对象.max
视频名称	课后习题：复制对象.mp4
难易指数	★★☆☆☆
学习目标	学习使用"选择并平移""选择并旋转"工具复制对象的方法

在建模过程中，经常会出现相同的对象，通常我们不会一一进行建模，前面介绍过镜像复制的方法，但是如果对象不是对称摆放的，应该怎么办呢？那就是通过"选择并平移"和"选择并旋转"工具进行复制，在这个过程中必须保持按住Shift键不动，如图2-234所示。

图2-234

课后习题

对齐对象

场景文件　场景文件>CH02>08.max

实例文件　实例文件>CH02>课后习题：对齐对象.max

视频名称　课后习题：对齐对象.mp4

难易指数　★★☆☆☆

学习目标　学习"对齐"命令的使用方法

在进行场景建模的时候，仅凭观察不可能准确无误地确定模型的位置，大部分初学者都会为如何对齐模型而苦恼。对于这一类问题，可以通过"对齐"命令（快捷键Alt+A）来解决，如图2-235所示。

图2-235

第3章

基础建模技术

本章主要讲解3ds Max的基础建模技术，这类建模技术可以理解为“堆积木”，即通过拼凑来完成建模。对于现实生活比较简单的对象，如桌子、板凳、柜子等，通过观察，我们发现它们其实可以由几何体拼凑构成。以桌子为例，其实它可以简单地理解为由4个长方体的桌腿和1个长方体桌面构成。所以在建模过程中可以使用5个“长方体”进行拼接。

课堂学习目标

了解建模的思路

掌握创建标准基本体的方法

掌握创建扩展基本的方法

掌握创建复合对象的方法

3.1 关于建模

建模，顾名思义就是创建模型，为物体造型的一个过程，而建模的产物，我们称为模型，建模是展示一个物体在特定时刻的外观状态，所以模型的美丑优劣能直接影响作品的最后效果。

使用3ds Max制作时，一般都遵循“建模→材质→灯光→渲染”这一基本流程，以此来看，建模也是一幅作品的基础，如果没有模型，那么材质和灯光就无从谈起，图3-1所示的是两幅非常优秀的建模作品。

图3-1

3.1.1 建模思路分析

在开始学习建模之前首先需要了解建模的思路。在3ds Max中，建模不能一蹴而就，建模的过程相当于现实生活中的雕刻过程，一般遵循“观察→分析→拆分→创建→组合”这一流程，使模型从繁至简、由简入繁。下面以一个壁灯为例讲解建模的思路，如图3-2所示。

图3-2

在创建这个壁灯模型之前，我们需要观察整个壁灯，通过观察发现它并不是一个规则的几何体，所以可以将其分解为9个独立的部分来分别进行创建，如图3-3所示。第2、3、5、6、9部分的创建非常简单，可以通过修改内置模型（圆柱体、球体、样条线等）进行制作；而第1、4、7、8部分可以使用多边形建模方法进行制作。

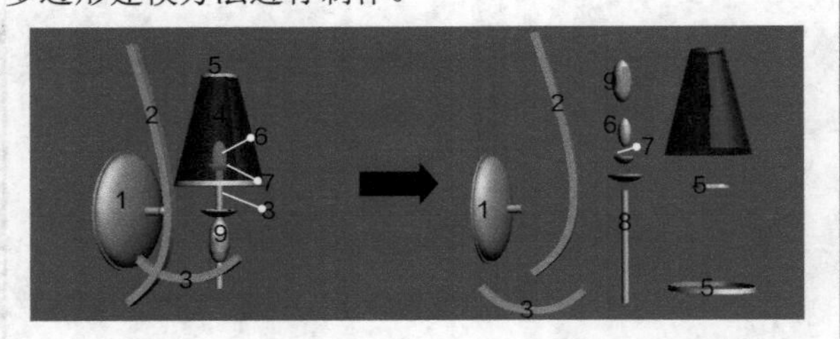

图3-3

下面以第1部分的灯座来介绍其制作思路。灯座形状比较接近于半个扁的球体，因此可以采用以下步骤来完成，如图3-4所示。

第1步：创建一个球体。

第2步：删除球体的一半。

第3步：将半个球体“压扁”。

第4步：制作出灯座的边缘。

第5步：制作前面的突出部分。

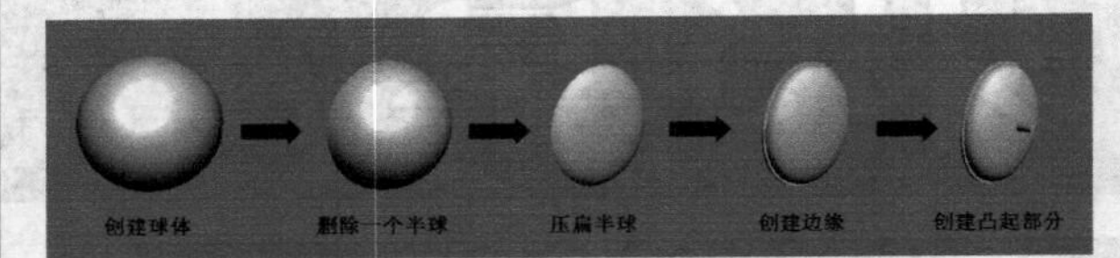

图3-4

技巧与提示

由此可见，多数模型的创建在最初都是需要有一个简单的对象作为基础，然后经过转换来进一步调整。这个简单的对象就是后面即将要讲解到的“参数化对象”。

3.1.2 参数化对象与可编辑对象

3ds Max中的所有对象都是“参数化对象”与“可编辑对象”中的一种。两者并非完全独立存在的，“可编辑对象”在多数时候都可以通过转换“参数化对象”进行制作。

1.参数化对象

“参数化对象”是指对象的几何体由参数的变量控制，修改这些参数就可以修改对象的几何形态。相对于“可编辑对象”而言，“参数化对象”通常是被创建出来的。下面笔者结合具体模型来说明一下，主要分为以下步骤。

第1步：在“创建”面板中单击“茶壶”按钮 茶壶，然后在场景中按住鼠标左键拖曳创建一个茶壶，如图3-5所示。

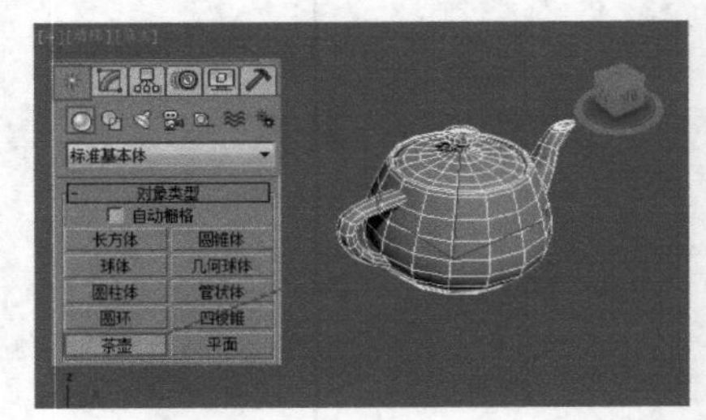

图3-5

第2步：在“命令”面板中单击“修改”按钮，切换到“修改”面板，然后在“参数”卷展栏下可以观察到茶壶部件的一些参数选项，这里将“半径”设置为20mm，如图3-6所示。

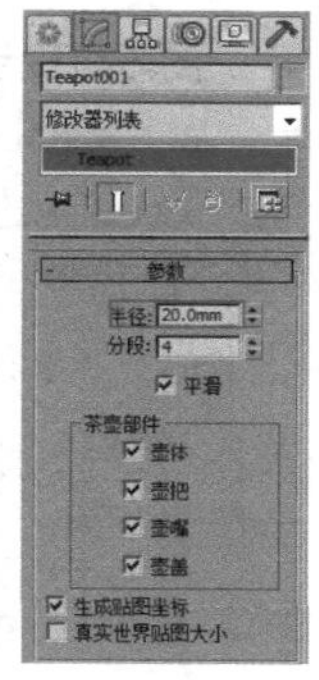

图3-6

第3步：用“选择并移动”工具选中茶壶，然后按住Shift键在前视图中按住鼠标左键向右拖曳，接着在弹出的“克隆选项”对话框中设置“对象”为“复制”，“副本数”为2，最后单击“确定”按钮，如图3-7所示。

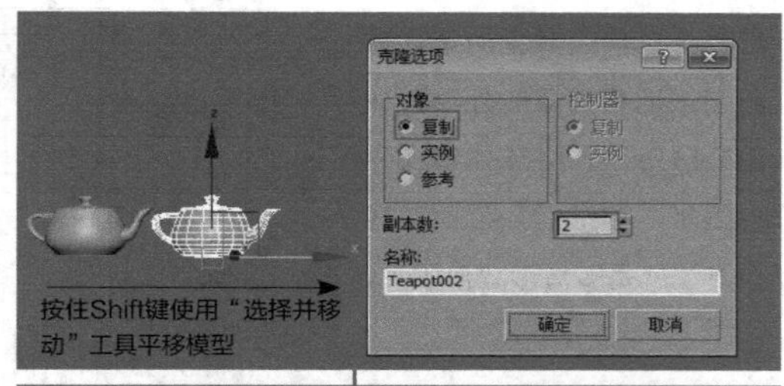

图3-7

第4步：选择中间的茶壶，然后在“参数”卷展栏下设置“分段”为20，接着取消勾选“壶把”和“壶盖”选项，茶壶就变成了图3-8所示的效果。

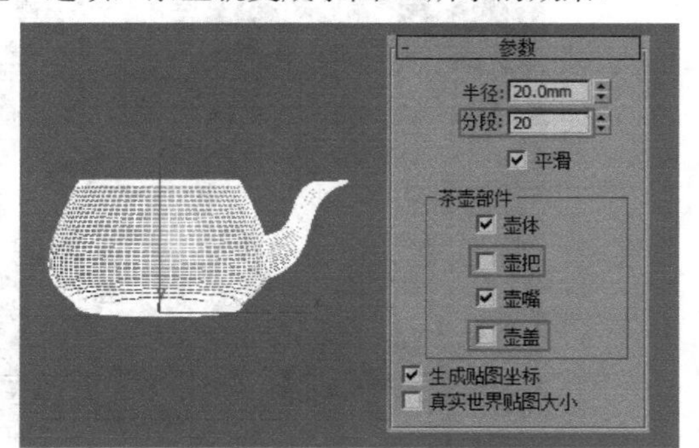

图3-8

第5步：选择最右边的茶壶，然后在“参数”卷展栏下将“半径”修改为10mm，接着取消勾选“壶把”和“壶盖”选项，茶壶就变成了图3-9所示的效果，3个茶壶的最终对比效果如图3-10所示。

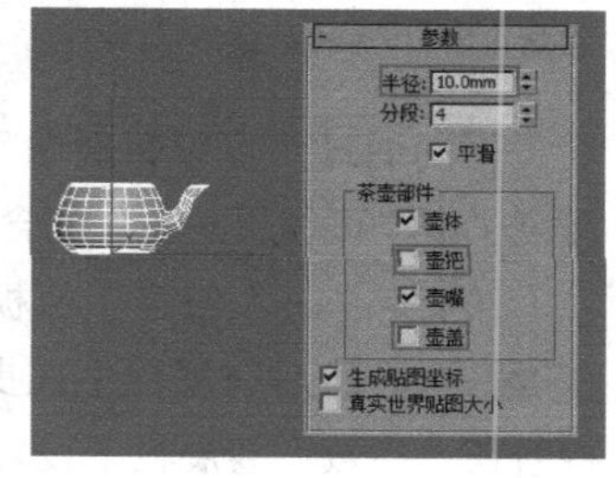

图3-9

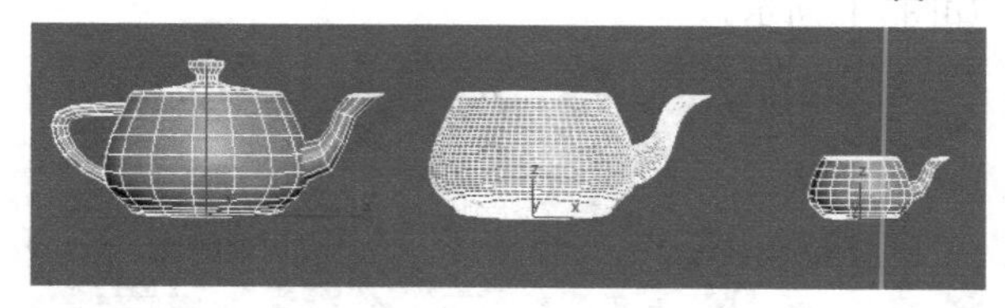

图3-10

通过观察视口效果，可以发现第2个茶壶的表面明显比第1个茶壶更光滑，并且没有了壶把和壶盖；第3个茶壶比前两个茶壶小了很多。这就是“参数化对象”的特点，可以通过调节参数来使对象的外观发生变化。

2.可编辑对象

通常情况下，“可编辑对象”包括可编辑样条线、可编辑网格、可编辑多边形、可编辑面片和NURBS对象。“参数化对象”是被创建出来的，而“可编辑对象”通常是通过转换而得到的，转换源对象就是“参数化对象”。

通过转换生成的“可编辑对象”没有“参数化对象”的参数那么灵活，但是“可编辑对象”可以对其子对象（点、线、面等元素）进行更灵活的编辑和修改，并且每种类型的“可编辑对象”都有很多用于编辑的工具。

技巧与提示

注意，上面讲的是通常情况下的“可编辑对象”所包含的类型，而NURBS对象是一个例外。NURBS对象可以通过转换得来，还可以直接在“创建”面板中创建出来，此时创建出来的对象就是“参数化对象”，但是经过修改就变成了“可编辑对象”。

经过转换而成的“可编辑对象”就不再具有“参数化对象”的可调参数。如果想要对象既具有参数化的特征，又能够实现可编辑的目的，这时可以为“参数化对象”加载修改器而不进行转换。可用的修改器有“可编辑网格”“可编辑面片”“可编辑多边形”“可编辑样条线”4种。

下面通过“可编辑对象”来创建苹果，让用户深度了解“可编辑对象”的含义，具体步骤如下。

第1步：在“创建”面板中单击“球体”按钮 球体 ，然后在视图中拖曳光标创建一个球体，接着在“参数”卷展栏下设置“半径”为1000mm，如图3-11所示。

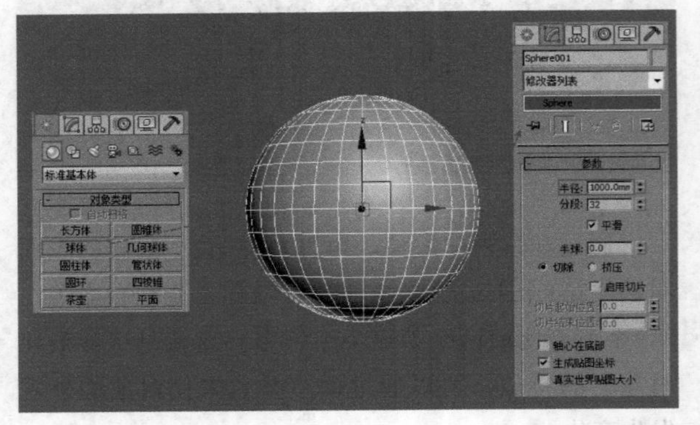

图3-11

技巧与提示

此时创建的球体属于“参数化对象”，展开“参数”卷展栏，可以观察到球体的“半径”“分段”“平滑”“半球”等参数，这些参数都可以直接进行调整，但是不能调节球体的点、线、面等子对象。

第2步：为了能够对球体的形状进行调整，需要将球体转换为“可编辑对象”。在球体上单击鼠标右键，然后在弹出的菜单中选择“转换为>转换为可编辑多边形”命令，如图3-12所示。

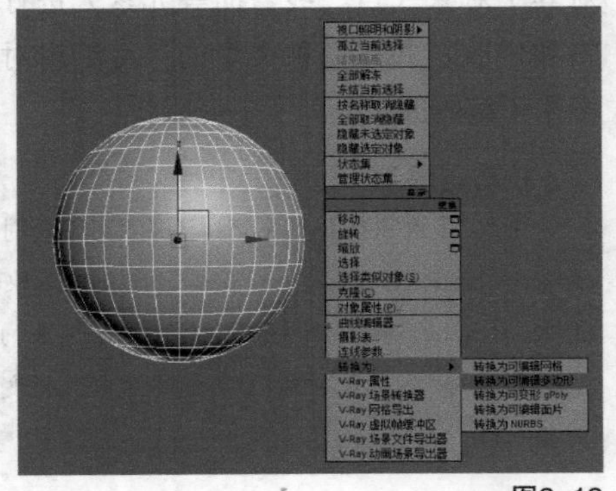

图3-12

技巧与提示

将“参数化对象”转换为“可编辑多边形”后，在“修改”面板中可以观察到之前的可调参数不见了，取而代之的是一些工具按钮，如图3-13所示。

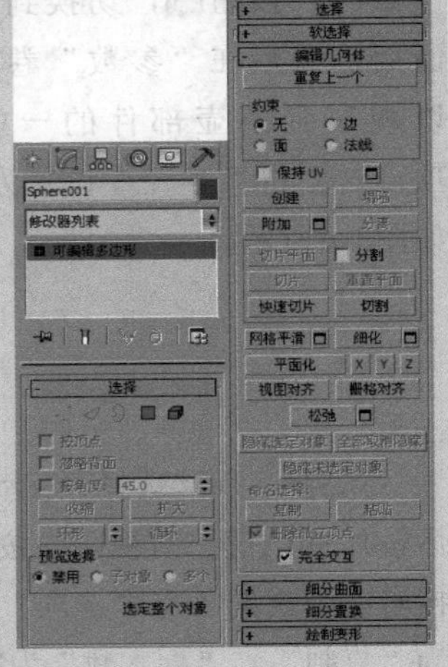

图3-13

转换为可编辑多边形后，可以使用对象的子物体级别来调整对象的外形，如图3-14所示。将球体转换为可编辑多边形后，后面的建模方法就是多边形建模了。

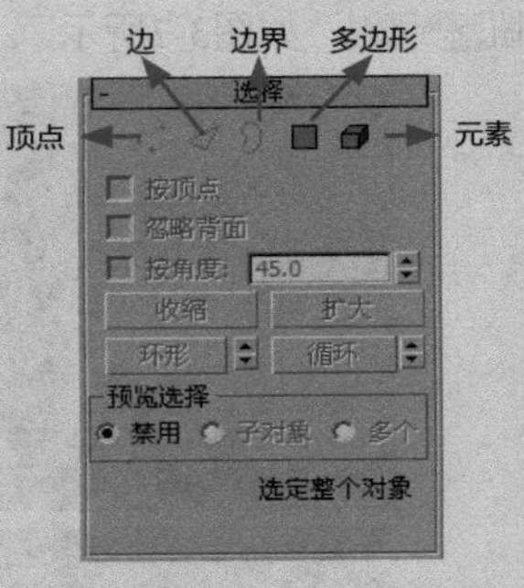

图3-14

第3步：展开“选择”卷展栏，然后单击“顶点”按钮 ，进入“顶点”级别，这时对象上会出现很多可以调节的顶点，并且“修改”面板中的工具按钮也会发生相应的变化，使用这些工具可以调节对象的顶点，如图3-15所示。

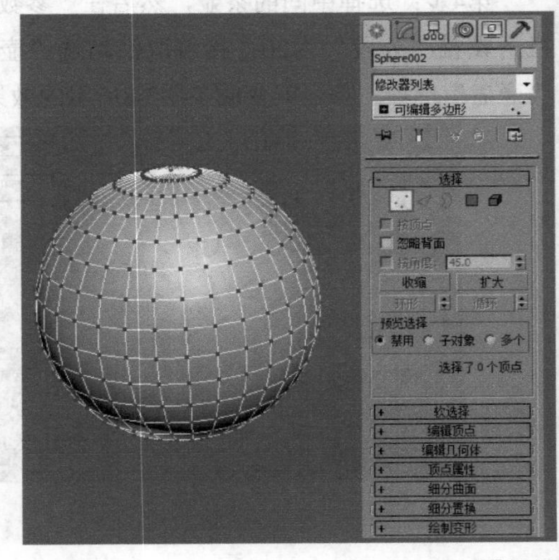

图3-15

第4步：下面使用“软选择”的相关工具来调整球体形状。展开“软选择”卷展栏，然后勾选“使用软选择”选项，接着设置“衰减”为6000mm，如图3-16所示。

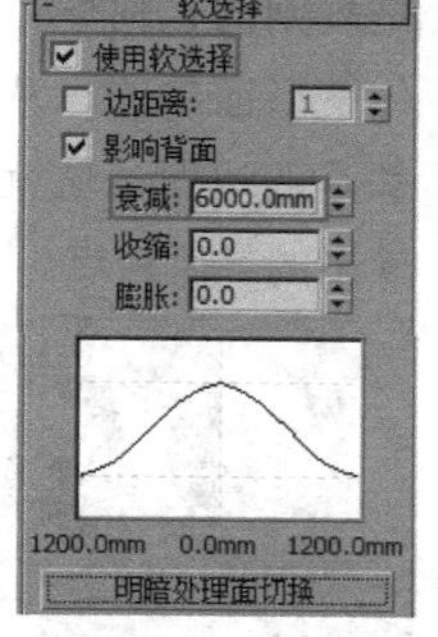

图3-16

第5步：用“选择并移动”工具选择底部的一个顶点，然后在前视图中将其向下拖曳一段距离，如图3-17所示。

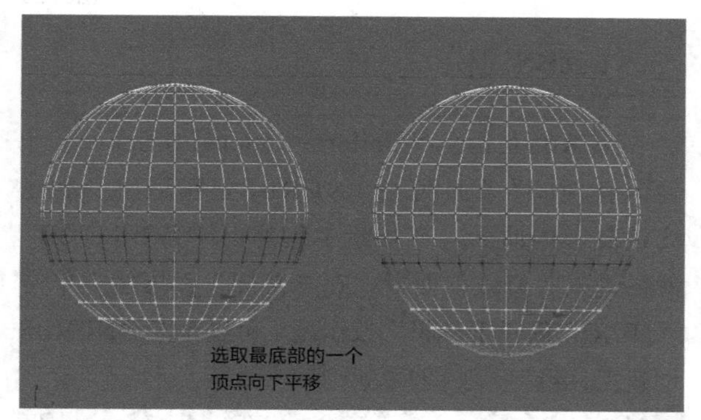

图3-17

第6步：在“软选择”卷展栏下将“衰减”数值修改为4000mm，然后使用“选择并移动”工具将球体底部的一个顶点（即第5步中选择的顶点）向上拖曳到合适的位置，使其产生向上凹陷的效果，如图3-18所示。

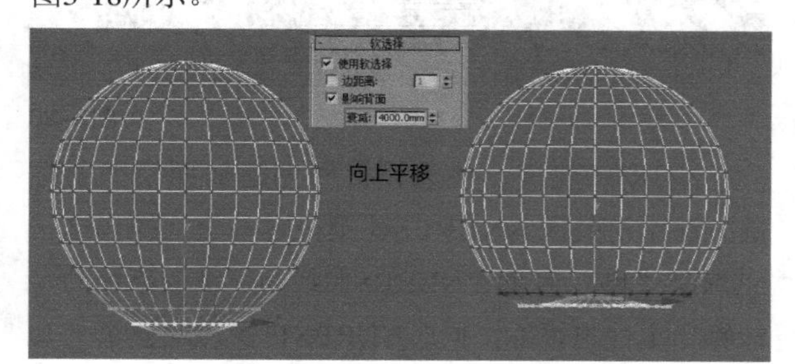

图3-18

第7步：选择顶部的一个顶点，然后使用“选择并移动”工具将其向下拖曳到合适的位置，使其产生向下凹陷的效果，如图3-19所示。

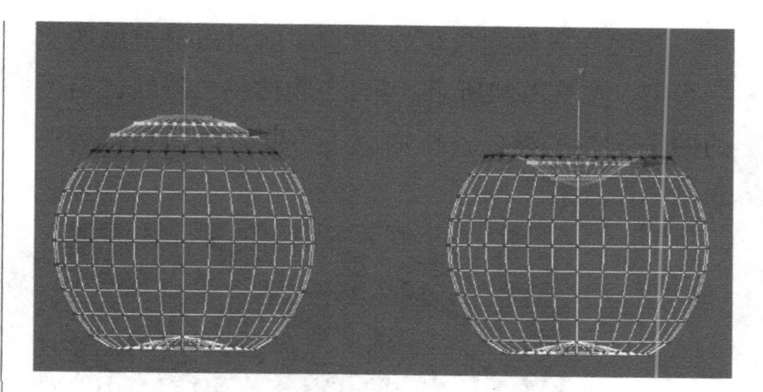

图3-19

第8步：选择苹果模型（按1键退出“点”选择，再框选整个模型），然后在“修改器列表”中选择“网格平滑”修改器，接着在“细分量”卷展栏下设置“迭代次数”为2，如图3-20所示，最终效果如图3-21所示。

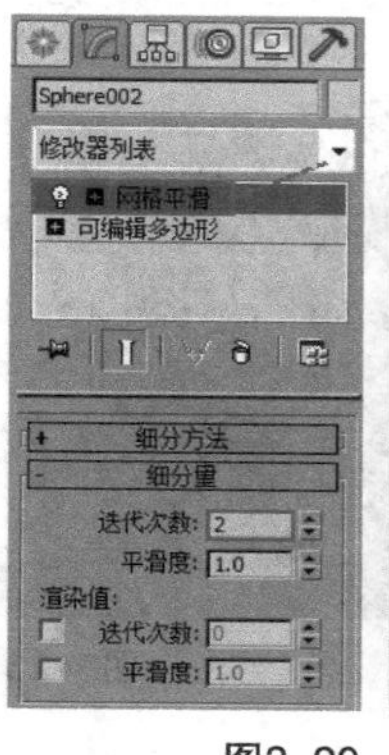

图3-20

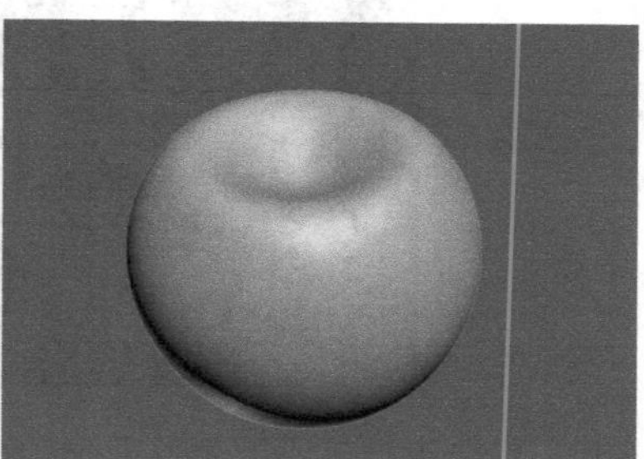

图3-21

3.1.3 建模的常用方法

建模的方法有很多种，大致可以分为内置几何体建模、复合对象建模、样条线建模、网格建模、多边形建模、面片建模和NURBS建模7种。确切地说，它们不应该有固定的分类，因为它们之间都可以交互使用。

目前较主流的建模方式主要为多边形建模、样条线建模和NURBS建模3种，而在效果图制作中使用率较高的建模方式就是多边形建模。

1.样条线形建模

在通常情况下，二维物体在三维世界中是不可见的，3ds Max也渲染不出来。这里所说的样条线建模是通过绘制出二维样条线，然后通过加载修改器将其转换为三维可渲染对象的过程。

使用样条线建模可以快速地创建出可渲染的文字模型，如图3-22所示。第1个物体是二维线，后面的两个是给二维样条线加载了不同修改器后得到的三维物体效果。

图3-22

二维样条线不但可以用来创建文字模型，还可以用来创建比较复杂的物体，如对称的坛子，可以先绘制出纵向截面的二维样条线，然后为二维样条线加载“车削”修改器将其变成三维物体，如图3-23所示。

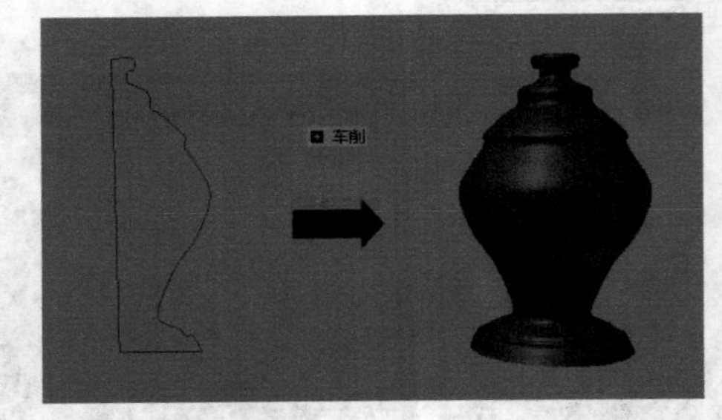

图3-23

2.多边形建模

多边形建模方法是常用的建模方法（在后面章节中将重点讲解）。可编辑的多边形对象包括“顶点”“边”“边界”“多边形”“元素”5个层级，也就是说可以分别对“顶点”“边”“边界”“多边形”“元素”进行调整，而每个层级都有很多可以使用的工具，这就为创建复杂模型提供了很大的发挥空间。下面以一个休闲椅为例来分析多边形建模方法，如图3-24所示。

图3-24

图3-25所示的是休闲椅在四视图中的显示效果，可以观察出休闲椅至少是由两个部分组成的（坐垫靠背部分和椅腿部分）。坐垫靠背部分并不是规则的几何体，但其中每一部分都是由基本几何体变形而来的，从布线上可以看出构成物体的大多都是四边面，这就是使用多边形建模方法创建出的模型的显著特点。

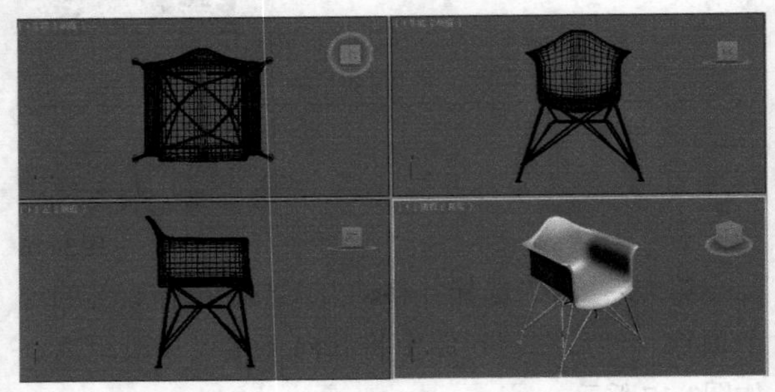

图3-25

3.NURBS建模

NURBS是指Non-Uniform Rational B-Spline（非均匀有理B样条曲线）。NURBS建模适用于创建比较复杂的曲面。在场景中创建出NURBS曲线，然后进入“修改”面板，在“常规”卷展栏下单击“NURBS创建工具箱”按钮，可以打开“NURBS创建工具箱”，如图3-26所示。

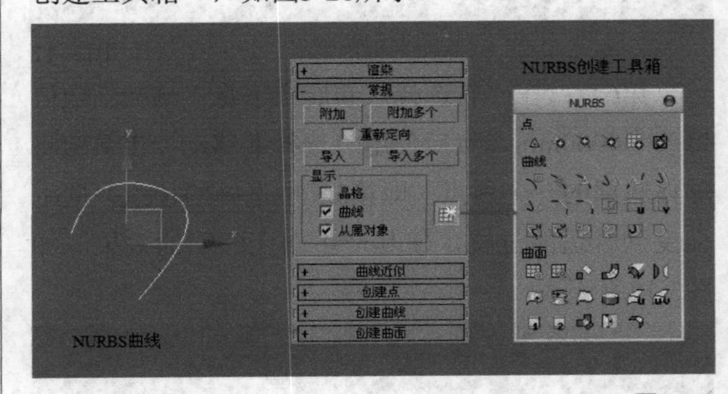

图3-26

NURBS建模已成为设置和创建曲面模型的标准方法。这是因为NURBS建模很容易交互操作这些NURBS曲线，且创建NURBS曲线的算法效率很高，计算稳定性也很好，同时NURBS自身还配置了一套完整的造型工具，通过这些工具可以创建出不同类型的对象。同样，NURBS建模也是基于对子对象的编辑来创建对象，所以掌握了多边形建模方法之后，使用NURBS建模方法就会更加轻松一些。

3.2 创建标准基本体

标准基本体是3ds Max中自带的基本模型，用户可以直接创建出这些模型。如想创建一个柱子，可以使用圆柱体来创建。

在"创建"面板中单击"几何体"按钮，然后在下拉列表中设置几何体类型为"标准基本体"。标准基本体包括10种对象类型，分别是长方体、圆锥体、球体、几何球体、圆柱体、管状体、圆环、四棱锥、茶壶和平面，如图3-27所示。

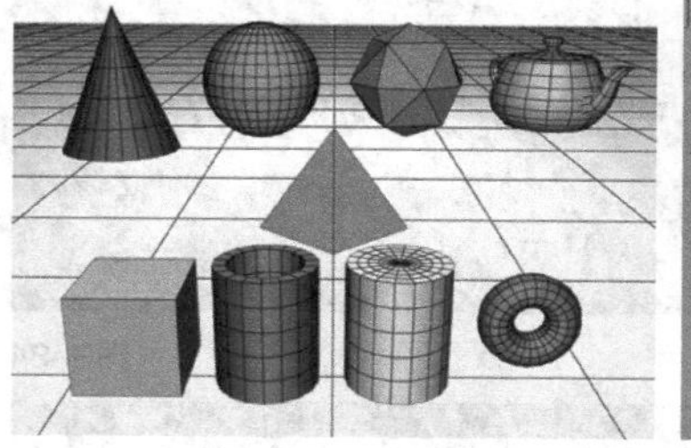

图3-27

本节工具介绍

工具名称	工具作用	重要程度
长方体	用于创建长方体	高
圆锥体	用于创建圆锥体	中
球体	用于创建球体	高
几何球体	用于创建与球体类似的几何球体	中
圆柱体	用于创建圆柱体	高
管状体	用于创建管状体	中
圆环	用于创建圆环	中
四棱锥	用于创建四棱锥	中
茶壶	用于创建茶壶	中
平面	用于创建平面	高

3.2.1 长方体

长方体是建模中最常用的几何体，现实中与长方体接近的物体有很多。可以直接使用长方体创建出很多模型，如圆桌、墙体等，还可以将长方体用作多边形建模的基础物体。长方体的参数很简单，如图3-28所示。

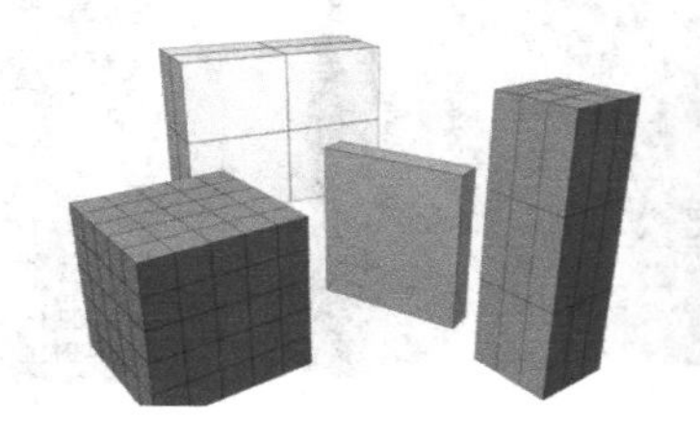

图3-28

【重要参数介绍】

长度/宽度/高度：这3个参数决定了长方体的外形，用来设置长方体的长度、宽度和高度。

长度分段/宽度分段/高度分段：这3个参数用来设置沿着对象每个轴的分段数量。

生成贴图坐标：自动产生贴图坐标。

真实世界贴图大小：不勾选此项时，贴图大小复合创建对象的尺寸；勾选此项后，贴图大小由绝对尺寸决定。

课堂案例

制作餐桌

场景文件	无
实例文件	实例文件>CH03>课堂案例：制作餐桌.max
视频名称	课堂案例：制作餐桌.MP4
难易指数	★★☆☆☆
学习目标	学习"长方体"的创建方法、练习"选择并移动工具"的操作技巧

餐桌、茶几这类家具是客厅空间中经常出现的，通常在场景中加入这类家具，都是对场景空间具有一定指向性的，如餐桌、茶几等家具就能间接说明要表现的场景是一个客厅空间。本案例通过制作餐桌模型来学习"长方体"的创建，并使读者了解建模的基本方式，模型效果如图3-29所示。

图3-29

01 在"创建"面板中单击"长方体"按钮 长方体 ，然后在透视图中新建一个长方体，接着切换到"修改"选项卡，然后打开"参数"卷展栏，最后设置"长度"为800mm、宽度为1500mm、"高度"为40mm，如图3-30所示。

图3-30

02 切换到前视图，然后选择上一步创建的长方体，接着按住Shift键，并使用“选择并移动”工具将其向下平移到合适位置，然后在弹出的“克隆选项”对话框中设置“对象”为“复制”、“副本数”为1，最后单击“确定”按钮，如图3-31所示。

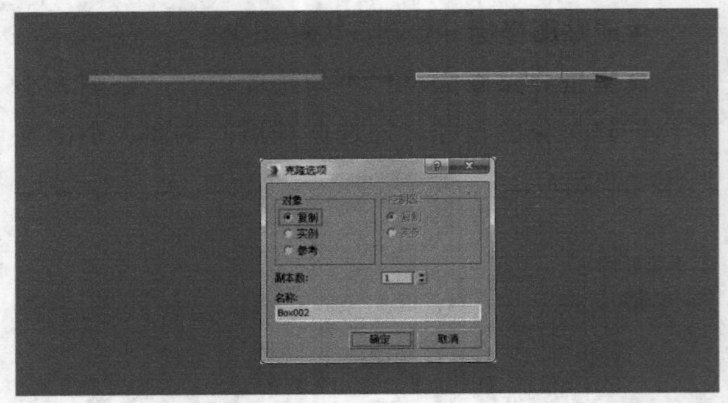

图3-31

03 将复制出的长方体放置于原有长方体下方，然后在“修改”面板中设置“长度”为720mm、“宽度”为1420mm、“高度”为60mm，如图3-32所示。

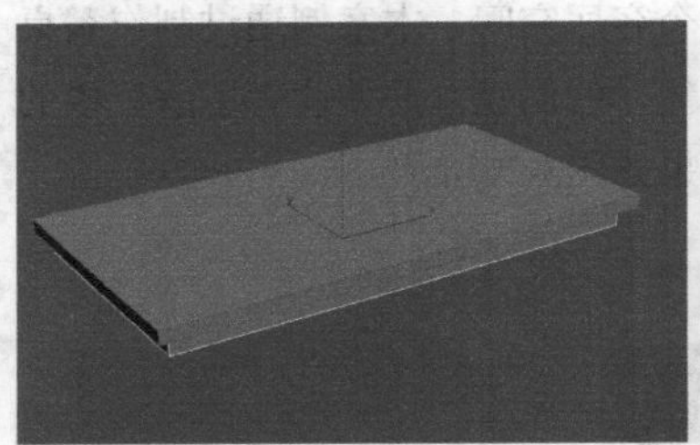

图3-32

技巧与提示

使用“对齐”工具可以快速对齐两个长方体。

04 在场景中继续使用“长方体”工具 长方体 创建一个长方体，然后在“修改”面板设置其“参数”卷展栏中的“长度”为50mm、“宽度”为50mm、“高度”为700mm，最后将其移动到桌角处，以此作为餐桌的脚，如图3-33所示。

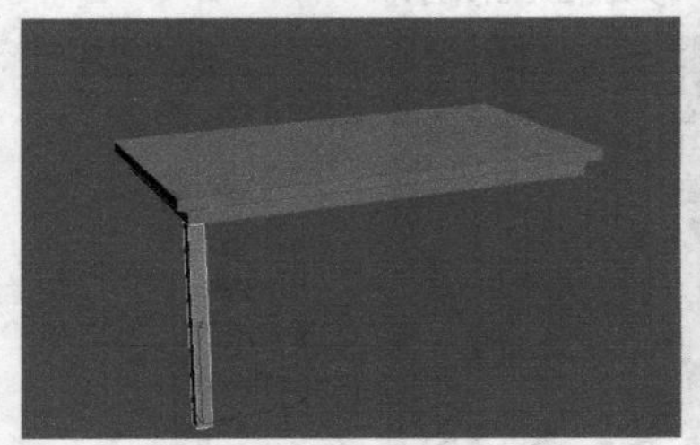

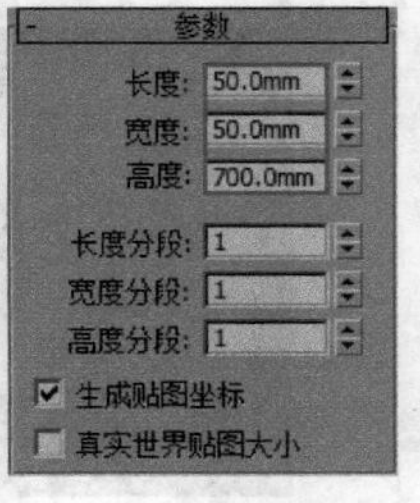

图3-33

05 切换到顶视图，然后选择上一步创建的长方体，接着按住Shift键，并使用“选择并移动”工具分别为其他3个桌角位置复制3个长方体，如图3-34所示。最终效果如图3-35所示。

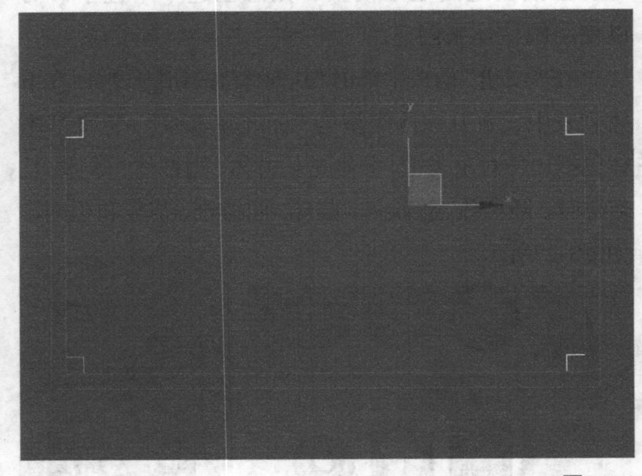

图3-34

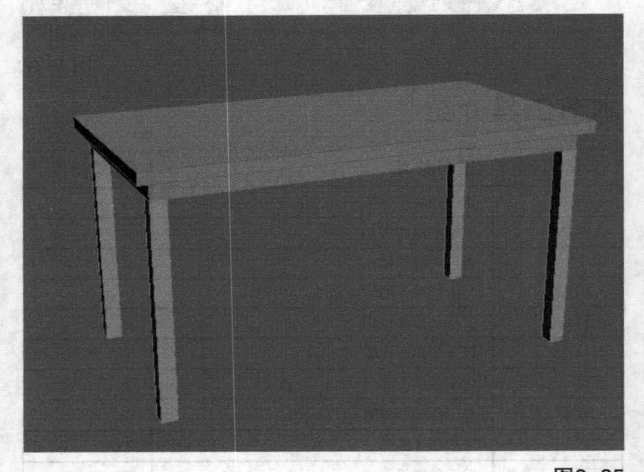

图3-35

3.2.2 圆锥体

圆锥体在现实生活中经常看到，如冰激凌的外壳、吊坠等。圆锥体的参数设置面板如图3-36所示。

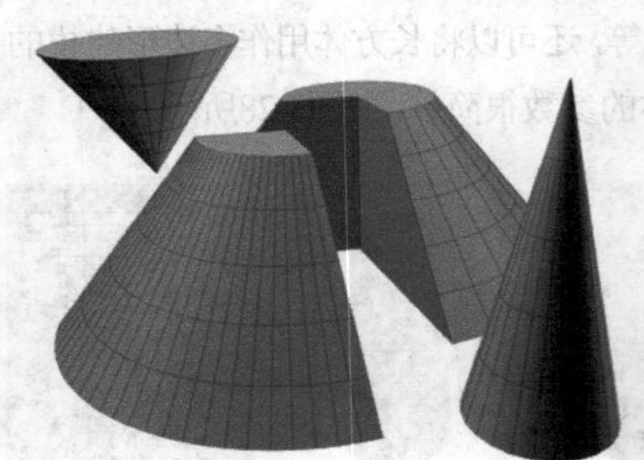

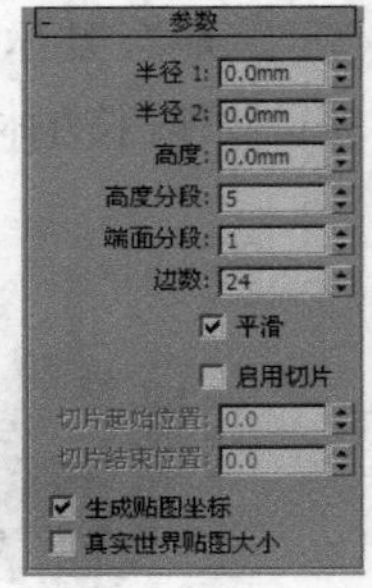

图3-36

【重要参数介绍】

半径1/2：设置圆锥体的第1个半径和第2个半径，两个半径的最小值都是0。

高度：设置沿着中心轴的维度。负值将在构造平面下面创建圆锥体。

高度分段：设置沿着圆锥体主轴的分段数。

端面分段：设置围绕圆锥体顶部和底部的中心的同心分段数。

边数：设置圆锥体周围边数。

平滑：混合圆锥体的面，从而在渲染视图中创建平滑的外观。

启用切片：控制是否开启“切片”功能。

切片起始/结束位置：设置从局部x轴的零点开始围绕局部z轴的度数。

生成贴图坐标：默认勾选，勾选后显示贴图坐标效果。

真实世界贴图大小：勾选后贴图按照真实世界大小显示，与贴图坐标无关，默认不勾选。

技巧与提示

对于“切片起始位置”和“切片结束位置”这两个选项，正数值将按逆时针移动切片的末端；负数值将按顺时针移动切片的末端。

3.2.3 球体

球体也是现实生活中非常常见的物体。在3ds Max中，可以创建完整的球体，也可以创建半球体或球体的其他部分，其参数设置面板如图3-37所示。

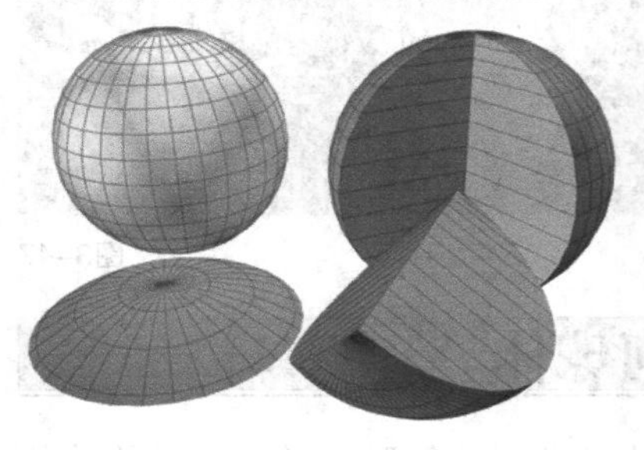

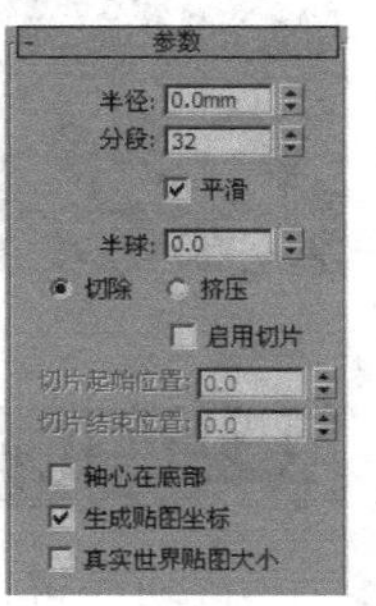

图3-37

【重要参数介绍】

半径：指定球体的半径。

分段：设置球体多边形分段的数目。分段越多，球体越圆滑，反之则越粗糙，图3-38所示的是“分段”值分别为8和32时的球体对比。

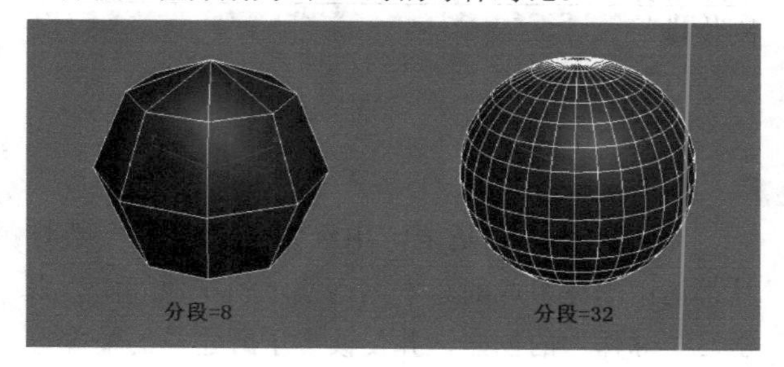

图3-38

平滑：混合球体的面，从而在渲染视图中创建平滑的外观。

半球：该值过大将从底部“切断”球体，以创建部分球体，取值范围可以是0~1。值为0可以生成完整的球体；值为0.5可以生成半球，如图3-39所示；值为1会使球体消失。

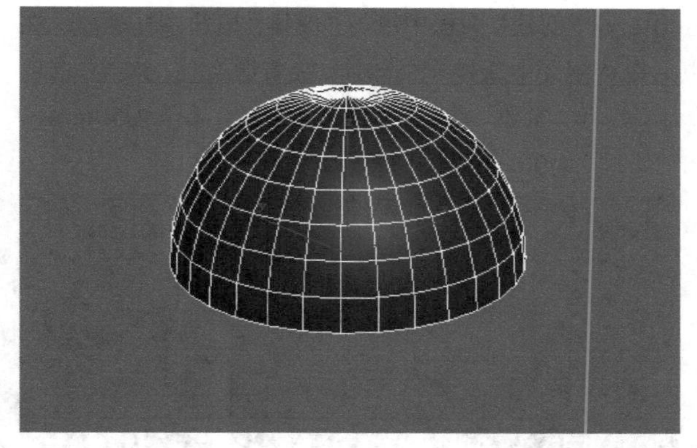

图3-39

切除：通过在半球断开时将球体中的顶点数和面数“切除”来减少它们的数量。

挤压：保持原始球体中的顶点数和面数，将几何体向着球体的顶部挤压为越来越小的体积。

轴心在底部：在默认情况下，轴点位于球体中心的构造平面上，如图3-40所示。如果勾选“轴心在底部”选项，则会将球体沿着其局部z轴向上移动，使轴点位于其底部，如图3-41所示。

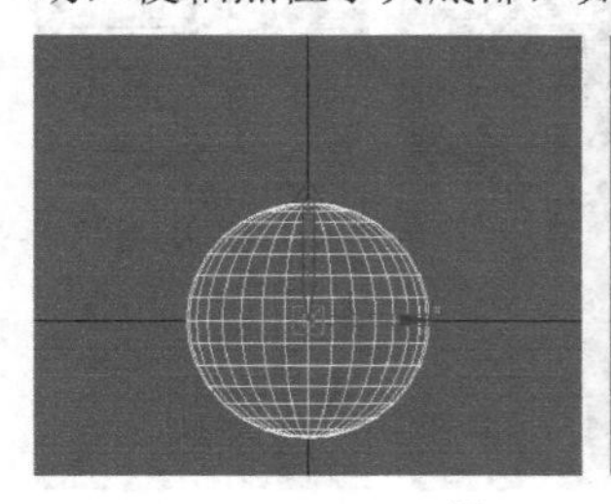

图3-40

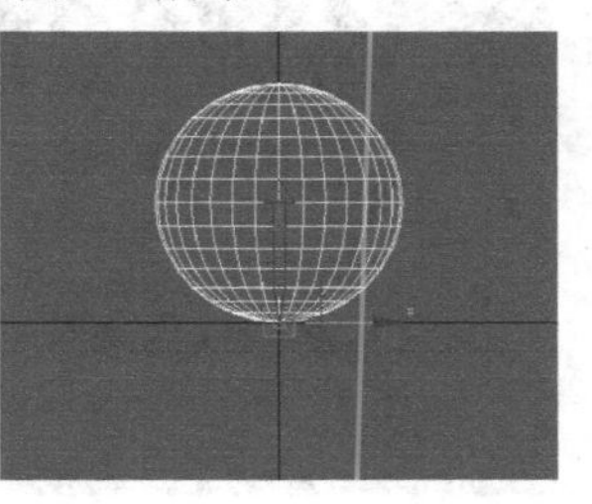

图3-41

课堂案例

制作地灯

场景文件	无
实例文件	实例文件>CH03>课堂案例：制作地灯.max
视频名称	课堂案例：制作地灯.mp4
难易指数	★★☆☆☆
学习目标	学习"球体"的创建方法、练习"选择并移动工具"的操作技巧

灯具这类家具是生活中经常出现的，多数灯具都是由球体组成的。本案例通过制作地灯模型来学习"球体"的创建，并使读者了解建模的基本方式，模型效果如图3-42所示。

图3-42

01 在"创建"面板中单击"球体"按钮 球体 ，然后在透视图中新建一个球体，接着切换到"修改"选项卡，打开"参数"卷展栏，最后设置"半径"为50mm，"半球"为0.1，如图3-43所示。

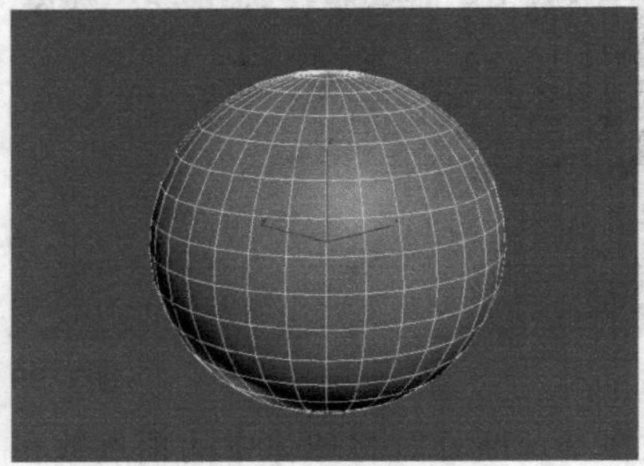
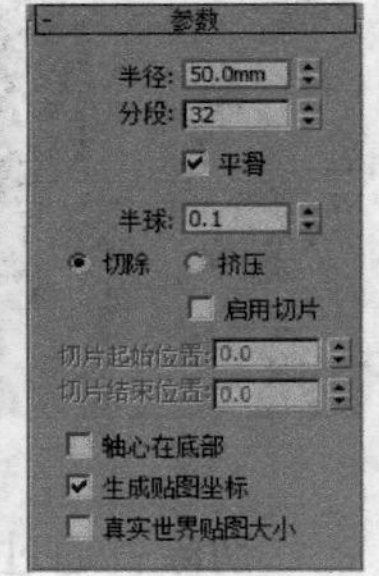

图3-43

02 在"创建"面板中单击"圆锥体"按钮 圆锥体 ，然后在透视图中新建一个圆锥体，接着切换到"修改"选项卡，打开"参数"卷展栏，最后设置"半径1"为16mm、"半径2"为30mm、"高度"为-25mm、"边数"为32，如图3-44所示。

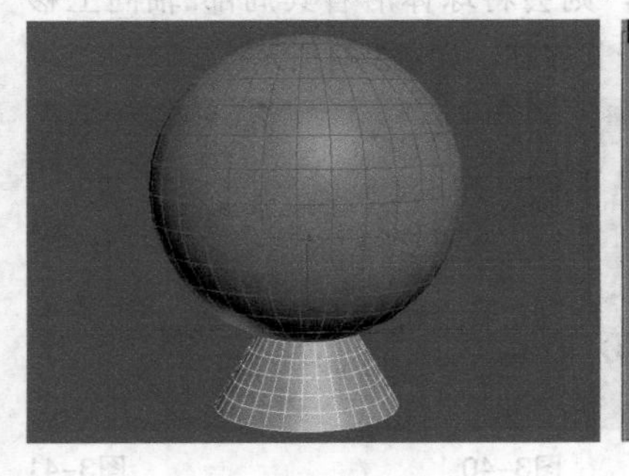
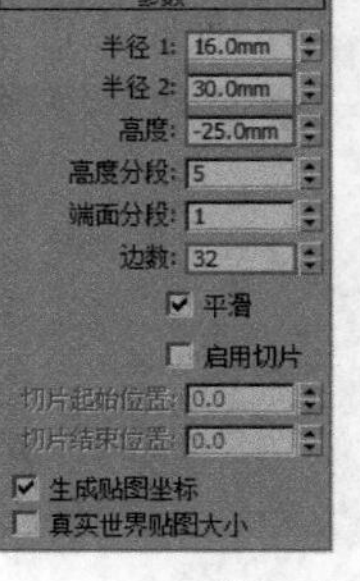

图3-44

03 选中圆锥体，然后使用"对齐"工具对齐球体和圆锥体，接着在弹出的对话框中设置选项，如图3-45所示。

04 使用"球体"工具在场景中创建一个球体，然后在"修改"面板设置其"参数"、"半径"为3mm、"半球"为0.5，如图3-46所示。

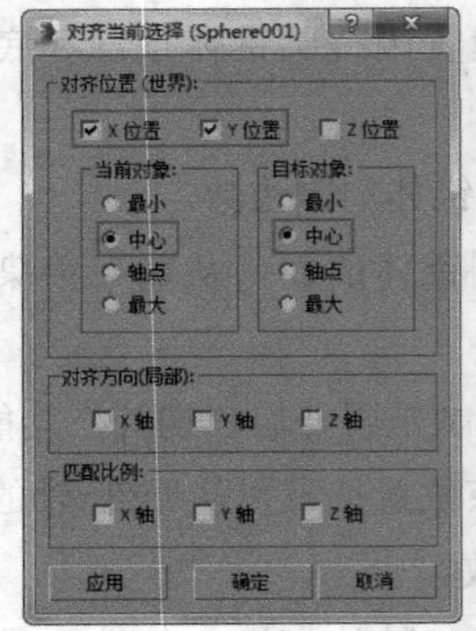

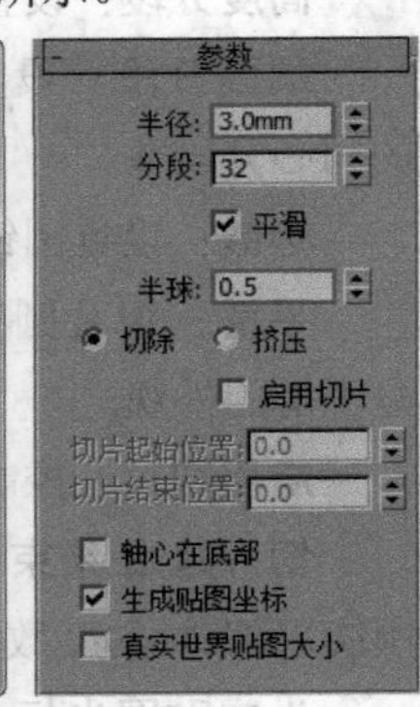

图3-45　图3-46

05 将上一步创建的球体移动到圆锥体上，并使用"选择并旋转" 工具拼合，地灯最终效果如图3-47所示。

图3-47

3.2.4 几何球体

该功能可以创建由三角形面拼接而成的球体或半球体，它不像球体那样可以控制切片局部的大小。几何球体的形状与球体的形状很接近，学习了球体的参数之后，几何球体的参数便不难理解了，如图3-48所示。

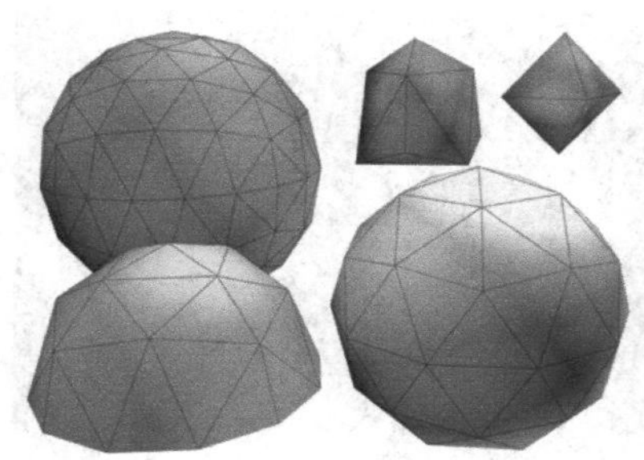
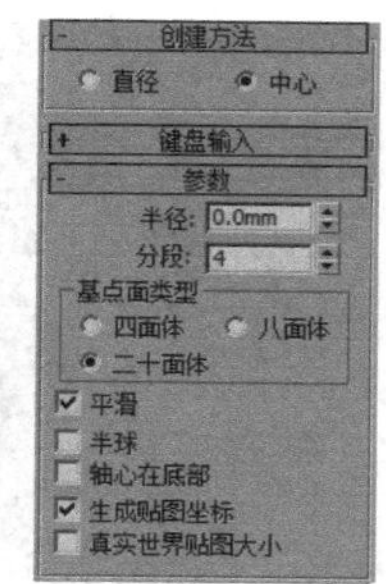

图3-48

【重要参数介绍】

直径：按照边来绘制几何球体，通过移动鼠标可以更改中心位置。

中心：从中心开始绘制几何球体。

基点面类型：选择几何球体表面的基本组成类型，可供选择的有“四面体”“八面体”“二十面体”，图3-49所示分别是这3种基点面的效果。

图3-49

平滑：勾选该选项后，创建出来的几何球体的表面就是光滑的，如果关闭该选项，效果则相反，如图3-50所示。

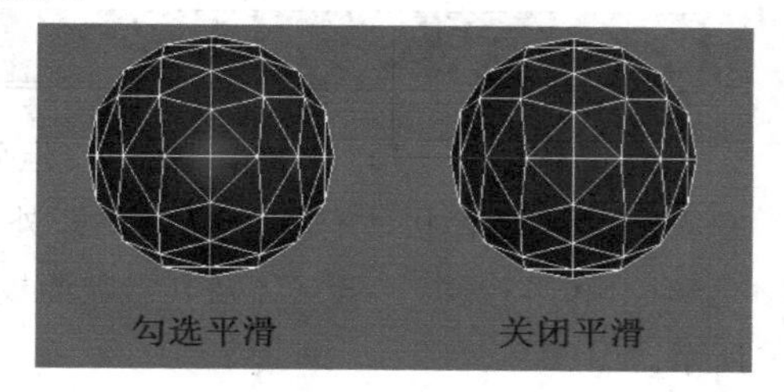

图3-50

半球：若勾选该选项，创建出来的几何球体会是一个半球体，如图3-51所示。

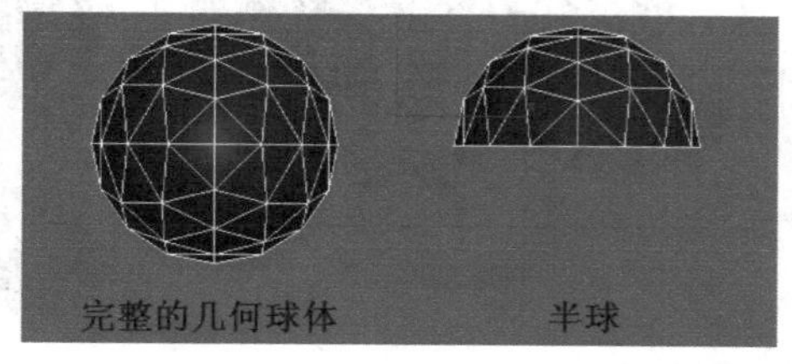

图3-51

技巧与提示

几何球体与球体在创建出来之后可能很相似，但几何球体是由三角形面构成的，而球体是由四边形构成的，如图3-52所示。

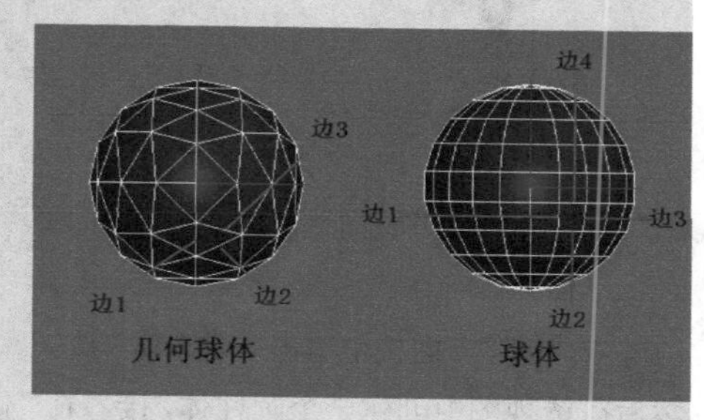

图3-52

3.2.5 圆柱体

圆柱体在现实中很常见，如玻璃杯和桌腿等，制作由圆柱体构成的物体时，可以先将圆柱体转换成可编辑多边形，然后对细节进行调整。圆柱体的参数如图3-53所示。

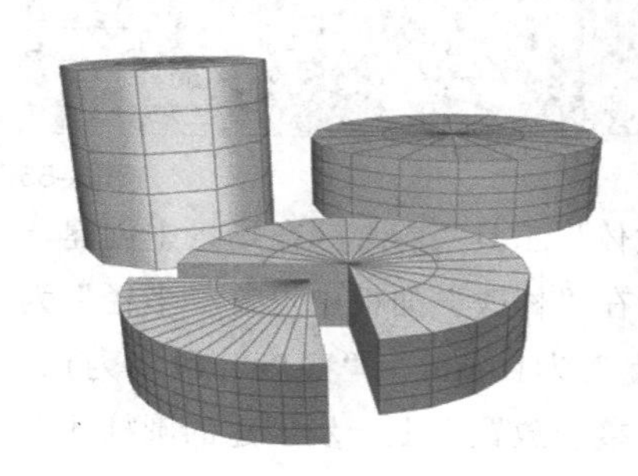
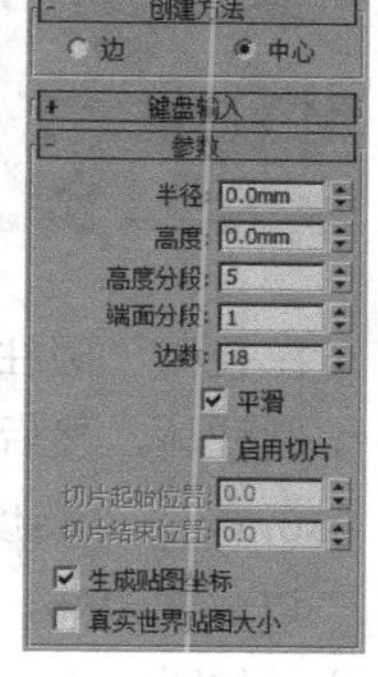

图3-53

【重要参数介绍】

半径：设置圆柱体的半径。

高度：设置沿着中心轴的维度。负值将在构造平面下面创建圆柱体。

高度分段：设置沿着圆柱体主轴的分段数量。

端面分段：设置围绕圆柱体顶部和底部的中心的同心分段数量。

边数：设置圆柱体周围的边数。

课堂案例

制作书柜

场景文件	无
实例文件	实例文件>CH03>课堂案例：制作书柜.max
视频名称	课堂案例：制作书柜.mp4
难易指数	★★☆☆☆
学习目标	学习“圆柱体”的创建方法、练习“平移并复制”的操作技巧

书柜是生活中常见的家具，书柜的造型多种多样，这里就使用圆柱体工具创建一个圆柱形的书柜，模型效果如图3-54所示。

图3-54

01 在“创建”面板中单击“圆柱体”按钮 圆柱体 ，然后在透视图中创建一个圆柱体，接着在“修改”面板中设置“半径”为60mm、“高度”为800mm、“高度分段”为1、“边数”为32，如图3-55所示。

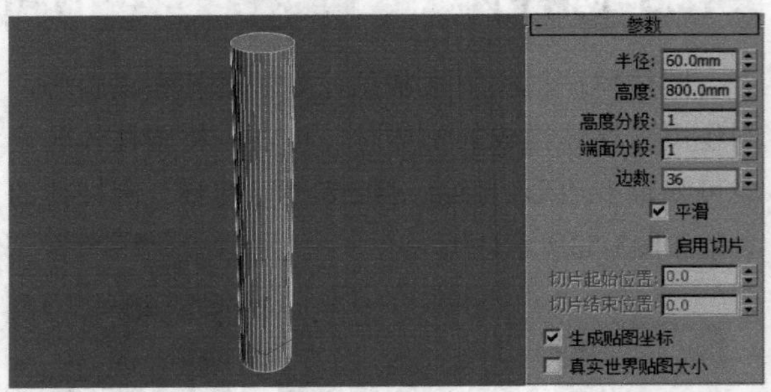

图3-55

02 使用“圆柱体”工具 圆柱体 在场景中创建一个圆柱体，然后在“修改”面板中设置“半径”为150mm、“高度”为10mm、“高度分段”为1、“边数”为36，接着放置于上一步创建的圆柱体下方，如图3-56所示。

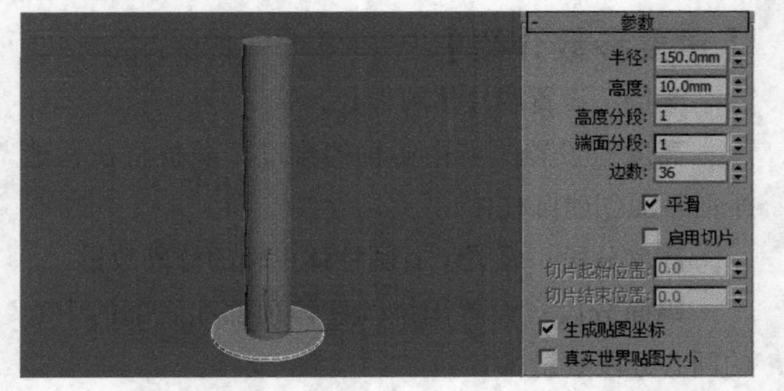

图3-56

03 切换到前视图，然后选择上一步创建的圆柱体，接着按住Shift键，使用“选择并移动”工具 将其向上平移，再在弹出的“克隆选项”面板中设置“对象”为“复制”、“副本数”为4，如图3-57所示。

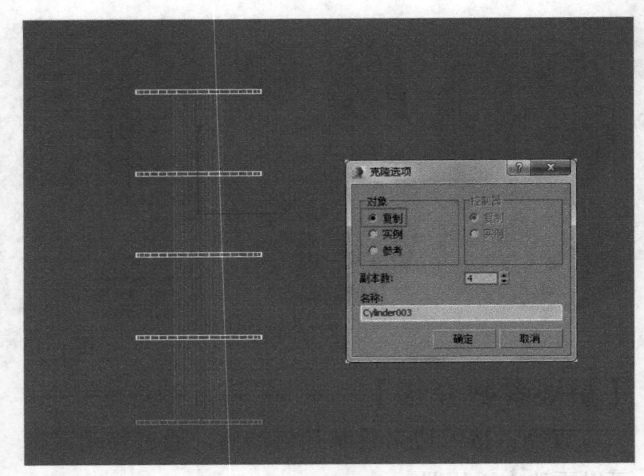

图3-57

04 将复制所得的4个圆柱体平移到合适位置，模型的效果如图3-58所示。

图3-58

3.2.6 管状体

管状体的外形与圆柱体相似，但管状体是空心的，因此管状体有两个半径，即外径和内径（半径1和半径2）。管状体及其参数面板如图3-59所示。

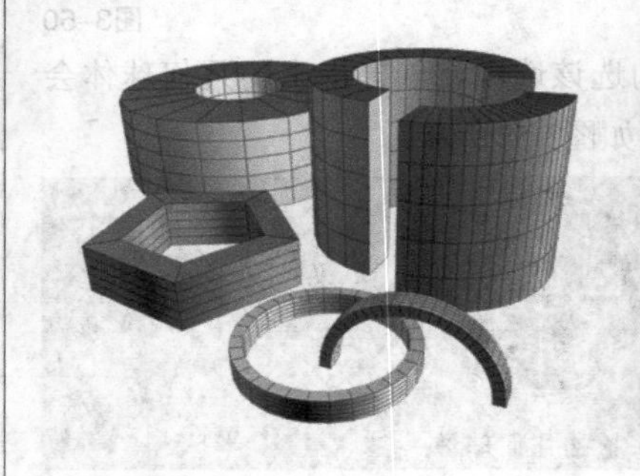
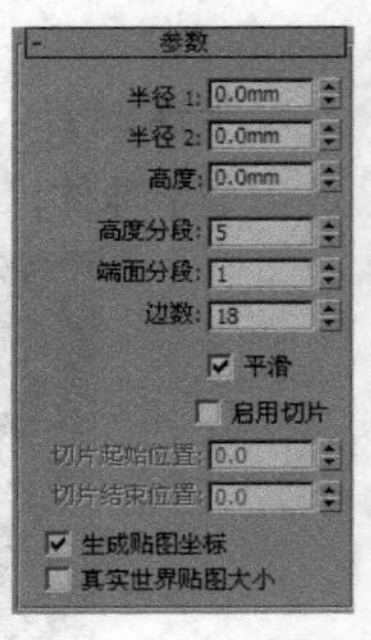

图3-59

【重要参数介绍】

半径1/半径2：“半径1”是指管状体的外径，“半径2”是指管状体的内径，如图3-60所示。

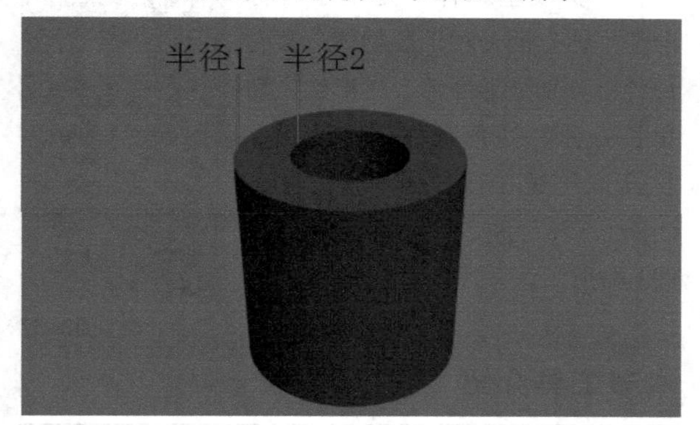

图3-60

高度：设置沿着中心轴的维度。负值将在构造平面下面创建管状体。

高度分段：设置沿着管状体主轴的分段数量。

端面分段：设置围绕管状体顶部和底部的中心的同心分段数量。

边数：设置管状体周围边数。

3.2.7 圆环

圆环可以用于创建环形或具有圆形横截面的环状物体。圆环及其参数面板如图3-61所示。

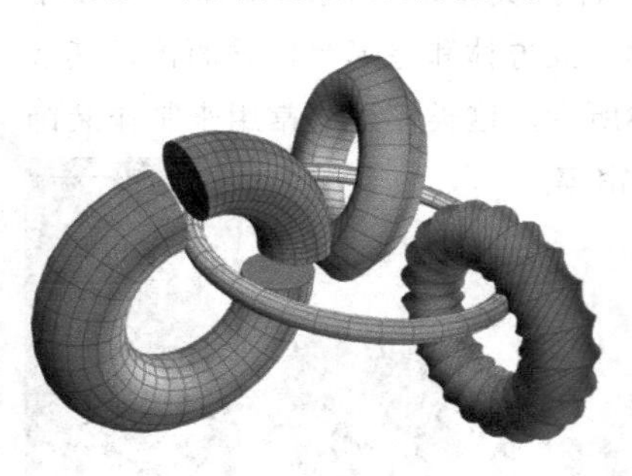
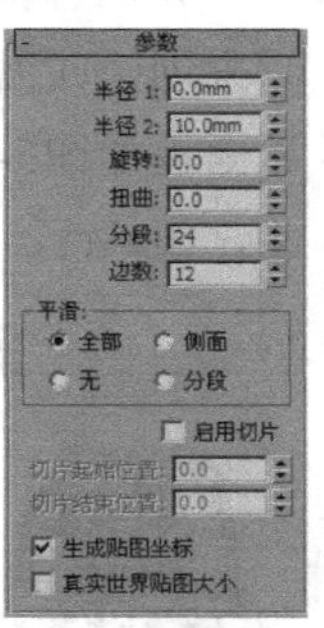

图3-61

【重要参数介绍】

半径1：设置从环形的中心到横截面圆形的中心的距离，这是环形环的半径。

半径2：设置横截面圆形的半径。

旋转：设置旋转的度数，顶点将围绕通过环形环中心的圆形非均匀旋转。

扭曲：设置扭曲的度数，横截面将围绕通过环形中心的圆形逐渐旋转。

分段：设置围绕环形的分段数目。通过减小该数值，可以创建多边形环，而不是圆形。

边数：设置环形横截面圆形的边数。通过减小该数值，可以创建类似于棱锥的横截面，而不是圆形。

3.2.8 四棱锥

四棱锥的底面是正方形或矩形，侧面是三角形，被称为世界七大奇迹之一的埃及金字塔的轮廓就是四棱锥，四棱锥及其参数如图3-62所示。

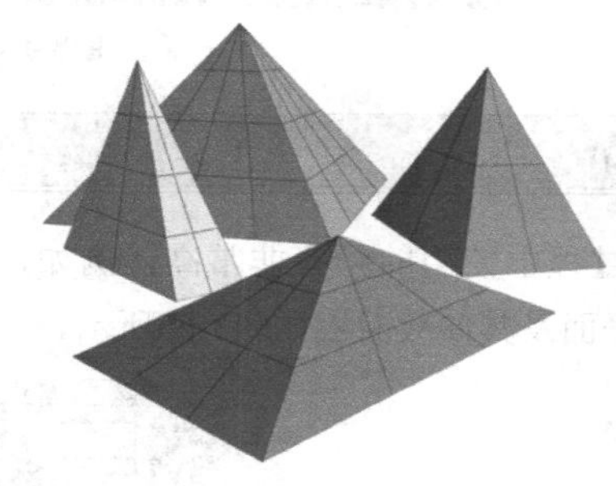
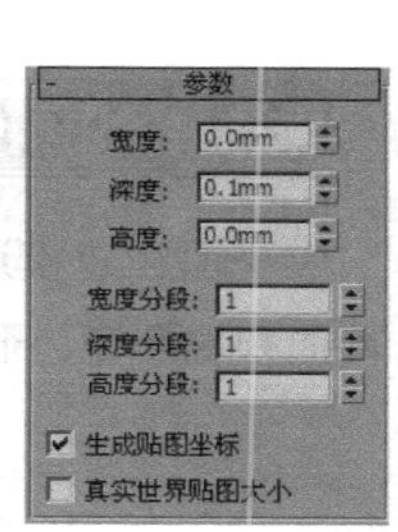

图3-62

【重要参数介绍】

宽度/深度/高度：设置四棱锥对应面的维度。

宽度分段/深度分段/高度分段：设置四棱锥对应面的分段数。

3.2.9 茶壶

茶壶在室内场景中是经常使用到的一个物体，使用“茶壶”工具 茶壶 可以方便快捷地创建出一个精度较低的茶壶。茶壶及其参数面板如图3-63所示。

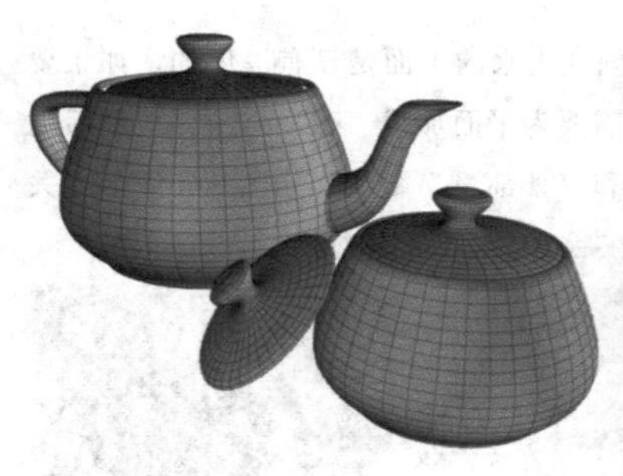
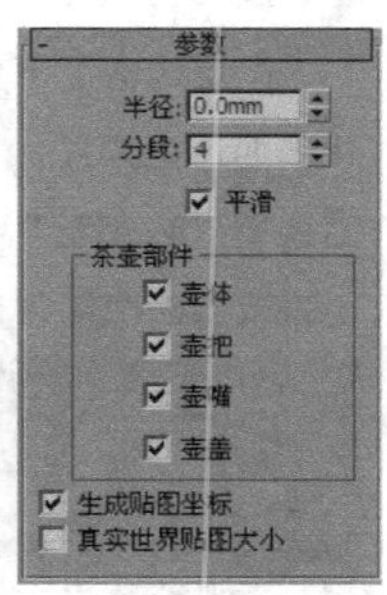

图3-63

【重要参数介绍】

半径：设置茶壶的半径。

分段：设置茶壶或其单独部件的分段数。

平滑：混合茶壶的面，从而在渲染视图中创建平滑的外观。

茶壶部件：选择要创建的茶壶的部件，包含“壶体”“壶把”“壶嘴”“壶盖”4个部件，图3-64所示的是一个完整的茶壶与缺少相应部件的茶壶。

图3-64

3.2.10 平面

平面在建模过程中使用的频率非常高，例如，墙面和地面等。平面及其参数面板如图3-65所示。

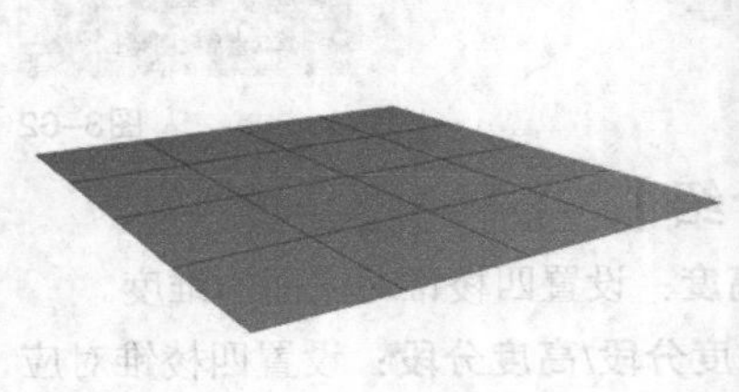

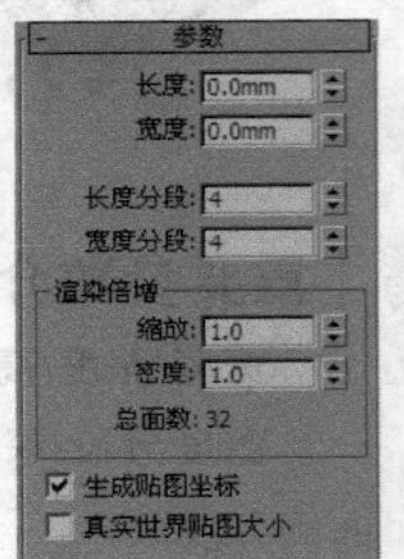

图3-65

【重要参数介绍】

长度/宽度：设置平面对象的长度和宽度。

长度分段/宽度分段：设置沿着对象每个轴的分段数量。

技巧与提示

在默认情况下创建出来的平面是没有厚度的，如果要让平面产生厚度，需要为平面加载“壳”修改器，然后适当调整“内部量”和“外部量”数值，如图3-66所示。关于修改器的用法将在后面的章节中进行讲解。

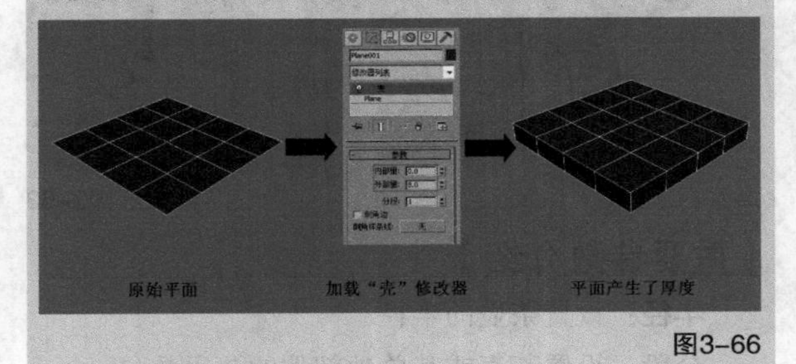

图3-66

3.3 创建扩展基本体

“扩展基本体”是基于“标准基本体”的一种扩展物体，共有13种，分别是异面体、环形结、切角长方体、切角圆柱体、油罐、胶囊、纺锤、L-Ext、球棱柱、C-Ext、环形波、棱柱和软管，如图3-67所示。

图3-67

本节工具介绍

工具名称	工具作用	重要程度
异面体	用于创建多面体和星形	中
切角长方体	用于创建带圆角效果的长方体	高
切角圆柱体	用于创建带圆角效果的圆柱体	高

技巧与提示

并不是所有的扩展基本体都很实用，本节只讲解在实际工作中比较常用的一些扩展基本体，即异面体、切角长方体和切角圆柱体。

3.3.1 异面体

异面体是一种很典型的扩展基本体，可以用它来创建四面体、立方体和星形等，异面体及其参数面板如图3-68所示，这类模型通常用来制作装饰物，如风铃、灯帘等。

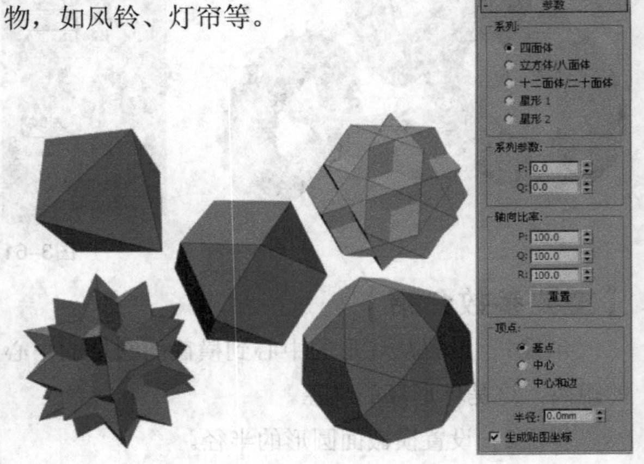

图3-68

【重要参数介绍】

系列：在这个选项组下可以选择异面体的类型，图3-69所示的是5种异面体的效果。

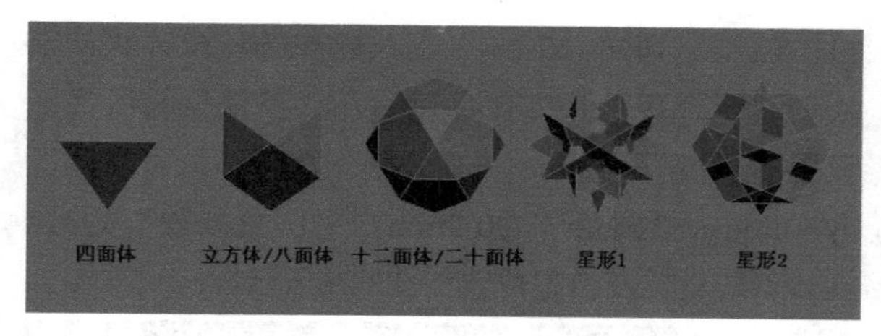

图3-69

系列参数：P、Q两个选项主要用来切换多面体顶点与面之间的关联关系，其数值范围是 0~1。

轴向比率：多面体可以拥有多达3种多面体的面，如三角形、方形或五角形。这些面可以是规则的，也可以是不规则的。如果多面体只有一种或两种面，则只有一个或两个轴向比率参数处于活动状态，不活动的参数不起作用。P、Q、R控制多面体一个面反射的轴。如果调整了参数，单击“重置”按钮 重置 可以将P、Q、R的数值恢复到默认值100。

顶点：这个选项组中的参数决定多面体每个面的内部几何体。“中心”和“中心和边”选项会增加对象中的顶点数，从而增加面数。

半径：设置任何多面体的半径。

3.3.2 切角长方体

切角长方体是长方体的扩展物体，可以方便快捷地创建出带圆角效果的长方体，切角长方体的参数如图3-70所示。

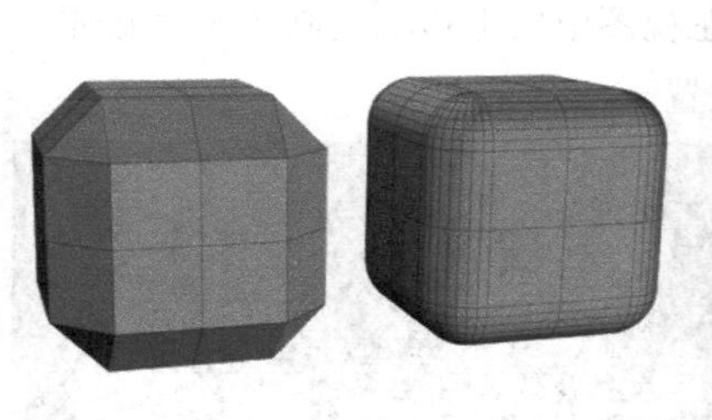

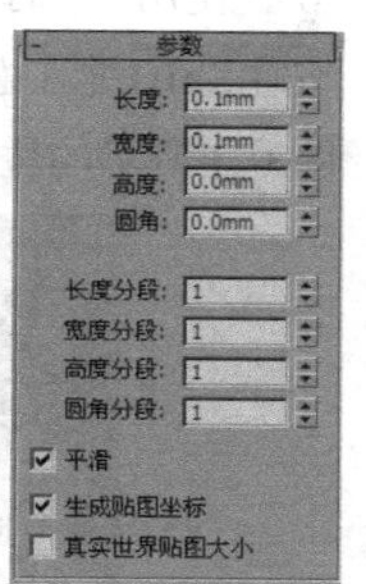

图3-70

【重要参数介绍】

长度/宽度/高度：用来设置切角长方体的长度、宽度和高度。

圆角：切开倒角长方体的边，以创建圆角效果，图3-71所示的是长度、宽度和高度相等，而“圆角”值分别为1、3、6时的切角长方体效果。

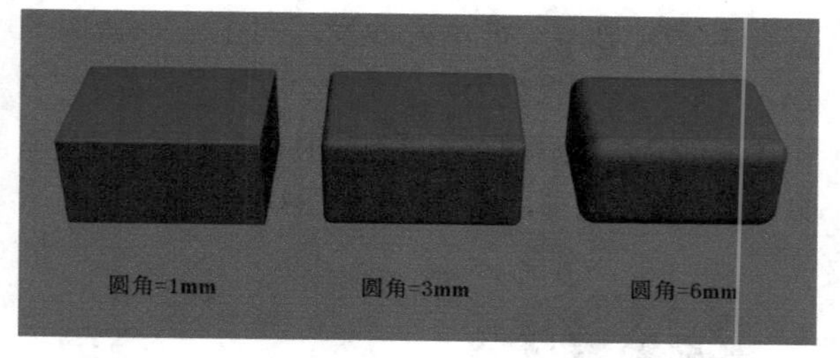

图3-71

长度分段/宽度分段/高度分段：设置沿着相应轴的分段数量。

圆角分段：设置切角长方体圆角边时的分段数。

3.3.3 切角圆柱体

切角圆柱体是圆柱体的扩展，可以快速创建出带圆角效果的圆柱体。切角圆柱体的参数如图3-72所示。

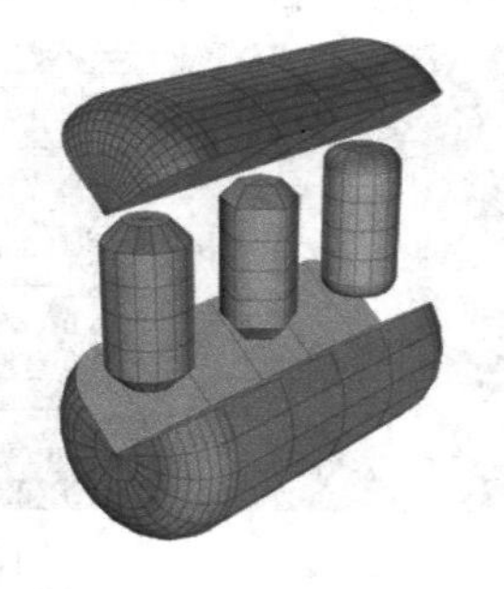

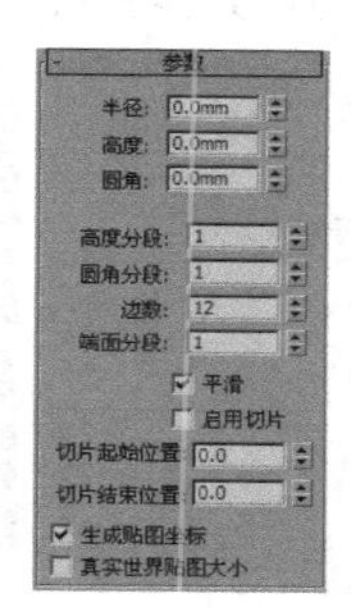

图3-72

【重要参数介绍】

半径：设置切角圆柱体的半径。

高度：设置沿着中心轴的维度。负值将在构造平面下面创建切角圆柱体。

圆角：斜切切角圆柱体的顶部和底部封口边。

高度分段：设置沿着相应轴的分段数量。

圆角分段：设置切角圆柱体圆角边时的分段数。

边数：设置切角圆柱体周围的边数。

端面分段：设置沿着切角圆柱体顶部和底部的中心和同心分段的数量。

课堂案例

制作个性茶几

场景文件	无
实例文件	实例文件>CH03>课堂案例：制作个性茶几.max
视频名称	课堂案例：制作个性茶几.mp4
难易指数	★☆☆☆☆
学习目标	切角圆柱体工具、管状体工具、切角长方体工具、移动复制功能

本案例制作一个单人沙发，与上一个案例类似，可以先将沙发分为“坐垫”“扶手”“靠背”3个主要部分，然后通过不同几何体分别创建这3个部分，最后修饰局部，模型效果如图3-73所示。

图3-73

01 下面创建桌面模型。使用“切角圆柱体”工具 切角圆柱体 在场景中创建一个切角圆柱体，然后在“参数”卷展栏下设置“半径”为50mm、“高度”为20mm、“圆角”为1mm、“高度分段”为1、“圆角分段”为4、“边数”为24、“端面分段”为1，具体参数设置及模型效果如图3-74所示。

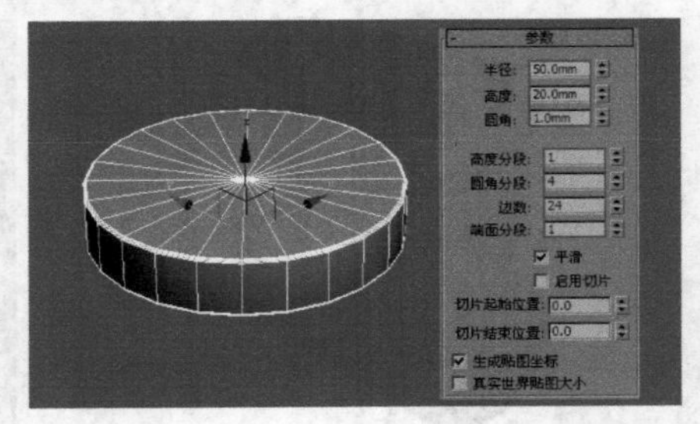

图3-74

02 下面创建支架模型。设置几何体类型为“标准基本体”，然后使用“管状体”工具 管状体 在桌面的上边缘创建一个管状体，接着在“参数”卷展栏下设置“半径1”为50.5mm、“半径2”为48mm、“高度”为1.6mm、“高度分段”为1、“端面分段”为1、“边数”为36，再勾选“启用切片”选项，最后设置“切片起始位置”为-200、“切片结束位置”为53，具体参数设置及模型位置如图3-75所示。

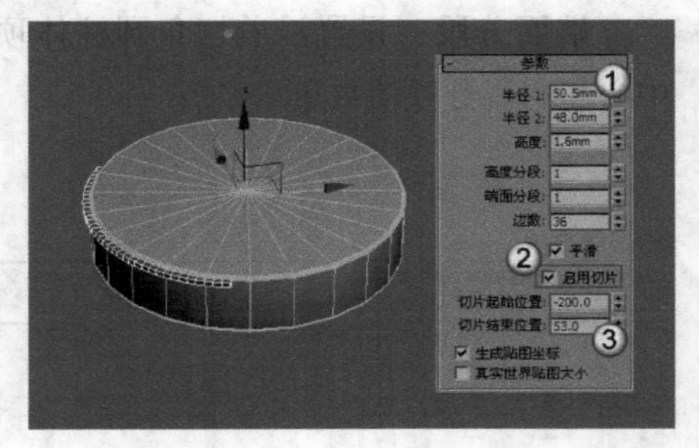

图3-75

03 使用“切角长方体”工具 切角长方体 在管状体末端创建一个切角长方体，然后在“参数”卷展栏下设置“长度”为2mm、“宽度”为2mm、“高度”为30mm、“圆角”为0.2mm、“圆角分段”为3，具体参数设置及模型位置如图3-76所示。

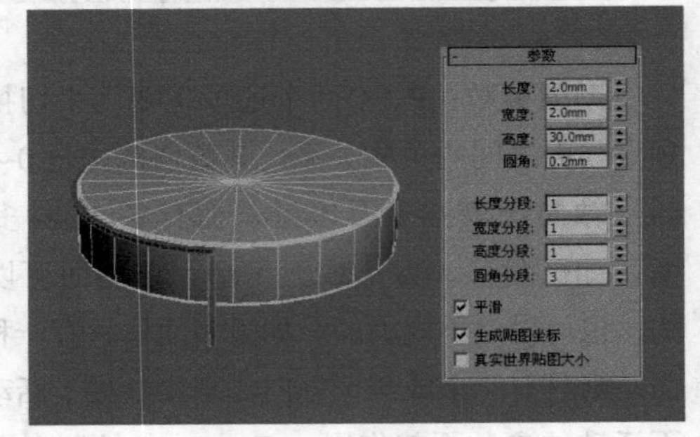

图3-76

04 使用“选择并移动”工具选择上一步创建的切角长方体，然后在按住Shift键的同时移动复制一个切角长方体到图3-77所示的位置。

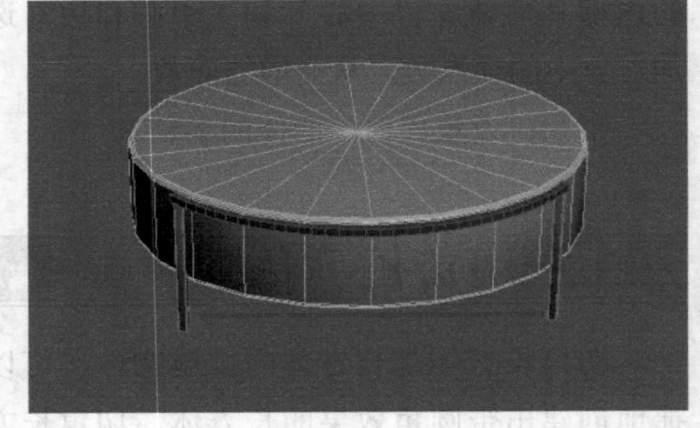

图3-77

05 使用“选择并移动”工具选择管状体，然后按住Shift键在左视图中向下移动复制一个管状体到图3-78所示的位置。

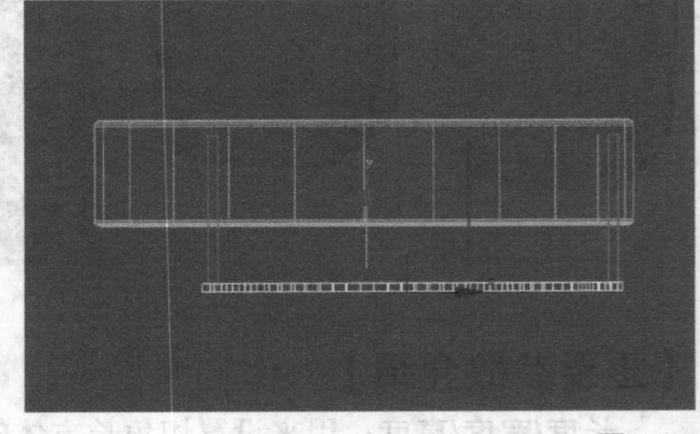

图3-78

06 选择复制出来的管状体，然后在“参数”卷展栏下将“切片起始位置”修改为56、“切片结束位置”修改为-202，如图3-79所示。最终效果如图3-80所示。

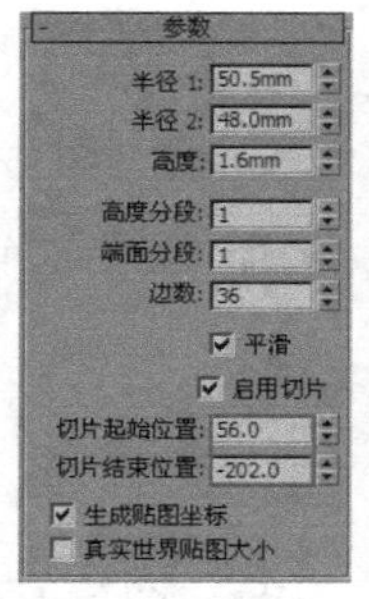

图3-79

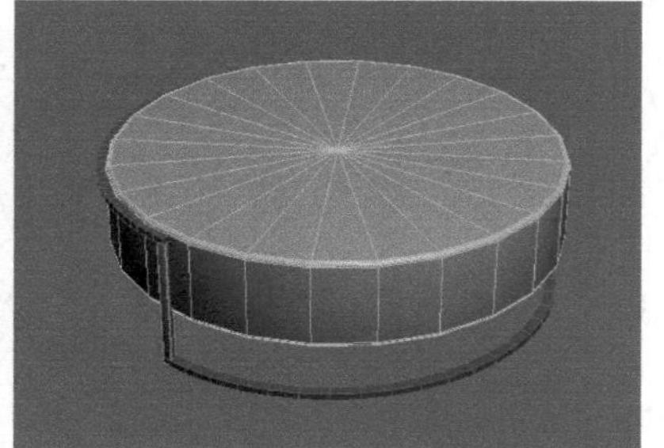

图3-80

3.4 创建复合对象

使用3ds Max内置的模型可以创建出很多优秀的模型，但是在很多时候还会使用复合对象，因为使用复合对象来创建模型可以大大节省建模时间。复合对象建模工具包括12种，分别是“变形”工具 变形 、“散布”工具 散布 、“一致”工具 一致 、“连接”工具 连接 、“水滴网格”工具 水滴网格 、“图形合并”工具 图形合并 、“布尔”工具 布尔 、“地形”工具 地形 、“放样”工具 放样 、“网格化”工具 网格化 、ProBoolean工具 ProBoolean 和ProCuttler工具 ProCutter ，如图3-81所示。

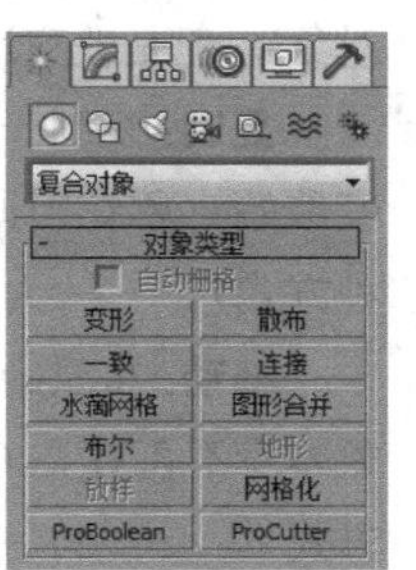

图3-81

虽然复合对象的建模工具比较多，但是绝大部分的使用频率都很低，所以在这里就不一一介绍了。本节重点介绍在效果图制作过程中常用的几个工具。

本节工具介绍

工具名称	工具作用	重要程度
图形合并	将图形嵌入到其他对象的网格中或从网格中移除	高
布尔	对两个以上的对象进行并集、差集、交集运算	高
放样	将二维图形作为路径的剖面生成复杂的三维对象	高

3.4.1 图形合并

使用“图形合并”工具 图形合并 可以将一个或多个图形嵌入其他对象的网格中或从网格中将图形移除。“图形合并”的参数如图3-82所示。

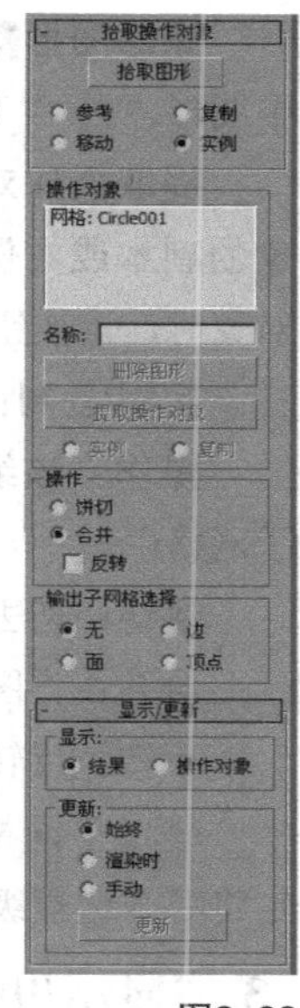

图3-82

1. “拾取操作对象”卷展栏

打开“拾取操作对象”卷展栏，其参数面板如图3-83所示。

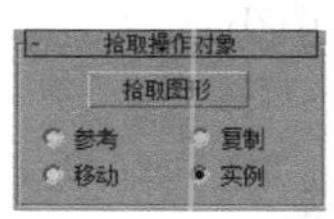

图3-83

【重要参数介绍】

拾取图形 拾取图形 ：单击该按钮，然后单击要嵌入网格对象中的图形，图形可以沿图形局部的z轴负方向投射到网格对象上。

参考/复制/移动/实例：指定如何将图形传输到复合对象中。

2. “参数”卷展栏

打开“参数”卷展栏，其参数面板如图3-84所示。

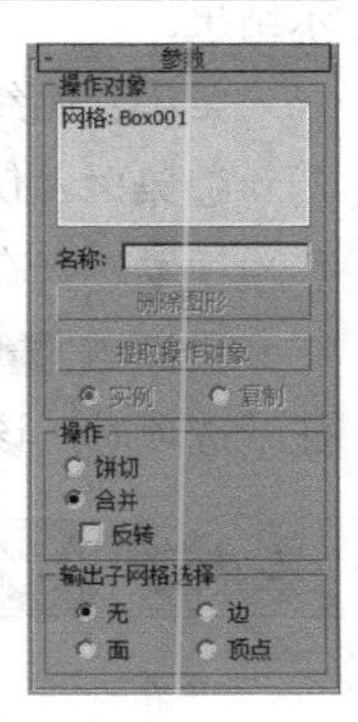

图3-84

【重要参数介绍】

操作对象：在复合对象中列出所有操作对象。

删除图形 删除图形：从复合对象中删除选中图形。

提取操作对象 提取操作对象：提取选中操作对象的副本或实例。在“操作对象”列表中选择操作对象时，该按钮才可用。

实例/复制：指定如何提取操作对象。

操作：该组选项中的参数决定如何将图形应用于网格中。

饼切：切去网格对象曲面外部的图形。

合并：将图形与网格对象曲面合并。

反转：反转“饼切”或“合并”效果。

输出子网格选择：该组选项中的参数提供了指定将哪个选择级别传送到“堆栈”中。

3.“显示/更新”卷展栏

打开“显示/更新”卷展栏，其参数面板如图3-85所示。

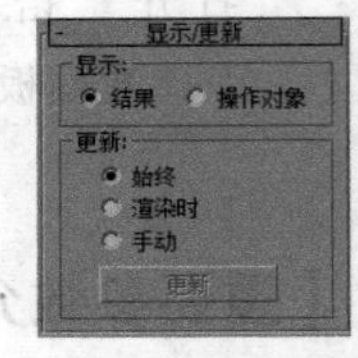

图3-85

【重要参数介绍】

显示：确定是否显示图形操作对象。

结果：显示操作结果。

操作对象：显示操作对象。

更新：该选项组中的参数用来指定何时更新显示结果。

始终：始终更新显示。

渲染时：仅在场景渲染时更新显示。

手动：仅在单击“更新”按钮后更新显示。

更新 更新：当选中除“始终”选项之外的任一选项时，该按钮才可用。

3.4.2 布尔

“布尔”运算是通过对两个以上的对象进行并集、差集、交集运算，从而得到新的物体形态。“布尔”运算的参数，如图3-86所示。

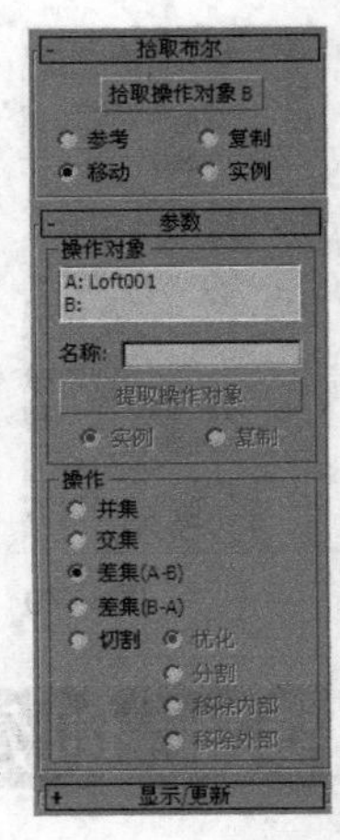

图3-86

【重要参数介绍】

拾取操作对象B 拾取操作对象 B：单击该按钮可以在场景中选择另一个运算物体来完成“布尔”运算。以下4个选项用来控制运算对象B的方式，必须在拾取运算对象B之前确定采用哪种方式。

参考：将原始对象的参考复制品作为运算对象B，若以后改变原始对象，同时也会改变布尔物体中的运算对象B，但是改变运算对象B时，不会改变原始对象。

复制：复制一个原始对象作为运算对象B，而不改变原始对象（当原始对象还要用在其他地方时采用这种方式）。

移动：将原始对象直接作为运算对象B，而原始对象本身不再存在（当原始对象无其他用途时采用这种方式）。

实例：将原始对象的关联复制品作为运算对象B，若以后对两者的任意对象进行修改时都会影响另一个。

操作对象：主要用来显示当前运算对象的名称。

操作：指定采用何种方式来进行“布尔”运算，包含以下5种类型。

并集：将两个对象合并，相交的部分将被删除，运算完成后两个物体将合并为一个物体。

交集：将两个对象相交的部分保留下来，删除不相交的部分。

差集A－B：在A物体中减去与B物体重合的部分。

差集B－A：在B物体中减去与A物体重合的部分。

切割：用B物体切除A物体，但不在A物体上添加B物体的任何部分，共有“优化”“分割”“移除内部”“移除外部”4个选项可供选择。“优化”是在A物体上沿着B物体与A物体相交的面来增加顶点和边数，以细化A物体的表面；“分割”是在B物体切割A物体部分的边缘，并且增加了一排顶点，利用这种方法可以根据其他物体的外形将一个物体分成两部分；“移除内部”是删除A物体在B物体内部的所有片段面；“移除外部”是删除A物体在B物体外部的所有片段面。

3.4.3 放样

“放样”是将一个二维图形作为沿某个路径的剖面，从而形成复杂的三维对象。“放样”是一种特殊的建模方法，能快速地创建出多种模型，其参数设置面板如图3-87所示。

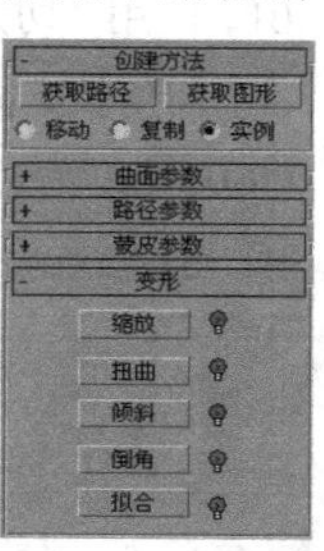

图3-87

1.“创建方法”卷展栏

打开“创建方法”卷展栏，其参数面板如图3-88所示。

图3-88

【重要参数介绍】

获取路径 获取路径：将路径指定给选定图形或更改当前指定的路径。

获取图形 获取图形：将图形指定给选定路径或更改当前指定的图形。

移动/复制/实例：用于指定路径或图形转换为放样对象的方式。

2.“变形”卷展栏

打开“变形”卷展栏，其参数面板如图3-89所示。

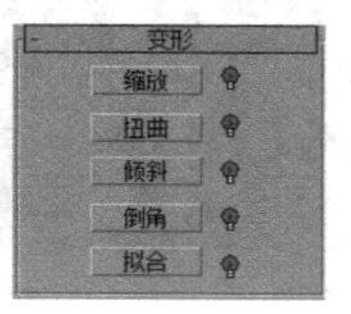

图3-89

【重要参数介绍】

缩放 缩放：使用“缩放”变形可以从单个图形中放样对象，该图形在其沿着路径移动时只改变其缩放。

扭曲 扭曲：使用“扭曲”变形可以沿着对象的长度创建盘旋或扭曲的对象，扭曲将沿着路径指定旋转量。

倾斜 倾斜：使用“倾斜”变形可以围绕局部x轴和y轴旋转图形。

倒角 倒角：使用“倒角”变形可以制作出具有倒角效果的对象。

拟合 拟合：使用“拟合”变形可以使用两条拟合曲线来定义对象的顶部和侧剖面。

技巧与提示

当“放样”完成后，“变形”卷展栏才会被激活。

“放样”工具的使用涉及后面内容中的“样条线建模”，所以笔者在此通过制作“弯曲管道”简单地说明一下“放样”工具的使用，具体操作步骤如下。

第1步：在创建面板中选择“线”工具，然后设置“初始类型”为“平滑”，接着在视口中创建一条曲线，如图3-90所示。

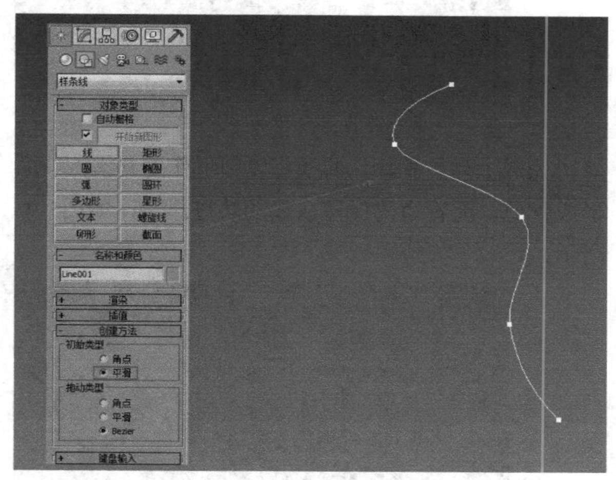

图3-90

第2步：在创建面板中选择“圆”工具，然后在视口中创建一个圆形，接着切换到“修改”选项卡，最后在“参数”卷展栏中设置“半径”为3mm，如图3-91所示。

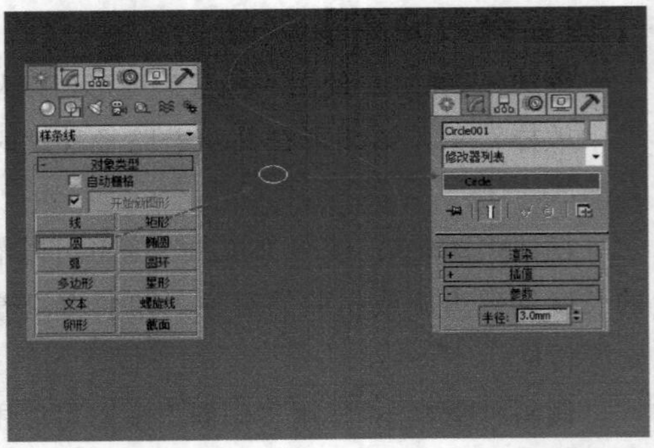

图3-91

第3步：选择创建好的曲线，然后在“创建”面板中选择“放样”工具，接着在“创建方法”中选择“创建图像”，最后选择视口中的圆形，如图3-92所示。

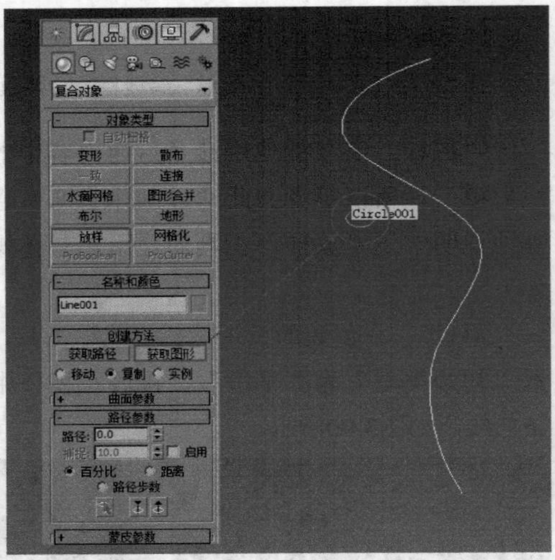

图3-92

完成上述步骤后，曲线将以圆形作为其横截坡面形成管道，而管道仍保留曲线的轨迹形态，如图3-93所示。

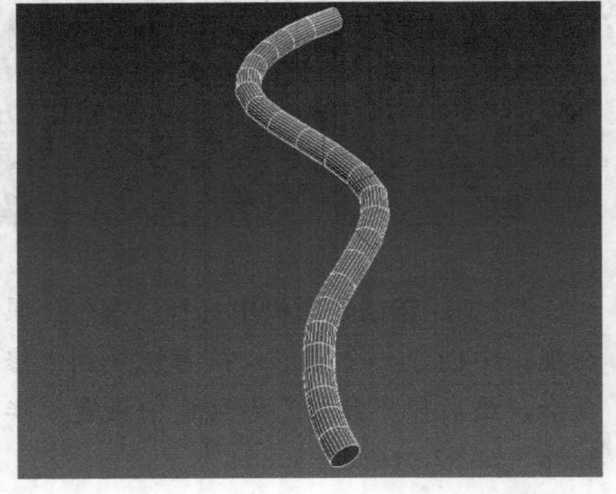

图3-93

课堂案例

制作冰块盒

场景文件	无
实例文件	实例文件>CH03>课堂案例：制作冰块盒.max
视频名称	课堂案例：制作冰块盒.mp4
难易指数	★★☆☆☆
学习目标	学习“布尔”运算的使用方法

本案例制作一个冰块盒，这是生活中常见的物品，从外观上看，冰块盒就是一个立方体，而中间的冰块盛放位置，就好像是从立方体中抠出来的一样，冰块模型效果如图3-94所示。

图3-94

01 使用“切角长方体”工具 切角长方体 在场景中创建一个切角长方体，然后在“参数”卷展栏下设置“长度”为60mm、“宽度”为120mm、“高度”为30mm、“圆角”为1.5mm、“圆角分段”为3，如图3-95所示。

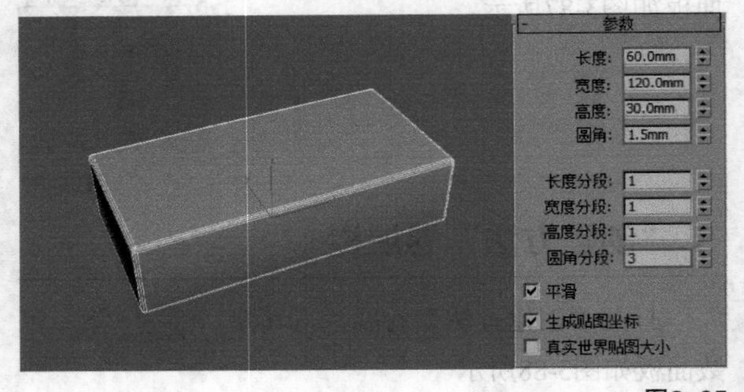

图3-95

02 使用“切角长方体”工具 切角长方体 在场景中创建一个切角长方体，然后在“参数”卷展栏下设置“长度”为25mm、“宽度”为25mm、“高度”为25mm、“圆角”为1.5mm、“圆角分段”为3，模型的位置如图3-96所示。

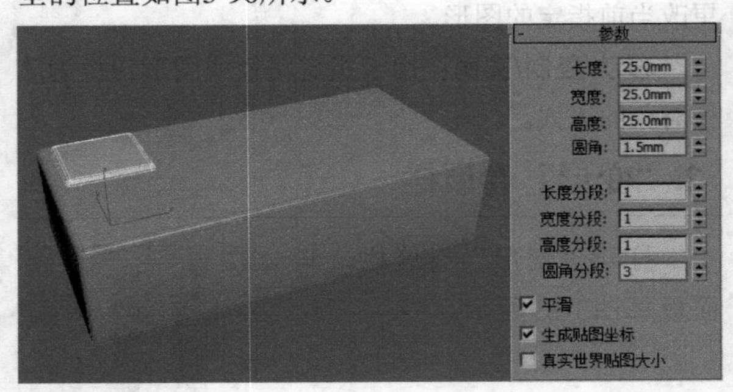

图3-96

03 将上一步创建的切角长方体以“实例”的形式复制7个，如图3-97所示。

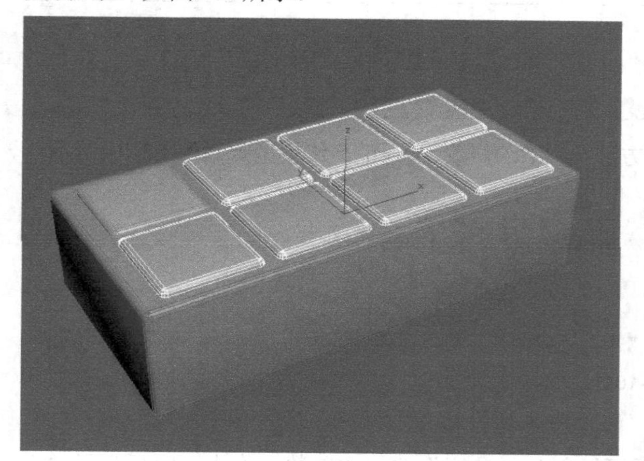

图3-97

04 下面需要将这些小的切角长方体塌陷为一个整体。选择所有的小的切角长方体，在“命令”面板中单击“实用程序”按钮，然后单击“塌陷”按钮 塌陷 ，接着在“塌陷”卷展栏下单击“塌陷选定对象”按钮 塌陷选定对象 ，这样就将所有球体塌陷成了一个整体，如图3-98所示。

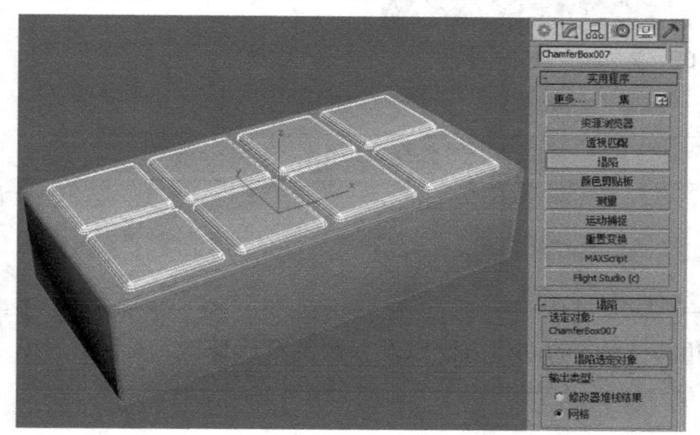

图3-98

技巧与提示

这里向读者介绍两种快速选择对象的方法，就以步骤4中要选择的所有切角长方体为例来介绍两种快速选择物体的方法。

第1种：可以先选择大的切角长方体，然后按快捷键Ctrl+I反选物体，这样就可以选择全部的小切角长方体。

第2种：选择大的切角长方体，然后单击鼠标右键，接着在弹出的菜单中选择“冻结当前选择”命令，将其冻结，在视图中拖曳光标即可框选所有的小的切角长方体。冻结对象以后，如果要解冻，可以在右键菜单中选择“全部解冻”命令。

05 选择大的切角长方体，然后设置几何体类型为“复合对象”，单击“布尔”按钮 布尔 ，接着在“拾取布尔”卷展栏下设置“运算”为“差集（A-B）”，再单击“拾取操作对象B”按钮 拾取操作对象B ，最后在视图中拾取小的切角长方体，如图3-99所示，最终效果如图3-100所示。

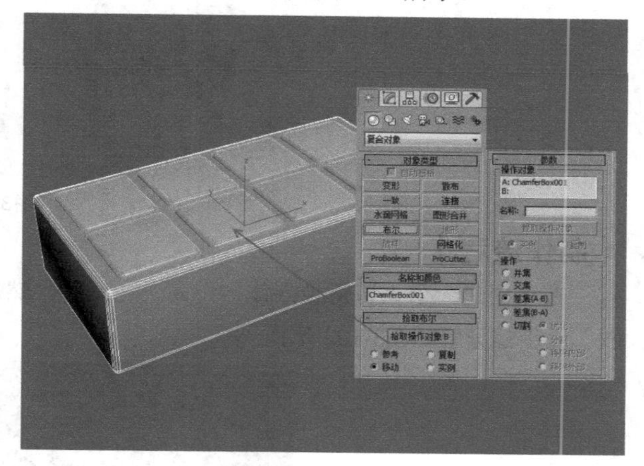

图3-99

图3-100

3.5 本章小结

本章主要讲解了基础建模的3个重要技术。在标准基本体中，详细讲解了每种工具的用法，包括长方体、球体、圆柱体、管状体和平面等；在扩展基本体中，详细讲解了异面体、切角长方体和切角圆柱体的创建方法；在复合对象中，详细讲解图形合并、布尔运算和放样的用法；本章虽是一个基础建模章，但是却非常重要，这是建模的基础，希望读者对这些建模工具勤加练习。

课后习题

制作凳子

场景文件	无
实例文件	实例文件>CH03>课后习题：制作凳子.max
视频名称	课后习题：制作凳子.mp4
难易指数	★★☆☆☆
学习目标	练习“切角长方体”的建模技巧

本练习通过制作凳子造型，练习“切角长方体”的创建方法及参数的修改，凳子的最终模型效果如图3-101所示。

图3-101

【制作流程】

首先创建一个“切角长方体”作为“凳座”，然后可以复制“凳座”并修改参数，作为“隔板”及“凳腿”，步骤分解如图3-102所示。

图3-102

课后习题

制作床头柜

场景文件	无
实例文件	实例文件>CH03>课后习题：制作床头柜.max
视频名称	课后习题：制作床头柜.mp4
难易指数	★★★☆☆
学习目标	学习使用切角圆柱体、切角长方体工具

本例通过制作床头柜造型，学习“切角长方体”与“切角圆柱体”的创建方法以及参数的精确修改，床头柜的模型效果如图3-103所示。

图3-103

【制作流程】

首先创建一个“切角长方体”作为“柜体”，然后复制“柜体”并修改器参数，作为柜面，接着制作出抽屉，并使用“切角圆柱体”创建“拉手”，最后使用“圆柱体”工具制作“脚”，制作流程如图3-104所示。

图3-104

第4章

3ds Max的修改器

前面一章学习了3ds Max的基本建模技术，这些技术相对比较初级，主要是通过简单的拼接来构建复杂模型，但是对于很多异形模型就显得力不从心了。如果要创建更加复杂的模型，可以通过对基本模型的变形来获得，这就需要使用3ds Max的修改器。例如，扭曲的钢丝、弯曲的水龙头、不规则的枕头，这些模型都可以通过加载修改器来实现，本章将针对这些技术做详细讲解。

课堂学习目标

掌握修改面板的相关参数

掌握修改器在建模中的使用方法

掌握选择修改器

掌握塌自由形式变形

掌握参数化修改器

使用修改器对模型进行编辑

4.1 关于修改器

修改器是3ds Max非常重要的功能，它主要用于改变现有对象的创建参数，调整一个对象或一组对象的几何外形，进行子对象的选择和参数修改，转换参数对象为可编辑对象。

如果把“创建”面板比喻为原材料生产车间，那么“修改”面板就是精细加工车间，而修改面板的核心就是修改器。修改器对于创建一些特殊形状的模型具有非常强大的优势，图4-1所示的模型，在创建过程中都毫无例外地会大量用到各种修改器。如果单纯依靠3ds Max的一些基本建模功能，很难实现这样的造型效果。

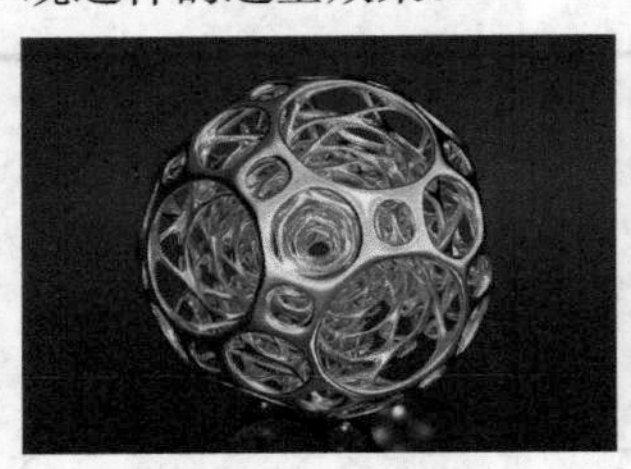

图4-1

4.1.1 修改面板

3ds Max的修改面板如图4-2所示，从外观上看比较简洁，主要由名称、颜色、修改器列表、修改堆栈和通用修改区构成。如果给对象加载了某一个修改器，则通用修改区下方将出现该修改器的详细参数。

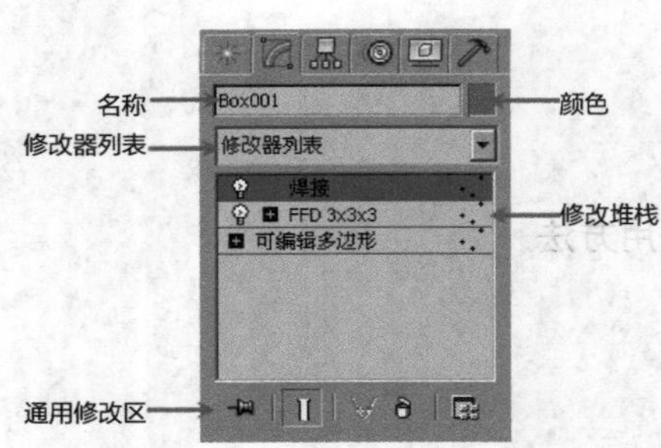

图4-2

技巧与提示

修改器可以在“修改”面板中的“修改器列表”中进行加载，也可以在“菜单栏”中的“修改器”菜单下进行加载，这两个地方的修改器完全一样。

1.名称

显示修改对象的名称，例如，图4-2中的Box001。当然，用户也可以更改这个名称。在3ds Max中，系统允许同一场景中有重名的对象存在。

2.颜色

单击颜色按钮可以打开颜色选择框，用于对象颜色的选择，如图4-3所示。

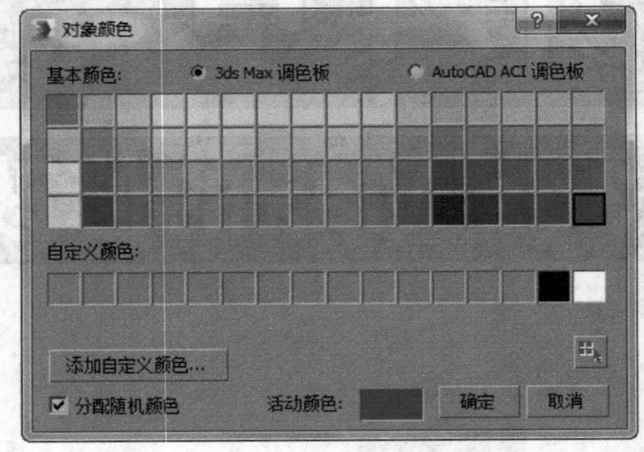

图4-3

3.修改器列表

用鼠标左键单击修改器列表，系统会弹出修改器列表，里面列出了所有可用的修改器，如图4-4所示。

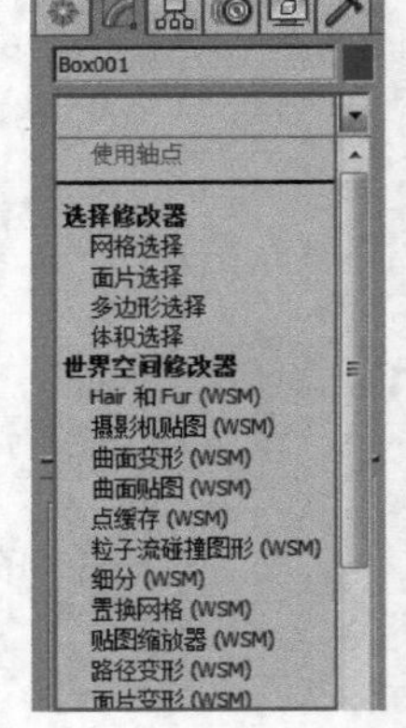

图4-4

4.修改堆栈

修改堆栈是记录所有修改命令信息的集合，并以分配缓存的方式保留各项命令的影响效果，方便用户对其进行再次修改。修改命令按照使用的先后顺序依次排列在堆栈中，最新使用的修改命令总是放置在堆栈的最上面，如图4-5所示。

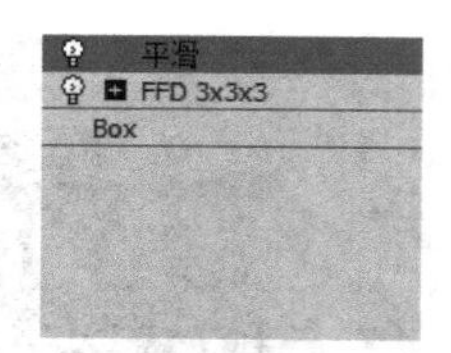

图4-5

5.通用修改区

通用修改区提供了通用的修改操作命令，对所有修改器有效，起着辅助修改的作用，通用修改区如图4-6所示。

图4-6

【重要工具介绍】

锁定堆栈：激活该按钮可以将堆栈和“修改”面板的所有控件锁定到选定对象的堆栈中。即使在选择了视图中的另一个对象之后，也可以继续对锁定堆栈的对象进行编辑。

显示最终结果开/关切换：激活该按钮后，会在选定的对象上显示整个堆栈的效果。

使唯一：激活该按钮可以将关联的对象修改成独立对象，这样可以对选择集中的对象单独进行操作（只有在场景中拥有选择集的时候该按钮才可用）。

从堆栈中移除修改器：若堆栈中存在修改器，单击该按钮可以删除当前的修改器，并清除由该修改器引发的所有更改。

技巧与提示

如果想要删除某个修改器，千万不能在选中修改器后直接按Delete键，那样删除的将会是物体本身而非修改器。要删除某个修改器，需要先选择该修改器，然后单击“从堆栈中移除修改器”按钮。

配置修改器集：单击该按钮将弹出一个子菜单，这个菜单中的命令主要用于配置在“修改”面板中怎样显示和选择修改器，如图4-7所示。

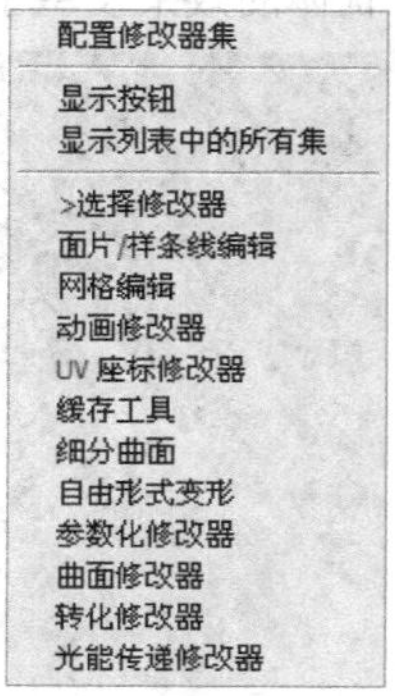

配置修改器集
显示按钮
显示列表中的所有集
>选择修改器
面片/样条线编辑
网格编辑
动画修改器
UV 座标修改器
缓存工具
细分曲面
自由形式变形
参数化修改器
曲面修改器
转化修改器
光能传递修改器

图4-7

技巧与提示

选择图4-7所示的菜单中的“显示按钮”命令，可以在修改面板中显示修改工具按钮。在图4-8中可以看到，左图没有显示工具按钮，右图显示了工具按钮。

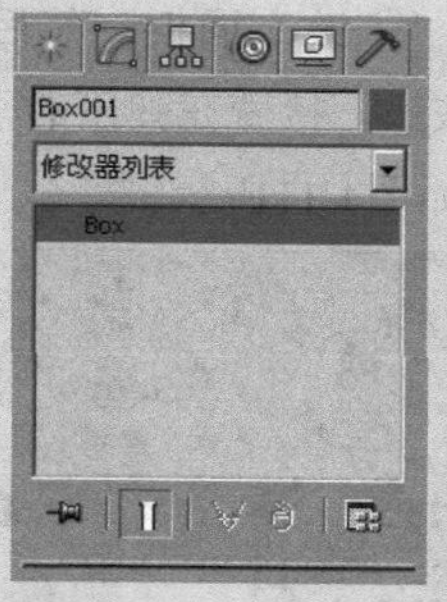

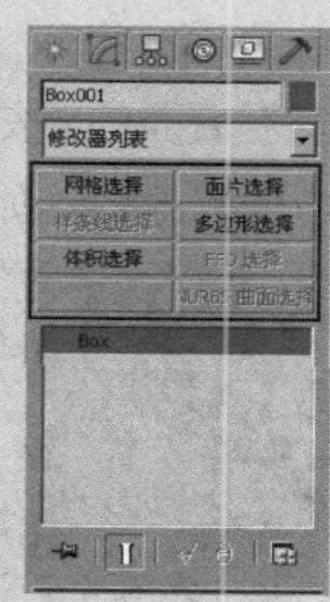

图4-8

选择图4-7所示的菜单中的“配置修改器”命令，可以打开“修改器配置集”对话框，如图4-9所示。在“修改器配置集”对话框中，通过按钮总数的设置可以加入或删除按钮数目，在左侧的修改器列表中选择要加入的修改工具，将其直接拖曳到右侧按钮图标上，然后单击“保存”按钮把自定义的集合设置保存。

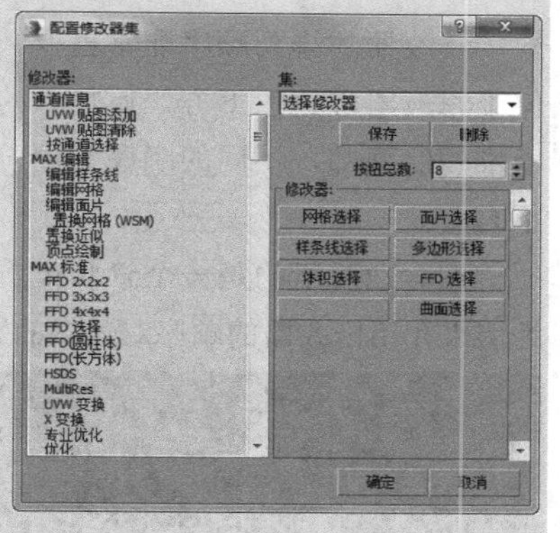

图4-9

选择图4-7所示的菜单中的“显示列表中的所有集”命令，可以让修改器列表中的命令按不同的修改命令集合显示，这样便于用户查找。在图4-10中可以看到，左图中的命令没有按分类排列，右图中的命令按照不同的集合分类排列（加粗的字体就是集合的名称）。

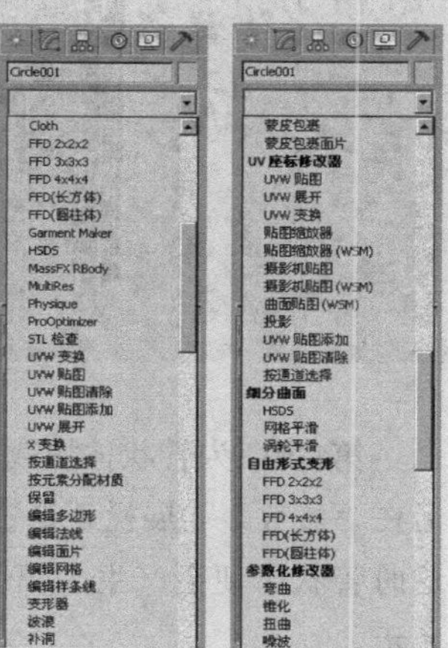
图4-10

4.1.2 为对象加载修改器

为对象加载修改器的方法非常简单。选择一个对象后，进入“修改”面板，然后单击“修改器列表”后面的▾按钮，接着在弹出的下拉列表中选择相应的修改器，如图4-11所示。

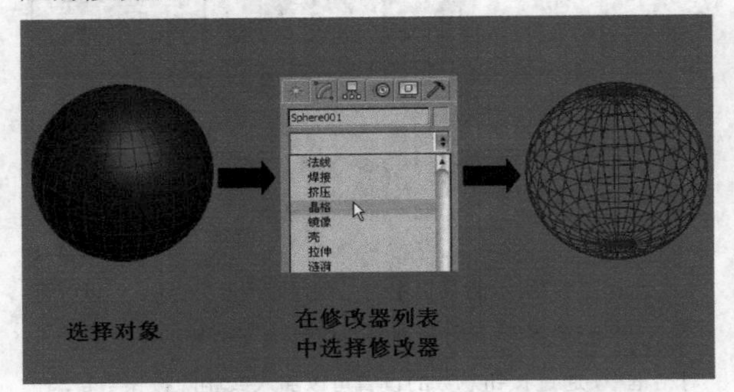

图4-11

4.1.3 修改器的排序

修改器的排列顺序非常重要，先加入的修改器位于修改器堆栈的下方，后加入的修改器则在修改器堆栈的顶部，不同的顺序对同一物体起到的效果不同。

图4-12所示的是一个管状体，下面以这个物体为例来介绍修改器的顺序对效果的影响。

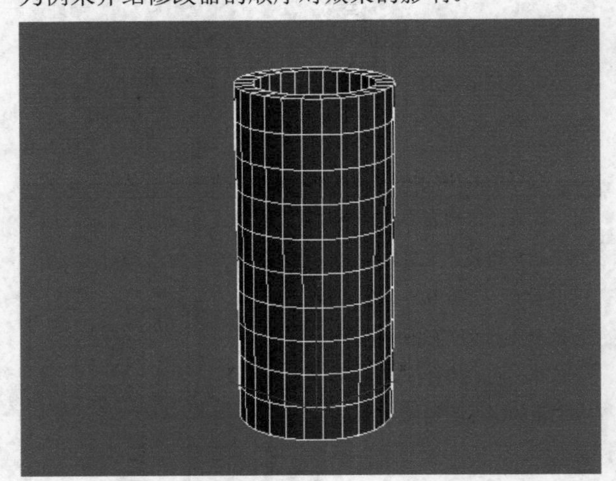

图4-12

第1步：为管状体加载一个“扭曲”修改器，然后在“参数”卷展栏下设置扭曲的“角度”为360，这时管状体便会产生大幅度的扭曲变形，如图4-13所示。

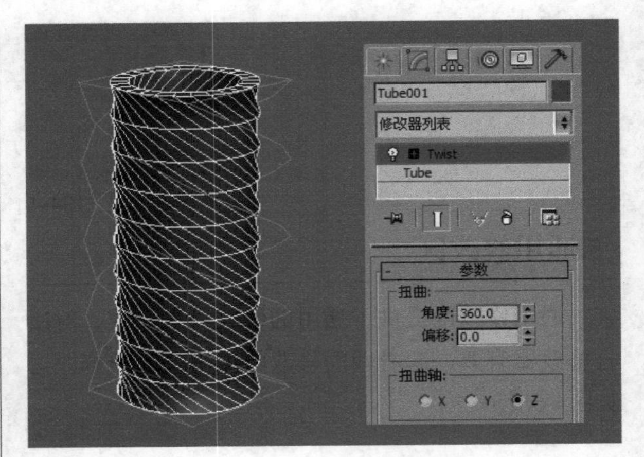

图4-13

第2步：为管状体加载一个“弯曲”修改器，然后在“参数”卷展栏下设置弯曲的“角度”为90，这时管状体会发生很自然的弯曲变形，如图4-14所示。

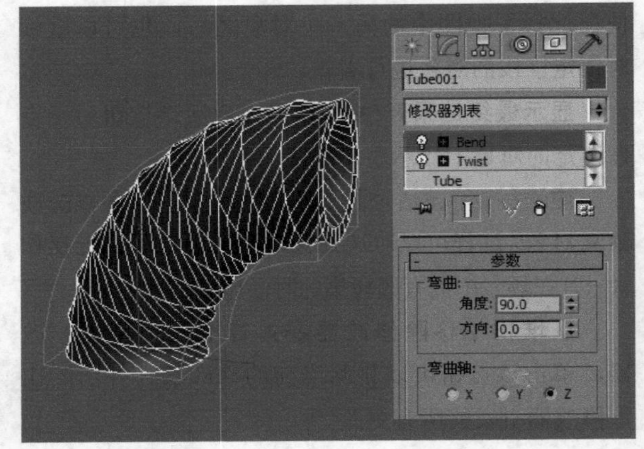

图4-14

第3步：下面调整两个修改器的位置。用鼠标左键单击“弯曲”修改器不放，然后将其拖曳到“扭曲”修改器的下方松开鼠标左键（拖曳时修改器下方会出现一条蓝色的线），调整排序后可以发现管状体的效果发生了很大的变化，如图4-15所示。

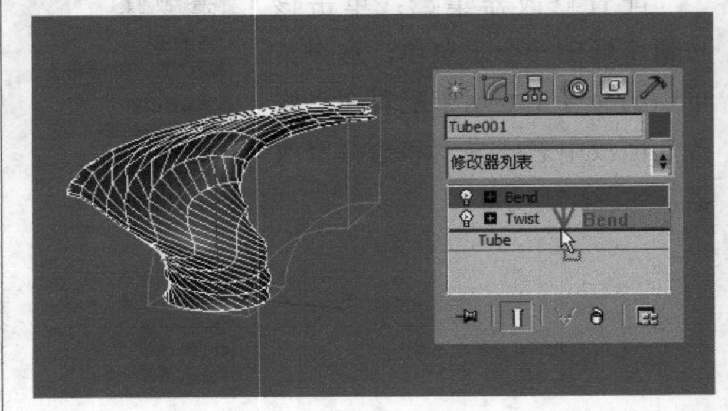

图4-15

通过上述操作，可见修改器的不同排序产生的效果也不同，所以在加载修改器的同时，加载的先后顺序一定要合理。

技巧与提示

在修改器堆栈中，如果要同时选择多个修改器，可以先选中一个修改器，然后按住Ctrl键单击其他修改器进行加选，如果按住Shift键则可以选中多个连续的修改器。

4.1.4 启用与禁用修改器

在修改器堆栈中可以观察到每个修改器前面都有个小灯泡图标，这个图标表示这个修改器的启用或禁用状态。当小灯泡显示为亮的状态时，代表这个修改器是启用的；当小灯泡显示为暗的状态时，代表这个修改器被禁用了。单击这个小灯泡即可切换启用和禁用状态。

以图4-16中的修改器堆栈为例，这里为一个球体加载了3个修改器，分别是“晶格”修改器、“扭曲”修改器和“波浪”修改器，并且这3个修改器都被启用了。

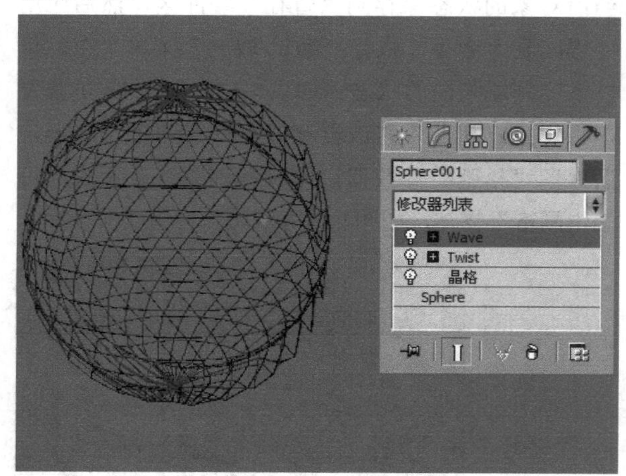

图4-16

选择底层的“晶格”修改器，当“显示最终结果”按钮被禁用时，场景中的球体不能显示该修改器之上的所有修改器的效果，如图4-17所示。如果单击“显示最终结果”按钮，使其处于激活状态，即可在选中底层修改器的状态下显示所有修改器的修改结果，如图4-18所示。

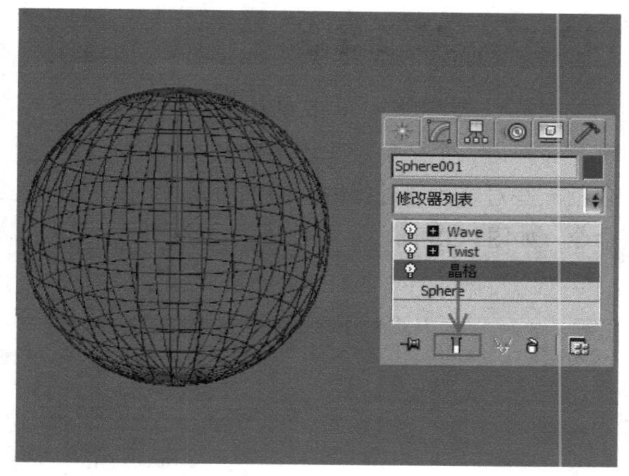

图4-17

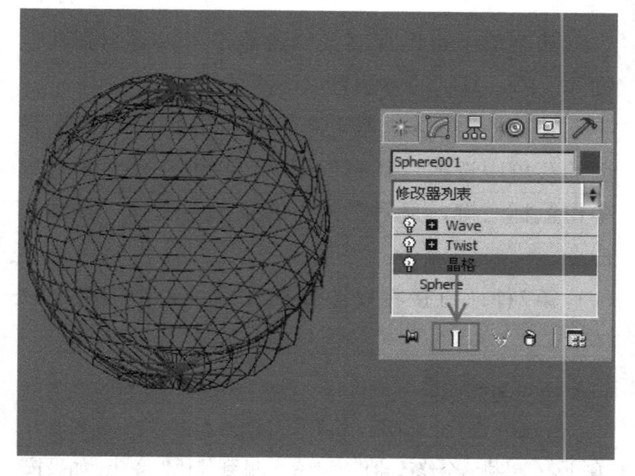

图4-18

如果要禁用“波浪”修改器，可以单击该修改器前面的小灯泡图标，使其变为灰色，这时物体的形状也跟着发生了变化，如图4-19所示。

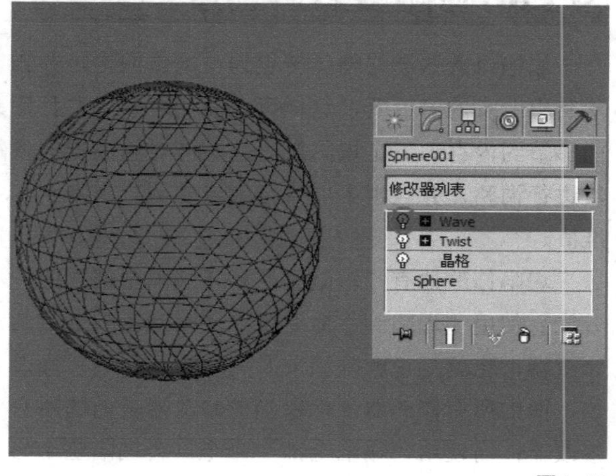

图4-19

4.1.5 编辑修改器

在修改器堆栈中单击鼠标右键，会弹出一个菜单，在该菜单中包括一些对修改器进行编辑的常用命令，如图4-20所示。

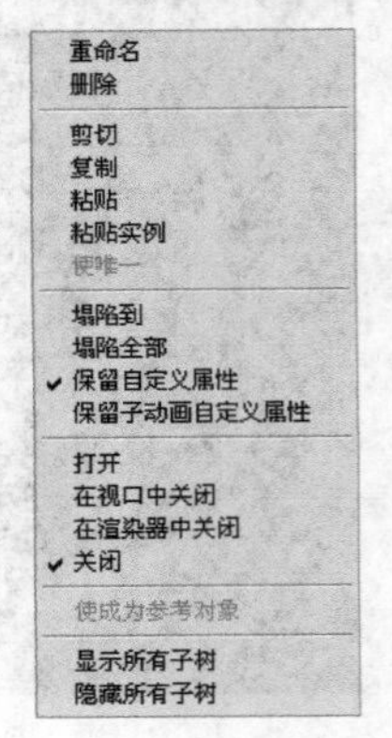

图4-20

从菜单中可以观察到修改器是可以复制到其他物体上的，复制的方法有以下两种。

第1种：在修改器上单击鼠标右键，然后在弹出的菜单中选择“复制”命令，接着在需要的位置单击鼠标右键，最后在弹出的菜单中选择“粘贴”命令。

第2种：直接将修改器拖曳到场景中的某一物体上。

技巧与提示

在选中某一修改器后，如果按住Ctrl键将其拖曳到其他对象上，可以将这个修改器作为实例粘贴到其他对象上；如果按住Shift键将其拖曳到其他对象上，就相当于将源对象上的修改器剪切并粘贴到新对象上。

4.1.6 塌陷修改器堆栈

塌陷修改器会将物体转换为可编辑网格，并删除其中所有的修改器，这样可以简化对象，并且还能够节约内存。但是塌陷之后就不能对修改器的参数进行调整，并且也不能将修改器的历史恢复到基准值。

塌陷修改器有“塌陷到”和“塌陷全部”两种方法。使用“塌陷到”命令可以塌陷到当前选定的修改器，也就是说删除当前及列表中位于当前修改器下面的所有修改器，保留当前修改器上面的所有修改器；而使用“塌陷全部”命令，会塌陷整个修改器堆栈，删除所有修改器，并使对象变成可编辑网格。

下面具体说明“塌陷到”与“塌陷”的具体区别，以图4-21中的修改器堆栈为例，处于最底层的是一个圆柱体，可以将其称为“基础物体”（注意，基础物体一定是处于修改器堆栈的最底层），而处于基础物体之上的是“弯曲”“扭曲”“松弛”3个修改器。

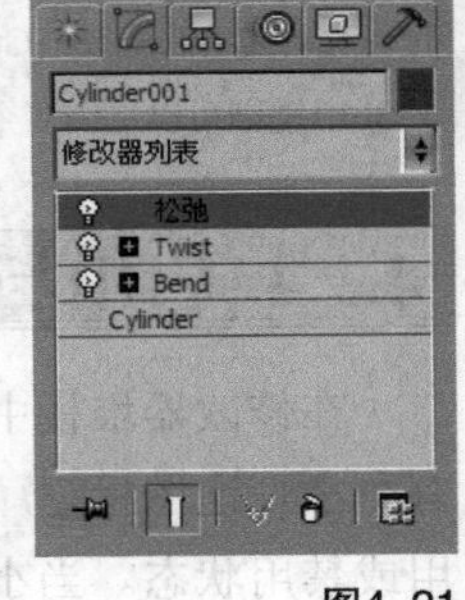

图4-21

在“扭曲（Blend）”修改器上单击鼠标右键，然后在弹出的菜单选择“塌陷到”命令，此时系统会弹出“警告：塌陷到”对话框，如图4-22所示。在“警告：塌陷到”对话框中有3个按钮，分别为“暂存/是”按钮、“是”按钮和“否”按钮。如果单击“暂存/是”按钮可以将当前对象的状态保存到“暂存”缓冲区，然后应用“塌陷到”命令，执行“编辑/取回”菜单命令，可以恢复到塌陷前的状态；如果单击“是”按钮，将塌陷“扭曲”修改器和“弯曲”两个修改器，而保留“松弛”修改器，同时基础物体会变成“可编辑网格”物体，如图4-23所示。

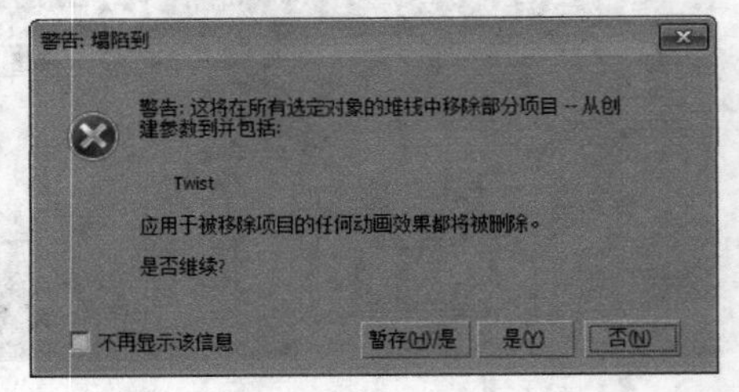

图4-22

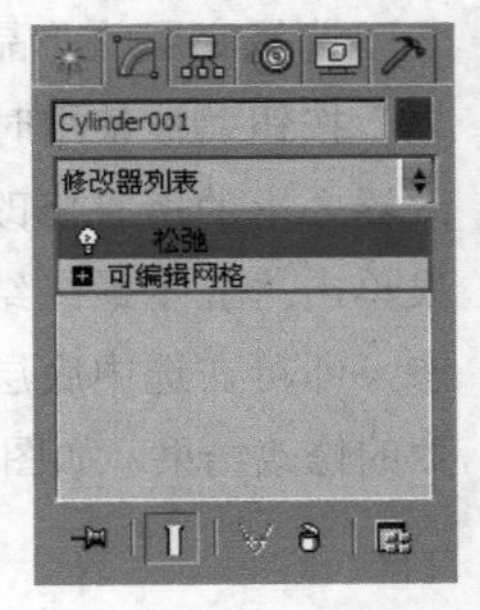

图4-23

下面对同样的物体执行“塌陷全部”命令。在任意修改器上单击鼠标右键，然后在弹出的菜单中选择“塌陷全部”命令，此时系统会弹出“警告：塌陷全部”对话框，如图4-24所示。如果单击“是”按钮 是(Y) 后，将塌陷修改器堆栈中的所有修改器，并且基础物体也会变成“可编辑网格”物体，如图4-25所示。

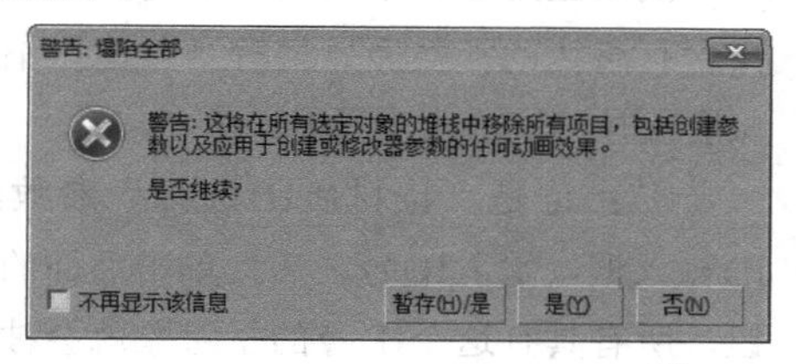

图4-24

图4-25

4.2 选择修改器

在前一节中笔者提到，通用单击修改器选项卡中的“配置修改器集”按钮，在弹出的菜单中单击“显示列表中的所有集”命令，此时修改器列表中的所有命令将按照图4-26所示的分类方式排列。

图4-26

> **技巧与提示**
>
> 修改器列表中显示的命令会根据所选对象的不同而呈现一些差异。

修改器列表中的命令非常多，共分十几个大类，并且每个大类里面都分别包含或多或少的命令。根据本书的教学安排，本章只介绍其中一部分命令，其他各种类型的命令将会在后面相关章节进行介绍。

本节介绍“选择修改器”集合，该集合中包括“网格选择”“面片选择”“样条线选择”“多边形选择”“体积选择”等修改器。这些修改器的作用只是用来传递子对象的选择，功能比较单一，不提供子对象编辑功能。

本节知识介绍

知识名称	主要作用	重要程度
网格选择	对多边形网格对象进行选择	中
面片选择	对面片类型对象的子对象进行选取	中
多边形选择	对多边形对象的子对象进行选取	高

4.2.1 网格选择

“网格选择”对多变形网格对象进行子对象的选择操作，包括顶点、边、面、多边形和元素5个子对象级别，其参数面板如图4-27所示。

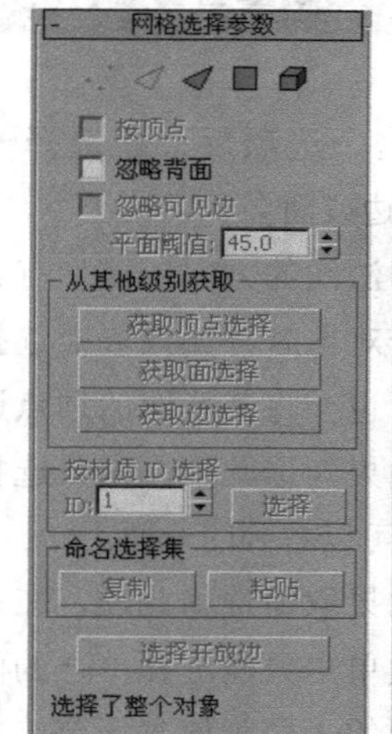

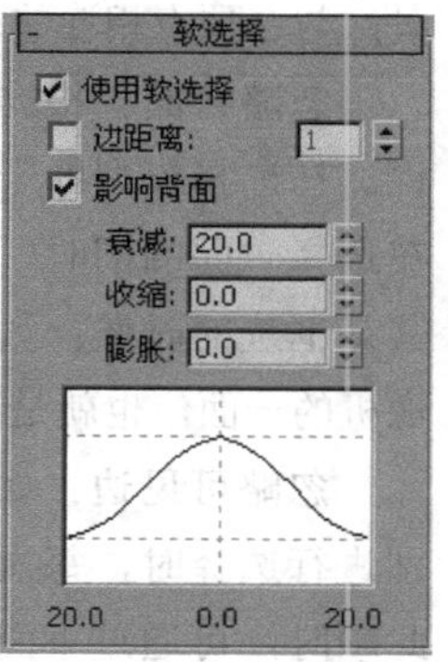

图4-27

1. “网格选择参数”卷展栏

打开“网格选择参数”卷展栏，其参数面板如图4-28所示。

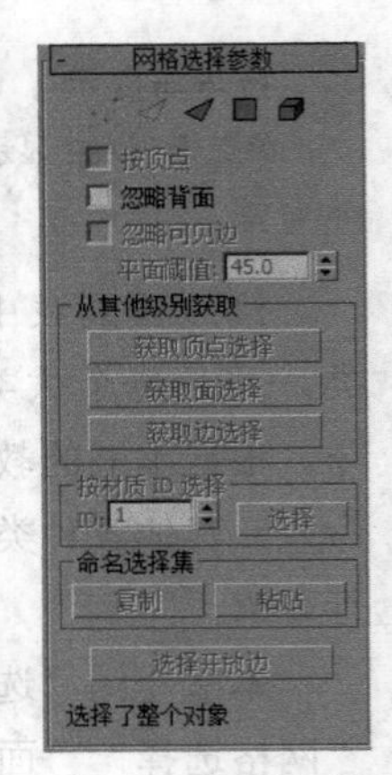

图4-28

【重要参数介绍】

顶点：以顶点为最小单位进行选择。

边：以边为最小单位进行选择。

面：以三角面为最小单位进行选择。

多边形：以多边形为最小单位进行选择。

元素：选择对象中所有的连续面。图4-29所示的是网格被选中不同子级对象后的显示效果，通过图示可以很直观地理解各种子级对象的形态，从左到右依次为选中顶点、线、面、多边形和元素的效果。

图4-29

按顶点：勾选这个选项后，在选择一个顶点时，与该顶点相连的边或面会一同被选中。

忽略背面：根据法线的方向，模型有正反面之说。在选择模型的子对象时，如果取消选择此项，在选择一面的同时，也会将其背面的顶点选择，尤其是框选的时候；如果勾选此项，则只选择正对摄像机的一面，也就是可以看到的一面。

忽略可见边：如果取消选择此项，在多边形级别进行选择时，每次单击只能选择单一的面；勾选此项时，可通过下面的平面阈值来调节选择范围，每次单击，范围内的所有面会被选中。

平面阈值：在多边形级别进行选择时，用来指定两面共面的阈值范围，阈值范围是两个面的面法线之间夹角，小于这个值说明两个面共面。

获取顶点选择：根据上一次选择的顶点选择面，选择所有共享被选中顶点的面。当“顶点”不是当前子对象层级时，该功能才可用。

获取面选择：根据上一次选择的面、多边形、元素选择顶点。只有当面、多边形、元素不是当前子对象层级时，该功能才可用。

获取边选择：根据上一次选择的边选择面，选择含有该边的那些面。只有当“边”不是当前子对象层级时，该功能才可用。

ID：这是“按材质ID选择”参数组中的材质ID输入框，输入ID号之后，单击后面的“选择”按钮，所有具有这个ID号的子对象就会被选择。配合Ctrl键可以加选，配合Shift键可以减选。

复制/粘贴：用于在不同对象之间传递命名选择信息，要求这些对象必须是同一类型而且必须在相同子对象级别。例如，两个可编辑网格对象，在其中一个顶点子对象级别先进行选择，然后在工具栏中使用“创建选择集”按钮，为这个选择集合命名，接着单击“复制”按钮，从弹出的对话框中选择刚创建的名称；进入另一个网格对象的顶点子对象级别，然后单击“粘贴”按钮，刚才复制的选项就会粘贴到当前的顶点子对象级别。

选择开放边：选择所有只有一个面的边。在大多数对象中，这会显示何处缺少面。该参数只能用于“边”子对象层级。

2.“软选择”卷展栏

打开“软选择”卷展栏，其参数面板如图4-30所示。

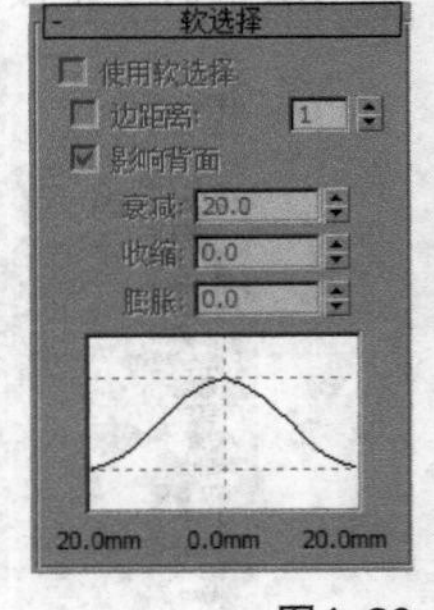

图4-30

【重要参数介绍】

使用软选择：控制是否开启软选择。

边距离：通过设置衰减区域内边的数目来控制受到影响的区域。

影响背面：勾选该项时，对选择的子对象背面产生同样的影响，否则只影响当前操作的一面。

衰减：设置从开始衰减到结束衰减之间的距离。以场景设置的单位进行计算，在图表显示框的下面也会显示距离范围。

收缩：沿着垂直轴提升或降低顶点。值为负数时，产生弹坑状图形曲线；值为0时，产生平滑的过渡效果。默认值为0。

膨胀：沿着垂直轴膨胀或收缩定点。收缩为0、膨胀为1时，产生一个最大限度的光滑膨胀曲线；负值会使膨胀曲线移动到曲面，从而使顶点下压形成山谷的形态。默认值为0。

4.2.2 面片选择

该修改器用于对面片类型的对象进行子对象级别的选择操作，包括顶点、控制柄、边、面片和元素5种子对象级别，其参数面板如图4-31所示。

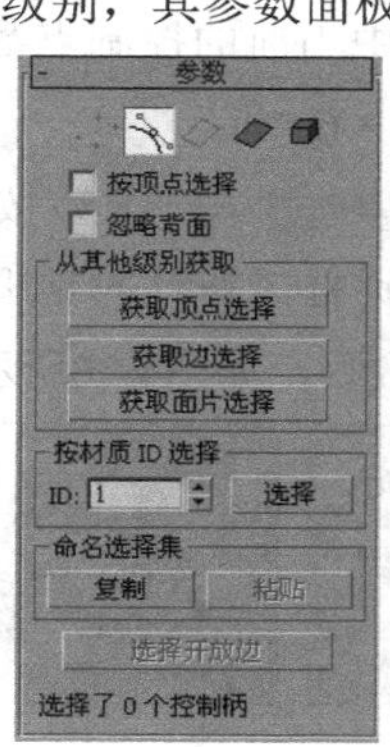

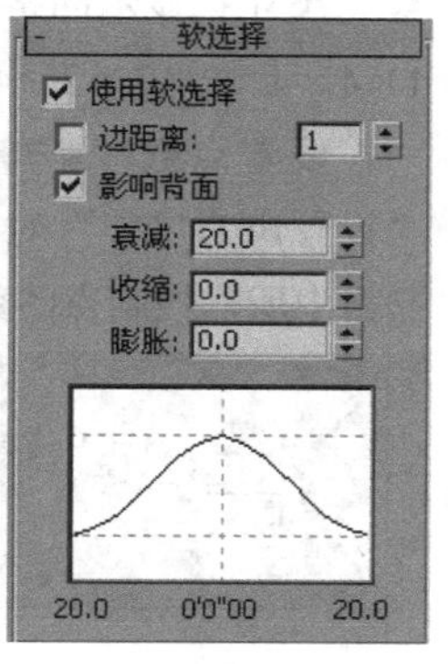

图4-31

【重要参数介绍】

顶点：以顶点为最小单位进行选择。

控制柄：以控制柄为最小单位进行选择。

边：以边为最小单位进行选择。

面片：以面片为最小单位进行选择。

元素：选定对象中所有的连续面。

技巧与提示

其他参数基本与上一小节介绍的一致，这里就不再重复讲解。

4.2.3 多边形选择

“多边形选择”对多边形进行子对象级别的选择操作，包括顶点、边、边界、多边形和元素5种子对象级别，其参数面板如图4-32所示。

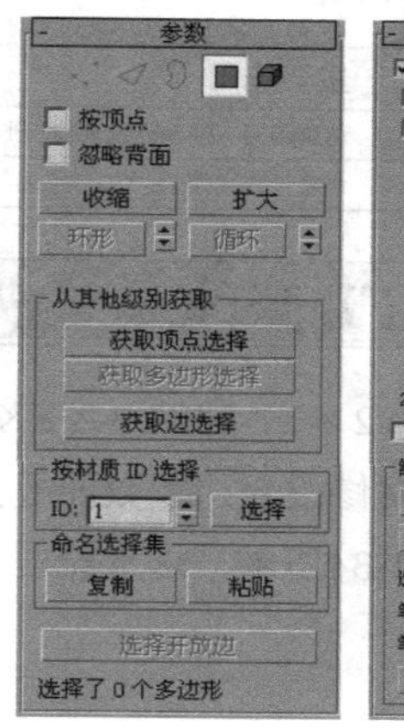

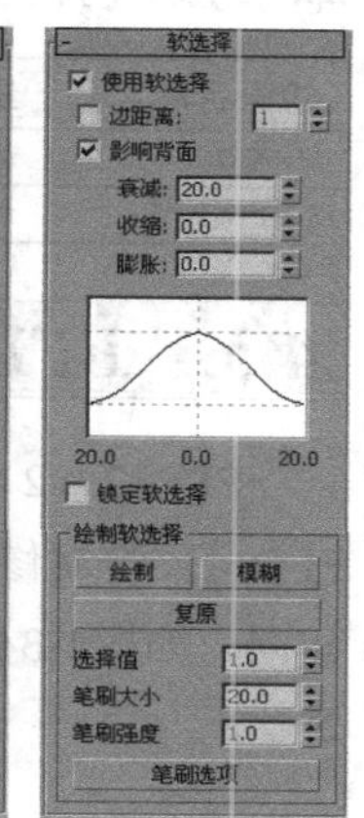

图4-32

【重要参数介绍】

顶点：以顶点为最小单位进行选择。

边：以边为最小单位进行选择。

边界：以模型的开放边界为最小单位进行选择。

多边形：以四边形为最小单位进行选择。

元素：选定对象中所有的连续面。

技巧与提示

关于多边形选择的其他功能，可以参考后面的多边形建模章节。

4.3 自由形式变形

FFD是“自由形式变形”的意思，FFD修改器即“自由形式变形”修改器，“自由形式变形”修改器包含5种类型，分别是FFD 2×2×2、FFD 3×3×3、FFD 4×4×4、FFD（长方体）和FFD（圆柱体），如图4-33所示。这种修改器是使用晶格框包围住选中的几何体，然后通过调整晶格的控制点来改变封闭几何体的形状，在后面的案例中会对其用法进行详细介绍。

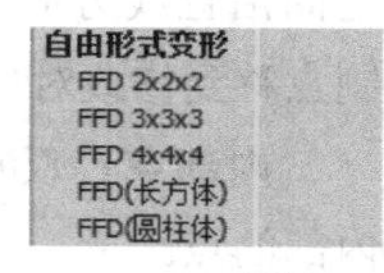

图4-33

这里看似有5种类型的修改器，其实它们的功能及使用方法基本类似，笔者将其划分为两大类来说明。

本节知识介绍

知识名称	主要作用	重要程度
FFD修改	通过晶格的控制点改变模型形状	高
FFD长方体/圆柱体	创建长方体/圆柱体的晶格形状	高

4.3.1 FFD修改

FFD 2×2×2、FFD 3×3×3和FFD 4×4×4修改器的参数面板完全相同，如图4-34所示，这里统一进行讲解。

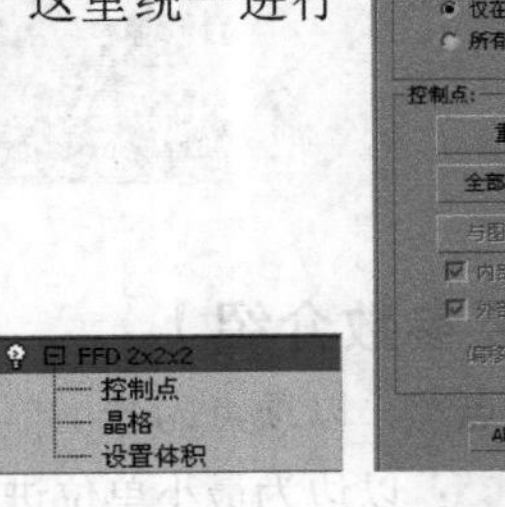

图4-34

【重要参数介绍】

控制点：在这个子对象级别中，可以对晶格的控制点进行编辑，通过改变控制点的位置影响外形。

晶格：对晶格进行编辑，可以通过移动、旋转、缩放使晶格与对象分离。

设置体积：在这个子对象级别下，控制点显示为绿色，对控制点的操作不影响对象形态。

晶格：控制是否使连接控制点的线条形成栅格。

源体积：开启该选项可以将控制点和晶格以未修改的状态显示出来。

仅在体内：只有位于源体积内的顶点会变形。

所有顶点：所有顶点都会变形。

重置 重置：将所有控制点恢复到原始位置。

全部动画化 全部动画：单击该按钮可以将控制器指定给所有的控制点，使它们在轨迹视图中可见。

与图形一致 与图形一致：在对象中心控制点位置之间沿直线方向来延长线条，可以将每一个FFD控制点移到修改对象的交叉点上。

内部点：仅控制受“与图形一致”影响的对象内部的点。

外部点：仅控制受“与图形一致”影响的对象外部的点。

偏移：设置控制点偏移对象曲面的距离。

About（关于） About：显示版权和许可信息。

4.3.2 FFD长方体/圆柱体

“FFD长方体”和“FFD圆柱体”修改器的功能与前面介绍的FFD修改器基本一致，只是参数面板略有一些差异，如图4-35所示，这里只介绍其特有的相关参数。

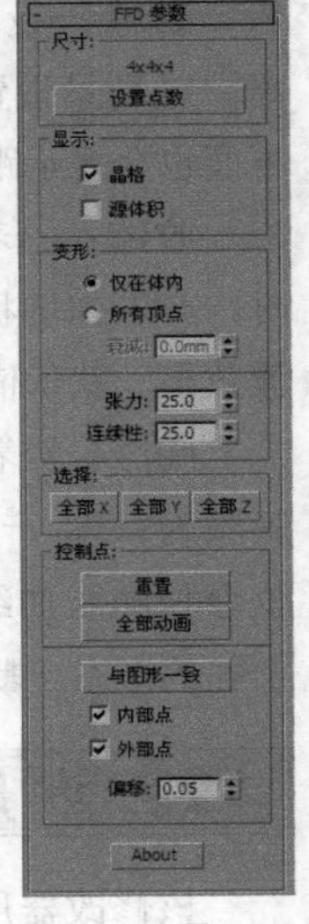

图4-35

【重要参数介绍】

尺寸：显示晶格中当前的控制点数目，例如，4×4×4、2×2×2、4×6×4。

设置点数 设置点数：单击该按钮可以打开“设置FFD尺寸”对话框，在该对话框中可以设置晶格中所需控制点的数目，如图4-36所示。

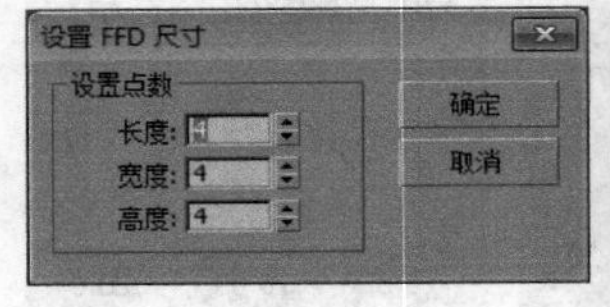

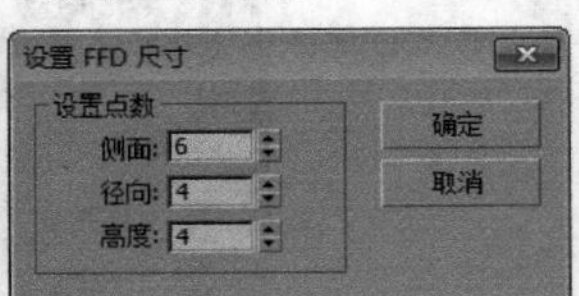

图4-36

衰减：决定FFD的效果减为0时离晶格的距离。

张力/连续性：调整变形样条线的张力和连续性。虽然无法看到FFD中的样条线，但晶格和控制点代表着控制样条线的结构。

全部X 全部X/**全部Y** 全部Y/**全部Z** 全部Z：选中沿着由这些轴指定的局部维度的所有控制点。

课堂案例

制作枕头

场景文件	无
实例文件	实例文件>CH04>课堂案例：制作枕头.max
视频名称	课堂案例：制作枕头.mp4
难易指数	★★☆☆☆
学习目标	学习FFD修改器的使用方法

本案例是制作枕头的造型，日常生活中有很多与之类似的物体，我们通常无法明确地形容它们的

具体形状，所以就无法通过内置几何体的拼凑来完成建模。在本案例中，将通过加载FFD修改器来完成对其造型的制作，模型效果如图4-37所示。

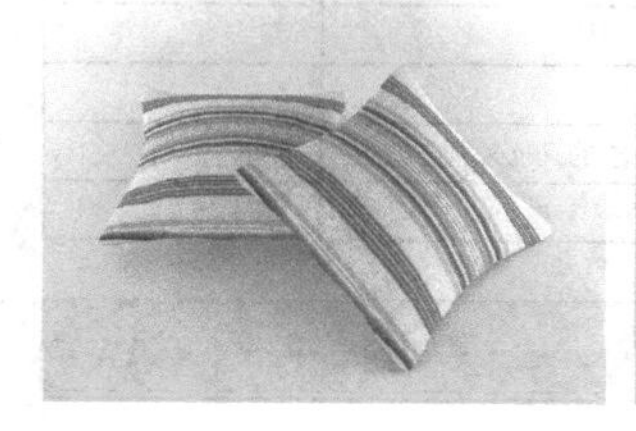
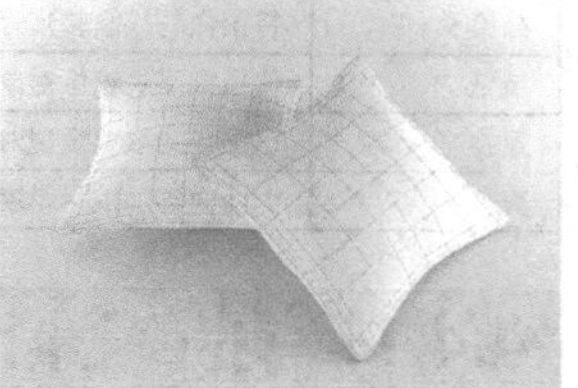

图4-37

01 使用“切角长方体”工具在顶视图中单击并拖动鼠标创建一个切角长方体，然后在“修改”选项卡中设置“长度”为500mm、“宽度”为500mm、“高度”为130mm、“圆角”为40mm，接着设置“长度分段”为6、“宽度分段”为6、“高度分段”为2、“圆角分段”为3，如图4-38所示。

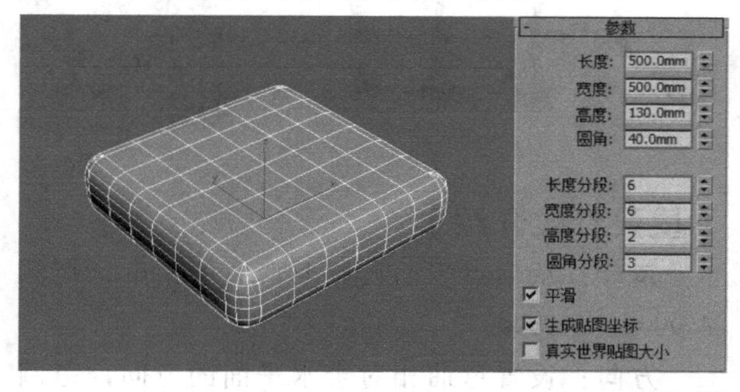

图4-38

02 在修改器列表中为切角长方体加载一个“FFD（长方体）”修改器，然后在“FFD参数”卷展栏中设置“尺寸”为5×5×4，如图4-39所示。

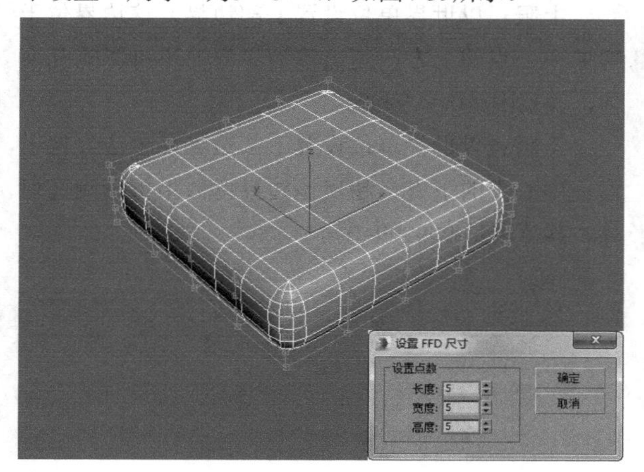

图4-39

03 按1键，进入“控制点”级层（或者在修改器堆栈中选择“控制点” 控制点 ），然后切换到顶视图，框选4个角上的控制点，如图4-40所示，接着使用“选择并缩放”工具在*xy*平面上进行缩放，如图4-41所示。

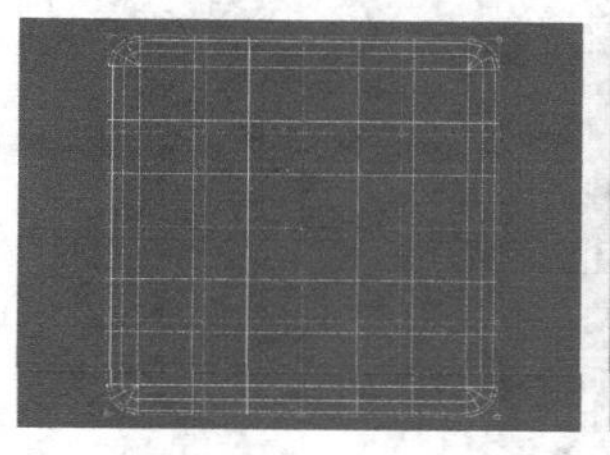
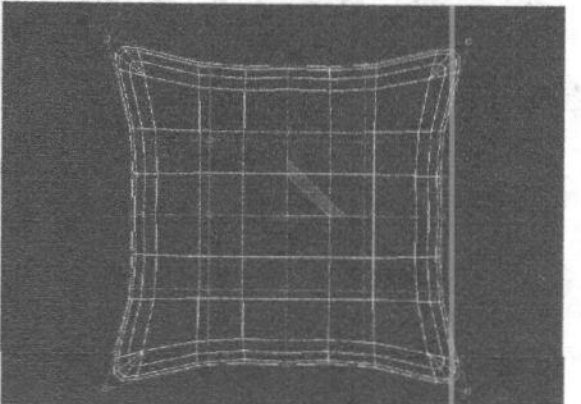

图4-40 图4-41

04 切换到前视图，框选图4-42所示的控制点，然后使用“选择并缩放”工具在*y*轴上进行缩放，如图4-43所示。

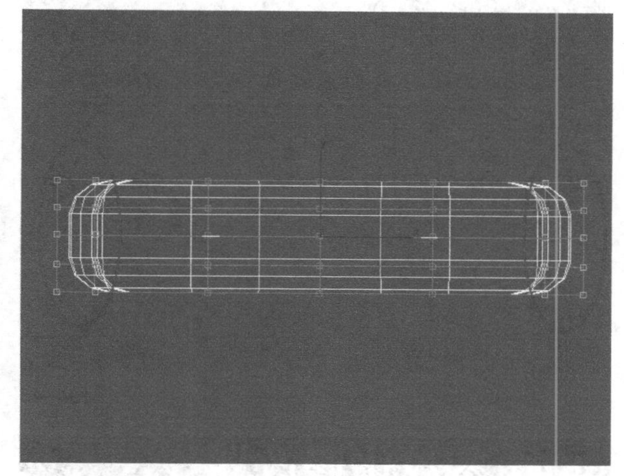

图4-42

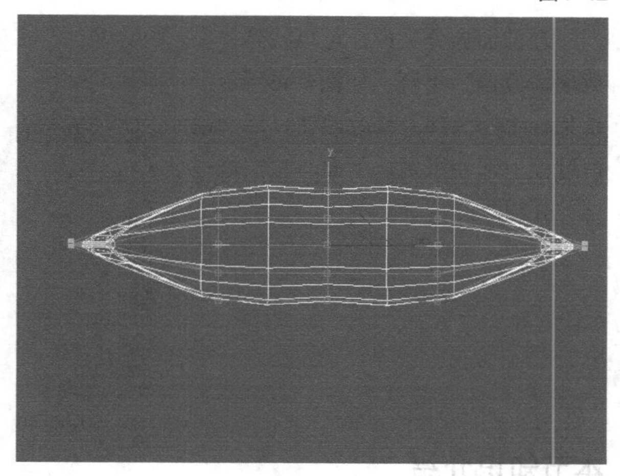

图4-43

05 抱枕的轮廓基本出来了，接下来可以根据自己的想法，仿照现实生活中的枕头对控制点进行调整，直到满意为止。笔者的调整效果如图4-44所示，枕头模型如图4-45所示。

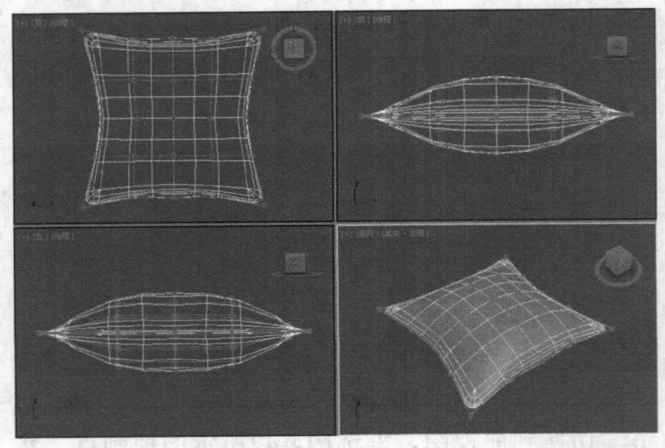

图4-44

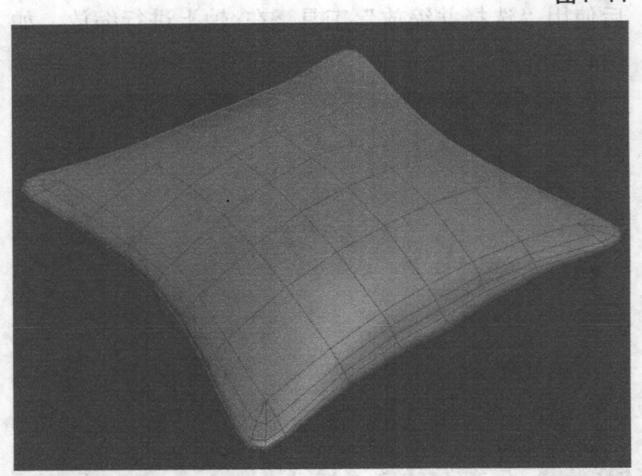

图4-45

4.4 参数化修改器

在前面的分类中，可以找到“参数化修改器”集合，如图4-46所示。该集合中的大部分修改器在以后的建模过程中都会用到，下面对它们进行逐一介绍。

参数化修改器
弯曲
锥化
扭曲
噪波
拉伸
挤压
推力
松弛
涟漪
波浪
倾斜
切片
球形化
影响区域
晶格
镜像
置换
X变换
替换
保留
壳

图4-46

本节知识介绍

知识名称	主要作用	重要程度
弯曲	使模型在轴上弯曲	高
锥化	使模型两端产生锥形轮廓	高
扭曲	使模型自身在轴上产生扭曲状的效果	高
噪波	使模型表面随机产生起伏波动	高
拉伸	在体积不变的前提下拉伸或挤出模型	中
挤压	对模型进行拉伸或挤压	高
推力	使模型产生膨胀或收缩的效果	中
晶格	将图像的线段转化为圆柱	高
镜像	使模型产生镜像对象	高
置换	以立场的形式重塑对象的几何外形	中
壳	为曲面添加实际厚度	高

4.4.1 弯曲

“弯曲”修改器可以使物体在任意3个轴上控制弯曲的角度和方向，也可以对几何体的一段限制弯曲效果，其参数设置面板如图4-47所示。

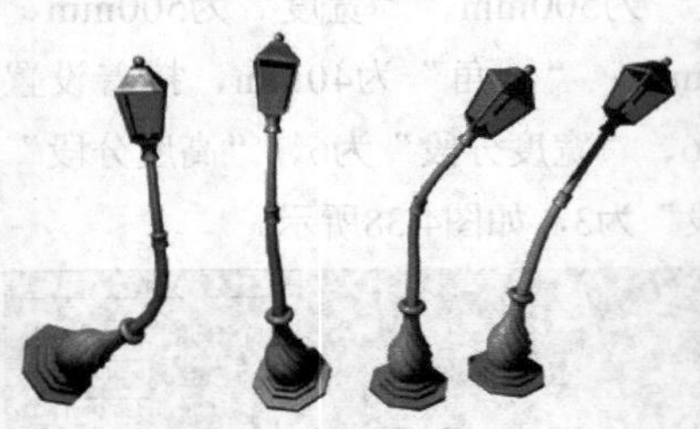

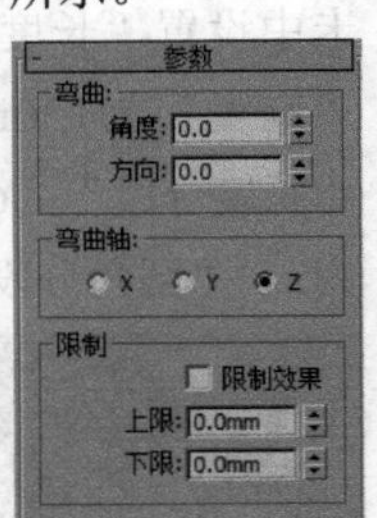

图4-47

【重要参数介绍】

角度：从顶点平面设置要弯曲的角度，范围是-999999~999999。

方向：设置弯曲相对于水平面的方向，范围是-999999~999999。

X/Y/Z：指定要弯曲的轴，默认轴为z轴。

限制效果：将限制约束应用于弯曲效果。

上限：以世界单位设置上部边界，该边界位于弯曲中心点的上方，超出该边界弯曲不再影响几何体，其范围是0~999999。

下限：以世界单位设置下部边界，该边界位于弯曲中心点的下方，超出该边界弯曲不再影响几何体，其范围是-999999~0。

课堂案例

制作水龙头

场景文件	场景文件>CH04>01.max
实例文件	实例文件>CH04>课堂案例：制作水龙头.max
视频名称	课堂案例：制作水龙头.mp4
难易指数	★★☆☆☆
学习目标	学习“弯曲”修改器的使用方法

本案例制作水龙头，众所周知，大部分水龙头都是由管状物构成，所以读者一定会想到通过使用“管状体”工具来创建模型，但是却忽略了“水龙头”可

能是弯曲的这一情况，而我们学过的几何体中没有弯曲的“管状体”，所以下面将通过加载“弯曲”修改器来使其实现弯曲，模型效果如图4-48所示。

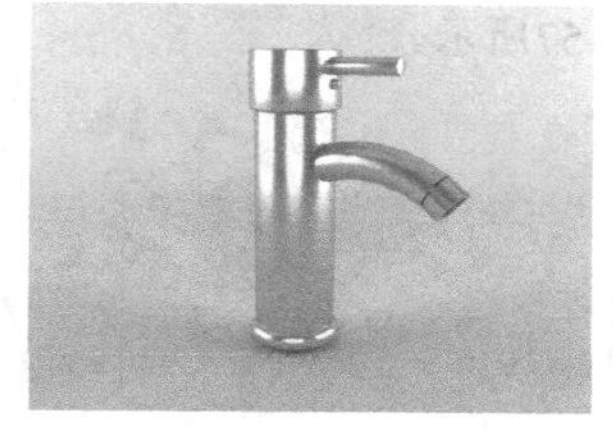
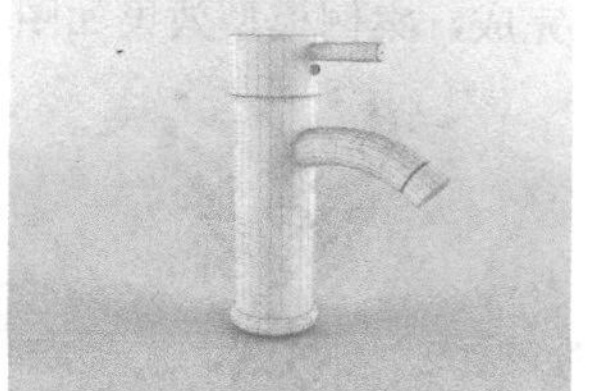

图4-48

01 打开本书学习资源中的“场景文件>CH04>01.max”文件，如图4-49所示。视图中的水管部分是笔直的，而不是像日常生活中那样弯曲的。

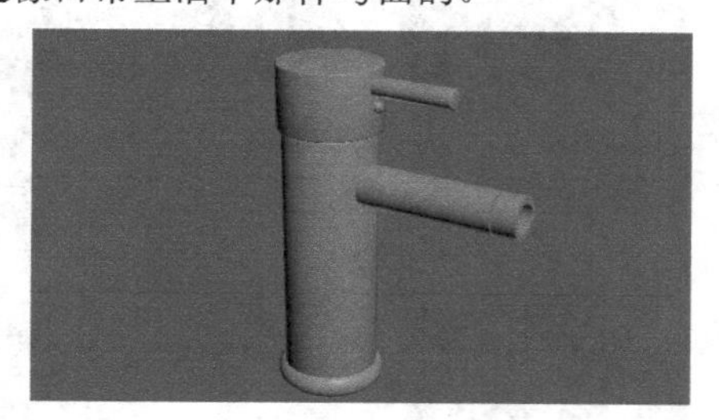

图4-49

02 选择管状体，然后在修改器列表中为其加载一个“弯曲”修改器，如图4-50所示。

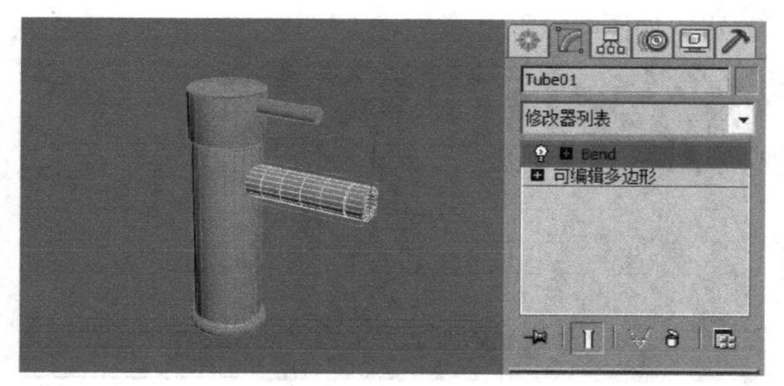

图4-50

03 在“参数”卷展栏下设置“角度”为60、“方向”为90、“弯曲轴”为z轴，具体参数设置如图4-51所示，模型效果如图4-52所示。

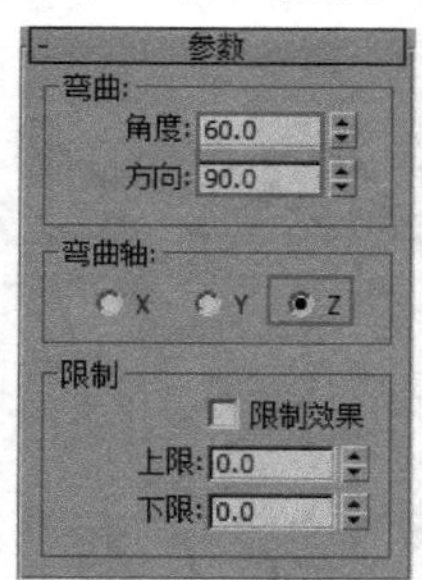

图4-51

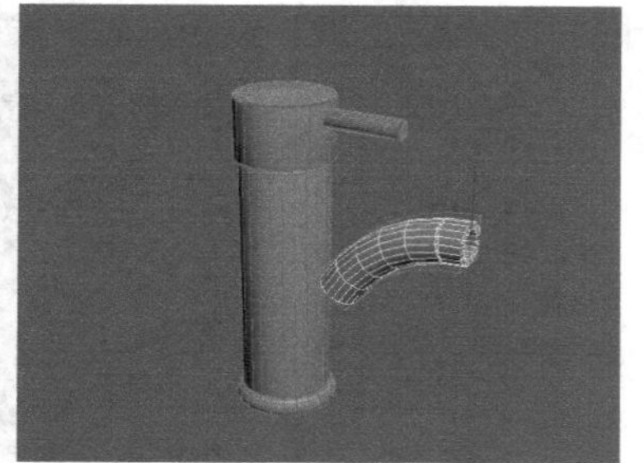

图4-52

04 展开“弯曲”修改器的次物体层级，然后选择Gizmo次物体层级，接着使用“选择并移动”工具将Gizmo中心调整到如图4-53所示的位置，模型最终效果如图4-54所示。

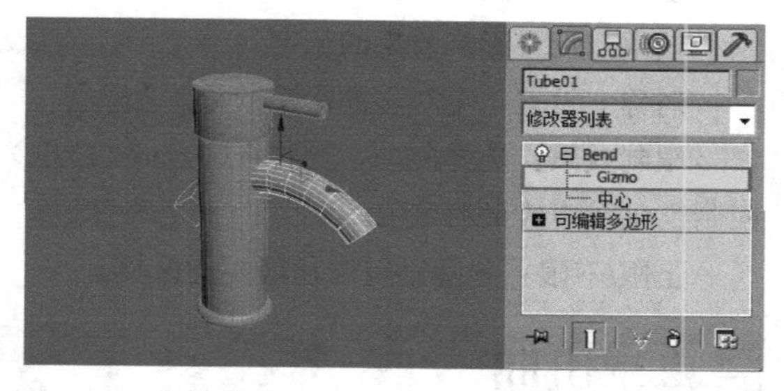

图4-53

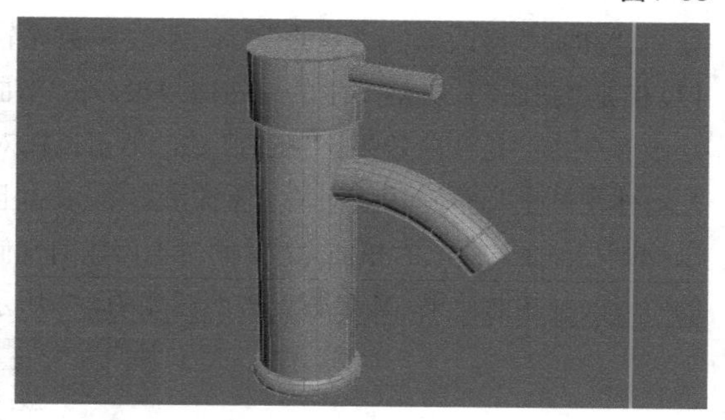

图4-54

技巧与提示

增加弯曲的管状体的分段数，可以使模型过渡更加圆滑。

4.4.2 锥化

“锥化”修改器通过缩放对象的两端产生锥形轮廓，同时在中央加入平滑的曲线变形，用户可以控制锥化的倾斜度、曲线轮廓的曲度，还可以限制局部锥化效果，锥化效果及其参数面板如图4-55所示。

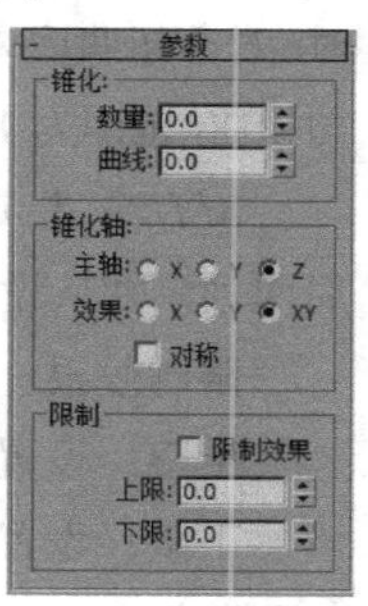

图4-55

【重要参数介绍】

数量： 设置锥化倾斜的程度，缩放扩展的末端，这个量是一个相对值，最大值为10。

曲线：设置锥化曲线的弯曲程度，正值会沿着锥化侧面产生向外的曲线，负值产生向内的曲线。值为0时，侧面不变，默认值为0。

主轴：设置基本依据轴向。

效果：设置影响效果的轴向。

对称：设置一个对称的影响效果。

限制效果：选择此项，允许在Gizmo（线框）上限制锥化影响效果的范围。

上限/下限：分别设置锥化限制的区域。

4.4.3 扭曲

“扭曲”修改器与“弯曲”修改器的参数比较相似，但是“扭曲”修改器产生的是扭曲效果，而“弯曲”修改器产生的是弯曲效果。“扭曲”修改器可以在对象几何体中产生一个旋转效果（就像拧湿抹布），并且可以控制任意3个轴上的扭曲角度，同时也可以对几何体的一段限制扭曲效果，其参数设置面板如图4-56所示。

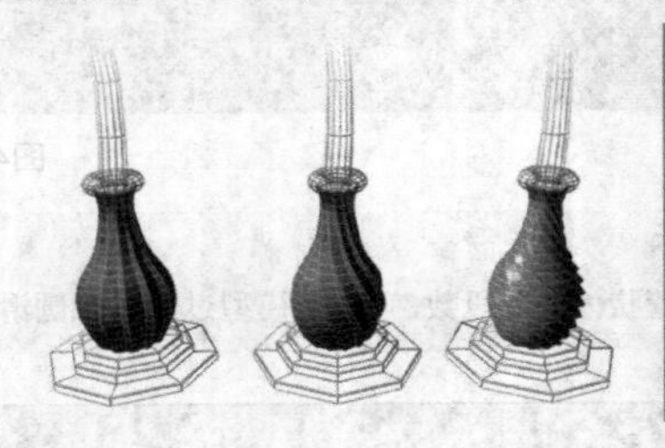
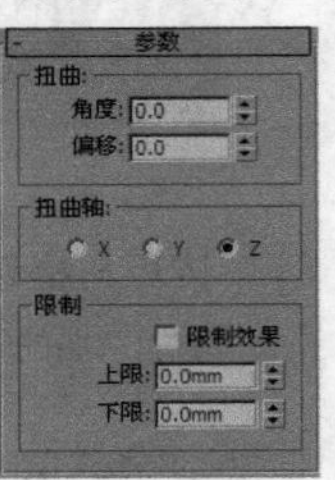

图4-56

【重要参数介绍】

角度：确定围绕垂直轴扭曲的量，默认设置是0。

偏移：使扭曲旋转在对象的任意末端聚团。此参数为负时，对象扭曲会与Gizmo中心相邻；此值为正时，对象扭曲远离于Gizmo中心。如果参数为0，将均匀扭曲，范围为100 ~ -100。默认设置是0。

X/Y/Z：指定执行扭曲的轴，这是扭曲Gizmo的局部轴，默认设置为*z*轴。

限制效果：对扭曲效果应用限制约束。

上限：设置扭曲效果的上限，默认值为0。

下限：设置扭曲效果的下限，默认值为0。

课堂案例

制作装饰品

场景文件	场景文件>CH04>02.max
实例文件	实例文件>CH04>课堂案例：制作装饰品.max
视频名称	课堂案例：制作装饰品.mp4
难易指数	★☆☆☆☆
学习目标	学习“扭曲”修改器的使用方法

本例是一个扭曲旋转的装饰品，整体造型简洁，但旋转的造型不可能使用创建几何体方式来制作，最便捷的方式就是通过加载“扭曲”修改器来完成，案例模型效果如图4-57所示。

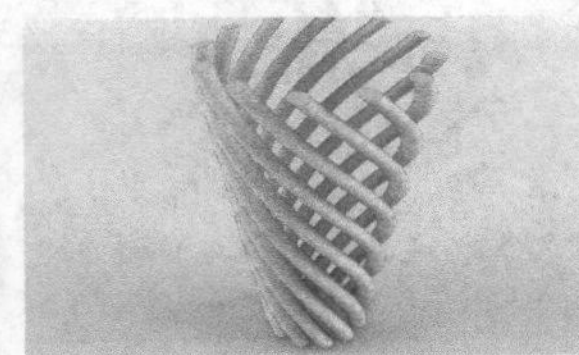

图4-57

01 打开学习资源中的“场景文件>CH04>02.max”文件，如图4-58所示，这是普通的装饰品。

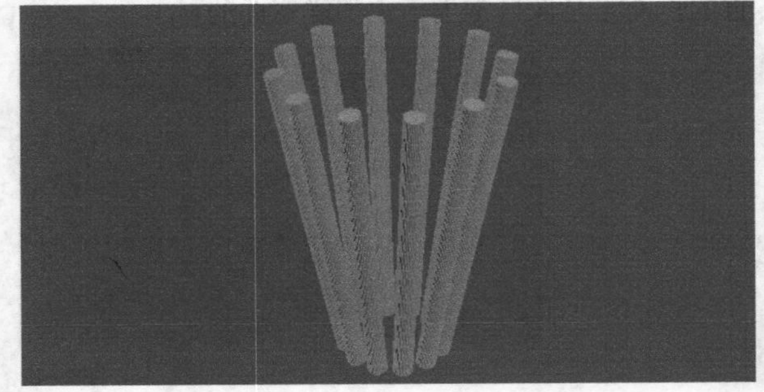

图4-58

02 选中整体模型，然后为其加载一个“扭曲”修改器，如图4-59所示。

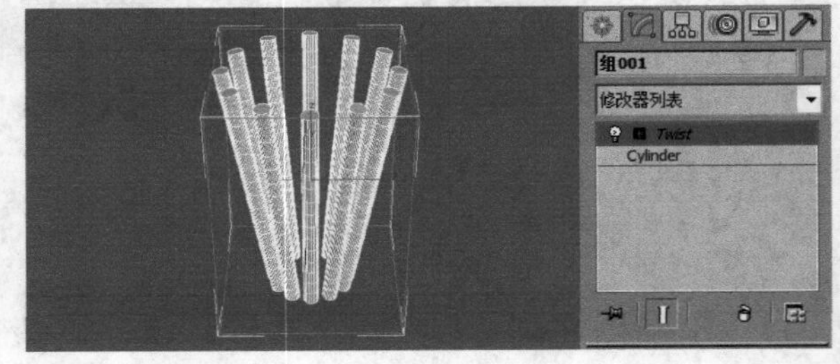

图4-59

03 在“参数”卷展栏中设置“角度”为200，然后设置“扭曲轴”为*z*轴，如图4-60所示，装饰品模型效果如图4-61所示。

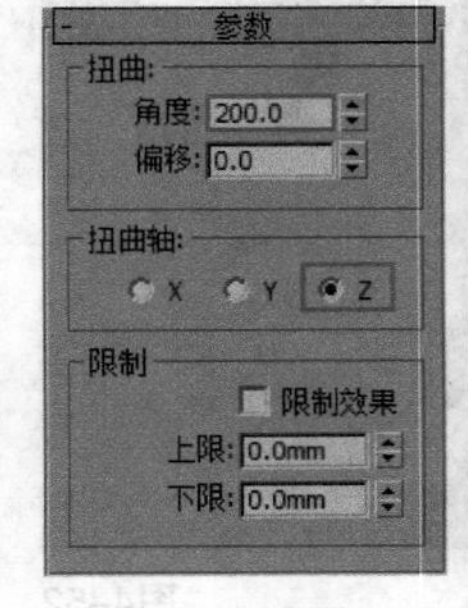

图4-60

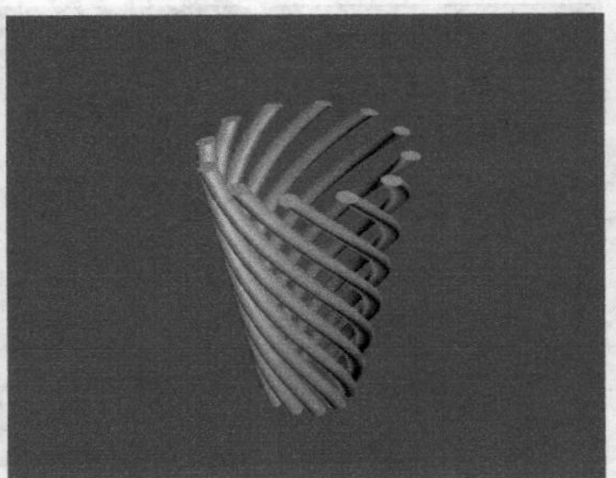

图4-61

4.4.4 噪波

“噪波”修改器可以使对象表面的顶点进行随机变动，从而让表面变得起伏不规则，常用于制作复杂的地形、地面和水面效果，并且“噪波”修改器可以应用在任何类型的对象上，噪波效果及其参数设置面板如图4-62所示。

图4-62

【重要参数介绍】

种子：从设置的数值中生成一个随机起始点。该参数在创建地形时非常有用，因为每种设置都可以生成不同的效果。

比例：设置噪波影响的大小（不是强度）。较大的值可以产生平滑的噪波，较小的值可以产生锯齿现象非常严重的噪波。

分形：控制是否产生分形效果。勾选该选项以后，下面的“粗糙度”和“迭代次数”选项才可用。

粗糙度：决定分形变化的程度。

迭代次数：控制分形功能所使用的迭代数目。

X/Y/Z：设置噪波在*x/y/z*坐标轴上的强度（至少为其中一个坐标轴输入强度数值）。

动画噪波：控制噪波影响和强度参数的合成效果，提供动态噪波。

频率：设置噪波抖动的速度，值越高，波动越快。

相位：设置起始点和结束点在波形曲线上的偏移位置，默认的动画设置就是由相位的变化产生的。

4.4.5 拉伸

“拉伸”修改器可以模拟传统的挤出拉伸动画效果，在保持体积不变的前提下，沿指定轴向拉伸或挤出对象的形态。可以用于调节模型的形状，也可用于卡通动画的制作，其参数面板如图4-63所示。

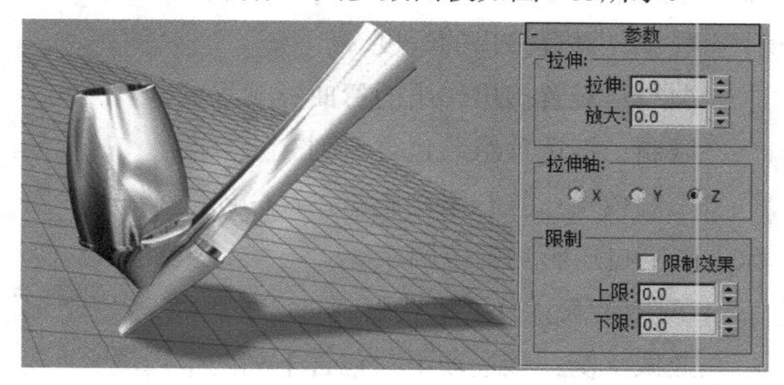

图4-63

【重要参数介绍】

拉伸：设置拉伸的强度大小。

放大：设置拉伸中部扩大变形的程度。

拉伸轴：设置拉伸依据的坐标轴向。

限制效果：打开限制影响，允许用户限制拉伸影响在Gizmo（线框）上的范围。

上限/下限：分别设置拉伸限制的区域。

4.4.6 挤压

挤压类似于拉伸效果，沿着指定轴向拉伸或挤出对象，既可在保持体积不变的前提下改变对象的形态，也可以通过改变对象的体积来影响对象的形态，其参数面板如图4-64所示。

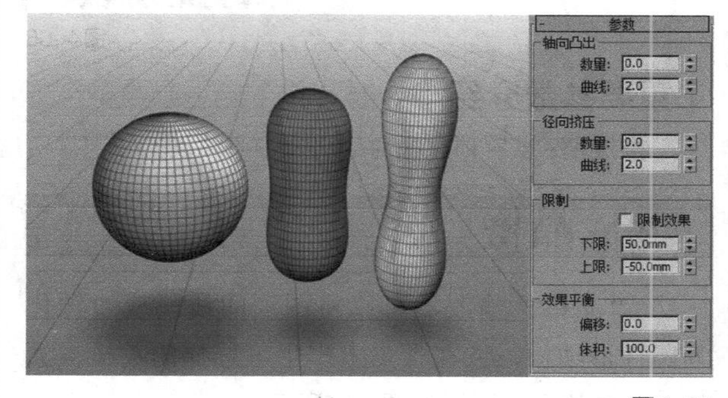

图4-64

【重要参数介绍】

轴向凸出：沿着Gizmo（线框）自用轴的*z*轴进行膨胀变形。在默认状态下，Gizmo（线框）的自用轴与对象的轴向对齐。

数量：控制膨胀作用的程度。

曲线：设置膨胀产生的变形弯曲程度，控制膨胀的圆滑和尖锐程度。

径向挤压：用于沿着Gizmo（线框）自用轴的z轴挤出对象。

数量：设置挤出的程度。

曲线：设置挤出作用的弯曲影响程度。

限制：该选项组共包含下列3个选项。

限制效果：打开限制影响，在Gizmo（线框）对象上限制挤压影响的范围。

下限/上限：分别设置限制挤压的区域。

效果平衡：该选项组共包含下列两个选项。

偏移：在保持对象体积不变的前提下改变挤出和拉伸的相对数量。

体积：改变对象的体积，同时增加或减少相同数量的拉伸和挤出效果。

4.4.7 推力

“推力”主要是沿着顶点的平均法线向内或向外推动顶点，产生膨胀或缩小的效果，其参数面板如图4-65所示。

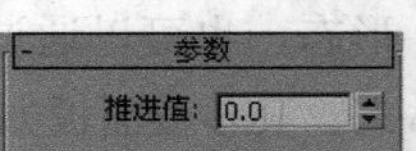

图4-65

【重要参数介绍】

推进值：设置顶点相对于对象中心移动的距离。

4.4.8 晶格

“晶格”修改器可以将图形的线段或边转化为圆柱形结构，并在顶点上产生可选择的关节多面体，其参数设置面板如图4-66所示。

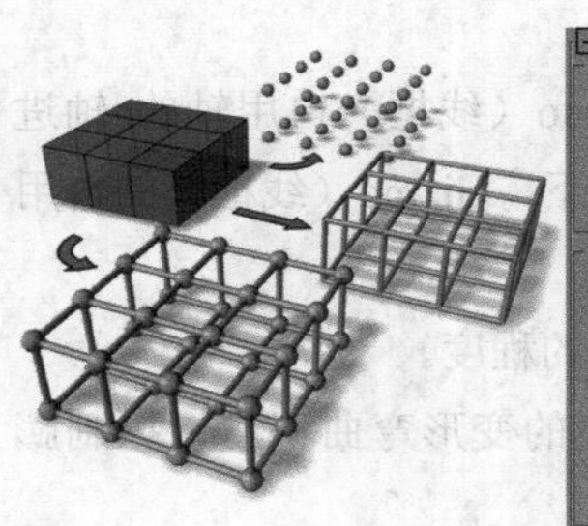
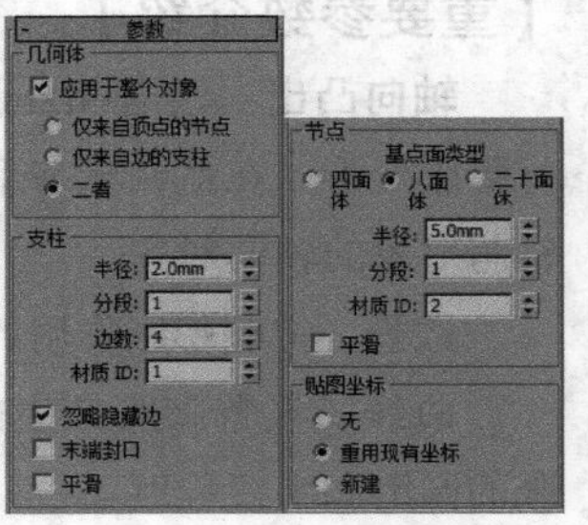

图4-66

【重要参数介绍】

几何体：选择指定是否使用整个对象或选中的子对象。

应用于整个对象：将“晶格”修改器应用到对象的所有边或线段上。

仅来自顶点的节点：仅显示由原始网格顶点产生的关节（多面体）。

仅来自边的支柱：仅显示由原始网格线段产生的支柱（多面体）。

二者：显示支柱和关节。

支柱：用于设置支柱（边）的参数。

半径：指定结构的半径。

分段：指定沿结构的分段数目。

边数：指定结构边界的边数目。

材质ID：指定用于结构的材质ID，这样可以使结构和关节具有不同的材质ID。

忽略隐藏边：仅生成可视边的结构。如果禁用该选项，将生成所有边的结构，包括不可见边，图4-67所示的是开启与关闭“忽略隐藏边”选项时的对比效果。

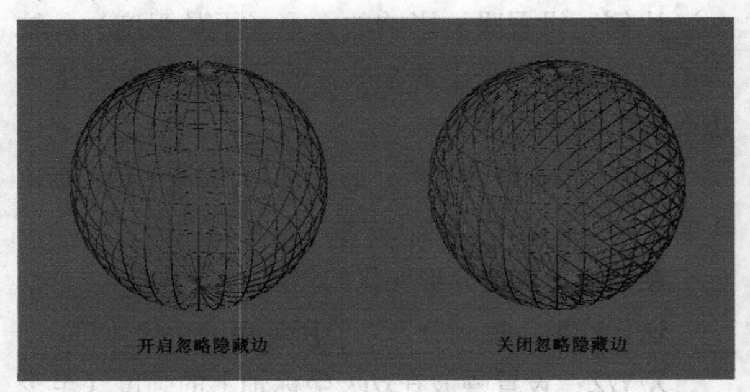

图4-67

末端封口：将末端封口应用于结构。

平滑：将平滑应用于结构。

节点：用于设置节点（点）的参数。

基点面类型：指定用于关节的多面体类型，包括“四面体”“八面体”“二十面体”3种类型。这里要注意，“基点面类型”对“仅来自边的支柱”选项不起作用。

半径：设置关节的半径。

分段：指定关节中的分段数目。分段数越多，关节形状越接近球形。

材质ID：指定用于结构的材质ID。

平滑：将平滑应用于关节。

贴图选择：确定指定给对象的贴图类型。

无：不指定贴图。

重用现有坐标：将当前贴图指定给对象。

新建：将圆柱形贴图应用于每个结构和关节。

课堂案例

制作创意吊灯

场景文件	无
实例文件	实例文件>CH04>课堂案例：制作创意吊灯.max
视频名称	课堂案例：制作创意吊灯.mp4
难易指数	★☆☆☆☆
学习目标	学习“晶格”修改器的使用方法

本例是一个创意吊灯，外围复杂的造型是通过晶格修改器进行制作的，案例模型效果如图4-68所示。

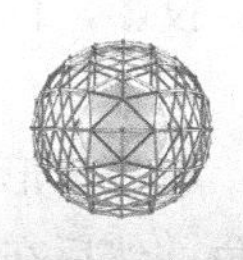
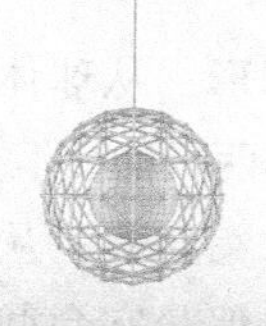

图4-68

01 使用“几何球体”工具 几何球体 在场景中创建一个几何球体模型，然后在“修改”面板中设置“半径”为30mm、“分段”为5、“基点面类型”选择“八面体”，效果如图4-69所示。

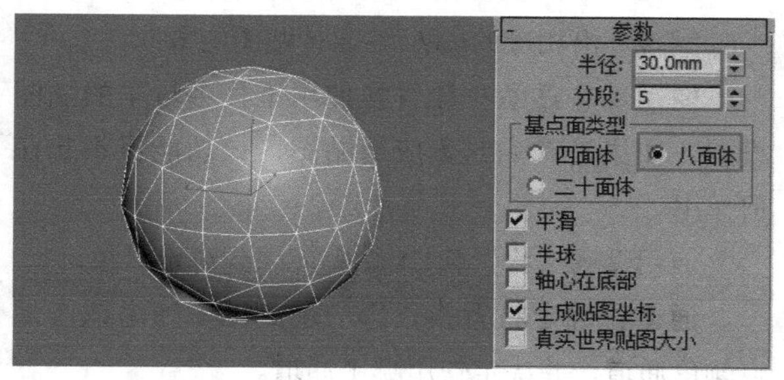

图4-69

02 选中上一步创建的几何球体模型，然后为其加载一个“晶格”修改器，如图4-70所示。

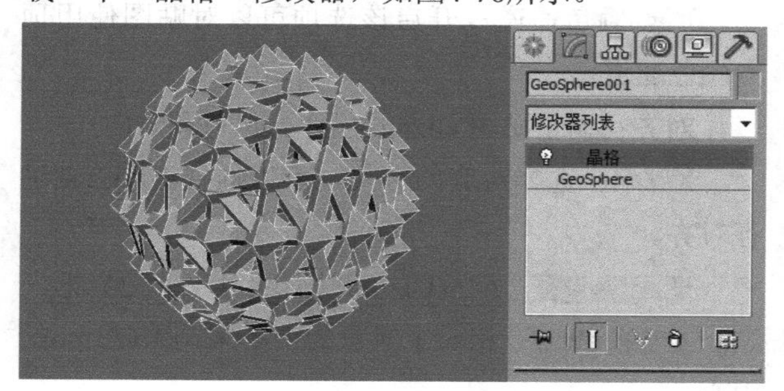

图4-70

03 在“参数”卷展栏中设置“几何体”为“二者”，然后在“支柱”选项组中设置“半径”为0.5mm、“边数”为6，接着在“节点”选项组中设置“基点面类型”为“二十面体”、“半径”为1mm，如图4-71所示。

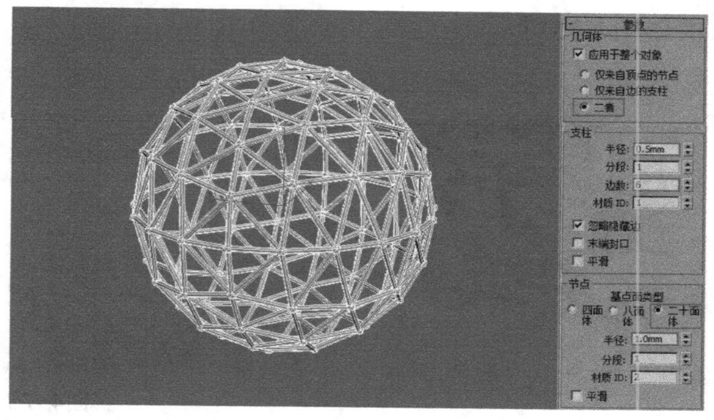

图4-71

04 使用“球体”工具在场景中创建一个球体，然后在“参数”卷展栏下设置“半径”为15mm，位置及参数如图4-72所示。

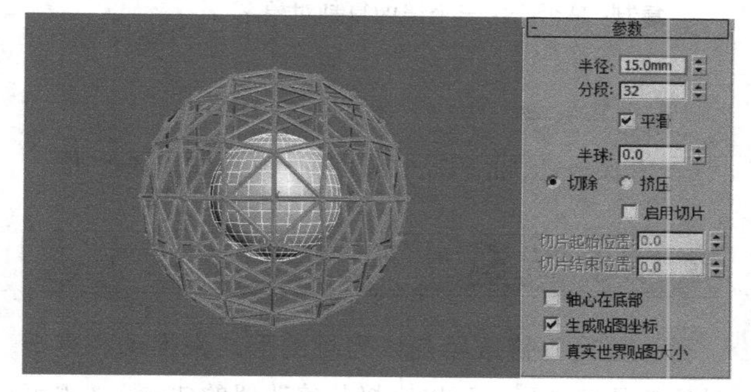

图4-72

05 使用“线”工具 线 在前视图中绘制出图4-73所示的样条线，然后在“渲染”卷展栏下勾选“在渲染中启用”和“在视口中启用”选项，接着设置“径向”的“厚度”为2mm，最终效果如图4-74所示。

图4-73

图4-74

4.4.9 镜像

“镜像”修改器用于制作沿着指定轴的镜像对象或对象选择集，适用于任何类型的模型，对镜像中心的位置变动可以记录成动画，其参数面板如图4-75所示。

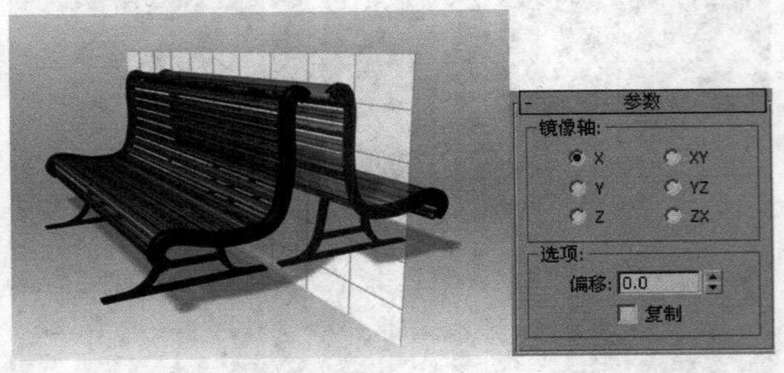

图4-75

【重要参数介绍】

X/Y/Z/XY/YZ/ZX: 选择镜像作用依据的坐标轴向。

偏移: 设置镜像后的对象与镜像轴之间的偏移距离。

复制: 是否产生一个镜像复制对象。

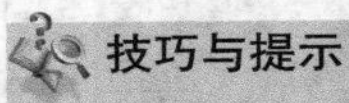

技巧与提示

“镜像”修改器的原理与工具栏中的“镜像”工具类似。

4.4.10 置换

“置换”修改器是以力场的形式来推动和重塑对象的几何外形，可以直接从修改器的Gizmo（也可以使用位图）来应用它的变量力，其参数设置面板如图4-76所示。

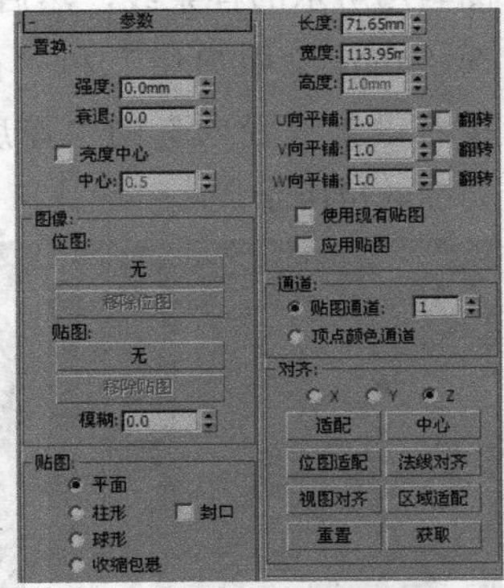

图4-76

【重要参数介绍】

置换: 设置置换的强度、衰减、中心。

强度: 设置置换的强度，数值为0时没有任何效果。

衰退: 如果设置“衰减”数值，则置换强度会随距离的变化而衰减。

亮度中心: 决定使用什么样的灰度作为0的置换值。勾选该选项以后，可以设置下面的“中心”数值。

图像: 加载或移除位图与贴图。

位图/贴图: 加载位图或贴图。

移除位图/贴图: 移除指定的位图或贴图。

模糊: 模糊或柔化位图的置换效果。

贴图: 设置贴图的参数。

平面: 从单独的平面对贴图进行投影。

柱形: 以环绕在圆柱体上的方式对贴图进行投影。启用“封口”选项可以从圆柱体的末端投射贴图副本。

球形: 从球体出发对贴图进行投影，位图边缘在球体两极的交汇处均为奇点。

收缩包裹: 从球体投射贴图，与“球形”贴图类似，但是它会截去贴图的各个角，然后在一个单独的极点将它们全部结合在一起，在底部创建一个奇点。

长度/宽度/高度: 指定置换Gizmo的边界框尺寸，其中高度对“平面”贴图没有任何影响。

U/V/W向平铺: 设置位图沿指定尺寸重复的次数。

翻转: 沿相应的*u*/*v*/*w*轴翻转贴图的方向。

使用现有贴图: 让置换使用堆栈中较早的贴图设置，如果没有为对象应用贴图，该功能将不起任何作用。

应用贴图: 将置换UV贴图应用到绑定对象。

通道: 确定将置换投影应用到贴图通道或者顶点颜色通道，并决定使用哪个通道。

贴图通道: 指定UVW通道用来贴图，其后面的数值框用来设置通道的数目。

顶点颜色通道: 开启该选项可以对贴图使用顶点颜色通道。

对齐: 调整贴图 Gizmo 尺寸、位置和方向。

X/Y/Z: 选择对齐的方式，可以选择沿*x*/*y*/*z*轴进行对齐。

适配 适配 **:** 缩放Gizmo以适配对象的边界框。

中心 中心 **:** 相对于对象的中心来调整Gizmo的中心。

位图适配 位图适配：单击该按钮可以打开“选择图像”对话框，可以缩放Gizmo来适配选定位图的纵横比。

法线对齐 法线对齐：单击该按钮可以将曲面的法线进行对齐。

视图对齐 视图对齐：使Gizmo指向视图的方向。

区域适配 区域适配：单击该按钮可以将指定的区域进行适配。

重置 重置：将Gizmo恢复到默认值。

获取 获取：选择另一个对象并获得它的置换Gizmo设置。

4.4.11 壳

“壳”修改器可以通过拉伸面为曲面添加一个真实的厚度，还能对拉伸面进行编辑，非常适合建造复杂模型的内部结构，它是基于网格来工作的，也可以添加在多边形、面片和NURBS曲面上，但最终会将它们转换为网格。

壳修改器的原理是通过添加一组与现有面方向相反的额外面，以及连接内外面的边来表现出对象的厚度。可以指定内外面之间的距离（也就是厚度大小）、边的特性、材质ID、边的贴图类型，如图4-77所示。

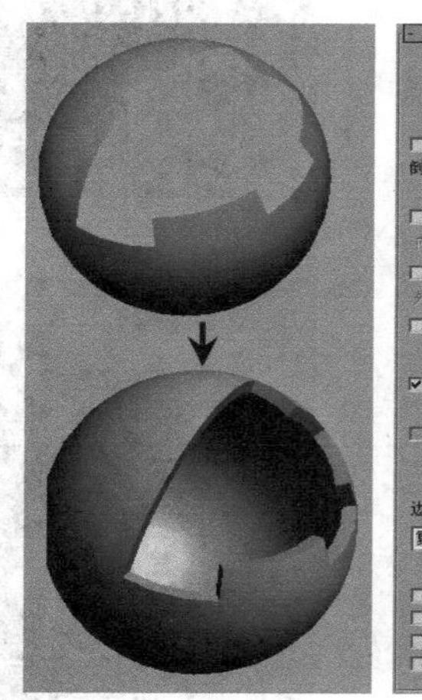

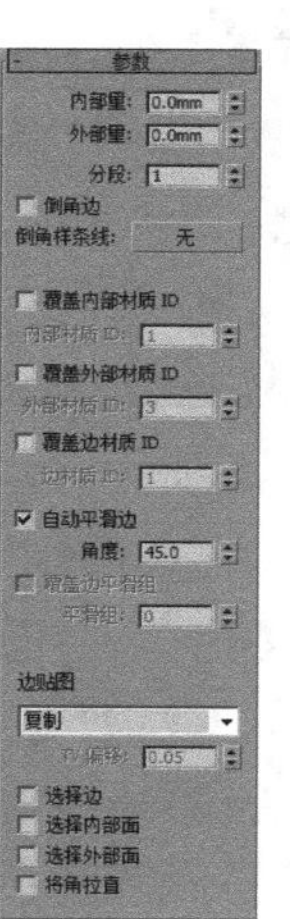

图4-77

【重要参数介绍】

内部量：将内部曲面从原始位置向内移动，内、外部的值之和为壳的厚度，也就是边的宽度。

外部量：将外部曲面从原始位置向外移动，内、外部的值之和为壳的厚度，也就是边的宽度。

分段：设置每个边的分段数量。

倒角边：启用该选项可以让用户对拉伸的剖面自定义一个特定的形状。当指定了“倒角样条线”后，该选项可以作为直边剖面的自定义剖面之间的切换开关。

倒角样条线：单击 None 按钮后，可以在视图中拾取自定义的样条线。拾取的样条线与倒角样条线是实例复制关系，对拾取的样条线的更改会反映在倒角样条线中，但其对闭合图形的拾取将不起作用。

覆盖内部材质ID：启用后，可使用“内部材质ID”参数为所有内部曲面上的多边形指定材质ID。如果没有指定材质ID，曲面会使用同一材质ID或者和原始面一样的ID。

内部材质ID：为内部面指定材质ID。

覆盖外部材质ID：启用后，可使用“外部材质ID”参数为所有外部曲面上的多边形指定材质ID。如果没有指定材质ID，曲面会使用同一材质ID或者和原始面一样的ID。

外部材质ID：为外部面指定材质ID。

覆盖边材质ID：启用后，可使用“边材质ID”参数为所有新边组成的剖面多边形指定材质ID。如果没有指定材质ID，曲面会使用同一材质ID或者和导出边的原始面一样的ID。

边材质ID：为新边组成的剖面多边形指定材质ID。

自动平滑边：启用后，软件自动基于角度参数平滑边面。

角度：指定由“自动平滑边”所平滑的边面之间的最大角度，默认为45°。

覆盖边平滑组：启用后，可使用“平滑组”设置，该选项只有在禁用了“自动平滑组”选项后才可用。

平滑组：可为多边形设置平滑组。平滑组的值为0时，不会有平滑组指定为多边形。指定平滑组时，值的范围为1~32。

边贴图：指定了将应用于新边的纹理贴图类型，下拉列表中选择的贴图类型如下。

复制：每个边面使用和原始面一样的UVW坐标。

无：将每个边面指定的U值为0、V值为1。因此若指定了贴图，边将获取左上方的像素颜色。

剥离：将边贴图在连续的剥离中。

插补：边贴图由邻近的内部或者外部面多边形贴图插补形成。

TV偏移：确定边的纹理顶点之间的间隔。该选项仅在“边贴图”中的“剥离”“插补”时才可用，默认设置为0.05。

选择边：勾选后可选择边面部分。

选择内部面：勾选后可选择内部面。

选择外部面：勾选后可选择外部面。

将角拉直：勾选后可调整角顶点来维持直线的边。

技巧与提示

对于“壳”修改器，主要使用它来为面片拉伸厚度，通过“内部量”或“外部量”的设置来实现。

4.4.12 平滑类修改器

“平滑”修改器、“网格平滑”修改器和“涡轮平滑”修改器都可以用来平滑几何体，但是在效果和可调性上有所差别。简单地说，对于相同的物体，“平滑”修改器的参数比其他两种修改器要简单一些，但是平滑的强度不强；“网格平滑”修改器与“涡轮平滑”修改器的使用方法相似，但是后者能够更快并更有效率地利用内存，“涡轮平滑”修改器在运算时容易发生错误。因此，在实际工作中“网格平滑”修改器是其中最常用的一种。下面就针对“网格平滑”修改器进行讲解。

“网格平滑”修改器可以通过多种方法来平滑场景中的几何体，它允许细分几何体，同时可以使角和边变得平滑，其参数设置面板如图4-78所示。下面只介绍“细分方法”卷展栏与“细分量”卷展栏下的参数选项。

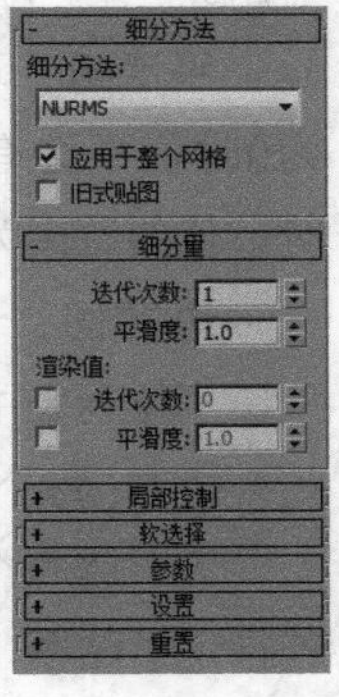

图4-78

【重要参数介绍】

细分方法：选择细分的方法，共有“经典”、NURMS和“四边形输出”3种方法。“经典”方法可以生成三面和四面的多面体，如图4-79所示；NURMS方法生成的对象与可以为每个控制顶点设置不同权重的NURBS对象相似，这是默认设置，如图4-80所示；“四边形输出”方法仅生成四面多面体，如图4-81所示。

图4-79

图4-80

图4-81

应用于整个网格：启用该选项后，平滑效果将应用于整个对象。

迭代次数：设置网格细分的次数，这是最常用的一个参数，其数值的大小直接决定了平滑的效果，取值范围为0~10。增加该值时，每次新的迭代会通过在迭代之前对顶点、边和曲面创建平滑差补顶点来细分网格，图4-82所示的是“迭代次数”为1、2、3时的平滑效果对比。

图4-82

技巧与提示

“网格平滑”修改器的参数虽然有7个卷展栏，但是基本上只会用到“细分方法”和“细分量”卷展栏下的参数，特别是“细分量”卷展栏下的“迭代次数”。

平滑度：为多尖锐的锐角添加面以平滑锐角，计算得到的平滑度为顶点连接的所有边的平均角度。

渲染值：用于在渲染时对对象应用不同平滑“迭代次数”和不同的“平滑度”值。在一般情况下，使用较低的“迭代次数”和较低的“平滑度”值进行建模，而使用较高的值进行渲染。

4.5 本章小结

本章介绍了3ds Max中的修改器，介绍了修改器面板的参数，着重介绍了建模过程中常用的修改器，如FFD、“弯曲”“置换”“扭曲”等，结合建模实例详细讲解了部分修改器的用法。本章的内容是建模技术中的重点，希望读者朋友们认真学习本章知识，并且通过实际建模来练习。

课后习题

调整螺旋扶梯

场景文件	场景文件>CH04>03.max
实例文件	实例文件>CH04>课后习题：调整螺旋扶梯.max
视频名称	课后习题：调整螺旋扶梯.mp4
难易指数	★★☆☆☆
学习目标	熟悉“弯曲”修改器的使用方法

在效果图的制作中，扶梯是室内空间格局划分的一个重要部分，扶梯的不同造型也会使场景的效果不同，本案例通过为普通扶梯加载“弯曲”修改器来制作螺旋楼梯，这类螺旋状的扶梯可以使整个空间增加一种优美的旋律和线条动态感，模型效果如图4-83所示。

图4-83

【制作流程】

首先打开本书学习资源中的“场景文件>CH04>03.max”文件，然后为场景中的楼梯加载一个“弯曲”修改器，接着设置“角度”为180，“方向”为90，“弯曲轴”为X，制作流程如图4-84所示。

图4-84

课后习题

制作花瓶

场景文件	场景文件>CH04>04.max
实例文件	实例文件>CH04>课后习题：制作花瓶.max
视频名称	课后习题：制作花瓶.mp4
难易指数	★★★☆☆
学习目标	熟悉“扭曲”“锥化”“壳”修改器的使用、了解“网格平滑”的作用

花瓶是日常生活中常用的一种装饰物，花瓶就其本身来说，就带有一种优美、典雅的意境，在效果图中，花瓶是常用的一种室内模型小件，用以装饰室内空间，以丰富空间元素。本例通过制作花瓶雏形的造型，来加深对“扭曲”“锥化”修改器的学习，花瓶模型效果如图4-85所示。

图4-85

【制作流程】

首先打开学习资源中的“场景文件>CH04>04.max”文件，然后为其加载“壳”修改器用来为花瓶添加厚度，接着加载一个“锥化”修改器，设置“数量”和“曲线”参数，再加载一个“扭曲”修改器使花瓶产生扭曲纹路，最后加载一个“网格平滑”修改器，让花瓶变光滑，制作流程如图4-86所示。

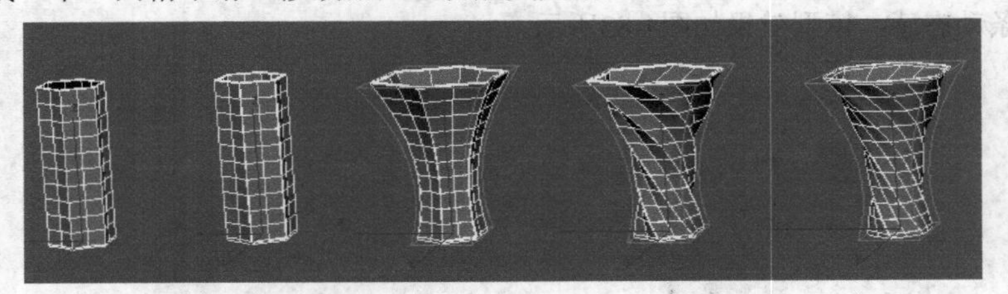

图4-86

技巧与提示

本练习涉及的修改器较多，目的是让大家练习多个修改器的协同使用，希望读者朋友们多加练习。

第5章

高级建模技术

本章主要讲解3ds Max的高级建模技术，包括多边形建模、样条线建模、NURBS建模以及使用到的修改器。本章是全书的重点，在效果图制作中所涉及的高级建模技术都将在本章进行介绍，尤其是多边形建模技术，这种方法几乎可以创建效果图中的大部分模型，这类建模方式也是目前的主流建模方式。

课堂学习目标

掌握样条线建模方法

掌握NURBS建模方法

掌握多边形建模方法

掌握VRay毛皮的制作方法

5.1 样条线建模

样条线建模是一种比较特殊的建模方式，其核心就是通过二维样条线来生成三维模型，所以创建样条线对建立三维模型至关重要。从概念上来看，样条线是二维图形，它是一个没有深度的连续线（可以是开的，也可以是封闭的），在默认的情况下，样条线是不可以渲染的对象。本节主要介绍如何创建样条线，怎么编辑样条线。

知识名称	主要作用	重要程度
线	通过描点绘制二维线	高
文本	创建文本图形	中
编辑样条线	通过二维线的创建三维模型	中
车削	围绕坐标轴旋转一个二维图形来生成3D对象	中

5.1.1 关于样条线

二维图形由一条或多条样条线组成，而样条线又由顶点和线段组成，所以只要调整顶点的参数及样条线的参数就可以生成复杂的二维图形，利用这些二维图形又可以生成三维模型，图5-1和图5-2所示的都是优秀的样条线作品。

图5-1

图5-2

在“创建”面板中单击“图形”按钮，然后设置图形类型为“样条线”，这里有12种样条线，分别是线、矩形、圆、椭圆、弧、圆环、多边形、星形、文本、螺旋线、卵形和截面，如图5-3所示。

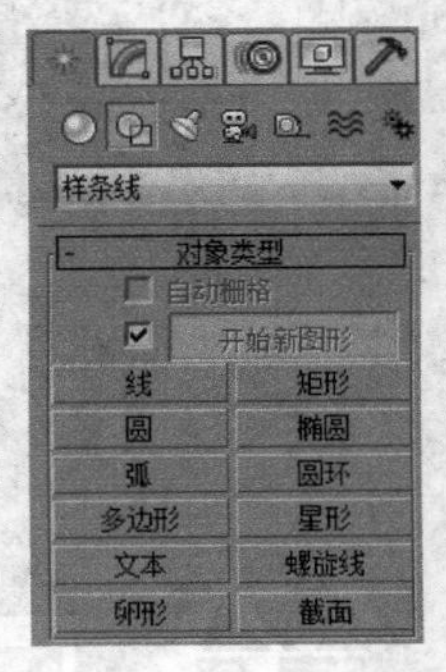

图5-3

样条线的应用非常广泛，其建模速度相当快。例如，在3ds Max 2016中制作三维文字时，可以直接使用“文本”工具 文本 输入文本，然后将其转换为三维模型。另外，还可以导入AI矢量图形来生成三维物体。选择相应的样条线工具后，在视图中拖曳光标就可以绘制出相应的样条线，如图5-4所示。

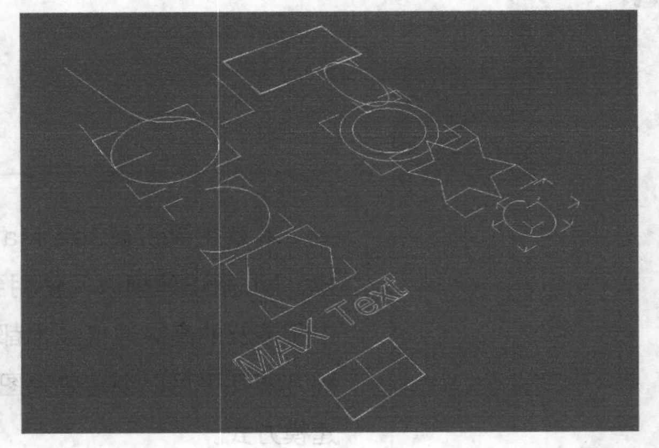

图5-4

技巧与提示

本节主要介绍“线”和“文本”的参数，样条线的参数大部分都类似，所以读者可以参考这两种样条线的参数来学习；笔者将重点介绍编辑样条线这一部分的内容。

5.1.2 线

线是建模中常用的一种样条线，其使用方法非常灵活，形状也不受约束，可以封闭也可以不封闭，拐角处可以是尖锐的也可以是圆滑的。线的顶点有3种类型，分别是“角点”“平滑”和Bezier。

线的参数包括4个卷展栏，分别是“渲染”卷展栏、“插值”卷展栏、“创建方法”卷展栏和“键盘输入”卷展栏，如图5-5所示。

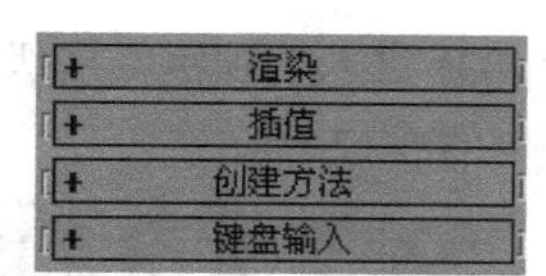

图5-5

1. "渲染"卷展栏

展开"渲染"卷展栏，如图5-6所示。

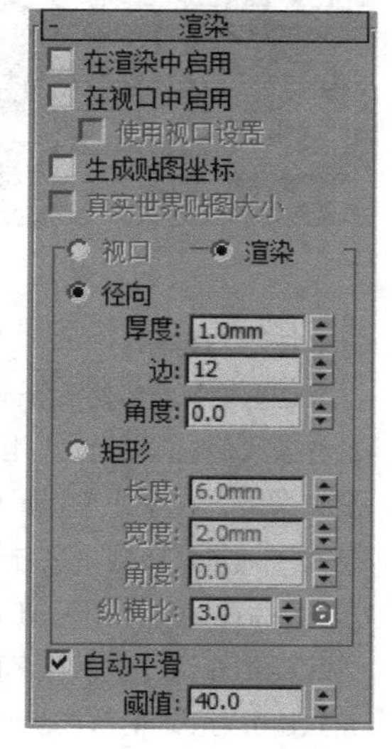

图5-6

【重要参数介绍】

在渲染中启用：勾选该选项才能渲染出样条线；若不勾选，将不能渲染出样条线。

在视口中启用：勾选该选项后，样条线会以网格的形式显示在视图中。

使用视口设置：该选项只有在开启"在视口中启用"选项时才可用，主要用于设置不同的渲染参数。

生成贴图坐标：控制是否应用贴图坐标。

真实世界贴图大小：控制应用于对象的纹理贴图材质所使用的缩放方法。

视口/渲染：当勾选"在视口中启用"选项时，样条线将显示在视图中；当同时勾选"在视口中启用"和"渲染"选项时，样条线在视图中和渲染中都可以显示。

径向：将3D网格显示为圆柱形对象，其参数包含"厚度""边""角度"。"厚度"选项用于指定视图或渲染样条线网格的直径，其默认值为1，范围是0~100；"边"选项用于在视图或渲染器中为样条线网格设置边数或面数（例如，值为4表示一个方形横截面）；"角度"选项用于调整视图或渲染器中的横截面的旋转位置。

矩形：将3D网格显示为矩形对象，其参数包含"长度""宽度""角度""纵横比"。"长度"选项用于设置沿局部y轴的横截面大小；"宽度"选项用于设置沿局部x轴的横截面大小；"角度"选项用于调整视图或渲染器中的横截面的旋转位置；"纵横比"选项用于设置矩形横截面的纵横比。

自动平滑：启用该选项可以激活下面的"阈值"选项，调整"阈值"数值可以自动平滑样条线。

阈值：用于确定是否进行平滑。如果两条样条线之间的角度小于阈值角度，则可以将任何两个相接的样条线分段放到相同的平滑组中。

2. "插值"卷展栏

展开"插值"卷展栏，如图5-7所示。

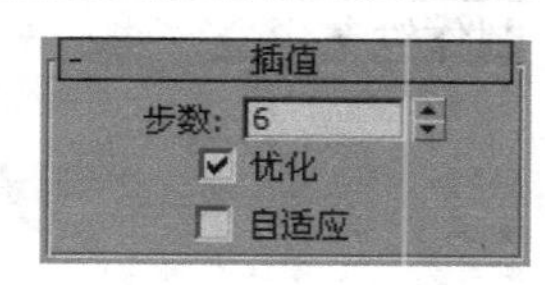

图5-7

【重要参数介绍】

步数：主要用来调节样条线的平滑度，值越大，样条线就越平滑。

优化：启用该选项后，可以从样条线的直线线段中删除不需要的步数。

自适应：启用该选项后，系统会自适应设置每条样条线的步数，以生成平滑的曲线。

3. "创建方法"卷展栏

展开"创建方法"卷展栏，如图5-8所示。

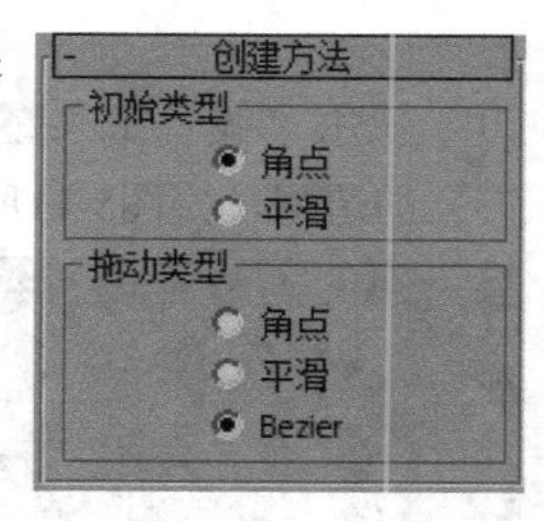

图5-8

【重要参数介绍】

初始类型：指定创建第1个顶点的类型，共有以下两个选项。

角点：通过顶点产生一个没有弧度的尖角。

平滑：通过顶点产生一条平滑的、不可调整的曲线。

拖动类型：当拖曳顶点位置时，设置所创建顶点的类型。

角点：通过顶点产生一个没有弧度的尖角。

平滑：通过顶点产生一条平滑、不可调整的曲线。

Bezier：通过顶点产生一条平滑、可以调整的曲线。

4. “键盘输入”卷展栏

展开“键盘输入”卷展栏，如图5-9所示。在该卷展栏下，可以通过键盘输入完成样条线的绘制。

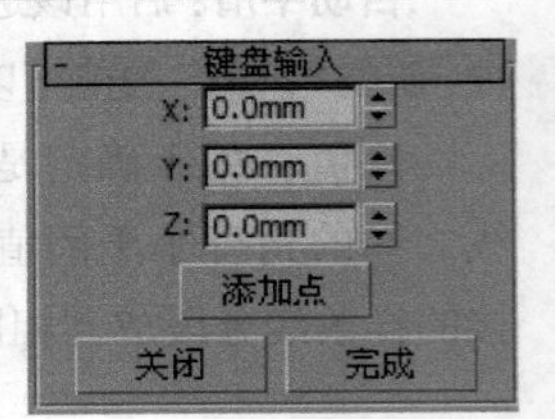

图5-9

课堂案例

制作铁艺书立

场景文件	无
实例文件	实例文件>CH05>课堂案例：制作铁艺书立.max
视频名称	课堂案例：制作铁艺书立.mp4
难易指数	★★★☆☆
学习目标	学习“样条线”的创建方法、学习“挤出”修改器的使用方法

在效果图中，我们经常发现有复杂不规整的图案需要创建模型。在本案例中使用相对简单的“线”工具及“挤出”修改器创建复杂不规整的图案模型，模型效果如图5-10所示。

图5-10

01 使用“线”工具 线 在前视图中绘制铁艺书立的造型，如图5-11所示。

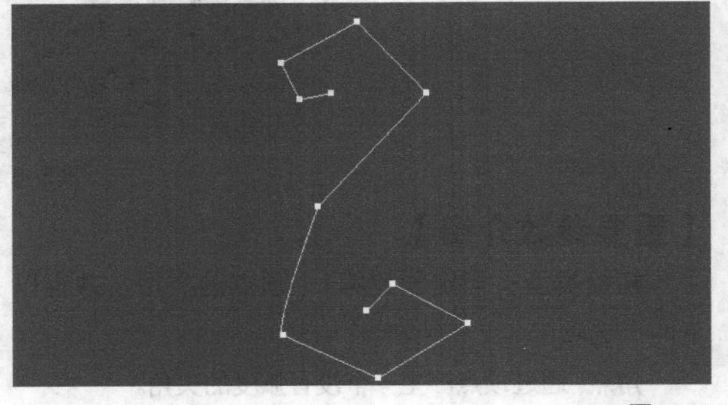

图5-11

02 进入“顶点”层级，然后调整样条线的造型，如图5-12所示。

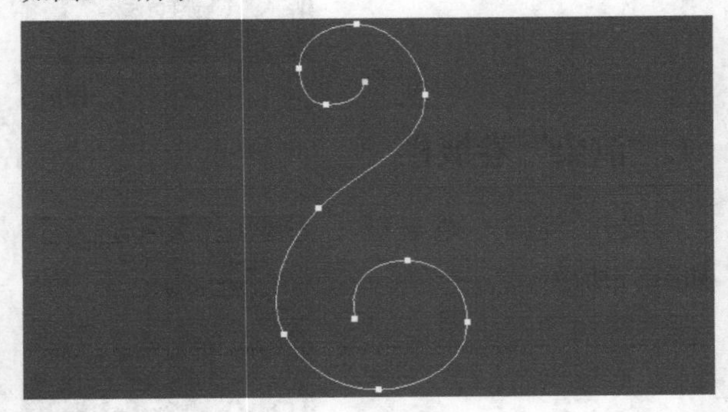

图5-12

技巧与提示

这里绘制的都是棱角分明的样条线，如果需要绘制光滑的样条线，就需要对其进行调节（需要尖角的角点时就不需要调节），样条线形状主要是在“顶点”级别下进行调节。下面以图5-13中的矩形为例详细介绍一下如何将硬角点调节为平面的角点。

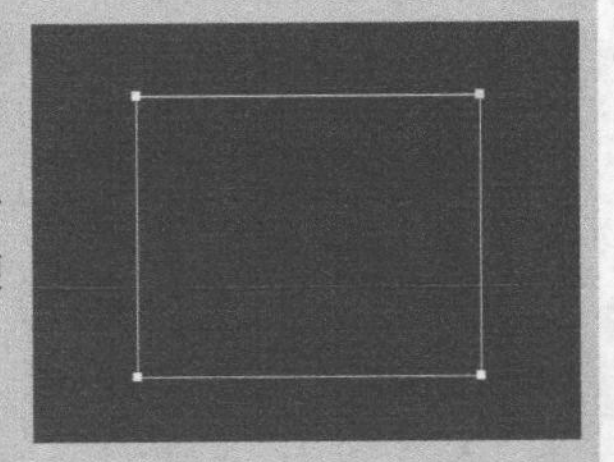

图5-13

第1步：进入“修改”面板，然后在“选择”卷展栏下单击“顶点”按钮，进入“顶点”层级，如图5-14所示。

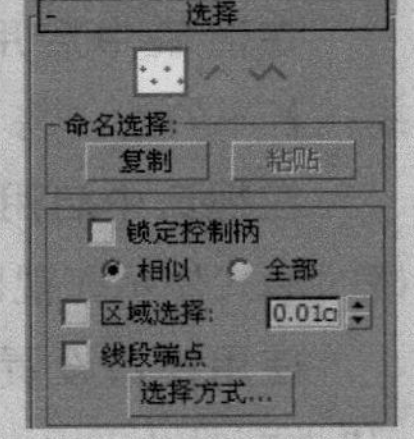

图5-14

第2步：选择需要调节的顶点，然后单击鼠标右键，在弹出的菜单中可以观察到除了“角点”选项以外，还有另外3个选项，分别是“Bezier角点”、Bezier和“平滑”选项，如图5-15所示。

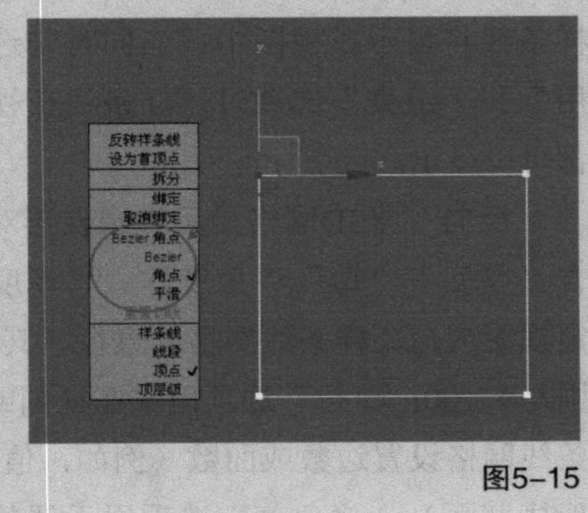

图5-15

① 平滑：如果选择该选项，则选择的顶点会自动平滑，但是不能继续调节角点的形状，如图5-16所示。

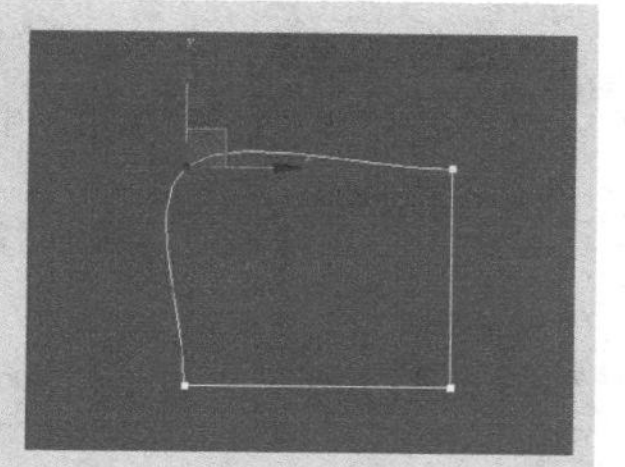

图5-16

② Bezier角点：如果选择该选项，则原始角点的形状保持不变，但会出现控制柄（两条滑竿）和两个可供调节方向的锚点，如图5-17所示。通过这两个锚点，可以用“选择并移动”工具、“选择并旋转”工具、“选择并均匀缩放”工具等对锚点进行移动、旋转和缩放等操作，从而改变角点的形状，如图5-18所示。

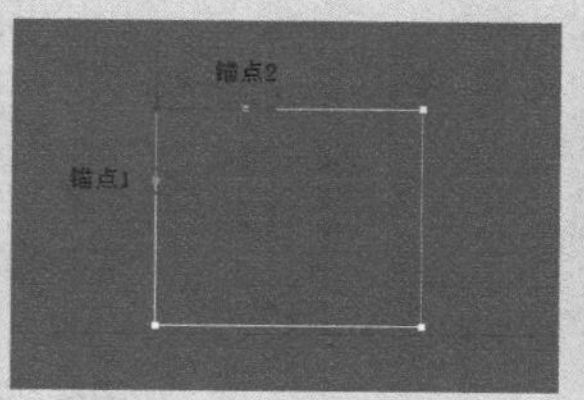

图5-17

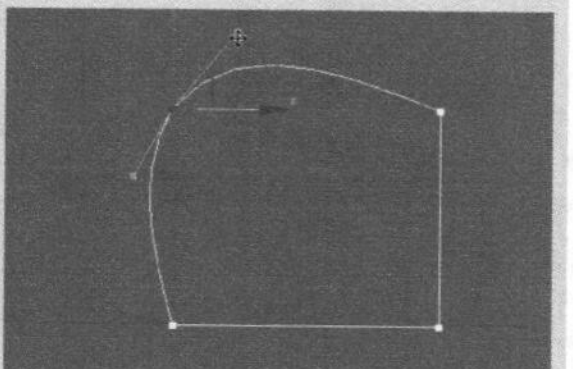

图5-18

③ Bezier：如果选择该选项，则会改变原始角点的形状，同时也会出现控制柄和两个可供调节方向的锚点，如图5-19所示。同样通过这两个锚点，可以用“选择并移动”工具、“选择并旋转”工具、“选择并均匀缩放”工具等对锚点进行移动、旋转和缩放等操作，从而改变角点的形状，如图5-20所示。

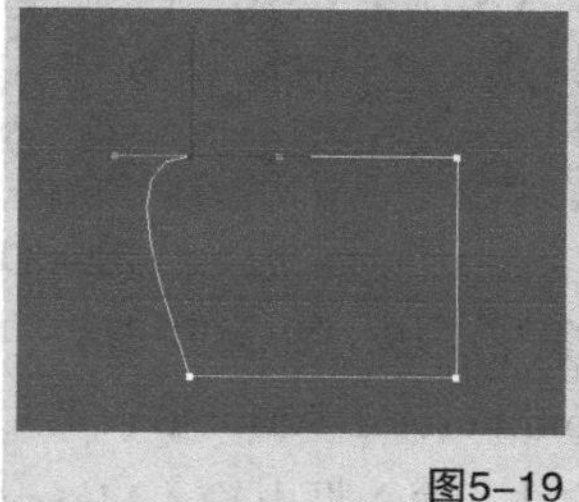

图5-19

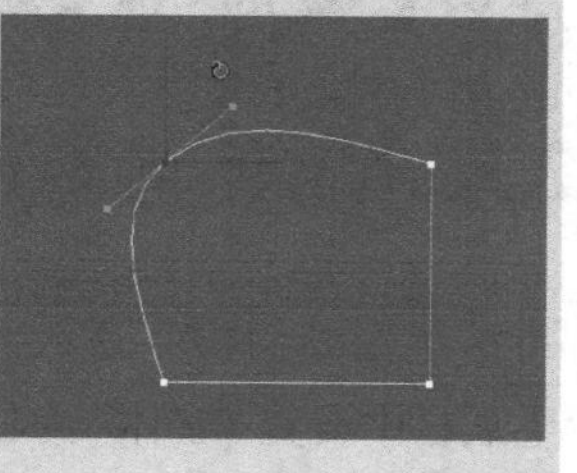

图5-20

03 选择样条线，然后在“渲染”卷展栏下勾选“在渲染中启用”和“在视口中启用”选项，接着设置“径向”的“厚度”为5mm，如图5-21所示。

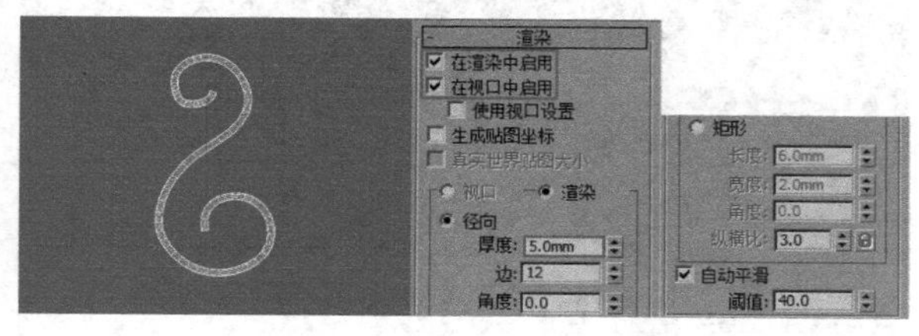

图5-21

04 继续用“线”工具在顶视图中绘支撑部分，其横截面样条线图形如图5-22所示。

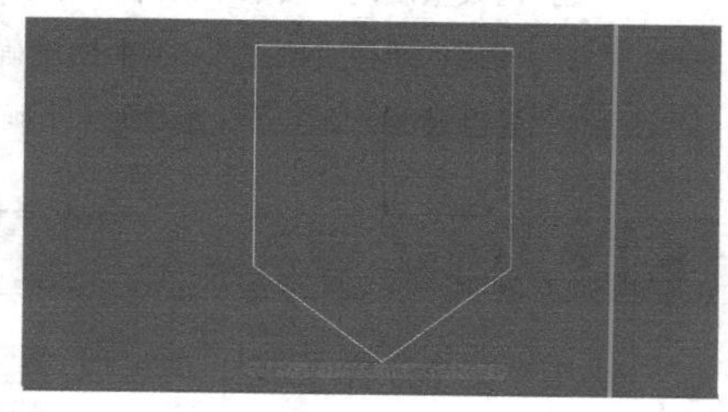

图5-22

05 选中上一步绘制的样条线，然后进入“顶点”层级，接着选中所有顶点，设置“圆角”为5mm，如图5-23所示。

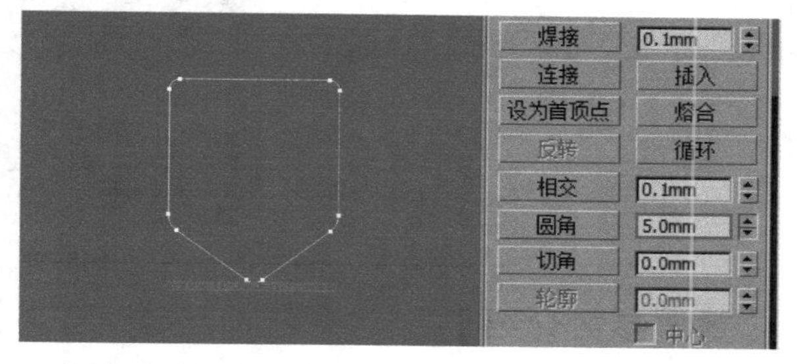

图5-23

06 选中上一步修改后的样条线，然后为其加载一个“挤出”修改器，接着设置“数量”为2.5mm，侧视图中的位置如图5-24所示。

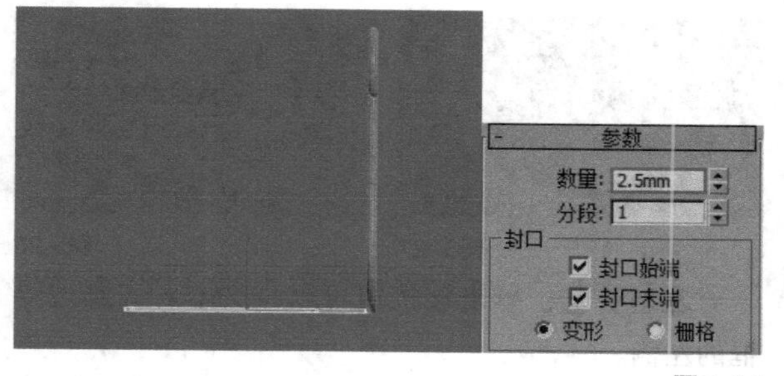

图5-24

07 调整模型的连接位置后，最终效果如图5-25所示。

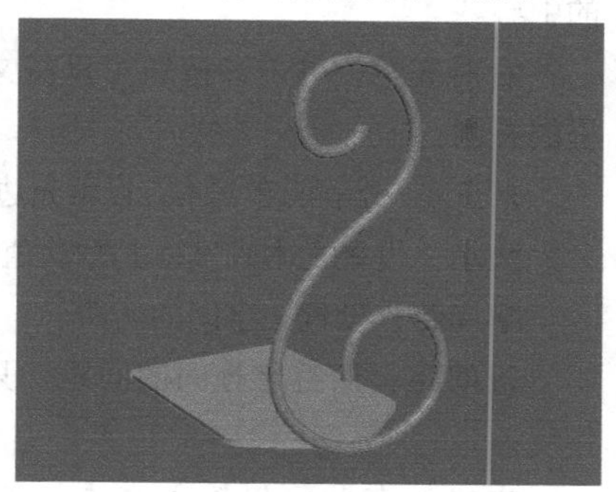

图5-25

> **技巧与提示**
>
> 设置挤出数量后模型效果与案例不一致？这是因为绘制样条线时没有明确的单位，无法显示绘制的准确数值，加载修改器之后的数量也根据绘制样条线本身的大小确定。

5.1.3 文本

使用"文本"样条线工具可以很方便地在视图中创建出文字模型，并且可以更改字体类型和字体大小。文本的参数如图5-26所示。

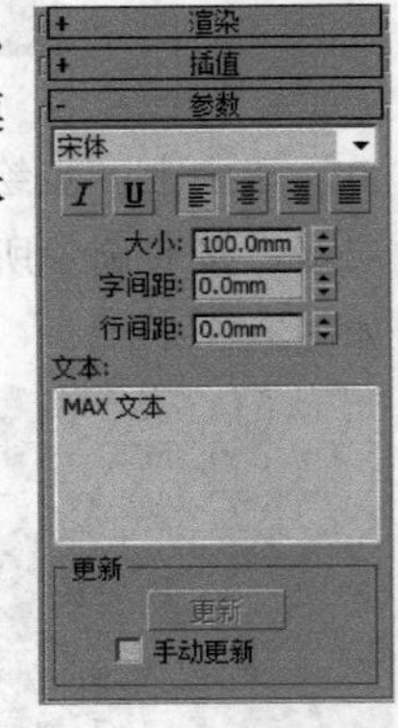

图5-26

【重要参数介绍】

斜体：单击该按钮可以将文本切换为斜体，如图5-27所示。

下画线：单击该按钮可以将文本切换为下画线文本，如图5-28所示。

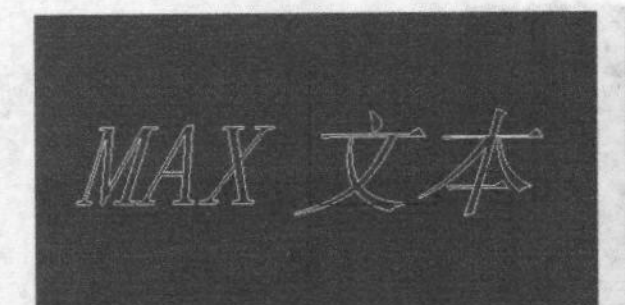

图5-27

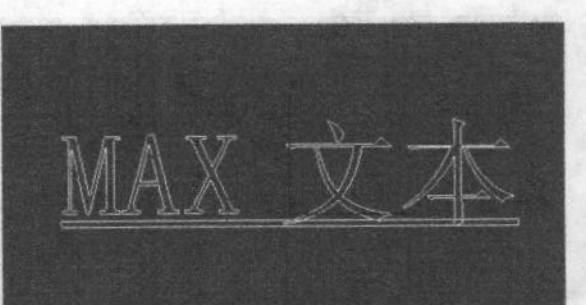

图5-28

左对齐：单击该按钮可以将文本对齐到边界框的左侧。

居中：单击该按钮可以将文本对齐到边界框的中心。

右对齐：单击该按钮可以将文本对齐到边界框的右侧。

对正：分隔所有文本行以填充边界框的范围。

大小：设置文本高度，其默认值为100mm。

字间距：设置文字间的间距。

行间距：调整字行间的间距（只对多行文本起作用）。

文本：在此可以输入文本，若要输入多行文本，可以按Enter键切换到下一行。

> **技巧与提示**
>
> "渲染"与"插值"卷展栏中的参数与前面讲过的一样，所以此处不做赘述。

课堂案例

制作霓虹灯牌

场景文件	无
实例文件	实例文件>CH05>课堂案例：制作霓虹灯牌.max
视频名称	课堂案例：制作霓虹灯牌.mp4
难易指数	★★★☆☆
学习目标	学习"文本"的创建方法、熟悉"渲染"卷展栏的参数

在大街小巷中，随处可见各种霓虹灯牌，而在效果图中，经常需要模拟这些场景，文本工具便能很好地创建出文字模型，模型效果如图5-29所示。

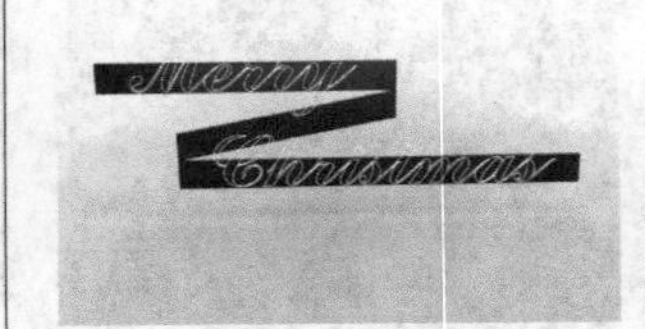

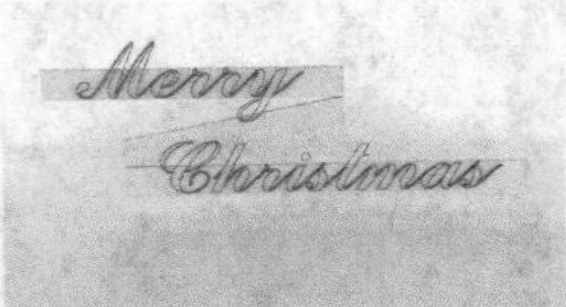

图5-29

01 在"创建"面板下单击"图形"按钮，然后设置图形类型为"样条线"，接着单击"文本"按钮 文本 ，最后在前视图中单击鼠标左键创建一个默认的文本图形，如图5-30所示。

图5-30

02 选择文本图形，进入"修改"面板，然后在"参数"卷展栏中设置"字体"为Commercial Script BT、"大小"为200mm，接着在"文本"输入框中输入Merry Christmas，具体参数设置及字母效果如图5-31所示。

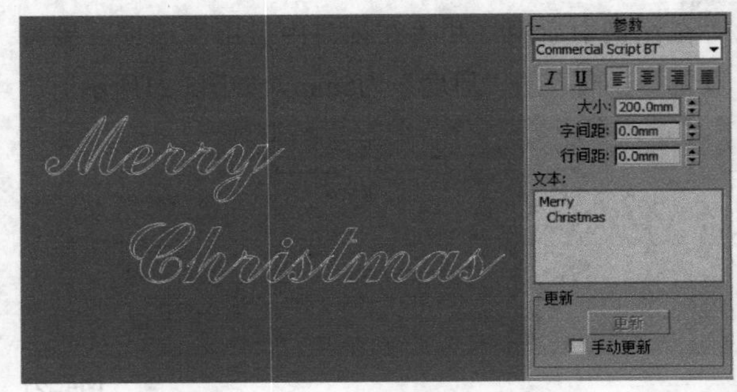

图5-31

03 选择文本，然后打开“渲染”卷展栏，勾选“在渲染中启用”和“在视口中启用”选项，接着设置“渲染”为“径向”，再设置其“厚度”为1.5mm，如图5-32所示。

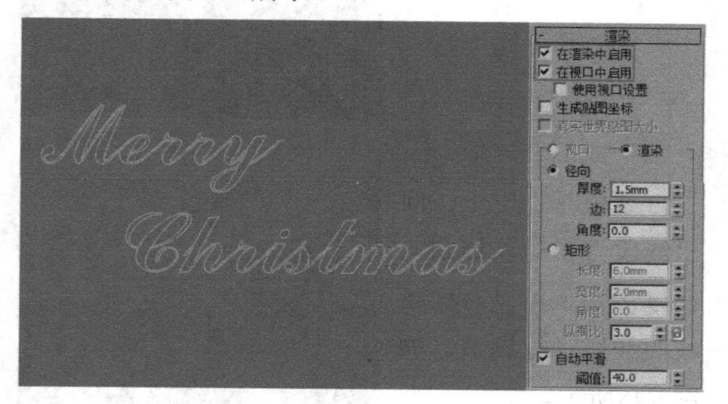

图5-32

04 使用“矩形”工具 矩形 在文本模型后绘制矩形，然后调整造型，如图5-33所示。

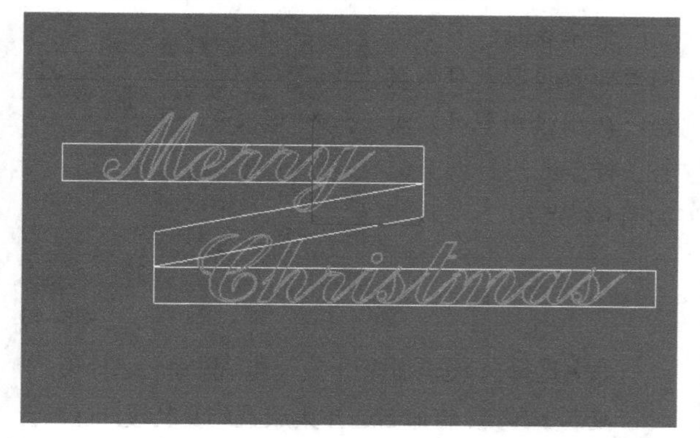

图5-33

05 选中上一步绘制的矩形样条线，然后加载一个“挤出”修改器，接着设置“数量”为10mm，如图5-34所示。霓虹灯牌的最终效果如图5-35所示。

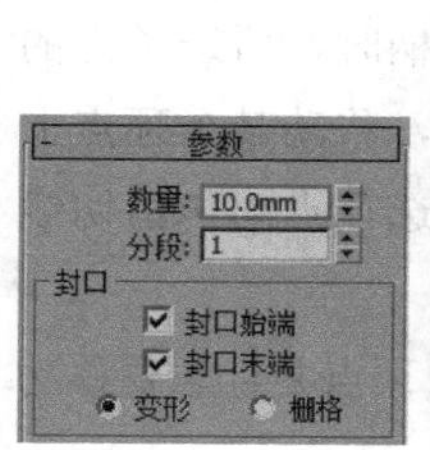

图5-34

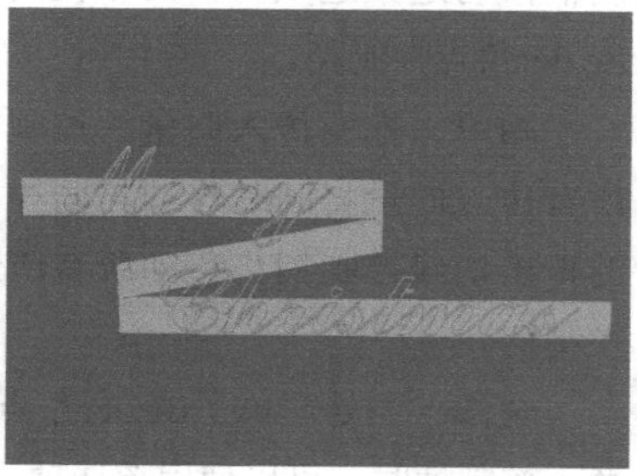

图5-35

5.1.4 对样条线进行编辑

虽然3ds Max 2016提供了很多种二维图形，但是也不能完全满足创建复杂模型的需求，因此就需要对样条线的形状进行修改，并且由于绘制出来的样条线都是参数化对象，只能对参数进行调整，所以就需要将样条线转换为可编辑样条线，然后对其进行编辑。

1.转换为可编辑样条线

将样条线转换为可编辑样条线的方法有以下两种。

第1种：选择样条线，然后单击鼠标右键，接着在弹出的菜单中选择“转换为>转换为可编辑样条线”命令，如图5-36所示。

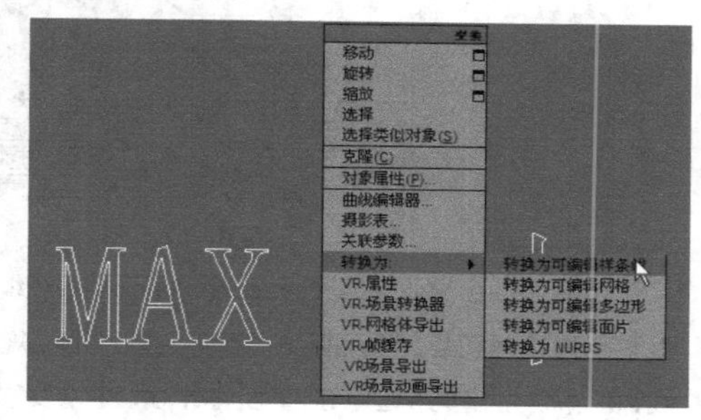

图5-36

在将样条线转换为可编辑样条线前，样条线具有创建参数（“参数”卷展栏），如图5-37所示。转换为可编辑样条线以后，“修改”面板的修改器堆栈中的Text就变成了“可编辑样条线”，并且没有了“参数”卷展栏，但增加了“选择”“软选择”“几何体”3个卷展栏，如图5-38所示。

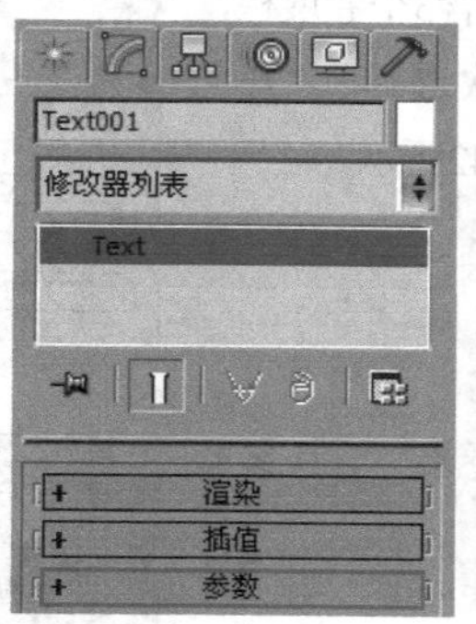

图5-37

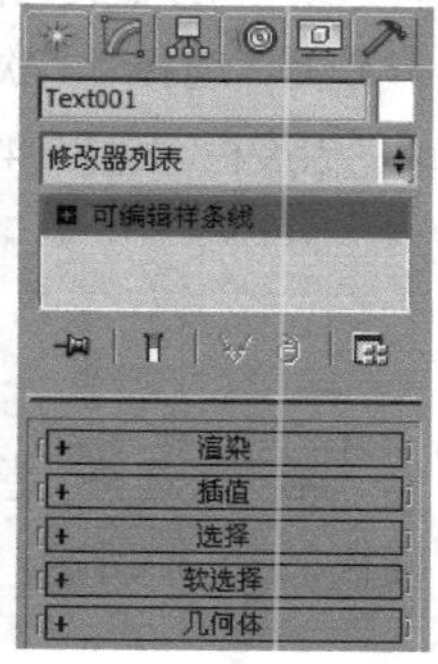

图5-38

第2种：选择样条线，然后在“修改器列表”中为其加载一个“编辑样条线”修改器，如图5-39所示。

图5-39

技巧与提示

上面介绍的两种方法有一些区别。与第1种方法相比，第2种方法的修改器堆栈中不只包含“编辑样条线”选项，同时还保留了原始的样条线（也包含“参数”卷展栏）。当选择“编辑样条线”选项时，其卷展栏包含“选择”“软选择”“几何体”卷展栏，如图5-40所示；当选择Text选项时，其卷展栏包括“渲染”“插值”“参数”卷展栏，如图5-41所示。

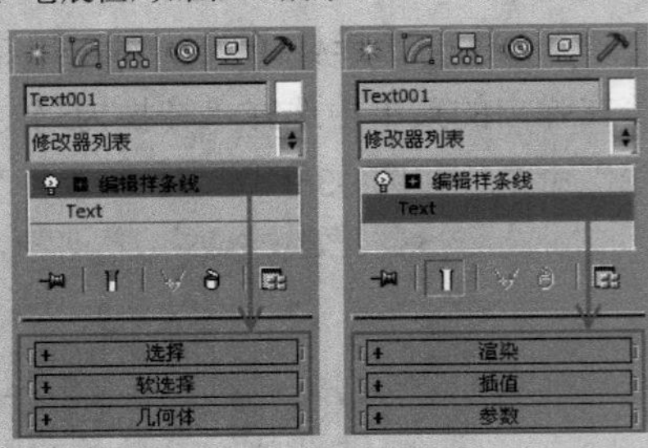

图5-40　　图5-41

另外，在3ds Max的修改器中，能够用于样条线编辑的修改器包括编辑样条线、横截面、删除样条线、车削、规格化样条线、圆角/切角、修剪/延伸等，下面将针对其中重要修改器进行讲解。

2.编辑样条线

“编辑样条线”修改器主要针对样条线进行修改和编辑，把样条线转换为可编辑样条线后，“编辑样条线”修改器就包含3个卷展栏，分别是“选择”“软选择”“几何体”卷展栏，如图5-42所示。

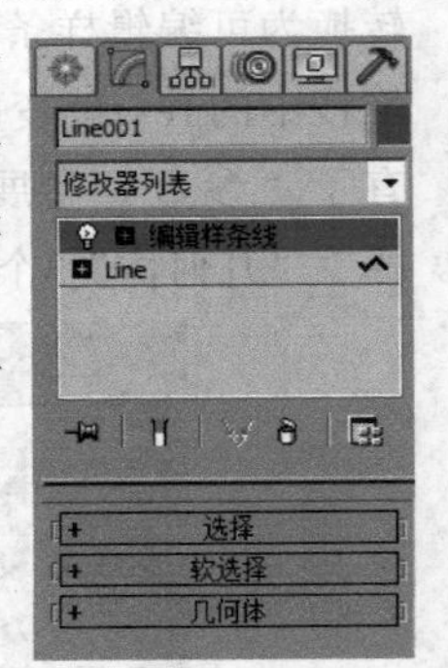

图5-42

展开“选择”卷展栏，其参数面板如图5-43所示。

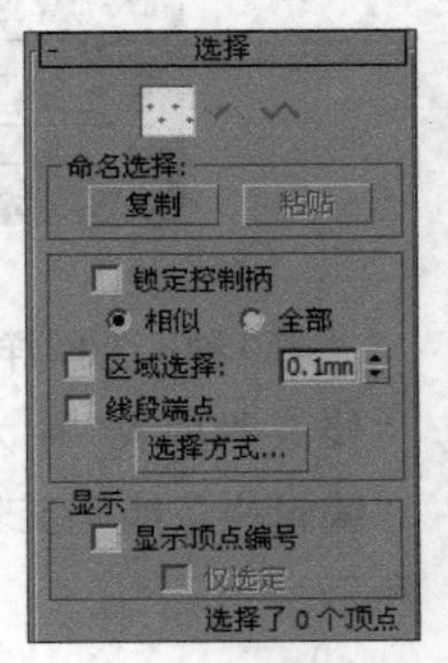

图5-43

【重要参数介绍】

顶点：用于访问“顶点”子对象级别，在该级别下可以对样条线的顶点进行调节，如图5-44所示。

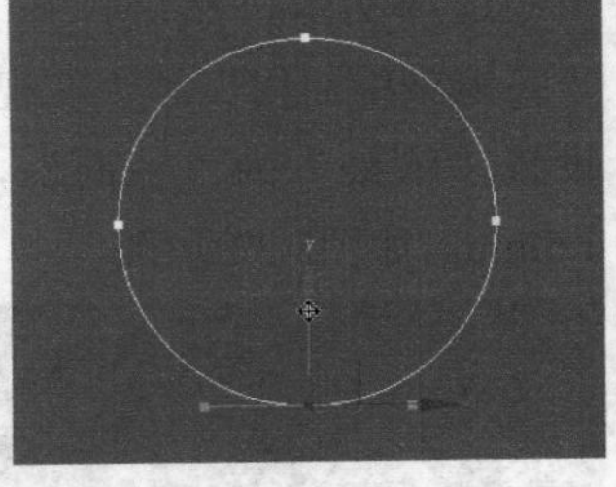

图5-44

线段：用于访问“线段”子对象级别，在该级别下可以对样条线的线段进行调节，如图5-45所示。

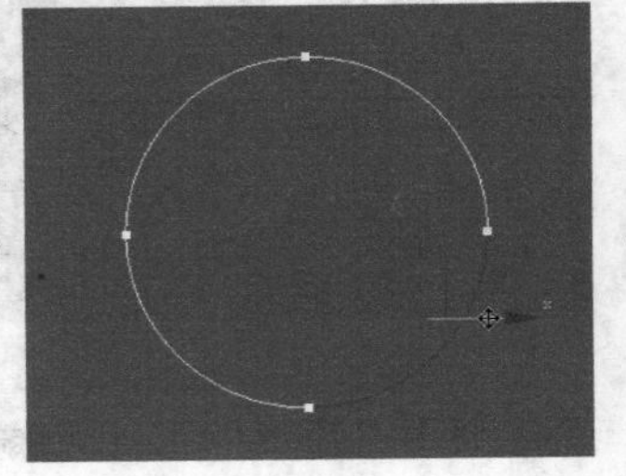

图5-45

样条线：用于访问“样条线”子对象级别，在该级别下可以对整条样条线进行调节，如图5-46所示。

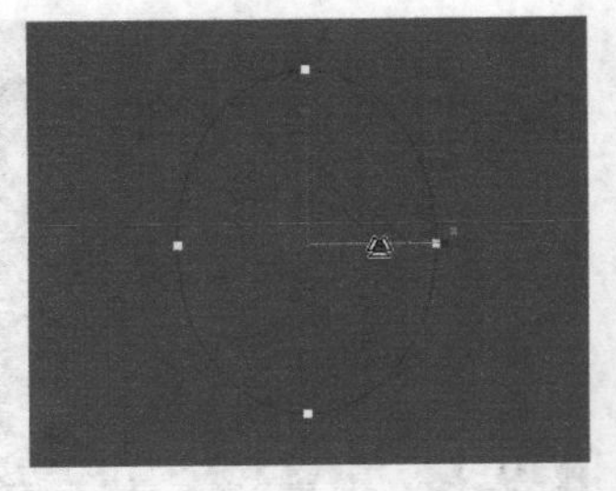

图5-46

命名选择：该选项组用于复制和粘贴命名选择集。

复制 复制：将命名选择集放置到复制缓冲区。

粘贴 粘贴：从复制缓冲区中粘贴命名选择集。

锁定控制柄：关闭该选项时，即使选择了多个顶点，用户每次也只能变换一个顶点的切线控制柄；勾选该选项时，可以同时变换多个Bezier和Bezier角点控制柄。

相似：拖曳传入向量的控制柄时，所选顶点的所有传入向量将同时移动。同样，移动某个顶点上的传出切线控制柄将移动所有所选顶点的传出切线控制柄。

全部：当处理单个Bezier角点顶点并且想要移动两个控制柄时，可以使用该选项。

区域选择：该选项允许自动选择所单击顶点的特定半径中的所有顶点。

线段端点：勾选该选项后，可以通过单击线段来选择顶点。

选择方式 选择方式...：单击该按钮可以打开“选择方式”对话框，如图5-47所示。在该对话框中可以选择所选样条线或线段上的顶点。

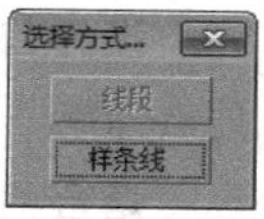

图5-47

显示：该选项组用于设置顶点编号的显示方式。

显示顶点编号：启用该选项后，3ds Max将在任何子对象级别的所选样条线的顶点旁边显示顶点编号，如图5-48所示。

仅选择：启用该选项后（启用“显示顶点编号”选项时，该选项才可用），仅在所选顶点旁边显示顶点编号，如图5-49所示。

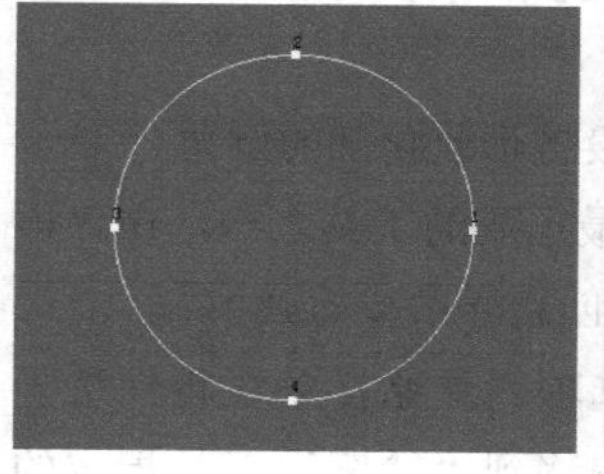

图5-48

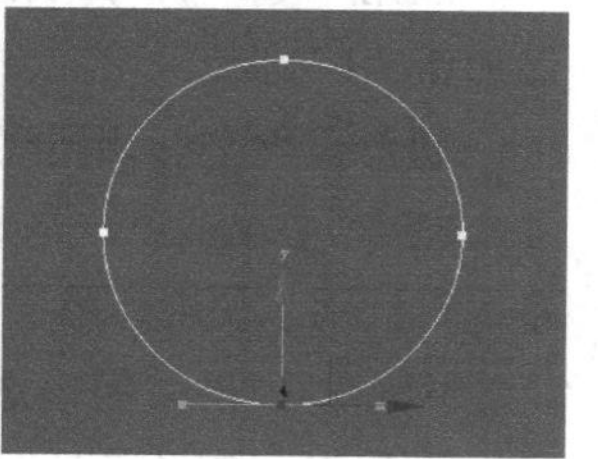

图5-49

展开“软选择”卷展栏，其参数选项允许部分地选择显式选择邻接处中的子对象，如图5-50所示。这将会使显式选择的行为像被磁场包围一样。在对子对象进行变换时，在场中被部分选定的子对象就会以平滑的方式进行绘制。

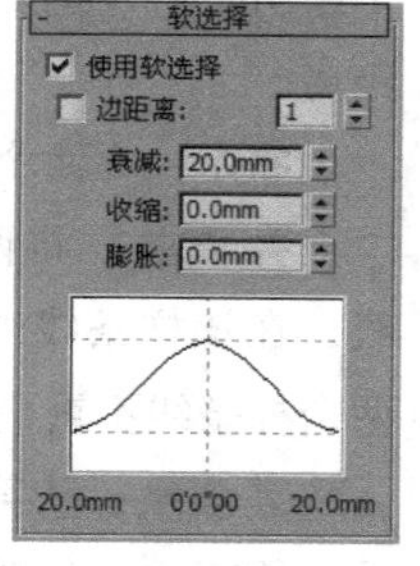

图5-50

【重要参数介绍】

使用软选择：启用该选项后，3ds Max会将样条线曲线变形应用到所变换的选择周围未选定子对象。

边距离：启用该选项后，可以将软选择限制到指定的边数。

衰减：用以定义影响区域的距离，它是用当前单位表示的从中心到球体的边的距离。使用越高的“衰减”数值，就可以实现更平缓的斜坡。

收缩：用于沿着垂直轴提高并降低曲线的顶点。数值为负数时，将生成凹陷，而不是点；数值为0时，收缩将跨越该轴生成平滑变换。

膨胀：用于沿着垂直轴展开和收缩曲线。受“收缩”选项的限制，“膨胀”选项设置膨胀的固定起点。“收缩”值为0且“膨胀”值为1mm时，将会产生最为平滑的凸起。

软选择曲线图：以图形的方式显示软选择是如何进行工作的。

展开“几何体”卷展栏，其参数面板包含编辑样条线对象和子对象的相关参数与工具，如图5-51所示。

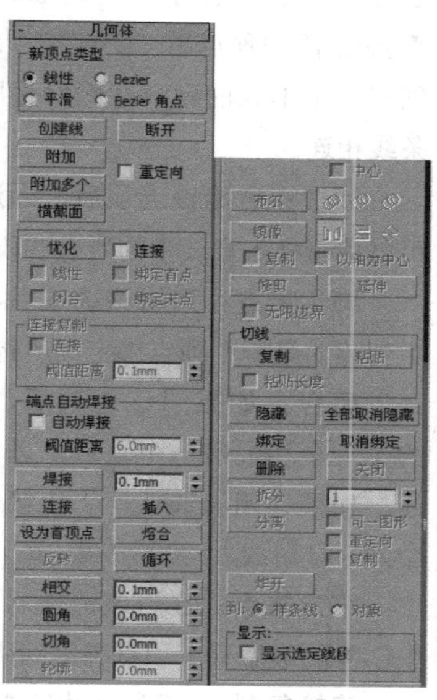

图5-51

【重要参数介绍】

新顶点类型：该选项组用于选择新顶点的类型。

线性：新顶点具有线性切线。

Bezier：新顶点具有Bezier切线。

平滑：新顶点具有平滑切线。

Bezier角点：新顶点具有Bezier角点切线。

创建线 创建线：向所选对象添加更多样条线。这些线是独立的样条线子对象。

断开 断开：在选定的一个或多个顶点拆分样条线。选择一个或多个顶点，然后单击“断开”按钮 断开，可以创建拆分效果。

附加 附加：将其他样条线附加到所选样条线。

附加多个 附加多个：单击该按钮可以打开“附加多个”对话框，该对话框包含场景中所有其他图形的列表。

重定向：启用该选项后，将重新定向附加的样条线，使每个样条线的创建局部坐标系与所选样条线的创建局部坐标系对齐。

横截面 横截面：在横截面形状外面创建样条线框架。

优化 优化：这是最重要的工具之一，可以在样条线上添加顶点，且不更改样条线的曲率值。

连接：启用该选项时，通过连接新顶点可以创建一个新的样条线子对象。使用“优化”工具 优化 添加顶点后，“连接”选项会为每个新顶点创建一个单独的副本，然后将所有副本与一个新样条线相连。

线性：启用该选项后，通过使用“角点”顶点可以使新样条直线中的所有线段成为线性。

绑定首点：启用该选项后，可以使在优化操作中创建的第一个顶点绑定到所选线段的中心。

闭合：如果用该选项后，将连接新样条线中的第一个和最后一个顶点，以创建一个闭合的样条线；如果关闭该选项，“连接”选项将始终创建一个开口样条线。

绑定末点：启用该选项后，可以使在优化操作中创建的最后一个顶点绑定到所选线段的中心。

连接复制：该选项组在“线段”级别下使用，用于控制是否开启连接复制功能。

连接：启用该选项后，按住Shift键复制线段的操作将创建一个新的样条线子对象，以及将新线段的顶点连接到原始线段顶点的其他样条线。

阈值距离：确定启用“连接复制”选项时将使用的距离软选择。数值越高，创建的样条线就越多。

端点自动焊接：该选项组用于自动焊接样条线的端点。

自动焊接：启用该选项后，会自动焊接在与同一样条线的另一个端点的阈值距离内放置和移动的端点顶点。

阈值距离：用于控制在自动焊接顶点之前，顶点可以与另一个顶点接近的程度。

焊接 焊接：这是最重要的工具之一，可以将两个端点顶点或同一样条线中的两个相邻顶点转化为一个顶点。

连接 连接：连接两个端点顶点以生成一个线性线段。

插入 插入：插入一个或多个顶点，以创建其他线段。

设为首顶点 设为首顶点：指定所选样条线中的哪个顶点为第一个顶点。

熔合 熔合：将所有选定顶点移至它们的平均中心位置。

反转 反转：该工具在“样条线”级别下使用，用于反转所选样条线的方向。

循环 循环：选择顶点以后，单击该按钮可以循环选择同一条样条线上的顶点。

相交 相交：在属于同一个样条线对象的两个样条线的相交处添加顶点。

圆角 圆角：在线段会合的地方设置圆角，以添加新的控制点。

切角 切角：用于设置形状角部的倒角。

轮廓 轮廓：这是最重要的工具之一，在“样条线”级别下使用，用于创建样条线的副本。

中心：如果关闭该选项，原始样条线将保持静止，而仅仅一侧的轮廓偏移到“轮廓”工具指定的距离；如果启用该选项，原始样条线和轮廓将从一个不可见的中心线向外移动由“轮廓”工具指定的距离。

布尔：对两个样条线进行2D布尔运算。

并集：将两个重叠样条线组合成一个样条线。在该样条线中，重叠的部分会被删除，而保留两个样条线不重叠的部分，构成一个样条线。

差集：从第1个样条线中减去与第2个样条线重叠的部分，并删除第2个样条线中剩余的部分。

交集：仅保留两个样条线的重叠部分，并且会删除两者的不重叠部分。

镜像：对样条线进行相应的镜像操作。

水平镜像：沿水平方向镜像样条线。

垂直镜像：沿垂直方向镜像样条线。

双向镜像：沿对角线方向镜像样条线。

复制：启用该选项后，可以在镜像样条线时复制（而不是移动）样条线。

以轴为中心：启用该选项后，可以以样条线对象的轴点为中心镜像样条线。

修剪 修剪：清理形状中的重叠部分，使端点接合在一个点上。

延伸 延伸：清理形状中的开口部分，使端点接合在一个点上。

无限边界：为了计算相交，启用该选项可以将开口样条线视为无穷长。

切线：使用该选项组中的工具可以将一个顶点的控制柄复制并粘贴到另一个顶点。

复制 复制：激活该按钮，然后选择一个控制柄，可以将所选控制柄切线复制到缓冲区。

粘贴 粘贴：激活该按钮，然后单击一个控制柄，可以将控制柄切线粘贴到所选顶点。

粘贴长度：如果启用该选项后，还可以复制控制柄的长度；如果关闭该选项，则只考虑控制柄角度，而不改变控制柄长度。

隐藏 隐藏：隐藏所选顶点和任何相连的线段。

全部取消隐藏 全部取消隐藏：显示任何隐藏的子对象。

绑定 绑定：允许创建绑定顶点。

取消绑定 取消绑定：允许断开绑定顶点与所附加线段的连接。

删除 删除：在“顶点”级别下，可以删除所选的一个或多个顶点，以及与每个要删除的顶点相连的那条线段；在“线段”级别下，可以删除当前形状中任何选定的线段。

关闭 关闭：通过将所选样条线的端点顶点与新线段相连，以关闭该样条线。

拆分 拆分：通过添加由指定的顶点数来细分所选线段。

分离 分离：允许选择不同样条线中的几个线段，然后拆分（或复制）它们，以构成一个新图形。

同一图形：启用该选项后，将关闭“重定向”功能，并且“分离”操作将使分离的线段保留为形状的一部分（而不是生成一个新形状）。如果还启用了“复制”选项，则可以结束在同一位置进行的线段的分离副本。

重定向：移动和旋转新的分离对象，以便对局部坐标系进行定位，并使其与当前活动栅格的原点对齐。

复制：复制分离线段，而不是移动它。

炸开 炸开：通过将每个线段转化为一个独立的样条线或对象，来分裂任何所选样条线。

到：设置炸开样条线的方式，包含“样条线”和“对象”两种。

显示：控制是否开启“显示选定线段”功能。

显示选定线段：启用该选项后，与所选顶点子对象相连的任何线段将高亮显示为红色。

> **技巧与提示**
> “几何体”卷展栏中的参数非常重要，希望读者认真学习。

5.1.5 车削

“车削”修改器是样条线建模过程中常用的一种修改器，它可以通过围绕坐标轴旋转一个图形或NURBS曲线来生成3D对象，如图5-52所示。

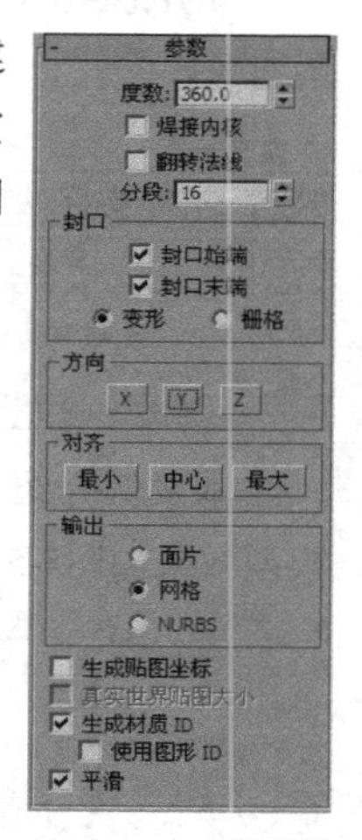

图5-52

【重要参数介绍】

度数：设置对象围绕坐标轴旋转的角度，其范围是0°~360°，默认值为360°。

焊接内核：通过焊接旋转轴中的顶点来简化网格。

翻转法线：使物体的法线翻转，翻转后物体的内部会外翻。

分段：在起始点之间设置在曲面上创建的插补线段的数量。

封口：如果设置的车削对象的“度数”小于360°，该选项用来控制是否在车削对象的内部创建封口。

封口始端：车削的起点，用来设置封口的最大程度。

封口末端：车削的终点，用来设置封口的最大程度。

变形：按照创建变形目标所需的可预见且可重复的模式来排列封口面。

栅格：在图形边界的方形上修剪栅格中安排的封口面。

方向：设置轴的旋转方向，共有x、y和z3个轴可供选择。

对齐：设置对齐的方式，共有“最小”“中心”“最大”3种方式可供选择。

输出：指定车削对象的输出方式，共有以下3种。

面片：产生一个可以折叠到面片对象中的对象。

网格：产生一个可以折叠到网格对象中的对象。

NURBS：产生一个可以折叠到NURBS对象中的对象。

课堂案例

制作艺术茶杯

场景文件	无
实例文件	实例文件>CH05>课堂案例：制作艺术茶杯.max
视频名称	课堂案例：制作艺术茶杯.mp4
难易指数	★★★☆☆
学习目标	练习“编辑样条线”的操作技巧、学习“车削”修改器的使用方法

本案例介绍如何通过简单的样条线制作茶杯，模型效果如图5-53所示。

图5-53

01 使用“线”工具 线 在前视图中绘制一条图5-54所示的样条线。

图5-54

02 切换到“修改”面板，进入“顶点”级别，然后选择样条线上的顶点，接着在“几何体”卷展栏下单击“圆角”按钮 圆角 ，最后在前视图中拖曳光标创建出圆角，效果如图5-55所示。

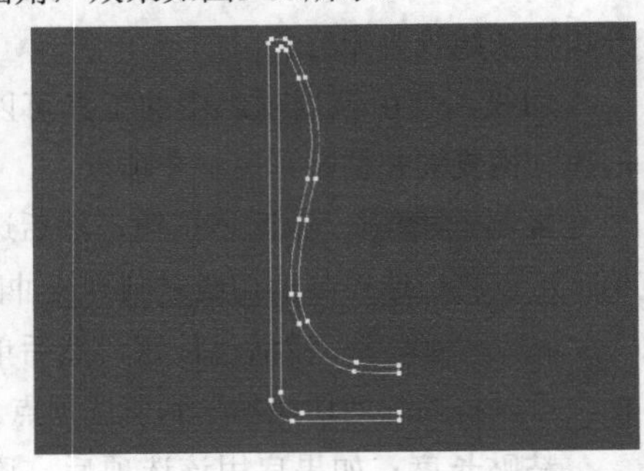

图5-55

技巧与提示

这里是使用“线”工具绘制的图形，绘制出的样条线是可编辑状态下的样条线，而相对于其他的图形，如圆、矩形等，需要转换或者加载修改器成为可编辑状态的样条线。

03 为样条线加载“车削”修改器，然后在“参数”卷展栏下设置“分段”为60，接着设置“方向”为y Y 轴、“对齐”方式为“最大” 最大 ，具体参数设置及模型效果如图5-56所示。

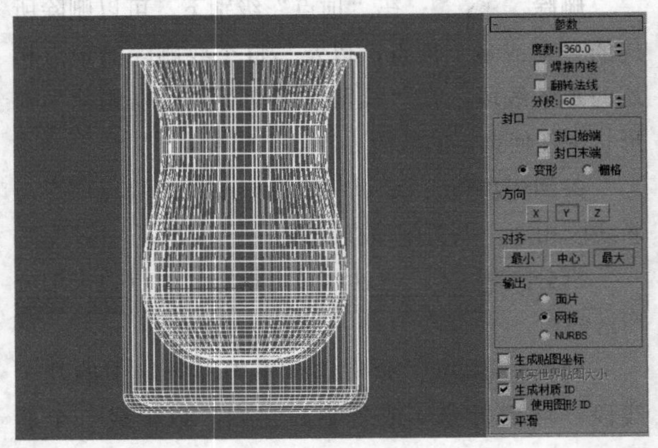

图5-56

04 切换到透视图，茶杯的最终效果如图5-57所示。

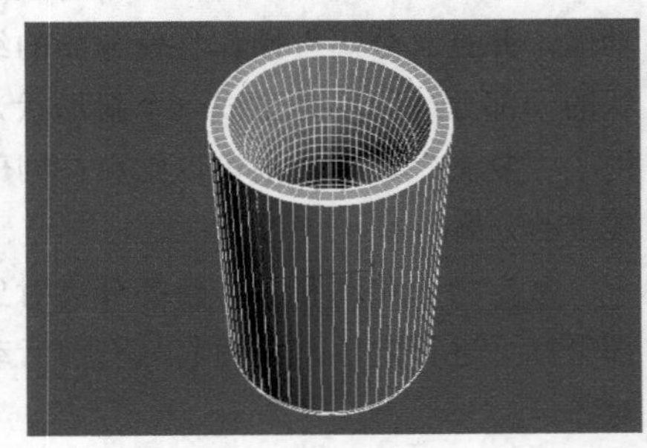

图5-57

5.2 多边形建模

多边形建模作为当今主流的建模方式，已经被广泛应用到游戏角色、影视、工业造型、室内外等模型制作中。多边形建模方法在编辑上更加灵活，对硬件的要求也很低，其建模思路与网格建模的思路很接近，其不同点在于网格建模只能编辑三角面，而多边形建模对面数没有任何要求，图5-58所示的是一些比较优秀的多边形建模作品。

图5-58

技巧与提示

本节主要介绍多边形建模的内容，包括参数、建模方法等，本章内容非常重要，希望读者仔细学习每部分内容，务必掌握本节中的所有内容，这是效果图建模的重中之重。

知识名称	主要作用	重要程度
编辑多边形	对多边形的“点”“边”等子对象进行编辑	高

5.2.1 塌陷多边形对象

在编辑多边形对象之前首先要明确多边形物体不是创建出来的，而是塌陷出来的。将物体塌陷为多边形的方法主要有以下3种。

第1种：在物体上单击鼠标右键，然后在弹出的菜单中选择“转换为>转换为可编辑多边形”命令，如图5-59所示。

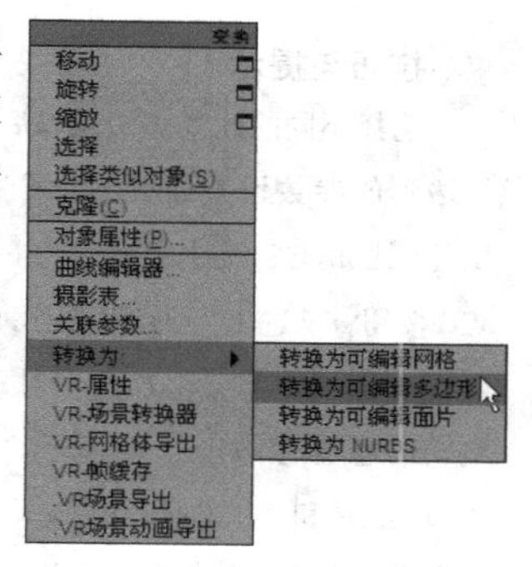

图5-59

第2种：为物体加载“编辑多边形”修改器，如图5-60所示。

图5-60

第3种：在修改器堆栈中选中物体，然后单击鼠标右键，接着在弹出的菜单中选择“可编辑多边形”命令，如图5-61所示。

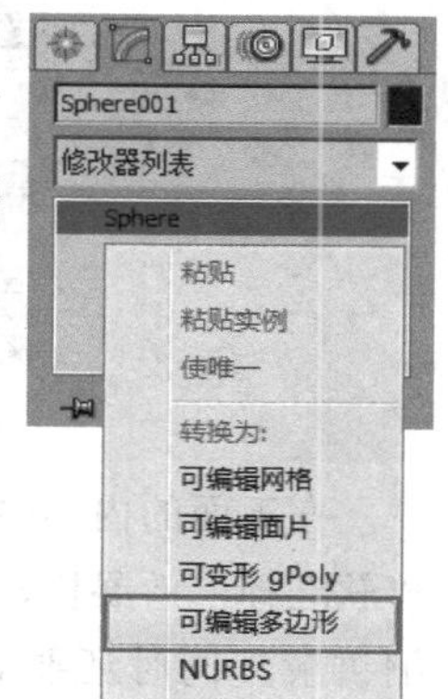

图5-61

5.2.2 编辑多边形对象

将物体转换为可编辑多边形对象后，就可以对可编辑多边形对象的顶点、边、边界、多边形和元素分别进行编辑。可编辑多边形的参数设置面板中包括6个卷展栏，分别是“选择”卷展栏、“软选择”卷展栏、“编辑几何体”卷展栏、“细分曲面”卷展栏、“细分置换”卷展栏和“绘制变形”卷展栏，如图5-62所示。

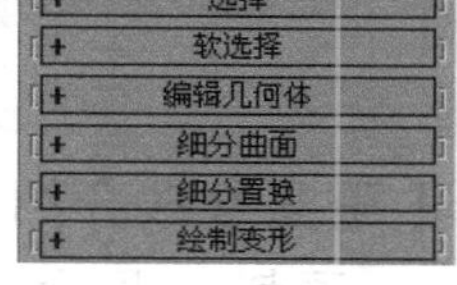

图5-62

技巧与提示

选择不同的此物体级别以后，可编辑多边形的参数设置面板也会发生相应的变化。比如，在“选择”卷展栏下单击“顶点”按钮，进入“顶点”级别以后，在参数设置面板中就会增加两个对顶点进行编辑的卷展栏，如图5-63所示。如果进入“边”级别和“多边形”级别，又会增加对边和多边形进行编辑的卷展栏，如图5-64和图5-65所示。

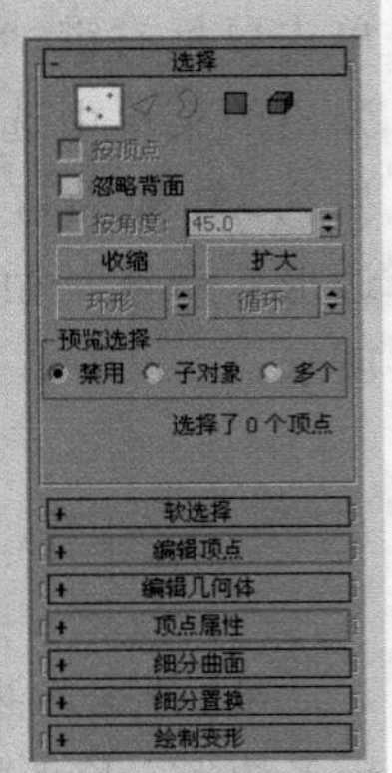

图5-63

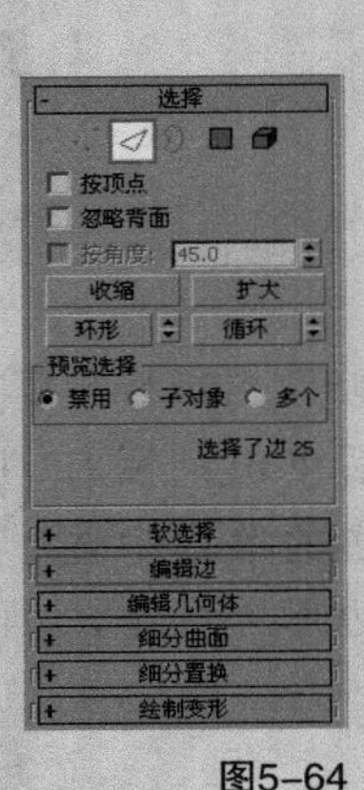

图5-64　图5-65

在下面的内容中，将着重对“选择”卷展栏、“软选择”卷展栏、“编辑几何体”卷展栏进行详细讲解，同时还要对“顶点”层级下的“编辑顶点”卷展栏、“边”层级下的“编辑边”卷展栏以及“多边形”卷展栏下的“编辑多边形”卷展栏进行重点讲解。

1.“选择”卷展栏

“选择”卷展栏下的工具与选项主要是用来访问多边形子对象级别以及快速选择子对象，如图5-66所示。

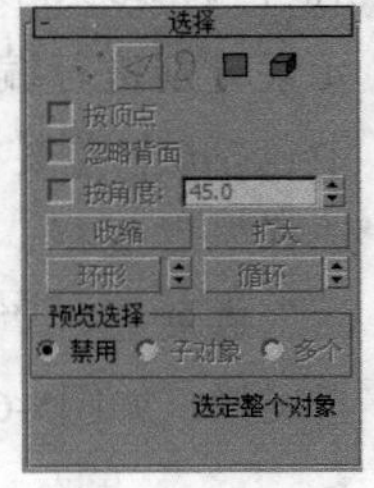

图5-66

【重要参数介绍】

顶点：用于访问“顶点”子对象级别。

边：用于访问“边”子对象级别。

边界：用于访问“边界”子对象级别，可从中选择构成网格中孔洞边框的一系列边。边界总是由仅在一侧带有面的边组成，并总是为完整循环。

多边形：用于访问“多边形”子对象级别。

元素：用于访问“元素”子对象级别，可从中选择对象中的所有连续多边形。

按顶点：除了“顶点”级别外，该选项可以在其他4种级别中使用。启用该选项后，只有选择所用的顶点才能选择子对象。

忽略背面：启用该选项后，只能选中法线指向当前视图的子对象。例如，启用该选项以后，在前视图中框选图5-67所示的顶点，但只能选择正面的顶点，而背面不会被选择，图5-68所示的是在左视图中的观察效果；如果关闭该选项，在前视图中同样框选相同区域的顶点，则背面的顶点也会被选择，图5-69所示的是在顶视图中的观察效果。

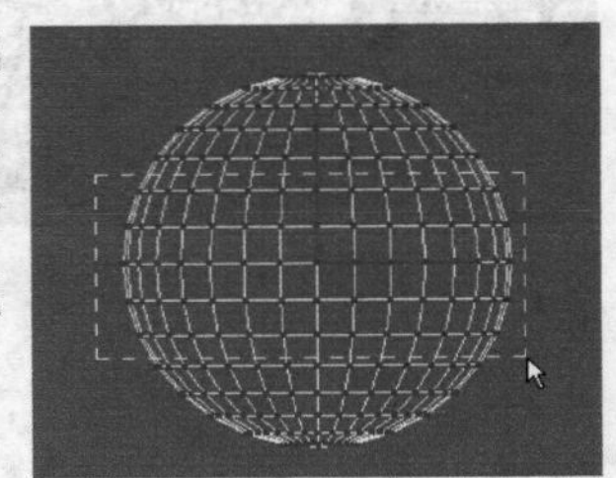

图5-67

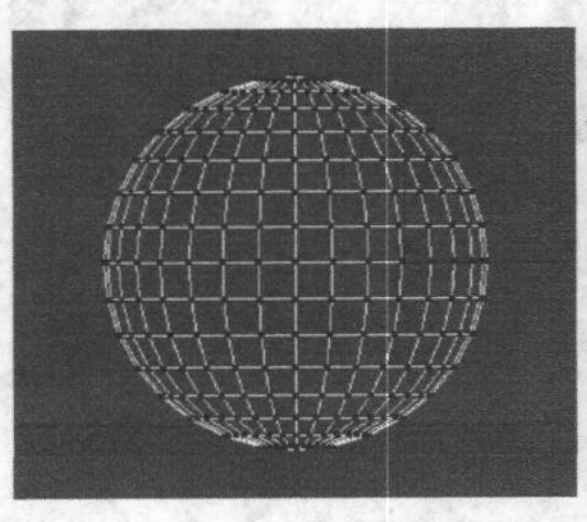

图5-68

图5-69

按角度：该选项只能用在“多边形”级别中。启用该选项时，如果选择一个多边形，3ds Max会基于设置的角度自动选择相邻的多边形。

收缩 收缩：单击一次该按钮，可以在当前选择范围中向内减少一圈对象。

扩大 扩大：与“收缩”相反，单击一次该按钮，可以在当前选择范围中向外增加一圈对象。

环形 环形：该工具只能在“边”和“边界”层级中使用。在选中一部分子对象后，单击该按钮可以自动选择平行于当前对象的其他对象。例如，选择一条图5-70所示的边，然后单击“环形”按钮环形，可以选择整个纬度上平行于选定边的边，如图5-71所示。

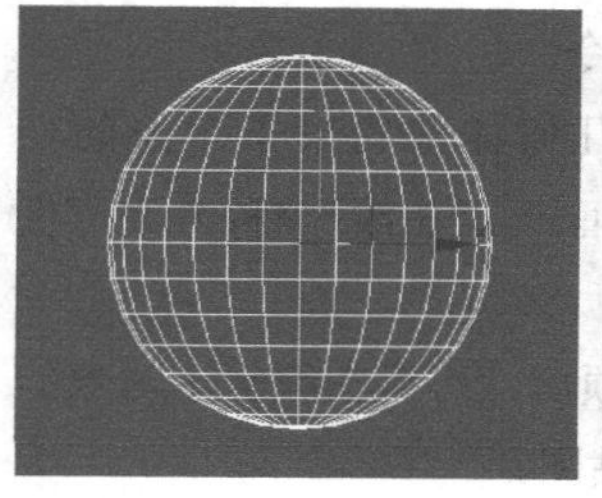

图5-70

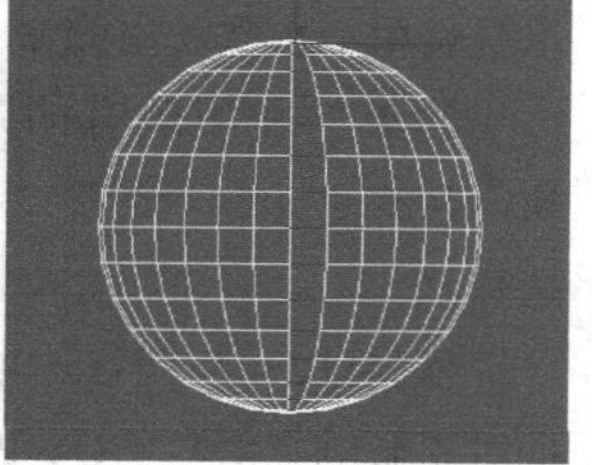

图5-71

循环 循环：该工具同样只能在“边”和“边界”层级中使用。在选中一部分子对象后，单击该按钮可以自动选择与当前对象在同一曲线上的其他对象。例如，选择图5-72所示的边，然后单击“循环”按钮 循环，可以选择整个经度上的边，如图5-73所示。

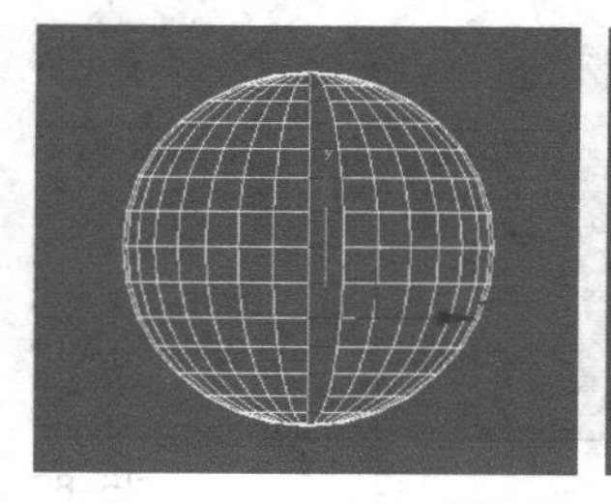

图5-72

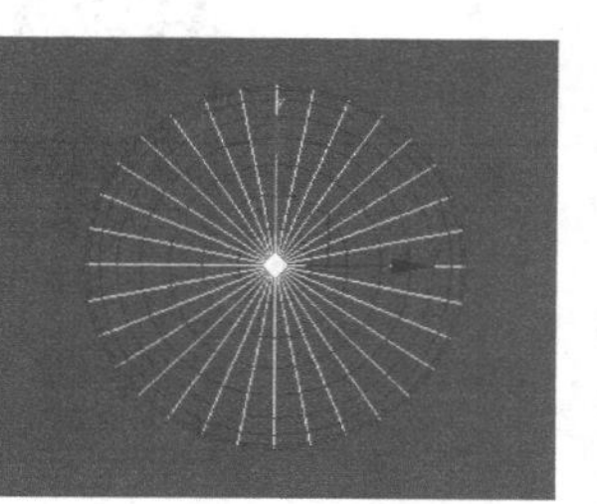

图5-73

预览选择：在选择对象之前，通过这里的选项可以预览光标滑过处的子对象，有“禁用”“子对象”“多个”3个选项可供选择。

2.“软选择”卷展栏

“软选择”是以选中的子对象为中心向四周扩散，以放射状方式来选择子对象。在对选择的部分子对象进行变换时，可以让子对象以平滑的方式进行过渡。另外，可以通过控制“衰减”“收缩”“膨胀”的数值来控制所选子对象区域的大小及对子对象控制力的强弱，并且“软选择”卷展栏还包含了绘制软选择的工具，如图5-74所示。

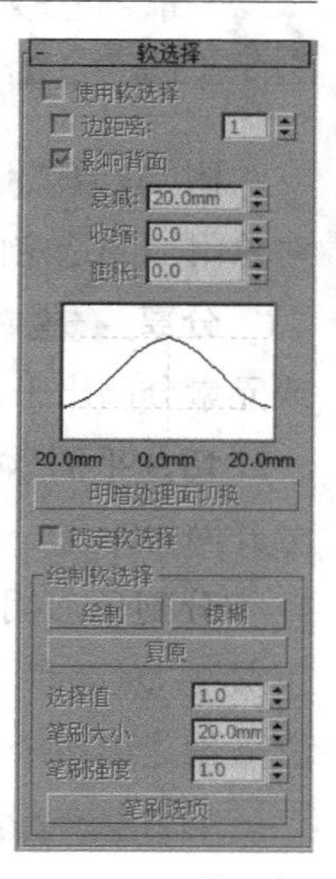

图5-74

【重要参数介绍】

使用软选择：控制是否开启“软选择”功能。启用后，选择一个或一个区域的子对象，那么会以这个子对象为中心向外选择其他对象。例如，框选图5-75所示的顶点，那么软选择就会以这些顶点为中心向外进行扩散选择，如图5-76所示。

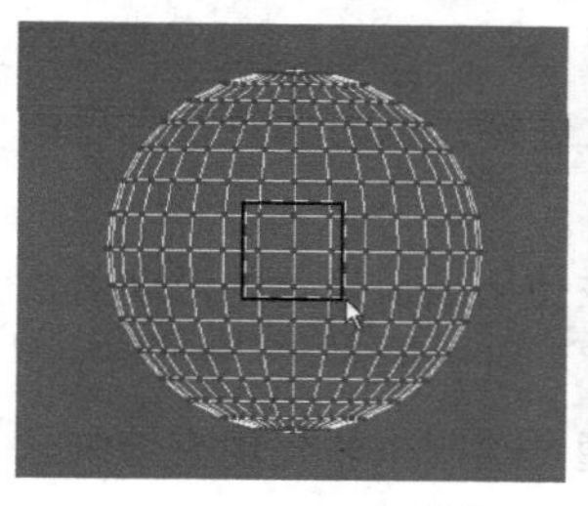

图5-75

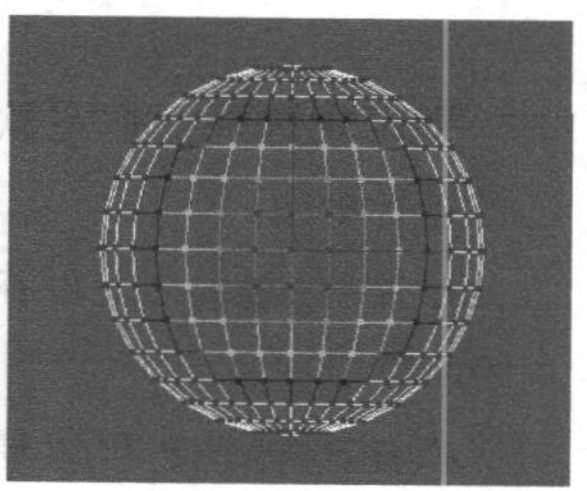

图5-76

技巧与提示

在用“软选择”选择子对象时，选择的子对象是以红、橙、黄、绿、蓝5种颜色进行显示的。处于中心位置的子对象显示为红色，表示这些子对象被完全选择，在操作这些子对象时，它们将被完全影响，然后依次是橙、黄、绿、蓝的子对象。

边距离：启用该选项后，可以将软选择限制到指定的面数。

影响背面：启用该选项后，那些与选定对象法线方向相反的子对象也会受到相同的影响。

衰减：用以定义影响区域的距离，默认值为20mm。“衰减”数值越高，软选择的范围也就越大，图5-77和图5-78所示的是将“衰减”设置为500mm和800mm时的选择效果对比。

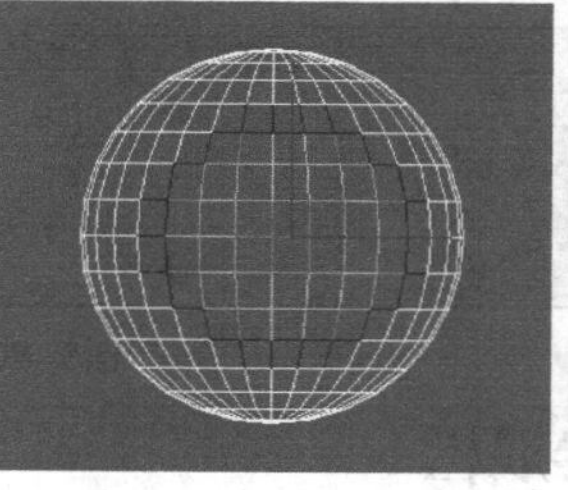

图5-77

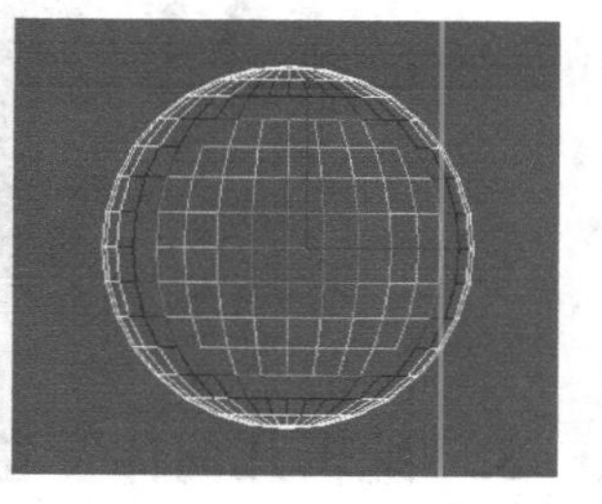

图5-78

收缩：设置区域的相对“突出度”。

膨胀：设置区域的相对“丰满度”。

软选择曲线图：以图形的方式显示软选择是如何进行工作的。

明暗处理面切换 明暗处理面切换：只能用在“多边形”和“元素”级别中，用于显示颜色渐变，如图5-79所示。它与软选择范围内面上的软选择权重相对应。

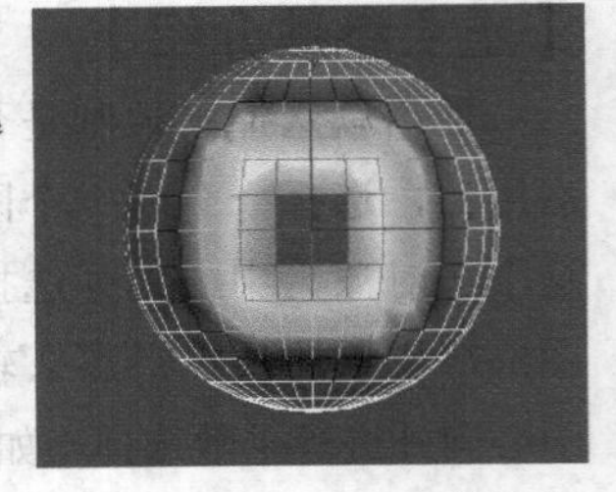

图5-79

锁定软选择：锁定软选择，以防止对按程序的选择进行更改。

绘制 绘制 ：可以在使用当前设置的活动对象上绘制软选择。

模糊 模糊 ：可以通过绘制来软化现有绘制软选择的轮廓。

复原 复原 ：以通过绘制的方式还原软选择。

选择值：整个值表示绘制或还原的软选择的最大相对选择。笔刷半径内周围顶点的值会趋向于0衰减。

笔刷大小：用来设置圆形笔刷的半径。

笔刷强度：用来设置绘制子对象的速率。

笔刷选项 笔刷选项 ：单击该按钮可以打开“绘制选项”对话框，如图5-80所示。在该对话框中可以设置笔刷的更多属性。

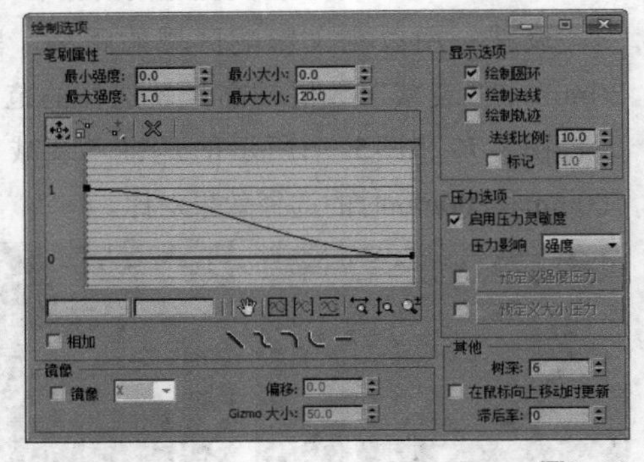

图5-80

3.“编辑几何体”卷展栏

“编辑几何体”卷展栏下的工具适用于所有子对象级别，主要用来全局修改多边形几何体，如图5-81所示。

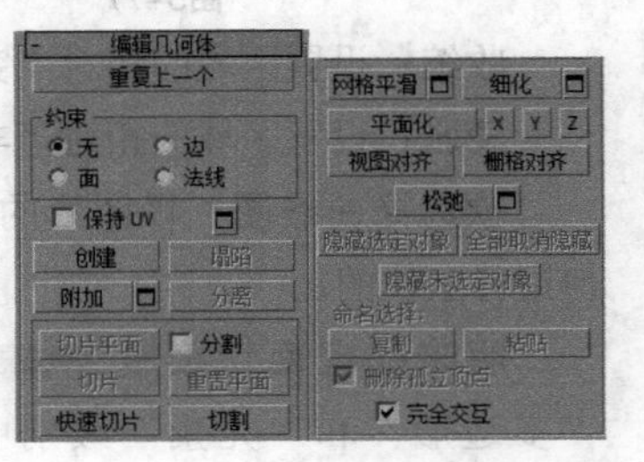

图5-81

【重要参数介绍】

重复上一个 重复上一个 ：单击该按钮可以重复使用上一次使用的命令。

约束：使用现有的几何体来约束子对象的变换，共有“无”“边”“面”“法线”4种方式可供选择。

保持UV：启用该选项后，可以在编辑子对象的同时不影响该对象的UV贴图。

设置□：单击该按钮可以打开“保持贴图通道”对话框，如图5-82所示。在该对话框中可以指定要保持的顶点颜色通道或纹理通道（贴图通道）。

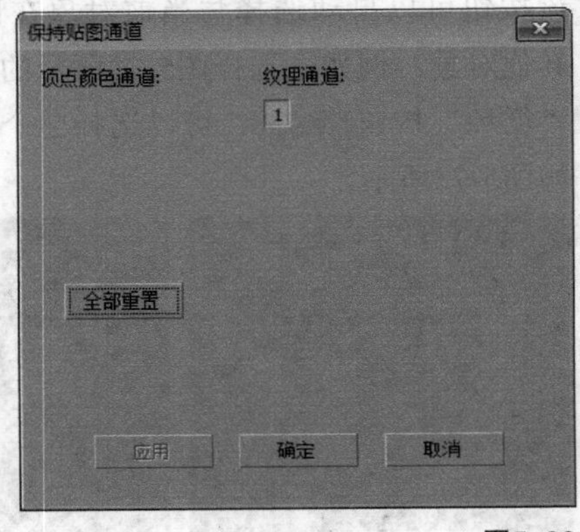

图5-82

创建 创建 ：创建新的几何体。

塌陷 塌陷 ：通过将顶点与选择中心的顶点焊接，使连续选定子对象的组产生塌陷。

技巧与提示

“塌陷”工具 塌陷 类似于“焊接”工具 焊接 ，但是该工具不需要设置“阈值”数值就可以直接塌陷在一起。

附加 附加 ：使用该工具可以将场景中的其他对象附加到选定的可编辑多边形中。

分离 分离 ：将选定的子对象作为单独的对象或元素分离出来。

切片平面 切片平面 ：使用该工具可以沿某一平面分开网格对象。

分割：启用该选项后，可以通过“快速切片”工具 快速切片 和“切割”工具 切割 在划分边的位置处创建出两个顶点集合。

切片 切片 ：可以在切片平面位置处执行切割操作。

重置平面：将执行过“切片”的平面恢复到之前的状态。

快速切片：可以将对象进行快速切片，切片线沿着对象表面，所以可以更加准确地进行切片。

切割：可以在一个或多个多边形上创建出新的边。

网格平滑：使选定的对象产生平滑效果。

细化：增加局部网格的密度，从而方便处理对象的细节。

平面化：强制所有选定的子对象成为共面。

视图对齐：使对象中的所有顶点与活动视图所在的平面对齐。

栅格对齐：使选定对象中的所有顶点与活动视图所在的平面对齐。

松弛：使当前选定的对象产生松弛现象。

隐藏选定对象：隐藏所选定的子对象。

全部取消隐藏：将所有的隐藏对象还原为可见对象。

隐藏未选定对象：隐藏未选定的任何子对象。

命名选择：用于复制和粘贴子对象的命名选择集。

删除孤立顶点：启用该选项后，选择连续子对象时会删除孤立顶点。

完全交互：启用该选项后，如果更改数值，将直接在视图中显示最终的结果。

4.“编辑顶点”卷展栏

进入可编辑多边形的“顶点”级别后，在“修改”面板中会增加一个“编辑顶点”卷展栏，如图5-83所示。这个卷展栏下的工具全部是用来编辑顶点的。

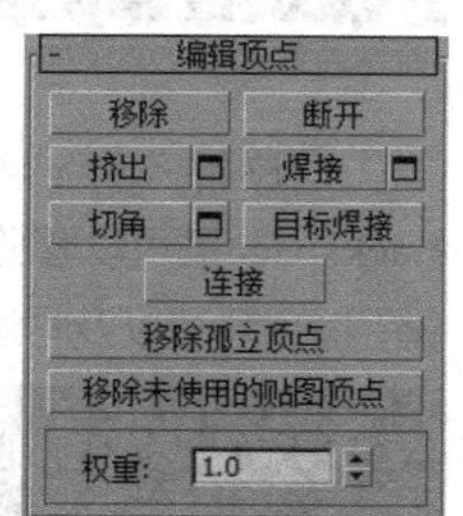

图5-83

【重要参数介绍】

移除：选中一个或多个顶点以后，单击该按钮可以将其移除，然后接合起使用它们的多边形。

技巧与提示

这里详细介绍一下移除顶点与删除顶点的区别。

移除顶点：选中一个或多个顶点以后，单击“移除”按钮或按Backspace键即可移除顶点，但也只能是移除了顶点，而面仍然存在，如图5-84所示。这里要注意，移除顶点可能导致网格形状发生严重变形。

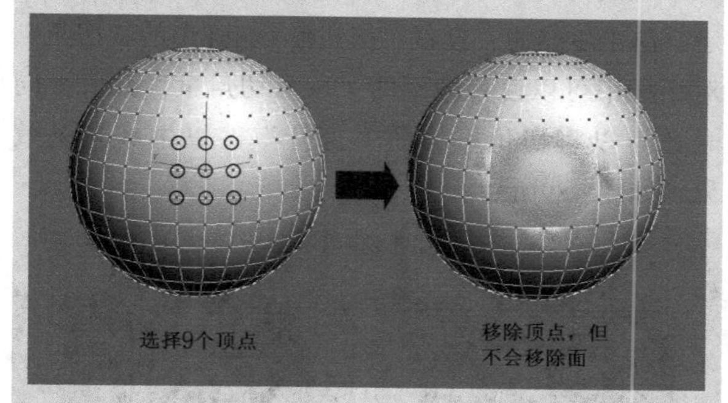

图5-84

删除顶点：选中一个或多个顶点以后，按Delete键可以删除顶点，同时也会删除连接到这些顶点的面，如图5-85所示。

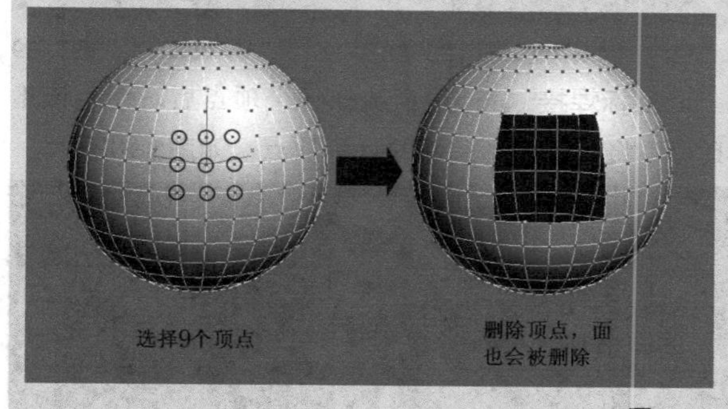

图5-85

断开：选中顶点以后，单击该按钮可以在与选定顶点相连的每个多边形上都创建一个新顶点，这可以使多边形的转角相互分开，使它们不再相连于原来的顶点上。

挤出：直接使用这个工具可以手动在视图中挤出顶点，如图5-86所示。如果要精确设置挤出的高度和宽度，可以单击后面的“设置”按钮，然后在视图中的“挤出顶点”对话框中输入数值，如图5-87所示。

图5-86

图5-87

焊接 焊接 ：对“焊接顶点”对话框中指定的“焊接阈值”范围之内连续选中的顶点进行合并，合并后所有边都会与产生的单个顶点连接。单击后面的“设置”按钮▣可以设置“焊接阈值”。

切角 切角 ：选中顶点以后，使用该工具在视图中拖曳光标，可以手动为顶点切角，如图5-88所示。单击后面的“设置”按钮▣，在弹出的“切角”对话框中可以设置精确的“顶点切角量”数值，同时还可以将切角后的面“打开”，以生成孔洞效果，如图5-89所示。

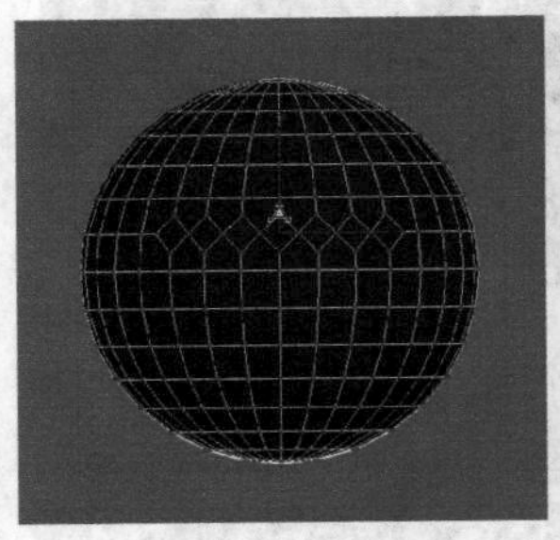

图5-88

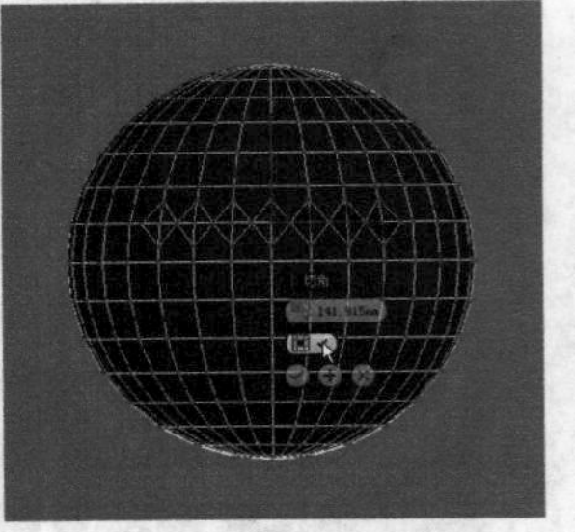

图5-89

目标焊接 目标焊接 ：选择一个顶点后，使用该工具可以将其焊接到相邻的目标顶点，如图5-90所示。

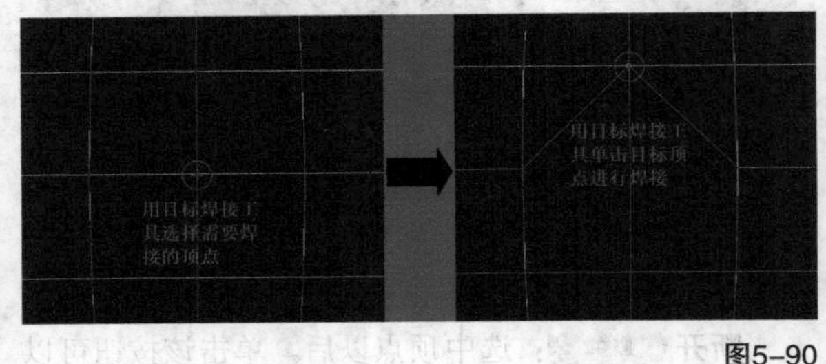

图5-90

技巧与提示

“目标焊接”工具 目标焊接 只能焊接成对的连续顶点，也就是说，选择的顶点与目标顶点必须有一个边相连。

连接 连接 ：在选中的对角顶点之间创建新的边，如图5-91所示。

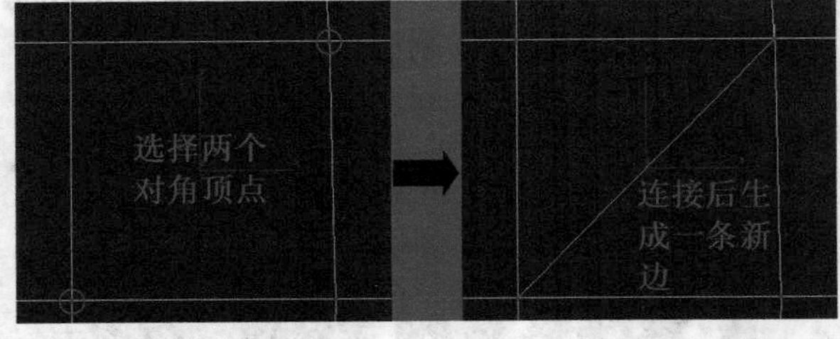

图5-91

移除孤立顶点 移除孤立顶点 ：删除不属于任何多边形的所有顶点。

移除未使用的贴图顶点 移除未使用的贴图顶点 ：某些建模操作会留下未使用的（孤立）贴图顶点，它们会显示在“展开UVW”编辑器中，但是不能用于贴图，单击该按钮就可以自动删除这些贴图顶点。

权重：设置选定顶点的权重，供NURMS细分选项和“网格平滑”修改器使用。

5. “编辑边”卷展栏

进入可编辑多边形的“边”层级以后，在“修改”面板中会增加一个“编辑边”卷展栏，如图5-92所示。这个卷展栏下的工具全部用来编辑边。

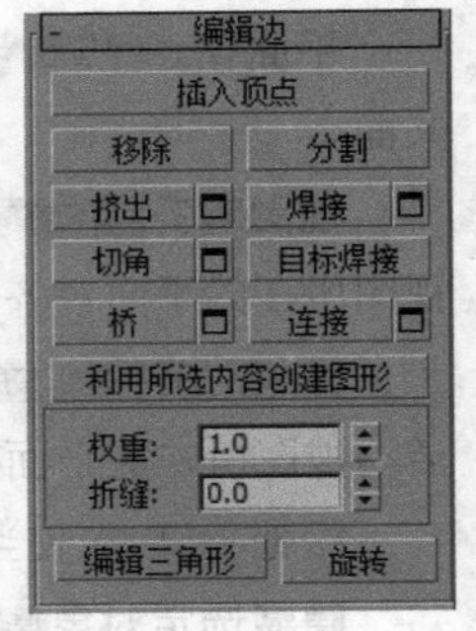

图5-92

【重要参数介绍】

插入顶点 插入顶点 ：在“边”层级下，使用该工具在边上单击鼠标左键，可以在边上添加顶点，如图5-93所示。

图5-93

移除 移除 ：选择边以后，单击该按钮或按Backspace键可以移除边，如图5-94所示。如果按Delete键，将删除边以及与边连接的面，如图5-95所示。

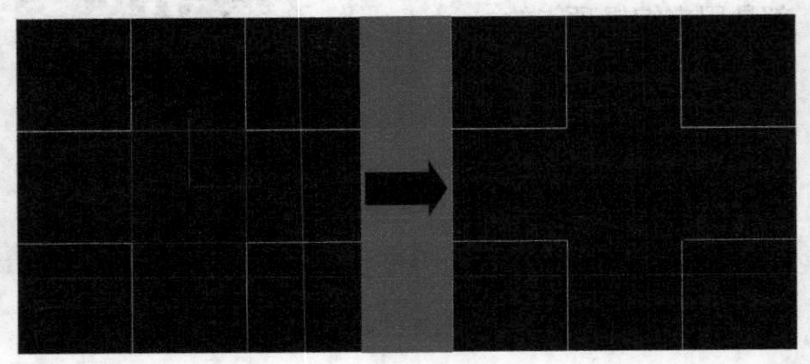

图5-94

图5-95

分割 分割 ：沿着选定边分割网格。对网格中心的单条边应用时，不会起任何作用。

挤出 挤出 ：直接使用这个工具可以手动在视图中挤出边。如果要精确设置挤出的高度和宽度，可以单击后面的“设置”按钮，然后在视图中的“挤出边”对话框中输入数值，如图5-96所示。

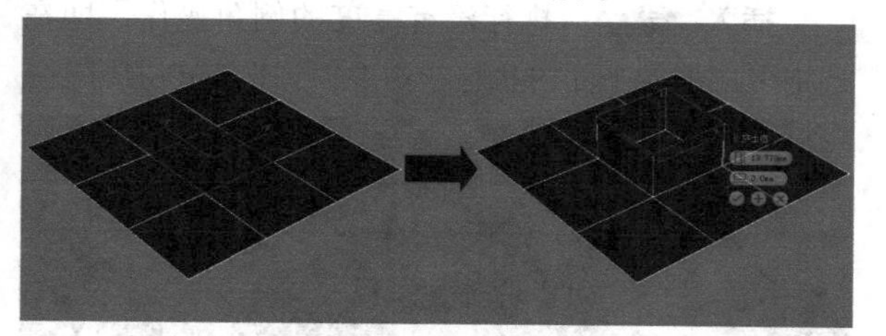

图5-96

焊接 焊接 ：组合“焊接边”对话框指定的“焊接阈值”范围内的选定边。只能焊接仅附着一个多边形的边，也就是边界上的边。

切角 切角 ：这是多边形建模中使用频率最高的工具之一，可以为选定边进行切角（圆角）处理，从而生成平滑的棱角，如图5-97所示。

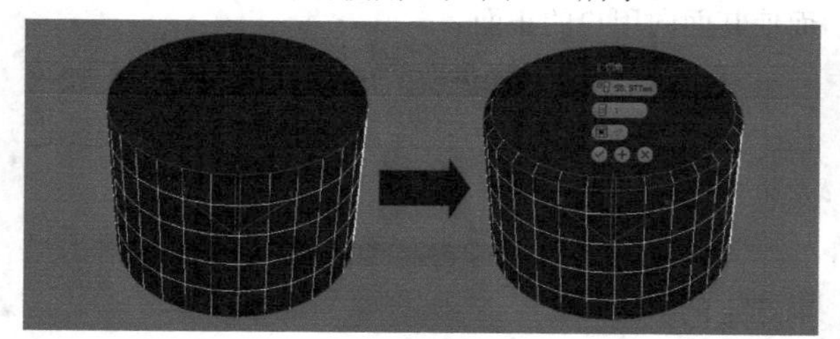

图5-97

技巧与提示

在很多时候为边进行切角处理以后，都需要为模型加载“网格平滑”修改器，以生成非常平滑的模型，如图5-98所示。

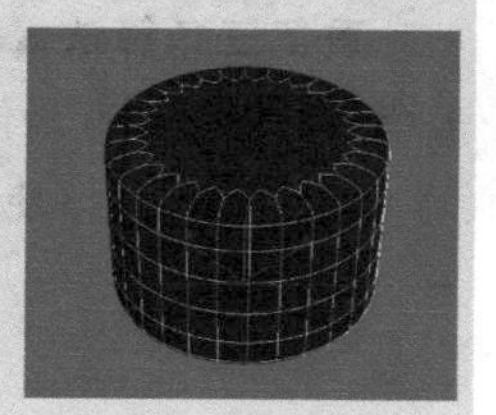

图5-98

目标焊接 目标焊接 ：用于选择边并将其焊接到目标边。只能焊接仅附着一个多边形的边，也就是边界上的边。

桥 桥 ：使用该工具可以连接对象的边，但只能连接边界边，也就是只在一侧有多边形的边。

连接 连接 ：这是多边形建模中使用频率最高的工具之一，可以在每对选定边之间创建新边，对于创建或细化边循环特别有用。例如，选择一对竖向的边，则可以在横向上生成边，如图5-99所示。

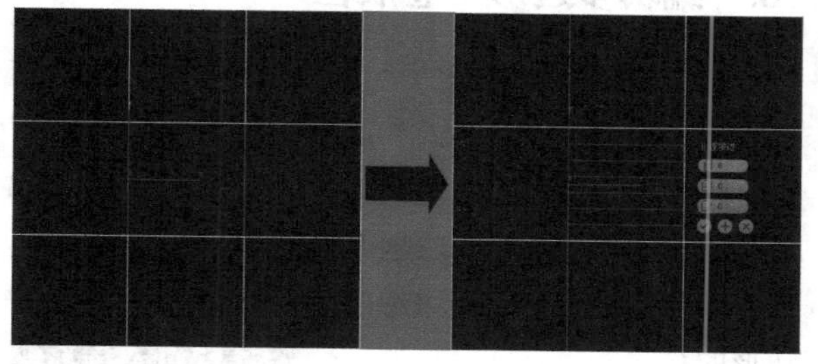

图5-99

利用所选内容创建图形 利用所选内容创建图形 ：这是多边形建模中使用频率最高的工具之一，可以将选定的边创建为样条线图形。选择边以后，单击该按钮可以弹出一个“创建图形”对话框，在该对话框中可以设置图形名称以及设置图形的类型。如果选择“平滑”类型，则生成平滑的样条线，如图5-100所示；如果选择“线性”类型，则样条线的形状与选定边的形状保持一致，如图5-101所示。

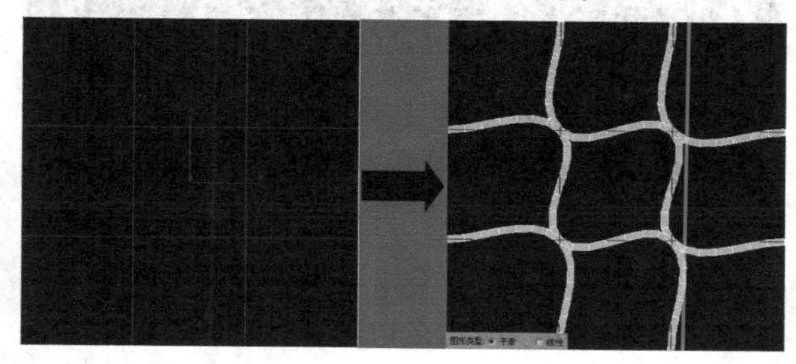

图5-100

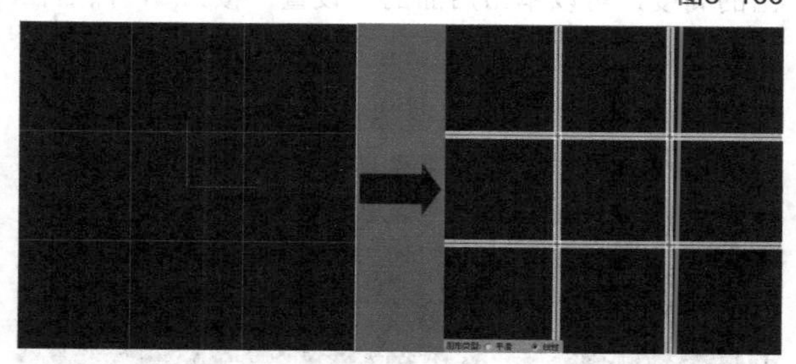

图5-101

权重：设置选定边的权重，供NURMS细分选项和“网格平滑”修改器使用。

拆缝：指定对选定边或边执行的折缝操作量，供NURMS细分选项和“网格平滑”修改器使用。

编辑三角形：用于修改绘制内边或对角线时多边形细分为三角形的方式。

旋转：用于通过单击对角线修改多边形细分为三角形的方式。使用该工具时，对角线可以在线框和边面视图中显示为虚线。

6.“编辑多边形”卷展栏

进入可编辑多边形的“多边形”层级以后，在“修改”面板中会增加一个“编辑多边形”卷展栏，如图5-102所示。这个卷展栏下的工具全部是用来编辑多边形的。

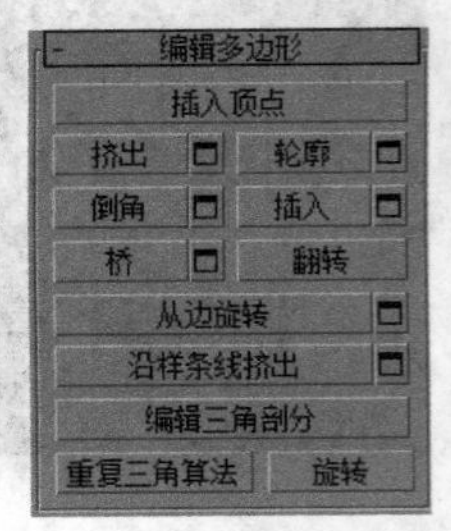

图5-102

【重要参数介绍】

插入顶点：用于手动在多边形插入顶点（单击即可插入顶点），以细化多边形，如图5-103所示。

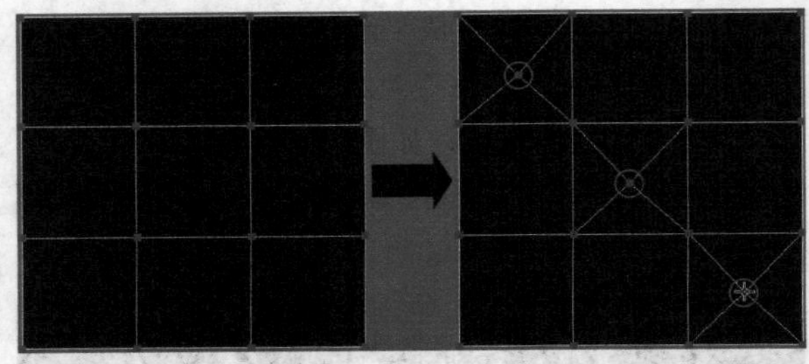

图5-103

挤出：这是多边形建模中使用频率最高的工具之一，可以挤出多边形。如果要精确设置挤出的高度，可以单击后面的“设置”按钮，然后在视图中的“挤出边”对话框中输入数值。挤出多边形时，“高度”为正值时可向外挤出多边形，为负值时可向内挤出多边形，如图5-104所示。

图5-104

轮廓：用于增加或减少每组连续的选定多边形的外边。

倒角：这是多边形建模中使用频率最高的工具之一，可以挤出多边形，同时为多边形进行倒角，如图5-105所示。

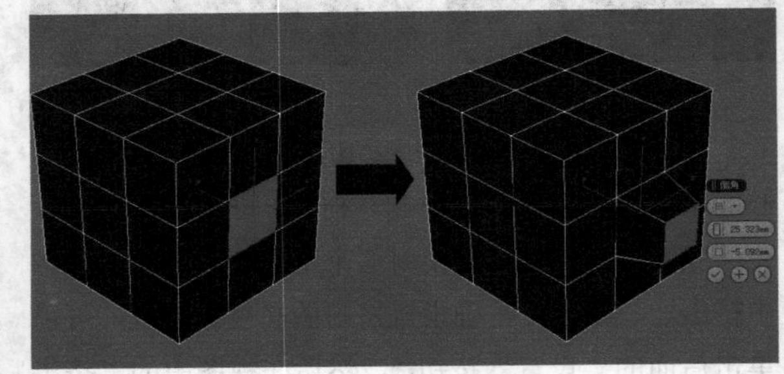

图5-105

插入：执行没有高度的倒角操作，即在选定多边形的平面内执行该命令，如图5-106所示。

图5-106

桥：使用该工具可以连接对象上的两个多边形或多边形组。

翻转：反转选定多边形的法线方向，从而使其面向用户的正面。

从边旋转：选择多边形后，使用该工具可以沿着垂直方向拖动任何边，以便旋转选定多边形。

沿样条线挤出：沿样条线挤出当前选定的多边形。

编辑三角剖分：通过绘制内边修改多边形细分为三角形的方式。

重复三角算法：在当前选定的一个或多个多边形上执行最佳三角剖分。

旋转：使用该工具可以修改多边形细分为三角形的方式。

课堂案例

制作魔方

场景文件	无
实例文件	实例文件>CH05>课堂案例：制作魔方.max
视频名称	课堂案例：制作魔方.mp4
难易指数	★★☆☆☆
学习目标	学习"多边形建模"的方法

魔方是日常生活中常见的小物品，运用多边形建模制作较为简单，魔方效果如图5-107所示。

图5-107

01 使用"长方体"工具 长方体 在场景中创建一个长方体，然后在"参数"卷展栏下设置"长度"为50mm、"宽度"为50mm、"高度"为50mm、"长度分段"为3、"宽度分段"为3、"高度分段"为3，具体参数设置及模型效果如图5-108所示。

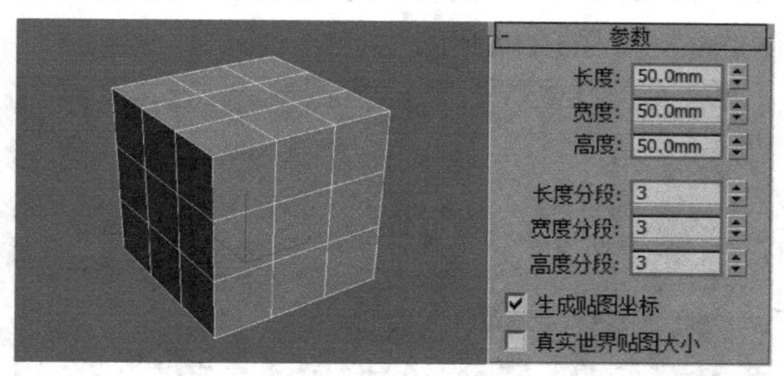

图5-108

02 将长方体转换为可编辑多边形，进入"多边形"层级，然后全选所有的多边形，如图5-109所示。

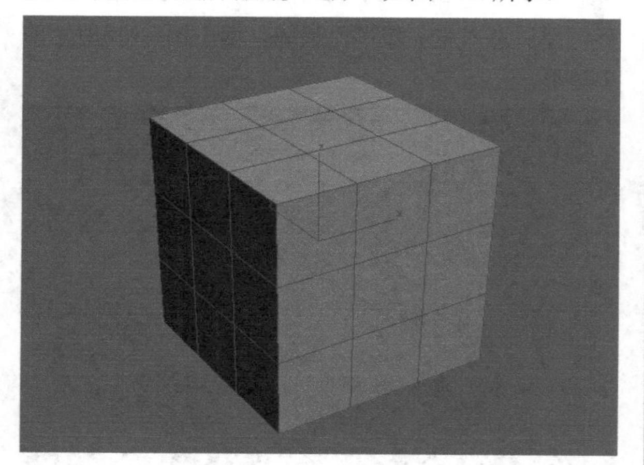

图5-109

03 保持选中的多边形不变，然后单击"插入"按钮 插入 后的"设置"按钮，接着设置"类型"为"按多边形"、"数量"为1mm，如图5-110所示。

图5-110

04 单击"挤出"按钮 挤出 后的"设置"按钮，然后设置"类型"为"按多边形"、"高度"为3mm，如图5-111所示。

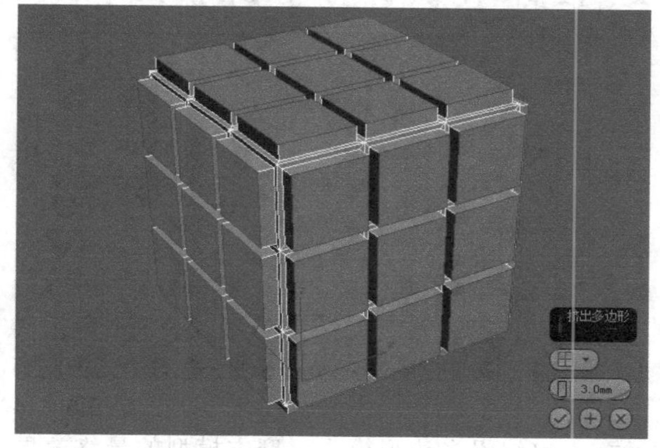

图5-111

05 单击"轮廓"按钮 轮廓 后的"设置"按钮，然后设置"数量"为-0.5mm，如图5-112所示。

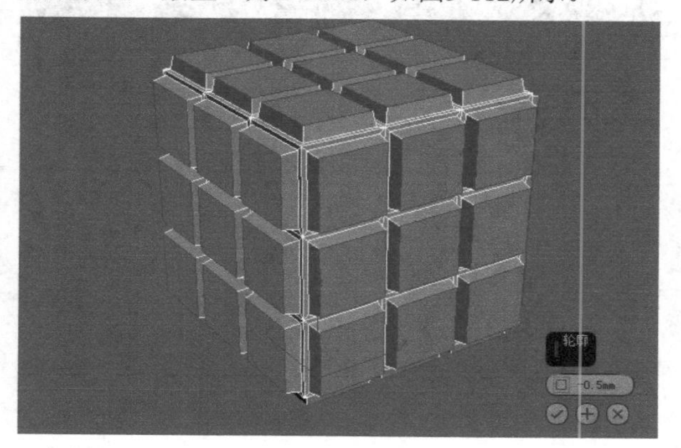

图5-112

06 进入“边”层级，然后选中图5-113所示的边，接着单击“切角”按钮 切角 后的“设置”按钮，设置“边切角类型”为“标准切角”、“边切角量”为0.3mm、“连接边分段”为3，如图5-114所示。

图5-113

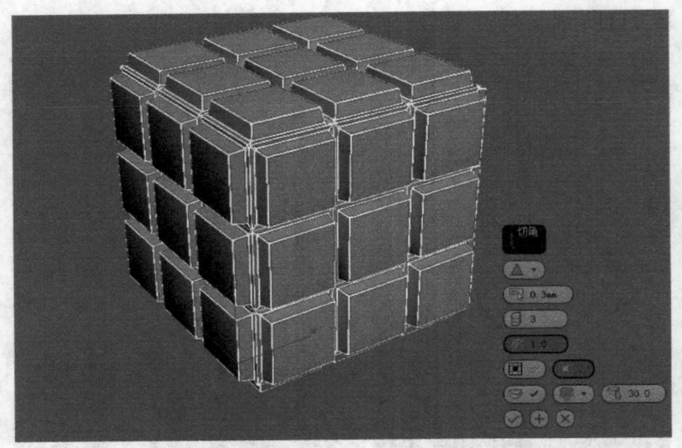

图5-114

07 退出编辑多边形模式，魔方模型的最终效果如图5-115所示。

图5-115

课堂案例

制作床头柜

场景文件	无
实例文件	实例文件>CH05>课堂案例：制作床头柜.max
视频名称	课堂案例：制作床头柜.mp4
难易指数	★★★☆☆
学习目标	多边形建模、样条线建模

本案例制作的是在日常生活中经常接触到的床头柜，通过多边形建模可以制作出柜体，通过样条线建模可以制作出带造型的抽屉。床头柜效果如图5-116所示。

图5-116

01 使用“长方体”工具 长方体 在场景中创建一个长方体，然后在“参数”卷展栏下设置“长度”为300mm、“宽度”为400mm、“高度”为600mm，如图5-117所示。

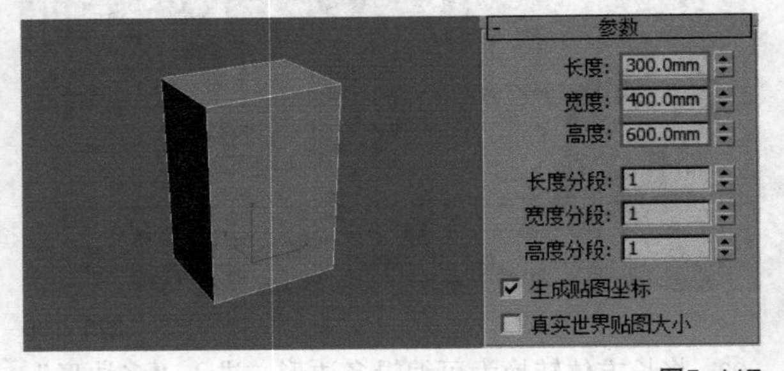

图5-117

02 将上一步创建的长方体模型转换为可编辑多边形，然后进入“多边形”层级，选中图5-118所示的多边形。

图5-118

03 保持选中的多边形不变，然后单击“插入”按钮 插入 后的“设置”按钮，设置“数量”为10mm，如图5-119所示。

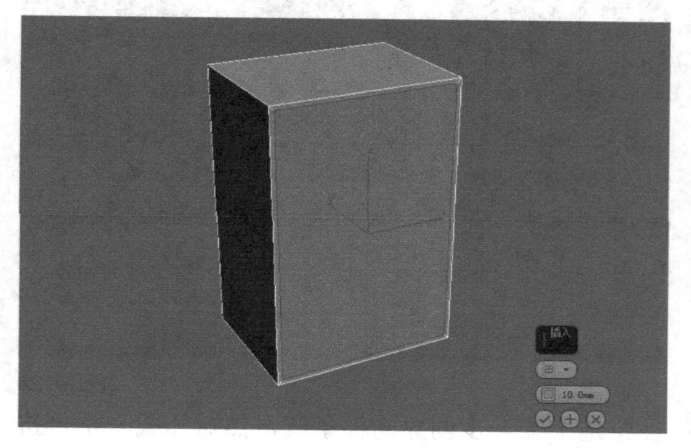

图5-119

04 单击“挤出”按钮 挤出 后的“设置”按钮，设置“高度”为-280mm，如图5-120所示。

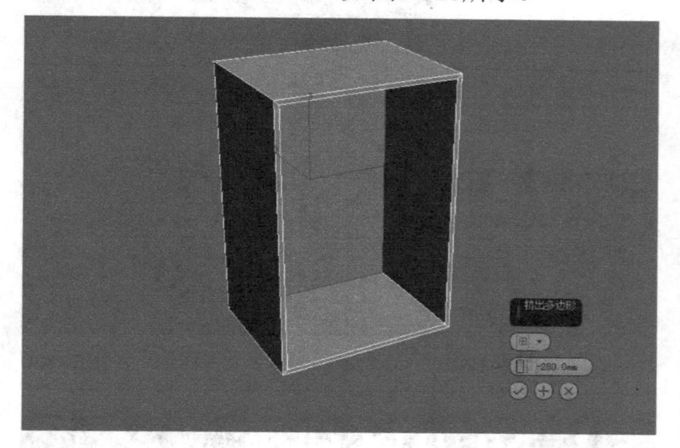

图5-120

05 进入“边”层级，然后选中图5-121所示的边，接着单击“切角”按钮后的“设置”按钮，设置“边切角量”为2.5mm、“连接分段”为3，如图5-122所示。

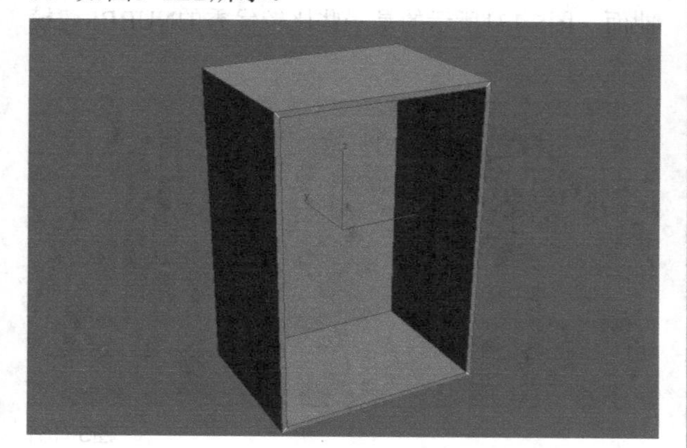

图5-121

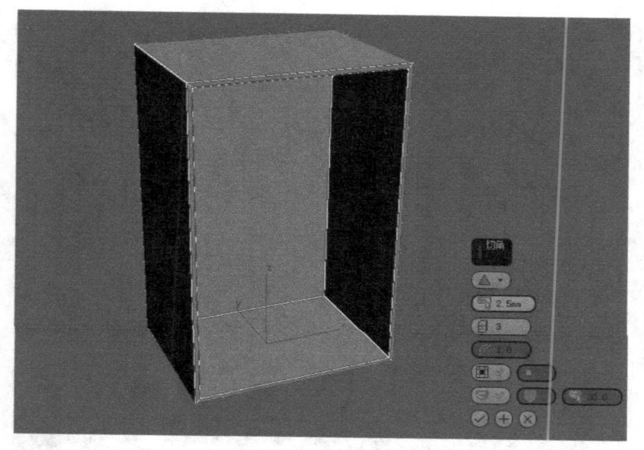

图5-122

06 在前视图使用“矩形”工具绘制一个矩形，然后设置“长度”为250mm、“宽度”为375mm、“角半径”为2.5mm，如图5-123所示。

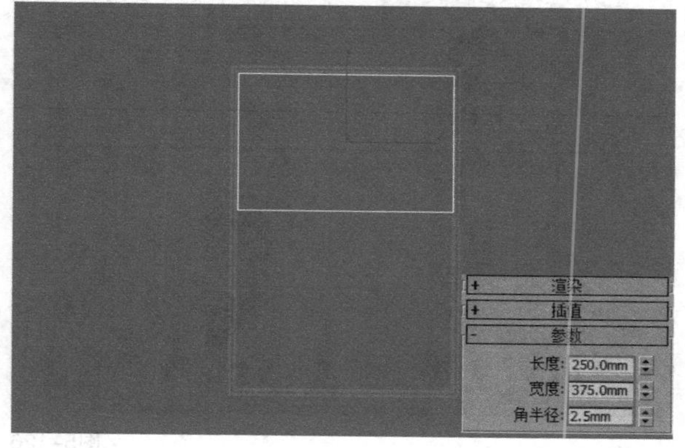

图5-123

07 使用“圆”工具在矩形内绘制两个圆，然后设置“半径”为30mm，如图5-124所示。

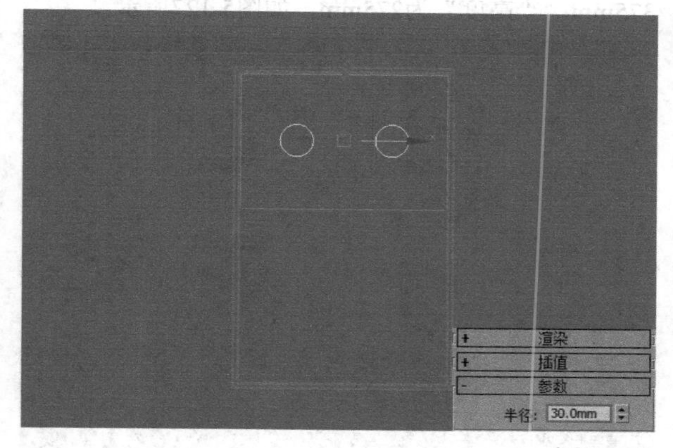

图5-124

08 使用“附加”工具将两个圆附加为一个整体，然后选中矩形继续附加两个圆，效果如图5-125所示。

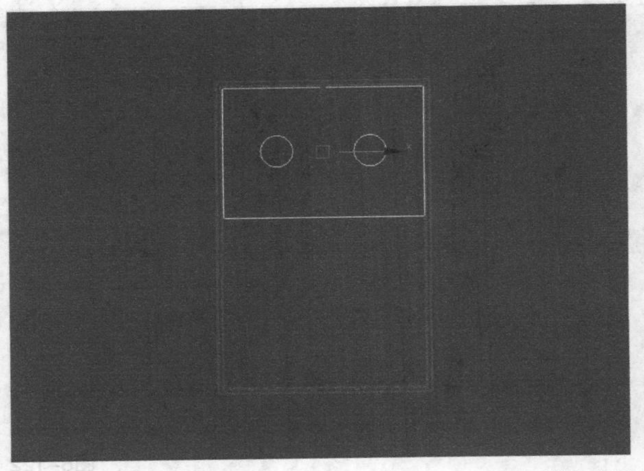

图5-125

(09) 选中修改后的样条线，然后加载一个“挤出”修改器，设置“数量”为20mm，如图5-126所示。

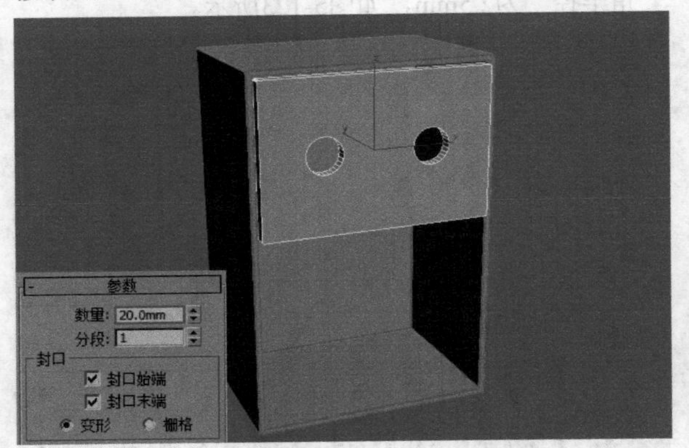

图5-126

(10) 使用“长方体”工具在场景中创建一个长方体，然后设置“长度”为10mm、“宽度”为375mm、“高度”为275mm，如图5-127所示。

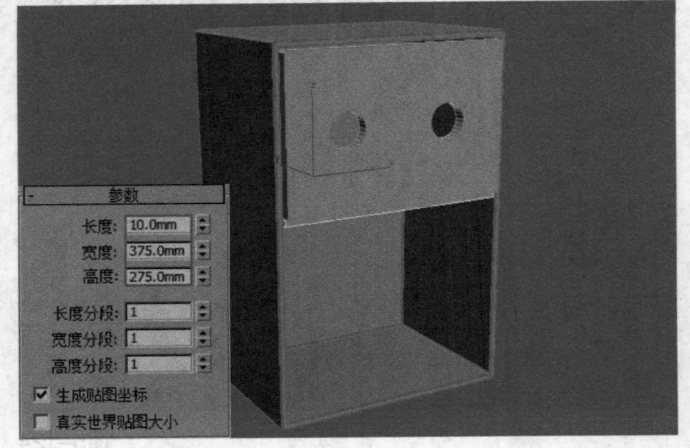

图5-127

(11) 使用“矩形”工具在前视图中绘制一个矩形，然后转换为可编辑样条线并修改造型，如图5-128所示。

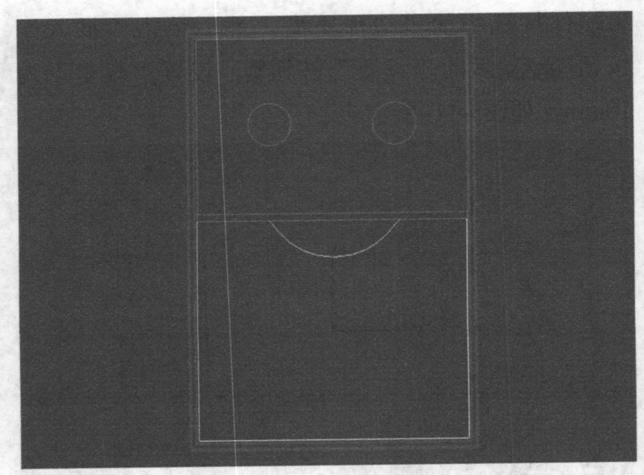

图5-128

(12) 选中上一步创建的样条线，然后加载一个“挤出”修改器，设置“数量”为20mm，如图5-129所示。床头柜的最终效果如图5-130所示。

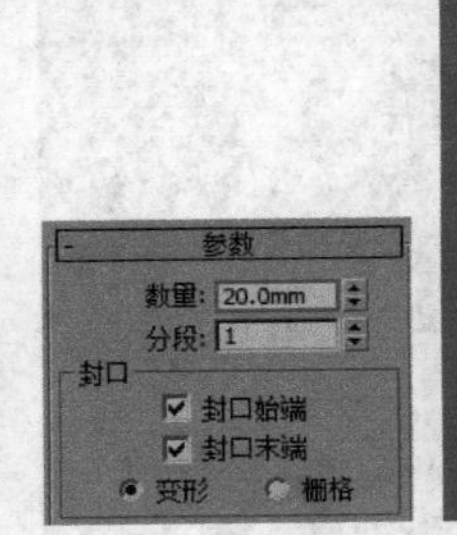

图5-129

图5-130

5.3 NURBS建模

NURBS建模是一种高级建模方法，所谓NURBS就是Non—Uniform Rational B-Spline（非均匀有理B样条曲线）。NURBS建模适合创建一些复杂的弯曲曲面，图5-131所示的是一些比较优秀的NURBS建模作品。

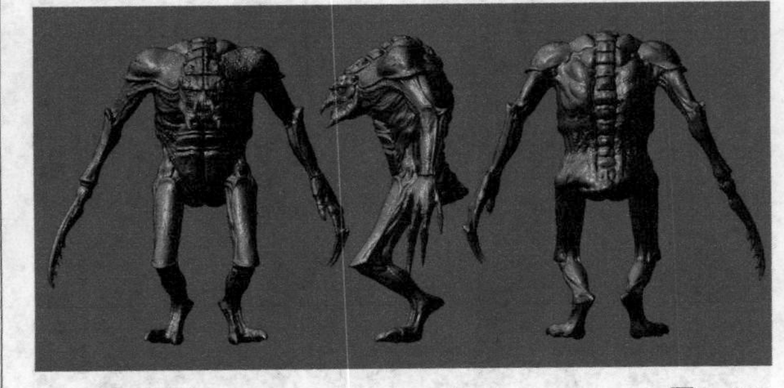

图5-131

知识名称	主要作用	重要程度
NURBS类型	绘制曲面或则曲线	中
编辑NURBS	通过对点、曲线、曲面的编辑处理对象	中

5.3.1 NURBS对象类型

NBURBS对象包含NURBS曲面和NURBS曲线两种，如图5-132和图5-133所示。

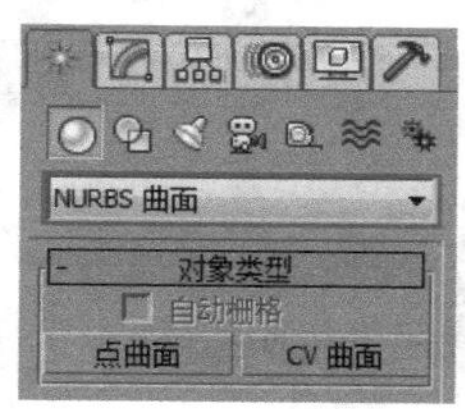

图5-132

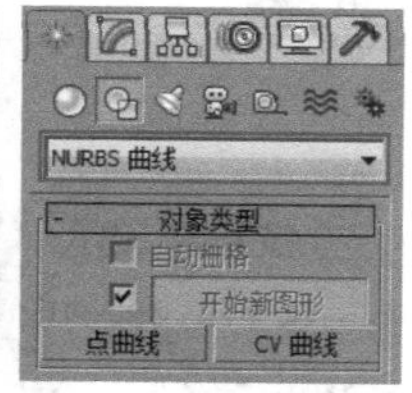

图5-133

1.NURBS曲面

NURBS曲面包含“点曲面”和“CV曲面”两种。“点曲面”由点来控制曲面的形状，每个点始终位于曲面的表面上，如图5-134所示；“CV曲面”由控制顶点（CV）来控制模型的形状，CV形成围绕曲面的控制晶格，而不是位于曲面上，如图5-135所示。

图5-134

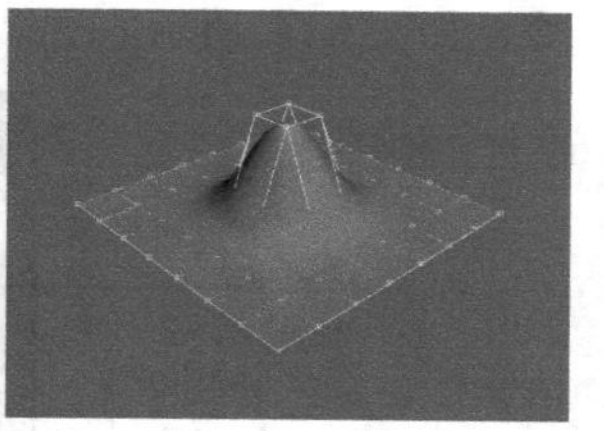

图5-135

2.NURBS曲线

NURBS曲线包含“点曲线”和“CV曲线”两种。“点曲线”由点来控制曲线的形状，每个点始终位于曲线上，如图5-136所示；“CV曲线”由控制顶点来控制曲线的形状，这些控制顶点不必位于曲线上，如图5-137所示。

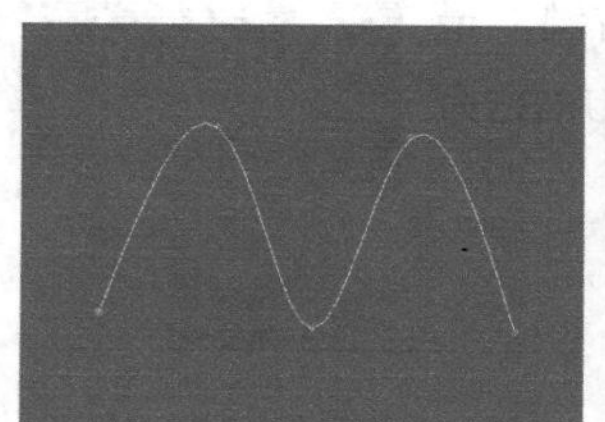

图5-136

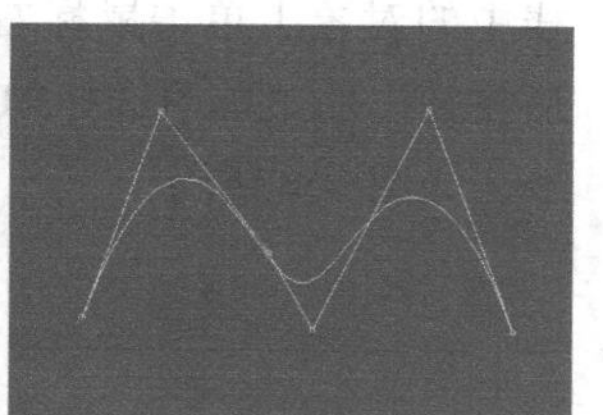

图5-137

5.3.2 创建NURBS对象

创建NURBS对象的方法很简单，如果要创建NURBS曲面，将几何体类型切换为“NURBS曲面”，然后使用“点曲面”工具 点曲面 或“CV曲面”工具 CV 曲面 即可创建出相应的曲面对象；如果要创建NURBS曲线，将图形类型切换为“NURBS曲线”，然后使用“点曲线”工具 点曲线 或“CV曲线”工具 CV 曲线 即可创建出相应的曲线对象。

1.点曲面

点曲面是由矩形点的阵列构成的曲面，创建时可以修改它的长度、宽度以及各边上的点数，如图5-138所示。

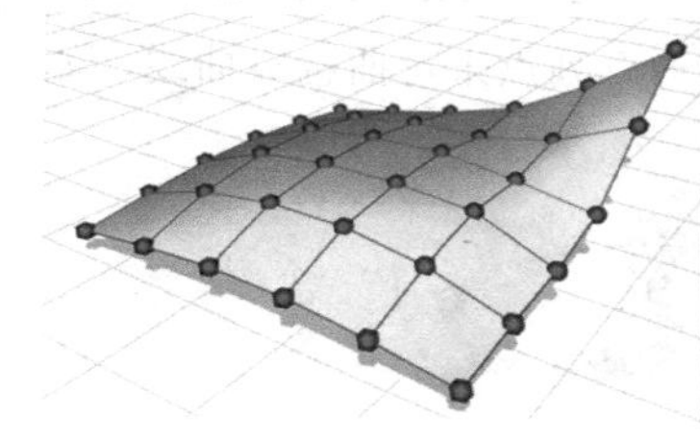

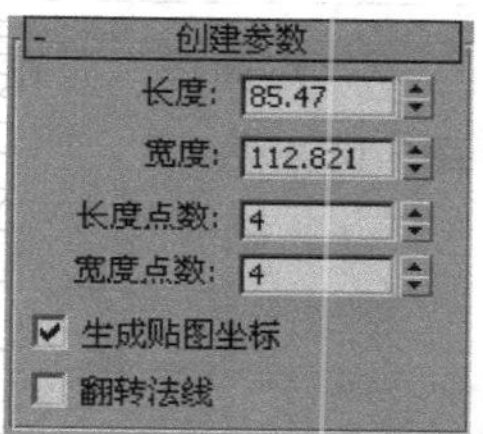

图5-138

【重要参数介绍】

长度/宽度：分别设置曲面的长度和宽度。

长度点数/宽度点数：分别设置长、宽边上的点的数目。

生成贴图坐标：自动产生贴图坐标。

翻转法线：翻转曲面法线。

2.CV曲面

CV曲面就是可控曲面，即由可以控制的点组成的曲面，这些点不在曲面上，而是对曲面起到控制作用，每一个控制点都有权重值可以调节，以改变曲面的形状，如图5-139所示。

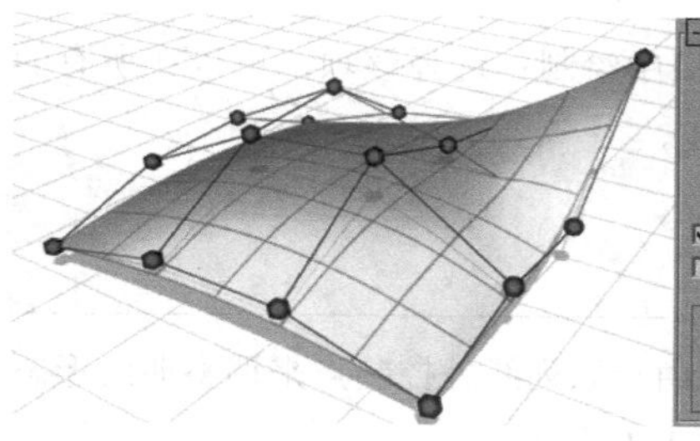

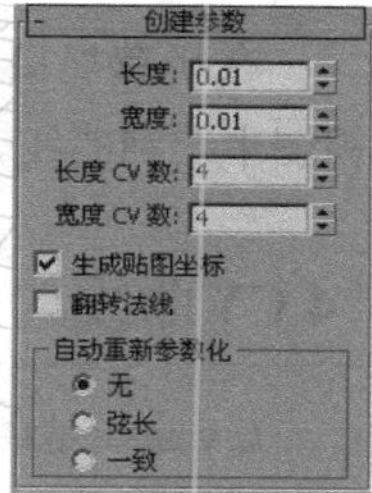

图5-139

【重要参数介绍】

长度/宽度：分别设置曲面的长度和宽度。

长度CV数/宽度CV数：分别设置长、宽边上的控制点的数目。

生成贴图坐标：自动产生贴图坐标。

翻转法线：翻转曲面法线。

无：不使用自动重新参数化功能。所谓自动重新参数化，就是对象表面会根据编辑命令进行自动调节。

弦长：应用弦长度运算法则，即按照每个曲面片段长度的平方根在曲线上分布控制点的位置。

一致：按一致的原则分配控制点。

3.点曲线

"点曲线"是由一系列点来弯曲构成曲线，如图5-140所示。

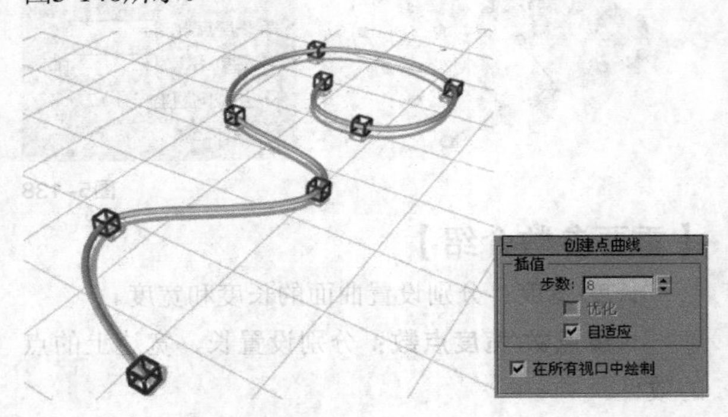

图5-140

【重要参数介绍】

步数：设置两点之间的分段数目。值越高，曲线越圆滑。

优化：对两点之间的分段进行优化处理，删除直线段上的片段划分。

自适应：由系统自动指定分段，以产生平滑的曲线。

在所有视口中绘制：选择该项，可以在所有的视图中绘制曲线。

4.CV曲线

CV曲线是由一系列线外控制点来调整曲线形态的曲线，如图5-141所示。

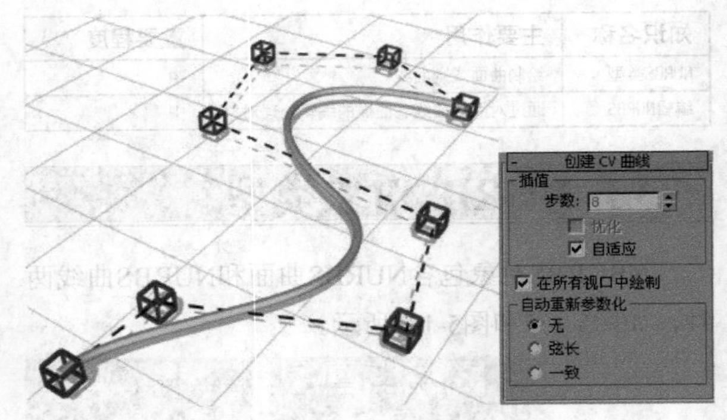

图5-141

技巧与提示

CV曲线的功能参数与点曲线基本一致，这里不再重复介绍。

5.3.3 转换NURBS对象

NURBS对象可以直接创建出来，也可以通过转换的方法将对象转换为NURBS对象。将对象转换为NURBS对象的方法主要有以下3种。

第1种：选择对象，然后单击鼠标右键，接着在弹出的菜单中选择"转换为>转换为NURBS"命令，如图5-142所示。

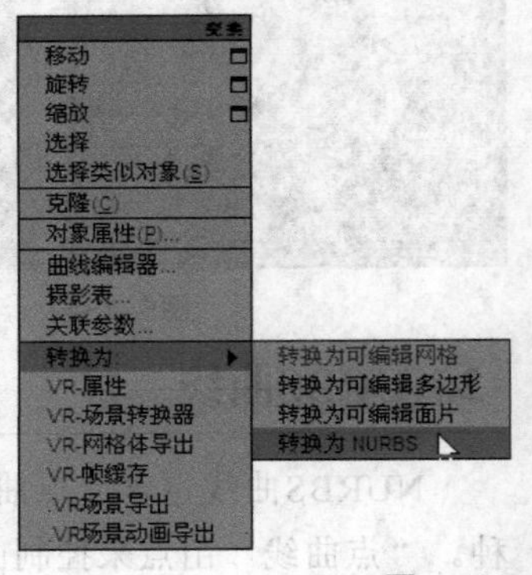

图5-142

第2种：选择对象，然后进入"修改"面板，接着在修改器堆栈中的对象上单击鼠标右键，最后在弹出的菜单中选择NURBS命令，如图5-143所示。

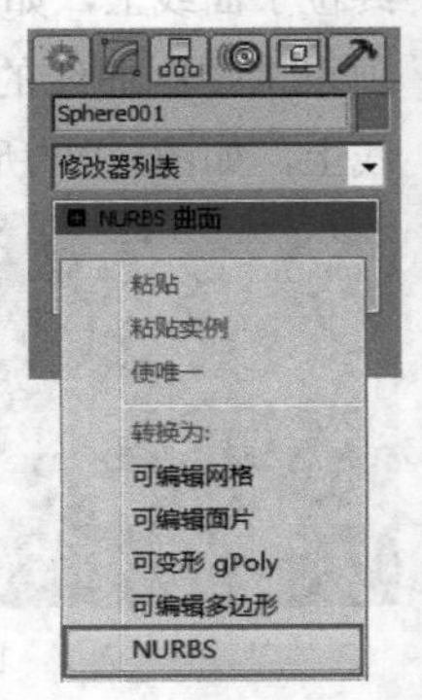

图5-143

第3种：为对象加载“挤出”或“车削”修改器，然后设置“输出”为NURBS，如图5-144所示。

图5-144

5.3.4 编辑NURBS对象

在NURBS对象的参数设置面板中共有7个卷展栏（以NURBS曲面对象为例），分别是“常规”“显示线参数”“曲面近似”“曲线近似”“创建点”“创建曲线”“创建曲面”卷展栏，如图5-145所示。

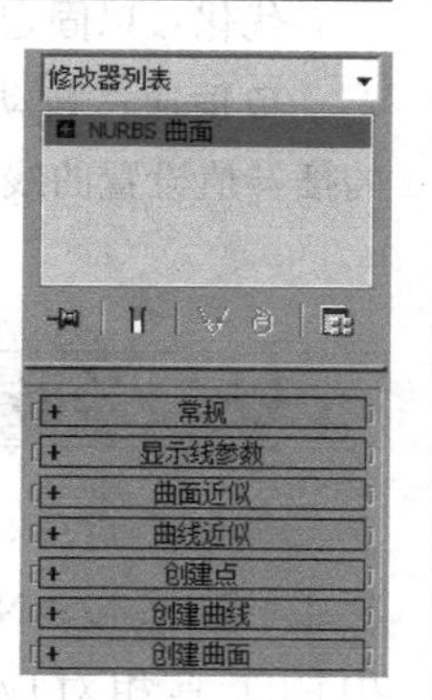

图5-145

1.常规卷展栏

“常规”卷展栏下包含用于编辑NURBS对象的常用工具（如“附加”工具、“导入”工具等）以及NURBS对象的显示方式，另外还包含一个“NURBS创建工具箱”按钮（单击该按钮可以打开“NURBS工具箱”），如图5-146所示。

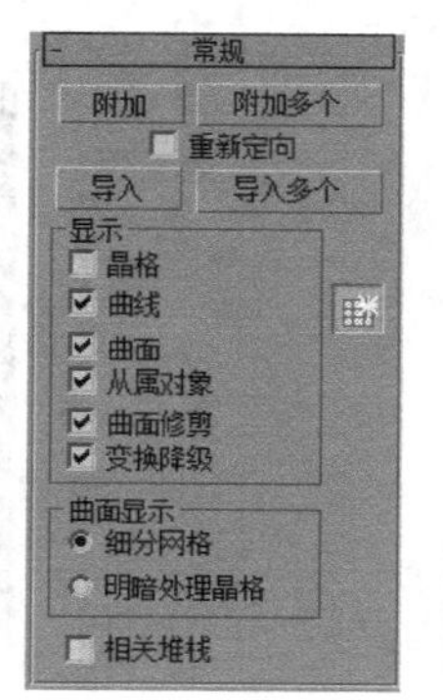

图5-146

【重要参数介绍】

附加：单击此按钮，然后在视图中单击选择NURBS允许接纳的对象，可以将它附加到当前NURBS造型中。

附加多个：单击此按钮，系统打开一个名称选择框，可以通过名称来选择多个对象合并到当前NURBS造型中。

导入：单击此按钮，然后在视图中单击选择NURBS允许接纳的对象，可以将它转化为NURBS对象，并且作为一个导入造型合并到当前NURBS造型中。

导入多个：单击此按钮，系统打开一个名称选择框，可以通过名称来选择多个对象导入到当前NURBS造型中。

显示：控制造型5种组合因素的显示情况，包括晶格、曲线、曲面、从属对象、曲面修剪。最后的变换降级比较重要，默认是勾选的，如果在这时进行NURBS顶点编辑，则曲面形态不会显示出加工效果，所以一般要取消选择，以便于实时编辑操作。

曲面显示：选择NURBS对象表面的显示方式。

细分网格：正常显示NURBS对象的构成曲线。

明暗处理晶格：按照控制线的形式显示NURBS对象的表面形状。这种显示方式比较快，但是不精确。

相关堆栈：勾选此项，NURBS会在修改堆栈中保持所有的相关造型。

2.“显示线参数”卷展栏

“显示线参数”卷展栏下的参数主要用来指定显示NURBS曲面所用的“U向线数”和“V向线数”的数值，如图5-147所示。

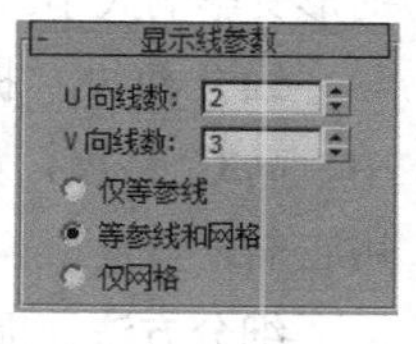

图5-147

【重要参数介绍】

U向线数/ V向线数：分别设置U向和V向等参线的条数。

仅等参线：选择此项，仅显示等参线。

等参线和网格：选择此项，在视图中同时显示等参线和网格划分。

仅网格：选择此项，仅显示网格划分，这是根据当前的精度设置显示的NURBS转多边形后的划分效果。

3. “曲面近似”卷展栏

“曲面近似”卷展栏下的参数主要用于控制视图和渲染器的曲面细分，可以根据不同的需要来选择“高”“中”“低”3种不同的细分预设，如图5-148所示。

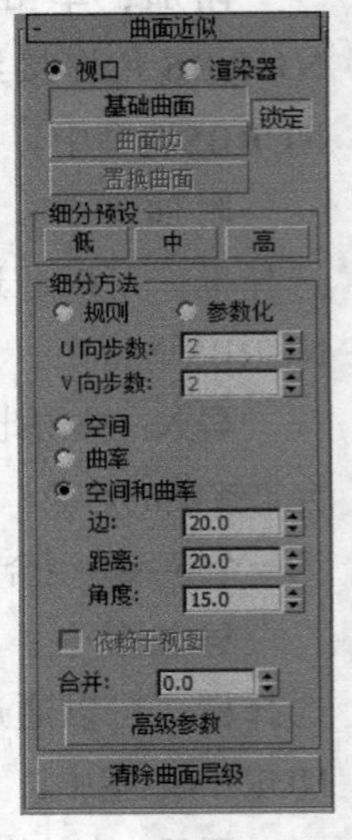

图5-148

【重要参数介绍】

视口：选择此项，下面的设置只针对视图显示。

渲染器：选择此项，下面的设置只针对最后的渲染结果。

基础曲面：设置影响整个表面的精度。

曲面边：对于有相接的几个曲面，如修剪、混合、填角等产生的相接曲面，它们由于各自的等参线的数目、分布不同，导致转化为多边形后边界无法一一对应，这时必须使用更高的细分精度来处理相接的两个表面，才能使相接的曲面不产生缝隙。

置换曲面：对于有置换贴图的曲面，可以进行置换计算时曲面的精度划分，决定置换对曲面造成的形变影响大小。

细分预设：提供了3种快捷设置，分别是低、中、高3个精度，如果对具体参数不太了解，可以使用它们来设置。

细分方法：提供各种可以选用的细分方法。

规则：直接用U、V向的步数来调节，值越大，精度越高。

参数化：在水平和垂直方向产生固定的细化，值越高，精度越高，但运算速度也慢。

空间：产生一个统一的三角面细化，通过调节下面的“边”参数控制细分的精细程度。数值越低，精细化程度越高。

曲率：根据造型表面的曲率产生一个可变的细化效果，这是一个优秀的细化方式。“距离”和“角度”值降低，可以增加细化程度。

空间和曲率：空间和曲率两种方式的结合，可以同时调节“边”“距离”“角度”参数。

依赖于视图：该参数只有在“渲染器”选项下有效，勾选它可以根据摄影机与场景对象间的距离调整细化方式，从而缩短渲染时间。

合并：控制表面细化时那些重叠的边或距离很近的边进行合并处理，默认值为0，这个功能可以有效地去除一些修剪曲面产生的缝隙。

4. “曲线近似”卷展栏

与“曲面近似”卷展栏相似，主要用于控制曲线的步数及曲线的细分级别，如图5-149所示。

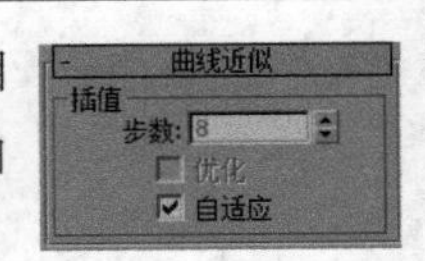

图5-149

【重要参数介绍】

步数：设置每个点之间曲线上的步数值，值越高，插补的点越多，曲线越平滑，取值范围是1~100。

优化：以固定的步数值进行优化适配。

自适应：自动进行平滑适配，以一个相对平滑的插补值设置曲线。

5.3.5 “创建点/曲线/曲面”卷展栏

“创建点”“创建曲线”“创建曲面”卷展栏中的工具与“NURBS工具箱”中的工具相对应，主要用来创建点、曲线和曲面对象，如图5-150~图5-152所示。

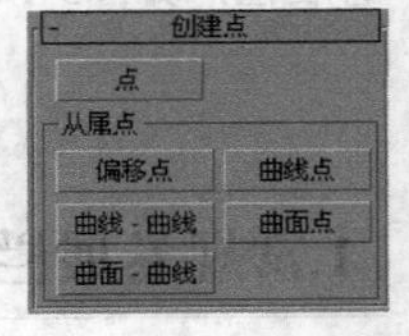

图5-150

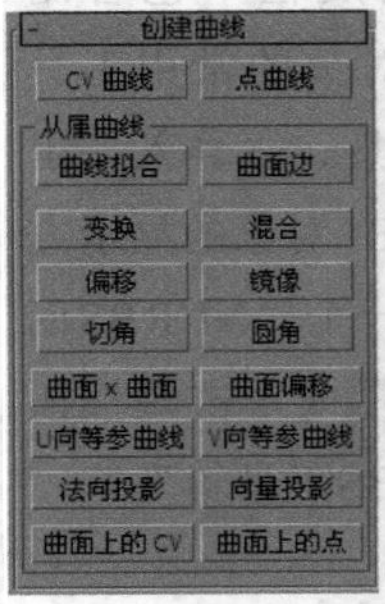

图5-151

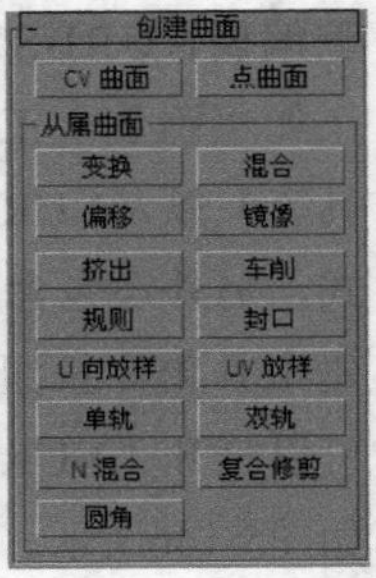

图5-152

技巧与提示

"创建点""创建曲线""创建曲面"这3个卷展栏中的工具是NURBS中最重要的对象编辑工具，关于这些工具的含义请参阅5.3.6小节中的相关内容。

5.3.6 NURBS工具箱

在"常规"卷展栏下单击"NURBS创建工具箱"按钮，打开"NURBS工具箱"，如图5-153所示。"NURBS工具箱"中包含用于创建NURBS对象的所有工具，主要分为3个功能区，分别是"点"功能区、"曲线"功能区和"曲面"功能区。

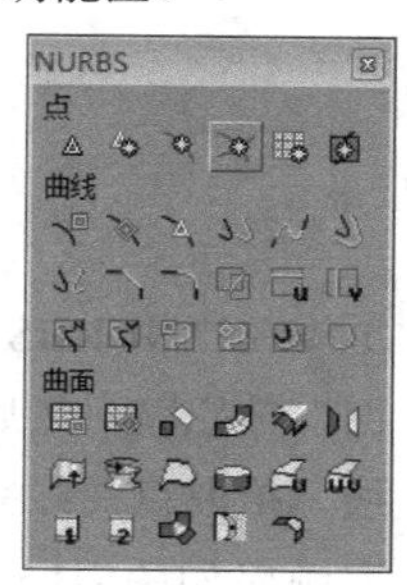

图5-153

【重要功能介绍】

点：包含创建点的工具，如图5-154所示。

点

图5-154

创建点：创建单独的点。

创建偏移点：根据一个偏移量创建一个点。

创建曲线点：创建从属曲线上的点。

创建曲线-曲线点：创建一个从属于"曲线-曲线"的相交点。

创建曲面点：创建从属于曲面上的点。

创建曲面-曲线点：创建从属于"曲面-曲线"的相交点。

曲线：创建曲线的工具，如图5-155所示。

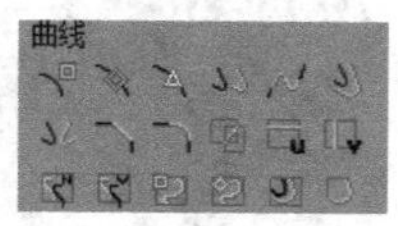

图5-155

创建CV曲线：创建一条独立的CV曲线子对象。

创建点曲线：创建一条独立点曲线子对象。

创建拟合曲线：创建一条从属的拟合曲线。

创建变换曲线：创建一条从属的变换曲线。

创建混合曲线：创建一条从属的混合曲线。

创建偏移曲线：创建一条从属的偏移曲线。

创建镜像曲线：创建一条从属的镜像曲线。

创建切角曲线：创建一条从属的切角曲线。

创建圆角曲线：创建一条从属的圆角曲线。

创建曲面-曲面相交曲线：创建一条从属于"曲面-曲面"的相交曲线。

创建U向等参曲线：创建一条从属的U向等参曲线。

创建V向等参曲线：创建一条从属的V向等参曲线。

创建法向投影曲线：创建一条从属于法线方向的投影曲线。

创建向量投影曲线：创建一条从属于向量方向的投影曲线。

创建曲面上的CV曲线：创建一条从属于曲面上的CV曲线。

创建曲面上的点曲线：创建一条从属于曲面上的点曲线。

创建曲面偏移曲线：创建一条从属于曲面上的偏移曲线。

创建曲面边曲线：创建一条从属于曲面上的边曲线。

曲面：创建曲面的工具，如图5-156所示。

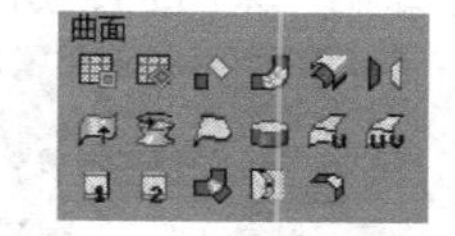

图5-156

创建CV曲线：创建独立的CV曲面子对象。

创建点曲面：创建独立的点曲面子对象。

创建变换曲面：创建从属的变换曲面。

创建混合曲面：创建从属的混合曲面。

创建偏移曲面：创建从属的偏移曲面。

创建镜像曲面：创建从属的镜像曲面。

创建挤出曲面：创建从属的挤出曲面。

创建车削曲面：创建从属的车削曲面。

创建规则曲面：创建从属的规则曲面。

创建封口曲面：创建从属的封口曲面。

创建U向放样曲面：创建从属的U向放样曲面。

创建UV放样曲面：创建从属的UV向放样曲面。

创建单轨扫描：创建从属的单轨扫描曲面。

创建双轨扫描：创建从属的双轨扫描曲面。

创建多边混合曲面：创建从属的多边混合曲面。

创建多重曲线修剪曲面：创建从属的多重曲线修剪曲面。

创建圆角曲面：创建从属的圆角曲面。

课堂案例

制作玻璃花瓶

场景文件	无
实例文件	实例文件>CH05>课堂案例：制作玻璃花瓶.max
视频名称	D课堂案例：制作玻璃花瓶.mp4
难易指数	★★☆☆☆
学习目标	学习点“曲线”工具、“创建U向放样曲面”工具、“创建封口曲面”工具的使用方法

在前面的案例中已经介绍过花瓶在室内效果图中的作用，而且也学习了通过修改器调整花瓶造型的方法。在本例中，笔者将介绍一种简单方便的制作方法，玻璃花瓶效果如图5-157所示。

图5-157

01 在“创建”面板中单击“图形”按钮，然后设置图形类型为“NURBS曲线”，接着单击“点曲线”按钮 点曲线 ，如图5-158所示，最后在视图中绘制一条图5-159所示的点曲线。

图5-158

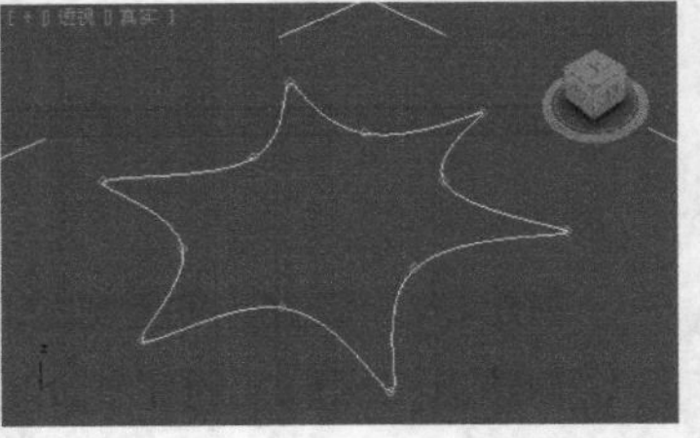

图5-159

02 继续使用“点曲线”工具 点曲线 在视图中绘制出图5-160所示的点曲线。

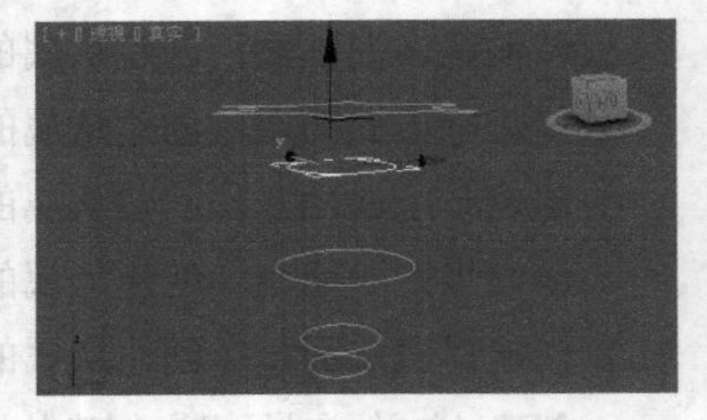

图5-160

03 进入“修改”面板，然后在“常规”卷展栏下单击“NURBS创建工具箱”按钮，自动弹出“NURBS工具箱”，如图5-161所示。

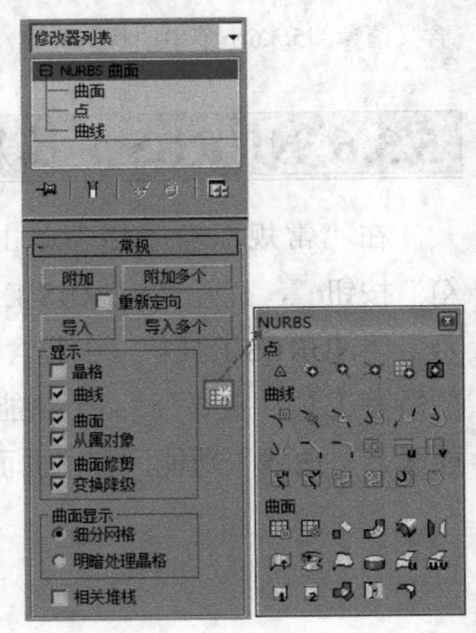

图5-161

04 在“NURBS工具箱”中单击“创建U向放样曲面”按钮，然后在视图中从上到下依次单击点曲线，拾取点曲线完毕后单击鼠标右键完成操作，拾取顺序如图5-162所示，放样完成后的模型效果如图5-163所示。

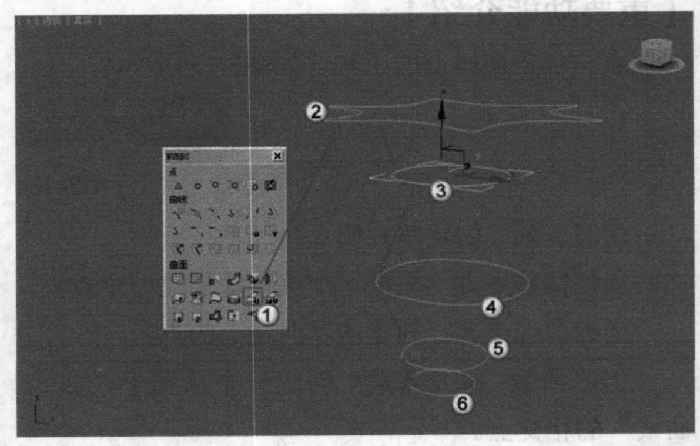

图5-162

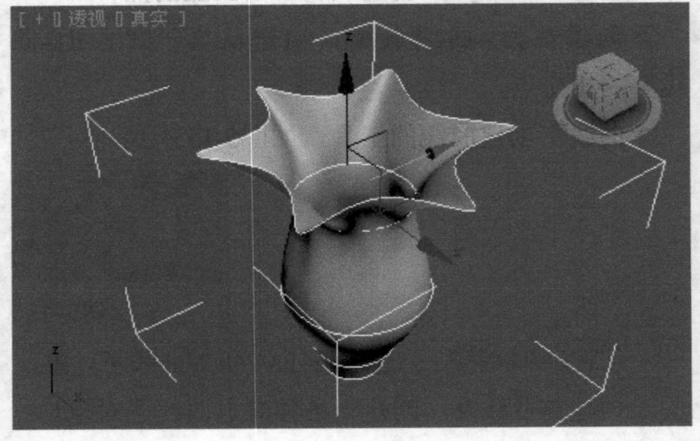

图5-163

05 在“NURBS工具箱”中单击“创建封口曲面”按钮，然后在视图中单击底部的截面，如图5-164所示，模型最终效果如图5-165所示。

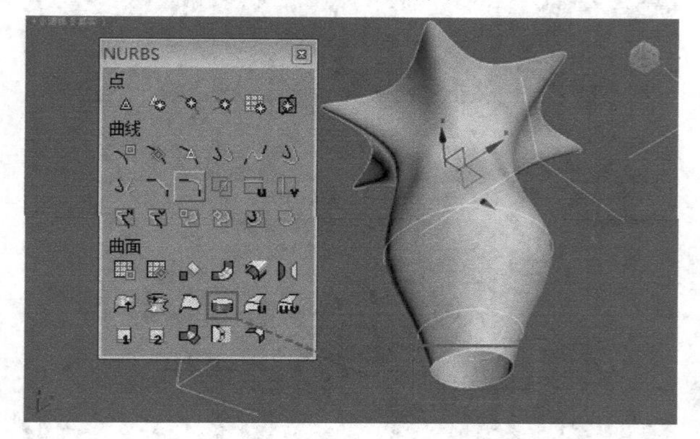

图5-164

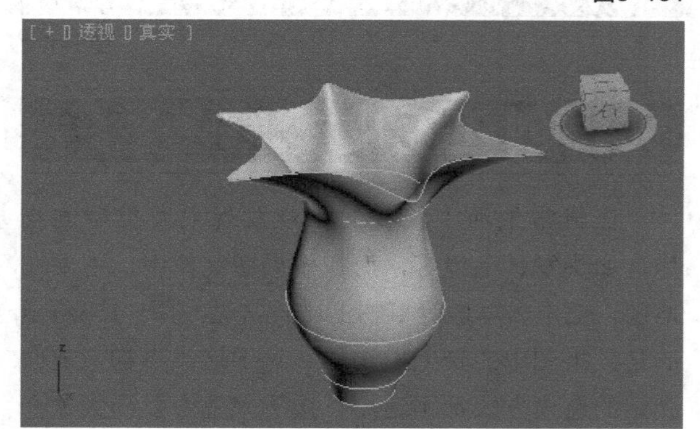

图5-165

课堂案例

制作床罩

场景文件	无
实例文件	实例文件>CH05>课堂案例：制作床罩.max
视频名称	课堂案例：制作床罩.mp4
难易指数	★★★☆☆
学习目标	学习“NURBS曲面”工具的使用方法

前面介绍过床垫的制作方法，通常情况下，床都是配有床罩的，床罩也最能间接体现床的外观形象；床罩都可以归纳为布料一类，布料在效果图中是比较常用的一种对象，其特点就是“褶皱”的效果，通过对本例的学习，希望读者可以举一反三。床罩模型的效果如图5-166所示。

图5-166

01 在“创建面板”的下拉列表中选择“NURBS曲面”，然后单击“点曲面”按钮 点曲面 ，接着在顶点视图中拖曳创建一个NURBS曲面，然后设置其“长度”为2000mm、“宽度”为1500mm，再设置“长度点数”为13、“宽度点数”为19，如图5-167所示。

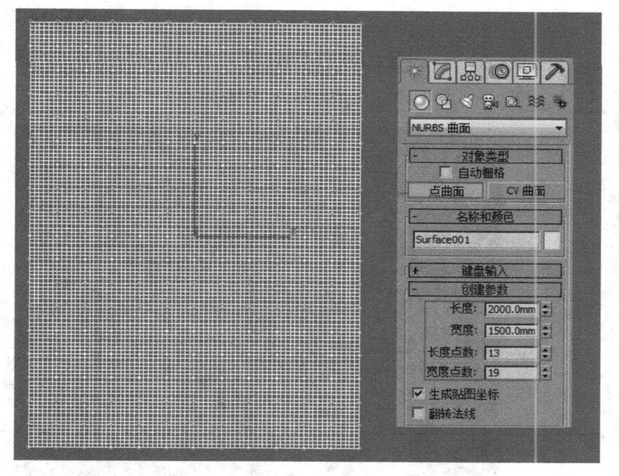

图5-167

技巧与提示

在修改参数的时候，创建好“点曲面”后，就直接在“修改面板”中修改它的参数，不要进入“修改面板”，否则是没有参数的。

02 切换至“修改面板”，在修改器列表中，单击“NURBS曲面”前面的按钮，然后激活下面的“点”次级子物体，接着在顶视图中选择中间的所有控制点（除去最外层），如图5-168所示。再切换至前视图，然后将选中的所有控制点，沿y轴向上平移4个栅格的距离，如图5-169所示。

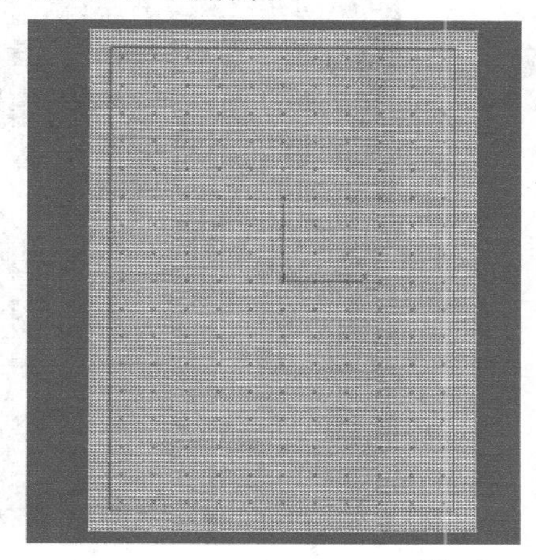

图5-168

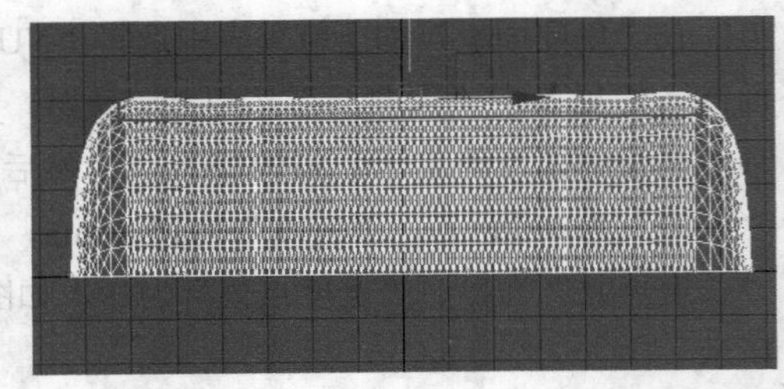

图5-169

03 切换至顶视图，按住Ctrl键，然后每间隔1个控制点选取1个控制点，如图5-170所示。

图5-170

04 单击“选择并均匀缩放”按钮，将选中的控制点沿*xy*轴进行缩放，如图5-171所示。

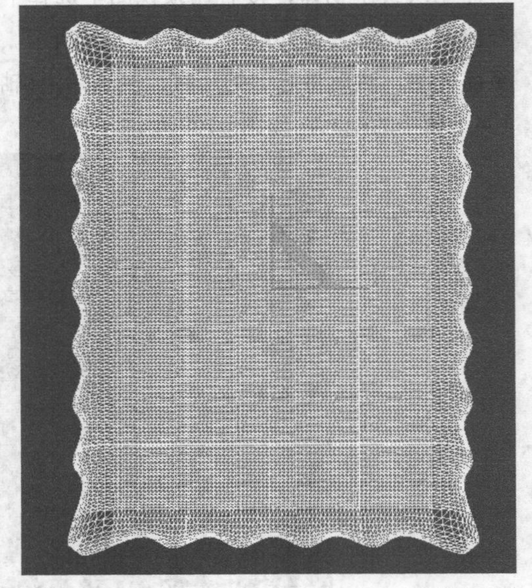

图5-171

05 此时，读者可以在透视图中对局部控制点进行单独调整，最终的模型效果如图5-172所示。

图5-172

5.4 创建毛皮

在日常生活中，我们不难发现毛发类型的物体，如头发、毛巾等，而在效果图制作中，主要在地毯、毛巾、草地等事物上比较常见，图5-173所示的是效果图中的带毛发物体。对于这类事物，前面介绍的建模方式都不适用，接下来笔者要向大家介绍一种专门用于创建这一类模型的工具。

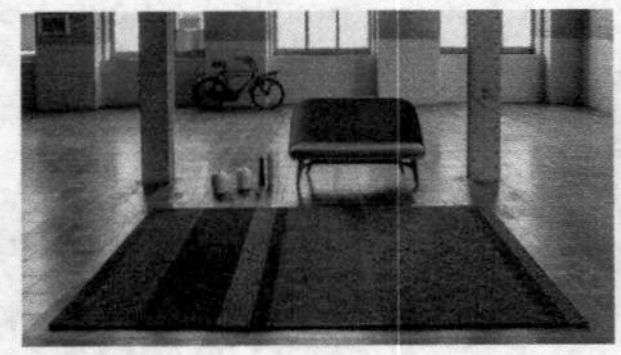

图5-173

知识名称	主要作用	重要程度
加载VRay	为3ds Max加载VRay渲染器	高
VRay毛皮	用于制作毛发类模型	高

5.4.1 VRay渲染器

VRay渲染器的算法是基于James T.Kajiya在1986年发表的“渲染方程”论文而改进的，这个方程主要描述了灯光是怎样在一个场景中传播和反射的。在James T.Kajiya的论文中也提到了用Monte Carlo（蒙特卡洛）的计算方式来计算真实光影，这种计算方式仅仅基于几何光学，近似于电磁学中的

Maxwell（麦克斯维）计算方式，它不能计算出衍射、干涉、偏振等现象。同时，这个渲染方程不是真正描述了物理世界中的光的活动，如在这个渲染方程中，它假定光线无穷小、光速无穷大，这和物理世界中的真实光线是不一样的。但是，正是因为它基于几何光学，所以它的可控制性好，计算速度快。

VRay渲染器是保加利亚的Chaos Group公司开发的3ds Max的全局光渲染器，Chaos Group公司是一家以制作3D动画、电脑影像和软件为主的公司，有50多年的历史，其产品包括电脑动画、数字效果和电影胶片等，同时也提供电影视频切换，著名的火焰插件（Phoenix）和布料插件（SimCloth）就是其产品。

VRay渲染器是模拟真实光照的一个全局光渲染器，无论是静止画面还是动态画面，其真实性和可操作性都让用户为之惊讶。它具有对照明的仿真，以帮助绘图者完成犹如照片般的图像；它可以表现出高级的光线追踪，以表现出表面光线的散射效果、动作模糊化；除此之外，VRay还能带给用户很多让人惊叹的功能，它极快的渲染速度和较高的渲染质量，吸引了全世界很多的用户。

技巧与提示

这里说明一下如何加载VRay修改器到3ds Max中。

安装好VRay渲染器后，单击工具栏中的“渲染设置”按钮或按F10键打开“渲染设置对话框”，然后在“公用”选项卡下打开“指定渲染器”卷展栏，单击“产品及”后面的加载按钮，接着在弹出的对话框中选择已经安装的“VRay渲染器”，如图5-174所示。加载后的对话框如图5-175所示。

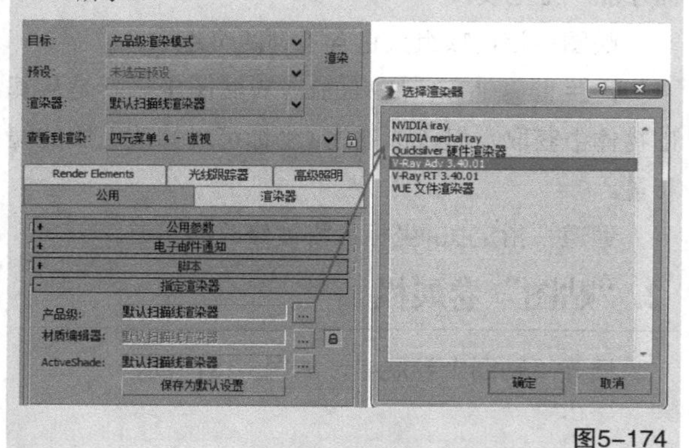

图5-174

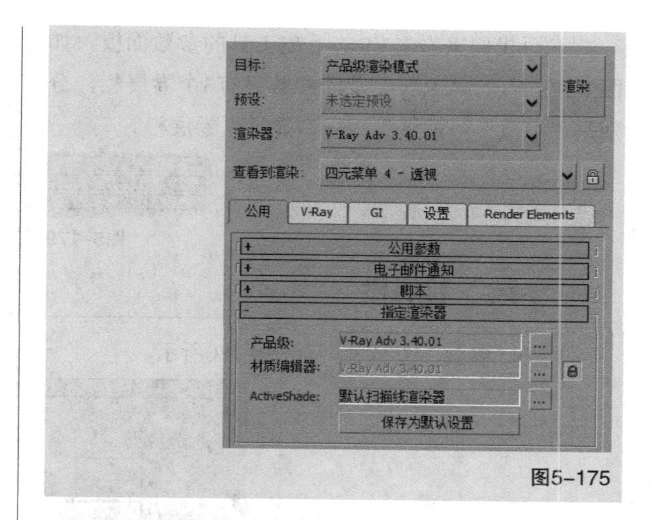

图5-175

5.4.2 VRay毛皮

“VRay毛皮”是VRay渲染器自带的一种毛发制作工具，也是目前常用的一种毛发制作工具。加载VRay渲染器后，就能在“创建面板”中使用该工具创建毛发，如图5-176所示。

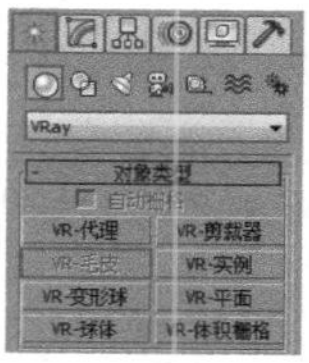

图5-176

技巧与提示

这里的“VRay毛皮”工具是未激活状态，通常情况下，“VRay毛皮”是在其他模型上创建，下面简单介绍一下其创建步骤。

第1步：在场景中创建一个立方体，如图5-177所示。

图5-177

第2步：选中长方体，然后在“创建面板”中选择VRay，接着单击“VRay毛皮”按钮创建毛皮，如图5-178所示。

图5-178

下面我们来看看VRay毛皮工具的参数面板，如图5-179所示，VRay毛发的参数只有3个卷展栏，分别是“参数”“贴图”“视口显示”卷展栏。

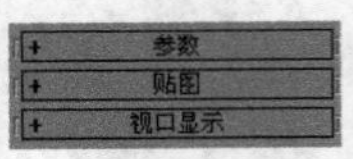

图5-179

1.“参数”卷展栏

展开“参数”卷展栏，如图5-180所示。

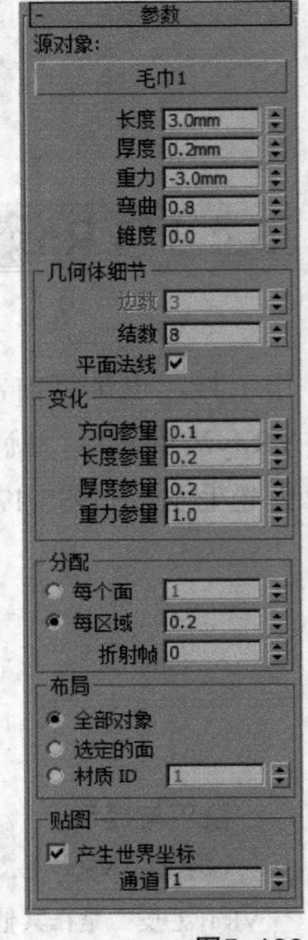

图5-180

【重要参数介绍】

源对象选项组：该选项组共包括下列6个选项。

源对象：指定需要添加毛发的物体。

长度：设置毛发的长度。

厚度：设置毛发的厚度。

重力：控制毛发在z轴方向被下拉的力度，也就是通常所说的“重量”。

弯曲：设置毛发的弯曲程度。

锥度：用来控制毛发锥化的程度。

几何体细节：该选项组包括下列3个选项。

边数：目前这个参数还不可用，在以后的版本中将开发多边形的毛发。

结数：用来控制毛发弯曲时的光滑程度。值越大，表示段数越多，弯曲的毛发越光滑。

平面法线：这个选项用来控制毛发的呈现方式。当勾选该选项时，毛发将以平面方式呈现；当关闭该选项时，毛发将以圆柱体方式呈现。

变化：该选项组的4个选项主要用于设置毛发的长度、方向等。

方向参量：控制毛发在方向上的随机变化。值越大，表示变化越强烈；0表示不变化。

长度参量：控制毛发长度的随机变化。1表示变化越强烈；0表示不变化。

厚度参量：控制毛发粗细的随机变化。1表示变化越强烈；0表示不变化。

重力参量：控制毛发受重力影响的随机变化。1表示变化越强烈；0表示不变化。

分配：主要控制毛发生成的数量。

每个面：用来控制每个面产生的毛发数量，因为物体的每个面不都是均匀的，所以渲染出来的毛发也不均匀。

每区域：用来控制每单位面积中的毛发数量，这种方式下渲染出来的毛发比较均匀。

折射帧：指定源物体获取到计算面大小的帧，获取的数据将贯穿整个动画过程。

布局：设置毛发在源物体上的布局。

全部对象：启用该选项后，全部的面都将产生毛发。

选定的面：启用该选项后，只有被选择的面才能产生毛发。

材质ID：启用该选项后，只有指定了材质ID的面才能产生毛发。

贴图：该选项组共包含下列两个选项。

产生世界坐标：所有的UVW贴图坐标都是从基础物体中获取，但该选项的w坐标可以修改毛发的偏移量。

通道：指定在w坐标上将被修改的通道。

2.“贴图”卷展栏

展开“贴图”卷展栏，如图5-181所示。

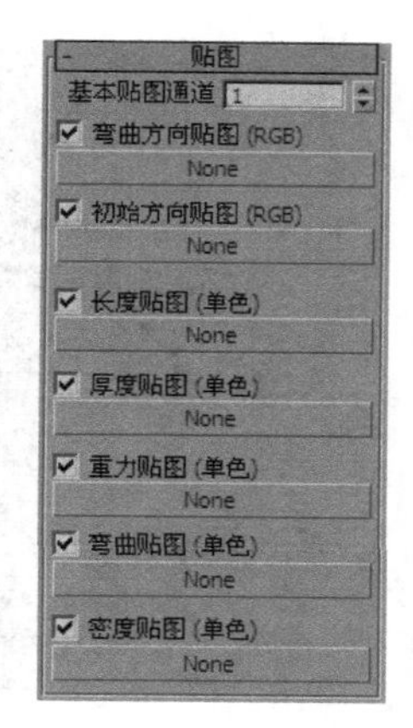

图5-181

【重要参数介绍】

基本贴图通道：选择贴图的通道。

弯曲方向贴图（RGB）：用彩色贴图来控制毛发的弯曲方向。

初始方向贴图（RGB）：用彩色贴图来控制毛发根部的生长方向。

长度贴图（单色）：用灰度贴图来控制毛发的长度。

厚度贴图（单色）：用灰度贴图来控制毛发的粗细。

重力贴图（单色）：用灰度贴图来控制毛发受重力的影响。

弯曲贴图（单色）：用灰度贴图来控制毛发的弯曲程度。

密度贴图（单色）：用灰度贴图来控制毛发的生长密度。

3. "视口显示"卷展栏

展开"视口显示"卷展栏，如图5-182所示。

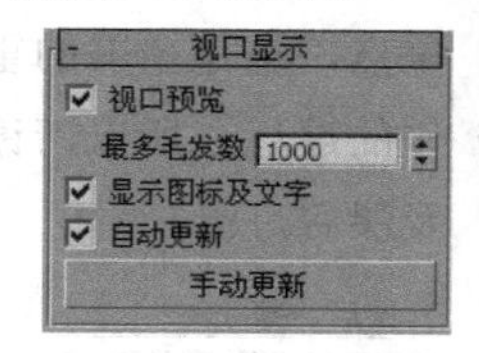

图5-182

【重要参数介绍】

视口预览：当勾选该选项时，可以在视图中预览毛发的生长情况。

最大毛发数：数值越大，就可以更加清楚地观察毛发的生长情况。

显示图标及文字：勾选该选项后，可以在视图中显示VRay毛发的图标和文字，如图5-183所示。

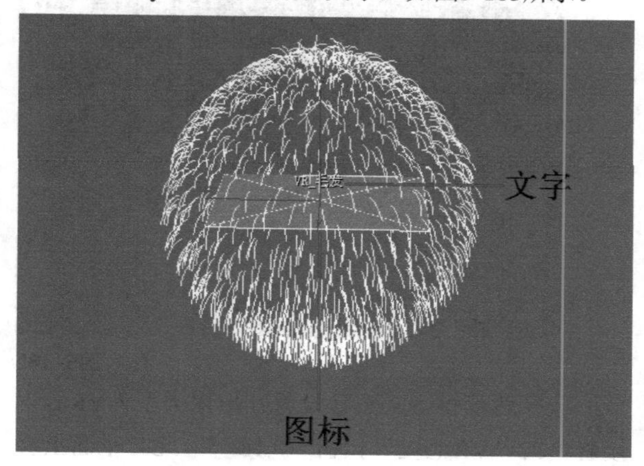

图5-183

自动更新：勾选该选项后，当改变毛发参数时，3ds Max会在视图中自动更新毛发的显示情况。

手动更新 手动更新 ：单击该按钮可以手动更新毛发在视图中的显示情况。

课堂案例

制作地毯

场景文件	场景文件>CH05>01.max
实例文件	实例文件>CH05>课堂案例：制作地毯.max
视频名称	课堂案例：制作地毯.mp4
难易指数	★★★☆☆
学习目标	学习"VRay毛皮"的使用方法

在室内效果图中，尤其是在表现客厅效果时，通常会在茶几或者桌子下面加上地毯，使场景显得华丽、大气，这样不仅丰富了场景元素，而且也将地面与家具完美分割，使整个场景的空间感更强，本案例的地毯模型效果如图5-184所示。

图5-184

01 打开本书学习资源中的“场景文件>CH05>01.max”文件，场景效果如图5-185所示。在场景中有一个地毯模型，需要为其添加“VRay毛皮”工具。

图5-185

02 选择地毯模型，然后设置几何体类型为VRay，接着单击“VR毛皮”按钮 VR毛皮 ，此时平面上会生长出毛发，如图5-186所示。

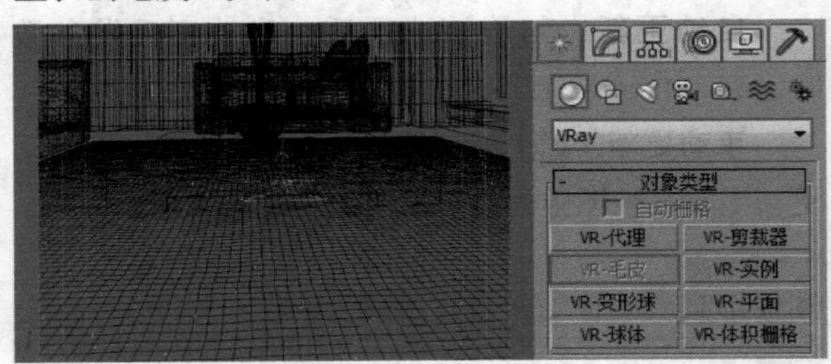

图5-186

03 选择创建好的“VRay毛皮”，展开“参数”卷展栏，然后在“源对象”选项组下设置“长度”为7mm、“厚度”为0.3mm、“重力”为2.8mm、“弯曲”为0.87，接着在“几何体细节”选项组下设置“结数”为8，再在“变化”选项组下设置“方向参量”为2、“重力参量”为0.3，最后在“分布”选项组下设置“每区域”为0.025，具体参数设置如图5-187所示，模型效果如图5-188所示。

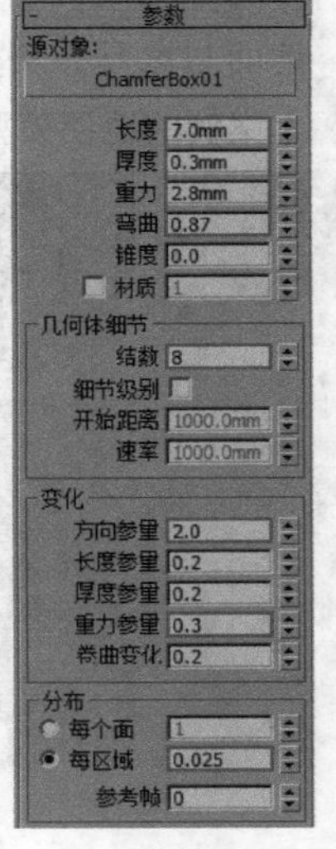

图5-187

图5-188

04 按F9键渲染当前场景，地毯效果如图5-189所示。

图5-189

5.5 本章小结

本章主要讲解了高级建模的4个技术。其中必须掌握的是多边形建模和VRay毛皮建模，这两种建模技术是以后我们常用的建模技术。本章是建模中的重点，也是全书的重点，内容贯穿了整个效果图制作的过程，所以请读者一定要好好练习本章的案例及课后习题。

课后习题

制作抱枕

场景文件	无
实例文件	实例文件>CH05>课后习题：制作抱枕.max
视频名称	课后习题：制作抱枕.mp4
难易指数	★★☆☆☆
学习目标	练习“NURBS建模”的操作技巧

本习题主要针对“NURBS建模”，在前面的案例中，学习了通过FFD修改器创建枕头，请读者比

较一下两种建模方式的不同，在以后的建模过程中可以根据自身条件选择适合自己的建模方法。抱枕模型效果如图5-190所示。

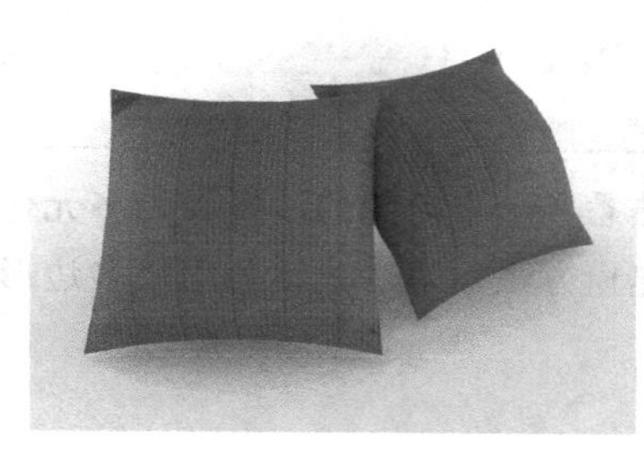
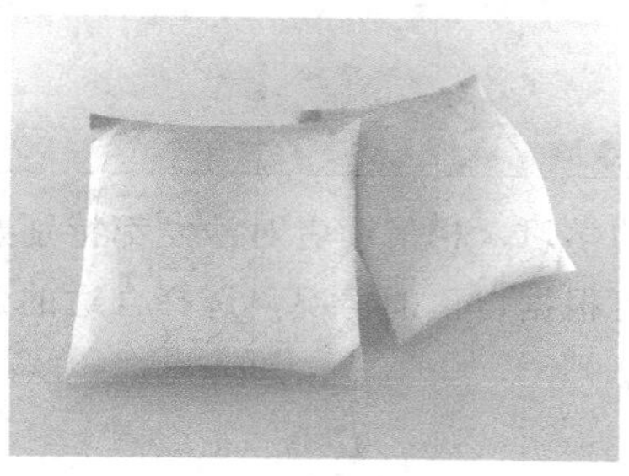

图5-190

步骤分解如图5-191所示。

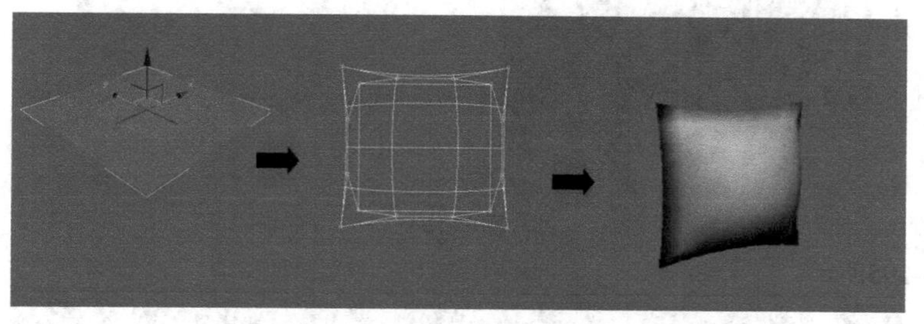

图5-191

技巧与提示

通过流程图制作出来的模型只是抱枕的一半，另一半笔者建议通过镜像处理。

课后习题

制作煎锅

场景文件	无
实例文件	实例文件>CH05>课后习题：制作煎锅.max
视频名称	课后习题：制作煎锅.mp4
难易指数	★★★☆☆
学习目标	练习“切角”工具、“挤出”工具和“网格平滑”修改器的运用

煎锅是厨房空间必不可少的物品，在制作时依靠圆柱体进行多边形编辑，煎锅效果如图5-192所示。

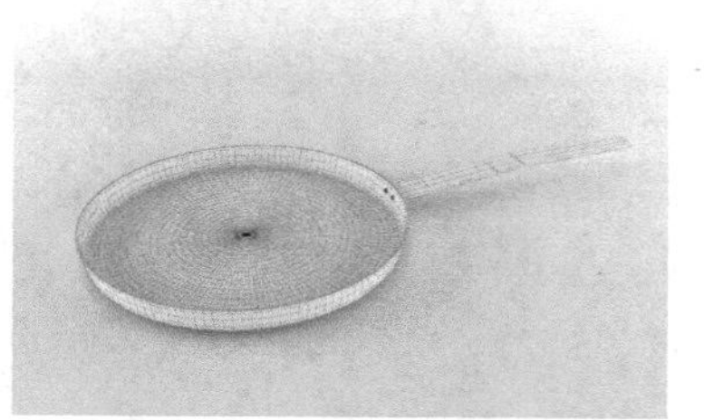

图5-192

步骤分解如图5-193所示。

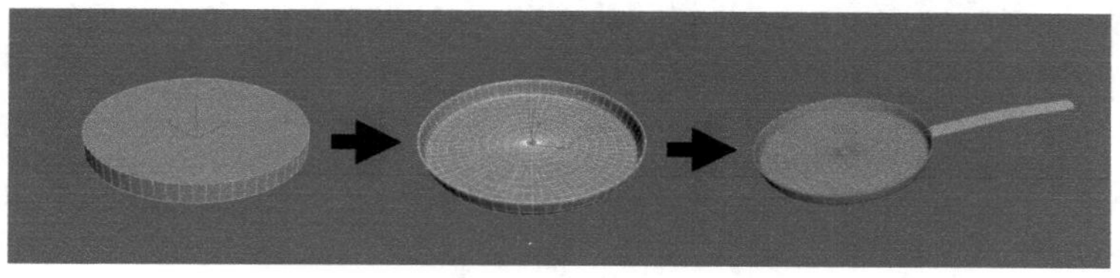

图5-193

课后习题

制作双人沙发

场景文件　无
实例文件　实例文件>C>课后习题：制作双人沙发.max
视频名称　课后习题：制作多人沙发.mp4
难易指数　★★★☆☆
学习目标　练习“多边形建模”技术、熟悉“网格平滑”的使用方法

通过前面内容的学习，相信读者对沙发都特别熟悉了，本习题的沙发较为多元化，在创建过程中也有很多选择，读者可根据自己的情况，选择合适的建模方法，笔者建议使用“多边形建模”技术。模型效果如图5-194所示。

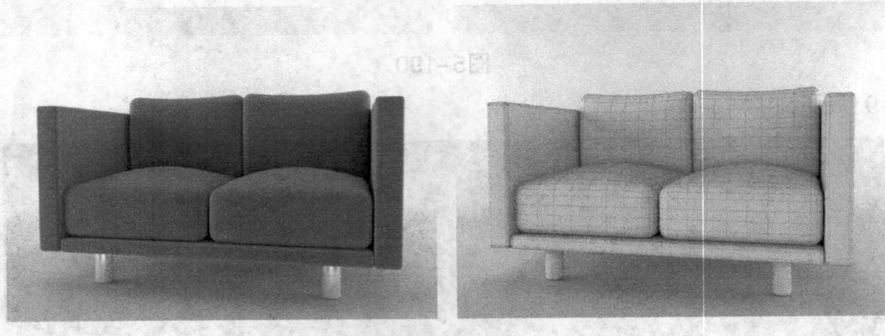

图5-194

步骤分解如图5-195所示。

图5-195

技巧与提示

因为本习题较为复杂，涉及知识点较多，希望读者反复练习，有兴趣的读者，可以尝试使用不同的建模方法完成。

第6章

摄影机技术

本章将介绍效果图中的摄影机技术，摄影机是效果图的眼睛，摄影机可以使效果图有一个完美的展示视角和合理的构图。通常情况下有“目标摄影机”“物理摄影机”“VRay物理摄影机”3种摄影机，常用的是“目标摄影机”和“VRay物理摄影机”，尤其是“VRay物理摄影机”，它高度模仿现实中的摄影机，拍摄原理与现实中的摄影机非常类似。

课堂学习目标

了解真实摄影机的基本原理

掌握摄影机的创建方法及技巧

掌握目标摄影机的使用方法

了解物理摄影机的原理

掌握VRay物理摄影机的使用方法

掌握景深效果的制作方法

6.1 关于摄影机

在学习摄像机之前，我们先来了解一下真实摄影机的结构与相关名词的术语。

如果拆卸任何摄影机的电子装置和自动化部件，都会看到图6-1所示的基本结构。遮光外壳的一端有一孔穴，用于安装镜头，孔穴的对面有一容片器，用于承装一段感光胶片。

图6-1

为了在不同光线强度下都能产生正确的曝光影像，摄影机镜头有一可变光阑，用来调节直径不断变化的小孔，这就是所谓的光圈。打开快门后，光线才能透射到胶片上，快门给了用户选择准确瞬间曝光的机会，而且通过确定某一快门速度，还可以控制曝光时间的长短。

6.1.1 摄影机的重要术语

因为3ds Max中的某些参数与真实摄影机类似，尤其是“VRay物理摄影机”，所以在学习摄影机之前，希望读者能掌握这些术语并理解其对图像的作用，摄影机在3ds Max中的作用不仅仅是为渲染出图选取合理的视角，而且还能固定视角，在进行灯光测试、材质赋予的时候固定视角，完全做到“控制变量”。

1.光圈

光圈通常位于镜头的中央，是一个环形，可以控制圆孔的开口大小，并且控制曝光时光线的亮度。当需要大量的光线来进行曝光时，就需要开大光圈的圆孔；只需要少量光线曝光时，就需要缩小圆孔，让少量的光线进入。

光圈由装设在镜头内的叶片控制，而叶片是可动的。光圈越大，镜头里的叶片开放越大，所谓“最大光圈”就是叶片毫无动作，让可通过镜头的光源全部跑进来的全开光圈；反之，光圈越小，叶片就收缩得越厉害，最后可缩小到只剩小小的一个圆点。

光圈的功能就如同人类眼睛的虹膜，用来控制拍摄时的单位时间的进光量，一般以f/5、F5或1:5来表示。以实际而言，较小的f值表示较大的光圈。光圈的计算单位共有两种。

第1种：光圈值。标准的光圈值（f-number）通常为f/1、f/1.4、f/2、f/2.8、f/4、f/5.6、f/8、f/11、f/16、f/22、f/32、f/45、f/64，其中f/1是进光量最大的光圈号数，光圈值的分母越大，进光量就越小。通常一般镜头会用到的光圈号数为f/2.8～f/22，光圈值越大的镜头，镜片的口径就越大。

第2种：级数。级数（f-stop）是指相邻的两个光圈值的曝光量差距，如f/8与f/11之间相差一级，f/2与f/2.8之间也相差一级。依此类推，f/8与f/16之间相差两级，f/1.4与f/4之间相差3级。在职业摄影领域，有时称级数为“挡”或是“格”，如f/8与f/11之间相差了一挡，或是f/8与f/16之间相差两格。在每一级（光圈号数）之间，后面号数的进光量都是前面号数的一半。如f/5.6的进光量只有f/4的一半，f/16的进光量也只有f/11的一半，号数越后面，进光量越小，并且是以等比级数的方式递减。

技巧与提示

除了考虑进光量之外，光圈的大小还跟景深有关。景深是物体成像后在相片（图档）中的清晰程度。光圈越大，景深越浅（清晰的范围较小）；光圈越小，景深越长（清晰的范围较大）。

大光圈的镜头非常适合低光量的环境，因为它可以在微亮光的环境下，获取更多的现场光，让我们可以用较快速的快门来拍照，以便保持拍摄时相机的稳定度。但是，大光圈的镜头不易制作，必须要花较多的费用才可以获得。

好的摄影机会根据测光的结果等情况自动计算出光圈的大小，一般情况下快门速度越快，光圈就越大，以保证有足够的光线通过，所以也比较适合拍摄高速运动的物体，如行动中的汽车，落下的水滴等。

2.快门

快门是摄影机中的一个机械装置，大多设置于机身接近底片的位置（大型摄影机的快门设计在镜头中），用于控制快门的开关速度，并且决定了底片接受光线的时间长短。也就是说，在每一次拍摄时，光圈的大小控制了光线的进入量，快门的速度决定光线进入的时间长短，这样一次的动作便完成了所谓的“曝光”。

快门是镜头前阻挡光线进来的装置，一般而言，快门的时间范围越大越好。秒数低适合拍摄运动中的物体，某款摄影机就强调快门最快能到1/16000秒，可以轻松抓住急速移动的目标。当要拍的是夜晚的车水马龙时，快门时间就要拉长，常见照片中丝绢般的水流效果也要用慢速快门才能拍到。

快门以“秒”作为单位，它有一定的数字格式，一般在摄影机上可以见到的快门单位有以下15种。

B、1、2、4、8、15、30、60、125、250、500、1000、2000、4000、8000。

上面每一个数字单位都是分母，也就是说每一段快门分别是1秒、1/2秒、1/4秒、1/8秒、1/15秒、1/30秒、1/60秒、1/125秒、1/250秒（以下依此类推）等。一般中阶的单眼摄影机快门能达到1/4000秒，高阶的专业摄影机可以达到1/8000秒。

B指的是慢快门Bulb，B快门的开关时间由操作者自行控制，可以用快门按钮或是快门线来决定整个曝光的时间。

每一个快门之间数值的差距都是两倍，例如，1/30是1/60的两倍、1/1000是1/2000的两倍，这个跟光圈值的级数差距计算是一样的。与光圈相同，每一段快门之间的差距也称为一级、一格或是一挡。

光圈级数跟快门级数的进光量其实是相同的，也就是说，光圈之间相差一级的进光量，其实就等于快门之间相差一级的进光量，这个观念在计算曝光时很重要。

前面提到了光圈决定了景深，快门则决定了被摄物的“时间”。当拍摄一个快速移动的物体时，通常需要比较高速的快门才可以抓到凝结的画面，所以在拍动态画面时，通常都要考虑可以使用的快门速度。

有时要抓取的画面可能需要有连续性的感觉，就像拍摄丝缎般的瀑布或是小河时，就必须要用到速度比较慢的快门，延长曝光的时间来抓取画面的连续动作。

3.胶片感光度

根据胶片感光度，可以把胶片归纳为3大类，分别是快速胶片、中速胶片和慢速胶片。快速胶片具有较高的ISO（国际标准化组织）数值，慢速胶片的ISO数值较低，快速胶片适用于低照度下的摄影。相对而言，当感光性能较低的慢速胶片可能引起曝光不足时，快速胶片获得正确曝光的可能性就更大，但是感光度的提高会降低影像的清晰度，增加反差。慢速胶片在照度良好时，对获取高质量的照片非常有利。

在光照亮度十分低的情况下，例如，在暗弱的室内或黄昏时分的户外，可以选用超快速胶片（即高ISO）进行拍摄。这种胶片对光非常敏感，即使在火柴光下也能获得满意的效果，其产生的景象颗粒度可以营造出画面的戏剧性氛围，以获得引人注目的效果；在光照十分充足的情况下，例如，在阳光明媚的户外，可以选用超慢速胶片（即低ISO）进行拍摄。

6.1.2 摄影机的创建

通常在效果图中常用的是“目标摄影机”和“VRay物理摄影机”，在效果图中创建摄影机主要是为场景选取一个合理的拍摄视角，从根本上讲，摄影机的创建直接影响效果图的构图内容、展示视角，对效果图的展示效果有最直接的影响。

1.创建方法

在3ds Max中创建摄影的方法有3种，具体如下。

第1种：执行“创建>摄影机”菜单命令选取其中的摄影机，然后在视图中通过拖曳光标进行创建，如图6-2所示。

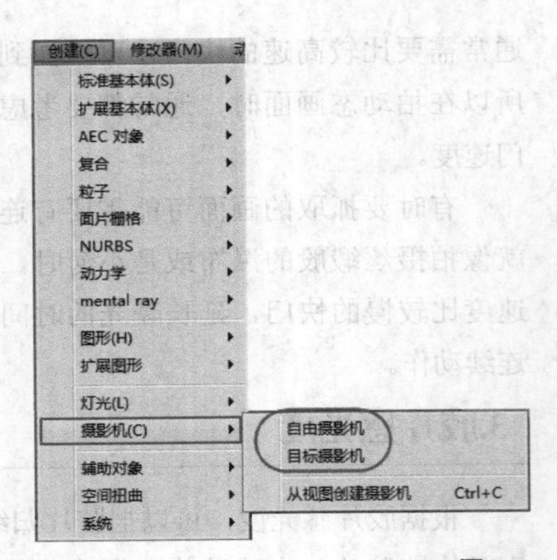

图6-2

第2种：在"创建面板"中选中相应的工具按钮，然后在视图中拖曳，如图6-3所示。

图6-3

第3种：在透视图（一定是透视图）中进行视角调整，当调整到一个合适的位置时，按快捷键Ctrl+C创建摄影机，创建后的视图左上方会出现摄影机的名称，表示现在已经是摄影机视图了，如图6-4所示。

图6-4

2.创建技巧

前面介绍了摄影机的创建方法，但是大家会发现一个问题，除了第3种方式，其他方式都不好操作，下面笔者以一个实例来介绍一下创建技巧。

第1步：打开一个场景，如图6-5所示，该场景为一个没有摄影机的场景。

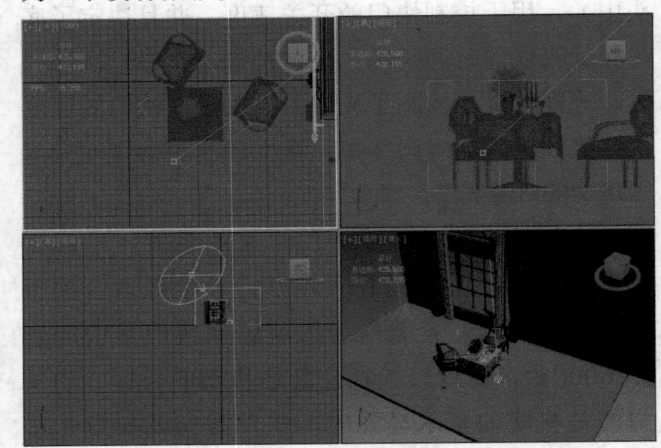

图6-5

第2步：在"创建面板"中选取"标准"栏下的"目标"摄影机，如图6-6所示。

图6-6

第3步：在非透视图（笔者习惯使用顶视图）中通过单击鼠标左键并拖曳来创建摄影机，然后松开鼠标左键完成创建，如图6-7所示。

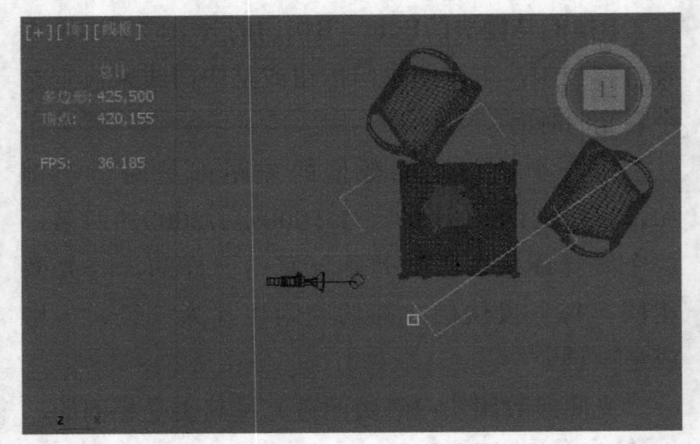

图6-7

第4步：切换至透视图，然后按快捷键C将透视图切换到摄影机视图，如图6-8所示，这就是摄影机的视角效果，但是读者可以发现此时的摄影机视角不正确，接下来还需要对其进行调整，使桌子成为摄影机拍摄对象。

图6-8

第5步：因为要使摄影机拍摄桌子，所以只需要将摄影机进行水平方向上的移动即可。切换至顶视图，然后选取摄影机的“摄影机部分”将其向-y轴方向（视图中向下）平移，如图6-9所示，在平移过程中，透视图会同步发生变化，最后的摄影机视图效果如图6-10所示。

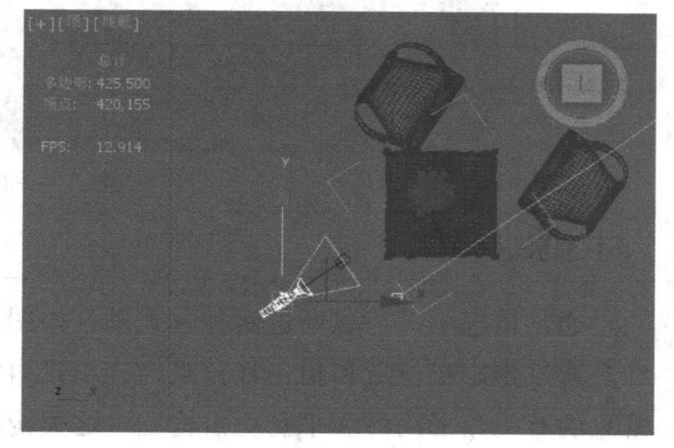

图6-9

图6-10

6.1.3 安全框

安全框是视图中的安全线，也就是说安全框内的内容在进行视图渲染时才不会被裁剪，在图6-11中可以看到，左边的视图内容与渲染内容不完全相同，通过对比可发现视图中的上下部分都被裁减了。

图6-11

摄影机视图通常有预览构图的功能，但是上述问题却让这个功能几乎无效，此时就可以使用安全框来解决这个问题。在图6-12中可以看到，视图中出现了3个框，场景被完全框在了最外面的黄色框内，这3个框就是安全框，而通过对比，可以发现安全框内的内容与渲染效果图中的内容完全一样。

图6-12

1.关于安全框

在视图中单击左上角的第2个菜单，在弹出的列表中选择“显示安全框”即可激活该视图中的安全框，快捷键为Shift+F，如图6-13所示，安全框效果如图6-14所示。

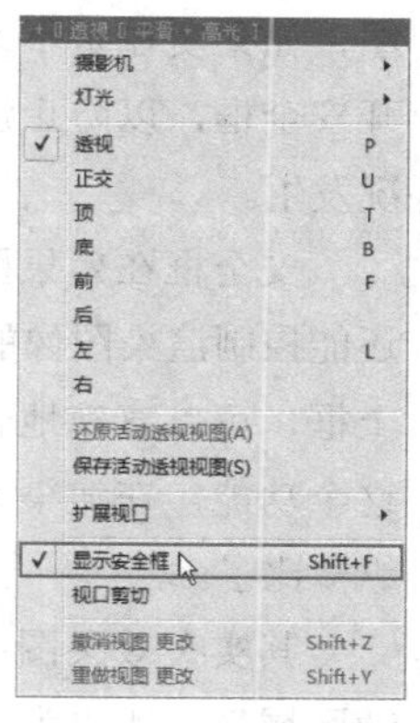

图6-13

图6-14

【重要功能介绍】

活动区域（最外面黄色线框内）：超出此框的对象物体就不会被渲染出来了，就相当于一页书上的字体印刷时超出了整个页面，那么页面以外的部分自然会被切掉。

动作安全区（蓝色线框内）：超出橘黄色而在此框内，这相当于一本书上的页面字体印刷没有了页边距，页面上的字体印刷到了每一页的边缘。

标题安全区（橘黄色线框内）：在进行建模和动画制作时，要做在这个框内，此框的作用相当于一本书的版心，符合常人的视觉习惯。

2.安全框的应用

很多人使用3ds Max时不太爱打开“安全框”，原因有两个，第一是对3ds Max比较熟悉的人，凭眼观就能判断视图中对象的比例标准，第二就是对3ds Max不太熟悉的人，根本就不知道使用安全框，凭眼观觉得差不多就行了，没有充分认识到安全框的重要性。笔者希望读者能在激活安全框的情况下作图，如果实在是不习惯视图复杂，必须在渲染前打开安全框，以防止渲染效果图与视图内容不同的情况发生。

安全框在效果图中的作用除了预览渲染内容，还能控制渲染图像的纵横比（长度/宽度），通过安全框，可以直观地查看渲染效果图的纵横比。有了这个功能，在渲染前就能预览并设置适合效果图的纵横比了。

其实在效果图中，通常只会用到最外面的“活动区域”，所以为了简化视图界面，通常会取消另外的安全区，可以执行“视图>视口配置”菜单命令打开“视口配置”对话框，然后在“安全框”选项卡中取消勾选“动作安全区”和“标题安全区”选项，如图6-15所示。设置后的效果如图6-16所示，此时的视图就比较简洁了，安全框内的内容在渲染的时候会被渲染出来，通过安全框可以直观地看到目前的纵横比。

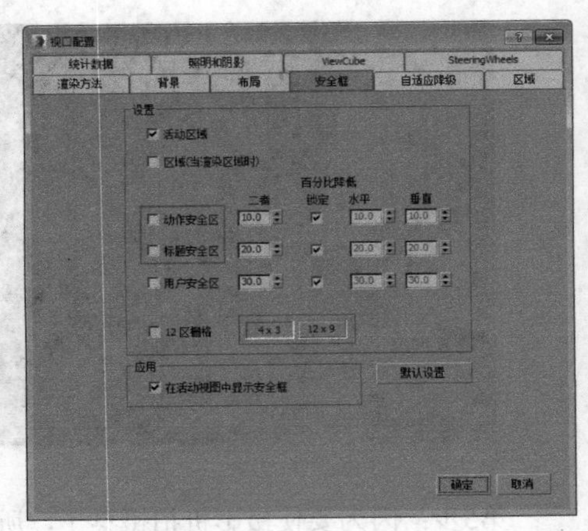

图6-15

图6-16

3.图像纵横比

通常情况下，可以通过两种方式进行构图：一种是通过摄影机位置和拍摄视角来控制场景内容，常见的有三角形构图和平衡稳定构图，这类构图方式的重点在于图像的内容；另一种是通过图像的形状来进行构图，包括横向构图、纵向构图和方形构图，这种构图方式可以通过图像的纵横比来实现。如果要设置图像的纵横比，可以按F10键打开“渲染设置”对话框，然后在“公用”选项卡下展开“公用参数”卷展栏，接着在“图像纵横比”选项后面输入想要的纵横比例，设置完成后还可以单击“锁定”按钮锁定纵横比，这样在修改渲染图像的宽度和高度中的任一值时，另外一个都会按照纵横比跟着发生相应的变化，如图6-17所示。

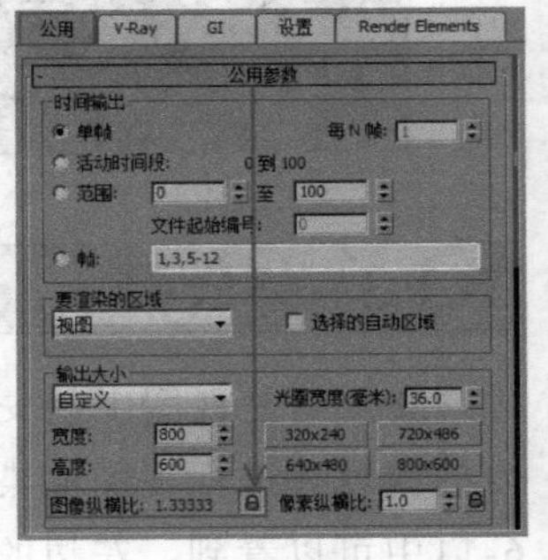

图6-17

6.2 3ds Max中的摄影机

3ds Max中的摄影机在制作效果图和动画时非常有用。3ds Max中的摄影机只包含“标准”摄影机，而“标准”摄影机又包含“物理摄影机”“目标摄影机”“自由摄影机”3种，如图6-18所示。

图6-18

本节内容介绍

摄影机名称	摄影机主要作用	重要程度
目标	对场景进行定向拍摄	高
物理	模拟真实单反相机对场景进行取景，能独立调整场景亮度和色彩，并能制作景深、运动模糊和散景等特效	中

6.2.1 目标摄影机

目标摄影机可以查看所放置的目标周围的区域，它比自由摄影机更容易定向，因为只需将目标对象定位在所需位置的中心即可。使用“目标”工具 目标 在场景中拖曳光标可以创建一台目标摄影机，可以观察到目标摄影机包含目标点和摄影机两个部件，如图6-19所示，其参数面板如图6-20所示。

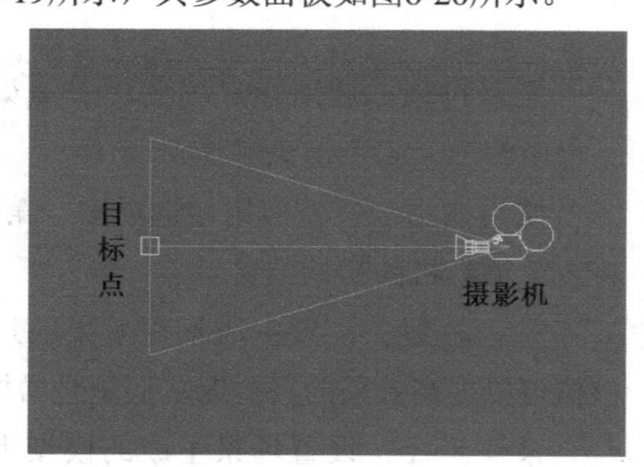

图6-19

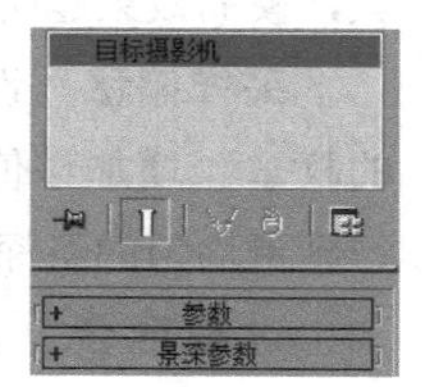

图6-20

1. “参数”卷展栏

展开“参数”卷展栏，如图6-21所示。

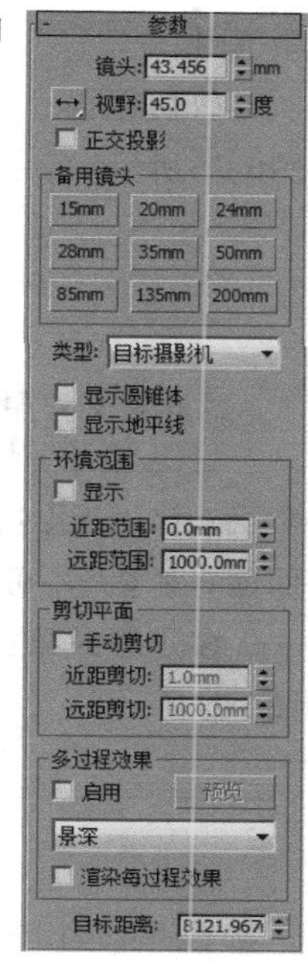

图6-21

【重要参数介绍】

镜头：以mm为单位来设置摄影机的焦距。

视野：设置摄影机查看区域的宽度视野，有水平、垂直和对角线3种方式。

正交投影：启用该选项后，摄影机视图为用户视图；关闭该选项后，摄影机视图为标准的透视图。

备用镜头：系统预置的摄影机焦距镜头包含15mm、20mm、24mm、28mm、35mm、50mm、85mm、135mm和200mm。

类型：切换摄影机的类型，包含“目标摄影机”和“自由摄影机”两种。

显示圆锥体：显示摄影机视野定义的锥形光线（实际上是一个四棱锥）。锥形光线出现在其他视口，但是显示在摄影机视口中。

显示地平线：在摄影机视图中的地平线上显示一条深灰色的线条。

环境范围：该选项组包含下列3个选项，如图6-22所示。

环境范围
显示
近距范围: 0.0mm
远距范围: 1000.0mm

图6-22

显示：显示出在摄影机锥形光线内的矩形。

近距/远距范围：设置大气效果的近距范围和远距范围。

剪切平面：该选项组包含下列3个选项，如图6-23所示。

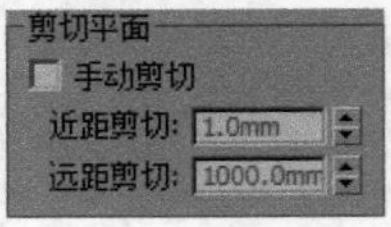

图6-23

手动剪切：启用该选项可定义剪切的平面。

近距/远距剪切：设置近距和远距平面。对于摄影机，比“近距剪切”平面近或比“远距剪切”平面远的对象是不可见的。

多过程效果：该选项组包含下列4个选项，如图6-24所示。

图6-24

启用：启用该选项后，可以预览渲染效果。

预览 预览 ：单击该按钮可以在活动摄影机视图中预览效果。

多过程效果类型：共有“景深（mental ray/iray）”“景深”“运动模糊”3个选项，系统默认为“景深”。

渲染每过程效果：启用该选项后，系统会将渲染效果应用于多重过滤效果的每个过程（景深或运动模糊）。

目标距离：当使用“目标摄影机”时，该选项用来设置摄影机与其目标之间的距离。

2. “景深参数”卷展栏

所谓景深，就是当焦距对准某一点时，其前后仍清晰的范围。它能决定是把背景模糊化来突出拍摄对象，还是拍出清晰的背景。在实际工作中的使用频率也非常高，常用于表现画面的中心点，如图6-25和图6-26所示。

图6-25

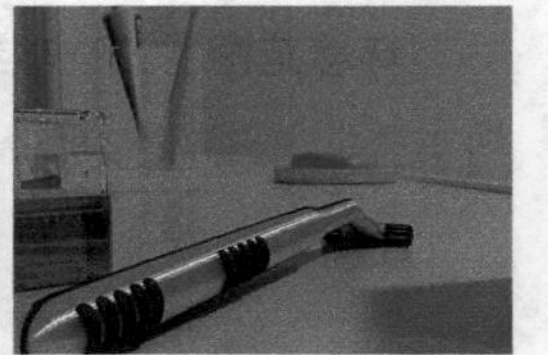

图6-26

当“多过程效果”为“景深”时，系统会自动显示出“景深参数”卷展栏，如图6-27所示。

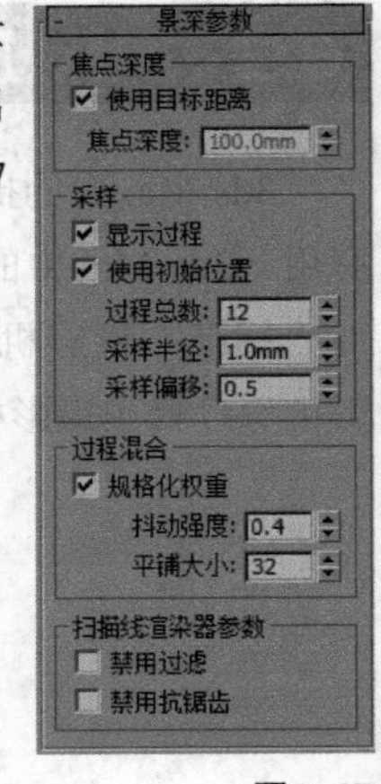

图6-27

【重要参数介绍】

焦点深度：该选项组包含下列两个选项，如图6-28所示。

图6-28

使用目标距离：启用该选项后，系统会将摄影机的目标距离用作每个过程偏移摄影机的点。

焦点深度：当关闭“使用目标距离”选项时，该选项可以用来设置摄影机的偏移深度，其取值范围为0~100。

采样：该选项组包含下列5个选项，如图6-29所示。

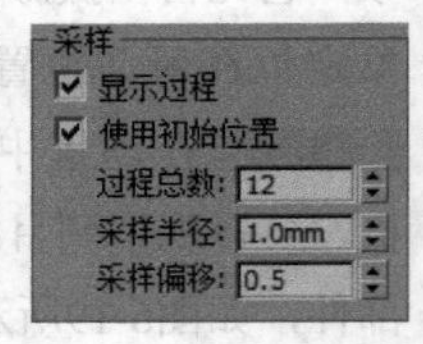

图6-29

显示过程：启用该选项后，“渲染帧窗口”对话框中将显示多个渲染通道。

使用初始位置：启用该选项后，第1个渲染过程将位于摄影机的初始位置。

过程总数：设置生成景深效果的过程数。增大该值可以提高效果的真实度，但是会增加渲染时间。

采样半径：设置场景生成的模糊半径。数值越大，模糊效果越明显。

采样偏移：设置模糊靠近或远离“采样半径”的权重。增加该值将增加景深模糊的数量级，从而得到更均匀的景深效果。

过程混合：该选项组包含下列3个选项，如图6-30所示。

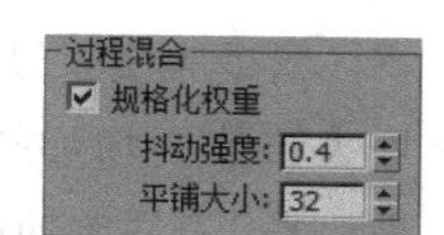

图6-30

规格化权重：启用该选项后可以将权重规格化，以获得平滑的结果；当关闭该选项后，效果会变得更加清晰，但颗粒效果也更明显。

抖动强度：设置应用于渲染通道的抖动程度。增大该值会增加抖动量，并且会生成颗粒状效果，对象的边缘上最为明显。

平铺大小：设置图案的大小。0表示以最小的方式进行平铺；100表示以最大的方式进行平铺。

扫描线渲染器参数：该选项组共包含下列两个选项，如图6-31所示。

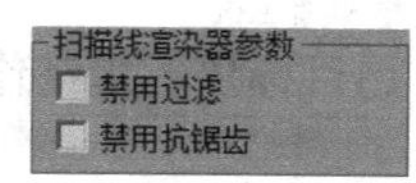

图6-31

禁用过滤：启用该选项后，系统将禁用过滤的整个过程。

禁用抗锯齿：启用该选项后，可以禁用抗锯齿功能。

技巧与提示

“景深”就是指拍摄主题前后所能在一张照片上成像的空间层次的深度。简单地说，景深就是聚焦清晰的焦点前后“可接受的清晰区域”，如图6-32所示。

图6-32

下面讲解景深形成的原理。

第1点：焦点。与光轴平行的光线射入凸透镜时，理想的镜头应该是所有的光线聚集在一点后，再以锥状的形式扩散开，这个聚集所有光线的点就称为“焦点”，如图6-33所示。

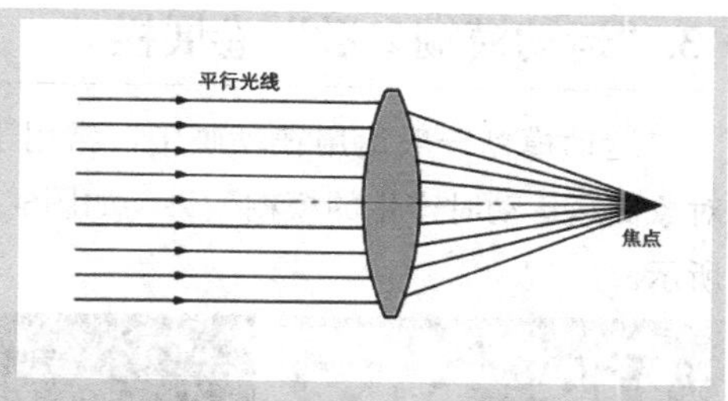

图6-33

第2点：弥散圆。在焦点前后，光线开始聚集和扩散，焦点的影像会变得模糊，从而形成一个扩大的圆，这个圆就称为“弥散圆”，如图6-34所示。

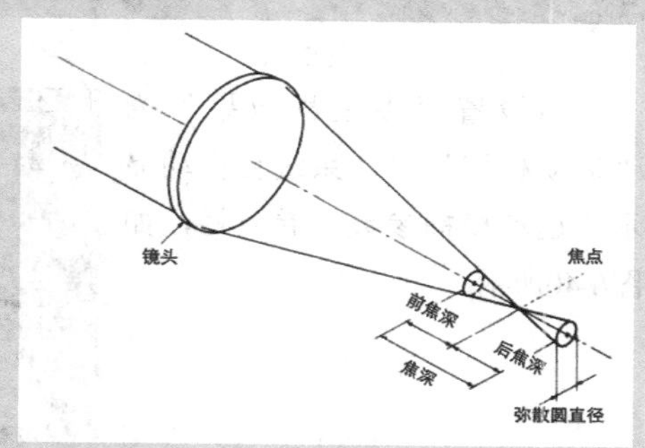

图6-34

每张照片都有主题和背景之分，景深和摄影机的距离、焦距和光圈之间存在着以下3种关系（这3种关系可以用图6-35来表示）。

第1种：光圈越大，景深越小；光圈越小，景深越大。

第2种：镜头焦距越长，景深越小；焦距越短，景深越大。

第3种：距离越远，景深越大；距离越近，景深越小。

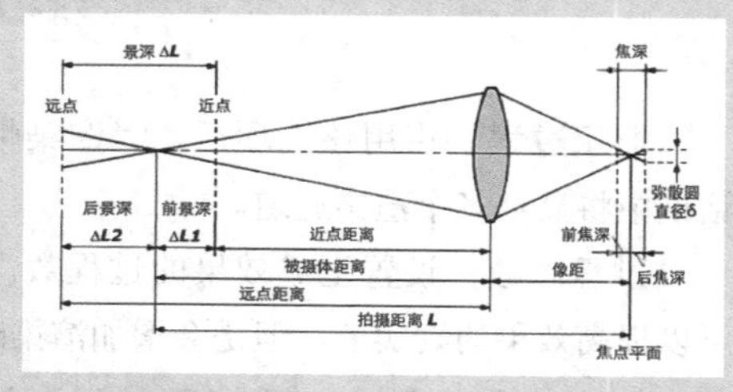

图6-35

景深可以很好地突出主题，不同的景深参数下的效果也不相同，例如，图6-36突出的是蜘蛛的头部，而图6-37突出的是蜘蛛和被捕食的螳螂。

图6-36

图6-37

3. “运动模糊参数”卷展栏

运动模糊一般运用在动画中，常用于表现运动对象高速运动时产生的模糊效果，如图6-38和图6-39所示。

图6-38

图6-39

当设置“多过程效果”为“运动模糊”时，系统会自动显示“运动模糊参数”卷展栏，如图6-40所示。

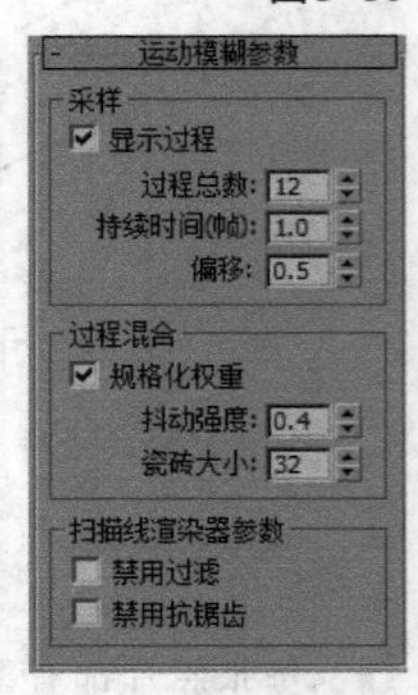

图6-40

【重要参数介绍】

采样：该选项组包括下列4个选项，如图6-41所示。

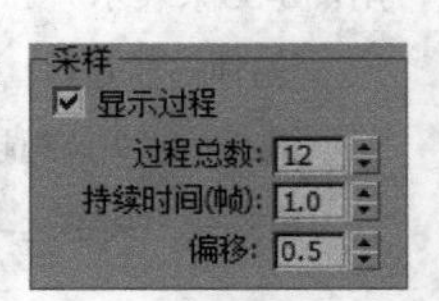

图6-41

显示过程：启用该选项后，“渲染帧窗口”对话框中将显示多个渲染通道。

过程总数：设置生成效果的过程数。增大该值可以提高效果的真实度，但是会增加渲染时间。

持续时间（帧）：在制作动画时，该选项用来设置应用运动模糊的帧数。

偏移：设置模糊的偏移距离。

过程混合：该选项组包括下列3个选项，如图6-42所示。

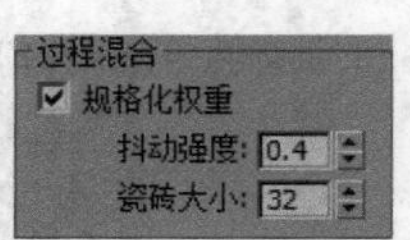

图6-42

规格化权重：启用该选项后，可以将权重规格化，以获得平滑的结果；当关闭该选项后，效果会变得更加清晰，但颗粒效果也更明显。

抖动强度：设置应用于渲染通道的抖动程度。增大该值会增加抖动量，并且会生成颗粒状的效果，尤其在对象的边缘上最为明显。

瓷砖大小：设置图案的大小。0表示以最小的方式进行平铺；100表示以最大的方式进行平铺。

扫描线渲染器参数：该选项组包含下列两个选项，如图6-43所示。

扫描线渲染器参数
禁用过滤
禁用抗锯齿

图6-43

禁用过滤：启用该选项后，系统将禁用过滤的整个过程。

禁用抗锯齿：启用该选项后，可以禁用抗锯齿功能。

课堂案例

用目标摄影机制作景深

场景文件	场景文件>CH06>01.max
实例文件	实例文件>CH06>课堂案例：用目标摄影机制作景深.max
视频名称	课堂案例：用目标摄影机制作景深.Mp4
难易指数	★★☆☆☆
学习目标	学习“目标摄影机”的使用方法

在效果图制作中，经常通过“景深”效果来表现场景中的对象，这样的表现方式使清晰对象有一种呼之欲出感觉，本例所表现的是写字台上的景深效果，如图6-44所示，场景中的钢笔和笔记本是清晰区域。

图6-44

01 打开本书学习资源中的“场景文件>CH06>01.max”文件，如图6-45所示，场景已经设置好灯光和材质，接下来我们只需要创建摄影机。

图6-45

02 在场景中创建一台“目标摄影机”，摄影机位置如图6-46和图6-47所示，摄影机视图效果如图6-48所示。

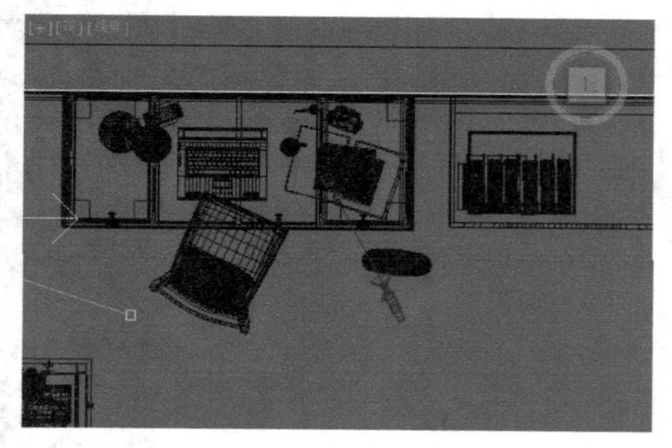

图6-46

图6-47

图6-48

03 选中创建的“目标摄影机”，然后切换到“修改面板”中，设置“镜头”为89.594mm，接着设置“目标距离”为625mm，具体参数设置如图6-49所示。

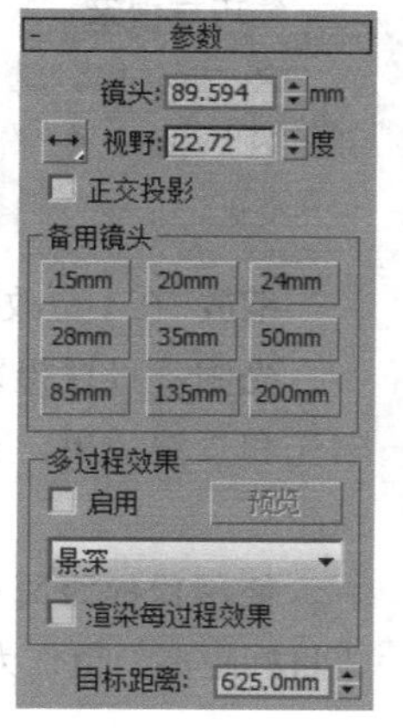

图6-49

04 切换至摄影机视图，然后按F9键进行渲染，渲染效果如图6-50所示，此时的渲染效果图没有景深效果，因为这是目标摄影机，所以我们还需要对其渲染参数进行设置。

图6-50

05 按F10键打开“渲染设置”对话框，然后切换到VRay选项卡中，并展开“摄影机”卷展栏，接着勾选“景深”选项，再设置“光圈”为6mm，最后勾选“从摄影机获得焦点距离”选项，如图6-51所示。

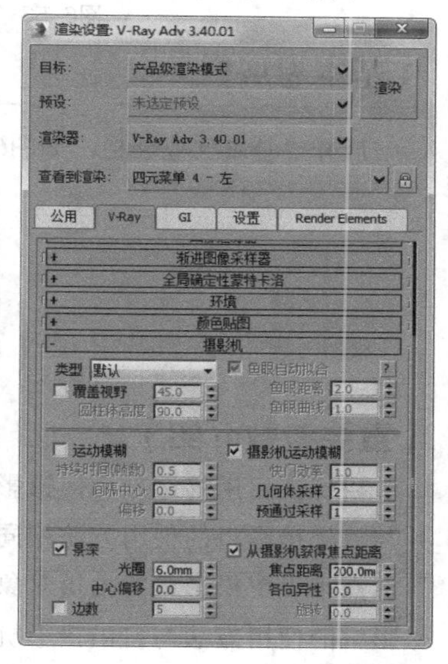

图6-51

06 再次切换到摄影机视图，然后按F9键渲染场景，渲染效果如图6-52所示，此时就出现了景深效果。

图6-52

6.2.2 物理摄影机

物理摄影机是Autodesk公司与VRay制造商Chaos Group共同开发的，可以为设计师提供新的渲染选项，也可以模拟用户熟悉的真实摄影机，如快门速度、光圈、景深和曝光等功能。使用物理摄影机可以更加轻松地创建真实照片级图像和动画效果。物理摄影机也包含摄影机和目标点两个部件，如图6-53所示，其参数包含7个卷展栏，如图6-54所示。

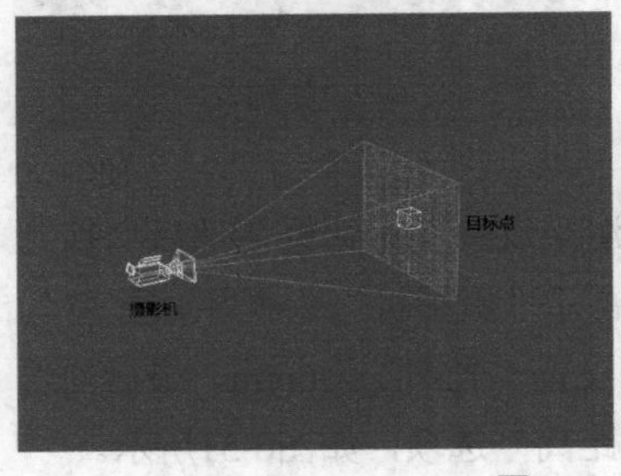

图6-53

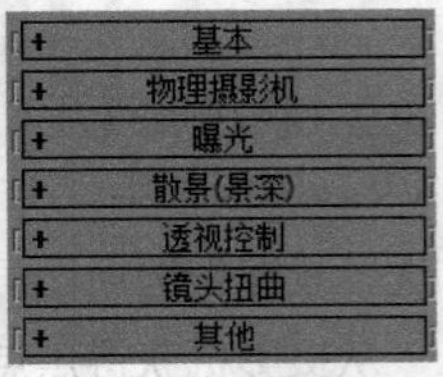

基本
物理摄影机
曝光
散景(景深)
透视控制
镜头扭曲
其他

图6-54

1.基本卷展栏

展开“基本”卷展栏，如图6-55所示。

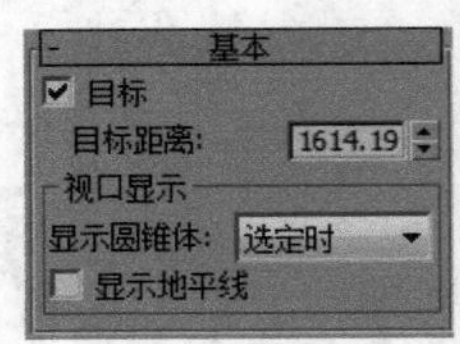

图6-55

【重要参数介绍】

目标：启用该选项后，摄影机包括目标对象，并与目标摄影机的使用方法相同，即可以通过移动目标点来设置摄影机的拍摄对象；关闭该选项后，摄影机的使用方法与自由摄影机相似，可以通过变换摄影机的位置来控制摄影机的拍摄范围。

目标距离：设置目标与焦平面之间的距离，该数值会影响聚焦和景深等效果。

视口显示：该选项组用于设置摄影机在视图中的显示效果。“显示圆锥体”选项用于控制是否显示摄影机的拍摄锥面，包含“选定时”“始终”“从不”3个选项；“显示地平线”选项用于控制地平线是否在摄影机视图中显示为水平线（假设摄影机帧包括地平线）。

2.物理摄影机

展开“物理摄影机”卷展栏，如图6-56所示。

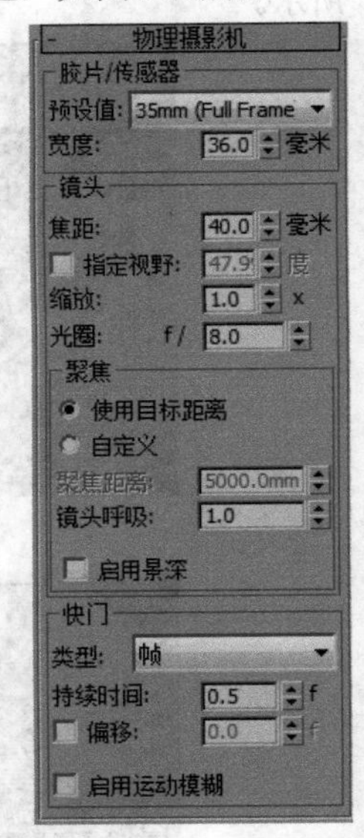

图6-56

【重要参数介绍】

预设值：选择胶片模式和电荷传感器的类型，功能类似于目标摄影机的“镜头”，其选项包括多种行业标准传感器设置，每个选项都有其默认的“宽度”值，“自定义”选项可以任意调整“宽度”值。

宽度：用于手动设置胶片模式的宽度。

焦距：设置镜头的焦距，默认值为40mm。

指定视野：勾选该选项时，可以设置新的视野（FOV）值（以度为单位）。默认的视野值取决于所选的“胶片/传感器”的预设类型。

技巧与提示

当“指定视野”选项处于启用状态时，“焦距”选项将被禁用。但是，如果更改“指定视野”的数值，“焦距”数值也会跟着发生变化。

缩放：在不更改摄影机位置的情况下缩放镜头。

光圈：设置摄影机的光圈值。该参数可以影响曝光和景深效果，光圈数越低，光圈越大，并且景深越窄。

使用目标距离：勾选该选项后，将使用设置的“目标距离”值作为焦距。

自定义：勾选该选项后，将激活下面的“焦距距离”选项，此时可以手动设置焦距距离。

镜头呼吸：通过将镜头向焦距方向移动或远离焦距方向来调整视野。值为0时，表示禁用镜头呼吸效果，默认值为1。

启用景深：勾选该选项后，摄影机在不等于焦距的距离上会生成模糊效果，图6-57和图6-58所示的分别是关闭景深与开启景深的渲染效果。景深效果的强度基于光圈设置。

图6-57

图6-58

类型：用于选择测量快门速度时使用的单位，包括“帧”（通常用于计算机图形）、“秒”“1/秒”（通常用于静态摄影）和“度”（通常用于电影摄影）4个选项。

持续时间：根据所选单位类型设置快门速度，该值可以影响曝光、景深和运动模糊效果。

偏移：启用该选项时，可以指定相对于每帧开始时间的快门打开时间。注意，更改该值会影响运动模糊效果。

启用运动模糊：启用该选项后，摄影机可以生成运动模糊效果。

3.曝光卷展栏

展开“曝光”卷展栏，如图6-59所示。

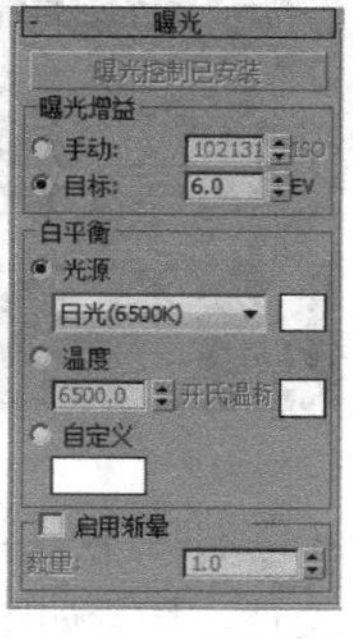

图6-59

【重要参数介绍】

手动：通过ISO值设置曝光增益，数值越高，曝光时间越长。当此选项处于激活状态时，将通过这里设定的数值、快门速度和光圈设置来计算曝光。

目标：设置与“光圈”“快门”的“持续时间”和“手动”的“曝光增益”3个参数组合相对应的单个曝光值。每次增加或降低EV值，对应也会分别减少或增加有效的曝光。目标的EV值越高，生成的图像越暗，反之则越亮。

光源：按照标准光源设置色彩平衡，默认设置为“日光（6500K）”。

温度：以“色温”的形式设置色彩平衡，以开尔文度（K）表示。

自定义：用于设置任意的色彩平衡。

数量：勾选“启用渐晕”选项后，可以激活该选项，用于设置渐晕的数量。该值越大，渐晕效果越强，默认值为1。

4.散景（景深）卷展栏

如果在“物理摄影机”卷展栏下勾选“启用景深”选项，那么出现在焦点之外的图像区域将生成“散景”效果（也称为“模糊圈”），如图6-60所示。当渲染景深的时候，或多或少都会产生一些散景效果，这主要与散景到摄影机的距离有关。另外，在物理摄影机中，镜头的形状会影响散景的形状。展开“散景（景深）”卷展栏，如图6-61所示。

图6-60

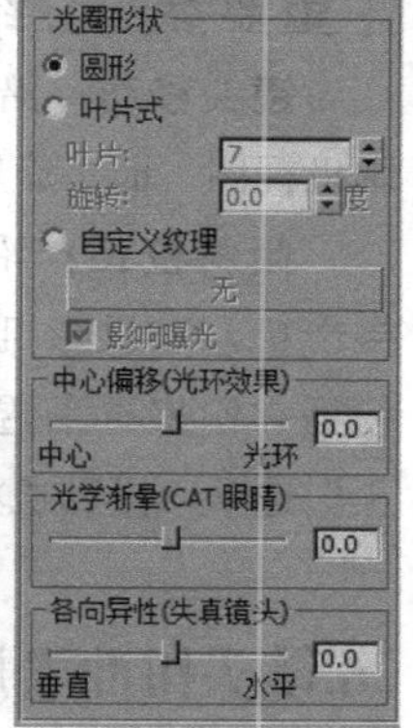

图6-61

【重要参数介绍】

圆形：将散景效果渲染成圆形光圈形状。

叶片式：将散景效果渲染成带有边的光圈。使用“叶片”选项可以设置每个模糊圈的边数；使用“旋转”选项可以设置每个模糊圈旋转的角度。

自定义纹理：使用贴图的图案来替换每种模糊圈。如果贴图是黑色背景的白色圈，则等效于标准模糊圈。

影响曝光：启用该选项时，自定义纹理将影响场景的曝光。

中心-光环：使光圈透明度向“中心”（负值）或“光环”（正值）偏移，正值会增加焦外区域的模糊量，而负值会减小模糊量。调整该选项可以让散景效果的表现更为明显。

光学渐晕（CAT眼睛）：通过模拟“猫眼”效果让帧呈现渐晕效果，部分广角镜头可以形成这种效果。

垂直-水平：通过垂直（负值）或水平（正值）来拉伸光圈，从而模拟失真镜头。

5.透视控制卷展栏

展开“透视控制”卷展栏，如图6-62所示。

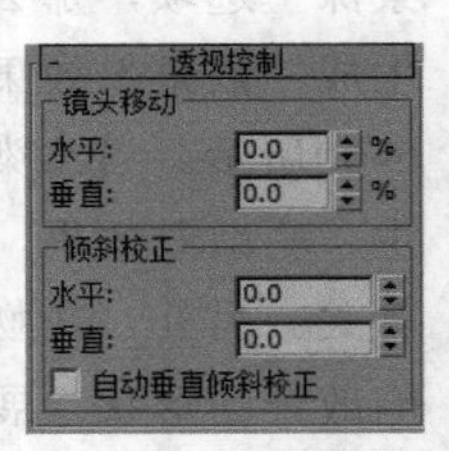

图6-62

【重要参数介绍】

镜头移动：沿“水平”或“垂直”方向移动摄影机视图，而不旋转或倾斜摄影机。

倾斜校正：沿“水平”或“垂直”方向倾斜摄影机，在摄影机向上或向下倾斜的场景中，可以使用它们来更正透视。如果勾选“自动垂直倾斜校正”选项，摄影机将自动校正透视。

6.镜头扭曲卷展栏

展开“镜头扭曲”卷展栏，如图6-63所示。

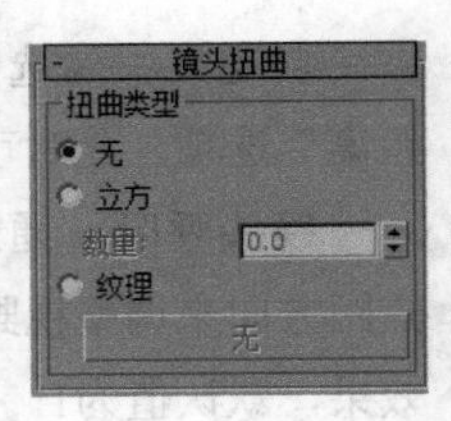

图6-63

【重要参数介绍】

无：不应用扭曲。

立方：勾选该选项后，将激活下面的“数量”参数。当“数量”值为0时不产生扭曲，为正值时将产生枕形扭曲，为负值时将产生筒体扭曲。

纹理：基于纹理贴图扭曲图像，单击下面的“无”按钮 无 加载纹理贴图，贴图的红色分量会沿x轴扭曲图像，绿色分量会沿y轴扭曲图像，蓝色分量将被忽略。

技巧与提示

关于“其他”卷展栏下的参数请参阅目标摄影机中对应的参数。

课堂案例

用物理摄影机制作景深

场景文件	场景文件>CH06>02.max
实例文件	实例文件>CH06>课堂案例：用物理摄影机制作景深.max
视频名称	课堂案例：用物理摄影机制作景深.mp4
难易指数	★★★☆☆
学习目标	学习“物理摄影机”的使用方法

景深效果也可以用“物理摄影机”进行制作，其制作方法要比“目标摄影机”相对复杂，但效果要更好一些。案例效果如图6-64所示。

图6-64

01 打开本书学习资源“场景文件>CH06>02.max”文件，场景如图6-65所示。

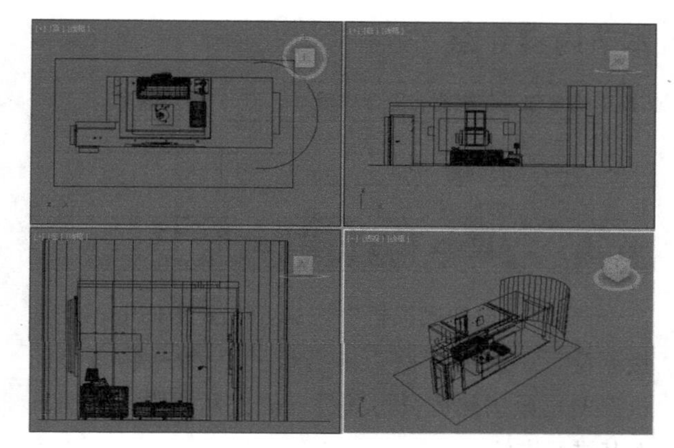

图6-65

02 设置摄影机类型为“标准”，然后在顶视图中创建一台物理摄影机，接着调整好目标点的方向，将目标点放在杂志处，如图6-66所示。

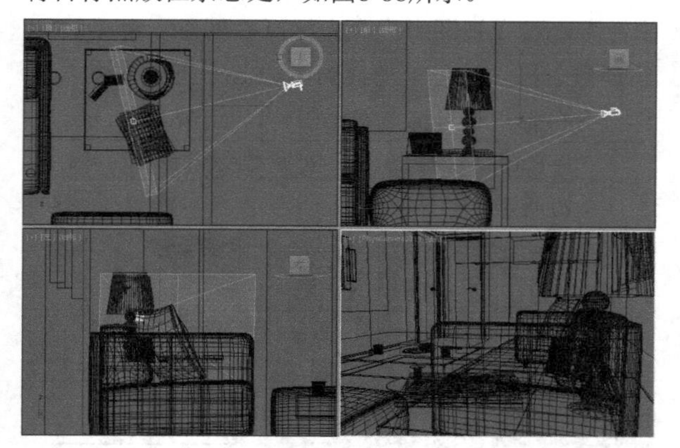

图6-66

03 选择物理摄影机，在“物理摄影机”卷展栏下设置“焦距”为35毫米，然后设置“光圈”为f/6，接着在“曝光”卷展栏下设置“曝光增益”为“手动”，并设置ISO为200，如图6-67所示。

图6-67

04 切换到摄影机视图，然后按F9键测试渲染摄影机视图，效果如图6-68所示。

图6-68

05 下面制作景深效果。选择物理摄影机，在“物理摄影机”卷展栏下勾选“使用目标距离”选项（表示使用目标距离作为焦距），然后勾选“启用景深”选项，如图6-69所示。

06 按F10键打开“渲染设置”对话框，单击VRay选项卡，然后在“摄影机”卷展栏下勾选“景深”选项，接着勾选“从摄影机获得焦点距离”选项，如图6-70所示。

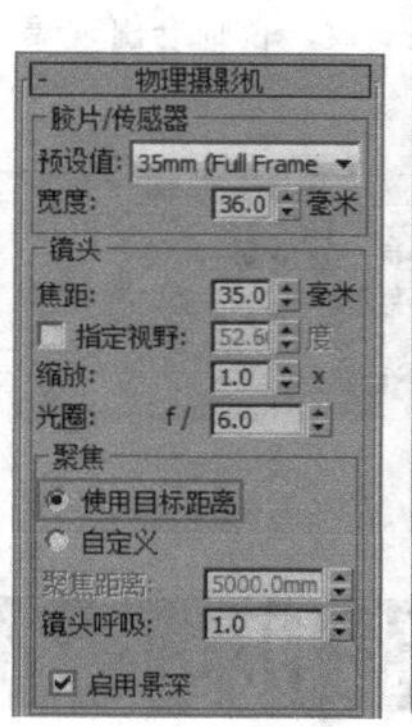

图6-69 图6-70

07 切换到摄影机视图，按F9键渲染当前场景，最终效果如图6-71所示。

图6-71

技巧与提示

物理摄影机在曝光控制上，除了要设置摄影机本身的参数外，还需要在“环境与效果”面板中进行设置。

按8键打开“环境和效果”面板，然后在“曝光控制”卷展栏下选择“物理摄影机曝光控制”选项，接着在“物理摄影机曝光控制”卷展栏下选择“使用透视摄影机曝光”选项，如图6-72所示。

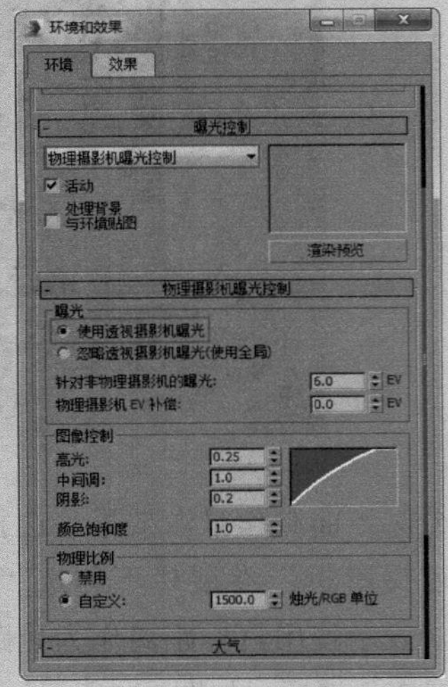

图6-72

本例在摄影机参数中使用ISO控制曝光，如图6-73所示。如果使用EV控制曝光，EV的数值与“环境和效果”面板中的“针对非物理摄影机的曝光”数值就要一致，如图6-74所示。因为在默认情况下，物理摄影机在创建时会覆盖场景中的其他曝光设置，即保持默认的曝光值6EV，所以这里需要将曝光值设置为与物理摄影机一致，否则会出现曝光错误的现象。

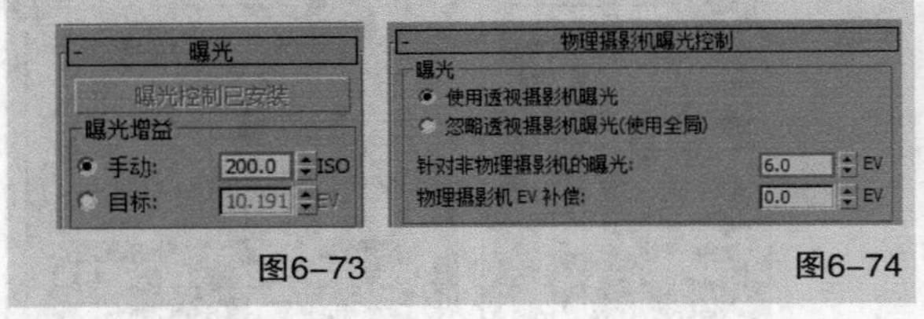

图6-73　　图6-74

6.3 VRay摄影机

安装好VRay渲染器后，摄影机列表中会增加一种VRay摄影机，而VRay摄影机只包含“VRay穹顶摄影机”，如图6-75所示。因为3ds Max 2016中添加了“物理摄影机”，其功能和使用方法基本类似于“VRay物理摄影机”，因此所有安装于3ds Max 2016的VRay版本中都不带有“VRay物理摄影机”工具。

图6-75

本节内容介绍

摄影机名称	摄影机主要作用	重要程度
VRay物理摄影机	与“物理摄影机”类似	高
VRay穹顶摄影机	动画中常用	低

6.3.1 VRay物理摄影机

“VRay物理摄影机”在3ds Max 2016中不能直接创建，但打开一些原本携带了“VRay物理摄影机”的场景仍然可以对其进行修改和渲染，下面将对其进行讲解。

“VRay物理摄影机”相当于一台真实的摄影机，有光圈、快门、曝光、ISO等调节功能，它可以对场景进行“拍照”。使用“VRay物理摄影机”工具 VR_物理像机 在视图中拖曳光标可以创建一台“VRay物理摄影机”，可以观察到“VRay物理摄影机”同样包含摄影机和目标点两个部件，如图6-76所示。

“VRay物理摄影机”的参数包含5个卷展栏，如图6-77所示。

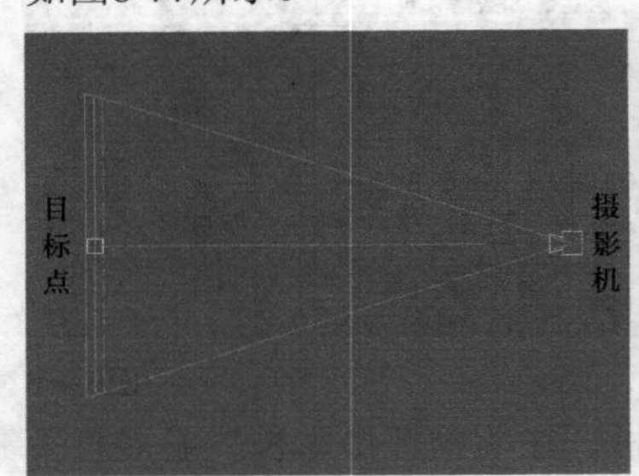

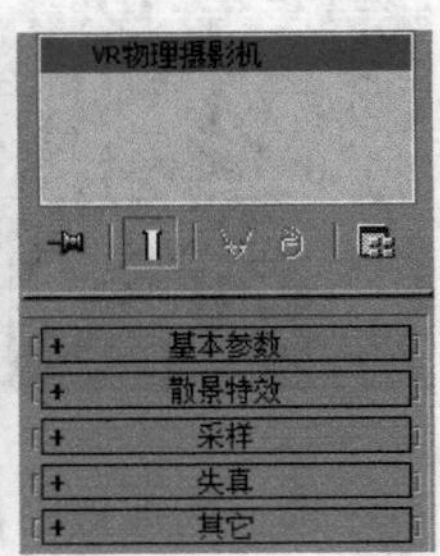

图6-76　　图6-77

技巧与提示

“VRay物理摄影机”与“物理摄影机”的原理相同，参数也类似。两者可以相互对照学习加深理解。

1.“基本参数”卷展栏

展开“基本参数”卷展栏，如图6-78所示。

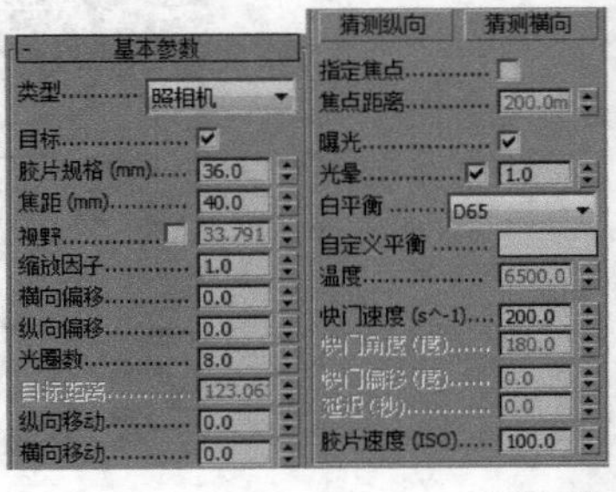

图6-78

【重要参数介绍】

类型：设置摄影机的类型，包含“照相机”“摄影机（电影）”“摄像机（DV）”3种类型。

照相机：用来模拟一台常规快门的静态画面照相机。

摄影机（电影）：用来模拟一台圆形快门的电影摄影机。

摄像机（DV）：用来模拟带CCD矩阵的快门摄像机。

目标：当勾选该选项时，摄影机的目标点将放在焦平面上；当关闭该选项时，可以通过下面的“目标距离”选项来控制摄影机到目标点的位置。

胶片规格（mm）：控制摄影机所看到的景色范围。值越大，看到的景象就越多。

焦距（mm）：设置摄影机的焦长，同时也会影响到画面的感光强度。较大的数值产生的效果类似于长焦效果，且感光材料（胶片）会变暗，特别是在胶片的边缘区域；较小数值产生的效果类似于广角效果，其透视感比较强，当然胶片也会变亮。

视野：启用该选项后，可以调整摄影机的可视区域。

缩放因子：控制摄影机视图的缩放。值越大，摄影机视图拉得越近。

横向/纵向偏移：控制摄影机视图的水平和垂直方向上的偏移量。

光圈数：设置摄影机的光圈大小，主要用来控制渲染图像的最终亮度。值越小，图像越亮；值越大，图像越暗，图6-79~图6-81所示的分别是“光圈”值为10、11和14的对比渲染效果。注意，光圈和景深也有关系，大光圈的景深小，小光圈的景深大。

图6-79

图6-80

图6-81

目标距离：摄影机到目标点的距离，默认情况下是关闭的。当关闭摄影机的“目标”选项时，就可以用“目标距离”来控制摄影机的目标点的距离。

横向/纵向移动：制作摄影机在垂直/水平方向上的变形，主要用于移动三点透视到两点透视，如图6-82和图6-83所示。

图6-82

图6-83

指定焦点：开启这个选项后，可以手动控制焦点。

焦点距离：控制焦距的大小。

曝光：当勾选这个选项后，VRay物理摄像机中的"光圈系数""快门速度（s^-1）""感光速度（ISO）"设置才会起作用。

光晕：模拟真实摄影机里的光晕效果，图6-84和图6-85所示的分别是勾选"光晕"和取消勾选"光晕"选项时的渲染效果。

图6-84

图6-85

白平衡：和真实摄影机的功能一样，控制图的色偏。例如，在白天的效果中，给一个桃色的白平衡颜色，可以纠正阳光的颜色，从而得到正确的渲染颜色，可以在后面的下拉列表中选择白平衡类型。

自定义平衡：可在该选项中设置白平衡颜色。

温度：当"白平衡"选项设置为"温度"时，该选项被激活。

快门速度（s^-1）：控制光的进光时间，值越小，进光时间越长，图像就越亮；值越大，进光时间就越短，图像就越暗，图6-86~图6-88所示的分别是"快门速度（s^-1）"值为35、50和100时的对比渲染效果。

图6-86

图6-87

图6-88

快门角度（度）：当摄影机选择"摄影机（电影）"类型的时候，该选项才被激活，其作用和上面的"快门速度（s^-1）"的作用一样，主要用来控制图像的明暗。

快门偏移（度）：当摄影机选择"摄影机（电影）"类型的时候，该选项才被激活，主要用来控制快门角度的偏移。

延迟（秒）：当摄影机选择"摄像机（DV）"类型的时候，该选项才被激活，作用和上面的"快门速度（s^-1）"的作用一样，主要用来控制图像的亮暗，值越大，表示光越充足，图像也越亮。

胶片速度（ISO）：控制图像的亮暗，值越大，表示ISO的感光系数越强，图像也越亮。一般白天效果比较适合用较小的ISO，而晚上效果比较适合用较大的ISO，图6-89~图6-91所示的分别是“胶片速度（ISO）”值为80、120和160时的渲染效果。

图6-89

图6-90

图6-91

2.“散景特效”卷展栏

这个卷展栏的参数用于控制散景效果，散景指在景深较浅的摄影成像中，落在景深以外的画面，会有逐渐产生松散模糊的效果，所以当渲染景深的时候，或多或少会产生散景效果，这主要和散景到摄影机的距离有关。图6-92所示的是真实摄影机拍摄的散景效果，该卷展栏的参数面板如图6-93所示。

图6-92

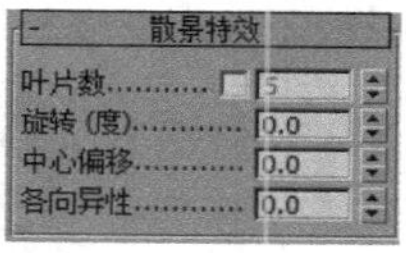

散景特效
叶片数.......... 5
旋转 (度)........ 0.0
中心偏移......... 0.0
各向异性......... 0.0

图6-93

【重要参数介绍】

叶片数：控制散景产生的小圆圈的边，默认值为5，因此散景的小圆圈就是正五边形。如果不勾选它，那么散景就是个圆形。

旋转（度）：散景小圆圈的旋转角度。

中心偏移：散景偏移原物体的距离。

各向异性：控制散景的各向异性，值越大，散景的小圆圈拉得越长，变成椭圆。

3.“采样”卷展栏

展开“采样”卷展栏，如图6-94所示。

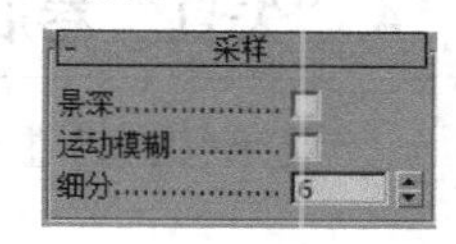

图6-94

【重要参数介绍】

景深：控制是否产生景深。如果想要得到景深，就需要把它打开。

运动模糊：控制是否产生动态模糊效果。

细分：控制景深和动态模糊的采样细分，值越高，杂点越大，图的品质越高，渲染时间越长。

技巧与提示

当使用了VRay物理摄影机中的景深和运动模糊，渲染面板里的景深和动态模糊将失去作用。

图6-95所示的是笔者测试的景深和散景效果。

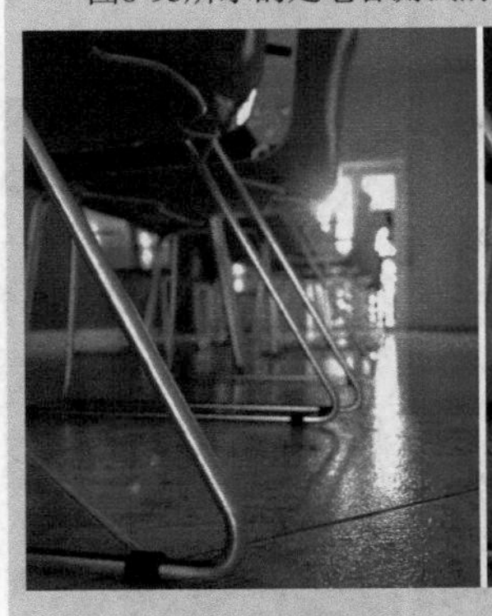

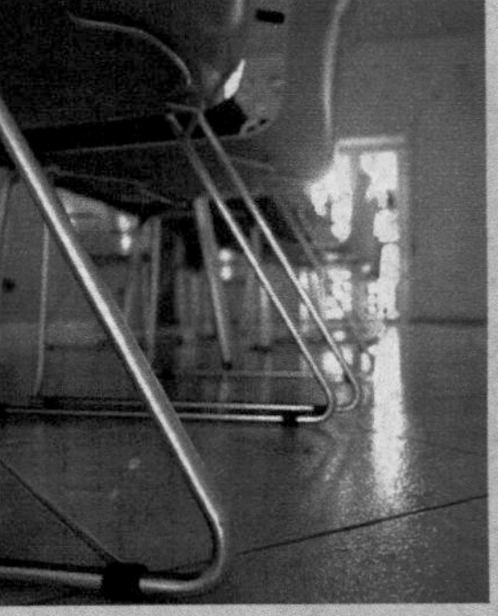

图6-95

上图的测试场景的摄影机参数如图6-96所示，大家可以分析一下。

图6-96

4. “失真”卷展栏

展开“失真”卷展栏，其参数面板如图6-97所示。

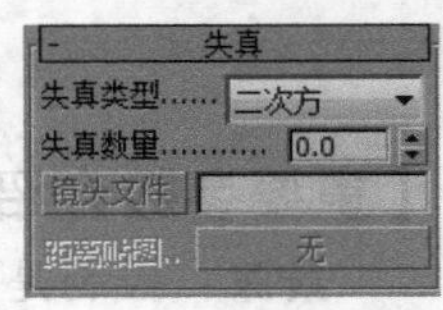

图6-97

【重要参数介绍】

失真类型：控制选择失真的类型，包含二次方、三次方、镜头文件、纹理4种类型。

失真数量：当设置“失真类型”为“二次方”或“三次方”时，该选项被激活，通过设置其数值来控制摄影机的扭曲程度，图6-98~图6-100所示的是不同失真数量下的不同摄影机效果。

图6-98

图6-99

图6-100

镜头文件：当设置“失真类型”为“镜头文件”时，该选项被激活，可以单击其按钮加载镜头文件。

距离贴图：当设置“失真类型”为“纹理”时，该选项被激活，单击其按钮可添加一张贴图。

6.3.2 VRay穹顶摄影机

"VRay穹顶摄影机"被用来渲染半球圆顶效果，其参数面板如图6-101所示。

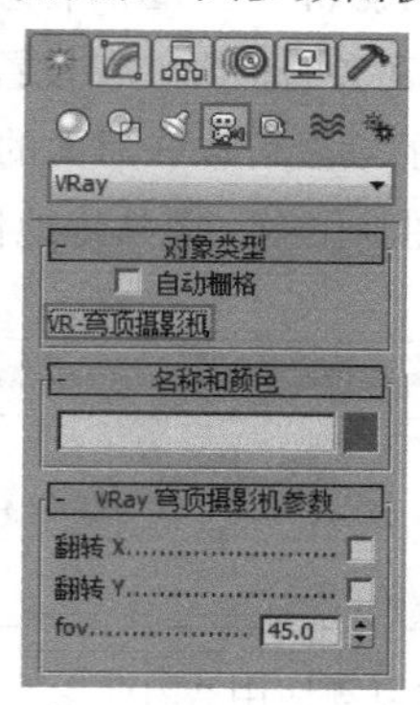

图6-101

【重要参数介绍】

翻转 X：让渲染的图像在*x*轴上反转。

翻转 Y：让渲染的图像在*y*轴上反转。

fov（视角）：设置视角的大小。

图6-102~图6-104所示的是上述几个参数的渲染效果的对比。

图6-102

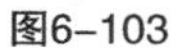

图6-103

图6-104

6.4 本章小结

本章主要讲解了“目标摄影机”“物理摄影机”“VRay物理摄影机”，三者均可用于效果图制作。“物理摄影机”和“VRay物理摄影机”更接近于真实的摄影，在设置的时候更加直接、方便。在介绍的过程中，有些部分涉及渲染输出的内容，掌握不熟练的读者可以在后面的内容中进行学习，希望读者能对摄影机的创建、参数设置多加练习，以便在后面的效果图制作中，能熟练地使用摄影机。

课后习题

用物理摄影机制作景深

场景文件	场景文件>CH06>03.max
实例文件	实例文件>CH06>课后习题：使用物理摄影机制作景深效果.max
视频名称	课后习题：使用VRay物理摄影机制作景深效果.mp4
难易指数	★★★☆☆
学习目标	练习使用“物理摄影机”制作景深效果

前面用“目标”摄影机制作了景深效果，本习题使用“物理摄影机”制作景深效果，在制作过程中，希望读者可以比较两者之间的差距，同时了解“物理摄影机”各个参数的含义，景深面红酒瓶的效果如图6-105所示。

图6-105

第7章

灯光的应用

灯光是3ds Max提供的用来模拟现实生活中不同类型光源的对象，从居家办公用的普通灯具到舞台、电影布景中使用的照明设备，甚至太阳光都可以模拟。不同种类的灯光对象用不同的方法投影灯光，也就形成了3ds Max中多种类型的灯光对象。灯光同样是沟通作品与观众之间的桥梁，通过为场景打灯可以增强场景的真实感，增加场景的清晰程度和三维纵深度。可以说，灯光就是3D作品的灵魂，没有灯光来照明，作品就失去了灵魂。

课堂学习目标

了解灯光在效果图制作中的作用
掌握室内效果图的布光思路
掌握常用灯光的各项参数的含义
掌握3ds Max的灯光的使用方法
掌握VRay灯光的使用方法

7.1 关于灯光

没有灯光的世界将是一片黑暗，在三维场景中也是一样，即使有精美的模型、真实的材质以及完美的动画，如果没有灯光照射也毫无作用，由此可见灯光在三维表现中的重要性。

7.1.1 灯光的作用

有光才有影，才能让物体呈现出三维立体感，不同的灯光效果营造的视觉感受也不一样。灯光是视觉画面的一部分，其功能主要有以下3点。

第1点：提供一个完整的整体氛围，展现出影像实体，营造空间的氛围。

第2点：为画面着色，以塑造空间和形式。

第3点：可以让人们集中注意力。

7.1.2 灯光的基本属性

3ds Max中的照明原则是模拟自然光照效果，当光线接触到对象表面后，表面会反射或至少部分反射这些光线，这样该表面就可以被我们所见到了。对象表面所呈现的效果取决于接触到的表面上的光线和表面自身材质的属性（如颜色、平滑度、不透明度等）相结合的结果。

1.强度

灯光光源的亮度影响灯光照亮对象的程度。暗淡的光源即使照射在很鲜艳的颜色上，也只能产生暗淡的颜色效果。在3ds Max中，灯光的亮度就是它的HSV值（色度、饱和度、亮度），取最大值（225）时，灯光最亮，取值为0时，完全没有照明效果。在图7-1中可以看到，左图为低强度光源照亮的房间，右图为高强度光源照亮的同一个房间。

图7–1

2.入射角

表面法线与光源之间的角度称为灯光的入射角。表面偏离光源的程度越大，它所接收到的光线越少，表现越暗。当入射角为0（光线垂直接触表现）时，表面受到完全亮度的光源照射。随着入射角增大，照明亮度不断降低，入射角示意如图7-2所示。

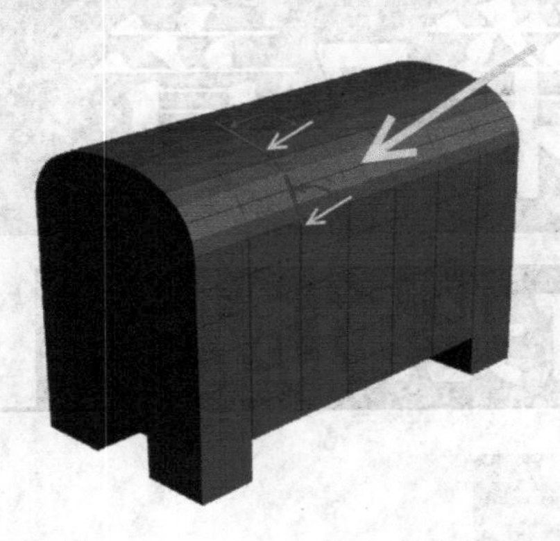

图7–2

3.衰减

在现实生活中，灯光的亮度会随着距离增加逐渐变暗，离光源远的对象比离光源近的对象暗，这种效果就是衰减效果。自然界中灯光按照平方反比进行衰减，也就是说，灯光的亮度按距光源距离的平方削弱。通常在受大气粒子的遮挡后衰减效果会更加明显，尤其在阴天和雾天的情况下。

图7-3所示的是灯光衰减示意图，左图为反向衰减，右图为平方反比衰减。

图7–3

3ds Max中默认的灯光没有衰减设置，因此灯光与对象间的距离是没有意义的，用户在设置时，只需考虑灯光与表面间的入射角度。除了可以手动调节泛光灯和聚光灯的衰减外，还可以通过光线跟踪贴图调节衰减效果。如果使用光线跟踪方式计算反射和折射，应该对场景中的每一盏灯都进行衰减设置，因为一方面它可以提供更为精确和真实的照明效果，另一方面由于不必计算衰减以外的范围，所以还可以大大缩短渲染的时间。

技巧与提示

在没有衰减设置的情况下，有可能会出现对象远离灯光对象却变得更亮的情况，这是由于对象表面的入射角度更接近0°造成的。

对于3ds Max中的标准灯光对象，用户可以自由设置衰减开始和结束的位置，无须严格遵循真实场景中灯光与被照射对象间的距离，更为重要的是，可以通过此功能对衰减效果进行优化。对于室外场景，衰减设置可以提高景深效果；对于室内场景，衰减设置有助于模拟蜡烛等低亮度光源的效果。

4.反射光与环境光

对象反射后的光能够照亮其他的对象，反射的光越多，照亮环境中其他对象的光越多。反射光产生环境光，环境光没有明确的光源和方向，不会产生清晰的阴影。

在图7-4中可以看到，其中A（黄色光线）是平行光，也就是发光源发射的光线；B（绿色光线）是反射光，也就是对象反射的光线；C是环境光，看不出明确的光源和方向。

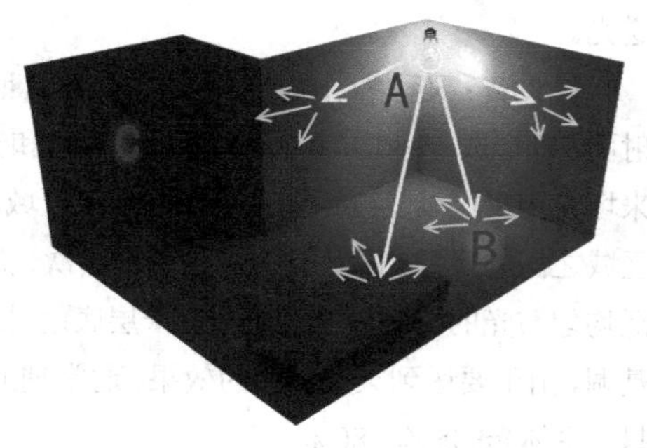

图7-4

在3ds Max中使用默认的渲染方式和灯光设置，无法计算出对象的反射光，因此采用标准灯光照明时往往要设置比实际多得多的灯光对象。如果使用具有计算光能传递效果的渲染引擎（如3ds Max的高级照明、mental ray或者其他渲染器插件），就可以获得真实的反射光的效果。如果不使用光能传递方式，用户可以在“环境”面板中调节环境光的颜色和高度来模拟环境光的影响。

环境光的亮度影响场景的对比度，亮度越高，场景的对比度就越低；环境光的颜色影响场景整体的颜色，有时环境光表现为对象的反射光线，颜色为场景中其他对象的颜色，但在大多数情况下，环境光应该是场景中主光源颜色的补色。

5.灯光颜色

灯光的颜色部分依赖于生成该灯光的过程。例如，钨灯投影橘黄色的灯光，水银蒸汽灯投影冷色的浅蓝色灯光，太阳光为浅黄色。灯光颜色也依赖于灯光通过的介质。例如，脏玻璃可以将灯光渲染为浓烈的饱和色彩。

灯光的颜色也具备加色混合性，灯光的主要颜色为红色、绿色和蓝色（RGB）。当多种颜色混合在一起时，场景中总的灯光将变得更亮且逐渐变为白色，如图7-5所示。

图7-5

在3ds Max中，用户可以将调节灯光颜色的RGB值作为场景主要照明设置的色温标准，但要明确的是，人们总倾向于将场景看作是白色光源照射的结果（这是一种称为色感一致性的人体感知现象），精确地再现光源颜色可能会适得其反，渲染出古怪的场景效果，所以在调节灯光颜色时，应当重视主观的视觉感受，而物理意义上的灯光颜色仅仅作为一项参考。

6.色温

色温是一种按照绝对温标来描述颜色的方式，有助于描述光源颜色及其他接近白色的颜色值。下面的表格中罗列了一些常见灯光类型的色温值（Kelvin）以及相应的色调值（HSV）。

光源	颜色温度	色调
阴天的日光	6000 K	130
中午的太阳光	5000 K	58
白色荧光	4000 K	27
钨/卤元素灯	3300 K	20
白炽灯（100 到 200 W）	2900 K	16
白炽灯（25 W）	2500 K	12
日落或日出时的太阳光	2000 K	7
蜡烛火焰	1750 K	5

7.1.3 效果图中的灯光

利用3ds Max中的灯光可以模拟出真实的“照片级”画面，图7-6所示的就是利用3ds Max制作的室内效果图的灯光效果。

图7-6

在“创建面板”中单击“灯光”按钮，在其下拉列表中可以选择灯光的类型。3ds Max 2016包含3种灯光类型，分别是“光度学”灯光、“标准”灯光和VRay灯光，如图7-7~图7-9所示。

图7-7

图7-8

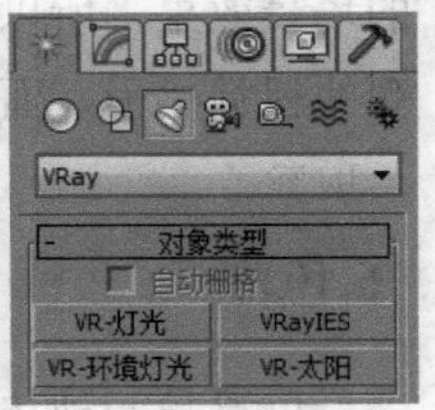

图7-9

技巧与提示

若没有安装VRay渲染器，系统默认的只有“光度学”灯光和“标准”灯光。

7.1.4 三点布光法

三点布光，又称为区域照明，一般用于较小范围的场景照明。如果场景很大，可以把它拆分成若干个较小的区域进行布光。一般有3盏灯即可，分别为主体光、辅助光（补光）与背景光，如图7-10所示。这3种光分别起着不同的作用。

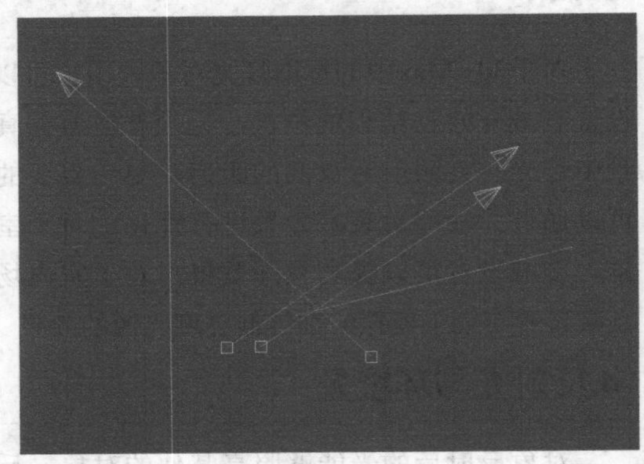

图7-10

1.每种光的作用

主体光：通常用它来照亮场景中的主要对象与其周围的区域，并且有给主体对象投影的功能。主要的明暗关系由主体光决定，包括投影的方向。主体光根据需要也可以用几盏灯光来共同完成。如主光灯在15°~30°的位置上，称顺光；在45°~90°的位置上，称为侧光；在90°~120°的位置上称为侧逆光。

辅助光：又称为补光。可用一个聚光灯照射扇形反射面，以形成一种均匀的、非直射性的柔和光源，用它来填充阴影区以及被主体光遗漏的场景区域，调和明暗区域之间的反差，同时能形成景深与层次，而且这种广泛均匀布光的特性使它为场景打一层底色，定义场景的基调。由于要达到柔和照明的效果，通常辅助光的亮度只有主体光的50%~80%。

背景光：它的作用是增加背景的亮度，从而衬托主体，并使主体对象与背景相分离，亮度宜暗，不可太亮。

2.布光顺序

在面对一个场景时，有些读者会出现无从下手、不知道先创建什么灯光的问题，这里笔者给出一点建议，通常情况下布光都采用“从外到内，从大到小”的方式，具体如下。

第1步：先定场景中强度最大的光源的位置和强度。

第2步：决定场景中辅助光的位置和强度。

第3步：分配背景光与装饰光。这样产生的布光效果应该能达到主次分明，互相补充。

技巧与提示

在布光过程中，有以下4个问题需要注意。

第1个：灯光宜精不宜多。过多的灯光使工作过程变得杂乱无章，难以处理，显示与渲染速度也会受到严重影响。只有必要的灯光才能保留，另外要注意灯光投影与阴影贴图及材质贴图的用处，能用贴图替代灯光的地方最好用贴图去做。例如，要表现晚上从室外观看到的窗户内灯火通明的效果，用自发光贴图去做会方便得多，效果也很好，而不要用灯光去模拟。切忌随手布光，否则成功率将非常低。对于可有可无的灯光，坚决不予保留。

第2个：灯光要体现场景的明暗分布，要有层次性，切不可把所有灯光一概处理。根据需要选用不同种类的灯光，如选用聚光灯还是泛光灯；根据需要决定灯光是否投影以及阴影的浓度，根据需要决定灯光的亮度与对比度。如果要达到更真实的效果，一定要在灯光衰减方面下一番功夫。可以利用暂时关闭某些灯光的方法排除干扰，对其他灯光进行更好的设置。

第3个：要知道3ds Max中的灯光是可以超现实的。要学会利用灯光的“排除”与“包括”功能决定灯光对某个物体能否起到照明或投影作用。例如，要模拟烛光的照明与投影效果，我们通常在蜡烛灯芯位置放置一盏泛光灯，如果这盏灯不对蜡烛主体进行投影排除，那么蜡烛主体产生在桌面上的很大一片阴影可能要让我们头痛半天。在建筑效果图中，也往往会通过“排除”的方法使灯光不对某些物体产生照明或投影效果。

第4个：布光时应该遵循由主题到局部、由简到繁的过程。对于灯光效果的形成，应该先调整角度定下主格调，再调节灯光的衰减等特性来增强现实感。最后调整灯光的颜色进行细致修改。如果要逼真地模拟自然光的效果，还必须对自然光源有足够深刻的理解。多看些摄影用光的书，多做试验会很有帮助。不同场合下的布光用灯也不一样。在室内效果图的制作中，为了表现出一种金碧辉煌的效果，往往会把一些主灯光的颜色设置为淡淡的橘黄色，可以达到材质不容易做到的效果。

7.2 光度学灯光

光度学灯光是系统默认的灯光，共有3种类型，分别是“目标灯光”“自由灯光”“mr 天空入口”，如图7-11所示，其中目标灯光在效果图制作中是比较常用的一种灯光。

图7-11

7.2.1 目标灯光

目标灯光带有一个目标点，用于指向被照明物体，如图7-12所示。目标灯光主要用来模拟现实中的筒灯、射灯和壁灯等，其默认参数包含10个卷展栏，如图7-13所示。

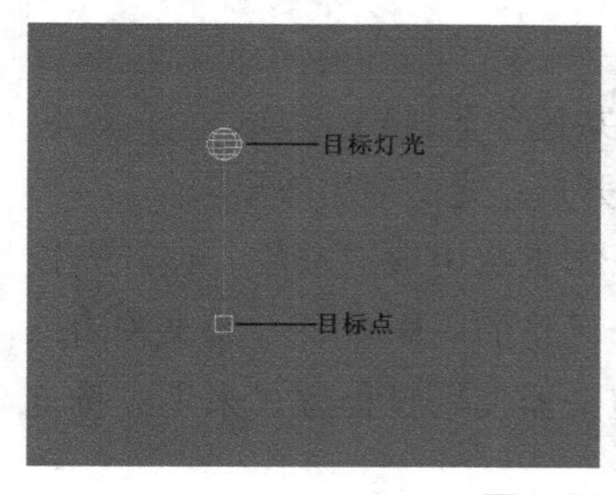

图7-12

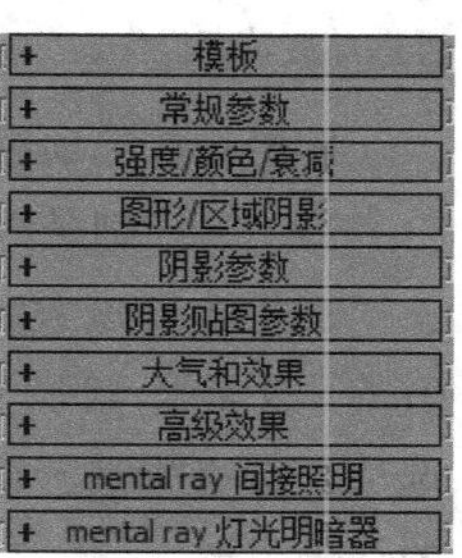

图7-13

技巧与提示

下面主要针对目标灯光的一些常用卷展栏进行讲解。

1.“常规参数”卷展栏

展开“常规参数”卷展栏，如图7-14所示。

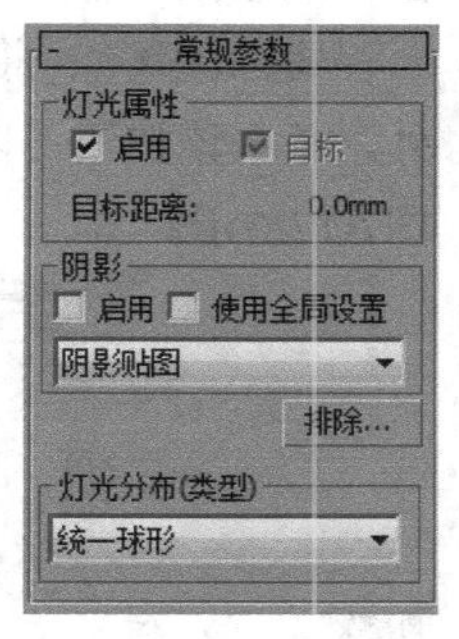

图7-14

【重要参数介绍】

灯光属性：共包含下列3个选项。

启用：控制是否开启灯光。

目标：启用该选项后，目标灯光才有目标点；如果禁用该选项，目标灯光没有目标点，将变成自由灯光，如图7-15所示。

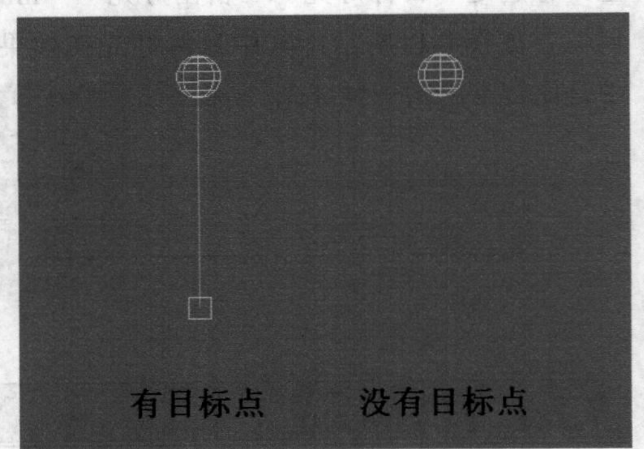

图7-15

目标距离：用来显示目标的距离。

> **技巧与提示**
> 目标灯光的目标点并不是固定不可调节的，可以对它进行移动、旋转等操作。

阴影：该选项组共包含下列4个选项、

启用：控制是否开启灯光的阴影效果。

使用全局设置：如果启用该选项后，该灯光投射的阴影将影响整个场景的阴影效果；如果关闭该选项，则必须选择渲染器使用哪种方式来生成特定的灯光阴影。

阴影类型列表：设置渲染器渲染场景时使用的阴影类型，包括“高级光线跟踪”“mental ray阴影贴图”“区域阴影”“阴影贴图”“光线跟踪阴影”“VRay阴影”“VRay阴影贴图”7种类型，如图7-16所示，其中“VRay阴影”是比较常用的。

排除 排除... ：将选定的对象排除于灯光效果之外。单击该按钮可以打开“排除/包含”对话框，如图7-17所示。

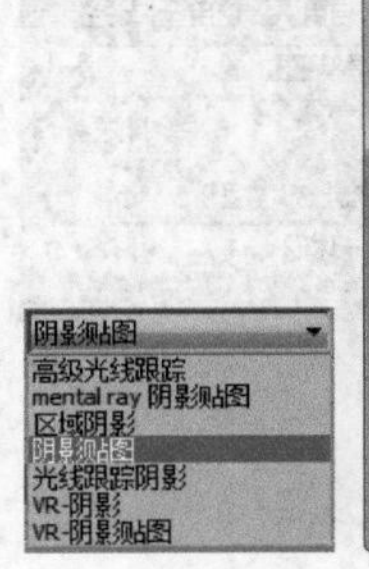

图7-16

图7-17

灯光分布（类型）：设置灯光的分布类型，包含“光度学Web”“聚光灯”“统一漫反射”“统一球形”4种类型，如图7-18所示。

图7-18

2. “强度/颜色/衰减”卷展栏

展开“强度/颜色/衰减”卷展栏，如图7-19所示。

图7-19

【重要参数介绍】

颜色：该选项组共包含下列3个选项。

灯光：挑选公用灯光，以近似灯光的光谱特征。

开尔文：通过调整色温微调器来设置灯光的颜色。

过滤颜色：使用颜色过滤器来模拟置于光源上的过滤色效果。

强度：主要用于设置灯光的强度，其中包含3个单位。

lm（流明）：测量整个灯光（光通量）的输出功率。100W的通用灯泡约有1750 lm的光通量。

cd（坎德拉）：用于测量灯光的最大发光强度，通常沿着瞄准发射。100W通用灯泡的发光强度约为139 cd。

lx（lux）：测量由灯光引起的照度，该灯光以一定距离照射在曲面上，并面向光源的方向。

暗淡：该选项组共包含下列3个选项。

结果强度：用于显示暗淡所产生的强度。

暗淡百分比：启用该选项后，该值会指定用于降低灯光强度的“倍增”。

光线暗淡时白炽灯颜色会切换：启用该选项之后，灯光可以在暗淡时通过产生更多的黄色来模拟白炽灯。

远距衰减：该选项组包含下列4个选项。

使用：启用灯光的远距衰减。

显示：在视口中显示远距衰减的范围设置。

开始：设置灯光开始淡出的距离。

结束：设置灯光减为0时的距离。

3. “图形/区域阴影”卷展栏

展开“图形/区域阴影”卷展栏，如图7-20所示。

图7-20

【重要参数介绍】

从（图形）发射光线：选择阴影生成的图形类型，包括“点光源”“线”“矩形”“圆形”“球体”“圆柱体”6种类型，如图7-21所示。

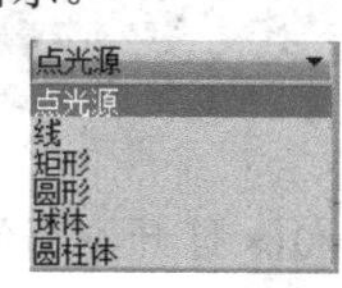

图7-21

灯光图形在渲染中可见：启用该选项后，如果灯光对象位于视野之内，那么灯光图形在渲染中会显示为自供照明（发光）的图形。

4. “阴影参数”卷展栏

展开“阴影参数”卷展栏，如图7-22所示。

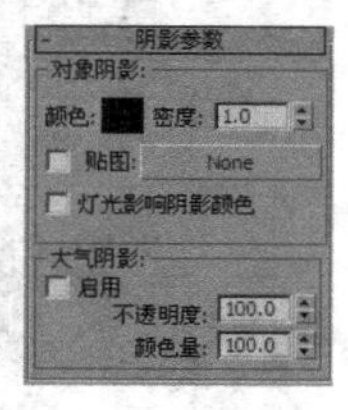

图7-22

【重要参数介绍】

对象阴影：该选项组共包含下列5个选项。

颜色：设置灯光阴影的颜色，默认为黑色。

密度：调整阴影的密度。

贴图：启用该选项，可以使用贴图来作为灯光的阴影。

None（无） None：单击该按钮可以选择贴图作为灯光的阴影。

灯光影响阴影颜色：启用该选项后，可以将灯光颜色与阴影颜色（如果阴影已设置贴图）混合起来。

大气阴影：该选项组共包含下列3个选项。

启用：启用该选项后，大气效果如灯光穿过它们一样投影阴影。

不透明度：调整阴影的不透明度百分比。

颜色量：调整大气颜色与阴影颜色混合的量。

5. “阴影贴图参数”卷展栏

展开“阴影贴图参数”卷展栏，如图7-23所示。

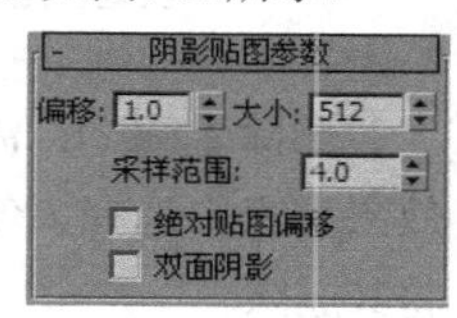

图7-23

【重要参数介绍】

偏移：将阴影移向或移离投射阴影的对象。

大小：设置用于计算灯光的阴影贴图的大小。

采样范围：决定阴影内平均有多少个区域。

绝对贴图偏移：启用该选项后，阴影贴图的偏移是不标准化的，但是该偏移在固定比例的基础上会以3ds Max为单位来表示。

双面阴影：启用该选项后，计算阴影时物体的背面也将产生阴影。

> **技巧与提示**
>
> 注意，这个卷展栏的名称由“常规参数”卷展栏下的阴影类型来决定，不同的阴影类型具有不同的阴影卷展栏以及不同的参数选项。

6. “大气和效果”卷展栏

展开“大气和效果”卷展栏，如图7-24所示。

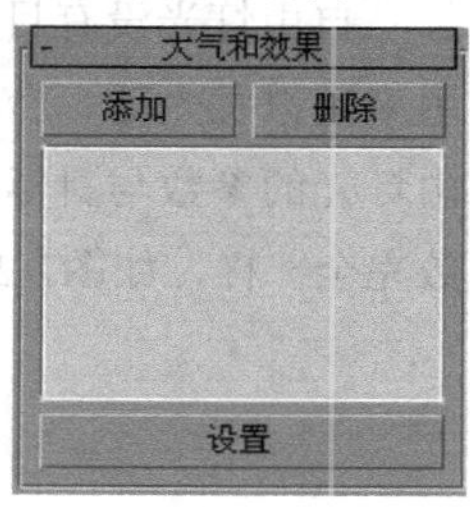

图7-24

【重要参数介绍】

添加 添加 ：单击该按钮可以打开“添加大气或效果”对话框，如图7-25所示。在该对话框中可以将大气或渲染效果添加到灯光中。

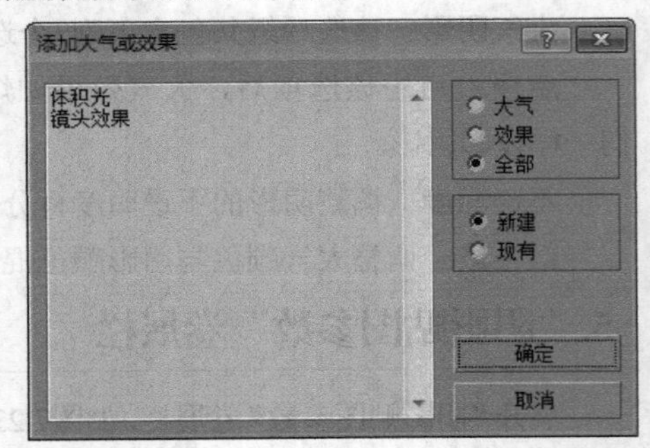

图7-25

删除 删除 ：添加大气或效果以后，在大气或效果列表中选择大气或效果，然后单击该按钮可以将其删除。

大气或效果列表：显示添加的大气或效果，如图7-26所示。

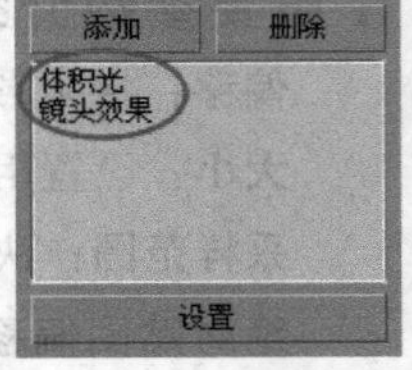

图7-26

设置 设置 ：在大气或效果列表中选择大气或效果以后，单击该按钮可以打开“环境和效果”对话框。在该对话框中可以对大气或效果参数进行更多的设置。

技巧与提示

关于“环境和效果”对话框将在后面的章节中单独进行讲解。

7.2.2 自由灯光

自由灯光没有目标点，常用来模拟发光球、台灯等。自由灯光的参数与目标灯光的参数完全一样，如图7-27所示。

+ 模板
+ 常规参数
+ 强度/颜色/衰减
+ 图形/区域阴影
+ 阴影参数
+ 阴影贴图参数
+ 大气和效果
+ 高级效果
+ mental ray 间接照明
+ mental ray 灯光明暗器

图7-27

课堂案例

简约客厅

场景文件	场景文件>CH07>01.max
实例文件	实例文件>CH07>课堂案例：简约客厅.max
视频名称	课堂案例：简约客厅.mp4
难易指数	★★☆☆☆
学习目标	学习“目标灯光”的使用方法

本例是一个简约客厅，使用“目标灯光”模拟电视墙顶部的筒灯灯光，场景效果如图7-28所示。

图7-28

01 打开本书学习资源中的“场景文件>CH07>01.max”的文件，如图7-29所示，因为要表现的是灯光效果，所以材质、摄影机、渲染设置参数等均已设置好。

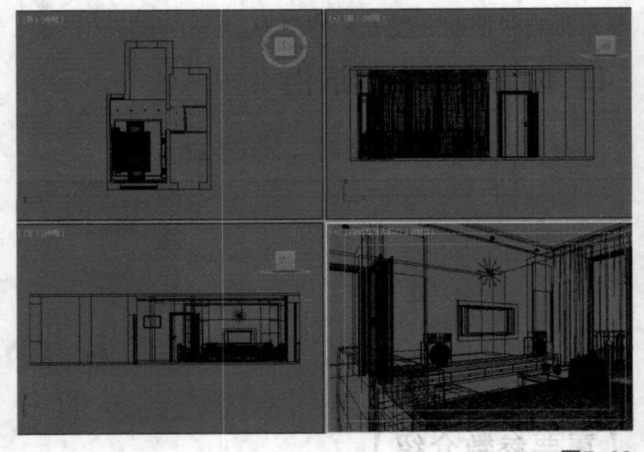

图7-29

02 在摄影机视图中，可以看到电视墙上有很多灯筒，需要使用“目标灯光”作为筒灯的灯光，灯光在场景中的位置如图7-30所示，因为本例灯光完全一样，这里采用以“实例”的形式进行复制创建，以方便后面的参数设置。

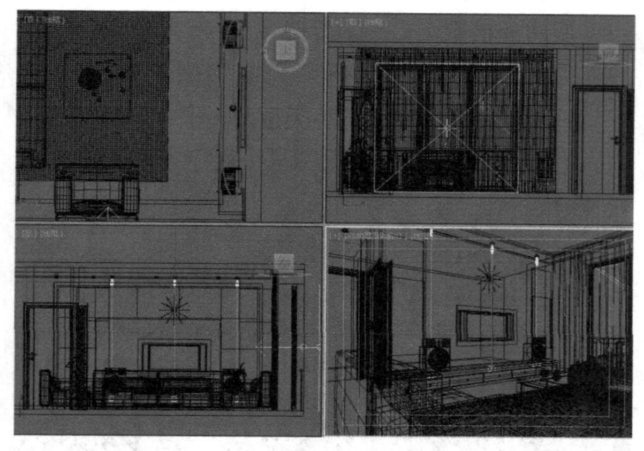

图7-30

03 选择上一步创建的目标灯光，然后展开“参数”卷展栏，因为是以实例复制，所以只需要设置一盏灯光的参数，其他灯光的参数就会同步，若单独创建每一盏灯光，则需要对每一盏都进行设置，具体参数设置如图7-31所示。

设置步骤

① 在“常规参数”卷展栏中启用“阴影”，然后设置阴影类型为“VRay阴影”，接着设置“灯光分布（类型）”为“光度学Web”。

② 在“分布（光度学Web）”卷展栏中加载本书学习资源中的“实例文件>CH07>课堂案例：简约客厅>00.ies”文件。

③ 在“强度/颜色/衰减”卷展栏中设置“过滤颜色”为（红:255，绿:174，蓝:94），然后设置“强度”为120000。

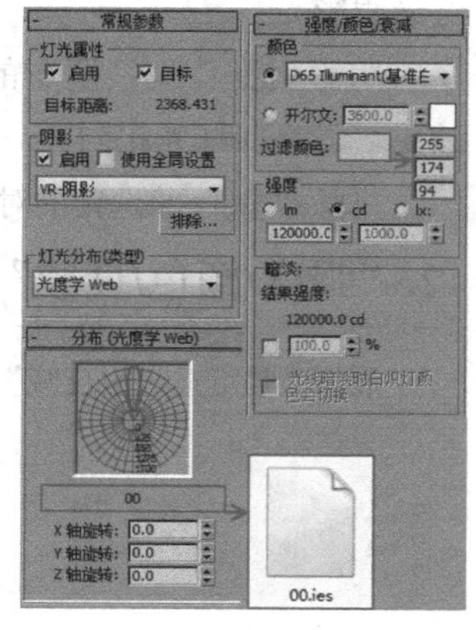

图7-31

技巧与提示

在上述步骤中，有一个加载“光度学数据文件”的操作，其具体操作如图7-32所示。

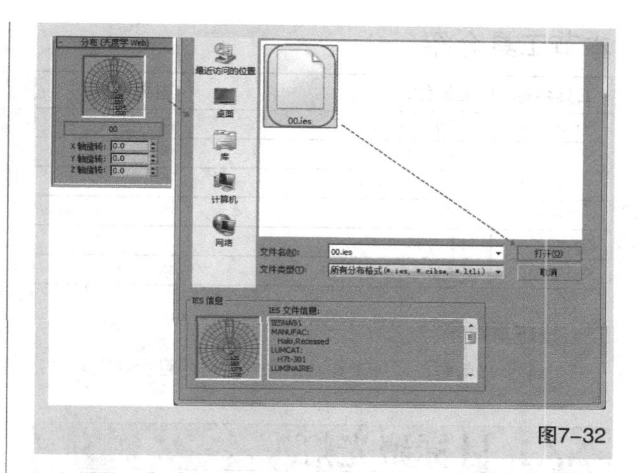

图7-32

04 按C键切换至摄影机视图，笔者在之前已经设置好渲染参数，所以直接按F9键渲染即可，渲染效果如图7-33所示。

图7-33

技巧与提示

本例讲解“目标灯光”的用法，场景中其余的灯光已经在场景中建立，相关用法请参考“VRay灯光”。

7.3 标准灯光

标准灯光包括8种类型，分别是“目标聚光灯”“自由聚光灯”“目标平行光”“自由平行光”“泛光”“天光”、mr Area Omni（mr区域泛光灯）和mr Area Spot（mr区域聚光灯），如图7-34所示。

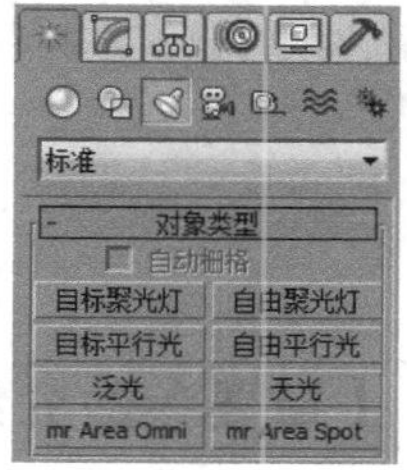

图7-34

本节工具介绍

工具名称	工具作用	重要程度
目标聚光灯	用于创建目标聚光灯	高
自由聚光灯	用于创建自由聚光灯	中
目标平行光	用于创建目标平行光	中
自由平行光	用于创建自由平行光	中
泛光灯	用于创建泛光灯	中
天光	用于创建天光	中

技巧与提示

由于篇幅问题，本节重点介绍比较常用的目标灯光。

7.3.1 目标聚光灯

目标聚光灯可以产生一个锥形的照射区域，区域以外的对象不会受到灯光的影响，主要用来模拟吊灯、手电筒等发出的灯光。目标聚光灯由透射点和目标点组成，其方向性非常好，对阴影的塑造能力也很强，如图7-35所示，其参数设置面板如图7-36所示。

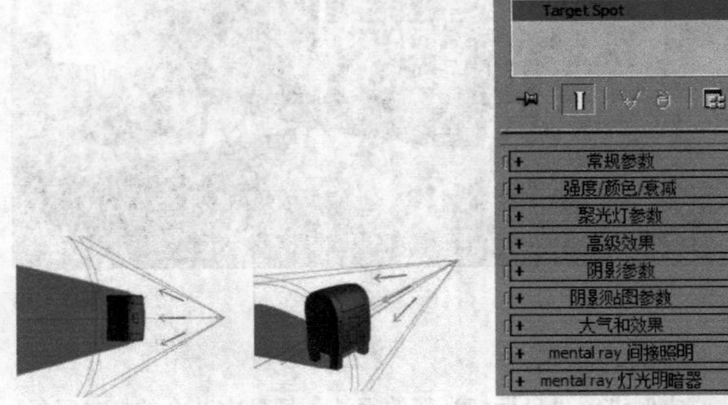

图7-35　图7-36

1. “常规参数”卷展栏

展开“常规参数”卷展栏，如图7-37所示。

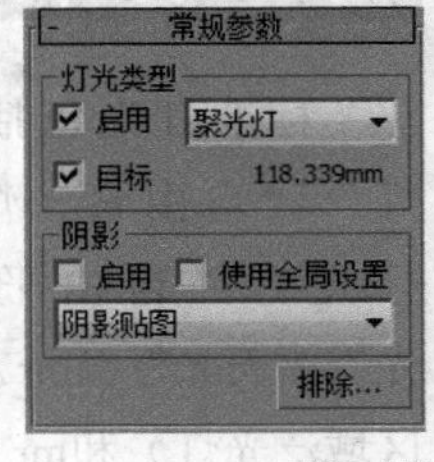

图7-37

【重要参数介绍】

灯光类型： 该选项组包含下列3个选项，主要用于设置灯光类型。

启用： 控制是否开启灯光。

灯光类型列表： 选择灯光的类型，包含“聚光灯”“平行光”“泛光灯”3种类型，如图7-38所示。

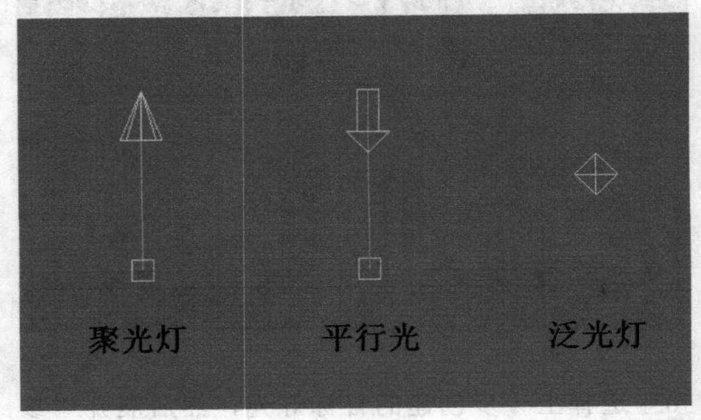

图7-38

技巧与提示

在切换灯光类型时，可以从视图中很直接地观察到灯光外观的变化。但是切换灯光类型后，场景中的灯光就会变成当前选择的灯光。

目标： 如果启用该选项后，灯光将成为目标聚光灯；如果关闭该选项，灯光将变成自由聚光灯。

阴影： 该选项组包含下列4个选项，主要用于设置阴影类型。

启用： 控制是否开启灯光阴影。

使用全局设置： 如果启用该选项，该灯光投射的阴影将影响整个场景的阴影效果；如果关闭该选项，则必须选择渲染器使用哪种方式来生成特定的灯光阴影。

阴影类型： 切换阴影的类型来得到不同的阴影效果，与目标灯光相同。

排除 排除... ：将选定的对象排除于灯光效果之外。

2. “强度/颜色/衰减”卷展栏

展开“强度/颜色/衰减”卷展栏，如图7-39所示。

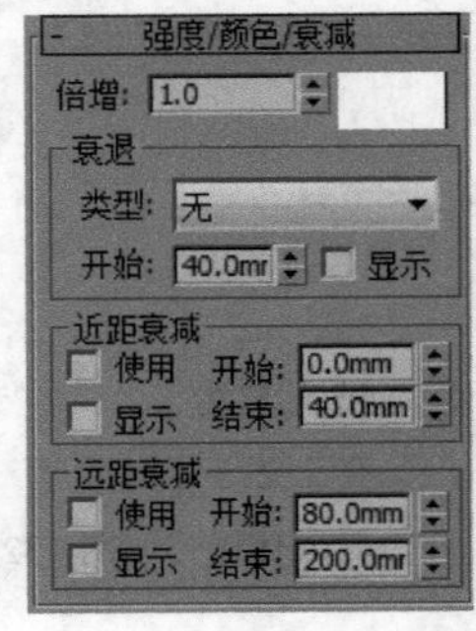

图7-39

【重要参数介绍】

倍增选项组：该选项组包含下列两个选项，用于设置灯光强度和颜色。

倍增：控制灯光的强弱程度。

颜色：用来设置灯光的颜色。

衰退：该选项组包含下列3个选项，主要用于设置灯光衰减。

类型：指定灯光的衰退方式。“无”为不衰退；“倒数”为反向衰退；“平方反比”是以平方反比的方式进行衰退。

技巧与提示

如果“平方反比”衰退方式使场景太暗，可以按大键盘上的8键打开“环境和效果”对话框，然后在“全局照明”选项组下适当加大“级别”值来提高场景强度。

开始：设置灯光开始衰退的距离。

显示：在视口中显示灯光衰退的效果。

近距衰减：该选项组包含下列4个选项，用于设置灯光近距离衰退的参数。

使用：启用灯光近距离衰退。

显示：在视口中显示近距离衰退的范围。

开始：设置灯光开始淡出的距离。

结束：设置灯光达到衰退最远处的距离。

远距衰减：该选项组包含4个选项，用于设置灯光远距离衰退的参数。

使用：启用灯光的远距离衰退。

显示：在视口中显示远距离衰退的范围。

开始：设置灯光开始淡出的距离。

结束：设置灯光衰退为0的距离。

3.“聚光灯参数”卷展栏

展开“聚光灯参数”卷展栏，如图7-40所示。

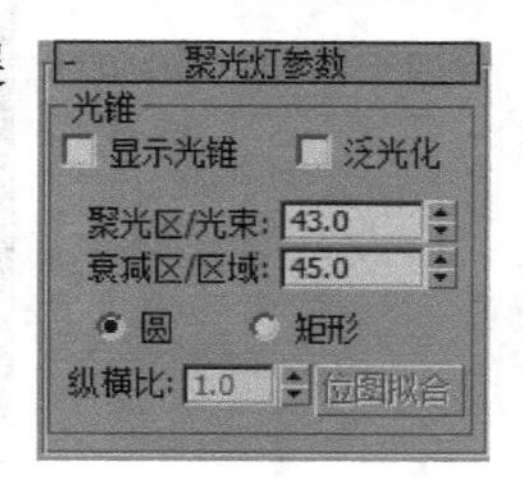

图7-40

【重要参数介绍】

显示光锥：控制是否在视图中开启聚光灯的圆锥显示效果，如图7-41所示。

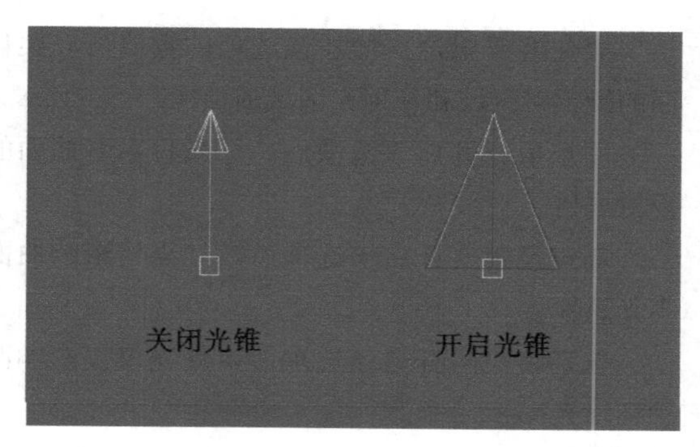

图7-41

泛光化：开启该选项时，灯光将在各个方向投射光线。

聚光区/光束：用来调整灯光圆锥体的角度。

衰减区/区域：设置灯光衰减区的角度，图7-42所示的是不同“聚光区/光束”和“衰减区/区域”的光锥对比。

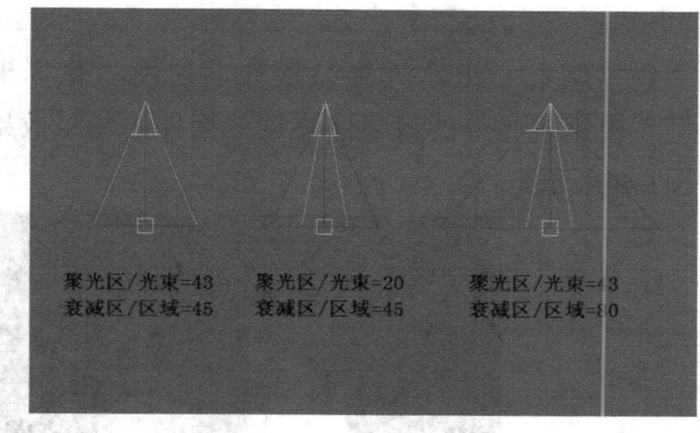

图7-42

圆/矩形：选择聚光区和衰减区的形状。

纵横比：设置矩形光束的纵横比。

位图拟合位图拟合**：**如果灯光的投影纵横比为矩形，应设置纵横比以匹配特定的位图。

4.“高级效果”卷展栏

展开“高级效果”卷展栏，如图7-43所示。

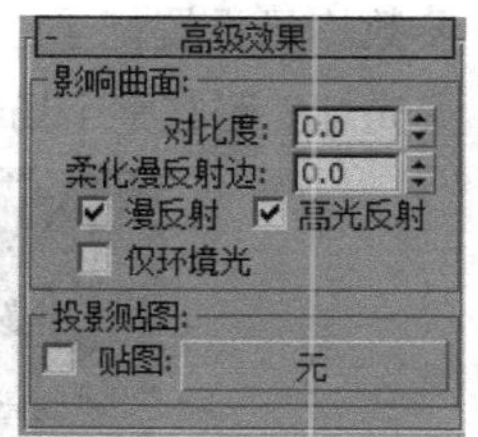

图7-43

【重要参数介绍】

影响曲面：该选项组包含下列5个选项。

对比度：调整漫反射区域和环境光区域的对比度。

柔化漫反射边：增加该选项的数值可以柔化曲面的漫反射区域和环境光区域的边缘。

漫反射：开启该选项后，灯光将影响曲面的漫反射属性。

高光反射：开启该选项后，灯光将影响曲面的高光属性。

仅环境光：开启该选项后，灯光仅仅影响照明的环境光。

投影贴图：该选项组包含下列两个选项。

贴图：为投影加载贴图。

无 无 ：单击该按钮可以为投影加载贴图。

课堂案例

欧式饰品

场景文件	场景文件>CH07>02.max
实例文件	实例文件>CH07>课堂案例：欧式饰品.max
视频名称	课堂案例：欧式饰品.mp4
难易指数	★★☆☆☆
学习目标	学习“目标聚光灯”的使用方法

本例是一组欧式饰品摆件，使用“目标聚光灯”模拟聚光灯的效果照亮这些摆件，场景效果如图7-44所示。

图7-44

01 打开本书学习资源中的“场景文件>CH07>02.max”文件，如图7-45所示。其摄影机、材质、渲染参数均已设置好了，需要在场景中创建一盏“目标聚光灯”照亮整个场景。

图7-45

02 切换至前视图，然后在创建面板中选择“目标聚光灯”，接着在视图中创建一盏“目标聚光灯”，如图7-46所示。

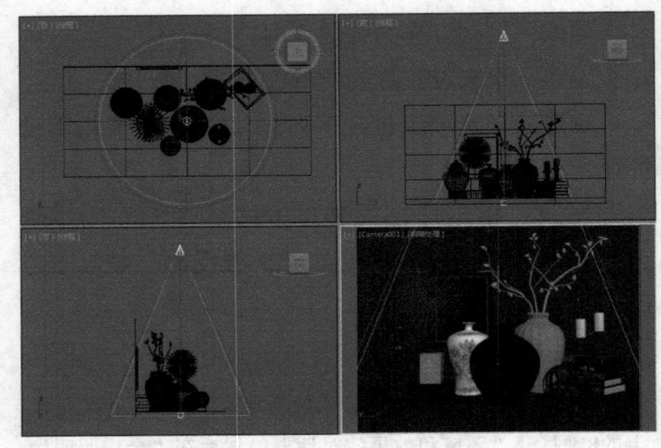

图7-46

03 选择上一步创建的“目标聚光灯”，然后在修改面板中设置其参数，具体参数设置如图7-47所示。

设置步骤

① 展开“常规参数”卷展栏，勾选“阴影”选项组中的“启用”选项，然后设置阴影类型为“VR-阴影”。

② 展开“强度/颜色/衰减”卷展栏，然后设置“倍增”为5，接着设置颜色为（红:255，绿:208，蓝:158）。

③ 展开“聚光灯参数”卷展栏，然后设置“聚光区/光束”为25、“衰减区/区域”为55。

④ 展开“VRay阴影参数”卷展栏，然后勾选“区域阴影”选项，接着设置“U大小”“V大小”“W大小”均为50mm，最后设置“细分”为8。

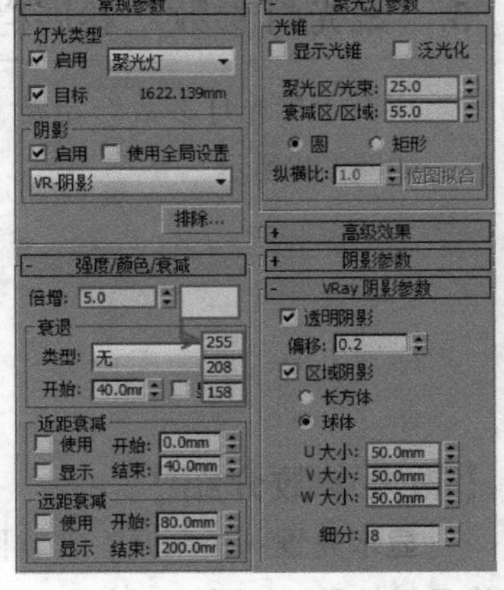

图7-47

04 设置完成后，切换至摄影机视图，然后按F9键渲染场景，效果如图7-48所示。

图7-48

7.3.2 自由聚光灯

自由聚光灯与目标聚光灯的参数基本一致，只是它无法对发射点和目标点分别进行调节，如图7-49所示。自由聚光灯特别适合用来模拟一些动画灯光，如舞台上的射灯。

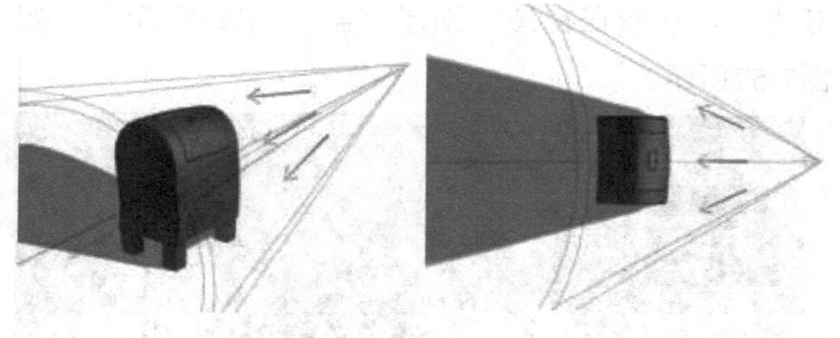

图7-49

7.3.3 目标平行光

目标平行光可以产生一个照射区域，主要用来模拟自然光线的照射效果，如图7-50所示。如果将目标平行光作为体积光来使用，可以用它模拟出激光束等效果。

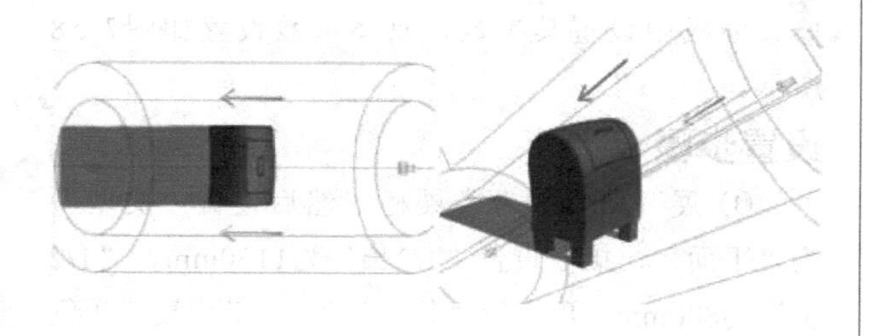

图7-50

技巧与提示

虽然目标平行光可以用来模拟太阳光，但是它与目标聚光灯的灯光类型却不相同。目标聚光灯的灯光类型是聚光灯，而目标平行光的灯光类型是平行光，从外形上看，目标聚光灯更像锥形，而目标平行光更像筒形，如图7-51所示。

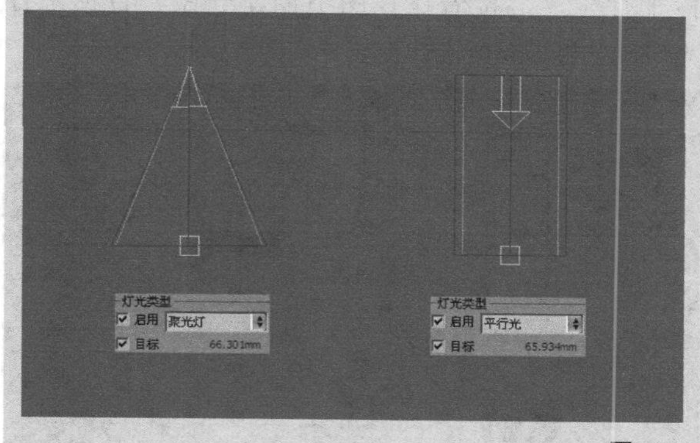

图7-51

课堂案例

简约休闲室

场景文件	场景文件>CH07>03.max
实例文件	实例文件>CH07>课堂案例：简约休闲室.max
视频名称	课堂案例：简约休闲室.mp4
难易指数	★★★☆☆
学习目标	学习“目标平行光”的使用方法

本例是一个简约休闲室，使用“目标平行光”模拟阳光，场景效果如图7-52所示。

图7-52

01 打开本书学习资源中的“场景文件>CH07>03.max”文件，场景如图7-53所示。

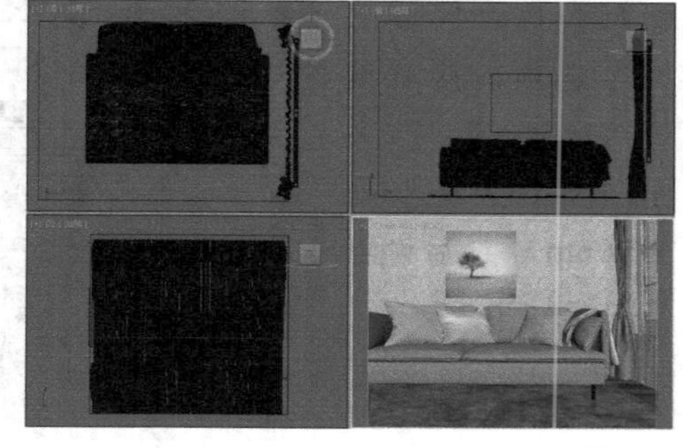

图7-53

技巧与提示

场景中已经设置好了摄影机、材质和渲染参数，只需要创建灯光。

02 切换至顶视图，然后在创建面板中选择“目标平行光”，接着在视图中创建一盏“目标平行光”，如图7-54所示。

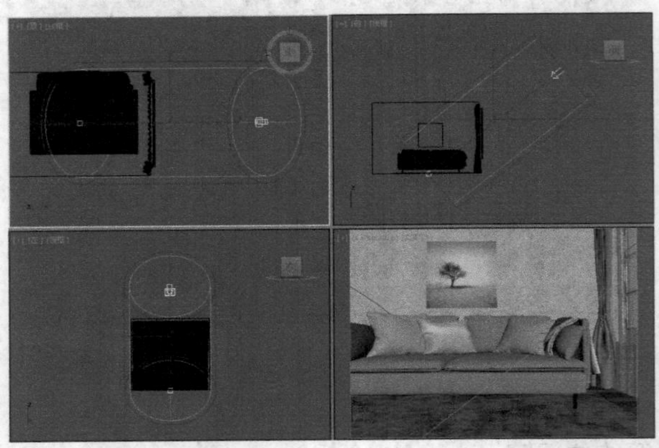

图7-54

03 选中上一步创建的“目标平行光”，然后在修改面板中设置其参数，具体参数设置如图7-55所示。

设置步骤

① 展开“常规参数”卷展栏，勾选“阴影”选项组中的“启用”选项，然后设置阴影类型为“VR-阴影”。

② 展开“强度/颜色/衰减”卷展栏，然后设置“倍增”为1，接着设置颜色为（红:255，绿:227，蓝:178）。

③ 展开“平行光参数”卷展栏，然后设置“聚光区/光束”为1550mm、“衰减区/区域”为1750mm。

④ 展开“VRay阴影参数”卷展栏，然后勾选“区域阴影”选项，接着设置“U大小”“V大小”“W大小”均为50mm，最后设置“细分”为8。

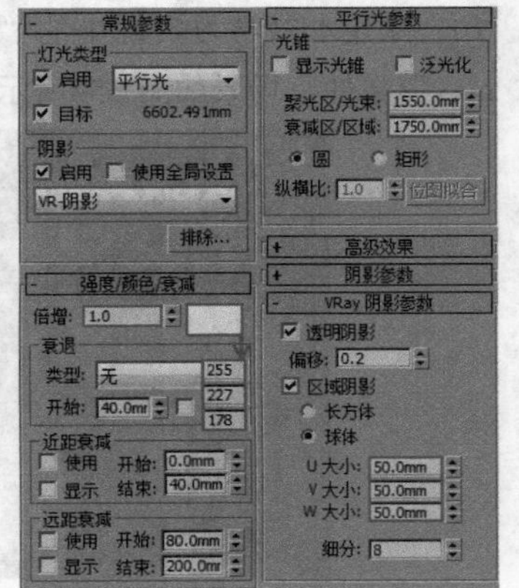

图7-55

技巧与提示

设置“聚光区/光束”的参数值时一定要完全覆盖整个房间，这样才能保证房间内都可以照射到阳光。

04 设置完成后，切换至摄影机视图，然后按F9键渲染场景，效果如图7-56所示。通过观察可以发现，阳光的强度已经合适，但室内还是较暗，这时就需要在窗外补充一盏辅助的天光。

图7-56

05 切换至左视图，然后在创建面板中选择“VRay灯光”，接着在视图中创建一盏“VRay灯光”，如图7-57所示。

图7-57

06 选中上一步创建的“VRay灯光”，然后在修改面板中设置其参数，具体参数设置如图7-58所示。

设置步骤

① 展开“常规”卷展栏，然后设置“类型”为“平面”，接着设置“1/2长”为1150mm、“1/2宽”为880mm，再设置“倍增”为3，最后设置颜色为（红:211，绿:227，蓝:255）。

② 展开“选项”卷展栏，然后勾选“不可见”选项。

③ 展开“采样”卷展栏，然后设置“细分”为8。

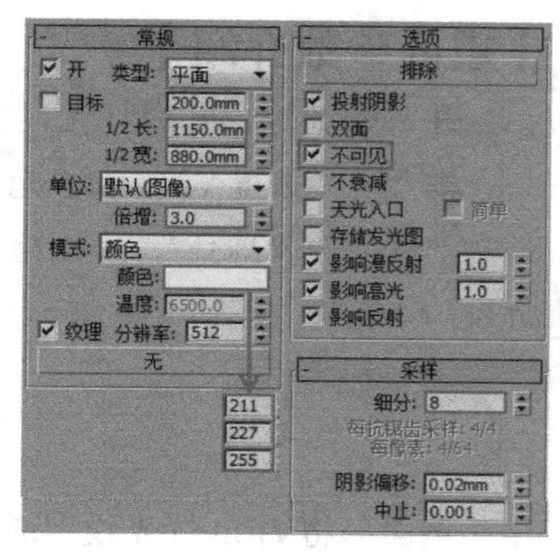

图7-58

07 设置完成后，切换至摄影机视图，然后按F9键渲染场景，最终效果如图7-59所示。

图7-59

技巧与提示

关于“VRay灯光”参数的解释和用法，在后面的章节中有详细讲解。

7.3.4 自由平行光

自由平行光能产生一个平行的照射区域，常用来模拟太阳光，如图7-60所示。

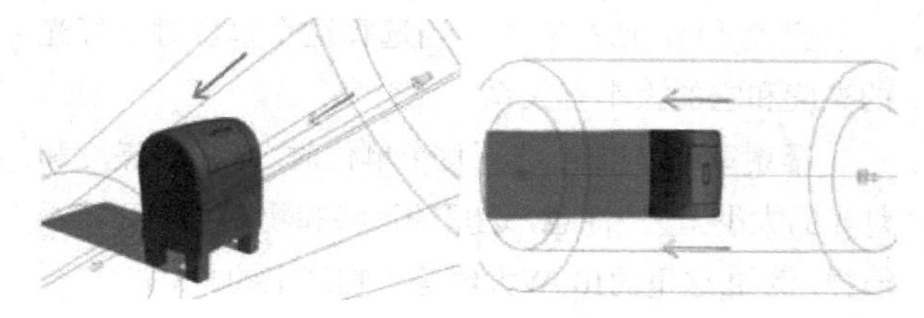

图7-60

技巧与提示

自由平行光和自由聚光灯一样，没有目标点，当勾选“目标”选项时，自由平行光会自动变成目标平行光，如图7-61所示。因此，这两种灯光之间是相互关联的。

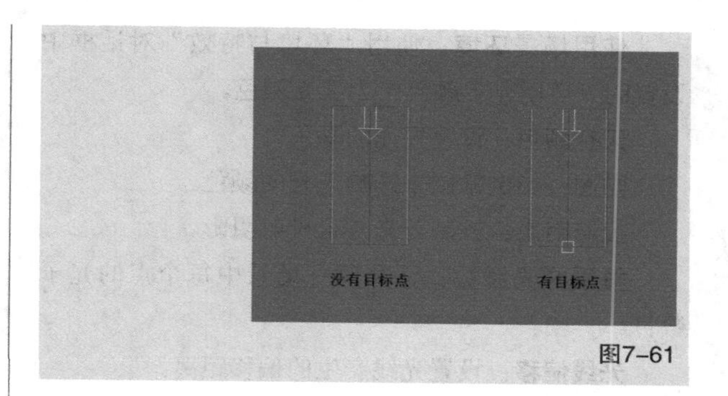

图7-61

7.3.5 泛光灯

泛光灯可以向周围发散光线，其光线可以到达场景中无限远的地方，如图7-62所示。泛光灯比较容易创建和调节，能够均匀地照射场景，但是在一个场景中如果使用太多泛光灯可能会导致场景明暗层次变暗，缺乏对比。

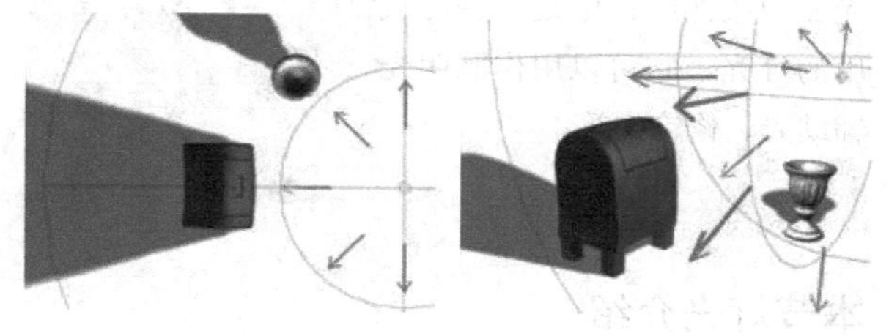

图7-62

7.3.6 天光

天光主要用来模拟天空光，以穹顶方式发光，如图7-63所示。天光不是基于物理学，但可以用于所有需要基于物理数值的场景。天光可以作为场景唯一的光源，也可以与其他灯光配合使用，实现高光和投射锐边阴影。天光的参数比较少，只有一个“天光参数”卷展栏，如图7-64所示。

图7-63

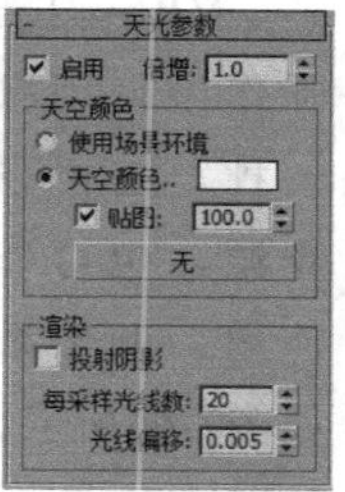

图7-64

【重要参数介绍】

启用：控制是否开启天光。

倍增：控制天光的强弱程度。

使用场景环境：使用“环境与特效”对话框中设置的“环境光”颜色作为天光颜色。

天空颜色：设置天光的颜色。

贴图：指定贴图来影响天光的颜色。

投影阴影：控制天光是否投射阴影。

每采样光线数：计算落在场景中每个点的光子数目。

光线偏移：设置光线产生的偏移距离。

7.4 VRay灯光

安装好VRay渲染器后，在“灯光”创建面板中就可以选择VRay光源。VRay灯光包含4种类型，分别是“VR灯光”“VRayIES”“VR环境灯光”“VR太阳”，如图7-65所示。VRay灯光在效果图制作中是一种比较常用的灯光，它可以用作照明光、辅助光、修饰光等。

图7-65

本节灯光介绍

灯光名称	灯光主要作用	重要程度
VRay灯光	模拟室内环境的任何光源	高
VRay太阳	模拟真实的室外太阳光	高

技巧与提示

本节将着重讲解VRay光源和VRay太阳，其他灯光在实际工作中一般都不会用到。

7.4.1 VRay灯光

VRay灯光是效果图制作中使用频率很高的一种，它可以模拟室内光源，也可作为辅助光使用，其参数设置面板如图7-66所示。

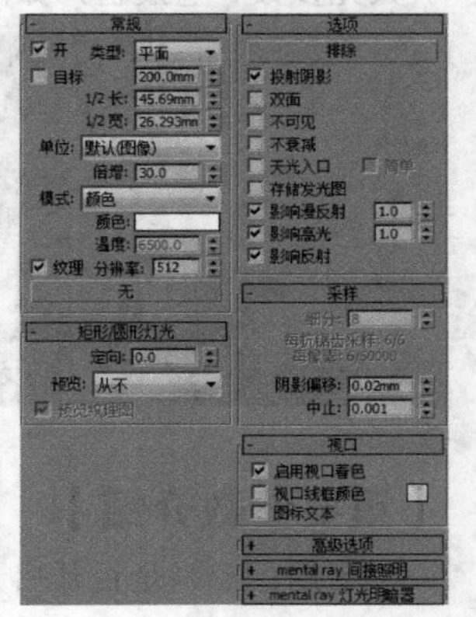

图7-66

【重要参数介绍】

开：控制是否开启灯光。

类型：设置VRay灯光的类型，共有“平面”“穹顶”“球体”“网格”“圆形”5种类型，如图7-67所示。

平面
穹顶
球体
网格
圆形

图7-67

平面：将VRay灯光设置成平面形状。

穹顶：将VRay灯光设置成穹顶状，类似于3ds Max的天光，光线来自位于灯光z轴的半球体状圆顶。

球体：将VRay灯光设置成球体。

网格：这种灯光是一种以网格为基础的灯光，必须拾取网格模型。

圆形：将VRay灯光设置成圆环形状。

目标：控制是否开启目标点。

1/2长：设置灯光的长度。

1/2宽：设置灯光的宽度。

半径：当前这个参数还没有被激活（即不能使用）。另外，这3个参数会随着VRay灯光类型的改变而发生变化。

单位：指定VRay灯光的发光单位，共有“默认（图像）”“发光率（lm）”“亮度（lm/ m?/sr）”“辐射率（W）”“辐射（W/m?/sr）”5种。

默认（图像）：VRay默认单位，依靠灯光的颜色和亮度来控制灯光的最后强弱，如果忽略曝光类型的因素，灯光色彩将是物体表面受光的最终色彩。

发光率（lm）：当选择这个单位时，灯光的亮度将和灯光的大小无关（100W的亮度大约等于1500lm）。

亮度（lm/ m? /sr）：当选择这个单位时，灯光的亮度和它的大小有关系。

辐射率（W）：当选择这个单位时，灯光的亮度和灯光的大小无关。注意，这里的瓦特和物理上的瓦特不一样，例如,这里的100W大约等于物理上的2~3W。

辐射量（W/m? /sr）：当选择这个单位时，灯光的亮度和它的大小有关系。

倍增：设置VRay灯光的强度。

模式：设置VRay灯光的颜色模式，共有“颜色”和“色温”两种。

颜色：指定灯光的颜色。

温度：以温度模式来设置VRay灯光的颜色。

纹理：控制是否给VRay灯光添加纹理贴图。

分辨率：控制添加贴图的分辨率大小。

定向：使用“平面”和“圆形”灯光时，控制灯光照射方向，0为180°照射，1为光源大小的面片照射，如图7-68和图7-69所示。

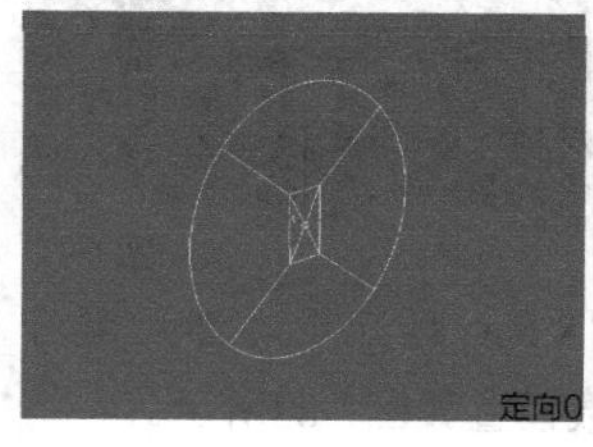

图7-68

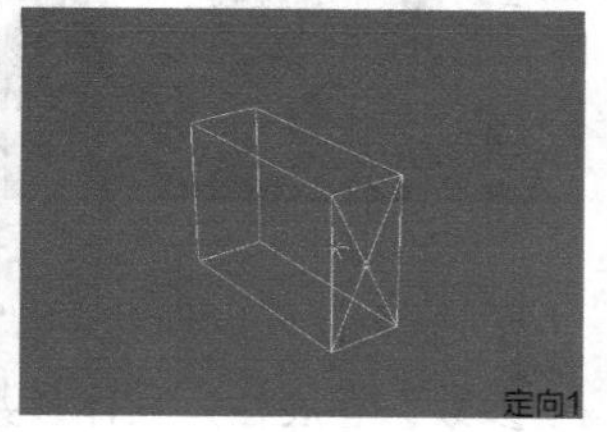

图7-69

预览：观察灯光定向的范围，有“选定”“从不”“始终”3种选项，如图7-70所示。

图7-70

排除 排除 **：**用来排除灯光对物体的影响。

投射阴影：控制是否对物体的光照产生阴影。

双面：用来控制是否让灯光的双面都产生照明效果（当灯光类型设置为“平面”和“圆形”时有效，其他灯光类型无效），图7-71和图7-72所示的分别是关闭和开启该选项时的灯光效果。

图7-71

图7-72

不可见：这个选项用来控制最终渲染时是否显示VRay灯光的形状，图7-73和图7-74所示的分别是关闭与开启该选项时的灯光效果。

图7-73

图7-74

不衰减：在物理世界中，所有的光线都是有衰减的。如果勾选这个选项，VRay将不计算灯光的衰减效果，图7-75和图7-76所示的分别是关闭与开启该选项时的灯光效果。

图7-75

图7-76

天光入口：这个选项把VRay灯光转换为天光，这时的VRay灯光就变成了“间接照明（GI）”，失去了直接照明。当勾选这个选项时，“投射影阴影”“双面”“不可见”等参数将不可用，这些参数将被VRay的天光参数所取代。

存储发光图：勾选这个选项，同时将“间接照明（GI）”里的“首次反弹”引擎设置为“发光图”时，VRay灯光的光照信息将保存在“发光图”中。在渲染光子的时候将变得更慢，但是在渲染出图时，渲染速度会提高很多。当渲染完光子的时候，可以关闭或删除这个VRay灯光，它对最后的渲染效果没有影响，因为它的光照信息已经保存在“发光贴”中。

影响漫反射：决定灯光是否影响物体材质属性的漫反射。

影响高光：决定灯光是否影响物体材质属性的高光。

影响反射：勾选该选项时，灯光将对物体的反射区进行光照，物体可以将灯光进行反射。

细分：这个参数控制VRay灯光的采样细分。当设置比较低的值时，会增加阴影区域的杂点，但是渲染速度比较快，如图7-77所示；当设置比较高的值时，会减少阴影区域的杂点，但是会减慢渲染速度，如图7-78所示。

图7-77

图7-78

阴影偏移：这个参数用来控制物体与阴影的偏移距离，较高的值会使阴影向灯光的方向偏移。

中止：设置采样的最小阈值，小于这个数值采样将结束。

课堂案例

梳妆台台灯

场景文件	场景文件>CH07>04.max
实例文件	实例文件> CH07>课堂案例：梳妆台台灯.max
视频名称	课堂案例：梳妆台台灯.mp4
难易指数	★★☆☆☆
学习目标	学习使用VRay灯光模拟台灯灯光

本例是一个卧室梳妆台台灯，使用VRay灯光模拟台灯的灯光，场景的渲染效果如图7-79所示。

图7-79

01 打开本书学习资源中的“场景文件>CH07>04.max”文件，如图7-80所示。

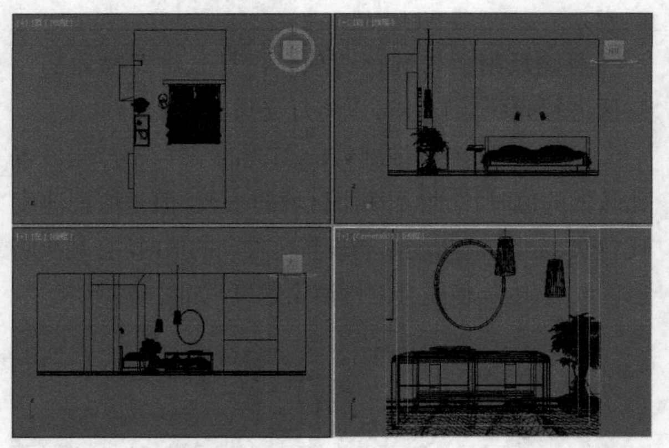

图7-80

02 在梳妆台前的台灯内创建一盏“VRay灯光”，然后以“实例”的形式复制到另外一盏台灯内，灯光的位置如图7-81所示。

图7-81

03 选择上一步创建的“VRay灯光”，然后展开“参数”卷展栏，具体参数设置如图7-82所示。

设置步骤

① 展开“常规”卷展栏，然后设置“类型”为“球体”，接着设置“半径”为50mm，再设置“倍增”为200，最后设置颜色为（红:255，绿:167，蓝:96）。

② 展开“选项”卷展栏，然后取消勾选“不可见”选项。

③ 展开“采样”卷展栏，然后设置“细分”为16。

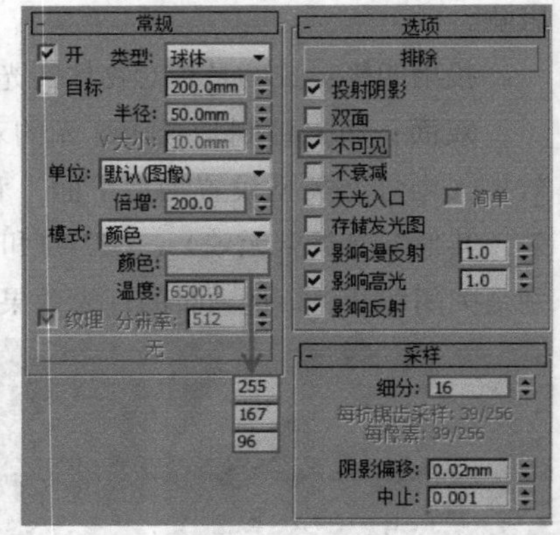

图7-82

04 按F9键渲染摄影机视图，效果如图7-83所示，台灯的亮度已经合适，但周围部分较暗，需要增加补光。

图7-83

05 在左侧窗外创建一盏“VRay灯光”，灯光位置如图7-84所示。

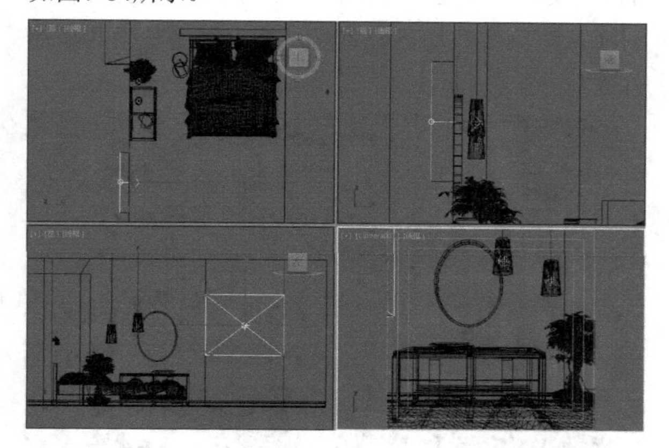

图7-84

06 选中上一步创建的灯光，然后展开“参数”卷展栏，其参数设置如图7-85所示。

设置步骤

① 展开“常规”卷展栏，然后设置“类型”为“平面”，接着设置“1/2长”为700mm、“1/2宽”为556.038mm，再设置“倍增”为6，最后设置颜色为（红:38，绿:54，蓝:124）。

② 展开“选项”卷展栏，然后取消勾选“不可见”选项。

③ 展开“采样”卷展栏，然后设置“细分”为8。

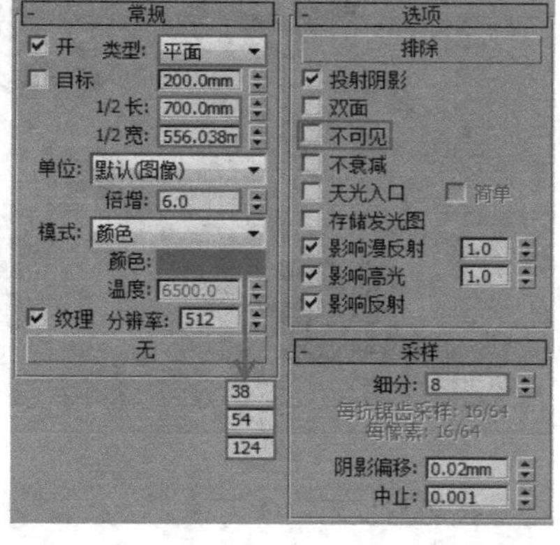

图7-85

07 按F9键渲染摄影机视图，最终效果如图7-86所示。

图7-86

7.4.2 VRay太阳

“VRay太阳”主要用来模拟真实的室外太阳光。“VRay太阳”的参数比较简单，只包含一个“VRay太阳参数”卷展栏，如图7-87所示。

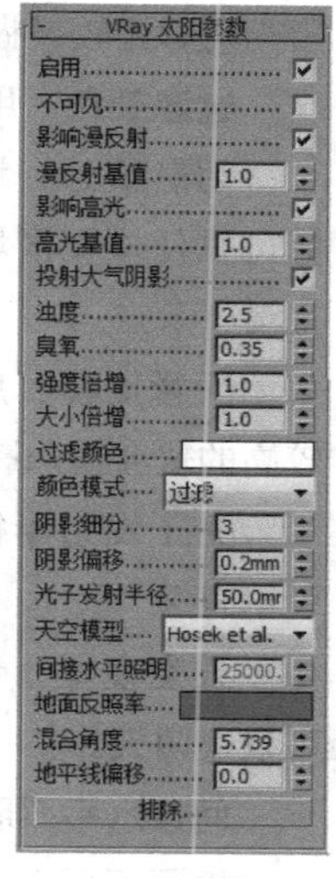

图7-87

【重要参数介绍】

启用：控制是否开启灯光。

不可见：勾选后太阳将在反射中不可见。

浊度：决定天光的冷暖，并受到太阳与地面夹角的控制。当太阳与地面夹角不变时，浊度数值越小，天光越冷，如图7-88和图7-89所示。

图7-88

图7-89

臭氧：这个参数是指空气中臭氧的含量，较小的值的阳光比较黄，较大的值的阳光比较蓝，图7-90和图7-91所示的分别是“臭氧”值为0.35、1时的阳光效果。

图7-90

臭氧1

图7-91

强度倍增：这个参数是指阳光的亮度，默认值为1。

大小倍增：这个参数是指太阳的大小，它的作用主要表现在阴影的模糊程度上，较大的值可以使阳光阴影比较模糊。

过滤颜色：用于自定义太阳光的颜色。

阴影细分：这个参数是指阴影的细分，较大的值可以使模糊区域的阴影产生比较光滑的效果，并且没有杂点。

阴影偏移：用来控制物体与阴影的偏移距离，较高的值会使阴影向灯光的方向偏移。

光子发射半径：这个参数和"光子贴图"计算引擎有关。

天空模型：选择天空的模型，可以选晴天，也可以选阴天。

间接水平照明：该参数目前不可用。

地面反照率：通过颜色控制画面的反射颜色，图7-92和图7-93所示的是白色和红色的反射效果。

图7-92

红色

图7-93

排除 [排除...]：将物体排除于阳光照射范围之外。

课堂案例

日光书房

场景文件	场景文件>CH07>05.max
实例文件	实例文件> CH07>课堂案例：日光书房.max
视频名称	课堂案例：日光书房.mp4
难易指数	★★☆☆☆
学习目标	学习"VRay太阳"的使用方法

01 本例是一个日光书房，使用"VRay太阳"模拟日光效果，场景效果如图7-94所示。

图7-94

打开本书学习资源中的"场景文件>CH07>05.max"文件，如图7-95所示。该书房场景的摄影机、材质、渲染参数均已设置好，接下来便是为其添加灯光。

图7-95

02 切换至顶视图，然后在"创建"面板中选择"VRay太阳"，接着在顶视图创建一盏"VRay太阳"灯光，灯光在视图中的位置如图7-96所示。

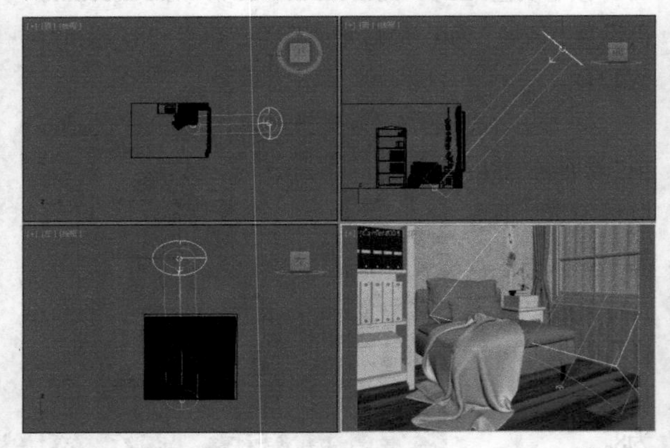

图7-96

技巧与提示

在创建VRay太阳的同时，会弹出是否自动添加VRay天空到"环境"面板，通常选择"是"选项，如图7-97所示。

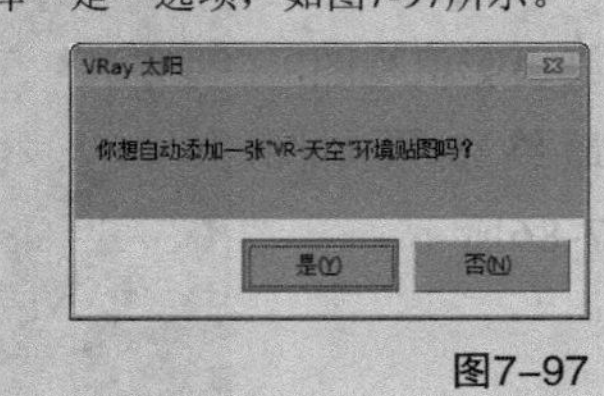

图7-97

03 选择上一步创建的VRay太阳，然后在"参数"卷展栏下设置"强度倍增"为0.03、"大小倍增"为3，接着设置"阴影细分"为8，具体参数设置如图7-98所示。

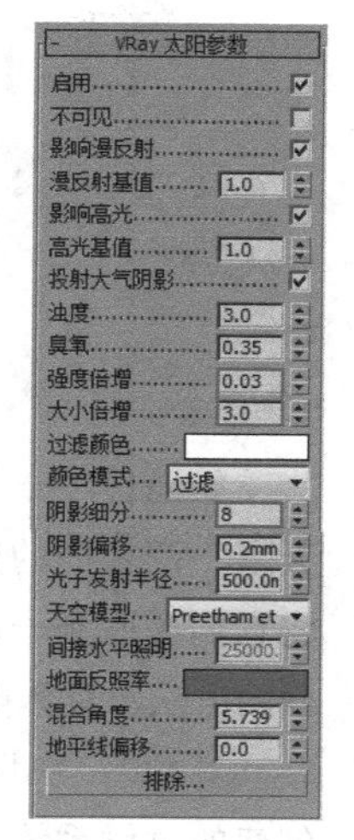

图7-98

04 切换至摄影机视图，然后按F9键对场景进行测试渲染，效果如图7-99所示。场景中的太阳光光效已经很明显了，不足的是场景的亮度不够，所以考虑在窗户处增加“补光”使场景变亮。

图7-99

05 在场景中的窗户外创建一盏“VRay灯光”，灯光在场景中的位置如图7-100所示。

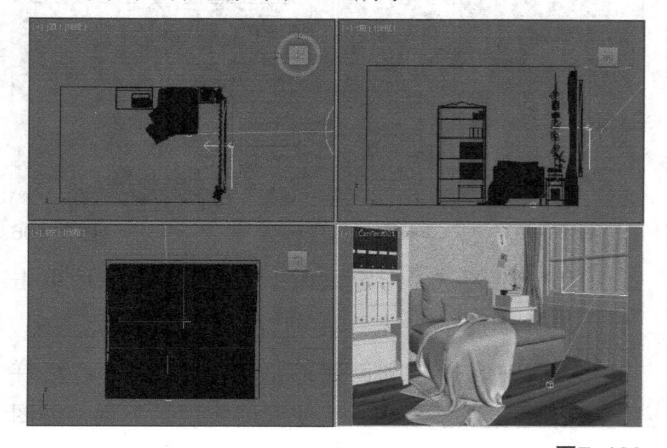

图7-100

06 选择上一步创建的“VRay灯光”，然后展开“参数”卷展栏，具体参数设置如图7-101所示。

设置步骤

①展开“常规”卷展栏，然后设置“类型”为“平面”，接着设置“1/2长”为1126.729mm、“1/2宽”为858.327mm，再设置“倍增”为3，最后设置颜色为（红:173，绿:210，蓝:255）。

②展开“选项”卷展栏，然后勾选“不可见”选项。

③展开“采样”卷展栏，然后设置“细分”为8。

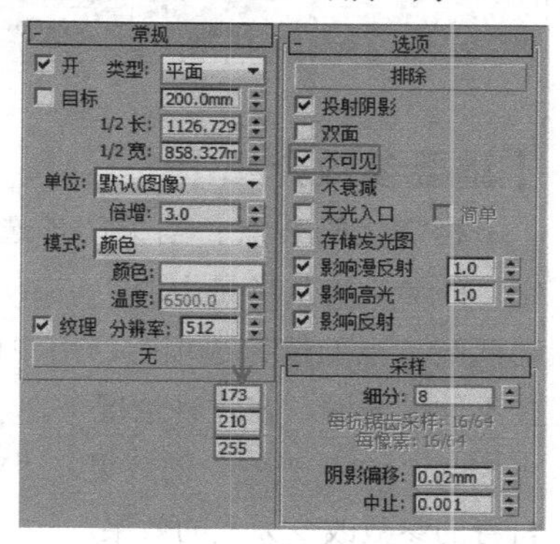

图7-101

07 按C键切换到摄影机视图，然后按F9键渲染当前场景，最终效果如图7-102所示。

图7-102

7.4.3 VRay天空

VRay天空是VRay灯光系统中的一个非常重要的照明系统。VRay没有真正的天光引擎，只能用环境光来代替，按8键打开“环境与效果”对话框，然后在“环境贴图”的通道中加载一张“VRay天空”贴图，接着按M键打开“材质编辑器”对话框，再将贴图通道中的“VRay天空”贴图拖曳复制到任意材质球上，最后在弹出的“实例（副本）贴图”对话框中选择“实例”，如图7-103所示。

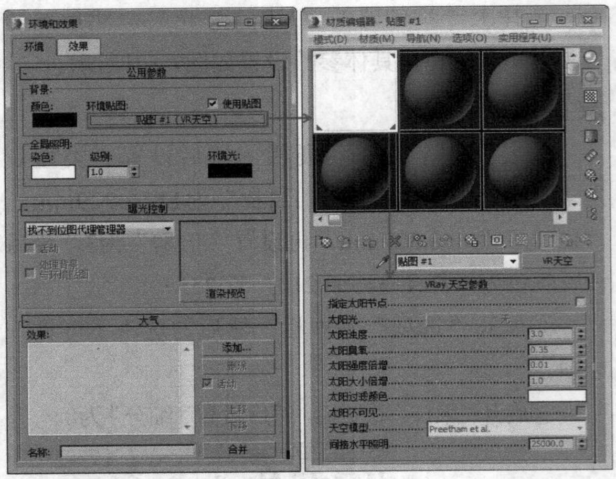

图7-103

【重要参数介绍】

指定太阳节点：当关闭该选项时，“VRay天空”的参数将从场景中的“VRay太阳”的参数里自动匹配；当勾选该选项时，用户就可以从场景中选择不同的光源，在这种情况下，“VRay太阳”将不再控制“VRay天空”的效果，“VRay天空”将用它自身的参数改变天光的效果。

太阳光:单击后面的“无”按钮 无 可以选择太阳光源，这里除了可以选择“VRay太阳”之外，还可以选择其他的光源。

太阳浊度：与“VRay太阳参数”卷展栏下的“混浊度”选项的含义相同。

太阳臭氧：与“VRay太阳参数”卷展栏下的“臭氧”选项的含义相同。

太阳强度倍增：与“VRay太阳参数”卷展栏下的“强度倍增”选项的含义相同。

太阳大小倍增：与“VRay太阳参数”卷展栏下的“尺寸倍增”选项的含义相同。

太阳不可见：与“VRay太阳参数”卷展栏下的“不可见”选项的含义相同。

天空模型：与“VRay太阳参数”卷展栏下的“天空模式”选项的含义相同。

技巧与提示

其实，“VRay天空”是“VRay系统”中的一个程序贴图，主要用来作为环境贴图或作为天光来照亮场景。在创建“VRay太阳”时，3ds Max会弹出图7-104所示的对话框，提示是否将VRay天空环境贴图自动加载到环境中。

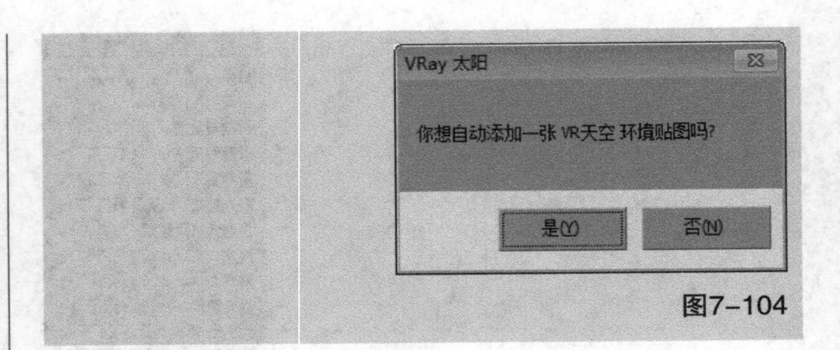

图7-104

如果想在一个场景中将“VRay太阳”与“VRay天空”两者间的效果表现得更协调、更适宜，可以将它们关联到一起。下面简单地介绍一下将两者关联的方法，具体操作步骤如下。

第1步：在场景中新建一个“VRay太阳”，在创建的时候系统会弹出对话框，询问是否将VRay天空自动加入到环境贴图中，这里需要单击“是”按钮 是(Y)，如图7-105所示。

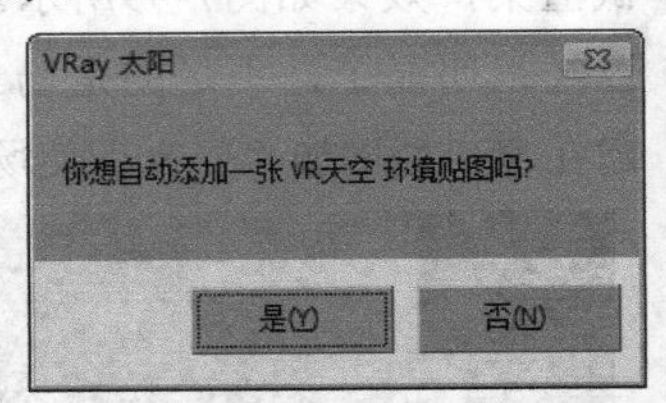

图7-105

第2步：在“环境与效果”对话框中将“环境贴图”通道中的“VRay天空”贴图拖至“材质编辑器”中的任意空白的材质球上完成关联。如图7-106所示。

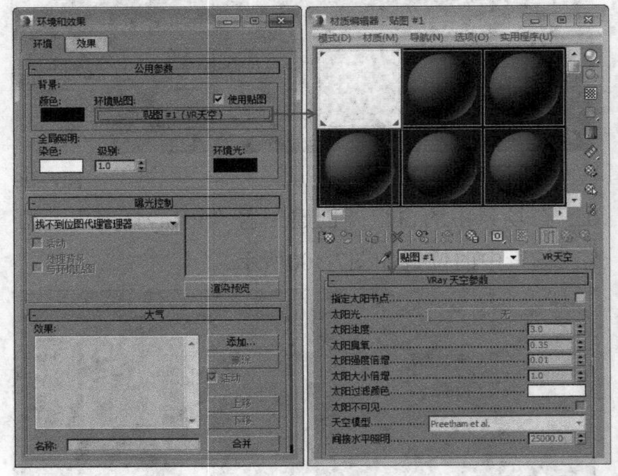

图7-106

第3步：勾选“指定太阳节点”选项，然后单击“太阳光”后的“无”按钮 无，再在场景中选择刚刚创建的“VRay太阳”，这样“VRay太阳”与“VRay天空”就实现了关联，如图7-107所示。

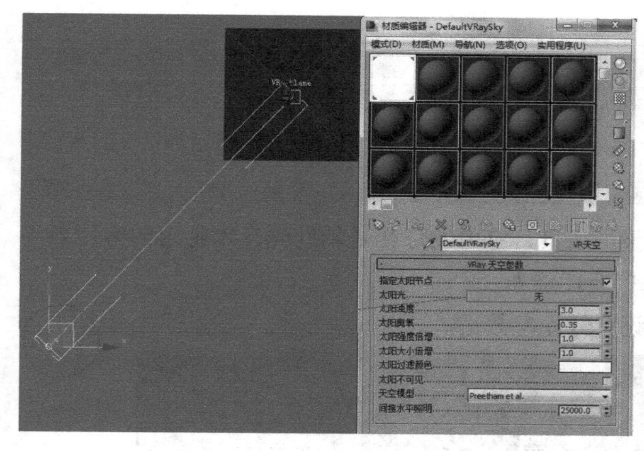

图7-107

第4步：当“VRay太阳”与“VRay天空”实现了关联后，移动“VRay太阳”的位置时，“VRay天空”也会随之改变。下面是不同“VRay太阳”位置下的渲染效果对比（“VRay太阳”与“VRay天空”本身的参数不变），如图7-108所示。

图7-108

7.5 本章小结

本章主要讲解了3ds Max中的各种灯光技术。在光度学灯光中，详细讲解了目标灯光的用法；在标准灯光中，详细讲解了目标聚光灯的作用及其使用方法；在VRay灯光中，详细讲解了VRay光源、VRay太阳和VRay天空。虽然本章未完全介绍所有灯光，但是目标灯光、目标聚光灯、VRay光源和VRay太阳是在实际工作最常用的灯光，请读者务必掌握其重要参数、布光思路和方法。

课后习题

洗手间

场景文件	场景文件>CH07>06.max
实例文件	实例文件>CH07>课后习题：洗手间.max
视频名称	课后习题：洗手间.mp4
难易指数	★★☆☆☆
学习目标	练习“目标灯光”的使用方法，练习使用“VRay灯光”模拟照明光

通常在一些娱乐场所，如KTV、酒吧里的洗手间都给人一种高档、大气的感觉，其实这里仅使用高强度的射灯来烘托出这种简单场景的奢华氛围。本例的灯光效果如图7-109所示，可观察到场景是由射灯、灯带构成照明系统的。

图7-109

灯光在场景中的位置及参数如图7-110所示。

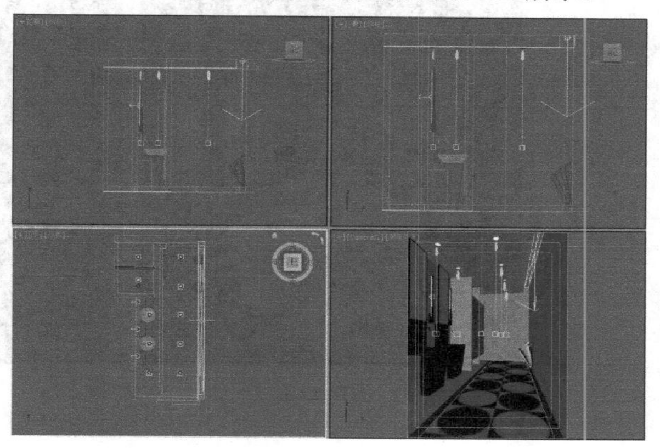

图7-110

课后习题

日光客厅

场景文件　场景文件>CH07>07.max
实例文件　实例文件> CH07>课后习题：日光客厅.max
视频名称　课后习题：日光客厅.mp4
难易指数　★★☆☆☆
学习目标　练习使用"VRay太阳"和"VRay灯光"模拟室内灯光、环境光。

本练习是一个客厅空间，依靠日光和室外天光照亮整个场景，室内的灯带是辅助光，本练习的客厅效果如图7-111所示，本练习使用"VRay灯光"模拟室内灯光以及环境光。

本练习较为简单，读者可以根据图7-112的灯光分类设置灯光参数。

图7-111

图7-112

课后习题

日光会议室

场景文件　场景文件>CH07>08.max
实例文件　实例文件> CH07>课后习题：日光会议室.max
视频名称　课后习题：日光会议室.mp4
难易指数　★★☆☆☆
学习目标　练习"VRay太阳"的使用方法，练习使用"VRay灯光"制作补光

现代办公环境都包含单独的会议室，常规的会议室都比较简单，通常只有一张很大的办公桌和几把办公椅，对于这类场景，不建议设置过多的灯光，灯光颜色也应该简单，尽量使场景看起来"干净"，本练习的会议室使用"VRay太阳"作为主光源，其效果如图7-113所示。

制作本场景时，经分析可知，阳光透过窗户照入室内，所以"补光"应该是在窗户处，灯光在场景中的位置及其参数如图7-114所示。

图7-113

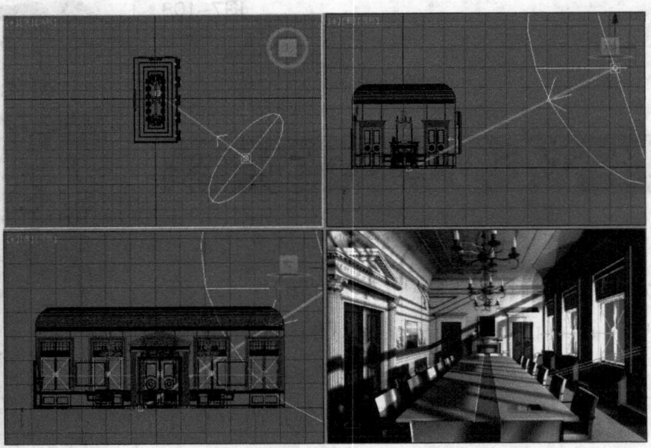

图7-114

第8章

材质与贴图技术

在大自然中，物体表面总是具有各种各样的特性，如颜色、透明度、表面纹理等。对于3ds Max而言，制作一个物体除了造型之外，还要将其表面特性表现出来，这样才能在三维虚拟世界中真实地再现物体本身的面貌，既做到了形似，又做到了神似。在这一表现过程中，要做到物体的形似，可以通过3ds Max的建模功能；而要做到物体的神似，就需要通过材质和贴图来表现。本章将对各种材质的制作方法以及3ds Max为用户提供的多种程序贴图进行全面而详细的介绍，为读者深度剖析3ds Max的材质和贴图技术。

课堂学习目标

掌握“材质编辑器”的使用方法

掌握常用3ds Max材质的使用方法

掌握常用VRay材质的使用方法

掌握3ds Max的贴图的使用方法

掌握VRay程序贴图的使用方法

8.1 关于材质

材质主要用于表现物体的颜色、质地、纹理、透明度和光泽等特性，依靠各种类型的材质可以制作出现实世界中的任何物体。在渲染程序中，它是物体表面各种可视属性的结合，这些可视属性是指色彩、纹理、光滑度、透明度、反射率、折射率、发光度等。正是有了这些属性，才能让大家识别三维空间中的物体属性是怎么表现的，也正是有了这些属性，计算机模拟的三维虚拟世界才会和真实世界一样缤纷多彩。

要想做出真实的材质，就必须深入了解物体的属性，这需要对真实物理世界中的物体多观察，多分析。

8.1.1 材质的特性

就目前而言，在表达材质的特性时，都是通过光来进行间接表现，如颜色、高光、反射效果、透明度等特性。

1.物体的颜色

色彩是光的一种特性，人们通常看到的色彩是光作用于眼睛的结果，但光线照射到物体上的时候，物体会吸收一些光色，同时也会漫反射一些光色，这些漫反射出来的光色到达人们的眼睛之后，就决定物体看起来是什么颜色，这种颜色常被称为“固有色”。这些被漫反射出来的光色除了会影响人们的视觉之外，还会影响它周围的物体，这就是“光能传递”。当然，影响的范围不会像人们的视觉范围那么大，它要遵循“光能衰减”的原理，图8-1所示的是材质颜色与阳光颜色共同影响的效果。图中的明亮区域，不仅反射了阳光的黄色，同时反射了草地的绿色，所以使其看起来呈现黄绿色。

图8-1

技巧与提示

物体表面越白，光的反射越强；反之，物体表面越黑，光的吸收越强。

2.光滑与反射

一个物体是否有光滑的表面，往往不需要用手去触摸，视觉就会告诉人们结果。因为光滑的物体，总会出现明显的高光，如玻璃、瓷器、金属等。而没有明显高光的物体，通常都比较粗糙，如砖头、瓦片、泥土等。

这种差异在自然界无处不在，但它是怎么产生的呢？依然是光线的反射作用，但和上面“固有色”的漫反射方式不同，光滑物体有一种类似“镜子”的效果，在物体的表面还没有光滑到可以镜像反射出周围物体的时候，它对光源的位置和颜色是非常敏感的。所以，光滑的物体表面只“镜射”出光源，这就是物体表面的高光区，它的颜色是由照射它的光源颜色决定的（金属除外），随着物体表面光滑度的提高，对光源的反射会越来越清晰，这就是在材质编辑中，越是光滑的物体高光范围越小，强度越高。

在图8-2中的洁具表面可以看到很小的高光，这是因为洁具表面比较光滑。在图8-3中可以看到，表面粗糙的蛋糕没有一点光泽，光照射到蛋糕表面，发生了漫反射，反射光线弹向四面八方，所以就没有了高光。

图8-2

图8-3

3.透明与折射

自然界的大多数物体通常会遮挡光线，当光线可以自由穿过物体时，这个物体肯定就是透明的。这里所说的“穿过”，不单指光源的光线穿过透明物体，还指透明物体背后的物体反射出来的光线也要再次穿过透明物体，这就使大家可以看见透明物体背后的东西。

由于透明物体的密度不同，光线射入后会发生偏转现象，也就是折射，例如，插进水里的筷子，看起来是弯的。不同透明物质的折射率也不一样，即使同一种透明的物质，温度不同也会影响其折射率，例如，用眼睛穿过火焰上方的热空气观察对面的景象，会发现景象有明显的扭曲现象，这就是因为温度改变了空气的密度，不同的密度产生了不同的折射率。正确使用折射率是真实再现透明物体的重要手段。

在自然界中还存在另一种形式的透明，在三维软件的材质编辑中把这种属性称为“半透明”，如纸张、塑料、植物的叶子、蜡烛等。它们原本不是透明的物体，但在强光的照射下背光部分会出现“透光”现象。

半透明的葡萄在逆光的作用下，表现得更彻底，如图8-4所示。

图8-4

8.1.2 材质的设置

在3ds Max中，创建材质是一件非常简单的事情，任何模型都可以被赋予栩栩如生的材质，例如，在图8-5中，左图为白模，右图为赋予材质后的效果，可以明显观察到右图无论是质感还是光感都要好于左图。当编辑好材质后，用户还可以随时返回到“材质编辑器”对话框中对材质的细节进行调整，以获得最佳的材质效果。

图8-5

通常，在制作新材质并将其应用于对象时，应该遵循以下步骤。

第1步：设置材质球类型，通常为VRayMtl。

第2步：指定材质的名称。

第3步：对于标准或光线追踪材质，应选择着色类型。

第4步：设置漫反射颜色、光泽度和不透明度等各种参数。

第5步：将贴图指定给要设置贴图的材质通道，并调整参数。

第6步：将材质应用于对象。

第7步：如有必要，应调整“UVW贴图”坐标，以便正确定位对象的贴图。

第8步：保存材质。

技巧与提示

读者在此处只需了解设置材质的基本步骤，关于其涉及的各个知识点，笔者会在后面的内容中详细介绍。

8.2 材质编辑器

“材质编辑器”对话框非常重要，因为所有的材质都在这里完成。打开“材质编辑器”对话框的方法主要有以下两种。

第1种：执行“渲染>材质编辑器>精简材质编辑器”菜单命令或“渲染>材质编辑器>Slate材质编辑器”菜单命令，如图8-6所示。

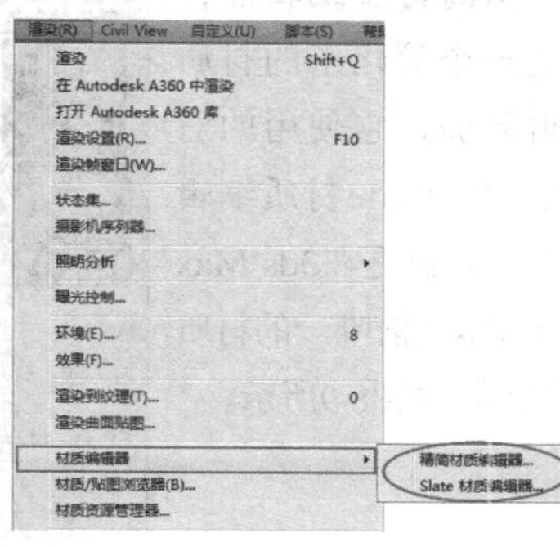

图8-6

第2种：直接按M键打开“材质编辑器”对话框，这是最常用的方法。

“材质编辑器”对话框分为4大部分，最顶端为菜单栏，充满材质球的窗口为示例窗，示例窗左侧和下部的两排按钮为工具栏，其余的是参数控制区，如图8-7所示。

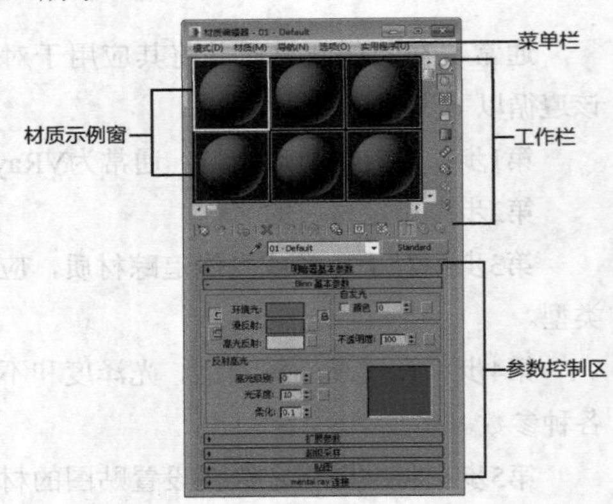

图8-7

8.2.1 菜单栏

“材质编辑器”对话框中的菜单栏包含5个菜单，分别是“模式”菜单、“材质”菜单、“导航”菜单、“选项”菜单和“实用程序”菜单。

1.模式菜单

“模式”菜单主要用来切换“精简材质编辑器”和“Slate材质编辑器”，如图8-8所示。

图8-8

【重要功能介绍】

精简材质编辑器：这是一个简化了的材质编辑界面，它使用的对话框比“Slate材质编辑器”小，也是在3ds Max 2011版本之前唯一的材质编辑器，如图8-9所示。

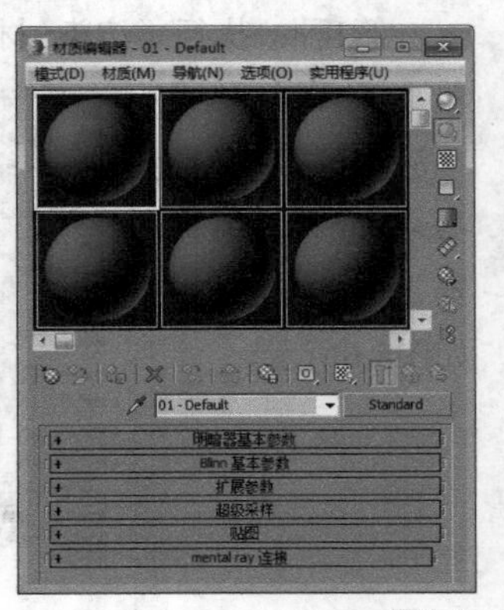

图8-9

技巧与提示

在实际工作中，一般都不会用到“Slate材质编辑器”，因此，本书都用“精简材质编辑器”进行讲解。

Slate材质编辑器：这是一个完整的材质编辑界面，在设计和编辑材质时使用节点和关联以图形方式显示材质的结构，如图8-10所示。

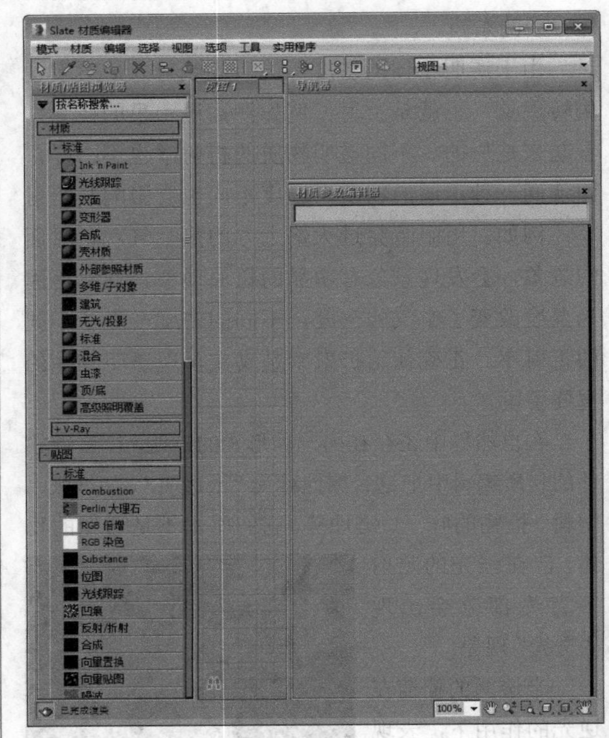

图8-10

技巧与提示

虽然“Slate材质编辑器”在设计材质时功能更强大，但“精简材质编辑器”在设计材质时更方便。

2.材质菜单

“材质”菜单主要用来获取材质、从对象选取材质等，如图8-11所示。

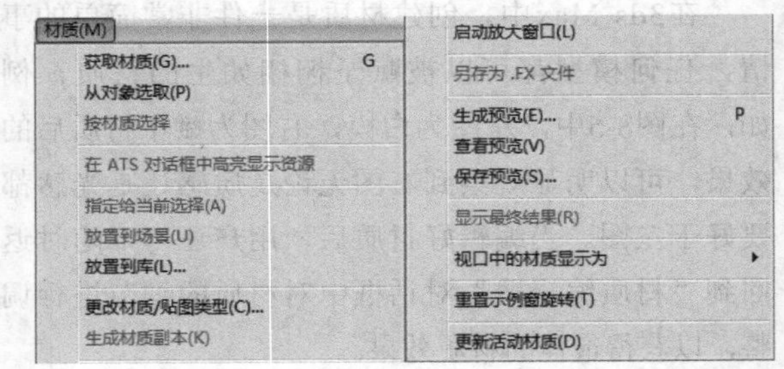

图8-11

【重要功能介绍】

获取材质：执行该命令可以打开“材质/贴图浏览器”对话框，在该对话框中可以选择材质或贴图。

从对象选取：执行该命令可以从场景对象中选择材质。

按材质选择：执行该命令可以基于“材质编辑器”对话框中的活动材质来选择对象。

在ATS对话框中高亮显示资源：如果材质使用的是已跟踪资源的贴图，那么执行该命令可以打开“资源跟踪”对话框，同时资源会高亮显示。

指定给当前选择：执行该命令可以将当前材质应用于场景中的选定对象。

放置到场景：在编辑材质完成后，执行该命令可以更新场景中的材质效果。

放置到库：执行该命令可以将选定的材质添加到材质库中。

更改材质/贴图类型：执行该命令可以更改材质或贴图的类型。

生成材质副本：通过复制自身的材质，生成一个材质副本。

启动放大窗口：将材质示例窗口放大，并在一个单独的窗口中进行显示（双击材质球也可以放大窗口）。

另存为 .FX文件：将材质另存为FX文件。

生成预览：使用动画贴图为场景添加运动，并生成预览。

查看预览：使用动画贴图为场景添加运动，并查看预览。

保存预览：使用动画贴图为场景添加运动，并保存预览。

显示最终结果：查看所在级别的材质。

视口中的材质显示为：选择在视图中显示材质的方式，共有“没有贴图的明暗处理材质”“有贴图的明暗处理材质”“没有贴图的真实材质”和“有贴图的真实材质”4种方式。

重置示例窗旋转：使活动的示例窗对象恢复到默认方向。

更新活动材质：更新示例窗中的活动材质。

3.导航菜单

“导航”菜单主要用来切换材质或贴图的层级，如图8-12所示。

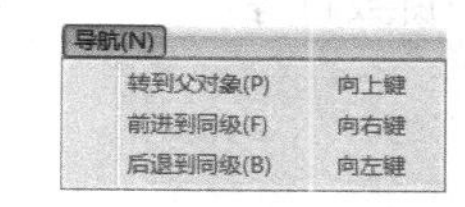

图8-12

【重要功能介绍】

转到父对象（P）：在当前材质中向上移动一个层级。

前进到同级（F）：移动到当前材质中的相同层级的下一个贴图或材质。

后退到同级（B）：与“前进到同级（F）”命令类似，只是导航到前一个同级贴图，而不是导航到后一个同级贴图。

4.选项菜单

“选项”菜单主要用来更换材质球的显示背景等，如图8-13所示。

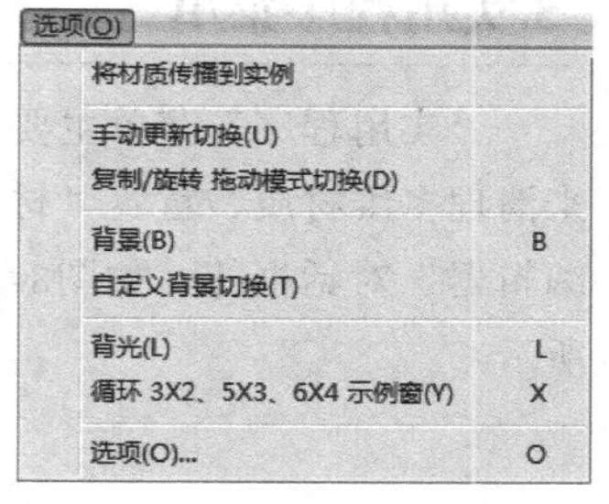

图8-13

【重要功能介绍】

将材质传播到实例：将指定的任何材质传播到场景中对象的所有实例。

手动更新切换：使用手动的方式进行更新切换。

复制/旋转 拖动模式切换：切换复制/旋转拖动的模式。

背景：将多颜色的方格背景添加到活动示例窗中。

自定义背景切换：如果已指定了自定义背景，该命令可以用来切换自定义背景的显示效果。

背光：将背光添加到活动示例窗中。

循环3×2、5×3、6×4示例窗：用来切换材质球的显示方式。

选项：打开“材质编辑器选项”对话框，如图8-14所示。在该对话框中可以启用材质动画、加载自定义背景、定义灯光亮度或颜色，以及设置示例窗数目等。

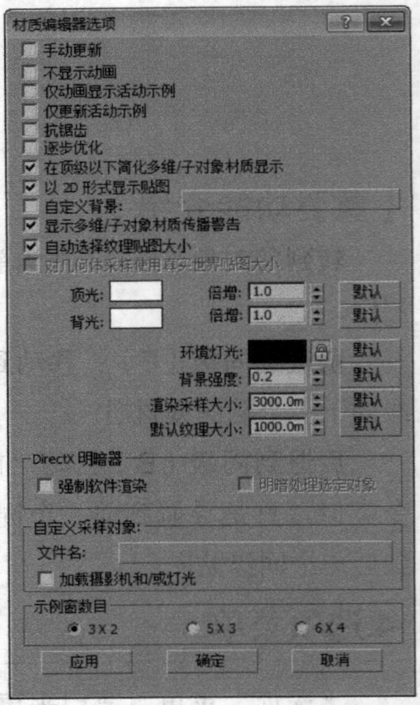

图8-14

5.实用程序菜单

“实用程序”菜单主要用来清理多维材质、重置“材质编辑器”对话框等，如图8-15所示。

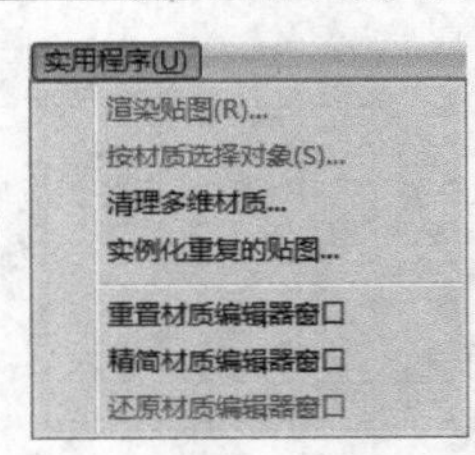

图8-15

【重要功能介绍】

渲染贴图：对贴图进行渲染。

按材质选择对象：可以基于“材质编辑器”对话框中的活动材质来选择对象。

清理多维材质：对“多维/子对象”材质进行分析，然后在场景中显示所有包含未分配任何材质ID的材质。

实例化重复的贴图：在整个场景中查找具有重复位图贴图的材质，并提供将它们实例化的选项。

重置材质编辑器窗口：用默认的材质类型替换“材质编辑器”对话框中的所有材质。

精简材质编辑器窗口：将“材质编辑器”对话框中所有未使用的材质设置为默认类型。

还原材质编辑器窗口：利用缓冲区的内容还原编辑器的状态。

8.2.2 材质球示例窗

材质球示例窗主要用来显示材质效果，通过它可以很直观地观察出材质的基本属性，如反光、纹理和凹凸等，如图8-16所示。

双击材质球会弹出一个独立的材质球显示窗口，可以将该窗口进行放大或缩小来观察当前设置的材质效果，如图8-17所示。

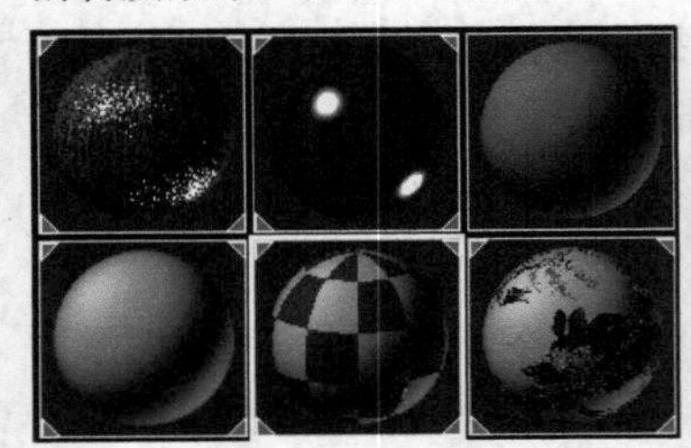

图8-16

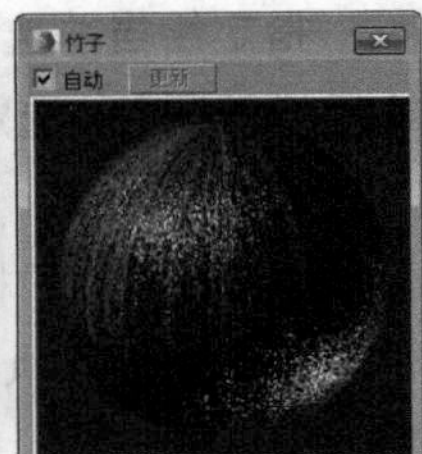

图8-17

技巧与提示

在默认情况下，材质球示例窗中一共有12个材质球，可以拖曳滚动条显示出不在窗口中的材质球，同时也可以使用鼠标中键来旋转材质球，这样可以观看到材质球其他位置的效果，如图8-18所示。

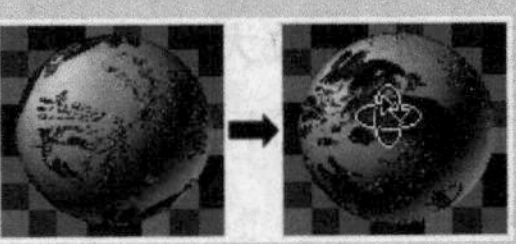

图8-18

使用鼠标左键可以将一个材质球拖曳到另一个材质球上，这样当前材质就会覆盖掉原有的材质，如图8-19所示。

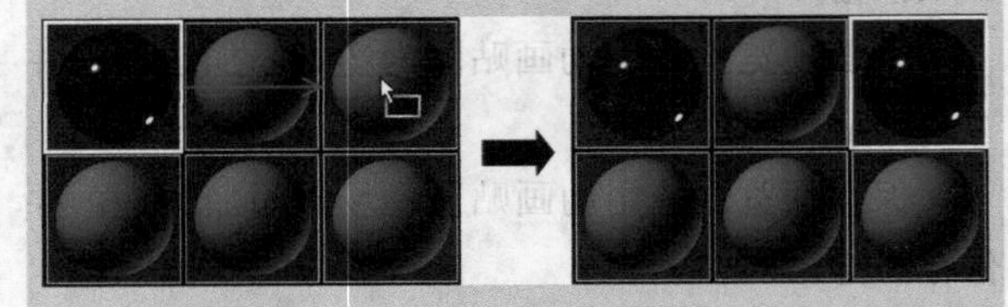

图8-19

使用鼠标左键可以将材质球中的材质拖曳到场景中的物体上（即将材质指定给对象），如图8-20所示。将材质指定给物体后，材质球上会显示4个缺角的符号，如图8-21所示。

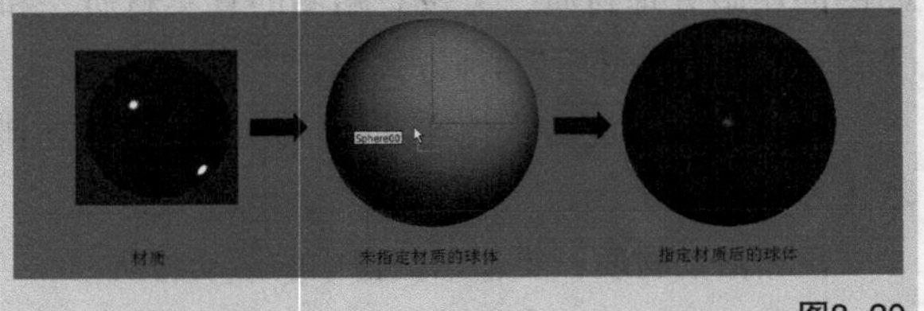

图8-20

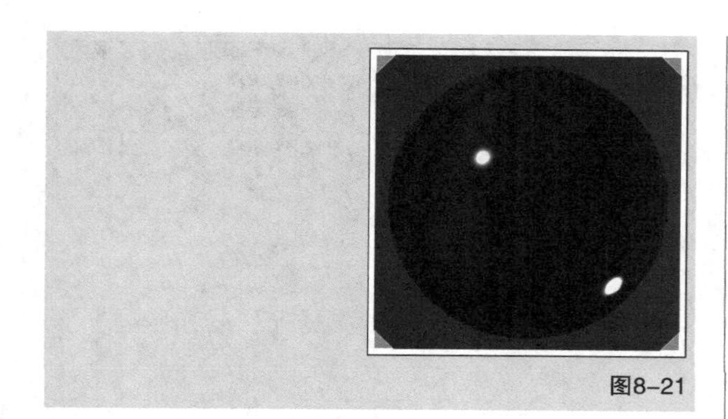
图8-21

8.2.3 工具栏

下面讲解“材质编辑器”对话框中的两个工具栏，如图8-22所示，工具栏主要提供了一些快捷材质处理工具，以方便用户使用。

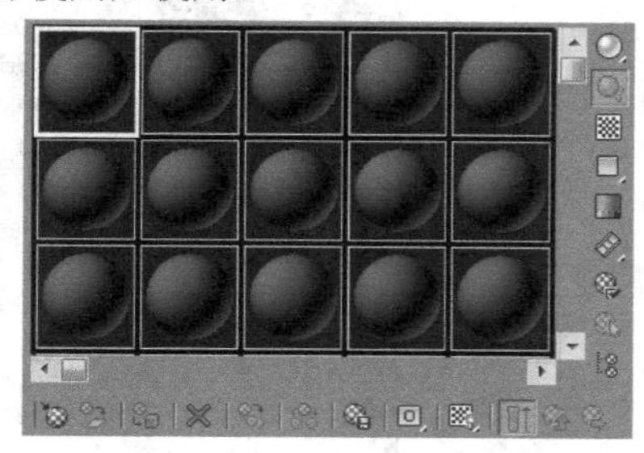
图8-22

【重要功能介绍】

获取材质：为选定的材质打开“材质/贴图浏览器”对话框。

将材质放入场景：在编辑好材质后，单击该按钮可以更新已应用于对象的材质。

将材质指定给选定对象：将材质指定给选定的对象。

重置贴图/材质为默认设置：删除修改的所有属性，将材质属性恢复到默认值。

生成材质副本：在选定的示例图中创建当前材质的副本。

使唯一：将实例化的材质设置为独立的材质。

放入库：重新命名材质并将其保存到当前打开的库中。

材质ID通道：为应用后期制作效果设置唯一的ID通道。

在视口中显示明暗处理材质：在视口对象上显示2D材质贴图。

显示最终结果：在实例图中显示材质以及应用的所有层次。

转到父对象：将当前材质上移一级。

转到下一个同级项：选定同一层级的下一贴图或材质。

采样类型：控制示例窗显示的对象类型，默认为球体类型，还有圆柱体和立方体类型。

背光：打开或关闭选定示例窗中的背景灯光。

背景：在材质后面显示方格背景图像，这在观察透明材质时非常有用。

采样UV平铺：为示例窗中的贴图设置UV平铺显示。

视频颜色检查：检查当前材质中NTSC和PAL制式的不支持颜色。

生成预览：用于产生、浏览和保存材质预览渲染。

选项：打开“材质编辑器选项”对话框，在该对话框中可以启用材质动画、加载自定义背景、定义灯光亮度或颜色，以及设置示例窗数目等。

按材质选择：选定使用当前材质的所有对象。

材质/贴图导航器：单击该按钮可以打开“材质/贴图导航器”对话框，在该对话框会显示当前材质的所有层级。

技巧与提示

在材质名称的左侧有一个工具叫“从对象获取材质”，这是一个比较重要的工具。图8-23所示的场景中有一个指定了材质的球体，但是在材质示例窗中却没有显示出球体的材质。遇到这种情况可以需要使用“从对象获取材质”工具将球体的材质吸取出来。首先选择一个空白材质，然后单击“从对象获取材质”工具，接着在视图中单击球体，这样就可以获取球体的材质，并在材质示例窗中显示出来，如图8-24所示。

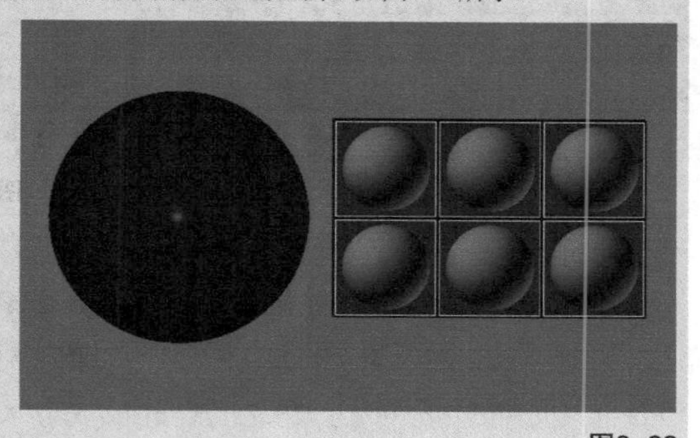
图8-23

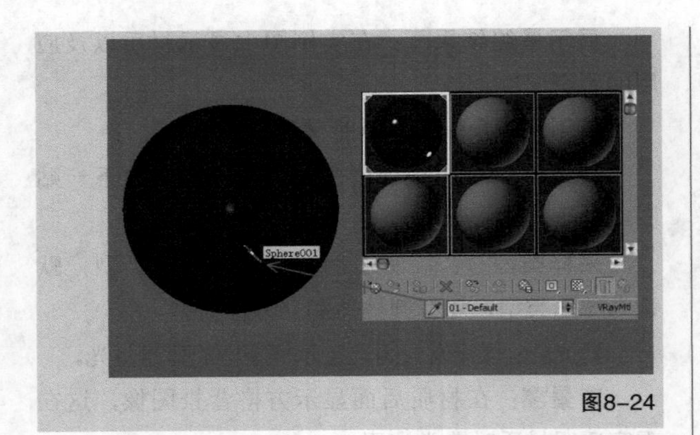

图8-24

8.2.4 参数控制区

参数控制区用于调节材质的参数，基本上所有的材质参数都在这里调节。注意，不同的材质拥有不同的参数控制区，在下面的内容中将对各种重要材质的参数控制区进行详细讲解。

8.3 材质资源管理器

“材质资源管理器”主要用来浏览和管理场景中的所有材质。执行“渲染>材质资源管理器”菜单命令可以打开“材质管理器”对话框。“材质管理器”对话框分为“场景”面板和“材质”面板两大部分，如图8-25所示。“场景”面板主要用来显示场景对象的材质，而“材质”面板主要用来显示当前材质的属性和纹理。

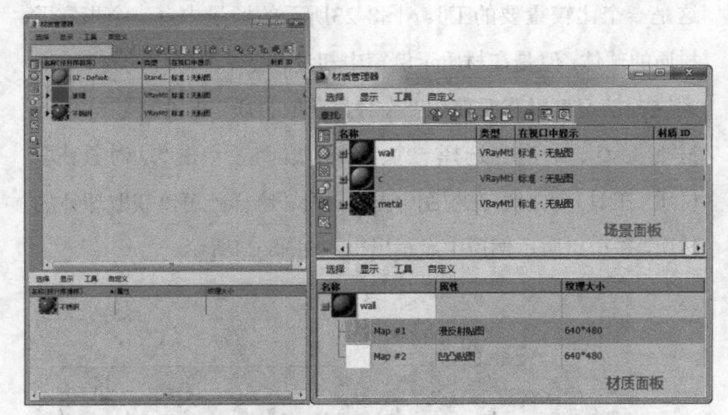

图8-25

技巧与提示

“材质管理器”对话框非常有用，使用它可以直观地观察到场景对象的所有材质，如在图8-26中，可以观察到场景中的对象包含3个材质，分别是wall材质、c材质（石头）和mental材质（玻璃）。

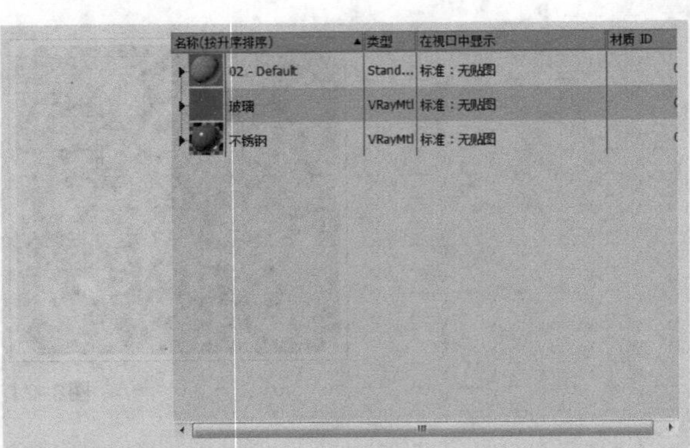

图8-26

在“场景”面板中选择一个材质以后，在下面的材质面板中就会显示出与该材质的相关属性以及加载的纹理贴图，如图8-27所示。

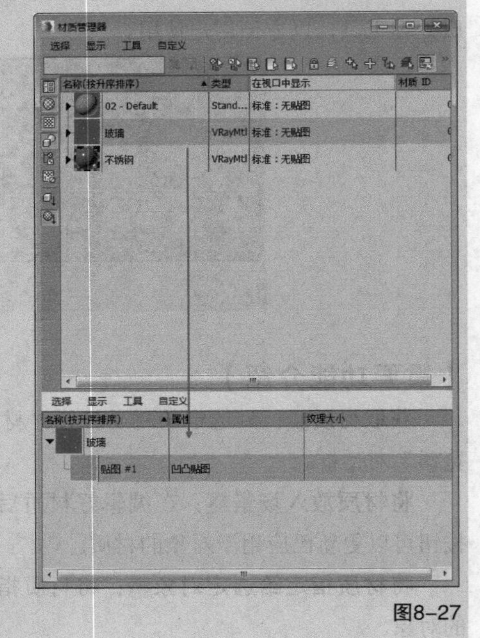

图8-27

8.3.1 场景面板

场景面板分为菜单栏、工具栏、显示按钮和列4大部分，如图8-28所示。

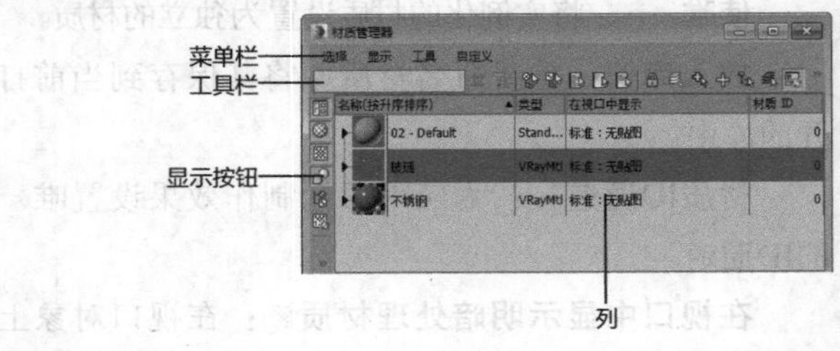

图8-28

1.菜单栏

菜单栏中包含“选择”“显示”“工具”“自定义”4个菜单选项，如图8-29所示。

选择　显示　工具　自定义

图8-29

【重要功能介绍】

选择：展开“选择”菜单，如图8-30所示。

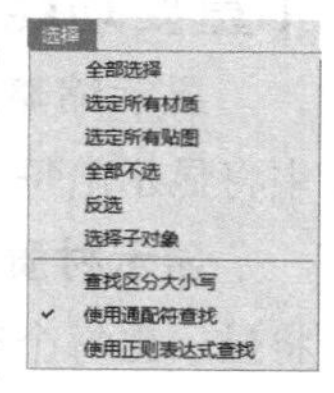

图8-30

全部选择：选择场景中的所有材质和贴图。

选定所有材质：选择场景中的所有材质。

选定所有贴图：选择场景中的所有贴图。

全部不选：取消选择的所有材质和贴图。

反选：颠倒当前选择，即取消当前选择的所有对象，而选择前面未选择的对象。

选择子对象：该命令只起到切换的作用。

查找区分大小写：通过搜索字符串的大小写来查找对象，如house与House。

使用通配符查找：通过搜索字符串中的字符来查找对象，如*和?等。

使用正则表达式查找：通过搜索正则表达式的方式来查找对象。

显示：展开“显示”菜单，如图8-31所示。

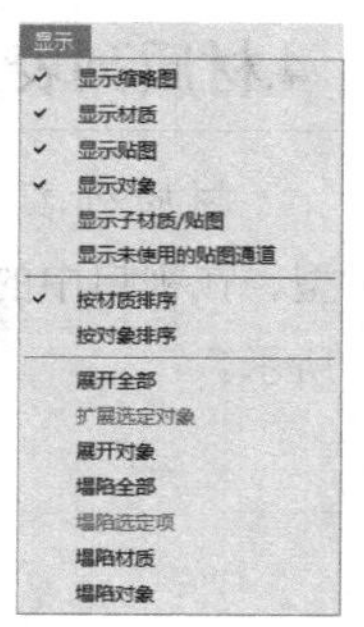

图8-31

显示缩略图：启用该选项之后，“场景”面板中将显示出每个材质和贴图的缩略图。

显示材质：启用该选项之后，“场景”面板中将显示出每个对象的材质。

显示贴图：启用该选项之后，每个材质的层次下面都包括该材质所使用到的所有贴图。

显示对象：启用该选项之后，每个材质的层次下面都会显示出该材质所应用到的对象。

显示子材质/贴图：启用该选项之后，每个材质的层次下面都会显示用于材质通道的子材质和贴图。

显示未使用的贴图通道：启用该选项之后，每个材质的层次下面还会显示出未使用的贴图通道。

按材质排序：启用该选项之后，层次将按材质名称进行排序。

按对象排序：启用该选项之后，层次将按对象进行排序。

展开全部：展开层次以显示出所有的条目。

展开选定对象：展开包含所选条目的层次。

展开对象：展开包含所有对象的层次。

塌陷全部：塌陷整个层次。

塌陷选定对象：塌陷包含所选条目的层次。

塌陷材质：塌陷包含所有材质的层次。

塌陷对象：塌陷包含所有对象的层次。

工具：展开“工具”菜单，如图8-32所示。

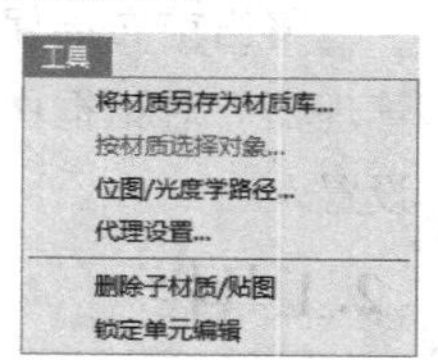

图8-32

将材质另存为材质库：将材质另存为材质库（即.mat文件）文件。

按材质选择对象：根据材质来选择场景中的对象。

位图/光度学路径：打开“位图/光度学路径编辑器”对话框，在该对话框中可以管理场景对象的位图的路径，如图8-33所示。

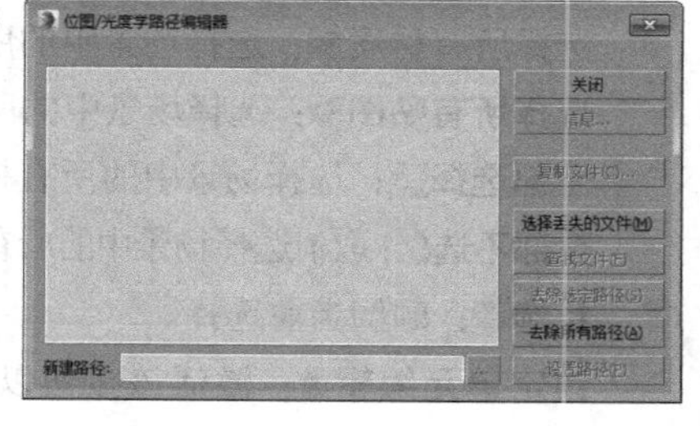

图8-33

代理设置：打开“全局设置和位图代理的默认”对话框，如图8-34所示。可以使用该对话框来管理3ds Max如何创建和并入材质中的位图的代理版本。

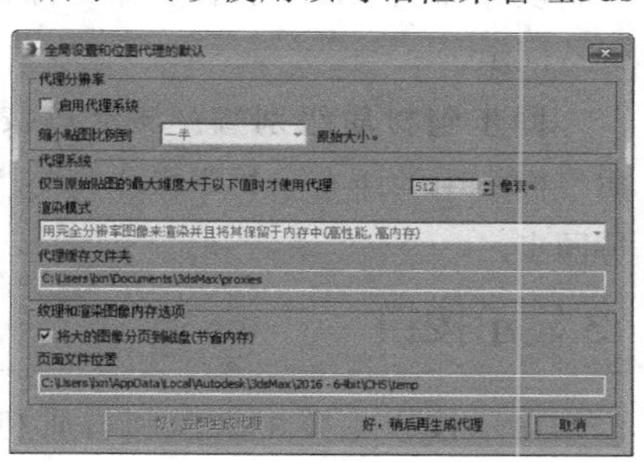

图8-34

删除子材质/贴图：删除所选材质的子材质或贴图。

锁定单元编辑：启用该选项之后，可以禁止在“材质管理器”对话框中编辑单元。

自定义：展开“自定义”菜单，如图8-35所示。

图8-35

配置行：打开“配置行”对话框，在该对话框中可以为“场景”面板添加队列。

工具栏：选择要显示的工具栏。

将当前布局保存为默认设置：保存当前“材质管理器”对话框中的布局方式，并将其设置为默认设置。

2.工具栏

工具栏中主要是一些对材质进行基本操作的工具，如图8-36所示。

图8-36

【重要功能介绍】

查找：输入文本来查找对象。

选择所有材质：选择场景中的所有材质。

选择所有贴图：选择场景中的所有贴图。

全部选择：选择场景中的所有材质和贴图。

全部不选：取消选择场景中的所有材质和贴图。

反选：颠倒当前选择。

锁定单元编辑：激活该按钮以后，可以禁止在“材质管理器”对话框中编辑单元。

同步到材质资源管理器：激活该按钮以后，“材质”面板中的所有材质操作将与“场景”面板保持同步。

同步到材质级别：激活该按钮以后，“材质”面板中的所有子材质操作将与“场景”面板保持同步。

3.显示按钮

显示按钮主要用来控制材质和贴图的显示方式，与“显示”菜单相对应，如图8-37所示。

图8-37

【重要功能介绍】

显示缩略图：激活该按钮后，“场景”面板中将显示出每个材质和贴图的缩略图。

显示材质：激活该按钮后，“场景”面板中将显示出每个对象的材质。

显示贴图：激活该按钮后，每个材质的层次下面都包括该材质所使用到的所有贴图。

显示对象：激活该按钮后，每个材质的层次下面都会显示出该材质所应用到的对象。

显示子材质/贴图：激活该按钮后，每个材质的层次下面都会显示用于材质通道的子材质和贴图。

显示未使用的贴图通道：激活该按钮后，每个材质的层次下面还会显示出未使用的贴图通道。

按对象排序/按材质排序：让层次以对象或材质的方式来进行排序。

4.材质列表

材质列表主要用来显示场景材质的名称、类型、在视口中的显示方式以及材质的ID号，如图8-38所示。

图8-38

【重要功能介绍】

名称：显示材质、对象、贴图和子材质的名称。

类型：显示材质、贴图或子材质的类型。

在视口中显示：注明材质和贴图在视口中的显示方式。

材质ID：显示材质的ID号。

8.3.2 材质面板

“材质”面板分为菜单栏和列两大部分，如图8-39所示。

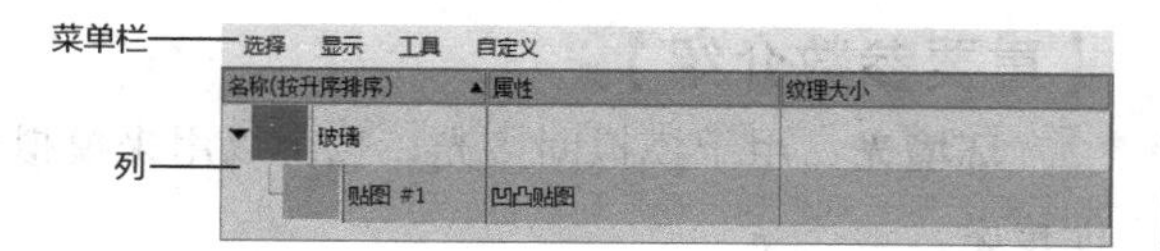

图8-39

技巧与提示

“材质”面板中的命令含义可以参考“场景”面板中的命令。

8.4 3ds Max的材质

按M键打开“材质编辑器”对话框，选择其中一个材质球，然后单击Standard按钮，接着弹出“材质/贴图浏览器”对话框，再单击“标准”卷展栏，就可以看到3ds Max的材质种类了，如图8-40所示。

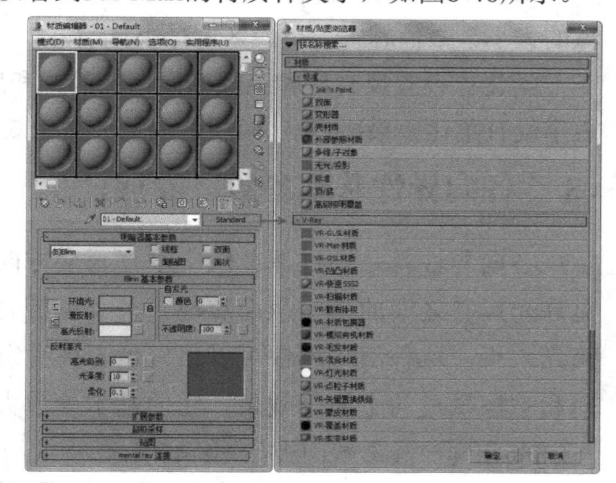

图8-40

本节材质介绍

材质名称	材质主要作用	重要程度
标准	几乎可以模拟任何真实材质类型	高
混合	在模型的单个面上将两种材质按百分比进行混合	低
Ink' n Paint（墨水）	制作卡通效果	低
多维/子对象	采用几何体的子对象级别分配不同的材质	中

技巧与提示

笔者主要讲解常用于效果图的材质和贴图，有兴趣的读者可以通过相关图书查询其他材质类型。

8.4.1 标准

“标准”材质是3ds Max默认的材质，也是使用频率最高的材质之一，它几乎可以模拟真实世界中的任何材质，其参数设置面板如图8-41所示。

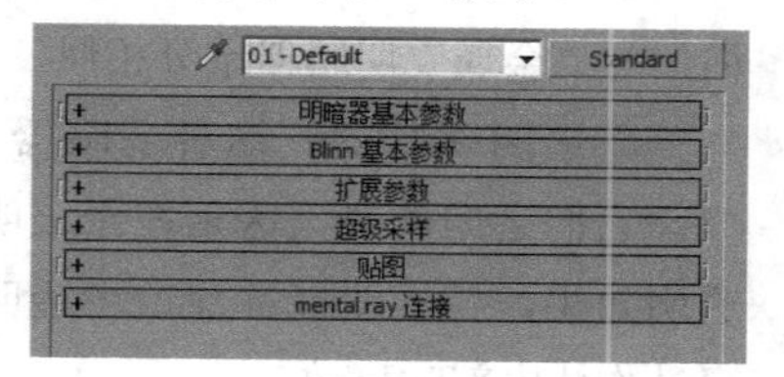

图8-41

1.“明暗器基本参数”卷展栏

在“明暗器基本参数”卷展栏下可以选择明暗器的类型，还可以设置“线框”“双面”“面贴图”“面状”等参数，如图8-42所示。

图8-42

【重要参数介绍】

明暗器列表：在该列表中包含8种明暗器类型，如图8-43所示。

图8-43

各向异性：这种明暗器通过调节两个垂直于正向上可见高光尺寸之间的差值来提供一种“重折光”的高光效果，这种渲染属性可以很好地表现毛发、玻璃和被擦拭过的金属等物体。

Blinn：这种明暗器以光滑的方式来渲染物体表面，是最常用的一种明暗器。

金属：这种明暗器适用于金属表面，它能提供金属所需的强烈反光。

多层：“多层”明暗器与“各向异性”明暗器很相似，但“多层”明暗器可以控制两个高亮区，因此“多层”明暗器拥有对材质更多的控制，第1高光反射层和第2高光反射层具有相同的参数控制，可以对这些参数使用不同的设置。

Oren-Nayar-Blinn：这种明暗器适用于无光表面（如纤维或陶土），与Blinn明暗器几乎相同，通过它附加的“漫反射色级别”和“粗糙度”两个参数可以实现无光效果。

Phong：这种明暗器可以平滑面与面之间的边缘，也可以真实地渲染有光泽和规则曲面的高光，适用于高强度的表面和具有圆形高光的表面。

Strauss：这种明暗器适用于金属和非金属表面，与“金属”明暗器十分相似。

半透明明暗器：这种明暗器与Blinn明暗器类似，它们之间的最大区别在于该明暗器可以设置半透明效果，使光线能够穿透半透明的物体，并且在穿过物体内部时离散。

线框：以线框模式渲染材质，用户可以在“扩展参数”卷展栏下设置线框的“大小”参数，如图8-44所示。

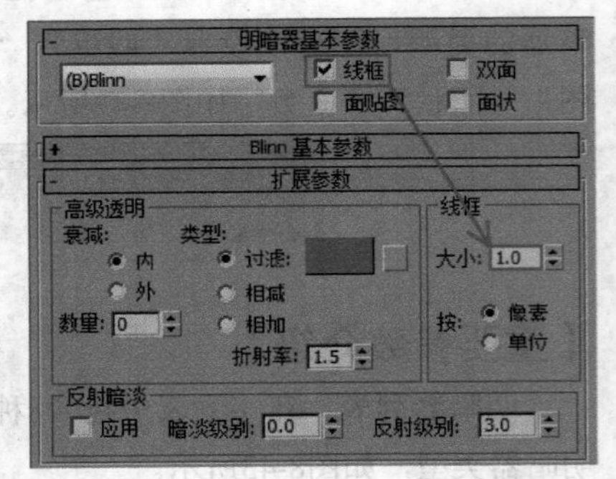

图8-44

双面：将材质应用到选定面，使材质成为双面。

面贴图：将材质应用到几何体的各个面。如果材质是贴图材质，则不需要贴图坐标，因为贴图会自动应用到对象的每一个面。

面状：使对象产生不光滑的明暗效果，把对象的每个面都作为平面来渲染，可以用于制作加工过的钻石、宝石和任何带有硬边的物体表面。

2.“Blinn基本参数”卷展栏

当在“明暗器列表”中选择不同的明暗器时，这个卷展栏的名称和参数也会有所不同，如选择“Blinn明暗器”之后，这个卷展栏就叫“Blinn基本参数”；如果选择“各向异性”明暗器，这个卷展栏就叫“各向异性基本参数”。

下面以Blinn明暗器来讲解明暗器的基本参数。展开“Blinn基本参数”卷展栏，在这里可以设置材质的“环境光”“漫反射”“高光反射”“自发光”“不透明度”“高光级别”“光泽度”“柔化”等属性，如图8-45所示。

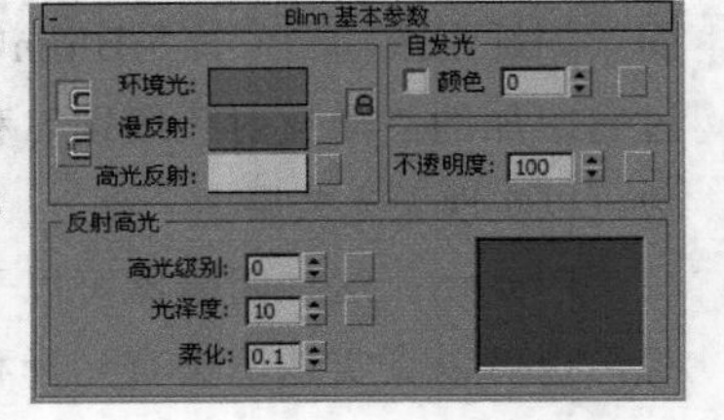

图8-45

【重要参数介绍】

环境光：用于模拟间接光，也可以用来模拟光能传递。

漫反射：“漫反射”是在光照条件较好的情况下（如在太阳光和人工光直射的情况下）物体反射出来的颜色，又被称作物体的“固有色”，也就是物体本身的颜色。

高光反射：物体发光表面高亮显示部分的颜色。

颜色：使用“漫反射”颜色替换曲面上的任何阴影，从而创建出白炽效果。

不透明度：控制材质的不透明度。

高光级别：控制“反射高光”的强度。数值越大，反射强度越强。

光泽度：控制镜面高亮区域的大小，即反光区域的大小。数值越大，反光区域越小。

柔化：设置反光区和无反光区衔接的柔和度。0表示没有柔化效果；1表示应用最大量的柔化效果。

3.“各向异性基本参数”卷展栏

各向异性就是通过调节两个垂直正交方向上可见高光尺寸之间的差，从而实现一种“重折光”的高光效果。这种渲染属性可以很好地表现毛发、玻璃和被擦拭过的金属等效果。它的基本参数大体上与Blinn相同，其参数面板如图8-46所示。

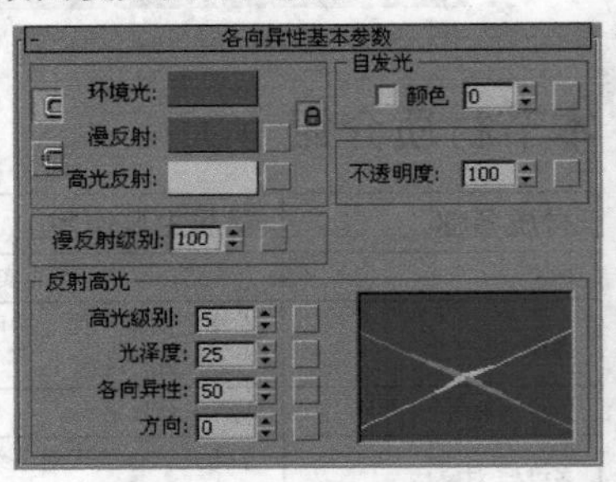

图8-46

【重要参数介绍】

漫反射级别：控制漫反射部分的亮度。增减该值可以在不影响高光部分的情况下增减漫反射部分的亮度，调节范围为0～400，默认为100。

各向异性：控制高光部分的各向异性和形状。值为0时，高光形状呈弧形；值为100时，高光变形为极窄条状。高光区域的轴向是随参数变化而变化的，默认设置为50。

方向：用来改变高光部分的方向，范围为0～9999，默认设置为0。

4."金属基本参数"卷展栏

这是一种比较特殊的材质，专用于金属材质的制作，可以提供金属所需要的强烈反光。它取消了"高光反射"色彩的调节，反光点的色彩仅依据于漫反射色彩和灯光的色彩。

由于取消了"高光反射"色彩的调节，所以在高光部分的高光级别和光泽度设置也与Blinn有所不同。高光级别仍控制高光区域的强度，而光泽度部分变化的同时将影响高光区域的强度和大小，其参数面板如图8-47所示。

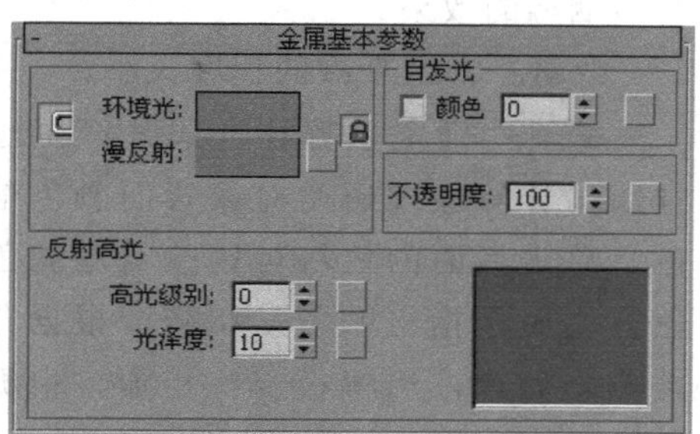

图8-47

5."多层基本参数"卷展栏

多层渲染属性与各向异性有相似之处，它的高光区域也属于各向异性类型，意味着从不同的角度产生的高光尺寸。当各向异性为0时，它们基本是相同的，高光是圆形的，和Blinn、Phong相同；当各向异性为100时，这种高光的各向异性达到最大程度的不同，在一个方向上高光非常尖锐，而另一个方向上光泽度可以单独控制。多层最明显的不同在于，它拥有两个高光区域控制。通过高光区域的分层，可以创建很多不错的特效，其参数面板如图8-48所示。

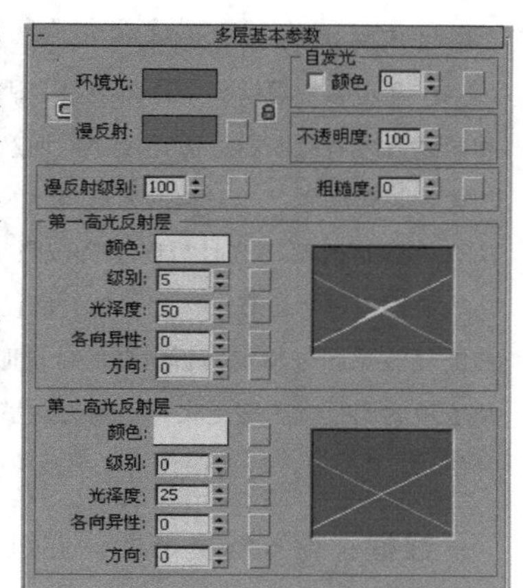

图8-48

【重要参数介绍】

粗糙度：设置由漫反射部分向阴影部分进行调和的快慢。提升该值时，表面的不平滑部分随之增加，材质也显得更暗更平。值为0时，则与Blinn渲染属性没有什么差别，默认为0。

6."Oren-Nayar-Blinn基本参数"卷展栏

Oren-Nayar-Blinn是Blinn的一个特殊变量形式，通过它附加的漫反射级别和粗糙度两个设置，可以实现无光材质的效果，这种渲染属性常用来表现织物、陶制品等粗糙对象的表面，其参数面板如图8-49所示。

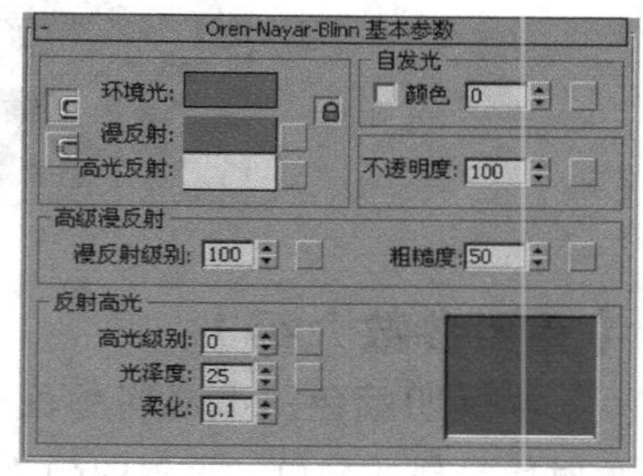

图8-49

7."Strauss基本参数"卷展栏

Strauss提供了一种金属感的表现效果，比"金属"更简洁，参数更简单，如图8-50所示。

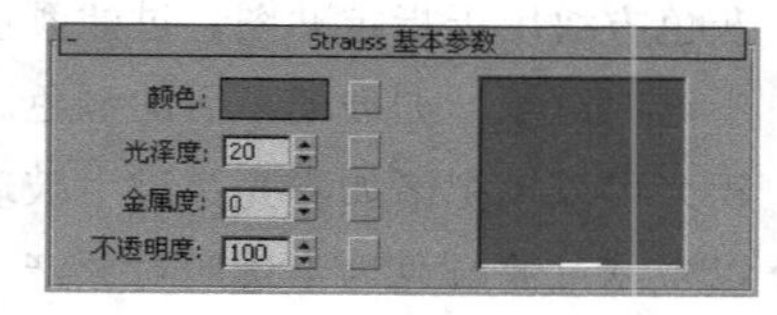

图8-50

【重要参数介绍】

颜色：设置材质的颜色。相当于其他渲染属性中的漫反射颜色选项，而高光和阴影部分的颜色则由系统自动计算。

金属度：设置材质的金属表现程度，默认设置为0。由于主要依靠高光表现金属程度，所以"金属度"需要配合"光泽度"才能更好地发挥效果。

8."半透明基本参数"卷展栏

"半透明明暗器"与Blinn类似，最大的区别在于它能够设置半透明的效果。光线可以穿透这些半透明效果的对象，并且在穿过对象内部时离散。通常半透明明暗器用来模拟薄对象，如窗帘、电影银幕、霜或者毛玻璃等效果。

制作类似单面反射的材质时，可以选择单面接受高光，通过勾选或取消“内表面高光反射”复选框来实现这些控制。半透明材质的背面同样可以产生阴影，而半透明效果只能出现在渲染结果中，视图中无法显示，其参数面板如图8-51所示。

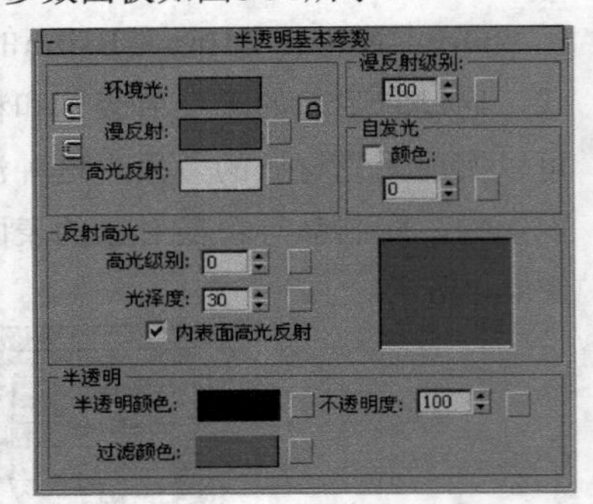

图8–51

【重要参数介绍】

半透明颜色：半透明颜色是离散光线穿过对象时所呈现的颜色。设置的颜色可以不同于过滤颜色，两者互为倍增关系。单击色块选择颜色，右侧的灰色方块用于指定贴图。

过滤颜色：设置穿透材质的光线颜色，与半透明颜色互为倍增关系。单击色块选择颜色，右侧的灰色方块用于指定贴图。过滤颜色是指透过透明或半透明对象（如玻璃）后的颜色。过滤颜色配合体积光可以模拟诸如彩光穿过毛玻璃后的效果，也可以根据过滤颜色为半透明对象产生的光线跟踪阴影配色。

不透明度：用百分率表现材质的透明/不透明程度，当对象有一定厚度时，能够产生一些有趣的效果。

技巧与提示

除了模拟薄对象之外，半透明明暗器还可以模拟实体对象子表面的离散，用于制作玉石、肥皂、蜡烛等半透明对象的材质效果。

9.“扩展参数”卷展栏

“扩展参数”卷展栏如图8-52所示，参数内容涉及透明度、反射以及线框模式，还有标准透明材质真实程度的折射率设置。

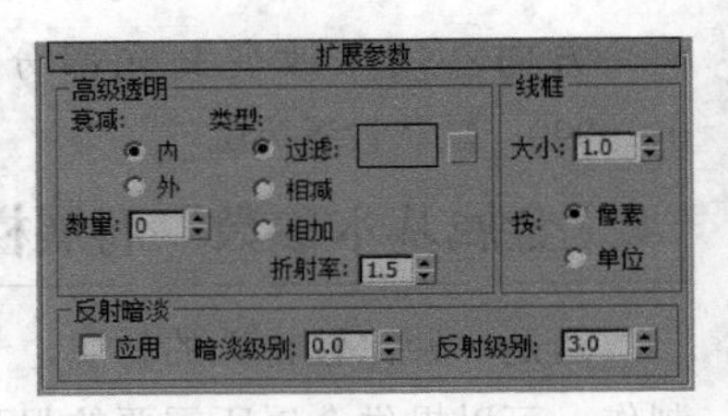

图8–52

【重要参数介绍】

高级透明：控制透明材质的透明衰减设置，包含下列4个选项。

衰减：有两种方式供用户选择。内，由边缘向中心增加透明的程度，像玻璃瓶的效果；外，由中心向边缘增加透明的程度，类似云雾、烟雾的效果。

数量：指定衰减的程度大小。

类型：确定以哪种方式来产生透明效果。过滤，计算经过透明对象背面颜色倍增的过滤色。单击后面的色块可以改变过滤色，单击灰色方块用于指定贴图；相减，根据背景色做递减色彩处理，用得很少；相加，根据背景色做递增色彩的处理，常用于发光体。

折射率：设置带有折射贴图的透明材质折射率，用来控制光线的折射程度。当设置为1（空气的折射率）时，看到的对象不发生形象变化；当设置为1.5（玻璃折射率）时，看到的对象会产生很大的变化；当折射率小于1时，对象会沿着它的边界反射，像在水中的气泡。在真实世界中很少有对象的折射率超过2的情况，默认值为1.5。

技巧与提示

在真实的物理世界中，折射率是因为光线穿过透明材质和眼睛（或者摄影机）时速度不同而产生的，和对象的密度相关，折射率越高，对象的密度也越大，也可以使用一张贴图去控制折射率，这时折射率会按照从1到折射率的设定值之间的插值进行运算。例如，折射率设为2.5，用一个完全黑白的噪波贴图来指定为折射贴图，这时折射率为1～2.5，对象表现为比空气密度更大；如果折射率设为0.6，贴图的折射计算将在0.6～1，好像在使用水下摄像机进行拍摄。

线框：设置线框特性，通过“大小”设置线框大小。

大小：设置线框的粗细大小值，单位有“像素”和“单位”两种选择，如果选择“像素”，对象运动时镜头距离的变化不会影响网格线的尺寸，否则会发生改变。

反射暗淡：用于设置对象阴影区中反射贴图的暗淡效果。当一个对象表面有其他对象投影时，这个区域将会变得暗淡，但是一个标准的反射材质却不会考虑这一点，它会在对象表面进行全方位反射计算，失去投影的影响，对象变得通体光亮，场景也变得不真实。这时可以打开反射暗淡设置，它的两个参数分别控制对象被投影区和未被投影区域的反射强度，这样可以将被投影区的反射强度值降低，使投影效果表现出来，同时增加未被投影区域的反射强度，以补偿损失的反射效果。

应用：勾选此选项，反射暗淡将发生作用，通过右侧的两个值对反射效果产生影响。

暗淡级别：设置对象被投影区域的反射强度，值为0时，反射贴图在阴影中为全黑；该值为0.5时，反射贴图为半暗淡；该值为1时，反射贴图没有经过暗淡处理，材质看起来好像禁用“应用”一样，默认设置为0。

反射级别：设置对象未被投影区域的反射强度，它可以使反射强度倍增，远远超过反射贴图强度为100时的效果，一般用它来补偿反射暗淡给对象表面带来的影响，当值为3时（默认），可以近似达到不打开反射暗淡时不被投影区的反射效果。

10.“超级采样”卷展栏

超级采样是3ds Max中几种抗锯齿技术之一。在3ds Max中，纹理、阴影、高光，以及光线跟踪的反射和折射都具有自身设置抗锯齿的功能，与之相比，超级采样则是一种外部附加的抗锯齿方式，作用于标准材质和光线跟踪材质，其参数面板如图8-53所示。

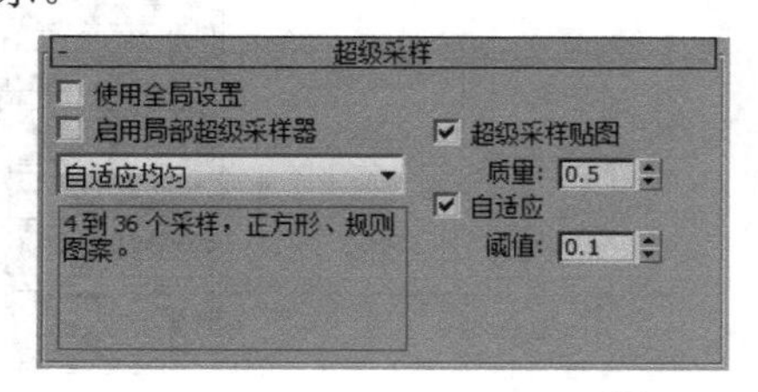

图8-53

【重要参数介绍】

使用全局设置：勾选此项，对材质使用“默认扫描线渲染器”卷展栏中设置的超级采样选项。

启用局部超级采样器：勾选此项，可以将超级采样结果指定给材质，默认设置为禁用状态。

超级采样贴图：勾选此项，可以对应用于材质的贴图进行超级采样。禁用此选项后，超级采样器将以平均像素表示贴图。默认设置为启用，这个选项对于凹凸贴图的品质非常重要，如果是特定的凹凸贴图，打开超级采样可以带来非常优秀的品质。

采样类型列表自适应均匀：“超级采样”共有如下4种方式，选择不同的方式，其对应的参数面板会有所差别。

自适应Halton：按离散分布的“准随机”方式方法沿*x*轴与*y*轴分隔采样。依据所需品质不同，采样的数量从4～40自由设置。可以向低版本兼容。

自适应均匀：从最小值4到最大值36，分隔均匀采样。采样图案并不是标准的矩形，而是在垂直与水平轴向上稍微歪斜以提高精确性，可以与低版本兼容。

Hammersley：在*x*轴上均匀分隔采样，在*y*轴上则按离散分布的“准随机”方式分隔采样。依据所需品质的不同，采样的数量为4～40，不能与低版本兼容。

Max 2.5星：采样的排布类似于骰子中的“5”的图案，在一个采样点的周围平均环绕着4个采样点。这是3ds Max 2.5中所使用的超级采样方式。

质量：自适应Halton、自适应均匀和Hammersley这3种方式可以调节采样的品质。数值为0～1，0为最小，分配在每个像素上的采样约为4个；1为最大，分配在每个像素上的采样为36～40个。

自适应：对于自适应Halton和自适应均匀方式有效，如果勾选，当颜色变化小于阈值的范围，将自动使用低于“质量”所设定的采样值进行采样。这样可以节省一些运算时间，推荐勾选。

阈值：自适应Halton和自适应均匀方式还可以调节“阈值”。当颜色变化超过“阈值”设置的范围，则依照“质量”的设置情况进行全部的采样计算；当颜色变化在“阈值”范围内时，则会适当减少采样计算，从而节省时间。

11.“贴图”卷展栏

“贴图”卷展栏如图8-54所示，该参数面板提供了很多贴图通道，如“环境光颜色”“漫反射颜色”“高光颜色”“光泽度”等通道，通过给这些通道添加不同的程序贴图可以在对象的不同区域产生不同的贴图效果。

贴图	数量	贴图类型
环境光颜色	100	无
漫反射颜色	100	无
高光颜色	100	无
高光级别	100	无
光泽度	100	无
自发光	100	无
不透明度	100	无
过滤色	100	无
凹凸	30	无
反射	100	无
折射	100	无
置换	100	无
	100	无

图8-54

在每个通道的右侧有一个很长的按钮，单击它们可以调出“材质/贴图浏览器”，并可以从中选择不同的贴图。当选择了一个贴图类型后，系统会自动进入其贴图设置层级中，以便进行相应的参数设置。单击按钮可以返回贴图方式设置层级，这时该按钮上会显示出贴图类型的名称。

“数量”参数用于控制贴图的程度（通过设置不同的数值来控制），例如，对于漫反射贴图，值为100时表示完全覆盖，值为50时表示以50%的透明度进行覆盖，一般最大值都为100，表示百分比值。只有“凹凸”“高光级别”“置换”除外，最大可以设为999。

课堂案例

制作坐垫材质

场景文件	场景文件>CH08>01.max
实例文件	实例文件>CH08>课堂案例：制作坐垫材质.Max
视频名称	课堂案例：制作坐垫材质.mp4
难易指数	★☆☆☆☆
学习目标	学习“标准”材质的使用方法

坐垫是家居环境中常用的家具，坐垫表面属于布料类的材质，“标准”材质经常用于制作这类材质，为了方便读者观察和理解，本例笔者单独介绍坐垫材质的制作，不涉及任何场景，希望读者能好好练习，掌握设置材质的步骤与方法，以便于后面设置复杂场景的材质。在制作时，首先要分析坐垫的材质特点，即表面比较粗糙、几乎无反射、有一种绒毛的感觉，然后根据这些特点来设置材质，坐垫材质效果如图8-55所示。

图8-55

01 打开本书学习资源中的“场景文件>CH08>01.max”文件，如图8-56所示，视图中是一个没有材质的坐垫模型，灯光、摄影机以及渲染参数都已经设置好了。

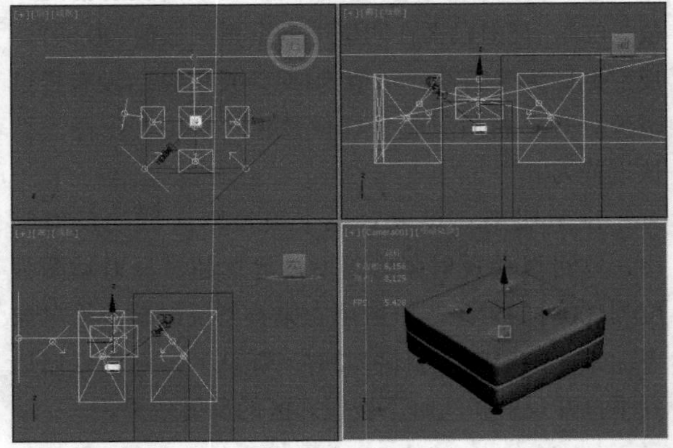

图8-56

02 按M键打开“材质编辑器”，然后选择一个默认材质球，接着将其命名为“坐垫”，如图8-57所示。

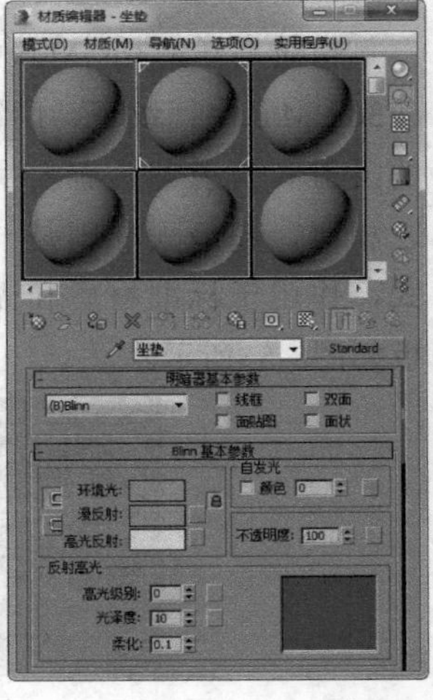

图8-57

技巧与提示

“材质编辑器”中的默认材质球就是“标准”材质。

03 设置材质参数，其参数设置如图8-58所示。

设置步骤

①在“漫反射颜色”通道中加载一张本书学习资源中的“实例文件> CH08>课堂案例：制作坐垫材质>坐垫.jpg”文件。

②设置“高光级别”为30。

③展开“贴图”卷展栏，然后在“凹凸”通道加载一张本书学习资源中的“实例文件> CH08>课堂案例：制作坐垫材质>坐垫凹凸.jpg”文件，接着设置“凹凸”强度为30。

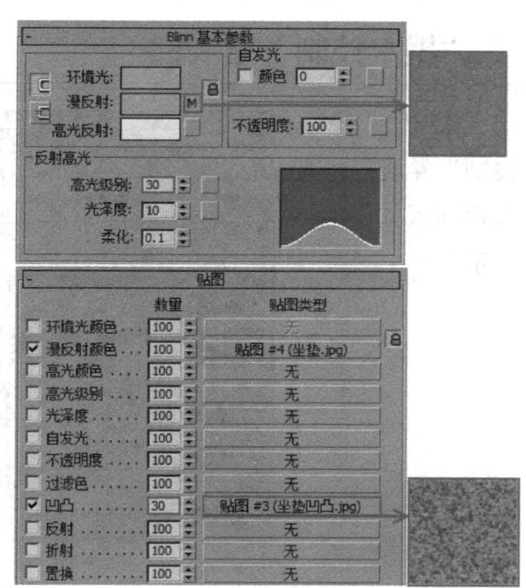

图8-58

04 选中场景中的坐垫模型，然后将设置好的“材质球”指定给坐垫模型，视口效果如图8-59所示，然后按F9键渲染摄影机视图，材质效果如图8-60所示。

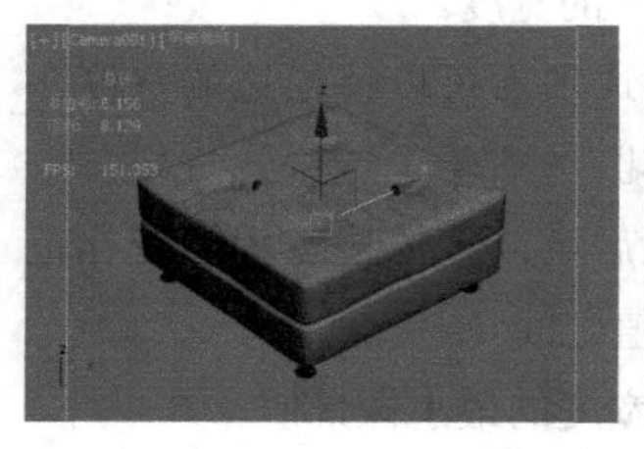

图8-59

图8-60

技巧与提示

在赋给材质模型后，有时会出现视图中的模型毫无反应的情况，这时单击“材质编辑器”中“工具栏”的“视口中显示明暗处理材质”按钮即可。

8.4.2 混合

“混合”材质可以在模型的单个面上将两种材质通过一定的百分比进行混合，其材质及参数设置面板如图8-61所示。混合材质在VRay3.4.01中已经不能自主加载，只有打开的已有场景中携带了该材质才能进行调节，这里只做简单介绍。

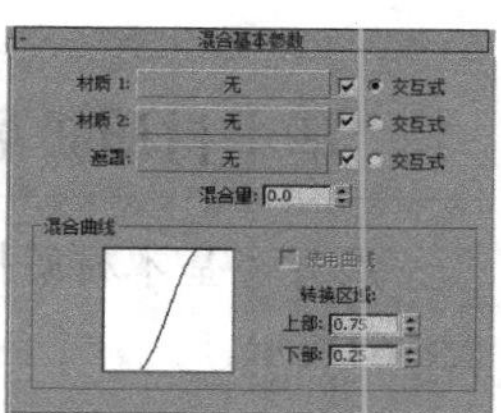

图8-61

【重要参数介绍】

材质1/材质2：可在其后面的材质通道中对两种材质分别进行设置。

遮罩：可以选择一张贴图作为遮罩。贴图的灰度值可以决定“材质1”和“材质2”的混合情况。

混合量：控制两种材质混合百分比。如果使用遮罩，则“混合量”选项将不起作用。

交互式：用来选择哪种材质在视图中以实体着色方式显示在物体的表面。

混合曲线：对遮罩贴图中的黑白色过渡区进行调节，包含下列3个选项。

使用曲线：控制是否使用“混合曲线”来调节混合效果。

上部：用于调节“混合曲线”的上部。

下部：用于调节“混合曲线”的下部。

技巧与提示

“VRay混合”材质可以完全替代“混合”材质，关于“VRay混合”材质的内容，后面的章节有详细讲解。

8.4.3 Ink'n Paint（墨水）

Ink’n Paint材质可以用来制作卡通效果，其参数包含“基本材质扩展”卷展栏、“绘制控制”卷展栏和“墨水控制”卷展栏，如图8-62所示。

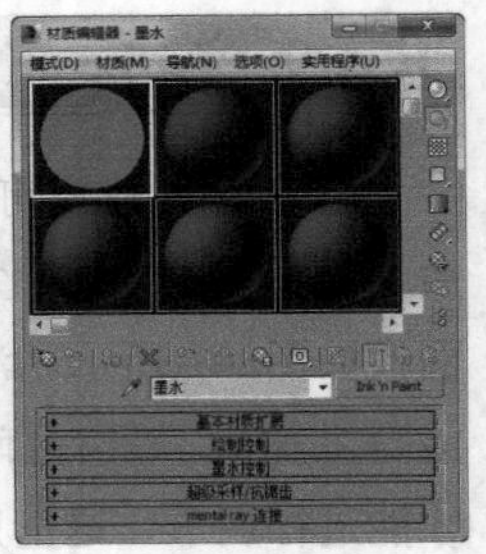

图8-62

1.“基本材质扩展”卷展栏

展开“基本材质扩展”卷展栏，其参数面板如图8-63所示。

基本材质扩展
基本材质扩展
双面 面贴图 面状
未绘制时雾化背景： 不透明 Alpha
凹凸……… 30.0 无
置换……… 20.0 无

图8-63

【重要参数介绍】

双面：把与对象法线相反的一面也进行渲染。

面贴面：把材质指定给造型的全部面。

面状：将对象的每个表面均平面化进行渲染。

未绘制时雾化背景：当“绘制”关闭时，材质颜色的填色部分与背景相同，勾选这个选项后，能够在对象和摄影机之间产生雾的效果，对背景进行雾化处理，默认为关闭。

不透明Alpha：勾选此项，即便在“绘制”和“墨水”关闭情况下，Alpha通道也保持不透明，默认为关闭。

凹凸：为材质添加凹凸贴图。左侧的复选框设置贴图是否有效，右侧的贴图按钮用于指定贴图，中间的调节按钮用于设置凹凸贴图的数量（影响程度）。

置换：为材质添加置换贴图。左侧的复选框设置贴图是否有效，右侧的贴图按钮用于指定贴图，中间的调节按钮用于设置置换贴图的数量（影响程度）。

2.“绘制控制”卷展栏

展开“绘制控制”卷展栏，其参数面板如图8-64所示。

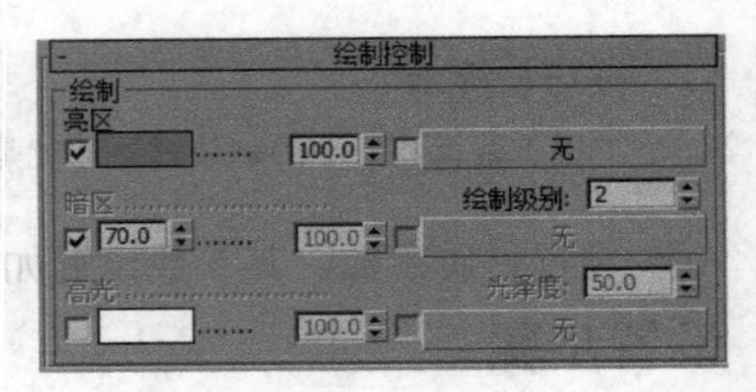

图8-64

【重要参数介绍】

亮区：用来调节材质的固有颜色，可以在后面的贴图通道中加载贴图。

暗区：控制材质的明暗度，可以在后面的贴图通道中加载贴图。

绘制级别：用来调整颜色的色阶。

高光：控制材质的高光区域。

3.“墨水控制”卷展栏

展开“墨水控制”卷展栏，其参数面板如图8-65所示。

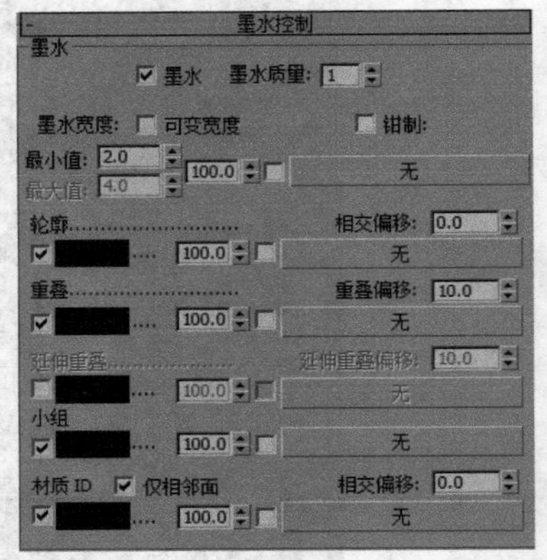

图8-65

【重要参数介绍】

墨水：控制是否开启描边效果。

墨水质量：控制边缘形状和采样值。

墨水宽度：设置描边的宽度。

可变宽度：勾选该选项后可以使描边的宽度在最大值和最小值之间变化。

钳制：勾选该选项后可以使描边宽度的变化范围限制在最大值与最小值之间。

最小值：设置墨水宽度的最小像素值。

最大值：设置墨水宽度的最大像素值。

轮廓：勾选该选项后可以使物体外侧产生轮廓线。

重叠：当物体与自身的一部分相交叠时使用。

延伸重叠：与“重叠”类似，但多用在较远的表面上。

小组：用于勾画物体表面光滑组部分的边缘。

材质ID：用于勾画不同材质ID之间的边界。

8.4.4 多维/子对象

使用"多维/子对象"材质可以采用几何体的子对象级别分配不同的材质，其参数设置面板如图8-66所示。

图8-66

【重要参数介绍】

数量：显示包含在"多维/子对象"材质中的子材质的数量，当前为10个。

设置数量：单击该按钮可以打开"设置材质数量"对话框，如图8-67所示。在该对话框中可以设置材质的数量。

图8-67

添加：单击该按钮可以添加子材质。

删除：单击该按钮可以删除子材质。

ID：单击该按钮将对列表进行排序，其顺序开始于最低材质ID的子材质，结束于最高材质ID。

名称：单击该按钮可以用名称进行排序。

子材质：单击该按钮可以通过显示于"子材质"按钮上的子材质名称进行排序。

启用/禁用：启用或禁用子材质。

子材质列表：单击子材质后面的"无"按钮，可以创建或编辑一个子材质。

8.5 VRay材质

前面介绍来了部分3ds Max的材质，相信读者在了解效果图的时候，也了解到了大部分效果图材质采用的都是VRay材质，在安装好VRay渲染器后，在"材质/贴图浏览器"中可查看到VRay的所有材质，如图8-68所示。

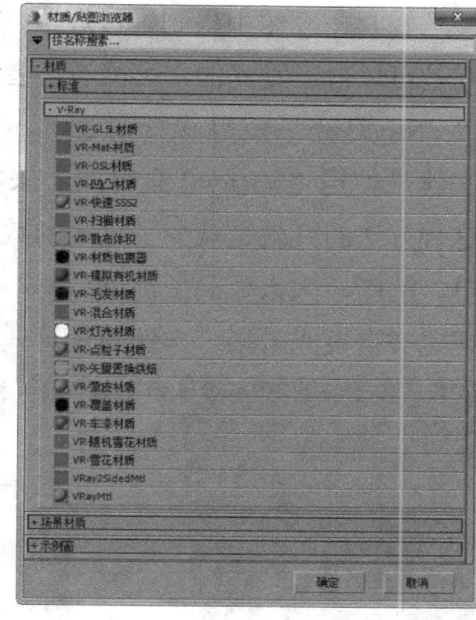

图8-68

材质名称	材质主要作用	重要程度
VRay灯光材质	模拟自发光的效果	中
VRayMtl	用于模拟大部分材质效果	高
VRay混合材质	将材质以层的方式混合，类似前面的"混合"材质	中
VRay双面材质	包含内外两个表面，可同时被渲染	中

8.5.1 VRay灯光材质

"VRay灯光材质"主要用来模拟自发光效果，如电视屏幕、荧光棒、灯箱等，其参数设置面板如图8-69所示。

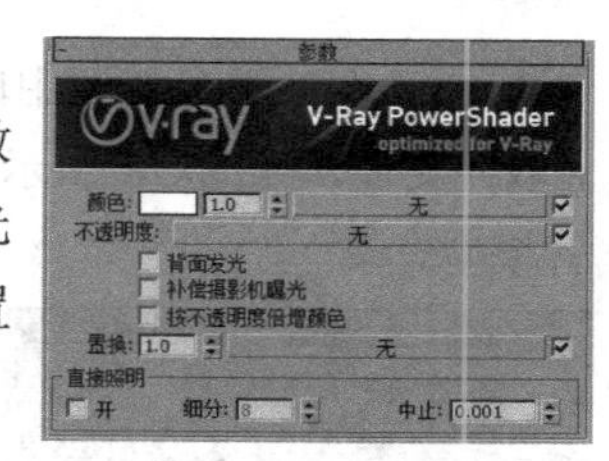

图8-69

【重要参数介绍】

颜色：设置对象自发光的颜色，后面的输入框用于设置自发光的"强度"，再通过贴图通道按钮为其加载贴图。

不透明度：用贴图来指定发光体的透明度。

背面发光：当勾选该选项时，它可以让材质光源双面发光。

技巧与提示

这里介绍其常用的参数项。

课堂案例

制作装饰灯管

场景文件	场景文件>CH08>02.max
实例文件	实例文件>CH08>课堂案例：制作装饰灯管.max
视频名称	课堂案例：制作装饰灯管.mp4
难易指数	★★☆☆☆
学习目标	学习"VRay灯光材质"的使用方法

在材质介绍中提到过日灯罩、灯箱这类对象，它们是可以自己发光的，可能有读者会在其模型内添加“VRay灯光”模拟其发光效果。当然，还有一种方法就是使用“VRay灯光材质”来制作其材质，使用这种方法的好处是减少了灯光的数量，使场景更加简单、清晰，大大提高了渲染效率，而且也能真实地表现这类自发光效果。本例的灯管效果如图8-70所示。

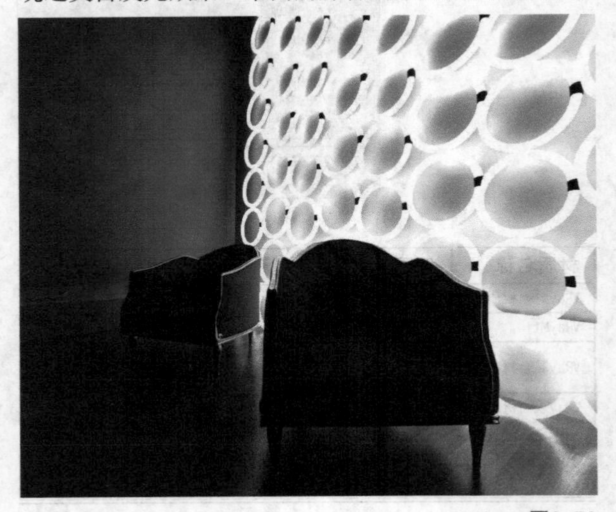

图8-70

01 打开本书学习资源中的“场景文件>CH08>02.max”文件，如图8-71所示，场景中椅子后面就是灯管模型。

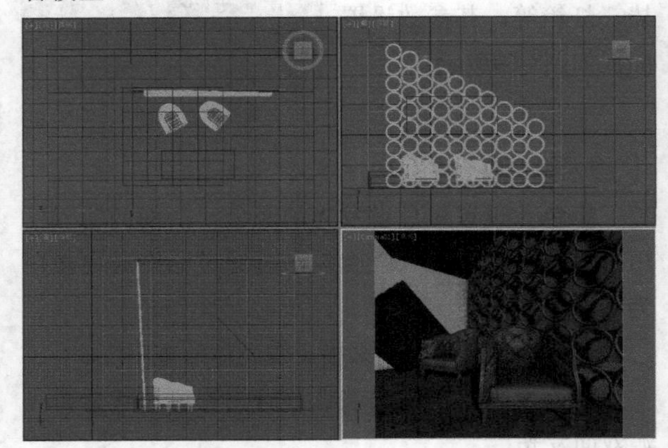

图8-71

02 按M键打开“材质编辑器”，然后在其中选择一个空白材质球，接着设置材质类型为“VRay灯光材质”，并将其命名为“自发光”，如图8-72所示。

03 在“参数”卷展栏下设置“颜色”为白色，然后设置“颜色”后面的发光强度为2.5，具体参数设置如图8-73所示，制作好的材质球效果如图8-74所示。

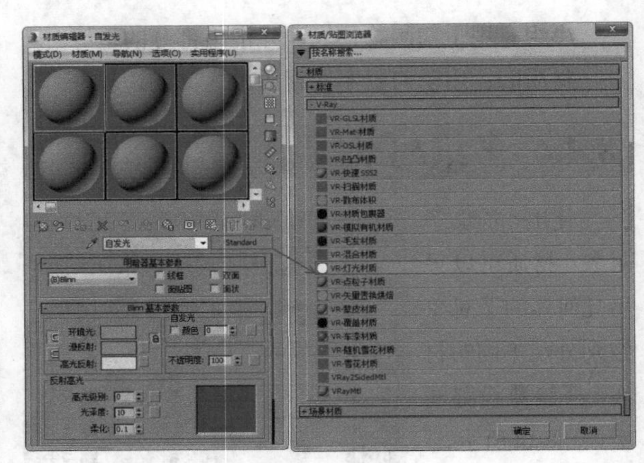

图8-72

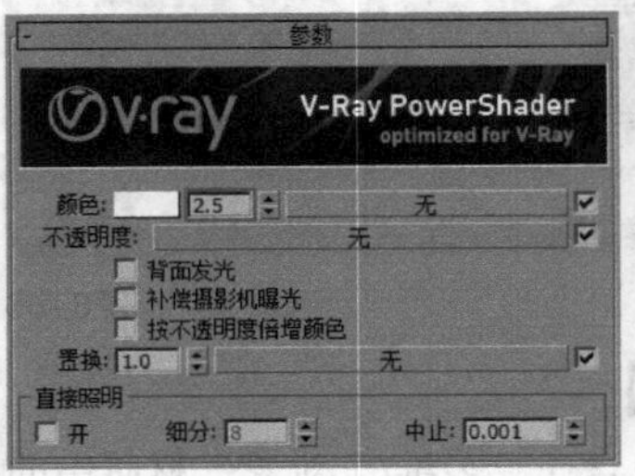

图8-73

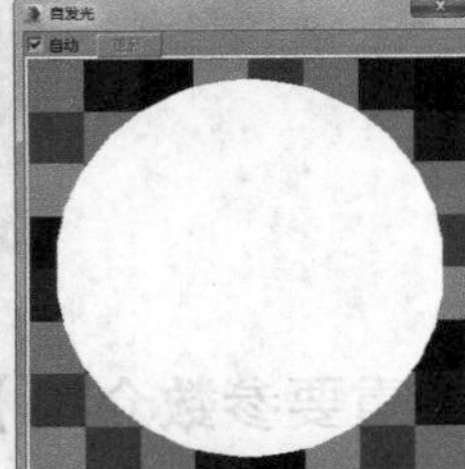

图8-74

技巧与提示

“VRay灯光材质”可以指定给物体，但是不能将物体当作光源来使用，这种效果类似于3ds Max里面自带的自发光效果，不同的是VRay灯光材质可以设置倍增值，从而设置自发光的发光级别，两者的参数面板如图8-75所示。

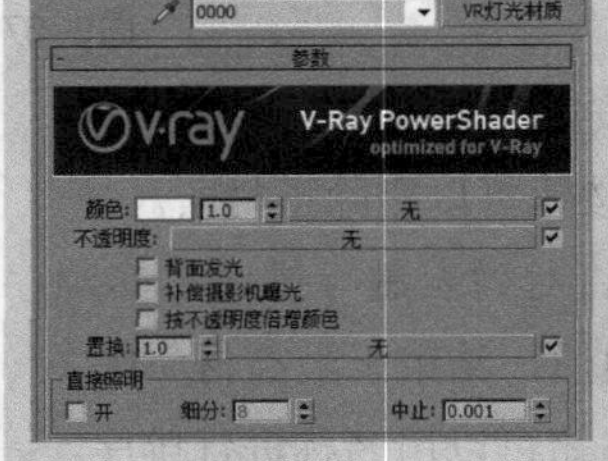

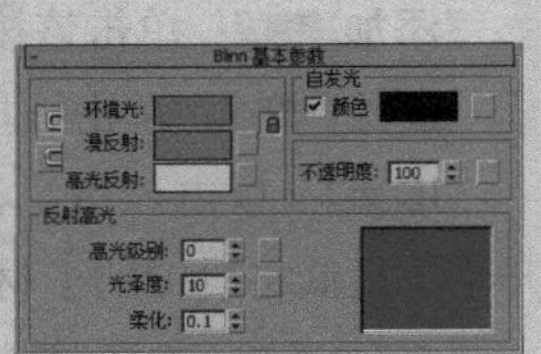

图8-75

04 将“自发光”材质球的材质指定给场景中所有的灯管，然后按F9键渲染摄影机视图，渲染效果如图8-76所示。

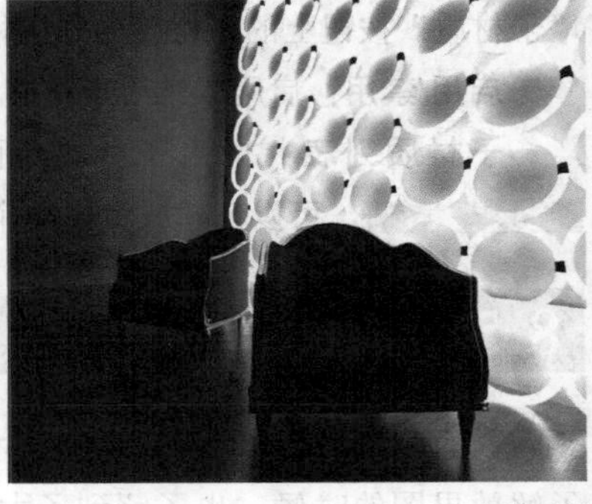

图8-76

8.5.2 VRayMtl材质

VRayMtl材质是使用频率最高的一种材质，也是使用范围最广的一种材质，常用于制作室内外效果图。VRayMtl材质除了能完成一些反射和折射效果外，还能出色地表现出SSS以及BRDF等效果，其参数设置面板如图8-77所示。

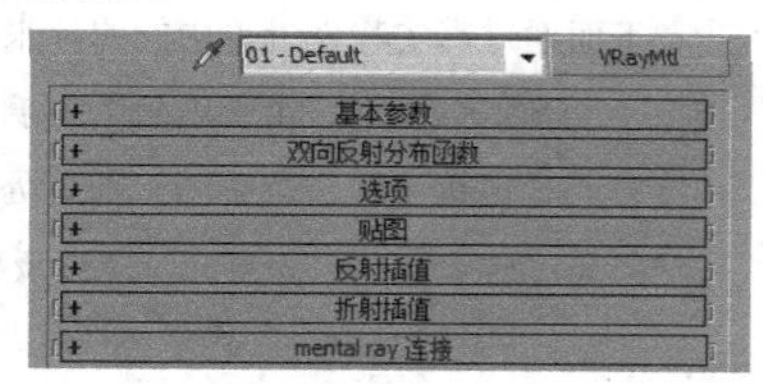

图8-77

1. "基本参数"卷展栏

展开"基本参数"卷展栏，如图8-78所示。

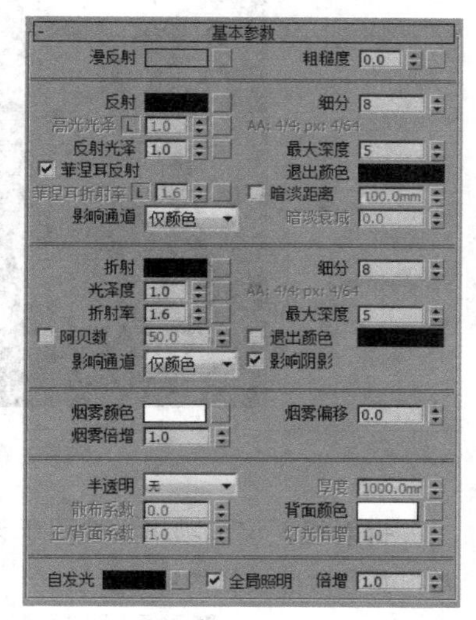

图8-78

【重要参数介绍】

漫反射组：该选项组包含下列两个选项，如图8-79所示。

图8-79

漫反射：物体的漫反射用来决定物体的表面颜色。通过单击它的色块，可以调整自身的颜色。单击右边的按钮可以选择不同的贴图类型。

粗糙度：数值越大，粗糙效果越明显，可以用该选项来模拟绒布的效果。

反射组：该选项组内的选项用于设置物体反射的参数，如图8-80所示。

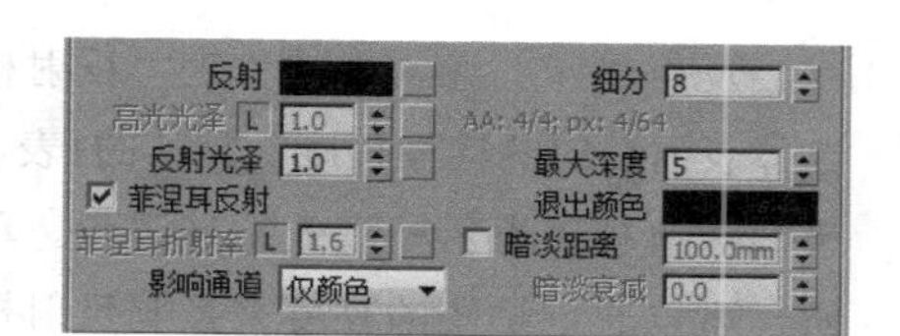

图8-80

反射：这里的反射靠颜色的亮度来控制，颜色越白反射越亮，越黑反射越弱；而这里选择的颜色则是反射出来的颜色，和反射的强度分开来计算。单击旁边的按钮，可以使用贴图的亮度来控制反射的强弱，图8-81所示的是颜色亮度对反射的影响。

图8-81

高光光泽：控制材质的高光大小，默认情况下是和"反射光泽"进行关联控制的，可以通过单击旁边的"L"按钮来解除锁定，从而可以单独调整高光的大小，图8-82所示的是不同"高光光泽"下的效果。

图8-82

反射光泽：通常也被称为“反射模糊”，决定物体表面反射的模糊程度。默认的1表示没有模糊效果，数值越小表示模糊效果越强烈。单击右边的按钮，可以通过贴图的亮度来控制反射模糊的强弱，如图8-83所示。

图8-83

菲涅耳反射：勾选“菲涅耳反射”选项后，物体的反射强度与摄影机的视点和具有反射功能的物体之间的角度有关，角度越小，反射越强烈；当垂直入射的时候，反射强度最弱。

菲涅耳折射率：单击右边的L按钮解除锁定后，可以对折射率进行调整。

影响通道：其下拉列表中包含“仅颜色”“颜色+Alpha”“所有通道”3个选项。

细分：细分用来控制反射模糊的品质，较高的值可以取得较平滑的效果，而较低的值让模糊区域有颗粒效果；细分越大渲染速度越慢，如图8-84所示。

图8-84

最大深度：反射的最大次数。反射次数越多，反射就越彻底，当然渲染时间也越慢。在实际应用中，在对效果要求不太高的情况下，可以适当降低该值来控制渲染时间。

退出颜色：当物体的反射次数达到停止计算的反射次数最大值时就会停止计算，这时由于反射次数不够造成的反射区域的颜色就用退出色来代替。

暗淡距离：指定一个距离值，超过该距离则停止光线追踪迹，即在反射表面中，将不会反射超过该距离的值的对象。

暗淡衰减：为暗淡距离设置衰减半径。

技巧与提示

下面通过真实物理世界中的照片来说明一下菲涅耳反射现象，如图8-85所示。由于远处的玻璃与人眼的视线构成的角度较小，所以反射比较强烈；而近处的玻璃与人眼的视线构成的角度较大（几乎垂直），所以反射比较弱。

图8-85

折射组：该选项组主要用于设置折射属性的参数，其参数面板如图8-86所示。

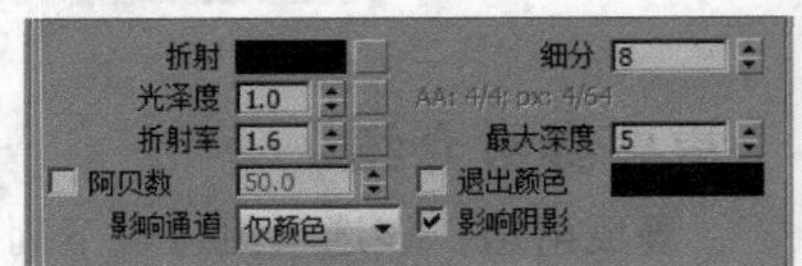

图8-86

折射：折射的原理和反射的原理一样，颜色越白，物体越透明，进入物体内部产生折射的光线也就越多；颜色越黑，物体越不透明，产生折射的光线也就越少。单击右边的按钮，可以通过贴图的亮度来控制折射的强弱，图8-87所示的分别是不同折射颜色的效果。

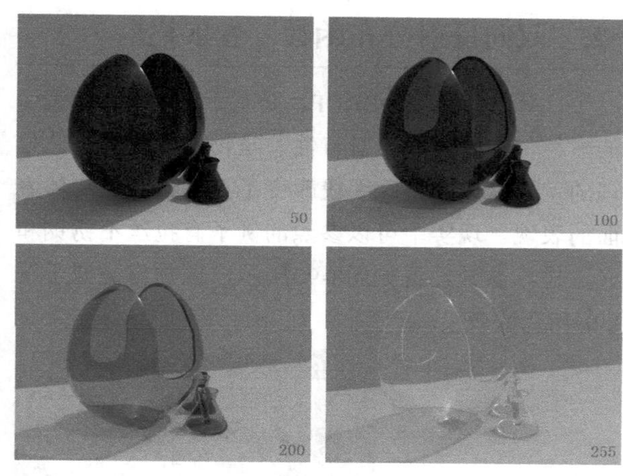

图8-87

光泽度：用来控制物体的折射模糊程度。值越小，模糊程度越明显。默认值为1，表示不产生折射模糊。单击右边的按钮，可以通过贴图的灰度来控制折射模糊的强弱，图8-88所示的是不同光泽度的效果。

图8-88

折射率：用于设置透明物体的折射率，图8-89所示的是不同“折射率”的效果。

图8-89

技巧与提示

常见物体的折射率

冰=1.309、水=1.333、玻璃=1.517、水晶=2.000、钻石=2.417。

阿贝：勾选该值可以让彩虹效应更加明显。

影响通道：这个选项允许用户指定材质的透明度最终影响哪些通道，一共有如下3个选项。

仅颜色：透明度只会影响到最终渲染后的RGB通道。

颜色+Alpha：这会导致材质继承折射物体的Alpha，而不是呈现不透明的Alpha，需要注意这个只适用于完全折射的情况。

所有通道：所有通道及渲染元素都会受到材质透明度的影响。

细分：用来控制折射模糊的品质，较高的值可以得到比较光滑的效果，渲染速度比较慢；而较低的值模糊区域将有杂点产生，渲染速度比较快，如图8-90所示。

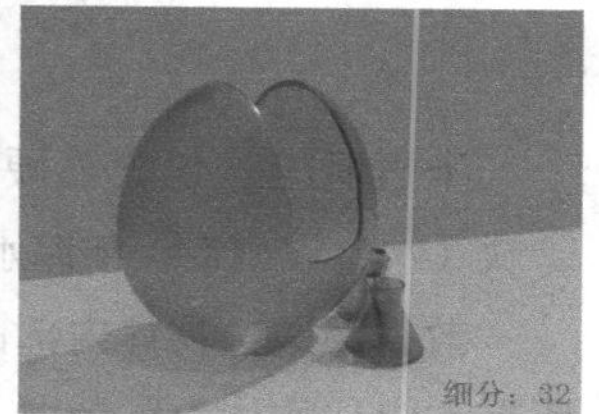

图8-90

最大深度：与“反射”选项组中的“最大深度”原理相同，控制折射的最大次数。

退出颜色：与物体的折射次数达到最大次数时就会停止计算折射，这时由于折射次数不够造成的折射区域的颜色就用退出色来代替。

影响阴影：这个选项将控制透明物体产生的阴影。勾选它，透明物体将产生真实的阴影。这个选项仅对VRay光源和VRay阴影类型有效。

烟雾颜色：这个选项用来虚拟透明物体的颜色，其原理就是虚拟光线穿透透明物体后所折射出来的不同颜色，从而起到给透明物体“上色”的作用。

烟雾倍增：可以理解为雾的浓度。值越大，雾越浓，光线穿透物体的能力越差，如图8-91所示。

图8-91

烟雾偏移：雾的偏移，较低的值会使雾向相机的方向偏移。

半透明：该选项组主要是控制光线在物体内部传递的一种计算，主要用于制作类似蜡烛、皮肤等特殊材质，其参数面板如图8-92所示。

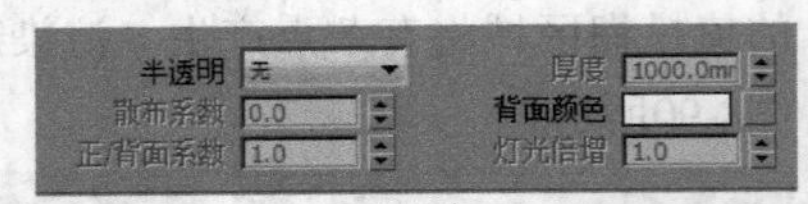

图8-92

半透明组：包含“硬（蜡）模型”，如蜡烛；“软（水）模型”，如海水；“混合模式”模型。

散布系数：物体内部的散射总量。0表示光线在所有方向被物体内部散射，1表示光线在一个方向被物体内部散射，而不考虑物体内部的曲面。

正/背面系数：控制光线在物体内部的散射方向。0表示光线沿着灯光发射的方向向前散射，1表示光线沿着灯光发射的方向向后散射，而0.5表示这两种情况各占一半。

厚度：用来控制光线在物体内部被追踪的深度，也可以理解为光线的最大穿透能力。较大的值，会让整个物体都被光线穿透；而较小的值，让物体比较薄的地方产生次表面散射现象。

背面颜色：用来控制次表面散射的颜色。

灯光倍增：光线穿透能力倍增值，值越大，散射效果越强，这就是典型的SSS效果。

2. “双向反射分布函数”卷展栏

部分书籍又称为BRDF，是基于现实中物体表面的一种特定的光线反射特性，是物体表面的工艺处理的差异性以及特殊手段改变了正常光照在物体表面的表现。现实中可以参照的例子有拉丝不锈钢和光盘等，参数设置如图8-93所示，可制作类似于图8-94所示的效果。

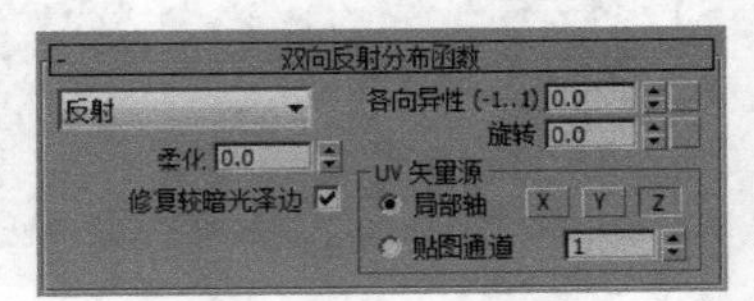

图8-93

图8-94

【重要参数介绍】

类型 反射：使用“双向反射分布函数”可以模拟出较为真实的双向反射物理表面高光及反射效果，VRayMtl支持“多面”“反射”“沃德”“微面GTR（GGX）”4种类型的“双向分布反射函数”。“多面”的高光区域最小，适合硬度很高的物体；“反射”的高光区域次之，适合大多数物体；“沃德”的高光区域最大，适合表面柔软或粗糙的物体；微面GTR（GGX）是VRay3.2新增的，适合金属类材质。

各向异性：各向异性控制高光区域的形状，可以用该参数来设置拉丝效果。

旋转：控制高光区的旋转方向。

UV矢量源：控制高光形状的轴向，也可以通过贴图来控制。

局部轴：有*x*、*y*、*z*3个轴供旋转。

贴图通道：可以使用不同的贴图通道与UVW贴图进行关联，从而实现一个物体在多个贴图通道中使用不同的UVW贴图，这样可以得到各自相对应的贴图坐标。

3. “选项”卷展栏

展开“选项”卷展栏，其参数面板如图8-95所示。

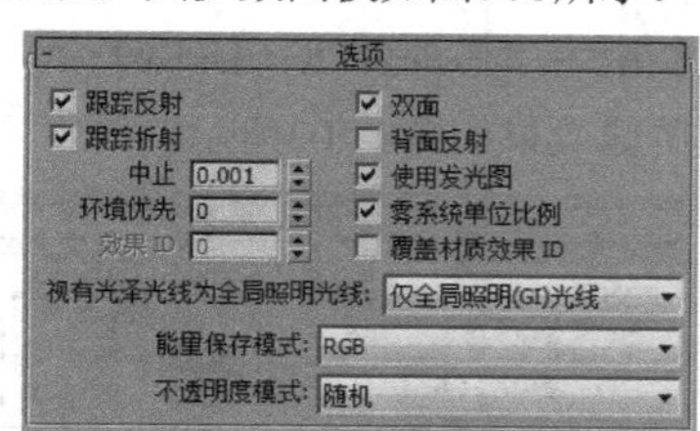

图8-95

【重要参数介绍】

跟踪反射：控制光线是否追踪反射。取消勾选该选项后，VRay将不渲染反射效果。

跟踪折射：控制光线是否追踪折射。取消勾选该选项后，VRay将不渲染折射效果。

中止：反射和折射在此值范围内将不被计算。不要把该值设置为0，否则会导致过度计算反射和折射。

环境优先：控制“环境优先的”数值。

双面：控制VRay渲染的面是否为双面。

背面反射：勾选该选项时，强制VRay计算反射物体的背面反射效果。

使用发光图：勾选此项物体将以发光贴图的计算结果来模拟物体的间接照明，取消则是将按DMC GI来计算间接照明。

视有光泽光线为全局照明光线：平滑的光线被当作全局光线在场景中使用，系统提供了3种方式供用户选择。

从不：平滑的光线从不被当作GI光线。

仅全局照明（GI）光线：平滑光线将被作为GI光线处理，此为默认选项，能够加速场景的渲染速度。

始终：平滑光线总是被当作GI光线，它的缺点就是二次GI引擎将会作为平滑光线。

能量保存模式：决定漫反射、反射和折射的颜色如何影响彼此。分为RGB模式和Monochrome（单色模式）。

4. “贴图”卷展栏

展开“贴图”卷展栏，如图8-96所示。

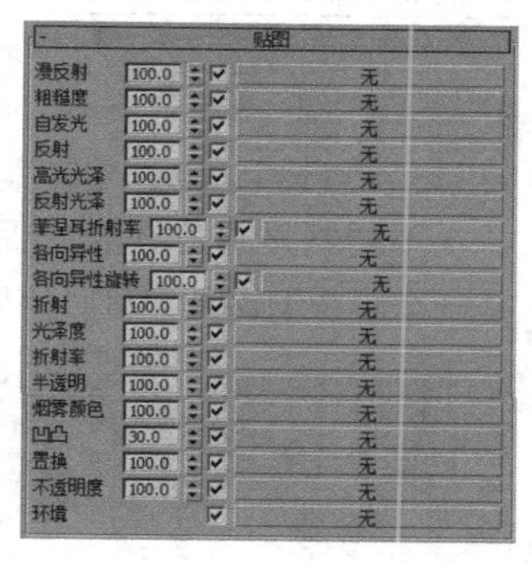

图8-96

【重要参数介绍】

凹凸：主要用于制作物体的凹凸效果，在后面的通道中可以加载一张凹凸贴图。

置换：主要用于制作物体的置换效果，在后面的通道中可以加载一张置换贴图。

不透明度：主要用于制作透明物体，如窗帘、灯罩等。

环境：主要是针对上面的一些贴图而设定的，如反射、折射等，只是在其贴图的效果上加入了环境贴图效果。

> **技巧与提示**
>
> 如果制作场景中的某个物体不存在环境效果，就可以用“环境”通道来完成。例如，在图8-97中，如果在“环境”贴图通道中加载一张位图贴图，那么就需要将“坐标”类型设置为“环境”才能正确使用，如图8-98所示。

图8-97

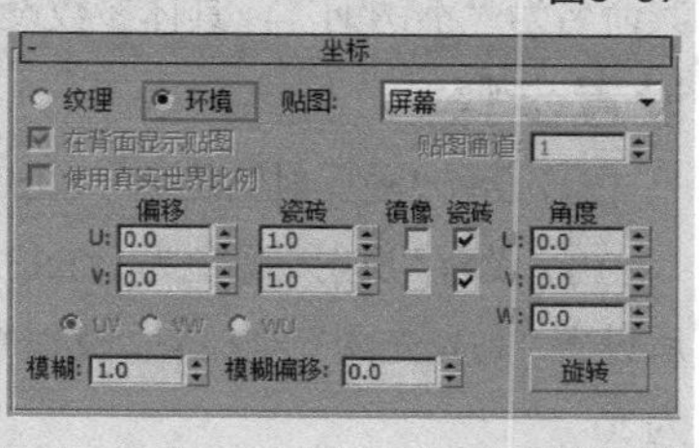

图8-98

课堂案例

制作不锈钢材质

场景文件	场景文件>CH08>03.max
实例文件	实例文件> CH08>课堂案例：制作不锈钢材质
视频名称	课堂案例：制作不锈钢材质.mp4
难易指数	★★☆☆☆
学习目标	学习VRayMtl材质的使用方法

不锈钢材质是日常生活中常见的材质，本例就是一个不锈钢锅具，材质效果如图8-99所示。

图8-99

01 打开本书学习资源中的“场景文件>CH08>03.max”文件，如图8-100所示。

图8-100

02 按M键打开“材质编辑器”对话框，然后选择一个空白材质球，接着设置材质类型为VRayMtl材质，再将其命名为“不锈钢”，具体参数设置如图8-101所示。

设置步骤

① 设置“漫反射”颜色为（红:96，绿:96，蓝:96）。

② 设置“反射”颜色为（红:133，绿:144，蓝:165），然后设置“高光光泽”为0.85、“反射光泽”为0.8、“细分”为20。

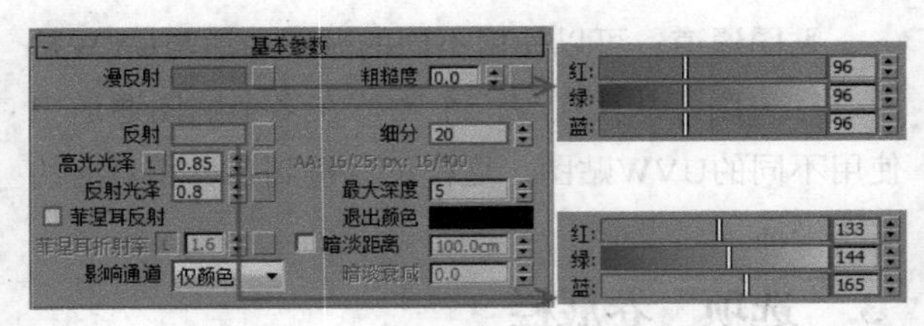

图8-101

03 展开“双向反射分布函数”卷展栏，然后设置类型为“微面GTR（GGX）”，如图8-102所示，材质球效果如图8-103所示。

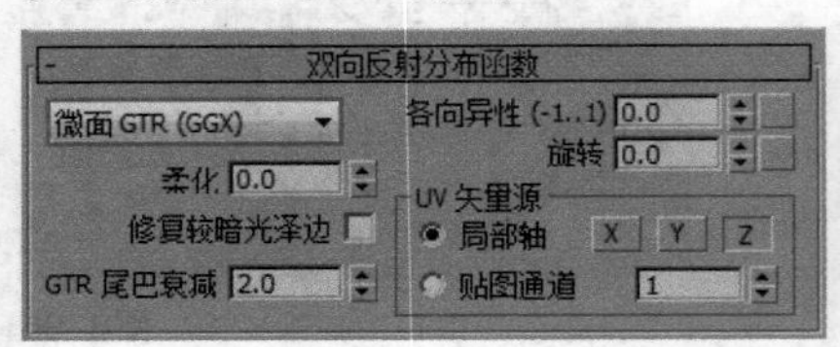

图8-102 图8-103

04 将“不锈钢”材质指定给地板模型，然后按F9键渲染摄影机视图，锅具的渲染效果如图8-104所示。

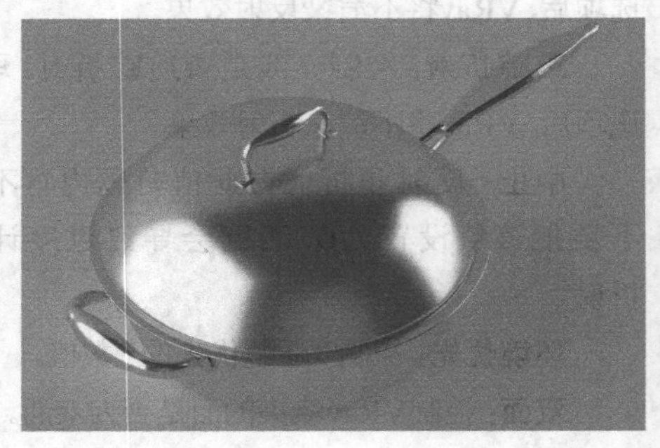

图8-104

课堂案例

制作陶瓷花瓶

场景文件	场景文件>CH08>04.max
实例文件	实例文件> CH08>课堂案例：制作陶瓷花瓶.max
视频名称	课堂案例：制作艺术玻璃.mp4
难易指数	★★☆☆☆
学习目标	学习VRayMtl的使用方法

陶瓷材质在生活中是最常见的材质之一，本例表现的是一个彩色陶瓷花瓶，效果如图8-105所示。

图8-105

01 打开本书学习资源中的“场景文件>CH08>04.max”文件，如图8-106所示，场景中的花已经被赋予了材质，需要给花瓶赋予陶瓷材质。

图8-106

02 在“材质编辑器”中新建一个VRayMtl材质球，然后将其命名为“陶瓷”，其参数设置如图8-124所示。材质球效果如图8-107所示。

设置步骤

① 设置“漫反射”颜色为（红:227，绿:153，蓝:58）。

② 设置“反射”颜色为（红:255，绿:255，蓝:255），然后设置“高光光泽”为0.85、“反射光泽”为0.9、“细分”为20。

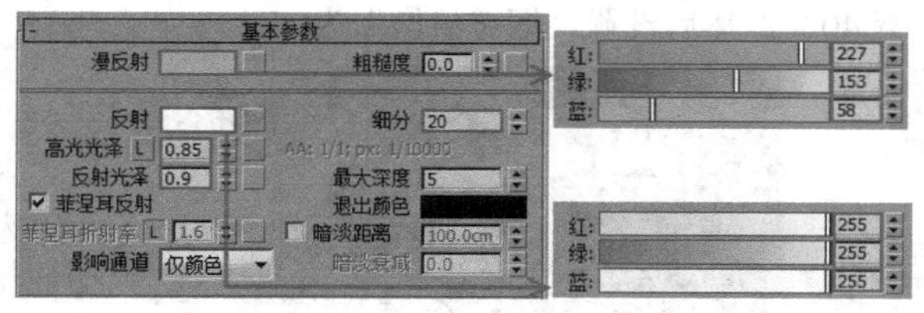

图8-107

03 将材质球指定给花瓶模型，然后按F9键渲染场景，材质的渲染效果如图8-108所示。

图8-108

课堂案例

制作玻璃器皿

场景文件	场景文件>CH08>05.max
实例文件	实例文件> CH08>课堂案例：制作玻璃器皿.max
视频名称	课堂案例：制作玻璃器皿.mp4
难易指数	★★★☆☆
学习目标	学习VRayMtl的使用方法

玻璃材质在生活中是最常见的材质之一，本例表现的是一组玻璃器皿，有无色清玻璃，也有有色玻璃，效果如图8-109所示。

图8-109

01 打开本书学习资源中的“场景文件>CH08>05.max”文件，如图8-110所示，场景中的枯枝已经被赋予了材质，需要给器皿赋予玻璃材质。

图8-110

02 在“材质编辑器”中新建一个VRayMtl材质球，然后将其命名为“玻璃1”，其参数设置如图8-111所示。材质球效果如图8-112所示。

设置步骤

① 设置“漫反射”颜色为（红:15，绿:15，蓝:15）。

② 设置“反射”颜色为（红:255，绿:255，蓝:255），然后设置“反射光泽”为0.9、“细分”为16。

③ 设置“折射”颜色为（红:255，绿:255，蓝:255），然后设置“折射率”为2、“细分”为16。

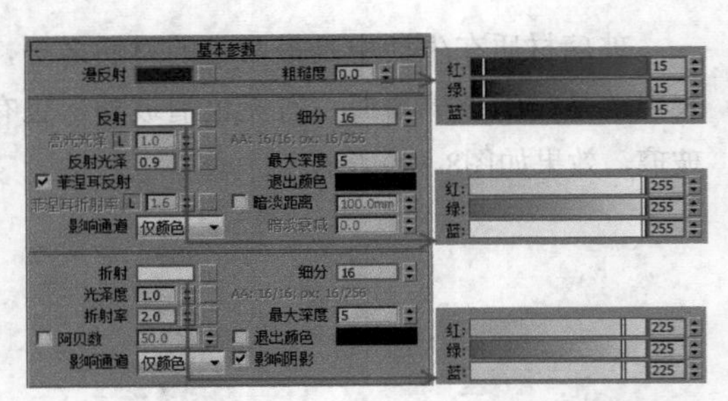

图8-111

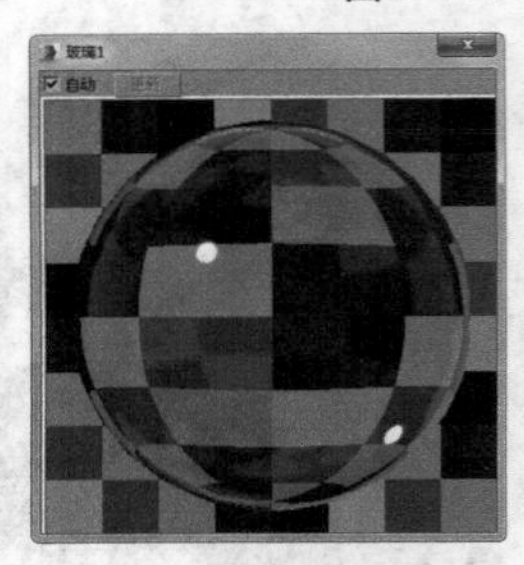

图8-112

> **技巧与提示**
>
> “影响阴影”选项默认是勾选状态，这里不做强调。

03 在“材质编辑器”中新建一个VRayMtl材质球，然后将其命名为“玻璃2”，其参数设置如图8-113所示。材质球效果如图8-114所示。

设置步骤

① 设置“漫反射”颜色为（红:15，绿:15，蓝:15）。

② 设置“反射”颜色为（红:255，绿:255，蓝:255），然后设置“反射光泽”为0.75、“细分”为16。

③ 设置“折射”颜色为（红:168，绿:168，蓝:168），然后设置“折射率”为1.517、“细分”为16。

④ 设置“烟雾颜色”为（红:171，绿:157，蓝:153），然后设置“烟雾倍增”为0.8。

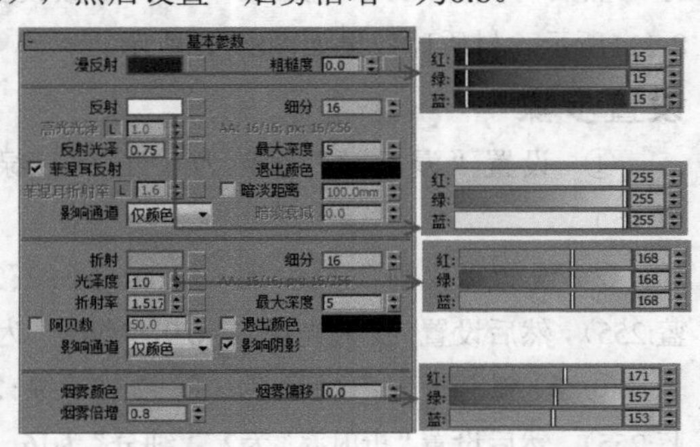

图8-113

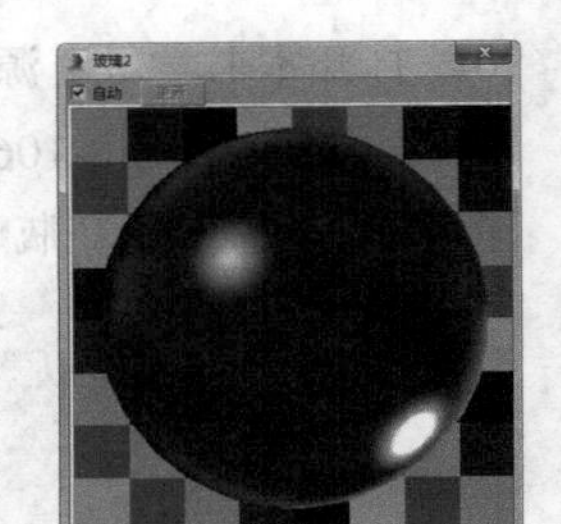

图8-114

04 在“材质编辑器”中新建一个VRayMtl材质球，然后将其命名为“玻璃3”，其参数设置如图8-115所示。材质球效果如图8-116所示。

设置步骤

① 设置“漫反射”颜色为（红:15，绿:15，蓝:15）。

② 设置“反射”颜色为（红:255，绿:255，蓝:255），然后设置“反射光泽”为0.9、“细分”为16。

③ 设置“折射”颜色为（红:221，绿:221，蓝:221），然后设置“折射率”为1.517、“细分”为16。

④ 设置“烟雾颜色”为（红:210，绿:40，蓝:40），然后设置“烟雾倍增”为0.7。

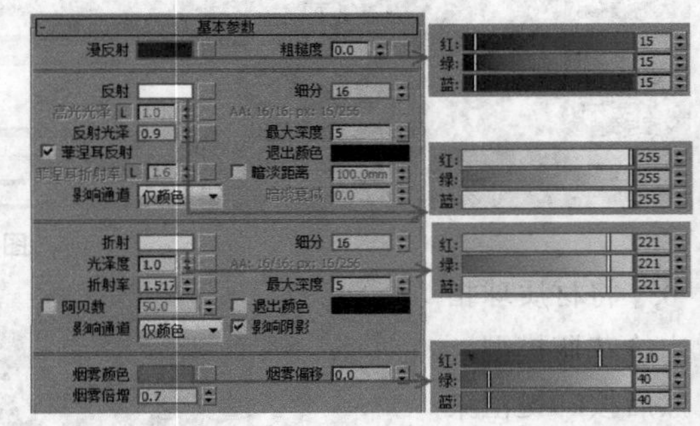

图8-115

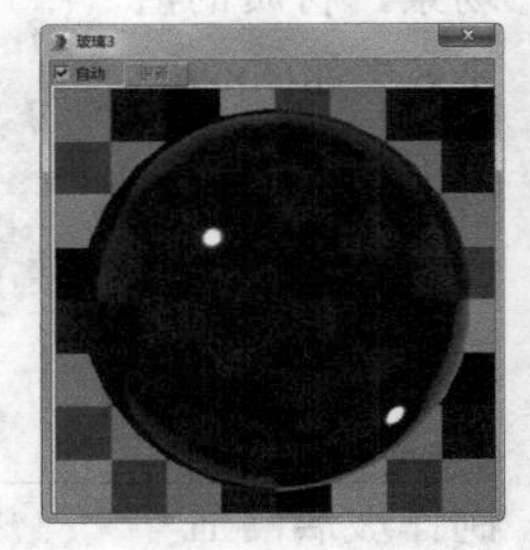

图8-116

05 将3种材质分别赋予模型，然后按F9键渲染场景，材质的渲染效果如图8-117所示。

图8-117

8.5.3 VRay混合材质

“VRay混合材质”可以让多个材质以层的方式混合来模拟物理世界中的复杂材质。“VRay混合材质”和3ds Max里的“混合”材质的效果比较类似，但是其渲染速度比3ds Max快很多，其参数面板如图8-118所示。

图8-118

【重要参数介绍】

基本材质：可以理解为最基层的材质，通常在创建“VRay混合材质”的时候会提示“丢弃旧材质”或“将旧材质保存为子材质”，如图8-119所示。若保存，则该处就为原材质；若丢弃，该处就为“无”。

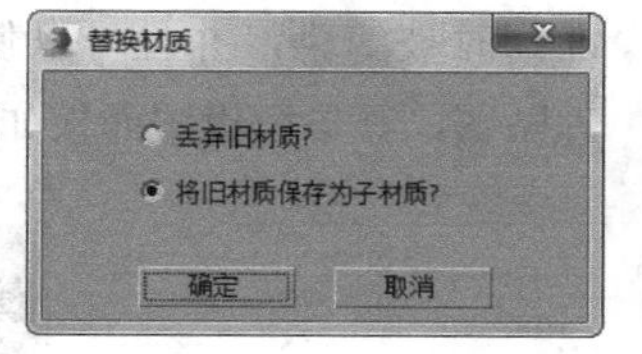

图8-119

镀膜材质：表面材质，可以理解为基本材质上面的材质。

混合数量：这个混合数量是表示“镀膜材质”混合多少到“基本材质”。如果颜色给白色，那么这个“镀膜材质”将全部混合，而下面的“基本材质”将不起作用；如果颜色给黑色，那么这个“镀膜材质”自身就没什么效果。混合数量也可以由后面的贴图通道来代替。

加法（虫漆）模式：选择这个选项，“VRay混合材质”将和3ds Max里的“虫漆”材质效果类似，一般情况下不勾选。

课堂案例

制作生锈椅子

场景文件	场景文件>CH08>06.max
实例文件	实例文件> CH08>课堂案例：制作生锈椅子.max
视频名称	课堂案例：制作生锈椅子.MP4
难易指数	★★★☆☆
学习目标	学习“VRay混合”材质的使用方法

本例是用“VRay混合”材质制作椅子生锈的效果，效果如图8-120所示。

图8-120

01 打开本书学习资源中的“场景文件>CH08>06.max”文件，如图8-121所示。场景中有两个椅子模型，本例就以前面的椅子材质为例讲解“VRay混合”材质的使用方法。

图8-121

02 在“材质编辑器”中新建一个“VRay混合”材质球，然后将其命名为“生锈”， 接着在“基本材质”通道中加载一个VRayMtl材质，其参数设置如图8-122所示。

设置步骤

① 设置“漫反射”颜色为（红:12，绿:73，蓝:45）。

② 设置“反射”颜色为（红:102，绿:102，蓝:102），然后设置“反射光泽”为0.85、“菲涅耳折射率”为2.5。

③ 展开“双向反射分布函数”卷展栏，设置类型为“微面GTR（GGX）”。

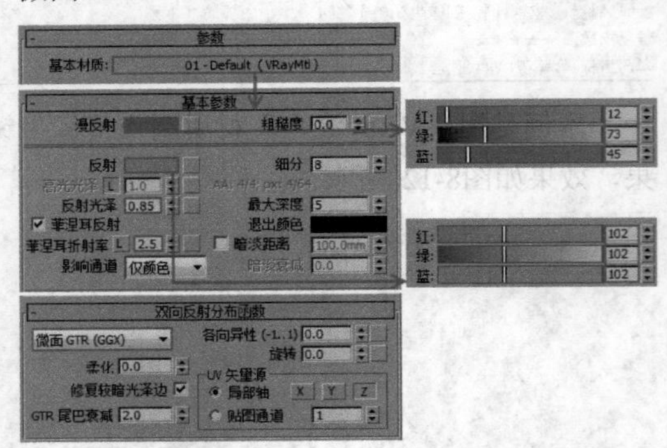

图8-122

03 返回到“VRay混合材质”参数设置面板，然后在第1个“镀膜材质”通道中加载一个VRayMtl材质，其参数设置如图8-123所示。

设置步骤

① 在“漫反射”通道加载一张本书学习资源中的“实例文件>CH08>课堂案例：制作生锈椅子>铁锈. jpg”文件。

②设置“反射”颜色为（红:25，绿:25，蓝:25），然后设置“反射光泽”为0.6，“菲涅耳折射率”为1.6。

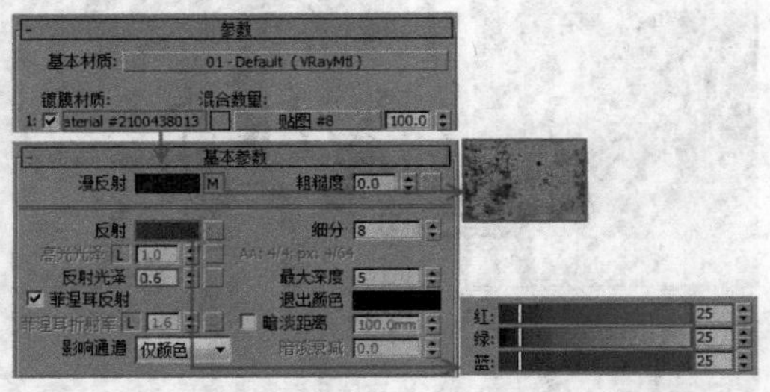

图8-123

04 返回到“VRay混合材质”参数设置面板，然后在第1个“混合数量”通道中加载一张本书学习资源中的“实例文件> CH08>课堂案例：制作生锈椅子>铁锈遮罩.jpg”贴图，具体参数设置如图8-124所示。制作好的材质球效果如图8-125所示。

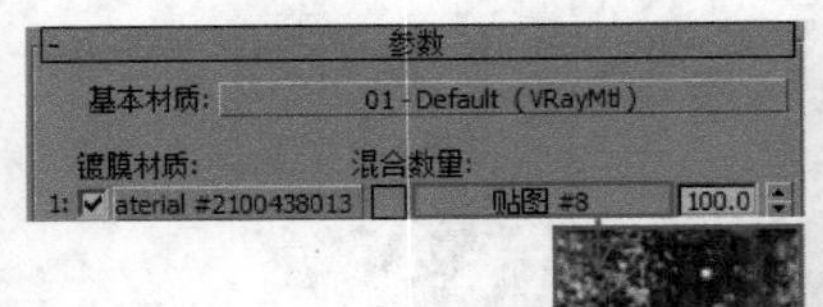

图8-124 图8-125

技巧与提示

遮罩的黑白贴图遵循“黑透白不透”的原则。黑色部分显示“基本材质”，白色部分显示“镀膜材质”。

05 将制作好的材质指定给场景中前面的模型，然后按F9键渲染当前场景，最终效果如图8-126所示。

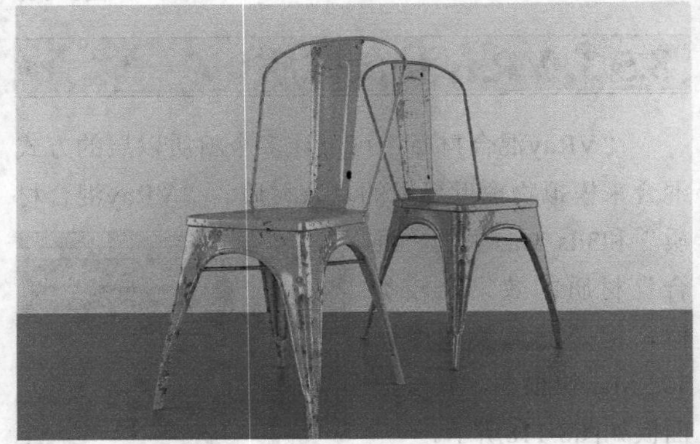

图8-126

技巧与提示

案例中红色椅子材质的制作方法与绿色椅子类似，读者可以按照案例的讲解方法制作，也可以查看实例文件。

8.5.4 VRay双面材质

“VRay双面材质”可以使对象的外表面和内表面同时被渲染，并且可以使内外表面拥有不同的纹理贴图，其参数设置面板如图8-127所示。

图8-127

【重要参数介绍】

正面材质：用来设置物体外表面的材质。

背面材质：用来设置物体内表面的材质。

半透明：用来设置“正面材质”和“背面材

质”的混合程度，可以直接设置混合值，可以用贴图来代替。后面的数值控制单面物体显示哪个材质，当设置为0时，显示的将全部是正面的材质；当设置为100时，显示的将全部是背面材质；当设置为50时，正面和背面材质各显示一半，如图8-128所示。

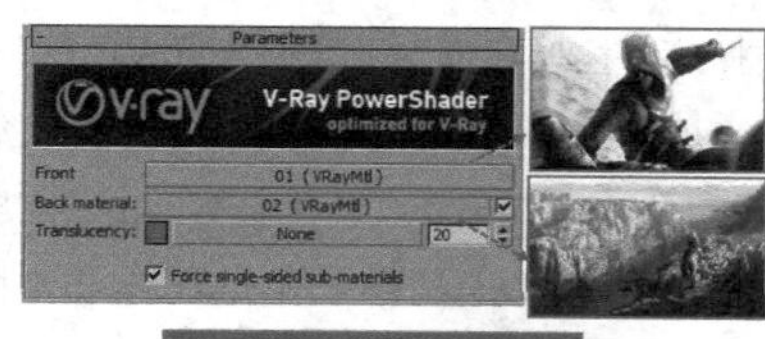

图8-128

8.6 3ds Max的贴图

贴图主要用于表现物体材质表面的纹理，利用贴图可以不用增加模型的复杂程度就可以表现对象的细节，并且可以创建反射、折射、凹凸和镂空等多种效果。通过贴图可以增强模型的质感，完善模型的造型，使三维场景更加接近真实的环境，如图8-129所示。

展开VRayMtl材质的“贴图”卷展栏，在该卷展栏下有很多贴图通道，在这些贴图通道中可以加载贴图来表现物体的相应属性，如图8-130所示。

贴图		
漫反射	100.0	无
粗糙度	100.0	无
反射	100.0	无
高光光泽度	100.0	无
反射光泽度	100.0	无
菲涅耳折射率	100.0	无
各向异性	100.0	无
各向异性旋转	100.0	无
折射	100.0	无
光泽度	100.0	无
折射率	100.0	无
半透明	100.0	无
凹凸	30.0	无
置换	100.0	无
不透明度	100.0	无
环境		无

图8-129　图8-130

随意单击一个通道，在弹出的“材质/贴图浏览器”对话框中可以观察到很多贴图，主要包括“标准”贴图和VRay贴图，如图8-131所示。本节要介绍的“标准”贴图类型如图8-132所示。

图8-131

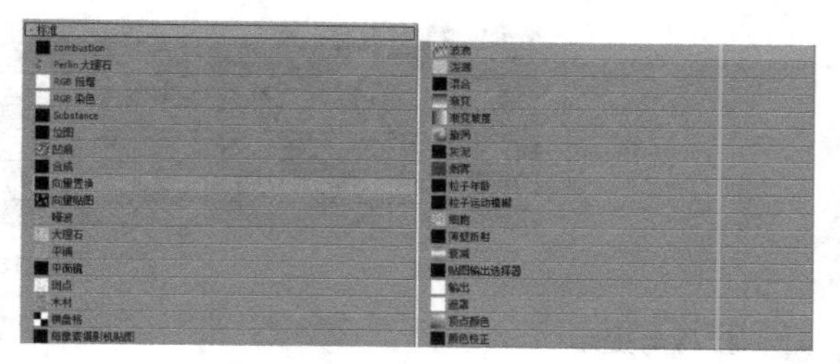

图8-132

本节贴图介绍

贴图名称	贴图主要作用	重要程度
位图	加载各种位图贴图	高
渐变	设置3种颜色的渐变效果	高
瓷砖	创建类似于瓷砖的贴图	中
衰减	控制材质强烈到柔和的过渡效果	高
噪波	将噪波效果添加到物体的表面	高
斑点	模拟具有斑点的物体	中
泼溅	模拟油彩泼溅效果	中
VRayHDRI	设置场景的环境贴图	中

技巧与提示

在下面的内容中，将针对实际工作中常用的一些贴图类型进行详细讲解。

8.6.1 位图

“位图”贴图是一种最基本的贴图类型，也是最常用的贴图类型。“位图”贴图支持很多种格式，包括FLC、AVI、BMP、GIF、JPEG、PNG、PSD和TIFF等主流图像格式，如图8-133所示。还有一些常见的“位图”贴图，如图8-134所示。

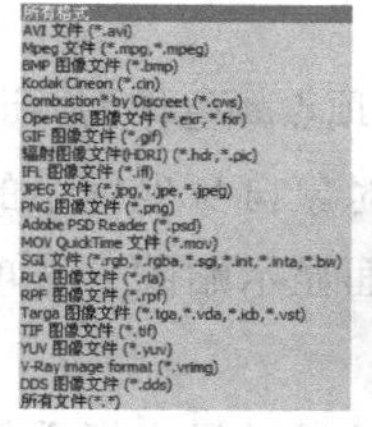

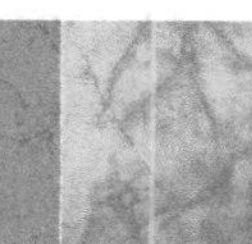

图8-133　图8-134

“位图”贴图的参数面板主要包含5个卷展栏，分别是“坐标”卷展栏、“噪波”卷展栏、“位图参数”卷展栏、“时间”卷展栏和“输出”卷展栏，如图8-135所示。其中，“坐标”和“噪波”卷展栏基本上算是“2D贴图”类型的程序贴图的公用参数面板，而“输出”卷展栏也是很多贴图（包括3D贴图）都会有的参数面板，“位图参数”卷展栏则是“位图”贴图独有的参数面板。

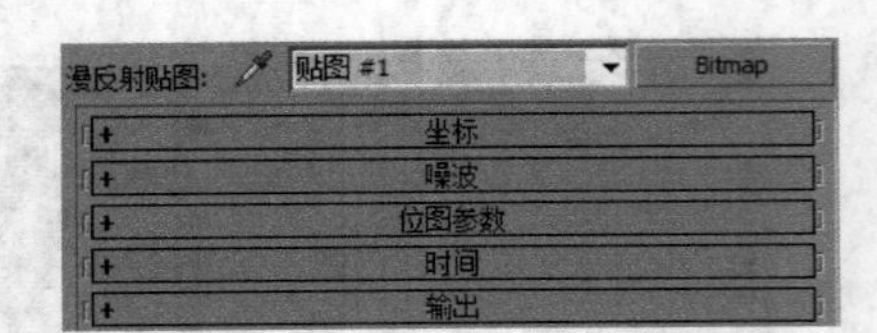

图8-135

> **技巧与提示**
>
> 在本节的参数介绍中，笔者将详细介绍这几个参数卷展栏中的相关参数，而在后续的贴图类型讲解中，就只针对每个贴图类型的独有参数进行介绍，请读者注意。

1.“坐标”卷展栏

展开“坐标”卷展栏，其参数如图8-136所示。

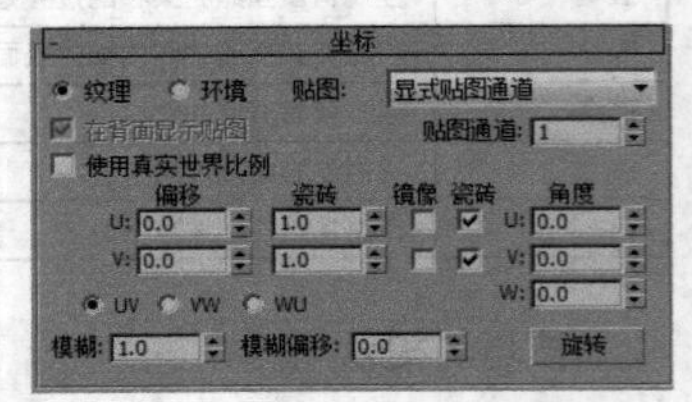

图8-136

【重要参数介绍】

纹理：将位图作为纹理贴图指定到表面，有4种坐标方式供用户使用，可以在右侧的“贴图”下拉菜单中进行选择，如图8-137所示。

图8-137

显示贴图通道：使用任何贴图通道，通道从1～99中任选。

顶点颜色通道：使用指定的顶点颜色作为通道。

对象XYZ平面：使用源于对象自身坐标系的平面贴图方式，必须打开“在背面显示贴图”选项才能在背面显示贴图。

世界XYZ平面：使用源于场景世界坐标系的平面贴图方式，必须打开“在背面显示贴图”选项才能在背面显示贴图。

环境：将位图作为环境贴图使用时就如同将它指定到场景中的某个不可见的对象上，在右侧的“贴图”下拉菜单中可以选择4种坐标方式，如图8-138所示。

屏幕
球形环境
柱形环境
收缩包裹环境
屏幕

图8-138

> **技巧与提示**
>
> 前3种环境坐标与“UVW贴图”修改器中相同，“球形环境”会在两端产生撕裂现象；“收缩包裹环境”只有一端有少许撕裂现象，如果要进行摄影机移动，它是最好的选择；“柱形环境”则像一个巨大的柱体围绕在场景周围；“屏幕”方式可以将图像不变形地直接指向视角，类似于一面悬挂在背景上的巨大幕布，由于“屏幕”方式总是与视角锁定，所以只适用于静帧或没有摄影机移动的渲染。除了“屏幕”方式之外，其他3种方式都应当使用高精度的贴图来制作环境背景。

在背面显示贴图：勾选此项，平面贴图能够在渲染时投射到对象背面，默认为开启。只有*u*、*v*轴都取消勾选“瓷砖”的情况下才有效。

使用真实世界比例：勾选此项后，使用真实“宽度”和“高度”值将贴图应用于对象，而不是*u*、*v*值。

贴图通道：当上面一项选择为“显示贴图通道”时，该输入框可用，允许用户选择1～99的任意通道。

偏移：用于改变对象的*u*、*v*坐标，以此调节贴图在对象表面的位置。贴图的移动与其自身的大小有关，例如，要将某贴图向左移动其完整宽度的距离，向下移动其一半宽度的距离，则在“U轴偏移”栏内输入-1，在“V轴偏移”栏内输入0.5。

瓷砖（也有翻译为“平铺”）：设置水平和垂直方向上贴图重复的次数，当然右侧“瓷砖”复选项要打开才起作用，它可以将纹理连续不断地贴在对象表面，经常用于砖墙、地板的制作，值为1时，贴图在表面贴一次；值为2时，贴图会在表面各个方向上重复贴两次，贴图尺寸会为原有的二分之一；值小于1时，贴图会进行放大。

镜像：将贴图在对象表面进行镜像复制，形成该方向上两个镜像的贴图效果。与“瓷砖”一样，镜像可以在*u*轴、*v*轴或两轴向同时进行，轴向上的“瓷砖”参数表示它显示的贴图数量，每个复制都是相对于自身相邻的贴图进行重复的。

UV/UW/WU：改变贴图所使用的贴图坐标系统。默认的UV坐标系统将贴图像放映幻灯片一样投射到对象表现；VW坐标与WU坐标系统对贴图进行旋转，使其垂直于表面。

角度：控制在相应的坐标方向上产生贴图的旋转效果，既可以输入数据，也可以单击“旋转”钮进行实时调节。

模糊：影响图像的尖锐程度，影响力较低，主要用于位图的抗锯齿处理。

模糊偏移：使用图像的偏移产生大幅度的模糊处理，常用于产生柔和散焦效果。它的值很灵敏，一般用于反射贴图的模糊处理。

旋转：单击激活旋转贴图坐标示意框，可以直接在框中拖动鼠标对贴图进行旋转。

2.“噪波”卷展栏

展开“噪波”卷展栏，其参数如图8-139所示。通过指定不规则噪波函数使UV轴向上的贴图像素产生扭曲，为材质添加噪波效果，产生的噪波图案可以非常复杂，非常适合创建随机图案，还适用于模拟不规则的自然地表。噪波参数间的相互影响非常紧密，细微的参数变化就可能带来明显的差别。

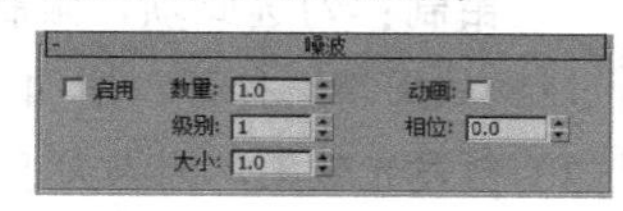

图8-139

【重要参数介绍】

启用：控制噪波效果的开关。

数量：控制分形计算的强度，值为0时不产生噪波效果，值为100时位图将被完全噪化，默认设置为1。

级别：设置函数被指定的次数，与“数量”值紧密联系，“数量”值越大，“级别”值的影响越强烈，它的值由1～10可调，默认设置为1。

大小：设置噪波函数相对于几何造型的比例。值越大，波形越缓；值越小，波形越碎，值由0.001～100可调，默认设置为1。

动画：确定是否进行动画噪波处理，只有打开它才允许产生动画效果。

相位：控制噪波函数产生动画的速度。将相位值的变化记录为动画，就可以产生动画的噪波材质。

3.“位图参数”卷展栏

展开“位图参数”卷展栏，其参数如图8-140所示。

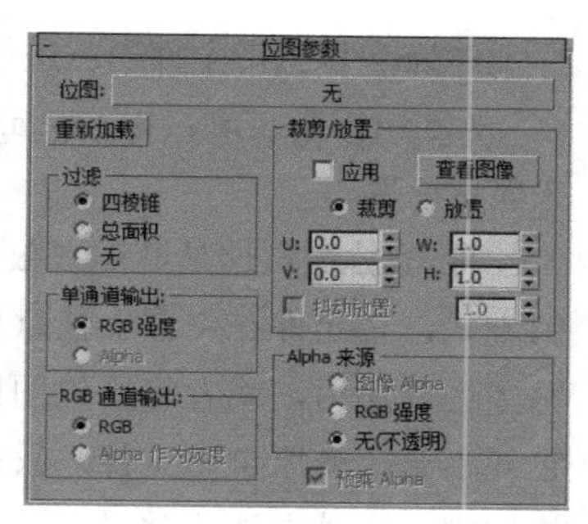

图8-140

【重要参数介绍】

位图：单击右侧的按钮，可以在文件框中选择一个位图文件。

重新加载：按照相同的路径和名称重新将上面的位图调入，这主要是因为在其他软件中对该图做了改动，重新加载才能使修改后的效果生效。

“过滤”参数组：确定对位图进行抗锯齿处理的方式。一般“四棱锥”过滤方式已经足够了。“总面积”过滤方式提供更加优秀的过滤效果，只是会占用更多的内存，如果对“凹凸”贴图的效果不满意，可以选择这种过滤方式，效果非常优秀，这是提高3ds Max凹凸贴图渲染品质的一个关键参数，不过渲染时间也会大幅增长。如果选择“无”选项，将不对贴图进行过滤。

单通道输出：根据贴图方式的不同，确定图像的哪个通道将被使用。对于某些贴图方式（如凹凸），只要求位图的黑白效果来产生影响，这时一张彩色的位图就会以一种方式转换为黑白效果，通常以RGB明暗度方式转换，根据红绿蓝的明暗强度转化为灰度图像。就好像在Photoshop中将彩色图像转化为灰度图像一样，如果位图是一个具有Alpha通道的32位图像，也可以将它的Alpha通道图像作为贴图影响，例如，使用它的Alpha通道制作标签贴图时。

RGB强度：使用红、绿、蓝通道的强度作用于贴图。像素点的颜色将被忽略，只使用它的明亮度值，彩色将在0（黑）～255（白）级的灰度值之间进行计算。

Alpha：使用贴图自带的Alpha通道的强度进行作用。

RGB通道输出：对于要求彩色贴图的贴图方式，如漫反射、高光、过滤色、反射、折射等，确定位图显示色彩的方式。

RGB：以位图全部彩色进行贴图。

Alpha作为灰度：以Alpha通道图像的灰度级别来显示色调。

裁剪/放置：这是贴图参数中非常有力的一种控制方式，它允许在位图上任意剪切一部分图像作为贴图进行使用，或者将原位图比例进行缩小使用，它并不会改变原位图文件，只是在材质编辑器中实施控制。这种方法非常灵活，尤其是在进行反射贴图处理时可以随意调节反射贴图的大小和内容，以便取得最佳的质感，其参数选项如图8-141所示。

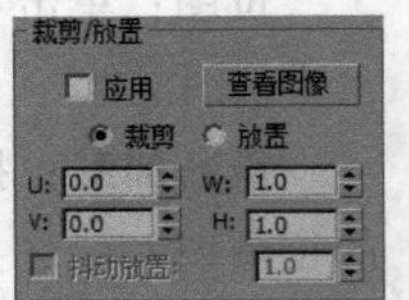

图8-141

应用：勾选此选项，全部的剪切和定位设置才能发生作用。

裁剪：允许在位图内剪切局部图像用于贴图，其下的*u*、*v*值控制局部图像的相对位置，*w*、*h*值控制局部图像的宽度和高度。

放置：这时的“瓷砖”贴图设置将会失效，贴图以“不重复”的方式贴在物体表面，*u*、*v*值控制缩小后的位图在原位图上的位置，这同时影响贴图在物体表面的位置，*w*、*h*值控制位图缩小的长宽比例。

抖动放置：针对“放置”方式起作用，这时缩小位图的比例和尺寸由系统提供的随机值来控制。

查看图像：单击此按钮，系统会弹出一个虚拟图像设置框，可以直观地进行剪切和放置操作。拖动位图周围的控制柄，可以剪切和缩小位图；在方框内拖动，可以移动被剪切和缩小的图像；在“放置”方式下，配合Ctrl键可以保持比例进行放缩；在“剪裁”方式下，配合Ctrl键按左键、右键，可以对图像显示进行放缩。

Alpha来源：确定贴图位图透明信息的来源。

图像Alpha：如果该图像具有Alpha通道，将使用它的Alpha通道。

RGB强度：将彩色图像转化的灰度图像作为透明通道来源。

无（不透明）：不使用透明信息。

预乘Alpha：确定以何种方式来处理位图的Alpha通道，默认为开启状态，如果将它关闭，RGB值将被忽略，只有发现贴图显示不正确时再将它关闭。

4. “输出”卷展栏

展开“输出”卷展栏，其参数如图8-142所示，这些参数主要用于调节贴图输出时的最终效果，相当于二维软件中的图片校色工具。

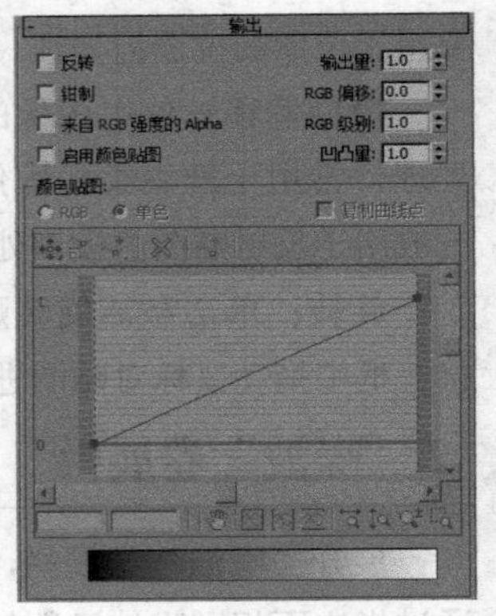

图8-142

【重要参数介绍】

反转：将位图的色调反转，如同照片的负片效果，对于凹凸贴图，将它打开可以使凹凸纹理反转。

钳制：勾选此项，限制颜色值的参数将不会超过1。如果将它打开，增加“RGB级别”值会产生强烈的自发光效果，因为大于1后会变白。

来自RGB强度的Alpha：勾选此项后，将为基于位图RGB通道的明度产生一个Alpha通道，黑色透明而白色不透明，中间色根据其明度显示出不同程度的半透明效果，默认为关闭状态。

启用颜色贴图：勾选此项后，可以使用色彩贴图曲线。

输出量：控制位图融入一个合成材质中的数量（程度），影响贴图的饱和度与通道值，默认设置为1。

RGB偏移：设置位图RGB的强度偏移。值为0时不发生强度偏移；大于0时，位图RGB强度增大，趋向于纯白色；小于0时，位图RGB强度减小，趋向于黑色。默认设置为0。

RGB级别：设置位图RGB色彩值的倍增量，它影响的是图像的饱和度，值的增大使图像趋向于饱和与发光，低的值会使图像饱和度降低而变灰，默认设置为1。

凹凸量：只针对凹凸贴图起作用，它调节凹凸的强度，默认值为1。

颜色贴图：颜色图表用于调节图像的色调范围，其参数面板如图8-143所示。坐标（1，1）位置控制高亮部分，（0.5，0.5）位置控制中间影调，（0，0）位置控制阴影部分。通过在曲线上添加、移动、放缩点（拐点、贝兹-光滑和贝兹-拐点3种类型）来改变曲线的形状。

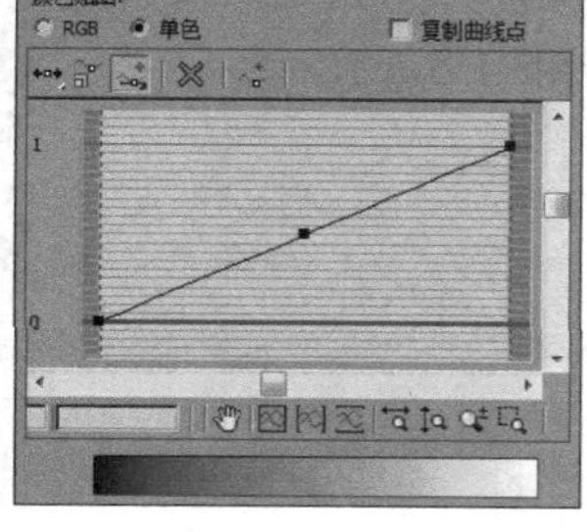

图8-143

RGB/单色：指定贴图曲线分类单独过滤RGB通道（RGB方式）或联合滤过RGB通道（单色方式）。

复制曲线点：开启它，在RGB方式（或单色方式）下添加的点，转换方式后还会保留在原位。这些点的变化可以指定动画，但贝兹点把手的变化不能指定。在RGB方式下指定动画后，转换为单色方式动画可以延续下来，但反之不可。

移动：可以向任意方向移动选择的点，只能在水平方向上移动选择的点，只能在垂直方向上移动选择的点。

缩放点：改变控制点的输出量，但维持相关的点。对于贝兹-拐点，它的作用等于同于垂直移动的作用；对于贝兹-光滑的点，它可以同时放缩贝兹点和把手。

添加点：在曲线上任意添加贝兹拐点，模式可在曲线上任意添加贝兹光滑点。选择一种添加方式后，可以直接按住Ctrl键在曲线上添加另一种方式的点。

删除点：可在曲线上的删除点。

重置曲线：回复到曲线的默认状态，视图的变化不受影响。

平移：在视图中任意拖曳曲线位置。

最大化显示：显示曲线全部。

水平方向最大化显示：显示水平方向上曲线全部。

垂直方向最大化显示：显示垂直方向上曲线全部。

水平缩放：在水平方向上放缩观察曲线。

垂直缩放：在垂直方向上放缩观察曲线。

缩放：围绕光标进行放大或缩小。

缩放区域：在图上任意区域绘制长方形，视图缩放到该长方形区域内。

技巧与提示

在前面的实例中，其实已经接触过“位图”贴图，并且还使用过很多次，下面具体说明一下其规范的加载步骤。

第1步：在“漫反射”贴图通道中加载一张位图贴图，如图8-144所示，然后将材质指定给一个球体模型，如图8-145所示。

第2步：加载位图后，系统会自动弹出位图的参数设置面板，这里的参数主要用来设置位图的“偏移”值、“瓷砖”值和“角度”值，如图8-146所示。

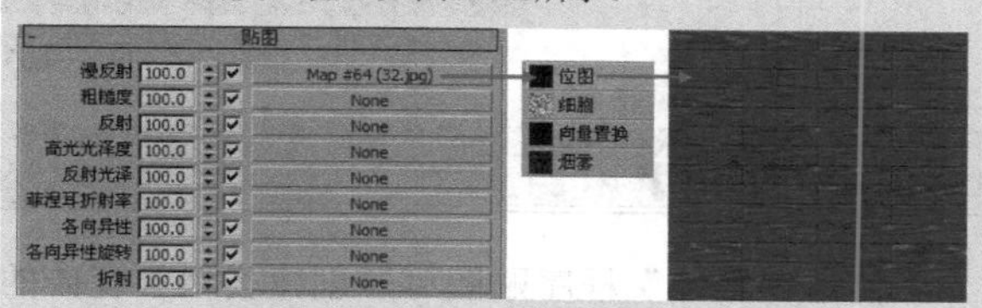

图8-144

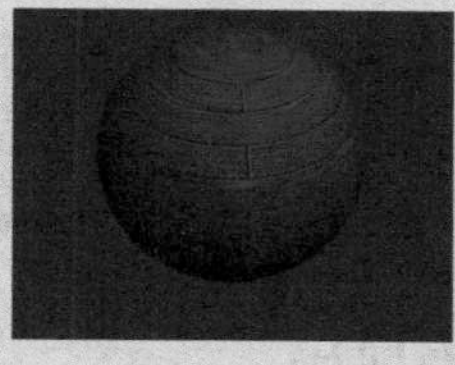
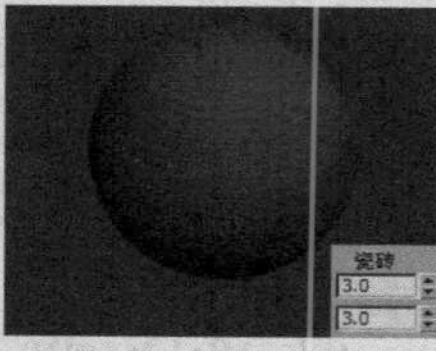

图8-145　图8-146

第3步：勾选“镜像”选项后，可以看到贴图的方式就变成了镜像方式，当贴图不是无缝贴图时，建议勾选“镜像”选项，如图8-147所示。

第4步：在“位图参数”卷展栏下勾选“应用”选项，然后单击后面的“查看图像”按钮 查看图像 ，在弹出的对话框中可以对位图的应用区域进行调整，如图8-148所示。

图8-147　图8-148

第5步：在“坐标”卷展栏下设置“模糊”为0.1，可以在渲染时得到最精细的贴图效果，如图8-149所示；如果设置为1，则可以得到最模糊的贴图效果，如图8-150所示。

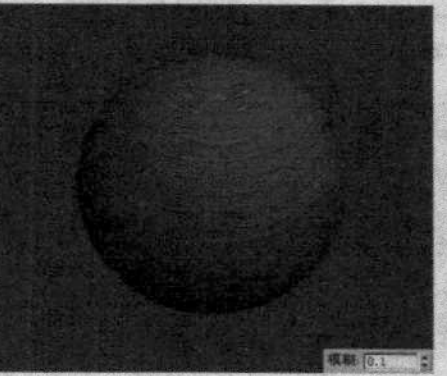
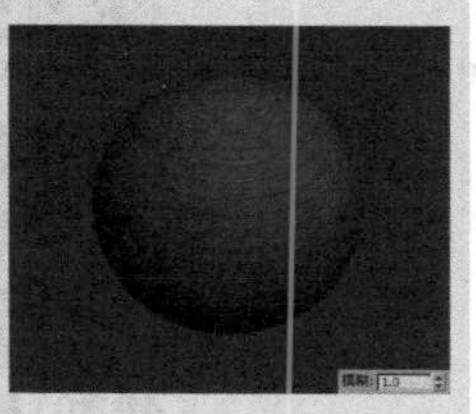
图8-149　图8-150

8.6.2 渐变

使用“渐变”程序贴图可以设置3种颜色的渐变效果，渐变颜色可以任意修改，修改后的物体材质颜色也会随之而改变，其参数设置面板如图8-151所示。

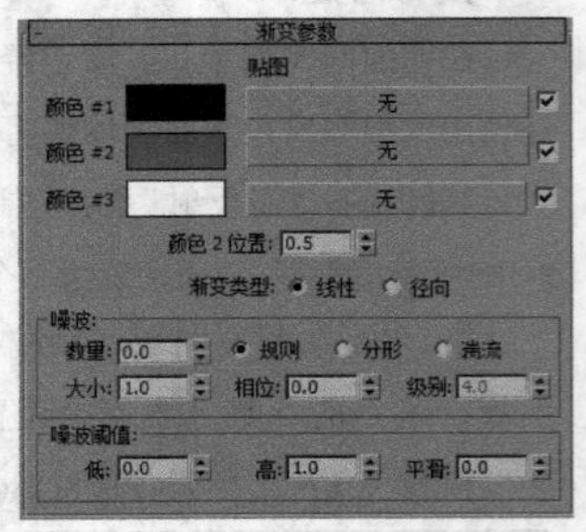

图8-151

8.6.3 平铺

使用“平铺”程序贴图可以创建类似于瓷砖的贴图，通常在制作有很多建筑砖块图案时使用，其参数设置面板如图8-152所示。

图8-152

1.“标准控制”卷展栏

展开“标准控制”卷展栏，其参数面板如图8-153所示。

图8-153

【重要参数介绍】

预设类型：可以在右侧的下拉列表中选择不同的砖墙图案，其中“自定义平铺”可以调用“高级控制”中自制的图案。下图中列出了几种不同的砌合方式，如图8-154所示。

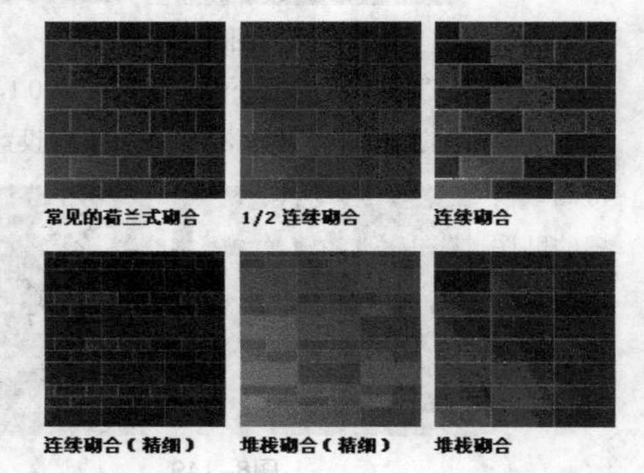

图8-154

2.“高级控制”卷展栏

展开“高级控制”卷展栏，其参数面板如图8-155所示。

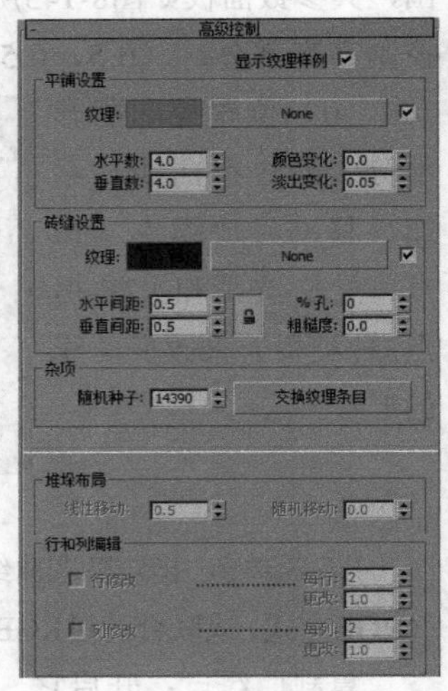

图8-155

【重要参数介绍】

显示纹理样例：更新显示指定给墙砖或灰泥的贴图。

平铺设置：该选项组共包含下列5个选项，如图8-156所示。

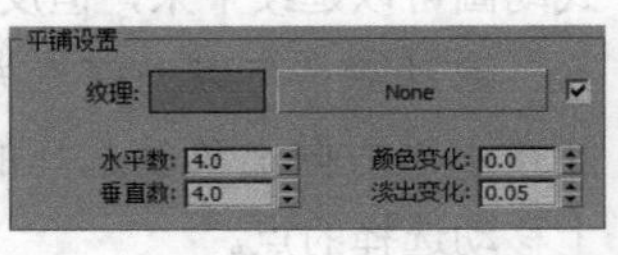

图8-156

纹理：控制当前砖块贴图的显示。开启它，使用纹理替换色块中的颜色作为砖墙的图案；关闭它，则只显示砖墙颜色。单击色块可以调用颜色选择对话框。右侧的贴图通道按钮可以用来指定纹理贴图。

水平数：控制一行上的平铺数。

垂直数：控制一列上的平铺数。

颜色变化：控制砖墙中的颜色变化程度。

淡出变化：控制砖墙中的褪色变化程度。

砖缝设置：该选项组共包含下列5个选项，如图8-157所示。

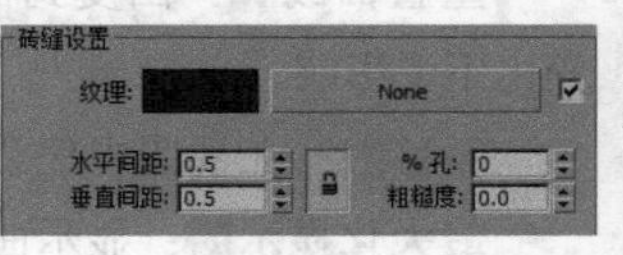

图8-157

纹理：控制当前灰泥贴图的显示。开启它，使用纹理替换色块中的颜色作为灰泥的图案；关闭它，则只显示灰泥颜色。单击色块可以调用颜色选择对话框，右侧的长方形按钮用来指定纹理贴图。

水平间距：控制砖块之间水平向上的灰泥大

小。默认情况下与“垂直间距”锁定在一起，单击右侧的“锁”图案可以解除锁定。

垂直间距：控制砖块之间垂直方向上的灰泥大小。

%孔：设置砖墙表面因没有墙砖而造成的空洞的百分比程度，通过这些墙洞可以看到“灰泥”的情况。

粗糙度：设置灰泥边缘的粗糙程度。

杂项：该选项组包含下列两个选项，如图8-158所示。

杂项
随机种子: 14390 交换纹理条目

图8-158

随机种子：将颜色变化图案随机应用到砖墙上，不需要任何其他设置就可以产生完全不同的图案。

交换纹理条目：交换砖墙与灰泥之间的贴图或颜色设置。

堆垛布局：只有在“标准控件”卷展栏的“预设类型”中选择了“自定义平铺”后，这个选项才能被激活，如图8-159所示。

堆垛布局
线性移动: 0.5 随机移动: 0.0

图8-159

线性移动：每隔一行移动砖块的行单位距离。

随机移动：随意移动全部砖块的行单位距离。

行和列编辑：只有在“预设类型”中选择了“自定义平铺”后，这个选项才能被激活，其参数选项如图8-160所示。

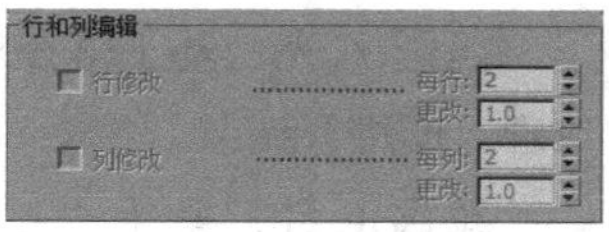

行和列编辑
行修改 每行: 2 更改: 1.0
列修改 每列: 2 更改: 1.0

图8-160

行修改：每隔指定的行数，按“更改”栏中指定的数量变化一行砖块。

每行：指定相隔的行数。

更改：指定变化砖块的数量。

列修改：每隔指定的列数，按“更改”栏中指定的数量变化一列砖块。

每列：指定相隔的列数。

更改：指定变化砖块的数量。

课堂案例

制作地面材质

场景文件	场景文件>CH08>07.max
实例文件	实例文件> CH08>课堂案例：制作地面材质.max
视频名称	课堂案例：制作地面材质.mp4
难易指数	★★☆☆☆
学习目标	学习“平铺”程序贴图的使用方法

在前面的案例中，我们通过为VrayMtl材质加载位图的方式制作过地板材质，在本例中，我们根据地板砖石平铺的这一特性，通过加载“平铺”程序贴图来完成地面材质的制作，其渲染效果如图8-161所示。

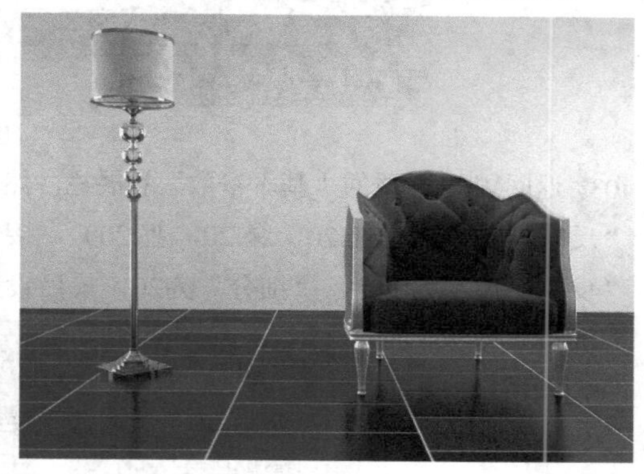

图8-161

01 打开本书学习资源中的“场景文件>CH08>07.max”文件，如图8-162所示，接下来就是为地板设置材质。

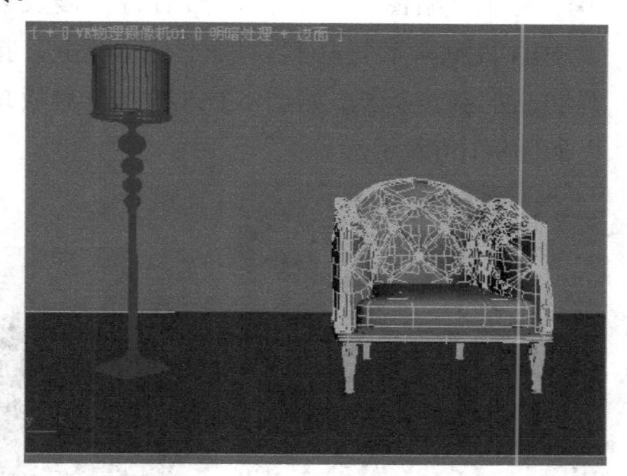

图8-162

02 选择一个空白材质球，然后设置材质类型为VRayMtl材质，接着将其命名为“地砖”，再展开“基本参数”卷展栏，具体参数设置如图8-163所示。

设置步骤

① 在“漫反射”贴图通道中加载一张“平铺”程序贴图。

②展开“高级控制”卷展栏，然后在“纹理”贴图通道中加载一张本书学习资源中的“实例文件>CH08>课堂案例：制作地面材质>地面.jpg”文件，接着设置“水平数”和“垂直数”为20，再设置砖缝的“纹理”颜色为（红:223，绿:223，蓝:223），最后设置“水平间距”和“垂直间距”为0.02。

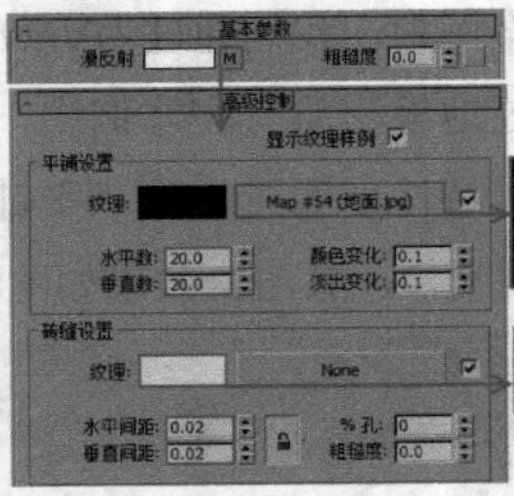

图8-163

03 返回VRay材质的“基本参数”卷展栏，然后设置“反射”颜色为（红:20，绿:20，蓝:20），接着设置“反射光泽”为0.85、“细分”为20，最后设置“最大深度”为2，如图8-164所示。

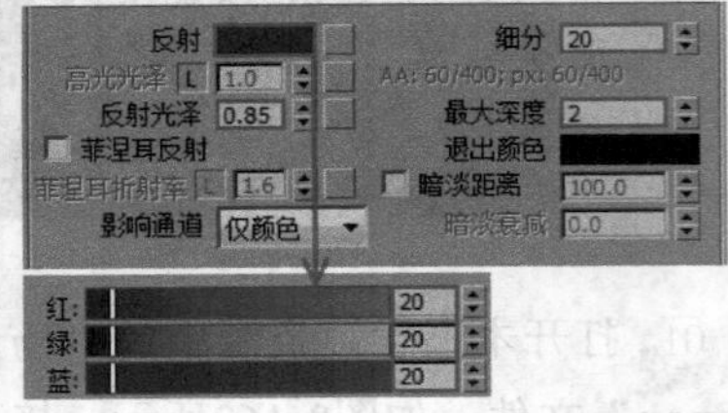

图8-164

04 展开“贴图”卷展栏，然后将“漫反射”通道中的贴图向下复制到“凹凸”通道上，接着设置凹凸的强度为5，如图8-165所示。材质球的效果如图8-166所示。

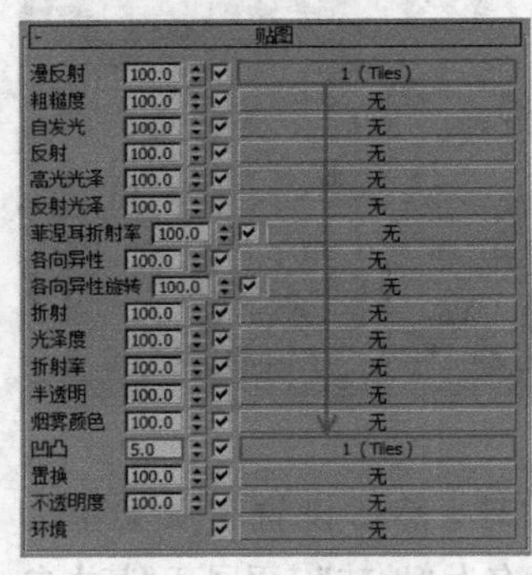

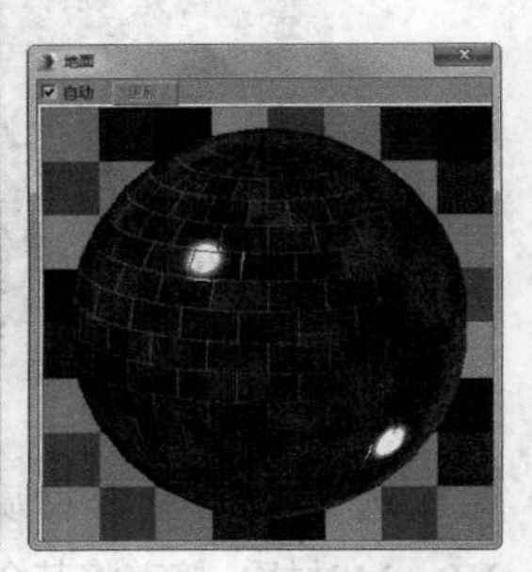

图8-165　　图8-166

05 将制作好的材质指定给场景中的地板模型，然后按F9键渲染当前场景，最终效果如图8-167所示。

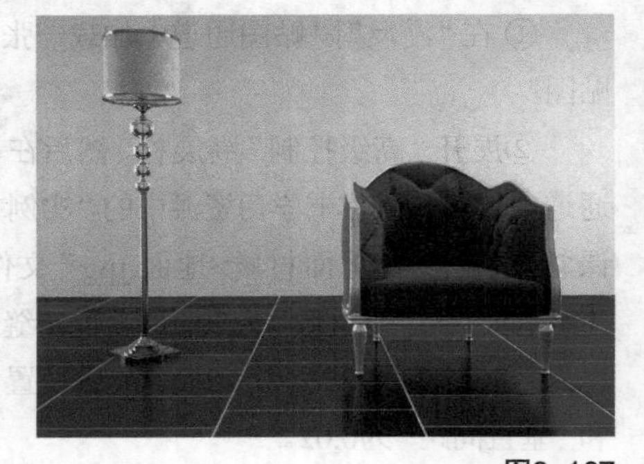

图8-167

8.6.4 衰减

“衰减”程序贴图可以用来控制材质强烈到柔和的过渡效果，使用频率比较高，其参数设置面板如图8-168所示。

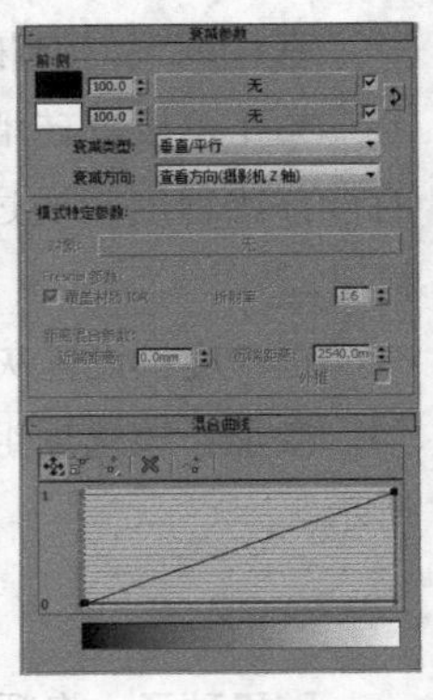

图8-168

【重要参数介绍】

衰减类型：设置衰减的方式，共有以下5种方式，如图8-169所示。

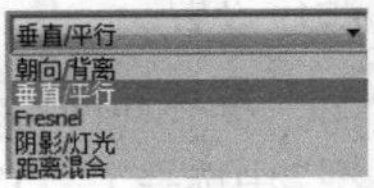

图8-169

朝向/背离：在面向衰减方向的面法线和背离衰减方向的法线之间设置角度衰减范围。

垂直/平行：在与衰减方向相垂直的面法线和与衰减方向相平行的法线之间设置角度衰减范围。

Fresnel：基于IOR（折射率）在面向视图的曲面上产生暗淡反射，而在有角的面上产生较明亮的反射。

阴影/灯光：基于落在对象上的灯光，在两个子纹理之间进行调节。

距离混合：基于“近端距离”值和“远端距离”值，在两个子纹理之间进行调节。

衰减方向：设置衰减的方向，默认为“查看方向（摄影机z轴）”。

混合曲线：设置曲线的形状，可以精确地控制由任何衰减类型所产生的渐变。

课堂案例

制作绒布沙发

场景文件	场景文件>CH08>08.max
实例文件	实例文件>CH08>课堂案例：制作绒布沙发.max
视频名称	课堂案例：制作绒布沙发.mp4
难易指数	★★☆☆☆
学习目标	学习“衰减”程序贴图的使用方法、熟悉VRayMtl的使用方法

家具是室内效果图中必不可少的一部分，沙发就是最常见的家具之一。本例是一个绒布沙发，效果如图8-170所示。

图8-170

01 打开本书学习资源中的“场景文件>CH08>08.max”文件，如图8-171所示，视图中是沙发的模型。

图8-171

02 在“材质编辑器”中新建一个VRayMtl材质球，然后将其命名为“绒布”，其参数设置如图8-172所示。

设置步骤

① 在“漫反射”通道中加载一张“衰减”贴图。

② 进入“衰减”贴图，然后在“前”通道与“侧”通道中加载一张本书学习资源中的“实例文件> CH08>课堂案例：制作绒布沙发>绒布.jpg”贴图，然后设置“侧”通道强度为80，接着设置“衰减类型”为“垂直/平行”。

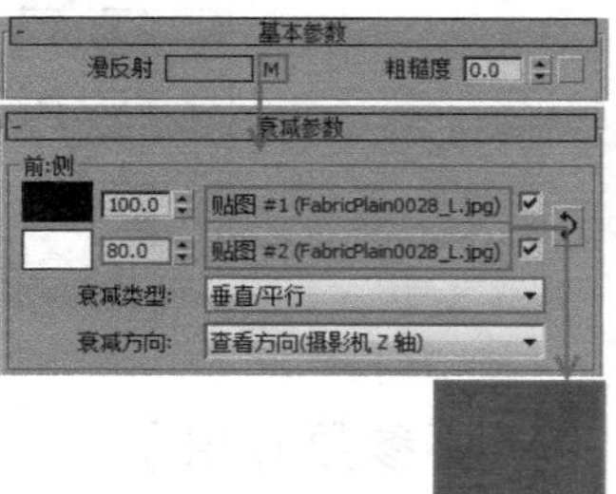

图8-172

03 返回VRay材质的“基本参数”面板，然后设置参数，如图8-173所示。

设置步骤

① 在“反射”通道中加载一张“衰减”贴图。

② 进入“衰减”贴图，然后设置“衰减类型”为Fresnel。

③ 设置“反射光泽”为0.65，然后设置“细分”为16，最后取消勾选“菲涅耳反射”选项。

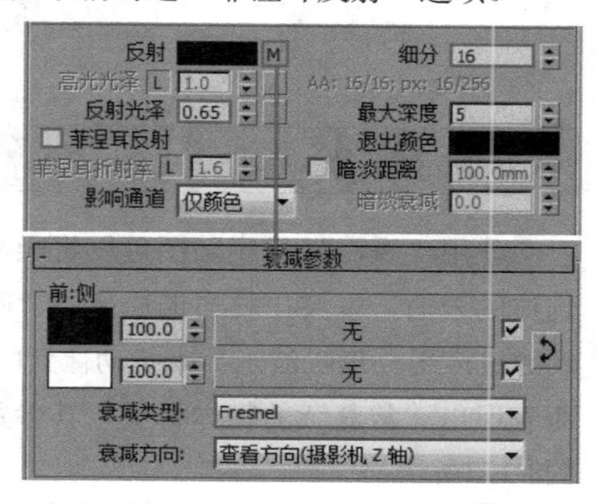

图8-173

技巧与提示

反射通道中加载了Fresnel类型的衰减贴图，就不能勾选“菲涅耳反射”选项，两者的作用是相同的。

04 展开“贴图”卷展栏，然后在“凹凸”通道中加载一张学习资源中的“实例文件> CH08>课堂案例：制作绒布沙发>绒布凹凸.jpg”文件，接着设置“凹凸”强度为10，如图8-174所示。

05 将材质指定给模型，并在“修改面板”中为其加载一个“UVW贴图”修改器，其参数设置如图8-175所示。

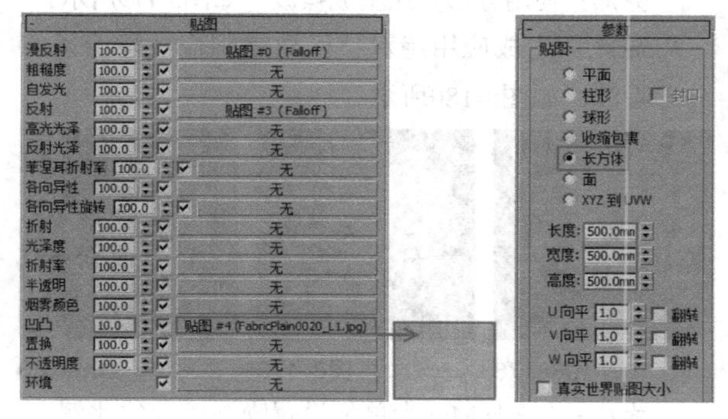

图8-174 图8-175

06 按F9键渲染摄影机视图，沙发的最终渲染效果如图8-176所示。

图8-176

8.6.5 噪波

使用“噪波”程序贴图可以将噪波效果添加到物体的表面，以突出材质的质感。“噪波”程序贴图通过应用分形噪波函数来扰动像素的UV贴图，从而表现出非常复杂的物体材质，其参数设置面板如图8-177所示。

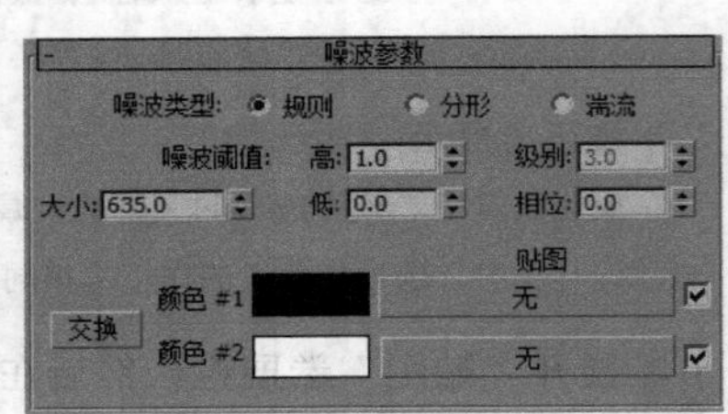

图8-177

【重要参数介绍】

噪波类型：共有3种类型，分别是“规则”“分形”“湍流”。

规则：生成普通噪波，如图8-178所示。

分形：使用分形算法生成噪波，如图8-179所示。

湍流：生成应用绝对值函数来制作故障线条的分形噪波，如图8-180所示。

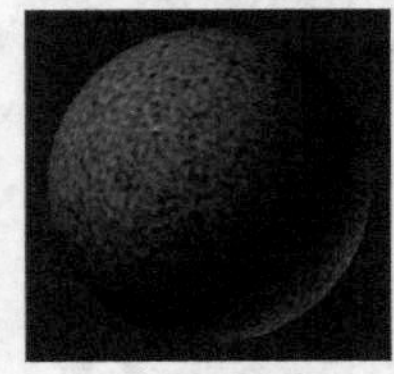

图8-178

图8-179

图8-180

大小：以3ds Max为单位设置噪波函数的比例。

噪波阈值：控制噪波的效果，取值范围为0~1。

级别：决定有多少分形能量用于分形和湍流噪波函数。

相位：控制噪波函数的动画速度。

交换 交换：交换两个颜色或贴图的位置。

颜色#1/#2：可以从两个主要噪波颜色中进行选择，通过所选的两种颜色来生成中间颜色值。

8.6.6 斑点

“斑点”程序贴图常用来制作具有斑点的物体，其参数设置面板如图8-181所示。

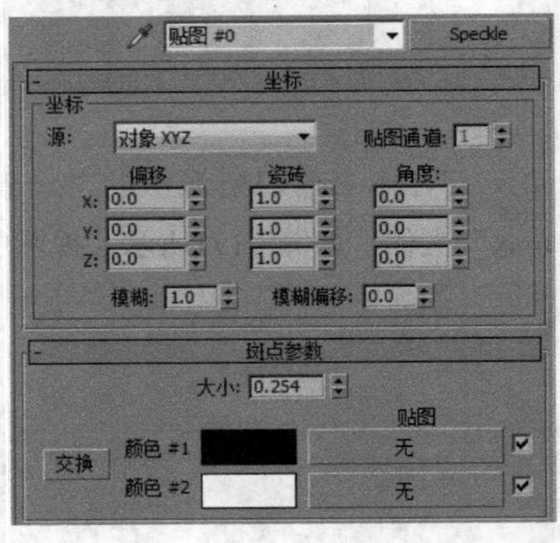

图8-181

【重要参数介绍】

大小：调整斑点的大小。

交换 交换：交换两个颜色或贴图的位置。

颜色#1：设置斑点的颜色。

颜色#2：设置背景的颜色。

8.6.7 泼溅

“泼溅”程序贴图可以用来制作油彩泼溅的效果，其参数设置面板如图8-182所示。

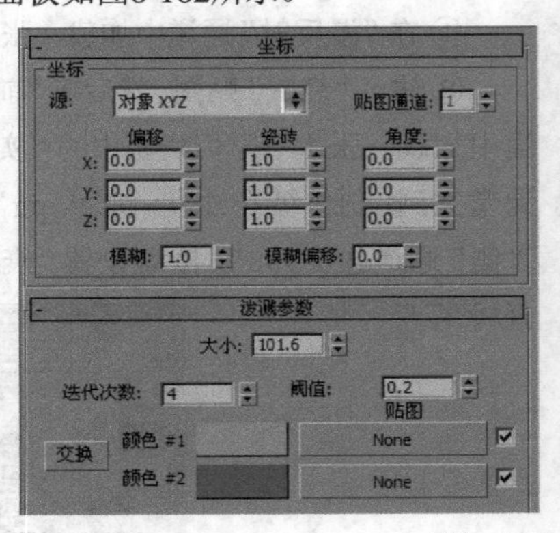

图8-182

【重要参数介绍】

大小：设置泼溅的大小。

迭代次数：设置计算分形函数的次数。数值越高，泼溅效果越细腻，但是会增加计算时间。

阈值：确定“颜色#1”与“颜色#2”的混合量。值为0时，仅显示“颜色#1”；值为1时，仅显示“颜色#2”。

交换 交换 **：**交换两个颜色或贴图的位置。

颜色#1：设置背景的颜色。

颜色#2：设置泼溅的颜色。

8.7 VRay程序贴图

VRay程序贴图是VRay渲染器提供的一些贴图方式，功能强大，使用方便，在使用VRay渲染器进行工作时，这些程序贴图都是经常用到的，如图8-183所示。VRay的程序贴图也比较多，这里选择一些比较常用的类型进行介绍。

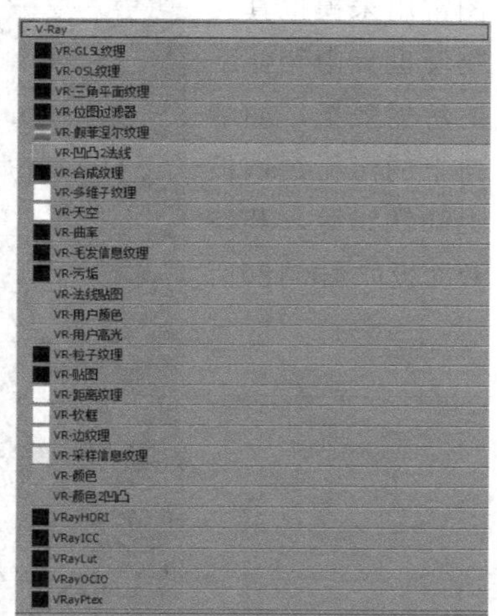

图8-183

本节贴图介绍

贴图名称	贴图主要作用	重要程度
VRayHDRI	设置场景的环境贴图	高
VR位图过滤器	对贴图纹理进行*x*、*y*轴向编辑	中
VR合成纹理	将两个贴图通道中的颜色、灰度进行混合	中
VR污垢	模拟真实世界的污渍效果	高
VR边纹理	用于制作线框效果	高
VR颜色	设定任何颜色	中
VR贴图	使用3ds Max标准材质时，替代“反射”和“折射”	中

8.7.1 VRayHDRI

VRayHDRI可以翻译为高动态范围贴图，主要用来设置场景的环境贴图，即把HDRI当作光源来使用，其参数设置面板如图8-184所示。

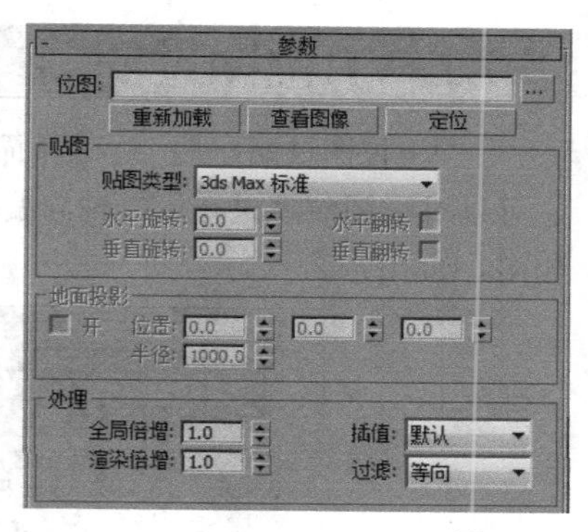

图8-184

【重要参数介绍】

位图：单击后面的“浏览”按钮 ... 可以指定一张HDRI贴图。

贴图类型：控制HDRI的贴图方式，其下拉列表中有5种方式供用户选择，如图8-185所示。

图8-185

角度：用于使用了对角拉伸坐标方式的HDRI。

立方：用于使用了立方体坐标方式的HDRI。

球形：用于使用了球形坐标方式的HDRI。

球状镜像：用于使用了镜像球体坐标方式的HDRI。

3ds Max标准：用于对单个物体指定环境贴图。

水平旋转：控制HDRI在水平方向的旋转角度。

水平翻转：让HDRI在水平方向上翻转。

垂直旋转：控制HDRI在垂直方向的旋转角度。

垂直翻转：让HDRI在垂直方向上翻转。

全局倍增：控制HDRI的亮度。

渲染倍增：设置渲染时光的强度倍增。

技巧与提示

HDRI拥有比普通RGB格式图像（仅8bit的亮度范围）更大的亮度范围，标准的RGB图像最大亮度值是（255，255，255），如果用这样的图像结合光能传递照明一个场景，即使是最亮的白色也不足以提供足够的照明来模拟真实世界中的情况，渲染结果看上去会很平淡，并且缺乏对比。原因是这种图像文件仅将现实中的大范围的照明信息用一个8bit的RGB图像描述。而使用HDRI的话，相当于将太阳光的亮度值（如6000%）加到光能传递计算以及反射的渲染中，得到的渲染结果将会非常真实、漂亮。

8.7.2 VR位图过滤器

“VR位图过滤”是一个非常简单的贴图类型，它可以对贴图纹理进行*x*、*y*轴向编辑，其参数面板如图8-186所示。

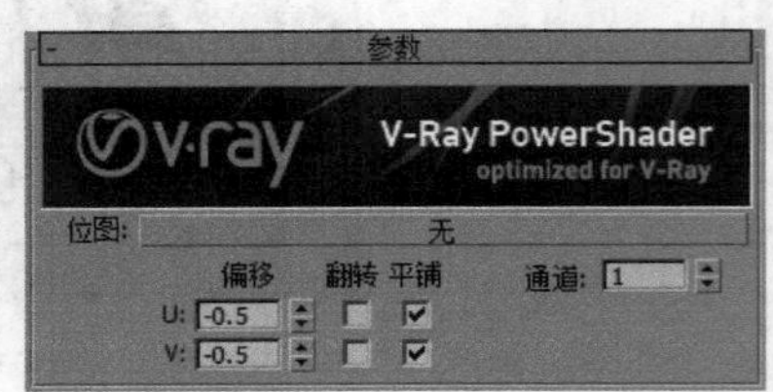

图8-186

【重要参数介绍】

位图：单击后面的 None 按钮可以加载一张位图。

U偏移：*x*轴向偏移数量。

V偏移：*y*轴向偏移数量。

通道：用来与对象指定的贴图坐标相对应。

8.7.3 VR合成纹理

“VR合成纹理”通过两个通道里贴图色度、灰度的不同，进行加、减、乘、除等操作，其参数面板如图8-187所示。

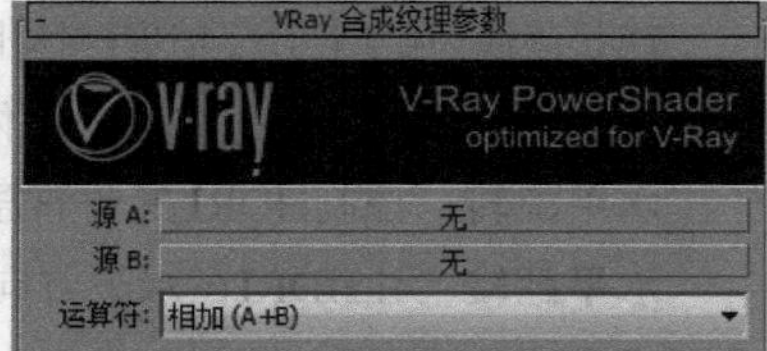

图8-187

【重要参数介绍】

源A：贴图通道A。

源B：贴图通道B。

运算符：用于A通道材质和B通道材质的合成方式，共包含7种方式，如图8-188所示。

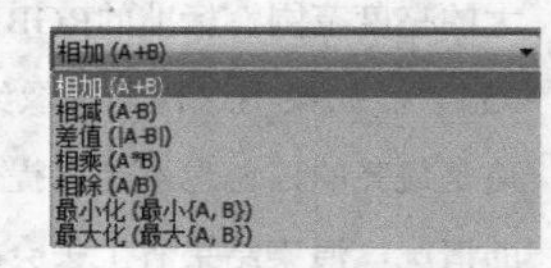

图8-188

相加（A+B）：与Photoshop图层中的叠加相似，两图相比较，亮区相加，暗区不变。

相减（A–B）：A通道贴图的色度、灰度减去B通道贴图的色度、灰度。

差值（|A–B|）：两图相比较，将产生照片反相效果。

相乘（A*B）：A通道贴图的色度、灰度乘以B通道贴图的色度、灰度。

相除（A/B）：A通道贴图的色度、灰度除以B通道贴图的色度、灰度。

最小数（Min{A, B}）：取A通道和B通道贴图的色度、灰度的最小值。

最大数（Max{A, B}）：取A通道和B通道贴图的色度、灰度的最大值。

8.7.4 VR污垢

“VR污垢”贴图常用来模拟真实物理世界中物体上的污垢效果，如墙角上的污垢、铁板上的铁锈等，其参数面板如图8-189所示。

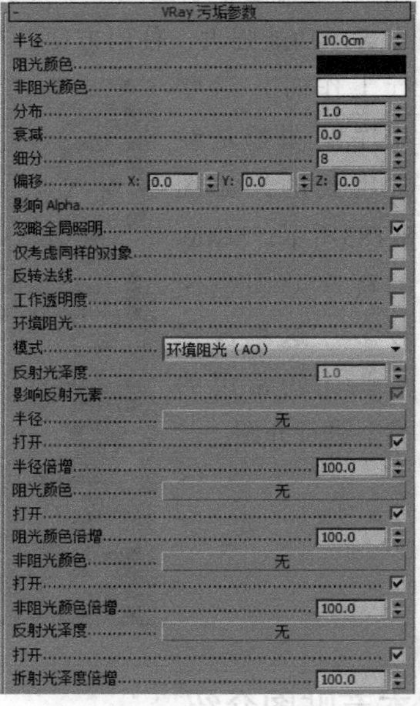

图8-189

【重要参数介绍】

半径：以场景单位为标准控制污垢区域的半径。同时，也可以使用贴图的灰度来控制半径，白色表示将产生污垢效果，黑色表示将不产生污垢效果，灰色就按照它的灰度百分比来显示污垢效果。

阻光颜色（也有翻译为“污垢区颜色”）：设置污垢区域的颜色。

非阻光颜色（也有翻译为“非污垢区颜色”）：设置非污垢区域的颜色。

分布：控制污垢的分布，0表示均匀分布。

衰减：控制污垢区域到非污垢区域的过渡效果。

细分：控制污垢区域的细分，小的值会产生杂点，但是渲染速度快；大的值不会有杂点，但是渲染速度慢。

偏移（X，Y，Z）：污垢在x、y、z轴向上的偏移。

忽略全局照明：这个选项决定是否让污垢效果参加全局照明计算。

仅考虑同样的对象：当勾选时，污垢效果只影响它们自身；不勾选时，整个场景的物体都会受到影响。

反转法线：反转污垢效果的法线。

图8-190所示的是“VR污垢”程序贴图的渲染效果。

图8-190

8.7.5 VR边纹理

“VR边纹理”是一个非常简单的程序贴图，一般用来制作3D对象的线框效果，操作非常简单，其参数面板如图8-191所示。

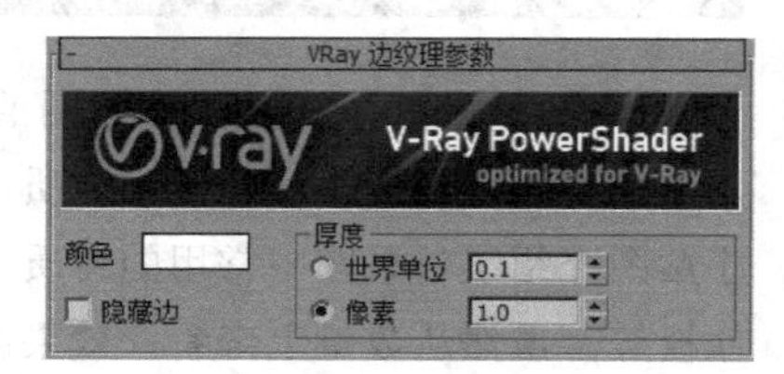

图8-191

【重要参数介绍】

颜色：设置边线的颜色。

隐藏边：当勾选它时，物体背面的边线也将渲染出来。

厚度：决定边线的厚度，主要分为两个单位，具体如下。

世界单位：厚度单位为场景尺寸单位。

像素：厚度单位为像素。

图8-192所示的是“VR边纹理”的渲染效果。

图8-192

8.7.6 VR颜色

“VR颜色”贴图可以用来设定任何颜色，其参数面板如图8-193所示。

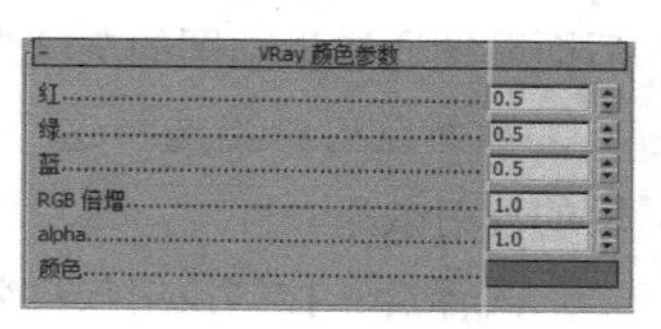

图8-193

【重要参数介绍】

红：设置红色通道的值。

绿：设置绿色通道的值。

蓝：设置蓝色通道的值。

RGB倍增：控制红、绿、蓝色通道的倍增。

alpha：设置alpha通道的值。

8.7.7 VR贴图

因为VRay不支持3ds Max里的光线追踪贴图类型，所以在使用3ds Max标准材质时，“反射”和“折射”就用“VR贴图”来代替，其参数面板如图8-194所示。

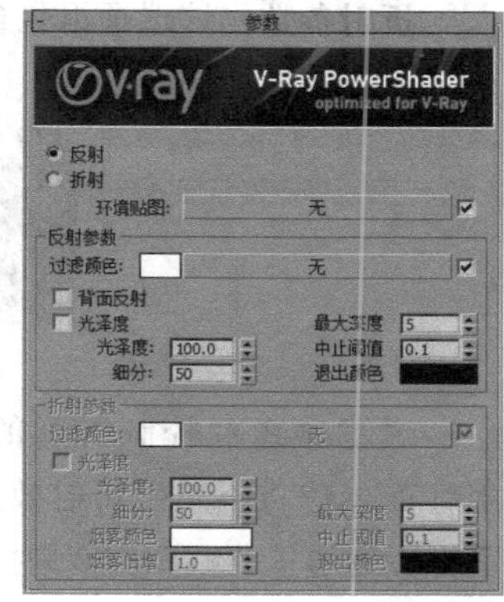

图8-194

【重要参数介绍】

反射：当“VR贴图”放在反射通道里时，需要选择这个选项。

折射：当“VR贴图”放在折射通道里时，需要选择这个选项。

环境贴图：为反射和折射材质选择一个环境贴图。

反射参数：该选项组包含如下选项，如图8-195所示。

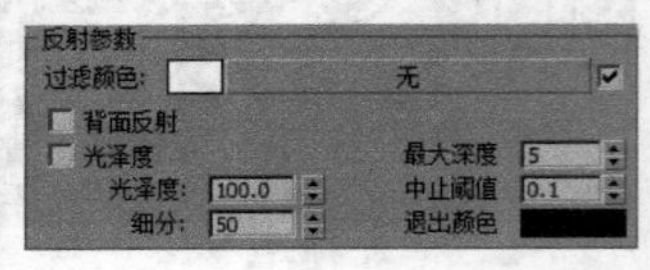

图8-195

过滤颜色：控制反射的程度，白色将完全反射周围的环境，而黑色将不发生反射效果。也可以用后面贴图通道里贴图的灰度来控制反射程度。

背面反射：当选择这个选项时，将计算物体背面的反射效果。

光泽度：控制反射模糊效果的开和关。

光泽度：后面的数值框用来控制物体的反射模糊程度。0表示最大限度地模糊；100000表示最低程度地模糊（基本上没有模糊）。

细分：用来控制反射模糊的质量，较小的值将得到很多杂点，但是渲染速度快；较大的值将得到比较光滑的效果，但是渲染速度慢。

最大深度：计算物体的最大反射次数。

中止阈值：用来控制反射追踪的最小值，较小的值反射效果好，但是渲染速度慢；较大的值反射效果不理想，但是渲染速度快。

退出颜色：当反射已经达到最大次数后，未被反射追踪到的区域将显示该颜色。

折射参数：该选项组包含如下选项，如图8-196所示。

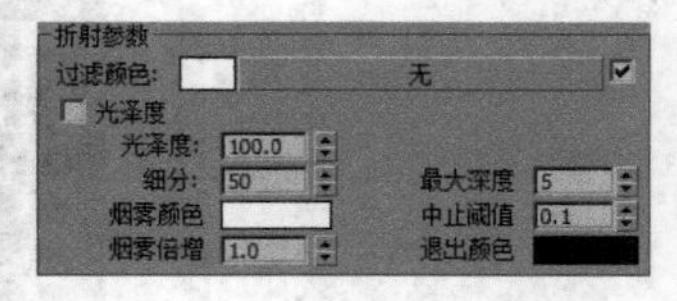

图8-196

过滤颜色：控制折射的程度，白色将完全折射，而黑色将不发生折射效果。同样，也可以用后面贴图通道里的贴图灰度来控制折射程度。

光泽度：控制模糊效果的开和关。

光泽度：后面的数值框用来控制物体的折射模糊程度。0表示最大限度地模糊；100000表示最低程度地模糊（基本上没有模糊）。

细分：用来控制折射模糊的质量，较小的值将得到很多杂点，但是渲染速度快；较大的值将得到比较光滑的效果，但是渲染速度慢。

烟雾颜色：也可以理解为光线的穿透能力，白色将没有烟雾效果，黑色物体将不透明，颜色越深，光线穿透能力越差，烟雾效果越浓。

烟雾倍增：用来控制烟雾效果的倍增，较小的值，烟雾效果越谈，较大的值，烟雾效果越浓。

最大深度：计算物体的最大折射次数。

中止阈值：用来控制折射追踪的最小值，较小的值折射效果好，但是渲染速度慢；较大的值折射效果不理想，但是渲染速度快。

退出颜色：当折射已经达到最大次数后，未被折射追踪到的区域将显示该颜色。

技巧与提示

到此为止，材质部分的参数讲解就告一段落，这部分内容比较枯燥，希望广大读者能多观察和分析真实物理世界中的质感，再通过自己的练习，把参数的内在含义牢牢掌握，这样才能将其熟练运用到自己的作品中。

8.8 本章小结

本章主要讲解了材质和贴图的内容，重点侧重于使用频率很高的VRayMtl材质，并结合常用程序贴图介绍了效果图中常用的材质，如水、玻璃、地板等。虽然从数量上来看，效果图材质的介绍有限，但是笔者都是从不同类别上进行介绍的。在效果图制作中，其实大部分材质可以归纳为同一类，如可以把普通玻璃、水晶、磨砂玻璃归纳为同一类材质，其关键性的参数都是类似的。所以，希望读者在学习材质制作的时候，不要一味地死记硬背参数，要善于分析，合理归纳。

课后习题

制作硬质塑料材质

场景文件	场景文件>CH08>09.max
实例位置	实例文件> CH08>课后习题：制作硬质塑料材质.max
视频名称	课后习题：制作硬质塑料材质.mp4
难易指数	★★☆☆☆
学习目标	练习VRayMtl的使用方法

在效果图制作中，塑料材质比较常用，通常用于桌子、凳子、柜子等家具。这类材质表面光滑、光泽度高，其渲染效果如图8-197所示。

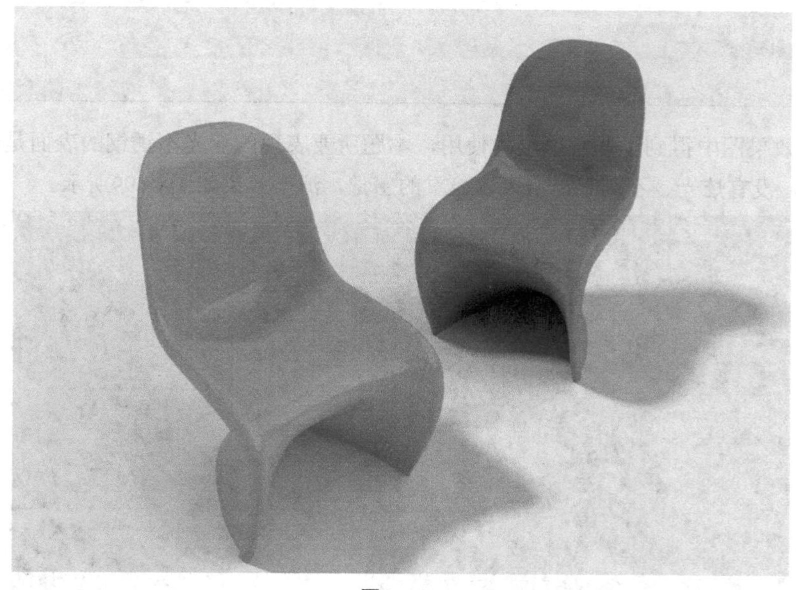

图8-197

课后习题

制作棉布材质

场景文件	场景文件>CH08>10.max
实例位置	实例文件> CH08>课后习题：制作棉布材质.max
视频名称	课后习题：制作棉布材质.mp4
难易指数	★★★☆☆
学习目标	练习VRayMtl的使用方法

印花棉布材质可以归纳为布料材质，多用于沙发表面、床垫、坐垫，该类材质没有任何反射，表面细腻柔软，其渲染效果如图8-198所示。

图8-198

课后习题

制作亚光不锈钢材质

场景文件	场景文件>CH08>11.max
实例位置	实例文件> CH08>课后习题：制作亚光不锈钢材质.max
视频名称	课后习题：制作亚光不锈钢材质.mp4
难易指数	★★☆☆☆
学习目标	练习VRayMtl的使用方法

不锈钢材质在效果图中得到了非常广泛的使用，本题所要表现的亚光不锈钢的表面是经过打磨的，所以呈现磨砂面的质感，没有炫光、不刺眼，给人以稳重的感觉，渲染效果如图8-199所示。

图8-199

第9章

VRay渲染输出设置

渲染输出是效果图制作流程中关键的一步，决定作品能否以画面的形式最终呈现出来。一部三维作品能否正确、直观、清晰地展现其魅力，渲染是必要的途径。3ds Max是一个综合性的三维软件，它的渲染模块能够清晰、完美地帮助制作人员完成作品的最终输出。在效果图制作中，VRay无疑是渲染输出的利器，虽然VRay以插件的形式安装在3ds Max的平台上，但是VRay的渲染质量、渲染速度无疑是最好的，所以VRay成了效果图制作的标准渲染器，学习效果图制作就必须要学VRay渲染器。前面章节详细讲解了VRay灯光和材质方面的技术，本章将针对VRay的渲染参数做详细介绍。

课堂学习目标

了解渲染输出在三维制作中的作用

了解常用渲染器的类型

掌握VRay渲染器的各项参数设置

掌握VRay渲染器的使用方法

9.1 关于渲染

使用3ds Max 2016创作作品时，一般都遵循“建模→灯光→材质→渲染”这个步骤，渲染是最后一道工序（后期处理除外）。渲染的英文是Render，翻译为“着色”，也就是对场景进行着色的过程，它通过复杂的运算，将虚拟的三维场景投射到二维平面上，这个过程需要对渲染器进行复杂的设置，图9-1所示的是一些比较优秀的渲染作品。

图9-1

9.1.1 渲染器的类型

在三维制作领域，可用于渲染的引擎有很多种，如VRay、Renderman、mental ray、Brazil、FinalRender和Maxwell等，这些渲染器都各有优缺点，应用于不同的领域。

3ds Max 2016自带的渲染器有“iray渲染器”“mental ray渲染器”“Quicksilver硬件渲染器”“默认扫描线渲染器”“VUE文件渲染器”。本书重点讲解的VRay渲染器是以插件的形式安装在3ds Max中的，当然其他渲染插件如Renderman、Brazil、FinalRender和Maxwell也可以安装到3ds Max中，用户可以根据自己的喜好进行选用。

技巧与提示

在众多渲染器当中，VRay渲染器最为常用，因为VRay的渲染速度快、质量好，各方面都比较均衡。不论是效果图渲染，还是产品渲染，甚至是游戏、动画渲染，VRay都可以胜任，所以VRay是目前CG行业主流的渲染器。

9.1.2 渲染工具

“主工具栏”右侧提供了多个渲染工具，如图9-2所示。

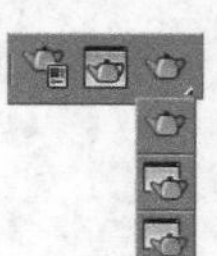

图9-2

【重要参数介绍】

渲染设置：单击该按钮可以打开“渲染设置”对话框，基本上所有的渲染参数都在该对话框中完成。

渲染帧窗口：单击该按钮可以打开“渲染帧窗口”对话框，在该对话框中可以选择渲染区域、切换通道和储存渲染图像等任务。

渲染产品：单击该按钮可以使用当前的产品渲染设置来渲染场景。

渲染迭代：单击该按钮可以在迭代模式下渲染场景。

ActiveShade（动态着色）：单击该按钮可以在浮动的窗口中执行“动态着色”渲染。

9.2 VRay 渲染器

VRay渲染器是保加利亚的Chaos Group公司开发的一款高质量渲染引擎，主要以插件的形式应用在3ds Max、Maya、SketchUp等软件中。由于VRay渲染器可以真实地模拟现实光照，并且操作简单，可控性强，因此被广泛应用于建筑表现、工业设计和动画制作等领域。

VRay的渲染速度与渲染质量比较均衡，也就是说，在保证较高渲染质量的前提下也具有较快的渲染速度，所以它是目前效果图制作领域最为流行的渲染器，图9-3所示的是一些比较优秀的VRay效果图作品。

图9-3

VRay渲染器参数主要包括“公用”、V-Ray、GI、“设置”和Render Elements（渲染元素）5大选项卡，如图9-4所示。下面重点对V-Ray、GI和“设置”选项卡进行详细介绍。

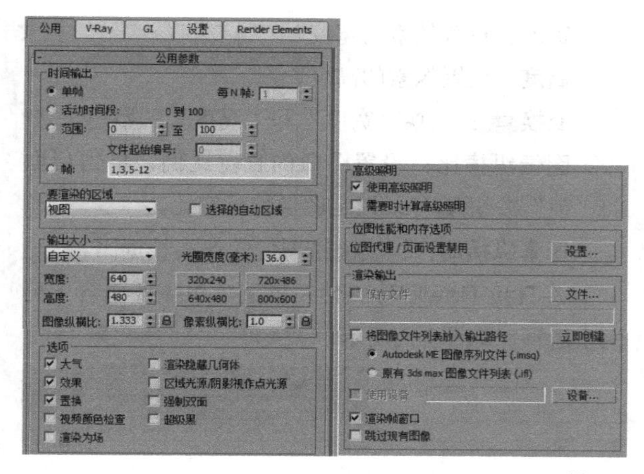

图9-4

9.2.1 V-Ray

V-Ray选项卡下包含11个卷展栏，如图9-5所示。

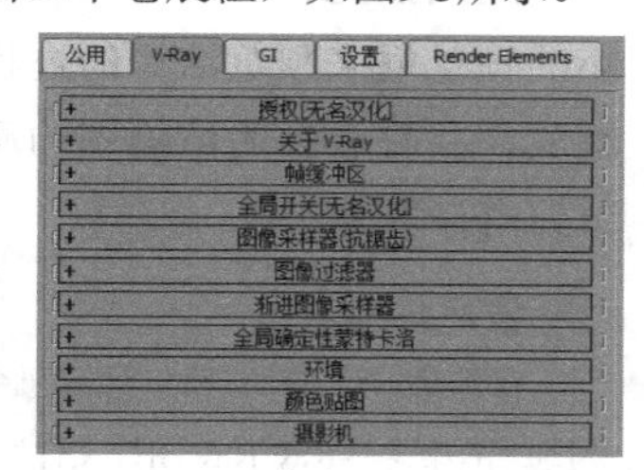

图9-5

1. “授权”卷展栏

在“授权”卷展栏中主要呈现了VRay的注册信息，注册文件一般都放置在“C:\Program Files\Common Files\ChaosGroup\VRFLClient.xml”路径下，如果以前安装过低版本的VRay，而在安装VRay的过程中出现了问题，那么可以把这个文件删除以后再安装，其参数面板如图9-6所示。

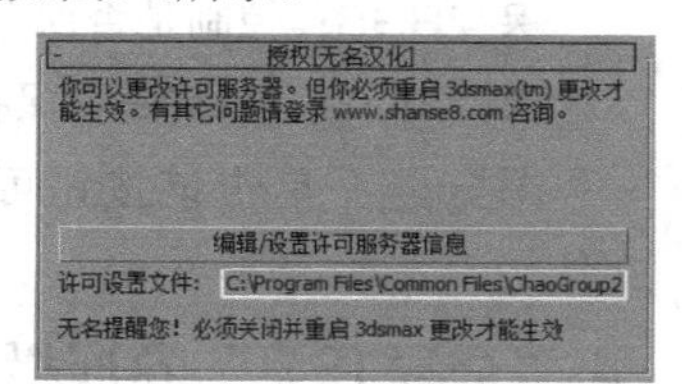

图9-6

2. “关于V-Ray”卷展栏

在这个展卷栏中，用户可以看到关于VRay的当前渲染器的版本号、Logo等，本书采用最新的V-Ray3.40.01进行讲解，如图9-7所示。

图9-7

3. “帧缓冲区”卷展栏

“帧缓冲区”卷展栏中的参数用来设置VRay自身的图形帧渲染窗口，这里可以设置渲染图像的大小，或者保存渲染图像等，如图9-8所示。

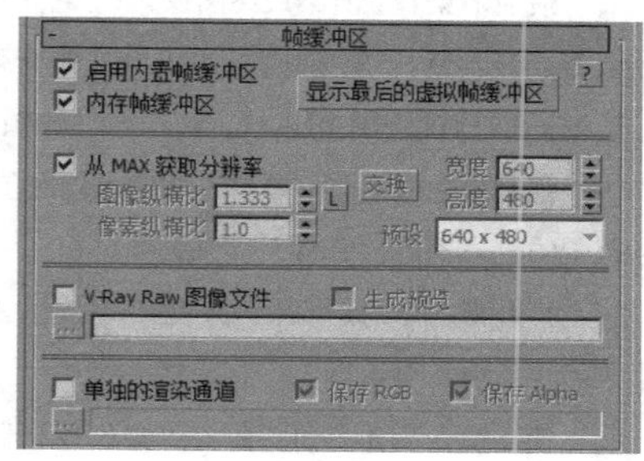

图9-8

【重要参数介绍】

启用内置帧缓冲区：当选择这个选项的时候，用户就可以使用VRay自身的渲染窗口。

显示最后的虚拟帧缓冲区：单击此按钮，就可以看到上次渲染的图形。

内存帧缓冲区：当勾选该选项时，可以将图像渲染到内存中，然后由帧缓存窗口显示出来，这样可以方便用户观察渲染的过程；当关闭该选项时，不会出现渲染框，而直接将图像保存到指定的硬盘文件夹中，这样的好处是可以节约内存资源。

技巧与提示

在“帧缓冲区”卷展栏下勾选“启用内置帧缓冲区”选项后，按F9键渲染场景，3ds Max会弹出“V-Ray帧缓冲区”对话框，如图9-9所示。

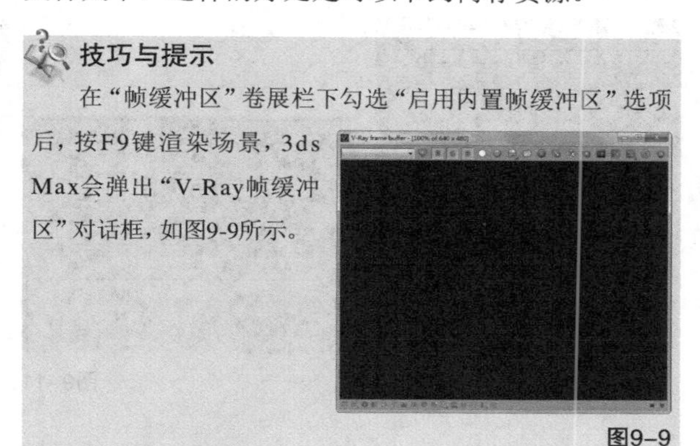

图9-9

切换颜色显示模式：分别为“切换到RGB通道”“查看红色通道”“查看绿色通道”“查看蓝色通道”“切换到alpha通道”“灰度模式”。

保存图像：将渲染好的图像保存到指定的路径中。

载入图像：载入VRay图像文件。

清除图像：清除帧缓存中的图像。

复制到3ds Max的帧缓冲区：单击该按钮可以将VRay帧缓存中的图像复制到3ds Max中的帧缓存中。

渲染时跟踪鼠标：强制渲染鼠标所指定的区域，这样可以快速观察到指定的渲染区域。

区域渲染：使用该按钮可以在VRay帧缓存中拖出一个渲染区域，再次渲染时就只渲染这个区域内的物体。

最后渲染：渲染最终图像。

打开颜色校正控制：单击该按钮会弹出“颜色校正”对话框，在该对话框中可以校正渲染图像的颜色。

强制颜色钳制：单击该按钮可以对渲染图像中超出显示范围的色彩不进行警告。

打开像素信息对话框：单击该按钮会弹出一个与像素相关的信息通知对话框。

使用颜色对准校正：在“颜色校正”对话框中调整明度的阈值后，单击该按钮可以将最后调整的结果显示或不显示在渲染的图像中。

使用颜色曲线校正：在“颜色校正”对话框中调整好曲线的阈值后，单击该按钮可以将最后调整的结果显示或不显示在渲染的图像中。

使用曝光校正：控制是否对曝光进行修正。

从Max获取分辨率：当勾选该选项时，将从“公用”选项卡的“输出大小”参数组中获取渲染尺寸，如图9-10所示；当关闭该选项时，将从VRay渲染器的“输出分辨率”参数组中获取渲染尺寸，如图9-11所示。

图9-10

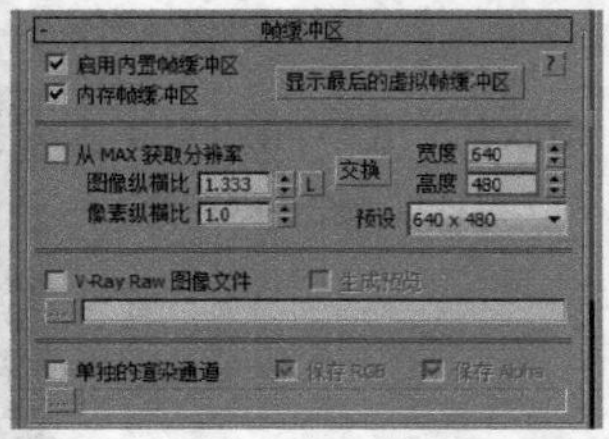

图9-11

宽度：设置像素的宽度。

高度：设置像素的高度。

交换：交换“宽度”和“高度”的数值。

图像纵横比：设置图像的长宽比例，单击后面的“锁”按钮可以锁定图像的长宽比。

像素纵横比：控制渲染图像的像素长宽比。

V-Ray Raw图像文件：该选项组主要包含下列两个选项，如图9-12所示。

图9-12

VRay Raw图像文件：控制是否将渲染后的文件保存到所指定的路径中。勾选该选项后渲染的图像将以Raw格式进行保存。

生成预览：当勾选此项后，可以得到一个比较小的预览框来预览渲染的过程，预览框中的图不能缩放，并且看到的渲染图的质量都不高，这是为了节约内存资源。

技巧与提示

在渲染较大的场景时，计算机会负担很大的渲染压力，而勾选“渲染为V-Ray Raw图像文件”选项后（需要设置好渲染图像的保存路径），渲染图像会自动保存到设置的路径中。

单独的渲染通道：共包含下列4个选项，如图9-13所示。

图9-13

单独的渲染通道：控制是否单独保存渲染通道。

保存RGB：控制是否保存RGB色彩。

保存Alpha：控制是否保存Alpha通道。

浏览：单击该按钮可以保存RGB和Alpha文件。

4.“全局开关”卷展栏

“全局开关”展卷栏下的参数主要用来对场景中的灯光、材质、置换等进行全局设置，如是否使用默认灯光、是否开启阴影、是否开启模糊等，如图9-14所示。

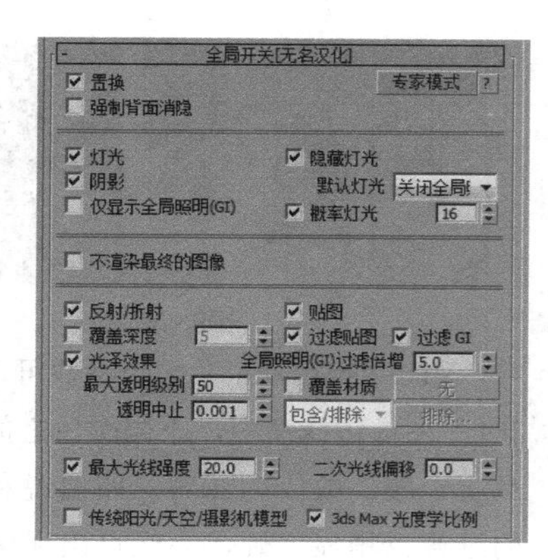

图9-14

【重要参数介绍】

置换：勾选该选项后，材质的置换通道才能启用。

灯光：勾选该选项后，场景的灯光才能生效。

阴影：勾选该选项后，灯光才能产生阴影。

仅显示全局照明（GI）：勾选该选项后，渲染效果只有全局照明的效果。

隐藏灯光：勾选该选项后，被隐藏的灯光也产生照明效果。

不渲染最终的图像：渲染光子文件时需要勾选该选项。

反射/折射：勾选该选项后，反射和折射效果才能产生。

覆盖深度：勾选该选项后，所有反射和折射的深度都不会超过这个数值。

光泽效果：勾选该选项后，才能产生高光效果。

覆盖材质：勾选该选项后，用指定的材质覆盖场景中的所有材质，后方的"排除"按钮可以选择需要排除的对象。

最大光线强度：用于抑制反射采样不足形成的亮白噪点，会略微降低成图亮度。

5."图像采样器（抗锯齿）"卷展栏

抗锯齿在渲染设置中是一个必须调整的参数，其数值的大小决定了图像的渲染精度和渲染时间，但抗锯齿与全局照明精度的高低没有关系，只作用于场景物体的图像和物体的边缘精度，其参数设置面板如图9-15所示。

图9-15

【重要参数介绍】

类型：包含"渲染块"和"渐进"两种模式，如图9-16所示。

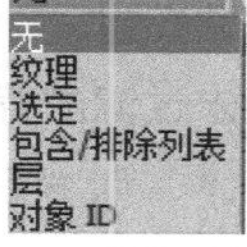

图9-16

渲染块：VRay3.4渲染器整合了原有的"固定""自适应""自适应采样"3种模式于一体，通过"渲染块图像采样器"卷展栏中的参数进行设置。

渐进：渐进的采样方式不同于渲染块的计算模式，是全局性的由粗糙到精细，直到满足最大样本数为止。计算速度相对于渲染块要慢。

渲染遮罩：可以按照要求渲染指定区域，下拉菜单如图9-17所示。

图9-17

最小着色速率：决定了所有反射模糊、折射模糊和阴影采样的细分。数值越大渲染时间越长，效果也越好，但此参数不会影响对象边缘的抗锯齿。

6."图像过滤器"卷展栏

"图像过滤器"卷展栏中的参数可以控制图像锯齿的大小，参数面板如图9-18所示。

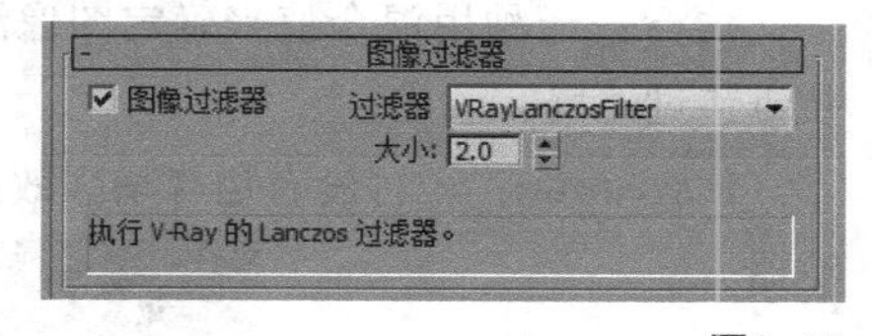

图9-18

【重要参数介绍】

图像过滤器：当勾选该选项以后，可以从右侧的下拉列表中选择一个抗锯齿过滤器来对场景进行抗锯齿处理；如果不勾选"开"选项，那么渲染时将使用纹理抗锯齿过滤器。抗锯齿过滤器的类型有以下17种，如图9-19所示。

图9-19

区域：用区域大小来计算抗锯齿，如图9-20所示。

清晰四方形：此过滤器是按照“大小”为2.8时对像素进行重组过滤。“大小”参数无法调节。

Catmull-Rom：一种具有边缘增强的过滤器，可以产生较清晰的图像效果，是常用的图像过滤器之一，如图9-21所示。

图9-20

图9-21

图版匹配/MAX R2：使用3ds Max R2的方法（无贴图过滤）将摄影机和场景或“无光/投影”元素与未过滤的背景图像相匹配。

四方形：和“清晰四方形”相似，能产生一定的模糊效果。

立方体：基于立方体的25像素过滤器，能产生一定的模糊效果。

视频：适合于制作视频动画的一种抗锯齿过滤器。

柔化：用于细微程度模糊效果的一种抗锯齿过滤器。

Cook变量：一种通用过滤器，较小的数值可以得到清晰的图像效果。

混合：一种用混合值来确定图像清晰或模糊的抗锯齿过滤器。

Blackman：一种没有边缘增强效果的抗锯齿过滤器。

Mitchell-Netravali：一种常用的过滤器，能产生微量模糊的图像效果，如图9-22所示。

图9-22

VRayLanczosFilter：大小参数可以调节，当数值为2时，图像柔和细腻且边缘清晰；当数值为20时，图像类似于Photoshop中的高斯模糊＋单反相机的景深和散景效果，如图9-23和图9-24所示。

图9-23

图9-24

VRaySincFilter：大小参数可以调节，当数值为3时，图像边缘清晰，不同颜色之间过渡柔和，但是品质一般；数值为20时，图像锐利，不同颜色之间的过渡也稍显生硬，高光点出现黑白色旋涡状效果且被放大，如图9-25和图9-26所示。

图9-25

图9-26

VRayBoxFilter：当参数为1.5时，场景边缘较为模糊，阴影和高光的边缘也是模糊的，质量一般；参数为20时，图像彻底模糊了，场景色调会略微偏冷(白蓝色)。

VRayTriangleFilter：当参数为2时，图像柔和比盒子过滤器稍清晰一点；当参数为20时，图像彻底模糊，但是模糊程度赶不上盒子过滤器，且场景色调略微偏暖。

大小：设置过滤器的大小。

技巧与提示

在效果图制作中，采用的过滤器一般都是Mitchell-Netravali和Catmull-Rom。

7. “渲染块图像采样器”卷展栏

当“图像采样器（抗锯齿）”的“类型”为“渲染块”时，“渲染块图像采样器”卷展栏会被激活，其参数面板如图9-27所示。

渲染块图像采样器
最小细分 1
最大细分 24
噪波阈值 0.01
渲染块宽度 48.0
渲染块高度 L 48.0

图9-27

【重要参数介绍】

最小细分：控制全局允许的最小细分数值，默认为1不变。

最大细分：控制全局允许的最大细分数。如果不勾选该选项，渲染速度最快，但质量最低，可以参照“固定”采样器的渲染效果。勾选该选项后，默认“最大细分”为24，渲染速度较慢，但质量很好。一般设置数值为4时，可以参照“自适应”采样器的渲染效果。

噪波阈值：控制图像的噪点数量，数值越小噪点数越少，渲染速度越慢。

渲染块宽度：控制渲染图像时的格子宽度，单位是像素。

渲染块高度：控制渲染图像时的格子高度，单位是像素。

8.“全局确定性蒙特卡洛”卷展栏

“全局确定性蒙特卡洛”面板中的参数用于控制成图中的噪点大小，其参数面板如图9-28所示。

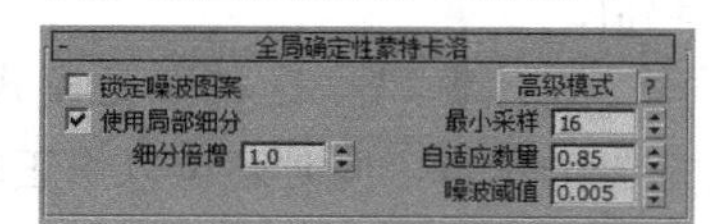

图9-28

【重要参数介绍】

锁定噪波图案：用于动画制作，效果图中不会使用该功能。

使用局部细分：勾选该选项后，灯光和材质球中的“细分”选项才能被激活使用。

细分倍增：用于整体增加场景中灯光或材质的细分数，默认值为1。图9-29和图9-30所示的是“细分倍增”为1和2时的对比效果。

图9-29

图9-30

最小采样：决定了每一个像素首次使用的样本数，数值越大噪点越少，渲染速度也越慢。默认值为16，如图9-31和图9-32所示。

图9-31

图9-32

自适应数量：当值为1时，将会采用“最小采样”控制的样本数作为最小值；当值为0时，将会采用“最大细分”控制的样本数。

噪波阈值：用于判断单个像素的色差，数值越小，噪点越少，渲染速度越慢，如图9-33和图9-34所示。

图9-33

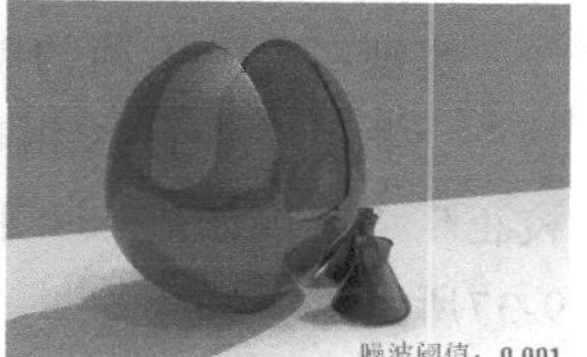

图9-34

9.“环境”卷展栏

“环境”卷展栏分为“全局照明环境（GI）环境”“反射/折射环境”“折射环境”“二次天光环境”4个选项组，如图9-35所示。在该卷展栏下可以设置天光的亮度、反射、折射和颜色等。

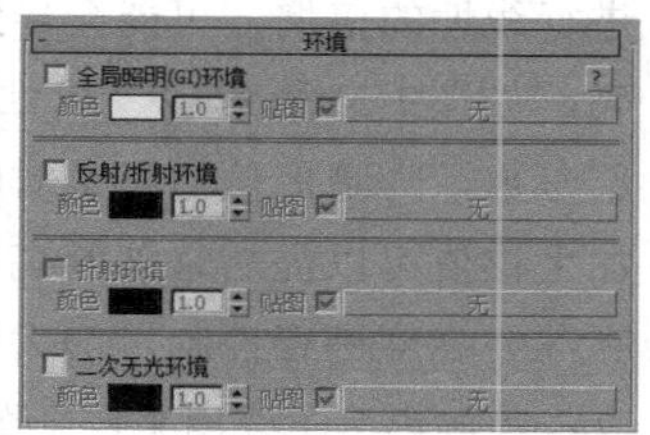

图9-35

【重要参数介绍】

全局照明（GI）环境：控制是否开启VRay的天光。当使用这个选项以后，3ds Max默认的天光效果将不起光照作用。

颜色：设置天光的颜色。

倍增：设置天光亮度的倍增。值越高，天光的亮度越高。

无 无 ：选择贴图来作为天光的光照。

反射/折射环境：当勾选该选项后，当前场景中的反射环境将由它来控制。

折射环境：当勾选该选项后，当前场景中的折射环境将由它来控制。

二次无光环境：勾选该选项后，在反射/折射计算中使用指定的颜色和纹理。

10.“颜色贴图”卷展栏

“颜色贴图”卷展栏下的参数主要用来控制整个场景的颜色和曝光方式，如图9-36所示。

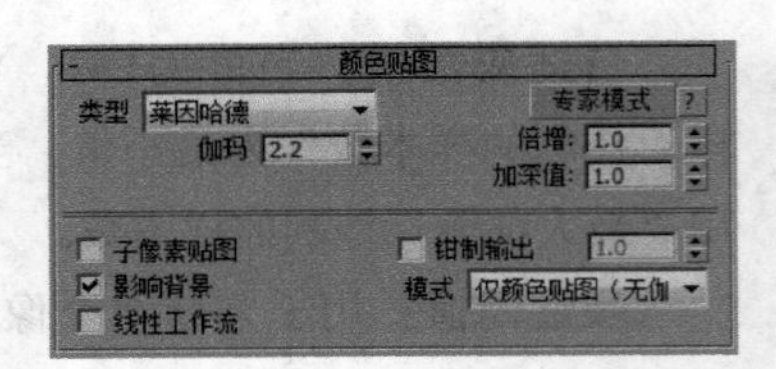

图9-36

【重要参数介绍】

类型：提供不同的曝光模式，包括“线性倍增”“指数”“HSV指数”“强度指数”“伽玛校正”“强度伽玛”“莱因哈德”7种模式，如图9-37所示。

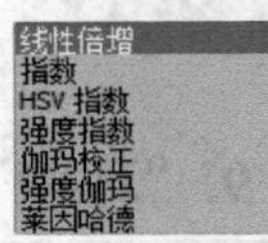

图9-37

线性倍增：这种模式将基于最终色彩亮度来进行线性的倍增，可能会导致靠近光源的点过分明亮，如图9-38所示。“线性倍增”模式包括3个局部参数，“暗色倍增”是对暗部的亮度进行控制，加大该值可以提高暗部的亮度；“明亮倍增”是对亮部的亮度进行控制，加大该值可以提高亮部的亮度；“伽玛”主要用来控制图像的伽玛值。

指数：这种曝光采用的是指数模式，它可以降低靠近光源处表面的曝光效果，同时场景颜色的饱和度会降低，如图9-39所示。“指数”模式的局部参数与“线性倍增”一样。

图9-38

图9-39

HSV指数：与“指数”曝光比较相似，不同点在于可以保持场景物体的颜色饱和度，但是这种方式会取消高光的计算，如图9-40所示。“HSV指数”模式的局部参数与“线性倍增”一样。

强度指数：这种方式是对上面两种指数曝光的结合，既抑制了光源附近的曝光效果，又保持了场景物体的颜色饱和度，如图9-41所示。“强度指数”模式的局部参数与“线性倍增”相同。

图9-40

图9-41

伽玛校正：采用伽玛来修正场景中的灯光衰减和贴图色彩，其效果和“线性倍增”曝光模式类似，如图9-42所示。“伽玛校正”模式包括“倍增”“反向伽玛”“伽马值”3个局部参数。“倍增”主要用来控制图像的整体亮度倍增；“反向伽玛”是VRay内部转化的，如输入2.2就是和显示器的伽玛2.2相同；“伽马值”主要用来控制图像的伽玛值。

强度伽玛：这种曝光模式不仅拥有“伽玛校正”的优点，同时还可以修正场景灯光的亮度，如图9-43所示。

图9-42

图9-43

莱因哈德：这种曝光方式可以把“线性倍增”和“指数”曝光混合起来。它包括一个“加深值”局部参数，主要用来控制“线性倍增”和“指数”曝光的混合值，0表示“线性倍增”不参与混合；1表示“指数”不参与混合；0.5表示“线性倍增”和“指数”曝光效果各占一半，如图9-44所示。

图9-44

子像素贴图：在实际渲染时，物体的高光区与非高光区的界限处会有明显的黑边，而开启“子像素映射”选项后就可以缓解这种现象。

钳制输出：当勾选该选项后，在渲染图中有些无法表现出来的色彩会通过限制来自动纠正。但是当使用HDRI（高动态范围贴图）的时候，如果限制了色彩的输出会出现一些问题。

影响背景：控制是否让曝光模式影响背景。当关闭该选项时，背景不受曝光模式的影响。

线性工作流：当使用线性工作流时，可以勾选该选项。

11. “摄影机”卷展栏

“摄影机”卷展栏是VRay系统里的一个摄影机特效功能，其参数面板如图9-45所示。

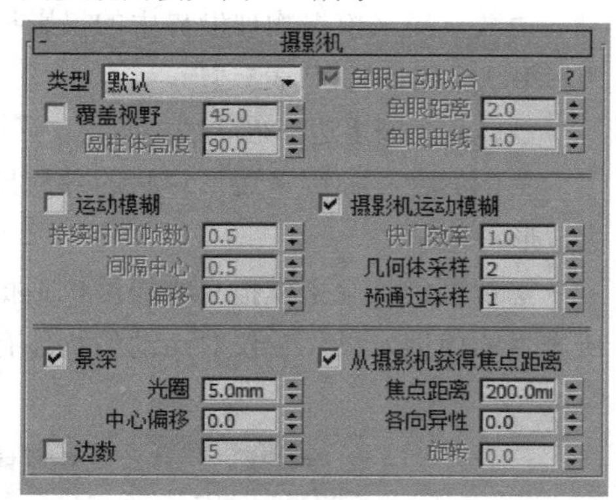

图9-45

【重要参数介绍】

摄影机类型：该选项组主要定义三维场景投射到平面的不同方式，如图9-46所示。

图9-46

类型：VRay支持7种摄影机类型，分别是：默认、球形、圆柱（点）、圆柱（正交）、盒、鱼眼、变形球（旧式）。

① 默认：这个是标准摄影机类型，和3ds Max里默认的摄影机效果一样，把三维场景投射到一个平面上，图9-47所示的是渲染效果。

② 球形：将三维场景投射到一个球面上，图9-48所示的是渲染效果。

图9-47

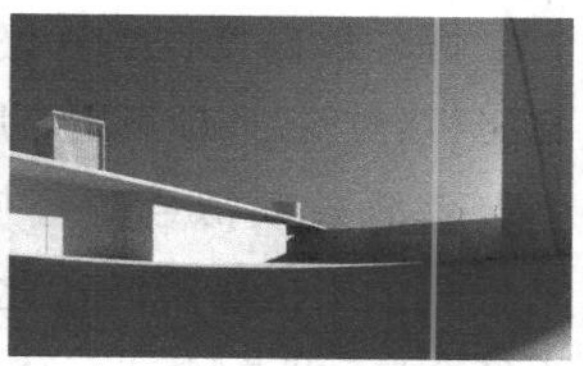

图9-48

③ 圆柱（点）：由标准摄影机和球形摄影机叠加而成的效果，在水平方向采用球形摄影机的计算方式，而在垂直方向上采用标准摄影机的计算方式，图9-49所示的是渲染效果。

④ 圆柱（正交）：这种摄影机也是混合模式，在水平方向采用球型摄影机的计算方式，而在垂直方向上采用视线平行排列，其渲染效果如图9-50所示。

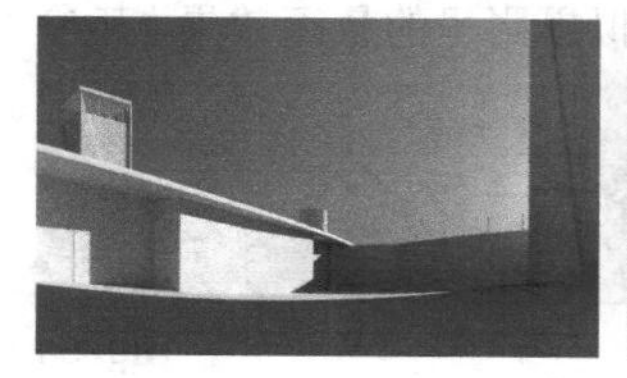

图9-49

图9-50

⑤ 盒：这种方式是把场景按照Box方式展开，其渲染效果如图9-51所示。

⑥ 鱼眼：这种方式就是人们常说的环境球拍摄方式，其渲染效果如图9-52所示。

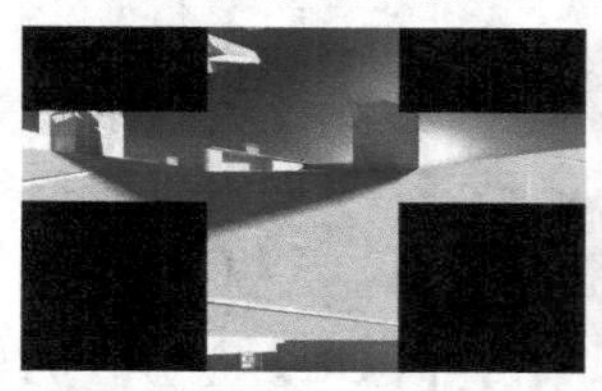

图9-51

图9-52

⑦ 变形球（旧式）：是一种非完全球面摄影机类型，其渲染效果如图9-53所示。

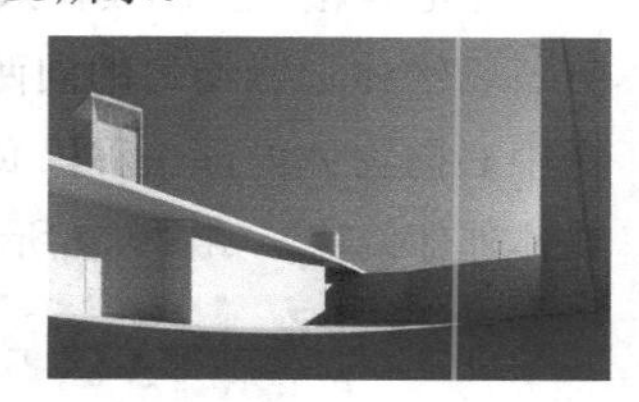

图9-53

覆盖视野：用来替代3ds Max默认摄影机的视角，3ds Max默认摄影机的最大视角为180°，而这里的视角最大可以设定为360°。

圆柱体高度：当且仅当使用“圆柱（正交）”摄影机时，该选项可用。用于设定摄影机高度。

鱼眼自动拟合：当使用“鱼眼”和“变形球（旧式）”摄影机时，此选项可用。当勾选它时，系统会自动匹配歪曲直径到渲染图的宽度上。

鱼眼距离：当使用“鱼眼”摄影机时，该选项可用。在不勾选“自适应”选项的情况下，“距离”控制摄影机到反射球之间的距离，值越大，表示摄影机到反射球之间的距离越大。

鱼眼曲线：当使用“鱼眼”摄影机时，该选项可用。它控制渲染图形的扭曲程度，值越小扭曲程度越大。

景深选项组：用来模拟摄影里的景深效果，其参数如图9-54所示。

图9-54

景深：控制是否打开景深。

光圈：光圈值越小景深越大，光圈值越大景深越小，模糊程度越高，如图9-55所示。

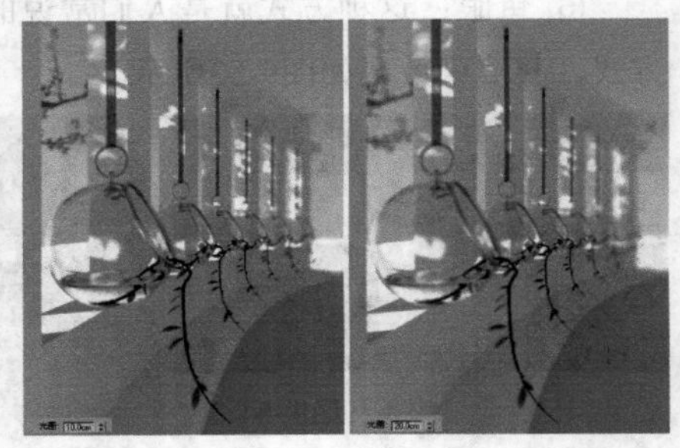

图9-55

中心偏移：控制模糊效果的中心位置，值为0意味着以物体边缘均匀的向两边模糊，正值意味着模糊中心向物体内部偏移，负值则意味着模糊中心向物体外部偏移，如图9-56所示。

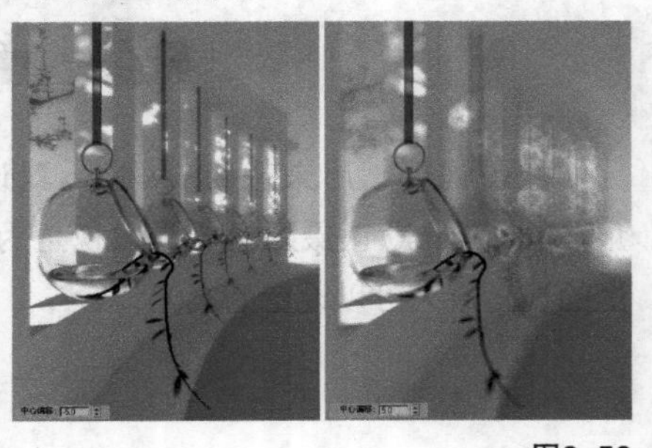

图9-56

焦点距离：摄影机到焦点的距离。焦点处的物体最清晰，如图9-57所示。

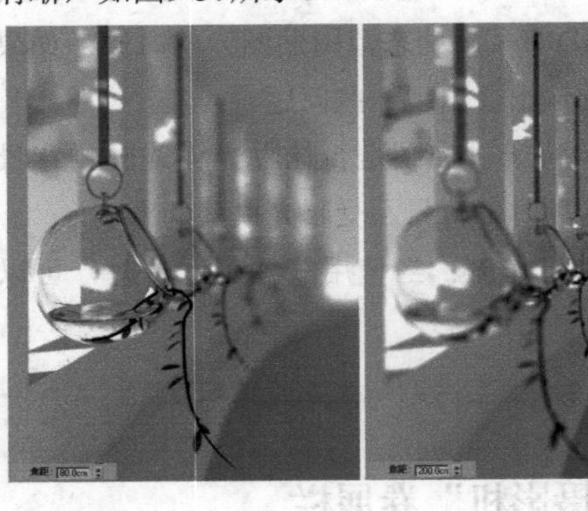

图9-57

从摄影机获取焦点距离：当这个选项激活的时候，焦点由摄影机的目标点确定。

边数：用来模拟物理世界中的摄影机光圈的多边形形状。比如5就代表5边形。

旋转：光圈多边形形状的旋转。

各向异性：控制多边形形状的各向异性，值越大，形状越扁。

运动模糊：用来模拟真实摄影机拍摄运动物体所产生的模糊效果，它仅对运动的物体有效，如图9-58所示。

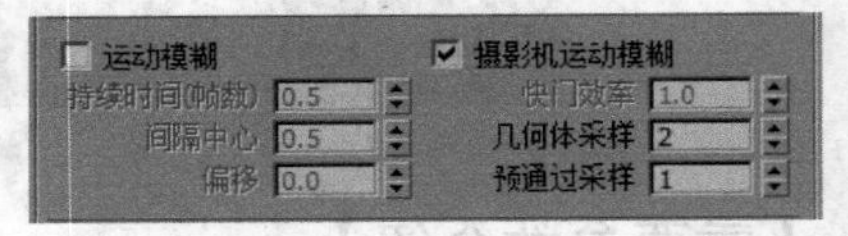

图9-58

运动模糊：勾选此选项，可以打开运动模糊特效。

摄影机运动模糊：勾选此选项，可以打开摄影机运动模糊效果。

持续时间（帧数）：控制运动模糊每一帧的持续时间，值越大，模糊程度越强。

间隔中心：用来控制运动模糊的时间间隔中心，0表示间隔中心位于运动方向的后面，0.5表示间隔中心位于模糊的中心，1表示间隔中心位于运动方向的前面。

偏移：用来控制运动模糊的偏移，0表示不偏移，负值表示沿着运动方向的反方向偏移，正值表示沿着运动方向偏移。

预通过采样：用来控制在不同时间段上的模糊样本数量。

9.2.2 GI

GI选项卡下包含4个参数卷展栏，如图9-59所示，本节将分别讲解其中的相关参数。

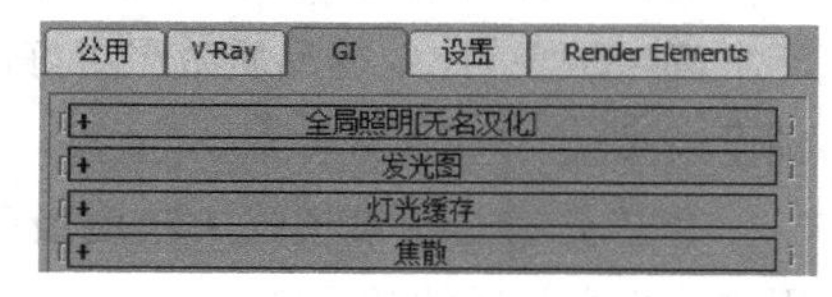

图9-59

技巧与提示

在上图中，第2和第3个卷展栏是可变的，也就是说根据选择参数的不同，这两个卷展栏的名称会有所变化，当然其中对应的参数也会跟着变化。

1. “全局照明”卷展栏

在VRay渲染器中，没有开启“全局照明”时的效果就是直接照明效果，开启后就可以得到间接照明效果。开启“全局照明”后，光线会在物体与物体间互相反射，因此光线计算会更加准确，图像也更加真实，其参数设置面板如图9-60所示。

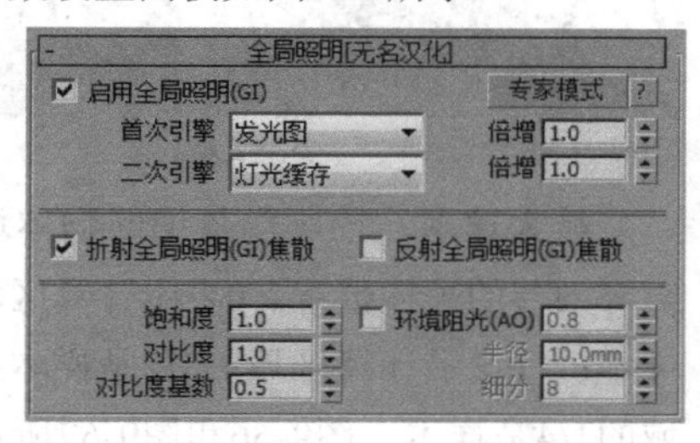

图9-60

【重要参数介绍】

启用全局照明（GI）：勾选该选项后，启用“全局照明”功能。

首次引擎：是直接光照射到物体后，第一次反射计算所使用的引擎，有以下4种，如图9-61所示。

图9-61

发光图：渲染常用引擎，其优点是速度快，缺点是不能较好地表现细节光照。

光子图：已很少使用。

BF算法：是渲染时间较长，渲染效果最好的引擎，但在较低参数时更容易产生噪点，一般很少使用。

灯光缓存：渲染常用引擎，其优点是速度快，还能加速反射/折射模糊的计算，缺点是会占用大量内存，对计算机配置要求较高。

二次引擎：指物体反射出来的光，再次反射计算时使用的引擎。

倍增：控制光的倍增值。值越高，光的能量越强，渲染场景越亮，最大值为1，默认情况下也为1。

折射全局照明（GI）焦散：默认为勾选状态。勾选后必须在焦散开启的情况下，渲染折射投射的光斑效果。

反射全局照明（GI）焦散：默认为不勾选状态。勾选后必须在焦散开启的情况下，渲染反射投射的光斑效果。

饱和度：可以用来控制色溢，降低该数值可以降低色溢效果，一般不做修改。

对比度：控制色彩的对比度。数值越高，色彩对比越强；数值越低，色彩对比越弱。

对比度基数：控制“饱和度”和“对比度”的基数。数值越高，“饱和度”和“对比度”效果越明显。

环境阻光：勾选后开启“环境阻光”功能。

技巧与提示

在真实世界中，光线的反射一次比一次弱。VRay渲染器中的全局照明有“首次反弹”和“二次反弹”，但并不是说光线只反射两次，“首次反弹”可以理解为直接照明的反射，光线照射到A物体后反射到B物体，B物体所接收到的光就是“首次反弹”，B物体再将光线反射到D物体，D物体再将光线反射到E物体……D物体以后的物体所得到的光的反射就是“二次反弹”，如图9-62所示。

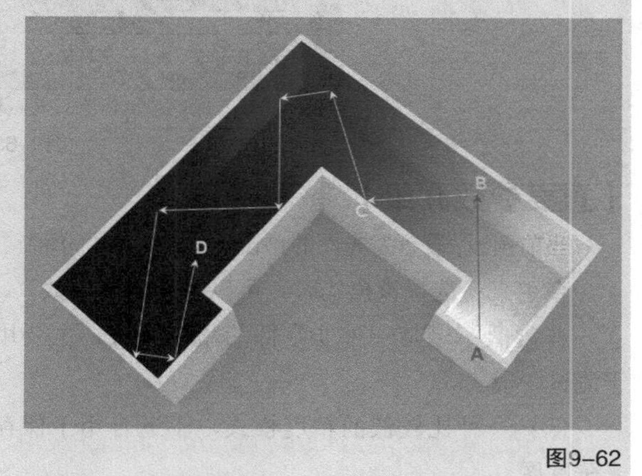

图9-62

2. “发光图”卷展栏

“发光图”描述了三维空间中的任意一点以及全部可能照射到这点的光线。在几何光学里，这个点可以是无数条不同的光线来照射，但是在渲染器当中，必须对这些不同的光线进行对比、取舍，这样才能优化渲染速度。那么VRay渲染器的“发光图”是怎样对光线进行优化的呢？当光线射到物体表面的时候，VRay会从“发光贴图”里寻找与当前计算过的点类似的点（VRay计算过的点就会放在“发光图”里），然后根据内部参数进行对比，满足内部参数的点就认为和计算过的点相同，不满足内部参数的点就认为和计算过的点不相同，同时就认为此点是个新点，那么就重新计算它，并且把它也保存在“发光图”里。这就是大家在渲染时看到的“发光图”在计算过程中运算几遍光子的现象。正是因为这样，“发光图”会在物体的边界、交叉、阴影区域计算得更精确（这些区域光的变化很大，所以被计算的新点也很多）；而在平坦区域计算的精度就比较低（平坦区域的光的变化并不大，所以被计算的新点也相对比较少）。这是一种常用的全局光引擎，只存在于“首次反弹”引擎中，其参数设置面板如图9-63所示。

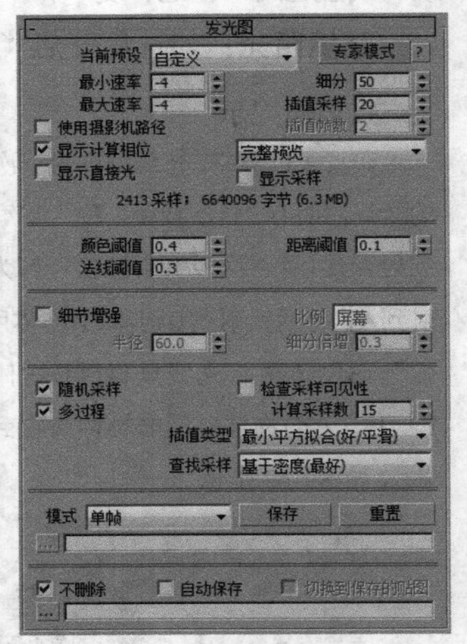

图9-63

【重要参数介绍】

当前预设：设置发光图的预设类型，共有以下8种。

自定义：选择该模式时，可以手动调节参数。

非常低：这是一种非常低的精度模式，主要用于测试阶段。

低：一种比较低的精度模式，不适合用于保存光子贴图。

中：是一种中级品质的预设模式。

中-动画：用于渲染动画效果，可以解决动画闪烁的问题。

高：一种高精度模式，一般用在光子贴图中。

高-动画：比中等品质效果更好的一种动画渲染预设模式。

非常高：是预设模式中精度最高的一种，可以用来渲染高品质的效果图。

> **技巧与提示**
>
> 预设设置针对的分辨率是640×480。

最小速率：控制场景中平坦区域的采样数量。0表示计算区域的每个点都有样本；-1表示计算区域的1/2是样本；-2表示计算区域的1/4是样本，图9-64和图9-65所示的是“最小速率”为-4和-8时的对比效果。

图9-64

图9-65

最大速率：控制场景中的物体边线、角落、阴影等细节的采样数量。0表示计算区域的每个点都有样本；-1表示计算区域的1/2是样本；-2表示计算区域的1/4是样本，图9-66和图9-67所示的是“最大速率”为0和-1时的效果对比。

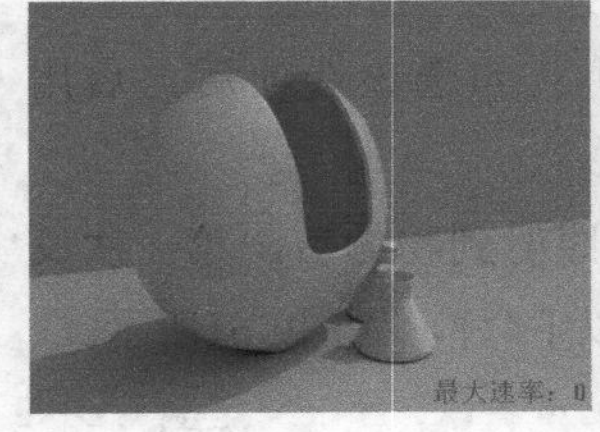

图9-66

图9-67

细分：因为VRay采用的是几何光学，所以它可以模拟光线的条数。这个参数就是用来模拟光线数量的，值越高，表现的光线越多，那么样本精度也就越高，渲染的品质也越好，同时渲染时间也会增加，图9-68和图9-69所示的是“细分”为10和50时的效果对比。

图9-68 图9-69

插值采样：对样本进行模糊处理，较大的值可以得到比较模糊的效果，较小的值可以得到比较锐利的效果，图9-70和图9-71所示的是“插值采样”为2和20时的效果对比。

图9-70 图9-71

颜色阈值：这个值主要是让渲染器分辨哪些是平坦区域，哪些不是平坦区域，它是按照颜色的灰度来区分的。值越小对灰度的敏感度越高，区分能力越强。

法线阈值：这个值主要是让渲染器分辨哪些是交叉区域，哪些不是交叉区域，它是按照法线的方向来区分的。值越小对法线方向的敏感度越高，区分能力越强。

间距阈值：这个值主要是让渲染器分辨哪些是弯曲表面区域，哪些不是弯曲表面区域，它是按照表面距离和表面弧度的比较来区分的。值越高表示弯曲表面的样本越多，区分能力越强。

显示计算相位：勾选这个选项后，用户可以看到渲染帧里的GI预计算过程，同时会占用一定的内存资源。

显示直接光：在预计算的时候显示直接照明，以方便用户观察直接光照的位置。

细节增强：是否开启“细部增强”功能。

模式：一共有以下8种模式。

单帧：一般用来渲染静帧图像。

多帧增量：这个模式用于渲染仅有摄影机移动的动画。当VRay计算完第1帧的光子以后，在后面的帧里根据第1帧里没有的光子信息进行新计算，这样就节约了渲染时间。

从文件：当渲染完光子以后，可以将其保存起来，这个选项就是调用保存的光子图进行动画计算（静帧同样也可以这样）。

添加到当前贴图：当渲染完一个角度的时候，可以把摄影机转一个角度再全新计算新角度的光子，最后把这两次的光子叠加起来，这样的光子信息更丰富、更准确，同时也可以进行多次叠加。

增量添加到当前贴图：这个模式和“添加到当前贴图”相似，只不过它不是全新计算新角度的光子，而是只对没有计算过的区域进行新的计算。这种模式用于渲染动画光子文件。

块模式：把整个图分成块来计算，渲染完一块再进行下一块的计算，但是在低GI的情况下，渲染出来的块会出现错位的情况。它主要用于网络渲染，速度比其他方式快。

动画（预通过）：适合动画预览，使用这种模式要预先保存好光子贴图。

动画（渲染）：适合最终动画渲染，这种模式要预先保存好光子贴图。

保存 保存：将光子图保存到硬盘。

重置 重置：将光子图从内存中清除。

文件：设置光子图所保存的路径。

浏览 浏览：从硬盘中调用需要的光子图进行渲染。

不删除：当光子渲染完以后，不把光子从内存中删掉。

自动保存：当光子渲染完以后，自动保存在硬盘中，单击“浏览”按钮 浏览 就可以选择保存位置。

切换到保存的贴图：当勾选了“自动保存”选项后，在渲染结束时会自动进入“从文件”模式并调用光子贴图。

3.“灯光缓存”卷展栏

“灯光缓存”与“发光图”比较相似，都是将最后的光发散到摄影机后得到最终图像，只是“灯光缓存”与“发光图”的光线路径是相反的，“发光贴图”的光线追踪方向是从光源发射到场景的模型中，最后反射到摄影机，而“灯光缓存”是从摄影机开始追踪光线到光源，摄影机追踪光线的数量就是“灯光缓存”的最后精度。由于“灯光缓存”是从摄影机方向开始追踪光线的，所以最后的渲染时间与渲染的图像的像素没有关系，只与其中的参数有关，一般适用于“二次反弹”，其参数设置面板如图9-72所示。

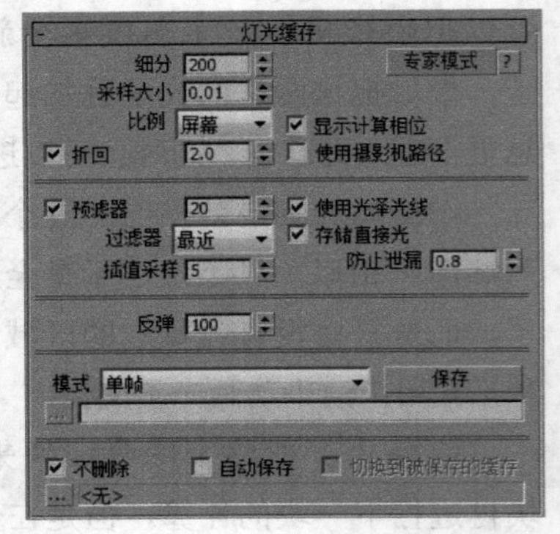

图9-72

【重要参数介绍】

细分：用来决定“灯光缓存”的样本数量。值越高，样本总量越多，渲染效果越好，渲染时间越慢，图9-73和图9-74所示的是“细分”值为200和1000时的渲染效果对比。

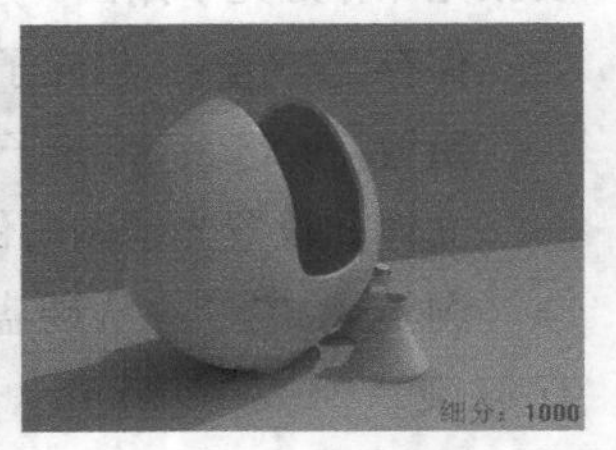

图9-73　　图9-74

采样大小：用来控制“灯光缓存”的样本大小，比较小的样本可以得到更多的细节，但是同时需要更多的样本，图9-75和图9-76所示的是“采样大小”为0.04和0.01时的渲染效果对比。

图9-75　　图9-76

比例：主要用来确定样本的大小依靠什么单位，这里提供了以下两种单位。一般在效果图中使用“屏幕”选项，在动画中使用“世界”选项。

显示计算相位：勾选该选项以后，可以显示“灯光缓存”的计算过程，方便观察。

折回：勾选该选项以后，会加快场景中反射和折射模糊效果的渲染速度。

使用摄影机路径：该参数主要用于渲染动画，用于解决动画渲染中的闪烁问题。

预滤器：当勾选该选项以后，可以对“灯光缓存”样本进行提前过滤，主要是查找样本边界，然后对其进行模糊处理。后面的值越高，对样本进行模糊处理的程度越深，图9-77和图9-78所示的是“预滤器”为10和50时的渲染效果对比。

图9-77　　图9-78

过滤器：该选项是在渲染最后成图时，对样本进行过滤，其下拉列表中共有以下3个选项。

无：对样本不进行过滤。

最近：当使用这个过滤方式时，过滤器会对样本的边界进行查找，然后对色彩进行均化处理，从而得到一个模糊效果。当选择该选项以后，下面会出现一个“插补采样”参数，其值越高，模糊程度越深。

固定：这个方式和“邻近”方式的不同点在于，它采用距离的判断来对样本进行模糊处理。同时它也附带一个“过滤大小”参数，其值越大，表示模糊的半径越大，图像的模糊程度越深。

存储直接光：勾选该选项以后，“灯光缓存”将保存直接光照信息。当场景中有很多灯光时，使用这个选项会提高渲染速度。因为它已经把直接光照信息保存到“灯光缓存”里，在渲染出图的时候，不需要再对直接光照进行采样计算。

插值采样：通过后面的参数控制插值精度，数值越高采样越精细，耗时也越长。

模式：设置光子图的使用模式，共有以下4种。

单帧：一般用来渲染静帧图像。

穿行：这个模式用在动画方面，它把第1帧到最后1帧的所有样本都融合在一起。

从文件：使用这种模式，VRay要导入一个预先渲染好的光子贴图，该功能只渲染光影追踪。

渐进路径跟踪：这个模式就是常说的PPT，它是一种新的计算方式，和“自适应DMC”一样是一个精确的计算方式。不同的是，它不停地去计算样本，不对任何样本进行优化，直到样本计算完毕为止。

保存 保存到文件 ：将保存在内存中的光子贴图再次进行保存。

浏览 浏览 ：从硬盘中浏览保存好的光子图。

不删除：当光子渲染完以后，不把光子从内存中删掉。

自动保存：当光子渲染完以后，自动保存在硬盘中，单击“浏览”按钮 浏览 可以选择保存位置。

切换到被保存的缓存：当勾选“自动保存”选项以后，这个选项才被激活。当勾选该选项以后，系统会自动使用最新渲染的光子图来进行大图渲染。

4.“BF算法”卷展栏

BF算法不同于前面两种引擎，BF算法是光线追踪算法，是纯粹的物理无偏差算法。当渲染引擎选为“BF算法”选项时才会出现该卷展栏，其参数面板如图9-79所示。

图9-79

【重要参数介绍】

细分：控制BF算法的质量，当参数较低时，因为光线较少产生的噪点就很多；当参数较高时，光线数多产生的噪点就少，如图9-80所示。

图9-80

反弹：控制光线的反射次数，如图9-81所示。

图9-81

5.“焦散”卷展栏

“焦散”是一种特殊的物理现象，是指当光线穿过一个透明物体时，对象表面不平整，使折射发出的光线并没有平行向外发射，出现漫折射，投影表面出现光子分散。在VRay渲染器里有专门的焦散功能，其参数面板如图9-82所示。

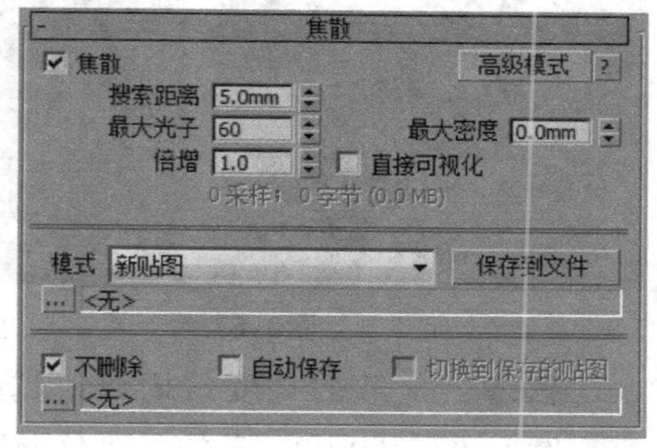

图9-82

【重要参数介绍】

焦散：勾选该选项后，就可以渲染焦散效果。

搜索距离：当光子追踪撞击在物体表面的时候，会自动搜寻位于周围区域同一平面的其他光子，实际上这个搜寻区域是一个以撞击光子为中心的圆形区域，其半径就是由这个搜寻距离确定的。较小的值容易产生斑点；较大的值会产生模糊焦散效果，图9-83和图9-84所示的是“搜索距离”为0.1mm和2mm时的对比渲染效果。

图9-83

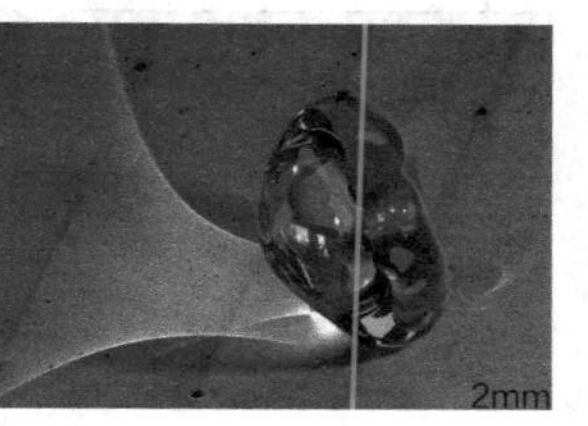

图9-84

最大光子：定义单位区域内的最大光子数量，根据单位区域内的光子数量来均分照明。较小的值不容易得到焦散效果；而较大的值会使焦散效果产生模糊现象，图9-85和图9-86所示的是“最大光子数”为1和100时的对比渲染效果。

图9-85　　图9-86

最大密度：控制光子的最大密度，默认值0表示使用VRay内部确定的密度，较小的值会让焦散效果比较锐利，图9-87和图9-88所示的是“最大密度”为0.01mm和5mm时的对比渲染效果。

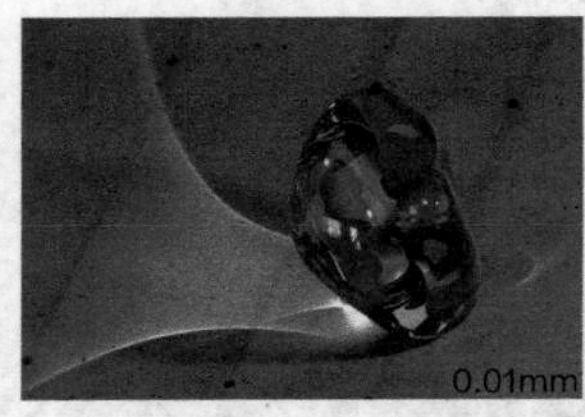

图9-87　　图9-88

倍增：焦散的亮度倍增。值越大焦散效果越亮，图9-89和图9-90所示的是“倍增器”为4和12时的对比渲染效果。

图9-89　　图9-90

9.2.3 设置

“设置”选项卡下包含3个卷展栏，分别是“默认置换”“系统”“纹理选项”，如图9-91所示。

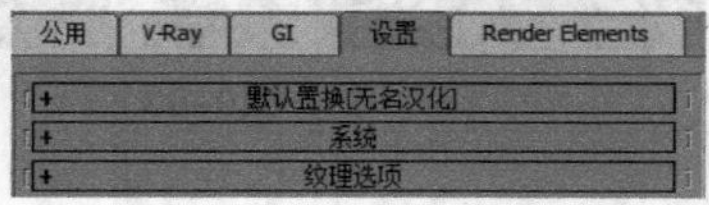

图9-91

1.“默认置换”卷展栏

“默认置换”卷展栏下的参数是用灰度贴图来实现物体表面的凸凹效果的，它对材质中的置换起作用，而不作用于物体表面，其参数设置面板如图9-92所示。

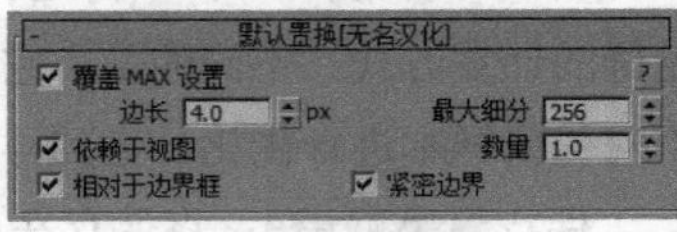

图9-92

【重要参数介绍】

覆盖Max设置：控制是否用“默认置换”卷展栏下的参数来替代3ds Max中的置换参数。

边长：设置3D置换中产生最小的三角面长度。数值越小，精度越高，渲染速度越慢。

最大细分：设置物体表面置换后可产生的最大细分值。

依赖于视图：控制是否将渲染图像中的像素长度设置为“边长度”的单位。若不开启该选项，系统将以3ds Max中的单位为准。

数量：设置置换的强度总量。数值越大，置换效果越明显。

相对于边界框：控制是否在置换时关联（缝合）边界。若不开启该选项，那么在物体的转角处可能会产生裂面现象。

紧密边界：控制是否对置换进行预先计算。

2.“系统”卷展栏

“系统”卷展栏下的参数不仅对渲染速度有影响，而且还会影响渲染的显示和提示功能，同时可以完成联机渲染，其参数设置面板如图9-93所示。

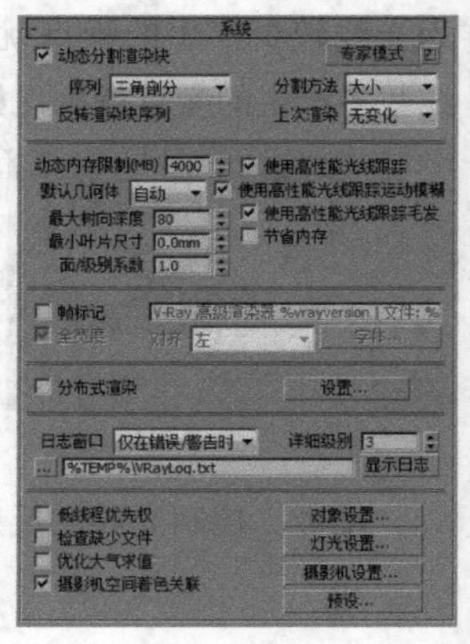

图9-93

【重要参数介绍】

序列：控制渲染块的渲染顺序，共有以下6种方式，如图9-94所示。

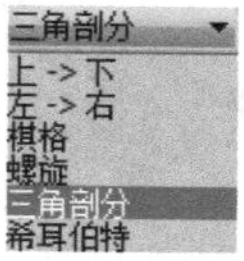

三角剖分
上->下
左->右
棋格
螺旋
三角剖分
希耳伯特

图9-94

上->下：渲染块将按照从上到下的渲染顺序渲染。

左->右：渲染块将按照从左到右的渲染顺序渲染。

棋格：渲染块将按照棋格方式的渲染顺序渲染。

螺旋：渲染块将按照从里到外的渲染顺序渲染。

三角剖分：VRay默认的渲染方式，它将图形分为两个三角形依次进行渲染。

希耳伯特：渲染块将按照“希耳伯特曲线”方式的渲染顺序渲染。

反转渲染块序列：当勾选该选项以后，渲染顺序将和设定的顺序相反。

上次渲染：确定在渲染开始的时候，在3ds Max默认的帧缓存框中以什么样的方式处理先前的渲染图像。这些参数的设置不会影响最终渲染效果，系统提供了以下5种方式。

不改变：与前一次渲染的图像保持一致。

交叉：每隔 2 个像素图像被设置为黑色。

区域：每隔一条线设置为黑色。

暗色：图像的颜色设置为黑色。

蓝色：图像的颜色设置为蓝色。

动态内存限制（MB）：控制动态内存的总量。注意，这里的动态内存被分配给每个线程，如果是双线程，那么每个线程各占一半的动态内存。如果这个值较小，那么系统会经常在内存中加载并释放一些信息，这样就减慢了渲染速度。用户应该根据自己的内存情况来确定该值。

默认几何体：控制内存的使用方式，共有以下3种方式。

自动：VRay会根据使用内存的情况自动调整使用静态或动态的方式。

静态：在渲染过程中采用静态内存会加快渲染速度，同时在复杂场景中，由于需要的内存资源较多，经常会出现3ds Max自动关闭的情况。这是因为系统需要更多的内存资源，这时应该选择动态内存。

动态：使用内存资源交换技术，当渲染完一个块后就会释放占用的内存资源，同时开始下个块的计算。这样就有效地利用了空闲的内存。注意，动态内存的渲染速度比静态内存慢。

最大树向深度：控制根节点的最大分支数量。较高的值会加快渲染速度，同时会占用较多的内存。

最小叶片尺寸：控制叶节点的最小尺寸，当达到叶节点尺寸以后，系统停止计算场景。0表示考虑计算所有的叶节点，这个参数对速度的影响不大。

面/级别系数：控制一个节点中的最大三角面数量，当未超过临近点时计算速度较快；当超过临近点以后，渲染速度会减慢。所以，这个值要根据不同的场景来设定，进而提高渲染速度。

分布式渲染：当勾选该选项后，可以开启“分布式渲染”功能。

日志窗口：勾选该选项后，可以显示“VRay日志”的窗口。

详细级别：控制“VRay日志”的显示内容，一共分为4个级别。1表示仅显示错误信息；2表示显示错误和警告信息；3表示显示错误、警告和情报信息；4表示显示错误、警告、情报和调试信息。

日志文件  c:\VRayLog.txt ...：可以选择保存“VRay日志”文件的位置。

低线程优先权：当勾选该选项时，VRay将使用低线程进行渲染。

检查缺少文件：当勾选该选项时，VRay会自己寻找场景中丢失的文件，并将它们进行列表，然后保存到“C:\VRayLog.txt”中。

优化大气求值：当场景中拥有大气效果，并且大气比较稀薄的时候，勾选这个选项可以得到比较优秀的大气效果。

对象设置  对象设置...：单击该按钮会弹出“VRay对象属性”对话框，在该对话框中可以设置场景物体的局部参数。

灯光设置 灯光设置... ：单击该按钮会弹出“VRay光源属性”对话框，在该对话框中可以设置场景灯光的一些参数。

预设 预设 ：单击该按钮会打开“VRay预置”对话框，在该对话框中可以保持当前VRay渲染参数的各种属性，方便以后调用。

课堂案例

渲染卧室效果

场景文件	场景文件>CH09>01.max
实例文件	实例文件> CH09>课堂案例：渲染卧室效果.max
视频名称	课堂案例：渲染客厅效果.mp4
难易指数	★★★☆☆
学习目标	学习渲染参数的设置方法

本例将通过一个卧室场景为读者讲解场景渲染的参数设置，参数设置包括前期的测试参数，用于测试场景中的材质和灯光，以及最终渲染成图的成图参数，案例效果如图9-95所示。

图9-95

01 打开本书学习资源中的“场景文件>CH09>01.max”文件，如图9-96所示，这是一个已经完成的场景，场景中已经设置好摄影机、材质和灯光。

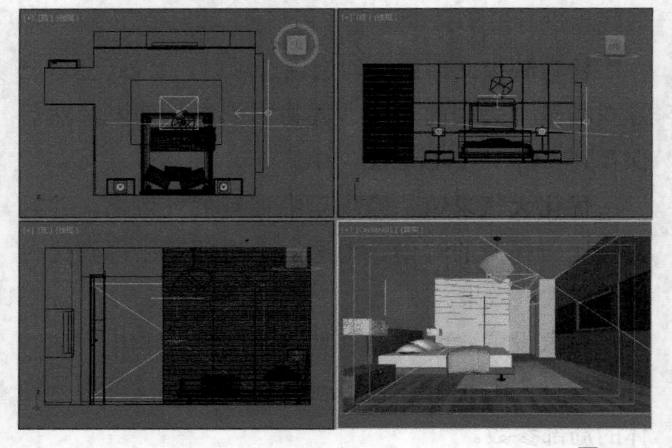

图9-96

02 首先设置测试参数。按F10键打开“渲染设置”对话框，然后在公用选项卡下设置“输出大小”的“宽度”为600、“高度”为350，如图9-97所示。

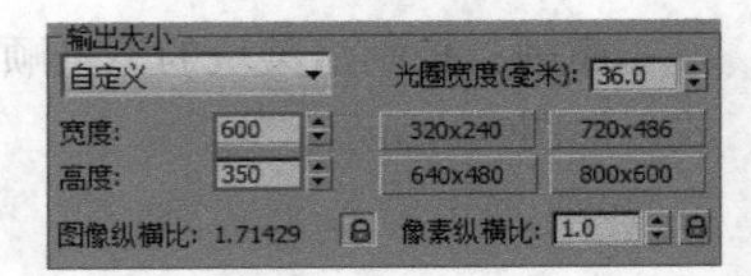

图9-97

03 切换到VRay选项卡，然后展开“图像采样器（抗锯齿）”卷展栏，接着设置“类型”为“渲染块”，如图9-98所示。

图9-98

04 展开“渲染块图像采样器”卷展栏，然后设置“最小细分”为1，接着取消勾选“最大细分”选项，再设置“渲染块宽度”为32，如图9-99所示。

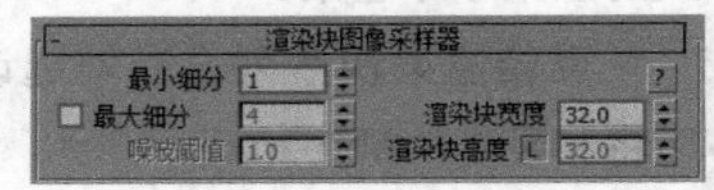

图9-99

技巧与提示

“渲染块宽度”大小默认为64，是渲染时画面上每个小格子的大小。

05 展开“图像过滤器”卷展栏，然后设置“过滤器”为“区域”，如图9-100所示。

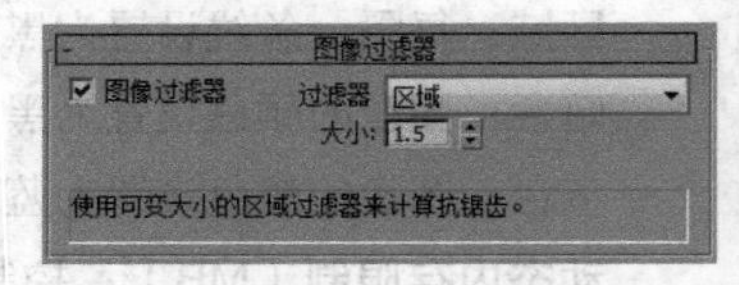

图9-100

06 展开“全局确定性蒙特卡洛”卷展栏，然后设置“最小采样”为8、“自适应数量”为0.85、“噪波阈值”为0.1，如图9-101所示。

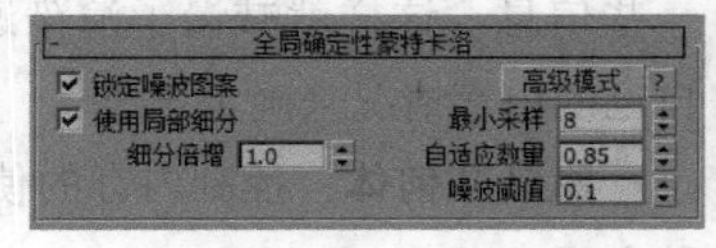

图9-101

07 切换到GI选项卡，然后展开“全局照明”卷展栏，接着设置“首次引擎”为“发光图”、“二次引擎”为“灯光缓存”，如图9-102所示。

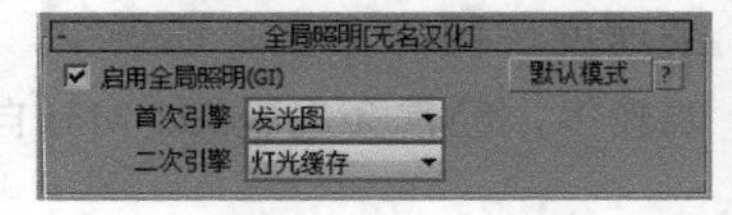

图9-102

08 展开“发光图”卷展栏，然后设置“当前预设”为“自定义”，接着设置“最小速率”和“最大速率”为-4，再设置“细分”为50，最后设置“插值采样”为20，如图9-103所示。

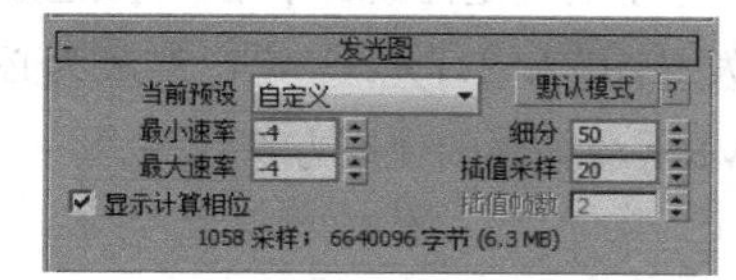

图9-103

09 展开“灯光缓存”卷展栏，然后设置“细分”为200，如图9-104所示。

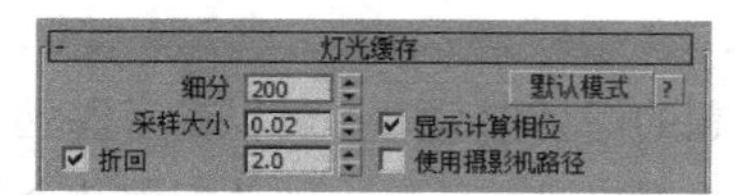

图9-104

10 设置完成后，按F9键渲染摄影机视图，如图9-105所示。此时是测试渲染的效果，可以看到画面中的锯齿和噪点较多，但能明确观察到材质和灯光的效果，且渲染速度很快。

图9-105

11 下面设置成图的参数。按F10键打开“渲染设置”面板，然后在“公用”选项卡中设置“输出大小”的“宽度”为1200、“高度”为700，如图9-106所示。

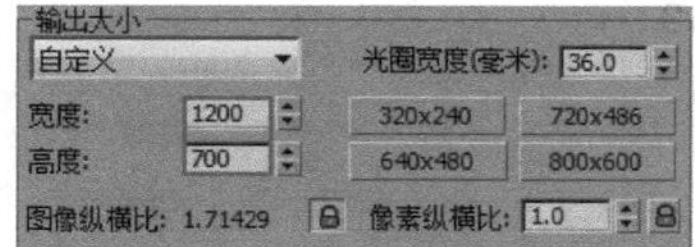

图9-106

12 展开“渲染块图像采样器”卷展栏，然后设置“最小细分”为1，接着勾选“最大细分”选项，并设置为4，再设置“噪波阈值”为0.005，如图9-107所示。

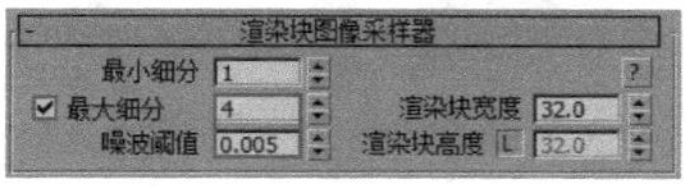

图9-107

13 展开“图像过滤器”卷展栏，然后设置“过滤器”为Catmull-Rom，如图9-108所示。

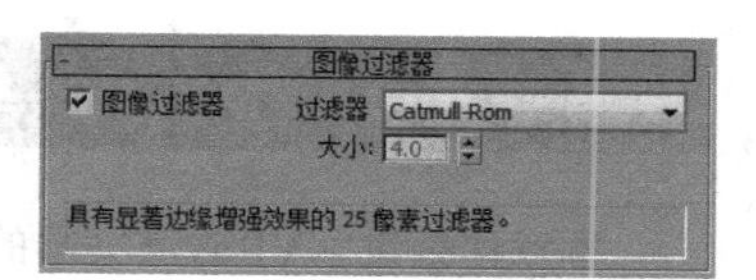

图9-108

14 展开“全局确定性蒙特卡洛”卷展栏，然后设置“最小采样”为16、“自适应数量”为0.8、“噪波阈值”为0.005，如图9-109所示。

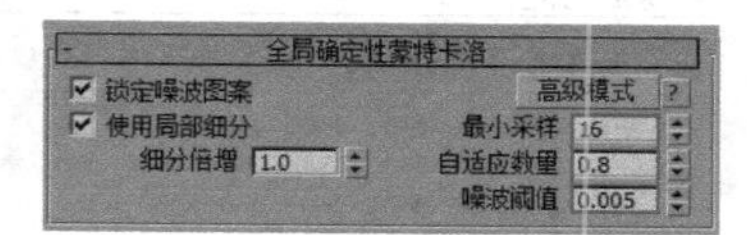

图9-109

15 切换到“GI选项卡”，然后展开“发光图”卷展栏，接着设置“当前预设”为“中”，再设置“细分”为60，最后设置“插值采样”为30，如图9-110所示。

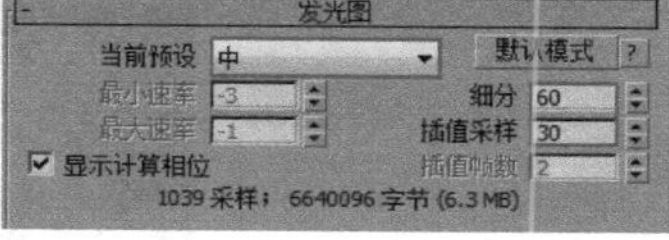

图9-110

16 展开“灯光缓存”卷展栏，然后设置“细分”为1000，如图9-111所示。

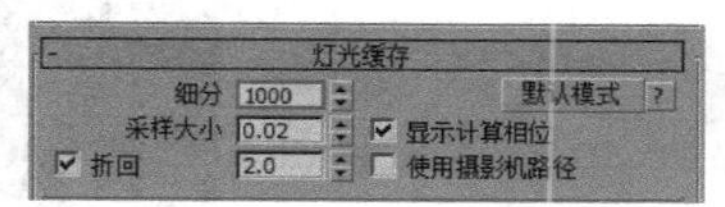

图9-111

17 设置完参数后，按F9键渲染当前场景，效果如图9-112所示。可以看到画面中没有锯齿和噪点，但渲染速度较慢。

图9-112

技巧与提示

渲染参数并不是越高越好。过高的渲染参数会让渲染速度变得很慢，而且过高的参数并不会在成图上形成更好的效果；某些时候，过高的参数还会使计算机卡死不能渲染。因此，找到适合自身计算机配置的参数，就可以在最短的时间内渲染出高质量的成图。

9.3 本章小结

本章详细讲解VRay渲染器的设置，尤其是V-Ray、GI和“设置”这3个选项卡，这些内容是设置渲染输出的核心。V-Ray选项卡中的“全局开关”“ 图像采样器（抗锯齿）”“全局确定性蒙特卡洛”“颜色贴图”主要用于设置效果图的曝光、采样；GI选项卡的设置非常重要，其常用的“发光图”和“灯光缓存”已经成为必设参数。这两大知识点请读者务必仔细领会，并且要多进行测试，以便完全掌握VRay渲染器的使用方法。

课后习题

渲染洗手间效果

场景文件	场景文件>CH09>02.max
实例文件	实例文件> CH09>课后习题：渲染洗手间效果.max
视频名称	课后习题：渲染洗手间效果.mp4
难易指数	★★★☆☆
学习目标	熟悉渲染参数的设置方法

渲染参数的设置方法基本类似，所以读者在设置本题的渲染参数时，可以参考课堂案例中的渲染参数，对于任一场景，渲染参数都是多样化的，所以读者可以根据自己的计算机硬件配置及个人要求设置相应的渲染参数，本例的渲染效果如图9-113所示。

图9-113

第10章

Photoshop后期处理技法

在效果图的制作流程中，后期处理是必不可少的环节，虽然VRay已经可以渲染出极为真实的效果，但是依然无法做到尽善尽美，如渲染出来的画面偏暗、偏灰，或者有噪点，或者画面层次感不够等，但这些问题都可以通过简单的后期调整来解决。后期处理的主要工具就是Photoshop，本章将针对Photoshop在效果图后期处理中的运用做详细讲解，如调整图像亮度、调整画面层次、调整图像清晰度、添加配景元素、制作画面特效等。

课堂学习目标

调整效果图的亮度与清晰度

调整效果图的色彩与层次感

制作效果图的光晕、体积光和景深特效

给效果图添加配景的方法

10.1 后期处理的作用

后期处理就是对渲染效果图的再加工，通过前面的案例我们可以发现虽然渲染效果很好、很真实，但是其色彩、亮度、清晰度还是有瑕疵，当然这些可以在渲染参数中进行高质量的设置，但是却会造成渲染速度缓慢，所以在制作效果图的时候，我们通常最后进行后期处理来提高图像的质量，如图10-1所示，经后期处理后的右图明显在亮度、清晰度、色彩等方面都要好于左图。

图10-1

常用的后期处理软件有很多，在效果图中使用的主要是Photoshop，相信接触过平面设计的读者应该对这款图像处理软件并不陌生，其强大的图像处理和图像合成功能被应用于影视、广告等领域。作为后期处理，其实仅用到了其很少的功能，例如，调亮度、调整色彩、添加元素灯，图10-2所示的是Photoshop CS6的工作界面。

图10-2

10.2 构图裁剪

在第1章的内容中，介绍过构图的知识，而通过前面内容的学习，相信读者也知道可以通过摄影机设置视角，即完成构图的设置。当然这类构图的方式是读者必须掌握的，但是如果已经渲染出图10-3所示的效果图，该场景给我们的第一感觉就是主体是客厅这一空间，现在我们若想着重表现餐桌，应该如何制作呢？

图10-3

相信大部分读者会采用调整摄影机的方式重新构图，然后重新渲染。当然这也是相对准确的一种方法，但是相对来说比较麻烦，如果不是特别需要，一般不采用重新渲染的方法。下面为大家介绍一种比较简单的方法，那就是“裁剪”。

该工具在Photoshop的工具箱中，如图10-4所示。通过“裁剪工具”即可完成图像的裁剪。单击“裁剪工具”后，在菜单栏下方会出现与裁剪相关的参数，如图10-5所示，通过这些参数可以对裁剪进行相应的设置。

图10-4

图10-5

技巧与提示

在后期处理中，只是简单地裁剪一下，所以对于其参数不做详细介绍，有兴趣的读者可以查看相关书籍。

下面就以图10-3所示的效果图为例说明一下裁剪工具的用法。

第1步：在Photoshop CS6中打开效果图，如图10-6所示。

图10-6

第2步：单击“裁剪工具”按钮，如图10-7所示，此时窗口中会出现一个裁剪框，如图10-7所示。

图10-7

第3步：通过鼠标设置裁剪框的大小，如图10-8所示，然后按Enter键即可完成裁剪，裁剪效果如图10-9所示，此时就可以看出该场景的主体为餐桌。

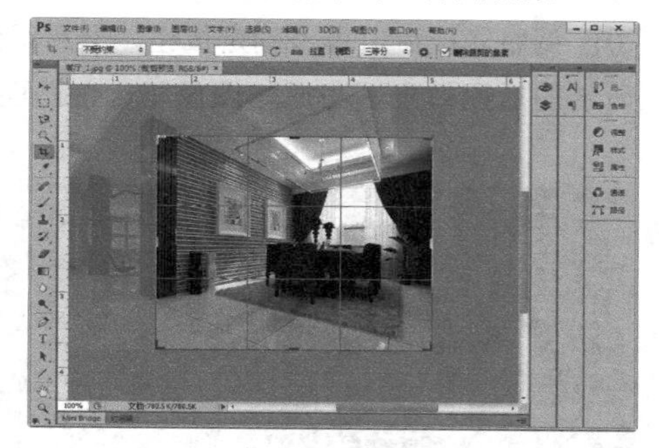

图10-8

图10-9

10.3 亮度与清晰度

其实大部分的渲染效果图都是偏暗或者偏灰的，且因为渲染参数，在效果图中也会出现或多或少的噪点，对于这类问题，如果用3ds Max来处理，会显得相对麻烦，而放在后期处理中，只是简单的亮度和清晰度问题。

10.3.1 调亮方式

通常情况下，在Photoshop CS6中，调整图像亮度有两种方式，一种是通过“曲线”，另一种是通过添加“亮度/对比度”修改图层，图10-10所示的是调亮前后的效果对比。

图10-10

1.曲线

这里所说的“曲线”通常是指“RGB曲线”，快捷键为Ctrl+M，也可通过添加“曲线”调整图层来创建1个调整图层，如图10-11所示。

按快捷键Ctrl+M后，会弹出“曲线”对话框，如图10-12所示，通常在后期处理中，运用到的只是调整曲线的形状。

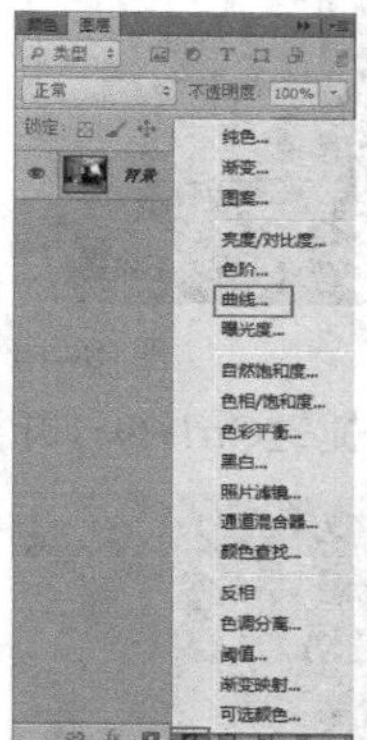

图10-11

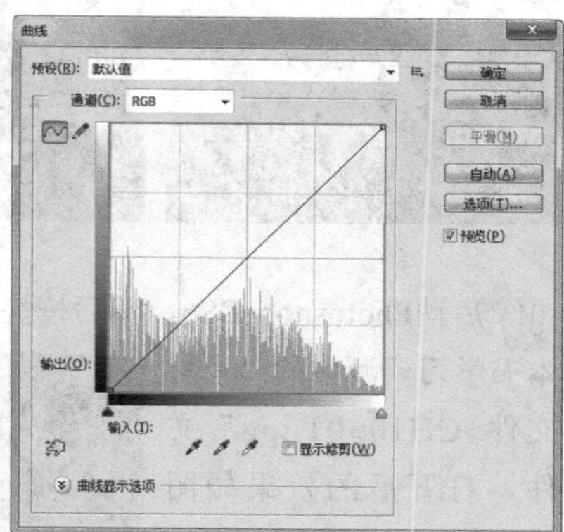

图10-12

2.亮度/对比度

“亮度/对比度”也可用来调整图像的亮度，与“曲线”相同，其打开方式也有两种，一种是执行“图像>调整>亮度>对比度”菜单命令，另一种就是添加“亮度/对比度”调整图层。无论哪一种，都会弹出“亮度/对比度”对话框，如图10-13所示。

亮度/对比度

亮度：0　确定

对比度：0　取消

自动(A)

使用旧版(L)　预览(P)

图10-13

【重要参数介绍】

亮度：亮度是指画面的明亮程度。

对比度：是画面黑与白的比值，也就是从黑到白的渐变层次。比值越大，从黑到白的渐变层次就越多，从而色彩表现越丰富。

课堂案例

用曲线调整亮度

素材文件	素材文件>CH10>01.jpg
实例文件	实例文件> CH10>课堂案例：用曲线调整图亮度.psd
视频名称	课堂案例：用曲线调整亮度.mp4
难易指数	★★☆☆☆
学习目标	学习如何使用"曲线"命令调整图像的亮度

在前面已经提到过，通常情况下的渲染效果图都是偏暗的，这并不是灯光的强度问题，所以一般不建议添加灯光进行重新渲染，本例将使用"曲线"功能来调整图像的亮度，效果如图10-14所示。

图10-14

01 启动Photoshop CS6，然后按快捷键Ctrl+O打开本书学习资源中的"素材文件>CH10>01.jpg"文件，打开后的效果如图10-15所示。

图10-15

技巧与提示

在Photoshop中打开文件的方法共有以下3种。

第1种：按快捷键Ctrl+O。

第2种：执行"文件>打开"菜单命令。

第3种：直接将文件拖曳到操作界面中。

02 在"图层"面板中选择"背景"图层，然后按快捷键Ctrl+J复制一层，图层面板如图10-16所示。

03 执行"图像>调整>曲线"菜单命令或按快捷键Ctrl+M，打开"曲线"对话框，然后调整曲线，如图10-17所示。

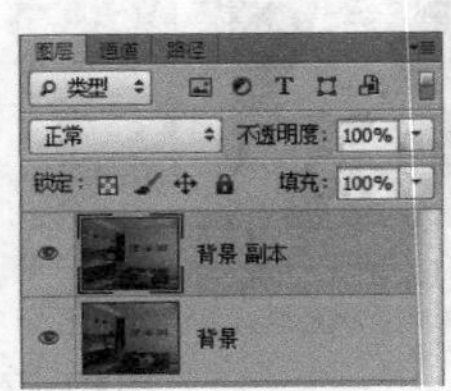

图10-16

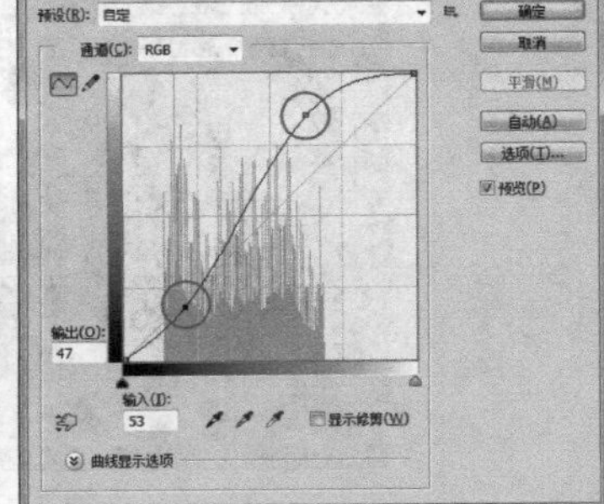

图10-17

技巧与提示

调整曲线时，一边调整曲线，一边观察图片效果。

04 调整完成后，单击确定按钮，然后得到图10-18所示的后期效果，与原始图像相比，画面明亮了许多。

图10-18

10.3.2 提高清晰度

Photoshop CS6还能使画面模糊的效果图变得清晰，如图10-19所示，右图是经过处理的渲染效果图，相对于模糊的左图，它要清晰许多。

图10-19

通常在处理清晰度的问题上，都是采用

“USM锐化”滤镜，它可以增加像素之间的对比度，使图像清晰化，执行“滤镜>锐化>USM锐化”可以打开“USM锐化”对话框，如图10-20所示。

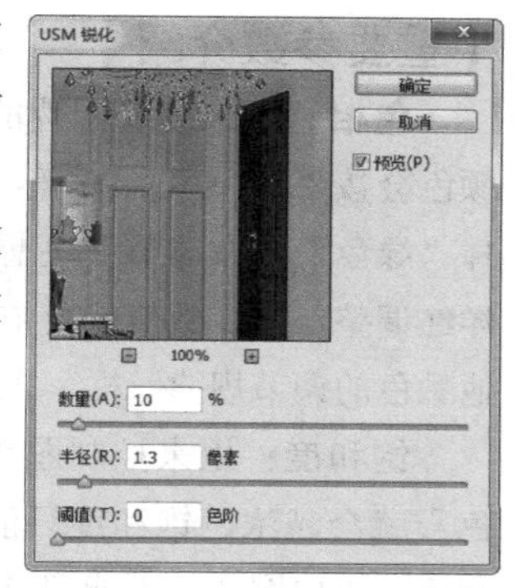

图10-20

【重要参数介绍】

数量：控制锐化效果的强度。

半径：用来决定边沿强调的像素点的宽度。如果半径值为1，则从亮到暗的整个宽度是两个像素；如果半径值为2，则边沿两边各有两个像素点，那么从亮到暗的整个宽度是4个像素。半径越大，细节的差别越清晰，但同时会产生光晕。

阈值：决定多大反差的相邻像素边界可以被锐化处理，而低于此反差值就不锐化。设置阈值是避免因锐化处理而导致的斑点和麻点等问题的关键，正确设置后就可以使图像既保持平滑的自然色调（例如，背景中纯蓝色的天空），又可以对变化细节的反差做出强调。

课堂案例

调整清晰度

素材文件	素材文件>CH10>02.jpg
实例文件	实例文件>CH10>课堂案例：调整清晰度.psd
视频名称	课堂案例：调整清晰度.mp4
难易指数	★☆☆☆☆
学习目标	学习如何使用“USM锐化”滤镜调整图像的清晰度

图像的清晰度在VRay中是用抗锯齿功能来完成的，在后期调整中主要使用一些常用的锐化滤镜来进行调整，本例将使用“USM锐化”滤镜来调整图像的清晰度，效果如图10-21所示。

图10-21

01 打开本书学习资源中的“素材文件>CH10>02.jpg”文件，如图10-22所示，该效果图的画面比较模糊。

图10-22

02 执行“滤镜>锐化>USM锐化”菜单命令，然后在弹出的“USM锐化”对话框中设置“数量”为40%、“半径”为5像素，如图10-23所示。

03 调整完成后，单击确定按钮，然后得到图10-24所示的效果。与原始图像相比，画面变得清晰了许多。

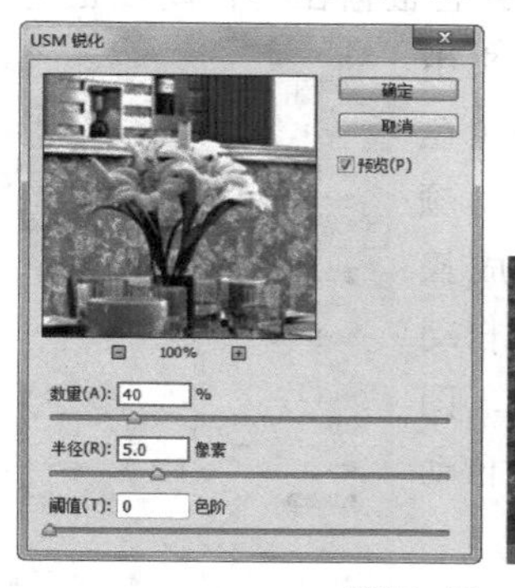

图10-23

图10-24

技巧与提示

图像的清晰度设置尽量在渲染中完成，因为Photoshop是一个二维图像处理软件，没有三维软件中的空间分析。在VRay中一般使用抗锯齿来设置图像的清晰度，也可以在VRay材质的贴图通道中改变“模糊”值。

10.4 色彩与层次

色彩与层次是效果图必备的，色彩表达得是否好，效果图看起来是否有很强的层次感，这些都是决定效果图好坏的因素。

10.4.1 色彩的处理方法

画面色彩的冷暖和明暗代表着不同的风格以及喜好，如图10-25所示，左图的主要色彩是黄色，突出一种温暖的氛围，正与餐厅的性质相吻合；而右图的主要色彩是相对比较艳丽的红色，以突显出KTV场所热情、奔放的性质。

下面讲解4种常用的色彩处理的命令。

图10-25

1.自动颜色

“自动颜色”命令通过搜索实际图像（而不是用于暗调、中间调和高光的通道直方图）来调整图像的对比度和颜色。它根据在“自动校正选项”对话框中设置的值来中和中间调并剪切白色和黑色像素。执行“图像>自动颜色”菜单命令即可完成操作，如图10-26所示。“自动颜色”的操作非常简单，图10-27所示的就是使用“自动颜色”前后的效果对比。

图10-26

图10-27

2.色相/饱和度

“色相/饱和度”是一款快速调色和调整图片色彩浓淡及明暗的工具，功能非常强大。执行“图像>调整>色相/饱和度”菜单命令即可打开其对话框，如图10-28所示。

图10-28

【重要参数介绍】

色相：用来改变图片的颜色，拖动滑块的时候颜色会按“红-黄-绿-青-蓝-洋红”的顺序改变，如选择“绿色”向右调节滑块增加数值就会依次向青-蓝-洋红调整，减少数值就会依次向黄-红-洋红调整，其他颜色的调节规律一样。

饱和度：用来控制图片色彩浓淡，饱和度越大色彩就会越浓，饱和度只能对有色彩的图片调节，灰色、黑白图片是不能调节的。

明度：相对来说比较好理解，就是图片的明暗程度，数值越大就越亮，相反就越暗。

着色：勾选这个选项后，图片就会变成单色图片，我们也可以调整色相、饱和度、明度等做出单色图片。我们还可以用吸管工具吸取图片中任意的颜色进行调色。

可以简单把“色相”理解为用来改变颜色的，选择下拉列表全图中的颜色，通过调整“色相”将其改变为相应的颜色。图10-29所示的是“色相/饱和度”调整前后的效果，右图相对于左图来说，整个画面偏暖，颜色较饱和，所以可以看出，右图是调整“全图”模式下的“饱和度”得到的效果。

图10-29

3.照片滤镜

照片滤镜是一款调整图片色温的工具。照片滤镜的工作原理就是模拟在照相机的镜头前增加彩色滤镜，镜头会自动过滤掉某些暖色或冷色光，从而起到控制图片色温的效果，通过执行“图像>调整>照片滤镜”菜单命令可打开其对话框，如图10-30所示。

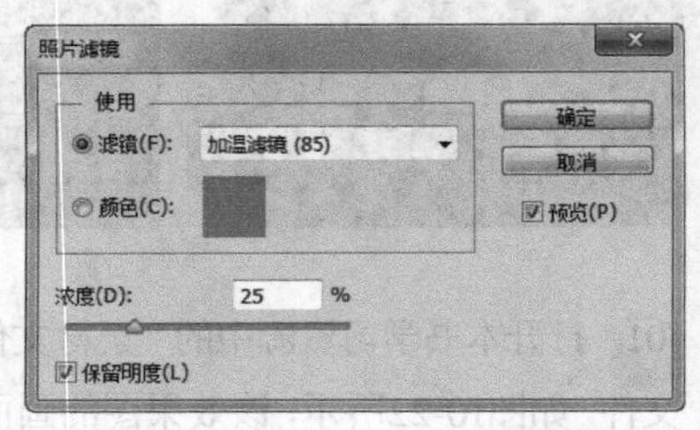

图10-30

【重要参数介绍】

滤镜：里面有各种颜色滤镜，选择不同的“滤镜”，可以使场景的色彩不同，通常配合“浓度”使用。

颜色：设置自定义颜色。

浓度：控制需要增加颜色的浓淡。

保留明度：是否保持高光部分，勾选后有利于保持图片的层次感。

4.色彩平衡

色彩平衡是一款非常实用及常用的调色工具，应用非常广泛，可以用来校色、润色、调和图片颜色、增加或减少图片饱和度等。执行“图像>调整>色彩平衡”菜单命令即可打开其对话框，如图10-31所示。

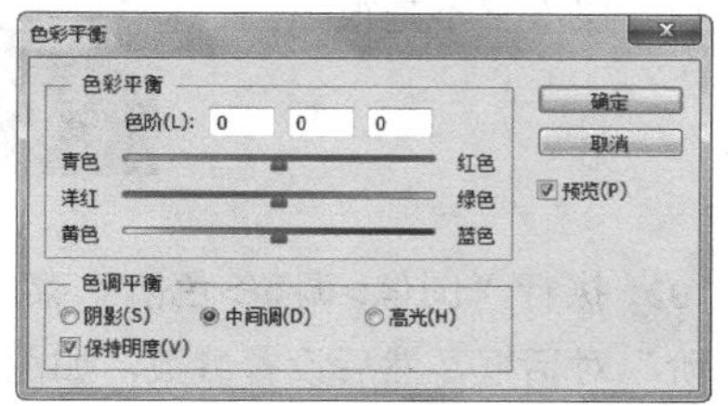

图10-31

“色彩平衡”的设置较为简单，最下面的就是“色调平衡”选项组，包括“阴影”“中间调”“高光”。这些是必选的，调色之前，我们需要分析好图片的色彩构成，大致明白哪些色调区域需要调节。选择色调区域后，我们就可以随意调整某个区域的颜色，在图10-32中可以看到，右图相对于左图偏蓝，所以应该是“中间调”部分的颜色被调整了。

图10-32

课堂案例

统一画面色调

素材文件	素材文件>CH10>03.jpg
实例文件	实例文件> CH10>课堂案例：统一画面色调.psd
视频名称	课堂案例：统一画面色调.mp4
难易指数	★★☆☆☆
学习目标	学习如何使用“照片滤镜”调整图层统一画面色调

在效果图制作中，统一画面色调是非常有必要的。所谓统一画面色调并不是将画面的所有颜色用一个色调来表达，而是要将画面的色调用一个主色调和多个次色调来表达，这样才能体现出和谐感、统一感。本例将使用“照片滤镜”调整图层来统一画面的色调，效果如图10-33所示。

图10-33

01 打开本书学习资源中的“素材文件>CH10>03.jpg”文件，如图10-34所示，从图中可以观察到画面的色调不是很统一，所以应该将其统一为偏橘色的色调。

图10-34

02 执行“图像>调整>照片滤镜”菜单命令，然后在弹出对话框中选择“加温滤镜（81）”选项，如图10-35所示。

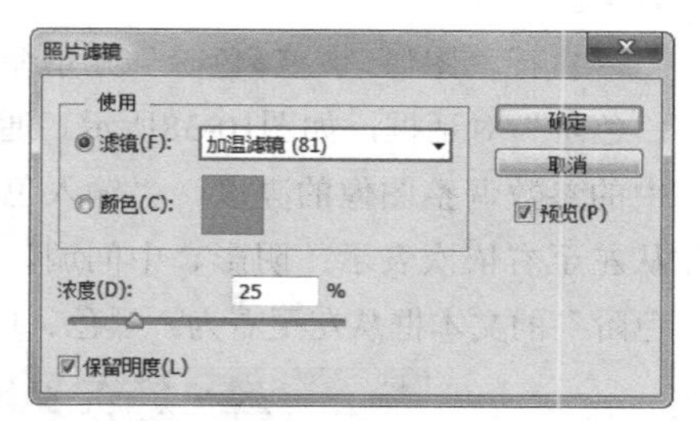

图10-35

03 调整完成后，单击确定按钮，最终效果如图10-36所示。与原图相比，画面整体偏橘黄色。

图10-36

10.4.2 画面的层次感

所谓的层次感其实就是如何在画面中安置黑白灰3者的位置关系，错得越开层次感越强，空间感也就越强。如果只有单一的黑和灰，或者白和灰，就会缺少对比，就会导致画面泛灰，层次泛糊，所以黑白灰在画面中是一定要共存的，缺一不可，区别只在于它们之间的对比，光影强对比就强，光影弱对比就弱。图10-37所示的效果图是一个偏白额度室内效果，通常这种场景的通病就是存在太多白灰关系而缺少黑，导致画面没有层次感，而在图10-37中巧妙地添加彩色带，如电视、墙壁装饰带、灯罩这些带黑的颜色，使画面黑白灰关系分明，加上其较强的光影关系，便弥补了这类场景的不足。

图10-37

通常在后期处理的过程中，采用“色阶”调整场景的明暗关系，以增强图像的层次感。色阶是图像亮度强弱的指数标准，也就是我们说的色彩指数，在数字图像处理教程中，指的是灰度分辨率（又称为灰度级分辨率或者幅度分辨率）。图像的色彩丰满度和精细度是由色阶决定的。色阶指亮度，与颜色无关，但最亮的只有白色，最不亮的只有黑色。

执行“图像>调整>色阶”菜单命令，可以打开“色阶”对话框，如图10-38所示。通过设置文本框中的参数调整图像的亮度，“输入色阶”的文本框从左至右依次表示：阴影、中间调、高光；“输出色阶”的文本框从左至右为：黑色、白色。

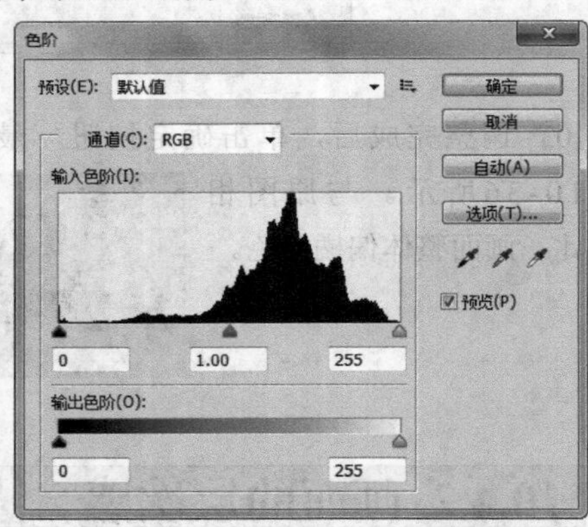

图10-38

课堂案例

调整图像的层次感

素材文件	素材文件>CH10>04.jpg
实例文件	实例文件> CH10>课堂案例：调整图像的层次感psd
视频名称	课堂案例：调整图像的层次感.mp4
难易指数	★★☆☆☆
学习目标	学习如何使用“色阶”命令调整图像的层次感

通常情况下对层次感的调整，并不是因为原图像没有层次感，而是为了增强其层次感，如本例的原始图像，画面偏白，黑和灰不容易区分，所以其层次感不强，如图10-39（左）所示。本例将使用“色阶”功能来调整图像的层次感，效果如图10-39（右）所示。

图10-39

01 打开本书学习资源中的“素材文件>CH10>04.jpg”的原始文件，如图10-40所示，该场景偏白，层次感不是很强。

图10-40

02 执行“图像>调整>色阶”菜单命令，打开“色阶”对话框，然后设置参数，如图10-41所示。

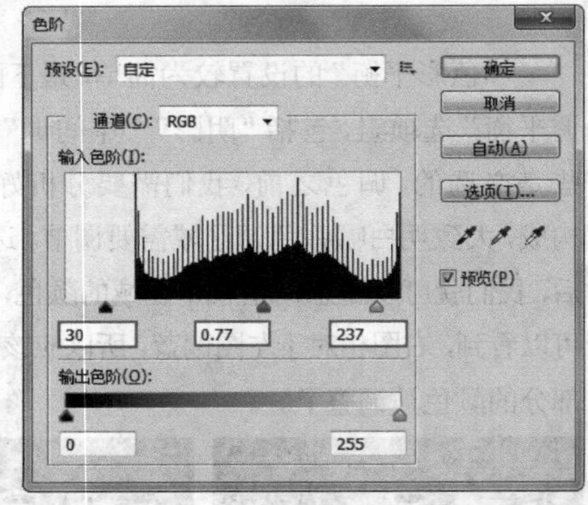

图10-41

03 调整完成后，单击确定按钮，最终调整后的效果如图10-42所示。与原图相比，此时的画面有了层次感，既保持了原有的亮度，又没有偏白的情况。

图10-42

10.5 特效制作

对于特效，相信读者都不陌生，在电影、游戏、动画这些领域，特效是一种普遍的技术，而且应用也比较频繁，在效果图后期制作中，经常会因为表达需要，在某些特定的地方加上特效，如光效、景深、体积光等，图10-43所示的就是添加了光晕特效的效果图。其实，这些特效在3ds Max中同样可以制作，尤其是景深，在3ds Max中制作要比后期处理方便，并且准确，所以在考虑特效的时候，首先要选择合理的制作途径。本节介绍3种常见的后期特效，即光晕、体积光和景深。

图10-43

10.5.1 光晕

光晕效果在日常生活中是比较常见的，通常台灯、路灯等灯光在照明的时候就会形成光晕，一般渲染的效果图是没有光晕的，而现实生活中由于光线在空气中经过折射或反射，可能会形成光晕，所以光晕的处理可以使效果图更加接近现实，更加逼真。在图10-44中可以看到，天花装饰灯上的光晕效果不仅使场景更加真实，而且让场景有了一种朦胧感，使其显得更加神奇、梦幻。

图10-44

1.混合模式

在学习制作光晕前，先了解一下Photoshop图层的一个重要内容——混合模式，如图10-45所示，该下拉菜单包含27种混合选项，如图10-46所示。

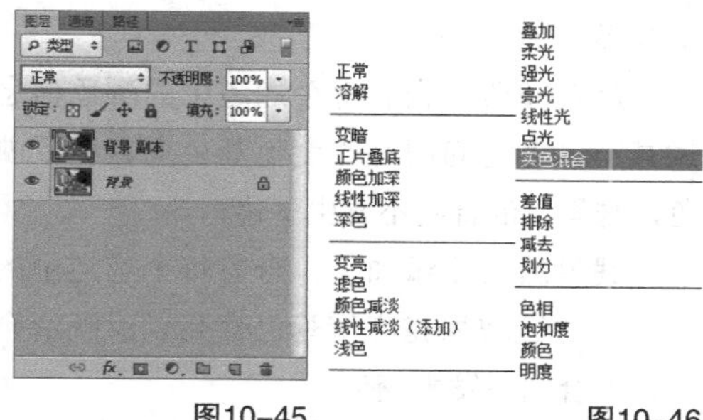

图10-45　图10-46

【重要功能介绍】

正常：编辑或绘制每个像素，使其成为结果色。这是默认模式。

溶解：编辑或绘制每个像素，使其成为结果色。但是，根据任何像素位置的不透明度，结果色由基色或混合色的像素随机替换。

变暗：查看每个通道中的颜色信息，并选择基色或混合色中较暗的颜色作为结果色。将替换比混合色亮的像素，而比混合色暗的像素保持不变。

正片叠底：查看每个通道中的颜色信息，并将基色与混合色进行正片叠底。结果色总是较暗的颜色。任何颜色与黑色正片叠底产生黑色；任何颜色与白色正片叠底保持不变；当用黑色或白色以外的颜色绘画时，绘画工具绘制的连续描边产生逐渐变暗的颜色。这与使用多个标记笔在图像上绘图的效果相似。

颜色加深：查看每个通道中的颜色信息，并通过增加二者之间的对比度使基色变暗以反映出混合色，与白色混合后不产生变化。

线性加深：查看每个通道中的颜色信息，并通过减小亮度使基色变暗以反映混合色，与白色混合后不产生变化。

深色：比较混合色和基色的所有通道值的总和并显示值较小的颜色。“深色”不会生成第3种颜色，因为它将从基色和混合色中选取最小的通道值来创建结果色。

变亮：查看每个通道中的颜色信息，并选择基色或混合色中较亮的颜色作为结果色。比混合色暗的像素被替换，比混合色亮的像素保持不变。

滤色：查看每个通道的颜色信息，并将混合色的互补色与基色进行正片叠底，结果色总是较亮的颜色。用黑色过滤时颜色保持不变；用白色过滤将产生白色。此效果类似于多个摄影幻灯片在彼此之上投影。

颜色减淡：查看每个通道中的颜色信息，并通过减小二者之间的对比度使基色变亮以反映出混合色，与黑色混合则不发生变化。

线性减淡（添加）：查看每个通道中的颜色信息，并通过增加亮度使基色变亮以反映混合色，与黑色混合则不发生变化。

浅色：比较混合色和基色的所有通道值的总和并显示值较大的颜色。“浅色”不会生成第3种颜色，因为它将从基色和混合色中选取最大的通道值来创建结果色。

叠加：对基色进行正片叠底（基色小于128）或滤色（基色大于128）。图案或颜色在现有像素上叠加，同时保留基色的明暗对比。不替换基色，但基色与混合色相混以反映原色的亮度或暗度。

柔光：编辑使颜色变暗或变亮，具体取决于混合色，此效果与发散的聚光灯照在图像上相似。如果混合色（光源）比50% 灰色亮，则图像变亮；如果混合色（光源）比50% 灰色暗，则图像变暗。使用纯黑色或纯白色上色，可以产生明显变暗或变亮的区域，但不能生成纯黑色或纯白色。

强光：对颜色进行正片叠底或过滤，具体取决于混合色。此效果与耀眼的聚光灯照在图像上相似。如果混合色（光源）比 50% 灰色亮，则图像变亮，就像过滤后的效果。这对于向图像添加高光非常有用。如果混合色（光源）比50% 灰色暗，则图像变暗，就像正片叠底后的效果。这对于向图像添加阴影非常有用。用纯黑色或纯白色上色会产生纯黑色或纯白色。

亮光：通过增加或减小对比度来加深或减淡颜色，具体取决于混合色。如果混合色（光源）比50% 灰色亮，则通过减小对比度使图像变亮；如果混合色比50% 灰色暗，则通过增加对比度使图像变暗。

线性光：通过减小或增加亮度来加深或减淡颜色，具体取决于混合色。如果混合色（光源）比50% 灰色亮，则通过增加亮度使图像变亮；如果混合色比50% 灰色暗，则通过减小亮度使图像变暗。

点光：根据混合色替换颜色。如果混合色（光源）比50% 灰色亮，则替换比混合色暗的像素，而不改变比混合色亮的像素；如果混合色比50% 灰色暗，则替换比混合色亮的像素，而比混合色暗的像素保持不变。这对于向图像添加特殊效果非常有用。

实色混合：将混合颜色的红色、绿色和蓝色通道值相加。如果通道的结果总和大于或等于255，则值为255；如果小于255，则值为 0。因此，所有混合像素的红色、绿色和蓝色通道值要么是0，要么是255。此模式会将所有像素更改为主要的红色、绿色、蓝色、白色或黑色。

差值：查看每个通道中的颜色信息，并从基色中减去混合色，或从混合色中减去基色，具体取决于哪一个颜色的亮度值更大。与白色混合将反转基色值；与黑色混合则不产生变化。

排除：创建一种与“差值”模式相似但对比度更低的效果，与白色混合将反转基色值，与黑色混合则不发生变化。

减去：查看每个通道中的颜色信息，并从基色中减去混合色。如果结果是负值会出现黑色，混合色是白色，结果色就是黑色，所以混合色越亮，结果色就越暗，混合色越暗，结果色变暗程度会降低，和划分模式正好相反。

划分：查看每个通道中的颜色信息，并从基色中分割混合色，与减去相反，中性色是白色，而减去模式的中性色是黑色。

色相：用基色的明亮度和饱和度以及混合色的色相创建结果色。

饱和度：用基色的明亮度和色相以及混合色的饱和度创建结果色。在无（0）饱和度（灰度）区域上用此模式绘画不会产生任何变化。

颜色：用基色的明亮度以及混合色的色相和饱和度创建结果色。这样可以保留图像中的灰阶，并且对于给单色图像上色和给彩色图像着色都会非常有用。

明度：用基色的色相和饱和度以及混合色的明亮度创建结果色。此模式创建与“颜色”模式相反的效果。

2.光晕的制作方法

光晕的制作方法比较多，笔者在这里介绍的是通过图层混合模式来制作光晕特效，具体制作步骤如下。

第1步：用Photoshop CS6打开需要制作光晕的图像，如图10-47所示，通过旁边的光效可知图中的蜡烛是点燃状态。

图10-47

第2步：执行“图层>新建”菜单命令新建一个“图层1”，然后在“工具箱”中单击“椭圆选框工具”按钮，接着在蜡烛上绘制一个图10-48所示的椭圆选区。

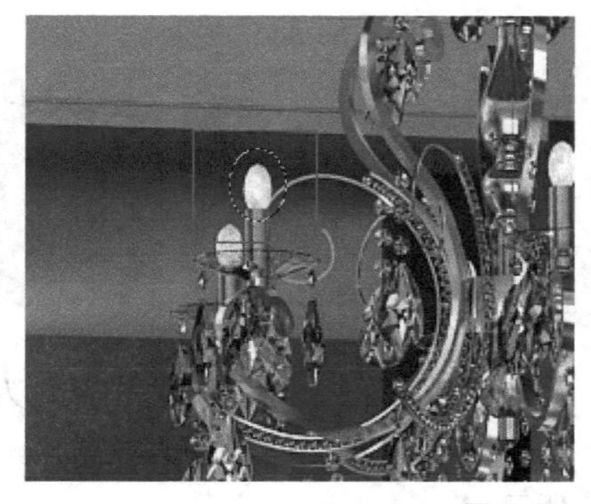

图10-48

第3步：按快捷键Shift+F6打开“羽化选区”对话框，然后设置“羽化半径”为6像素，如图10-49所示。

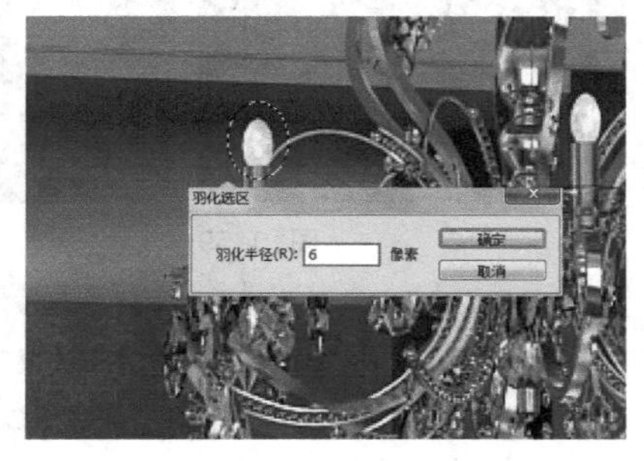

图10-49

第4步：设置前景色为白色，然后按快捷键Alt+Delete用前景色填充选区，接着按快捷键Ctrl+D取消选区，效果如图10-50所示。

图10-50

技巧与提示

在工具箱的下方即可通过“设置前/背景色”按钮设置前景色和背景色，完整的正方形按钮代表前景色，不完整的正方形按钮代表背景色。

第5步：设置“图层1”的“混合模式”为“叠加”，效果如图10-51所示，然后按快捷键Ctrl+J复制一个“图层副本”图层，并设置该图层的“不透明度”为50%，效果如图10-52所示。

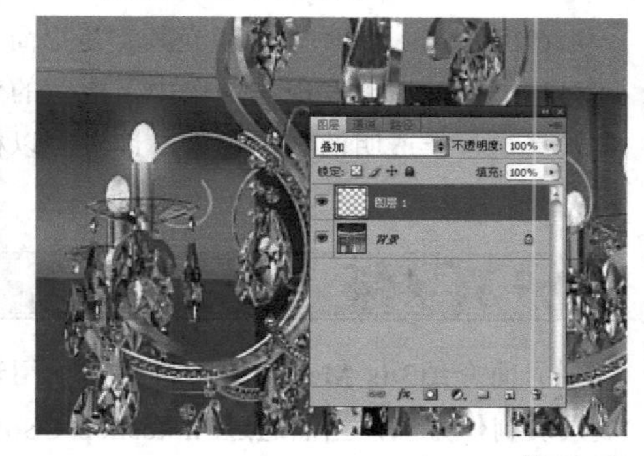

图10-51

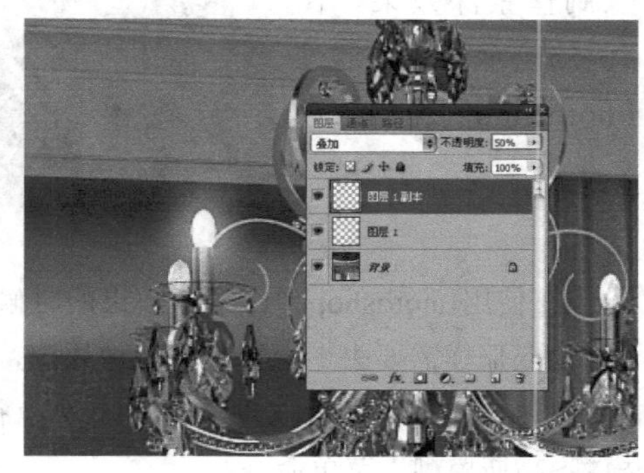

图10-52

第6步：复制一些光晕到其他蜡烛上，最终效果如图10-53所示，此时不用参照其他事物就能直观地看到蜡烛是点燃的，而且蜡烛点燃的效果非常真实。

图10-53

10.5.2 体积光

体积光常常在室内环境中出现，图10-54所示的就是体积光。体积光是强光下的空气颗粒或尘土产生反射形成的。体积光既可在3ds Max中制作，也可通过后期处理来制作。

图10-54

在Photoshop中制作体积光其实是很简单的，通过观察上图，可以发现在图像中，所谓的体积光其实就是一条半透明的白色色带。读者可以根据这个特点来制作。

10.5.3 景深

前面介绍3ds Max的摄影机时，介绍过景深的效果及制作方法，当然通过Photoshop CS6也能为图像制作景深效果，图10-55所示的就是通过Photoshop制作的景深效果。

图10-55

在使用Photoshop制作景深效果的时候，不用像3ds Max那样需要去考虑摄影机成像原理，简单地理解为模糊即可，然后对需要模糊的部分执行“滤镜>模糊>高斯模糊”菜单命令。

技巧与提示

这里使用的模糊类型是不定的，在选取过程，读者可以选择清晰部分，然后通过快捷键Ctrl+shift+I进行反向选择选取需要模糊的部分。

课堂案例

合成体积光

素材文件	素材文件>CH10>05.jpg
实例文件	实例文件> CH10>课堂案例：合成体积光.psd
视频名称	课堂案例：合成体积光.mp4
难易指数	★★★☆☆
学习目标	学习如何使用“多边形套索工具”合成体积光

室内效果图经常表现的就是卧室空间，这类空间的光源通常来自窗户采光，而在日常生活中经常可在窗户处看见体积光。本例将使用“多边形套索工具”在效果图中合成体积光效果，如图10-56所示。

图10-56

01 打开本书学习资源中的“素材文件>CH10>05.jpg”文件，如图10-57所示，这是一幅渲染后的效果图，其窗户处无体积光。

02 新建一个“图层1”，然后在“工具箱”中单击“多边形套索工具”按钮，接着在绘图区域勾选出图10-58所示的选区。

图10-57

图10-58

03 将选区羽化，然后设置前景色为白色，接着按快捷键Alt+Delete用前景色填充选区，效果如图10-59所示。

04 设置“图层1”的“不透明度”为50%，最终效果如图10-60所示。

图10-59

图10-60

技巧与提示

在3ds Max中，体积光在“环境和效果”对话框中进行添加，但是添加体积光后，渲染速度会变慢很多，因此在制作大场景时，最好在后期中添加体积光。

10.6 添加配景

在制作室内效果图的时候，关于室外（窗户外、门外）的制作都舍弃了，这就造成了效果图的窗户处是空白的问题，使画面很空洞，如图10-61所示。如果此时窗户外有外景，效果如图10-62所示，不仅填补了内容上的空白，而且整个图像的纵深显得更深了。

图10-61

图10-62

10.6.1 配景简介

配景，顾名思义，就是用来陪衬主体的，所以配景的内容不能过于丰富。通常情况下，可以简单地将配景分为两类，一类是户外，另一类是室内。

1.户外配景

在前面已经提到过，效果图中的户外配景大部分是窗户外的背景，通常用来掩盖窗户处的空白，以增加场景的丰富度及提高其纵深，这类配景的使用需要注意以下两点。

第1点：配景图片内容尽量简单，不要过于丰富，以免使效果图的表达重心发生偏移。

第2点：配景的选取应结合效果图的表达主题，如表现早上的效果，配景就应该是早上风和日丽的景色，而不是找一个大雾朦胧的景深。

总之，在选取配景的时候，一定要注意效果图才是主体，图10-63~图10-65所示的是一些不错的户外配景。图10-63所示的配景是比较普通的一类，适合制作大多数场景的外景；图10-64和图10-65所示的配景就比较有针对性，图10-64所示的配景是一幅春意盎然的景象，表现的是一种优雅、美丽的主题，可以用作高雅别墅这类效果图的外景，而图10-65就比较单一了，它只能用作深冬下的效果图的外景。

图10-63

图10-64

图10-65

2.室内配景

室内配景在效果图中的运用没有室外配景那么多，但是偶尔也会用到，如添加室内植物、挂件，甚至人物。图10-66所示的就是在室内环境中添加盆景植物，可通过对比发现右图中因为植物的添加，效果图变得更加多元化，场景更加充实，更加充满生机。

图10-66

10.6.2 添加方法

配景的添加是通过图层来完成的，可以理解为配景是在原效果图中新加的一个图层，用到的主要工具是“快速选择工具”和“图层蒙版”。

1.快速选择工具

“快速选择工具”位于工具箱中，如图10-67所示，与“裁剪工具”类似，当单击该工具后，在上方会出现如图10-68所示的参数选项。

图10-67

图10-68

该工具的用法很简单，仅仅需要单击该按钮，然后在需要选择的区域逐个单击即可，如图10-69所示。

图10-69

技巧与提示

在选取过程中，如果多选了可以单击“减选”按钮，单击多选区域进行删除，如果发现单击后选区过大，可以使用调整笔触大小。

2.图层蒙版

图层蒙版是Photoshop中一项十分重要的功能，可以理解为在当前图层上面覆盖一层玻璃片，这种玻璃片有透明、半透明、完全不透明，然后用各种绘图工具在蒙版上（即玻璃片上）涂色（只能涂黑白灰色），涂黑色的地方蒙版变为透明，看不见当前图层的图像；涂白色则使涂色部分变为不透明，可看到当前图层上的图像；涂灰色使蒙版变为半透明，透明的程度由涂色的灰度深浅决定。

创建“图层蒙版”的方法很简单，在图层面板的最下面有一排小按钮，其中，第3个长方形里边有个圆形的图案，它就是“添加蒙版”按钮，用鼠标单击就可以为当前图层添加图层蒙版，如图10-70所示。添加完成后，图层的后面会出现一个图层蒙版，如图10-71所示。

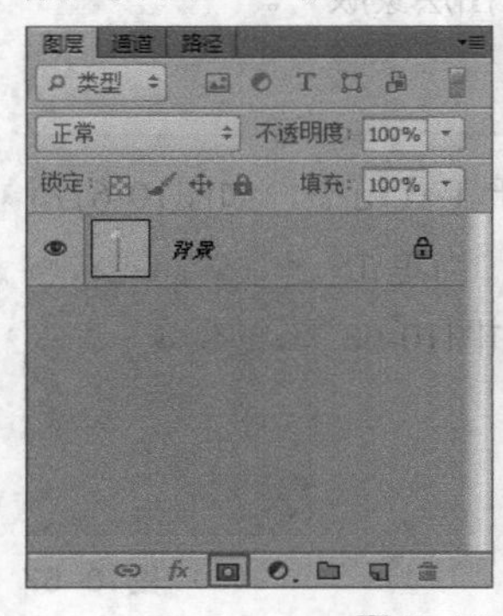

图10-70

图10-71

技巧与提示

工具箱中的前景色和背景色不论之前是什么颜色，当为一个图层添加“图层蒙版”之后，前景色和背景色就只有黑白两色了。

另外，蒙版虽然是一种选区，但它跟常规的选区颇为不同。常规的选区表现了一种操作趋向，即将对所选区域进行处理；蒙版却相反，它是对所选区域进行保护，让其免于操作，而对非掩盖的地方应用操作。

课堂案例

添加室外环境

素材文件	素材文件>CH10>06.jpg、07.jpg
实例文件	实例文件>CH10>课堂案例：添加室外环境.psd
视频名称	课堂案例：添加室外环境.mp4
难易指数	★☆☆☆☆
学习目标	学习如何添加室外环境

一张完美的效果图，不但要求能突出特点，更需要有合理的室外环境与之搭配。为效果图添加室外环境主要表现在窗口和洞口处。本例将使用“快速选择工具”和图层蒙版来添加室外环境，效果如图10-72所示。

图10-72

01 打开本书学习资源中的“素材文件>CH10>06.jpg”文件，如图10-73所示，从图中可以观察到窗外没有室外环境。

图10-73

02 打开本书学习资源中的“素材文件>CH10>07.jpg”外景文件，然后将其拖曳到原始文件的操作界面中，得到“图层1”，如图10-74所示。

图10-74

03 选择“背景”图层，然后在“工具箱”中单击“快速选择工具”按钮，接着勾选出窗口区域，如图10-75所示。

图10-75

技巧与提示

勾选选区的时候一定要仔细，只勾选出窗口区域，窗框不要勾选。在使用选区工具勾选选区时，按住Shift键的同时可以加选选区，按住Alt键的同时可以减选选区。

04 选择“图层1”，通过快捷键Ctrl+T调整外景图的大小，并移动其到窗口处，然后在“图层”调板下面单击“添加图层蒙版”按钮，为该图层添加一个选区蒙版，隐藏掉选区之外的区域，如图10-76所示。

图10-76

05 设置“图层1”的“不透明度”为40%，最终效果如图10-77所示。

图10-77

技巧与提示

添加外景贴图后需要调整贴图的亮度，以符合现实规律。

日景的效果图，外景贴图的亮度要远大于室内，呈现曝光过度的效果。外景贴图需要调整至曝白，基本看不到贴图的内容。

夜景的效果图则与日景相反，外景贴图的亮度要远小于室内，呈现曝光不足的效果。外景贴图需要调整至较黑较暗的效果。

10.7 本章小结

本章主要讲解Photoshop后期图片处理的技法。通过调整亮度、画面层次、图像清晰度、画面色彩和为图片添加环境等方法对图片进行后期处理。模型、材质以及渲染是制作效果图的基本，而后期处理则可以为效果图锦上添花。

课后习题

使用亮度/对比度调整亮度

素材文件	素材文件>CH10>08.jpg
实例文件	实例文件> CH10>课堂案例：使用亮度/对比度调整亮度.psd
视频名称	课堂案例：使用亮度/对比度调整亮度.mp4
难易指数	★☆☆☆☆
学习目标	学习“亮度/对比度”的使用方法

在效果图后期处理的时候，几乎都会对图像的亮度进行处理，在前面的案例中，已经介绍过使用“曲线”来调整图像的亮度，本题采用的是另一种方法，那就是使用“亮度/对比度”来调整图像的亮度，图10-78所示的效果就是调整“亮度/对比度”得到的。

图10-78

课后习题

使用色彩平衡调整图片色调

素材文件	素材文件>CH10>09.jpg
实例文件	实例文件> CH10>课堂案例：使用色彩平衡调整图片色调.psd
视频名称	课堂案例：使用色彩平衡调整图片色调.mp4
难易指数	★☆☆☆☆
学习目标	学习“色彩平衡”的使用方法

在效果图后期处理的时候，几乎都会对图像的色调进行处理，本例使用“色彩平衡”来调整图像的色调，图10-79所示的效果就是调整“色彩平衡”得到的。

图10-79

课后习题

为卧室添加户外环境

素材文件	素材文件>CH10>09.jpg、10.jpg
实例文件	实例文件> CH10>课堂案例：为卧室添加户外环境.psd
视频名称	课堂案例：为卧室添加户外环境.flv
难易指数	★★★☆☆
学习目标	练习为效果图添加外景

对于效果图来说，窗户是拓展图像纵深的最佳选择，而通过窗户，可以添加各式各样的外景来衬托室内环境的氛围。在前面的案例中，讲解过如何为效果图添加外景，所以读者可以参考前面的方法来完成本题，习题效果如图10-80所示。

图10-80

第11章

商业案例实训1：现代风格客厅

在室内效果图制作领域，家装效果图的制作量最大，不同的家装项目对效果图的表现要求也不一样。对于国内的普通家装项目来说，效果图的主要目的是表达设计意图和基本理念，不一定要非常真实地模拟实际的装修效果，其制作难度也相对较低。一些高端别墅装修，或者说国外的家装项目，由于设计要求或理念的不同，对效果图的要求就相对偏高，设计师通常会要求效果图的模型、材质和灯光都尽可能真实，甚至完全实现自己设计构想中的效果，这类效果图的制作难度很高。

学习效果图制作，不论以后的工作方向如何变化，首先应该把基本功练扎实，理解不同类型和风格的效果图的制作方法和要求，并通过不断的练习来提升技术水平。读者在前面的章节分别学习了效果图制作各个环节的技术，本章就需要读者把这些环节融会贯通，并通过实际的商业案例实训来制作一张完整的家装效果图，以便于掌握室内家装效果图的制作流程和方法。

课堂学习目标

- 熟悉效果图的基本制作流程
- 掌握木纹、木地板等主要材质的制作方法
- 掌握布料、玻璃、不锈钢等材质的做法
- 掌握VRay太阳模拟阳光照射效果
- 掌握Photoshop在后期处理中的运用
- 熟悉在渲染输出中的常用VRay参数设置

11.1 案例介绍

场景文件	场景文件>CH11>01.max
实例文件	实例文件> CH11>商业案例实训1：现代风格客厅.max
视频名称	商业案例实训1：现代风格客厅.mp4
难易指数	★★★★☆
学习目标	学习商业效果图的制作流程

本场景是一个休闲客厅空间，该空间中的两个面积很大的开窗是非常好的进光口，同时考虑到现代简约的设计风格，所以决定采用白天的日光效果进行表现，表现出阳光穿过玻璃投射到室内的温馨气氛，最终渲染效果如图11-1所示。从最终的效果来看，画面很干净，光感也很温馨，有一股休闲的味道。在本例的教学中，我们将详细介绍场景摄影机的建立、材质的赋予、布光的方法以及渲染设置，其目的就是让读者对制作室内效果图的流程有一个宏观的把握。

图11-1

11.2 创建摄影机

打开本书学习资源中的“场景文件>CH11>01.max”文件，如图11-2所示。这是已经创建好模型的场景，接下来我们将为渲染效果图做准备工作，为场景创建一台摄影机并测试模型是否有错误。

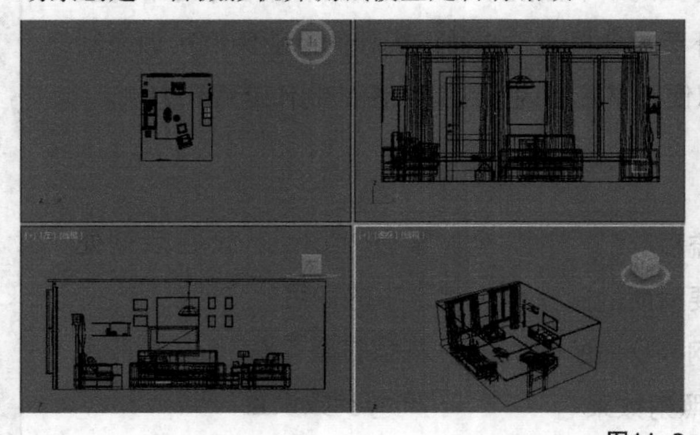

图11-2

11.2.1 创建摄影机

通常情况下，场景的摄影机角度都是根据客户的要求来设定的，如需要表现哪一块面，或者说需要表现哪一个角度等。在本场景中，笔者使用了“目标摄影机”来设置场景的视角。

下面就请大家根据操作步骤，一起来完成摄影机的创建。

01 在创建面板中单击“摄影机”按钮，然后单击要创建的“目标”按钮 目标 ，如图11-3所示。

图11-3

02 切换到顶视图，拖曳鼠标，在图11-4所示的位置创建一台“目标摄影机”。

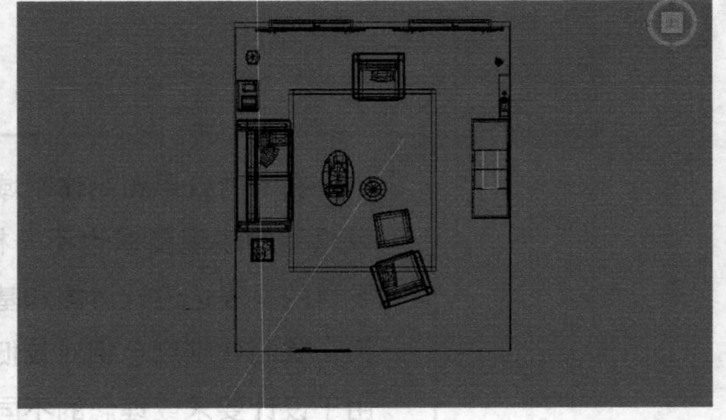

图11-4

03 按F键切换到前视图，调整“目标摄影机”的高度到图11-5所示的位置。

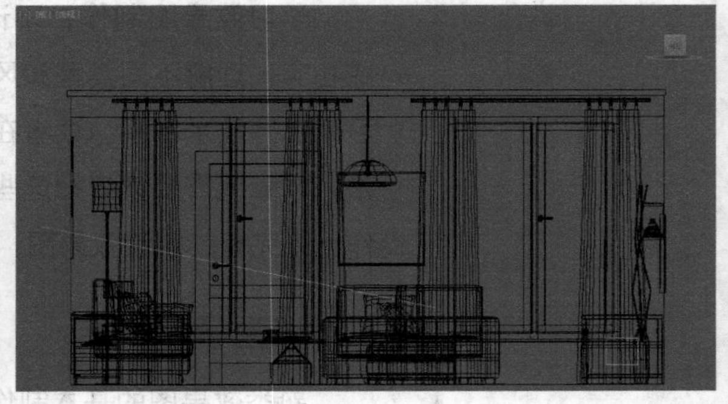

图11-5

04 切换到“修改”面板，调整摄影机的“镜头”为43.456mm，然后勾选“手动剪切”选项，接着设置“近距剪切”为233.199mm、“远距剪切”为1000mm，如图11-6所示。

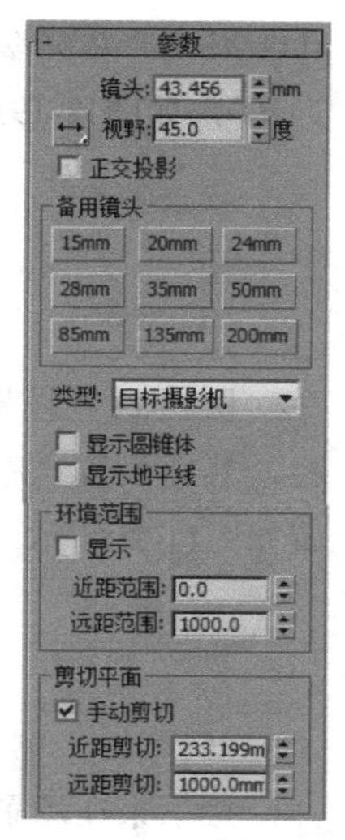

图11-6

技巧与提示

手动剪切的范围除了要切除遮挡镜头的物体，还要包含房间的最远距离。

05 切换到摄影机视图，最后场景的视角如图11-7所示。

图11-7

11.2.2 检查模型

当拿到模型师制作的模型以后，第1件需要做的事情就是检查模型是否有问题，如漏光、破面、重面等。已经放置好摄影机后，就可以粗略渲染1个效果，检查模型是否有问题。这样的好处在于，渲染过程中出现问题时，可以在很大限度上排除“模型的错误”，也就是说，这样可以提醒我们应该在其他方面寻求问题的症结所在。

请读者根据下面的操作步骤来完成对模型的检查。

01 设定一个通用材质球，来替代场景中所有物体的材质。在“材质编辑器”中新建一个VRayMtl材质球，将其命名为test，然后设置其“漫反射”颜色为（红:220，绿:220，蓝:220），在这里设置220的灰度，主要是让物体对光线的反射更充分，方便观察暗部，因为在物理世界里，越白的物体对光线的反射越充分。其他地方的参数保持默认即可，如图11-8所示。

02 按F10键打开“渲染设置”对话框，切换到V-Ray选项卡，然后打开“全局开关”卷展栏，再勾选“覆盖材质”选项，最后把上一步设定的基本测试材质（test）拖曳到“覆盖材质”后面的按钮上，如图11-9所示。

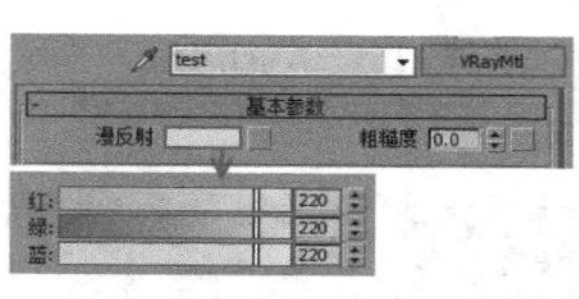
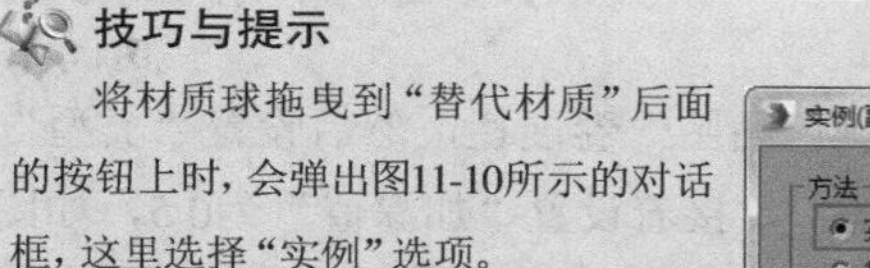

图11-8

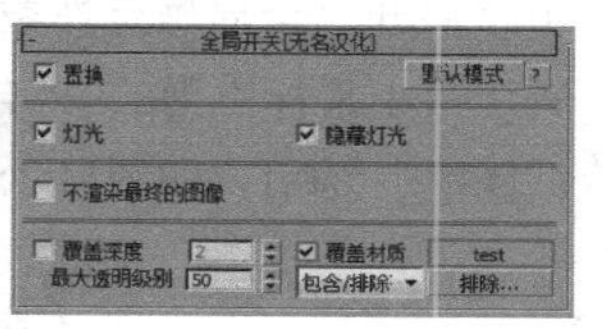

图11-9

技巧与提示

将材质球拖曳到“替代材质”后面的按钮上时，会弹出图11-10所示的对话框，这里选择“实例”选项。

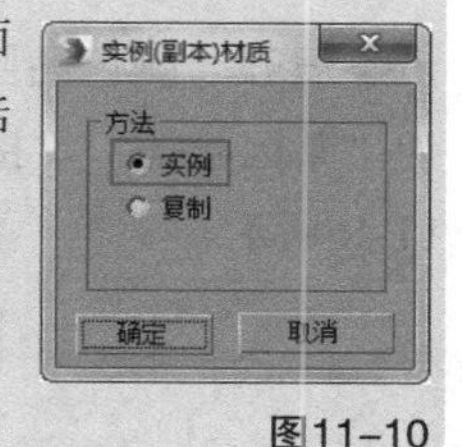

图11-10

03 因为是测试模型，为了保证速度，所以这里设置测试渲染的参数。切换到“公用”选项卡，然后设置“输出大小”的“宽度”为640、“高度”为480，如图11-11所示。

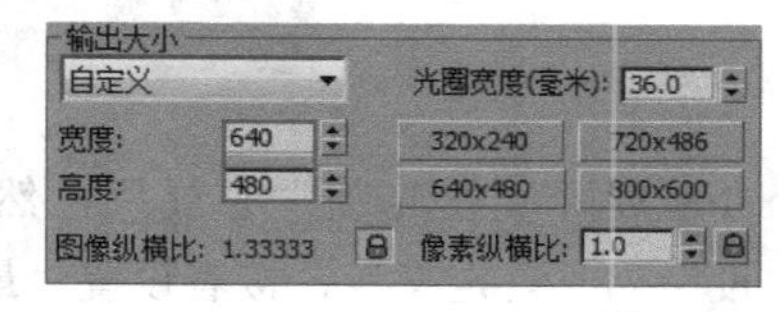

图11-11

04 切换到V-Ray选项卡，然后展开“图像采样器（抗锯齿）”卷展栏，接着设置“类型”为“渲染块”，如图11-12所示。

图11-12

05 展开“渲染块图像采样器”卷展栏，然后设置“最小细分”为1，接着取消勾选“最大细分”选项，再设置“渲染块宽度”为32，如图11-13所示。

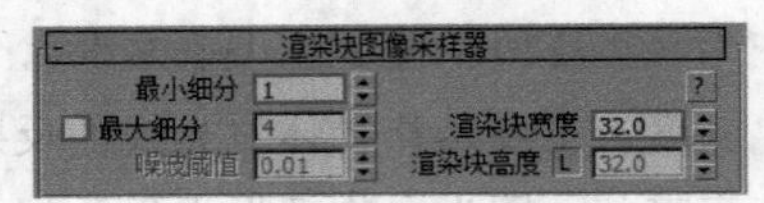

图11-13

06 展开“图像过滤器”卷展栏，然后设置“过滤器”为“区域”，如图11-14所示。

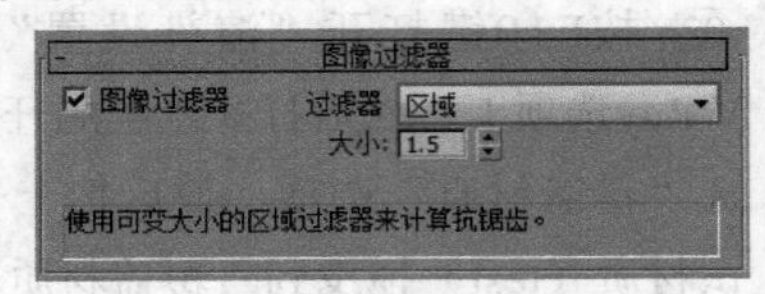

图11-14

07 展开“全局确定性蒙特卡洛”卷展栏，然后设置“最小采样”为8、“自适应数量”为0.85、“噪波阈值”为0.1，如图11-15所示。

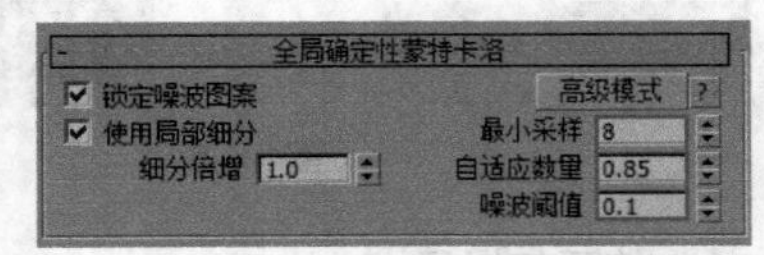

图11-15

08 展开“颜色贴图”卷展栏，然后设置“类型”为“莱因哈德”，接着设置“加深值”为0.5，如图11-16所示。

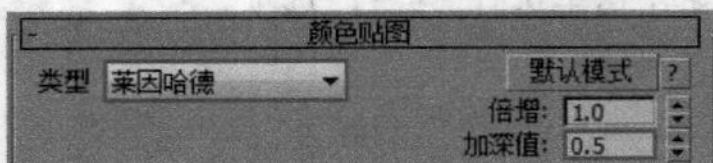

图11-16

09 切换到GI选项卡，然后展开“全局照明”卷展栏，接着设置“首次引擎”为“发光图”、“二次引擎”为“灯光缓存”，具体参数设置如图11-17所示。

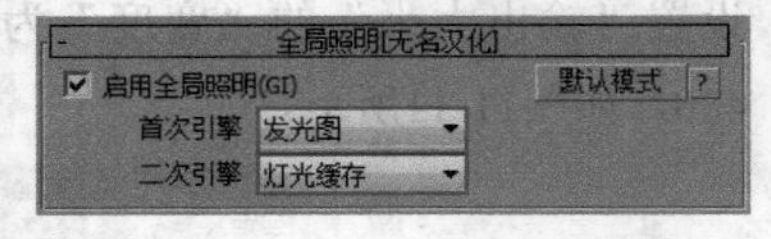

图11-17

10 展开“发光图”卷展栏，然后设置“当前预设”为“自定义”，接着设置“最小速率”和“最大速率”为-4，再设置“细分”为50，最后设置“插值采样”为20，具体参数设置如图11-18所示。

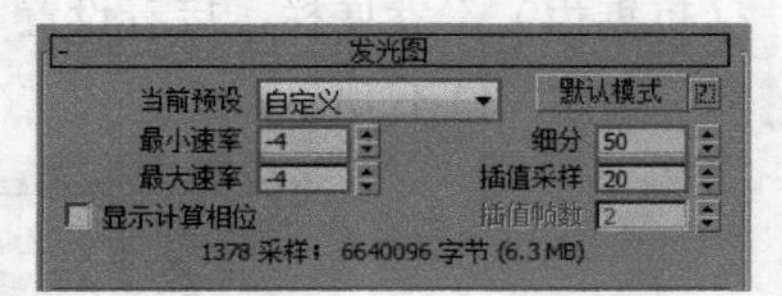

图11-18

11 展开“灯光缓存”卷展栏，然后设置“细分”为200，如图11-19所示。

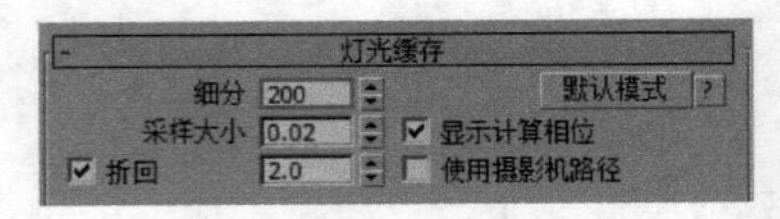

图11-19

12 切换到“设置”选项卡，展开“系统”卷展栏，然后设置“序列”为“上→下”，具体参数设置如图11-20所示。

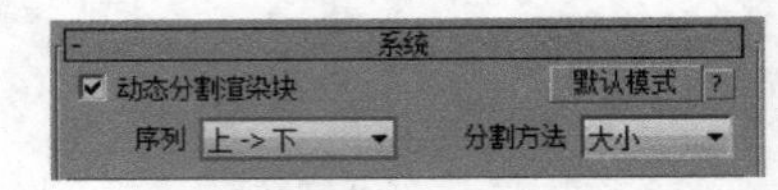

图11-20

13 接下来在场景中创建一个“VRay灯光”的“穹顶”灯，灯光的位置如图11-21所示，然后将灯光颜色设置为接近天空的颜色，接着设置“倍增”为1，最后勾选“不可见”选项，具体参数设置如图11-22所示。

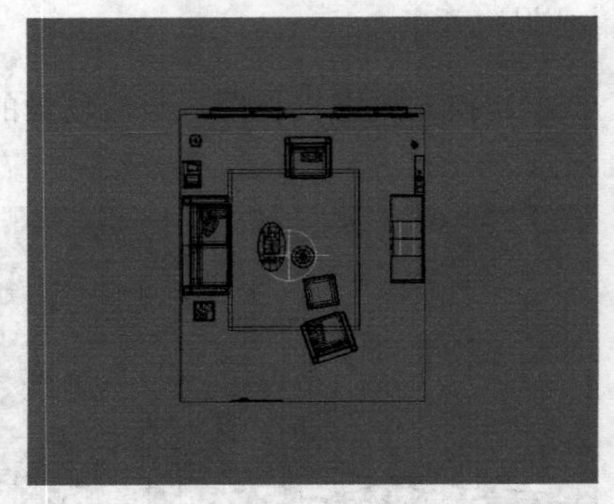

图11-21

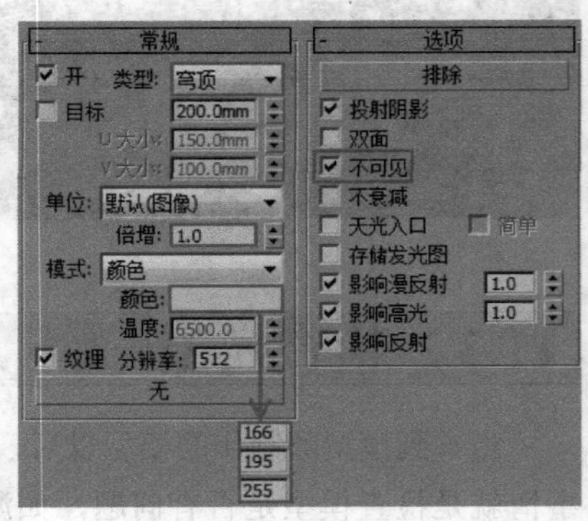

图11-22

14 这样，场景的基本设置就完成了，接下来按F9键开始测试渲染，其效果如图11-23所示。通过对渲染图像的观察，我们没有发现异常的情况。如果有异常的情况发生，那么就证明模型的某个地方有问题，需要修改模型。接下来开始制作场景中模型的材质。

图11-23

11.3 主要材质

在VRay中的材质怎样设定呢？很多读者都有这个疑问，答案很简单：以物理世界中的物体为依据，真实地表现出物体材质的属性。例如，物体的基本色彩、对光的反射率和吸收率、光的穿透能力、物体内部对光的阻碍能力和表面光滑度等。在这里就不逐一细说了，后面有关材质的内容都会紧扣这个中心来进行讲解。

场景中的材质效果如图11-24所示。对于未讲解的材质参数，可以打开实例文件查看。

图11-24

11.3.1 藤椅材质

藤椅材质依靠藤椅纹理的贴图和黑白贴图来表现凹凸质感。生活中的藤椅长时间使用后，表面会较为光滑，有明显的反射高光，所以制作时就需要将材质的反射增大，并调高反射光泽。明确了这些属性之后，我们来设置藤椅材质。

01 打开“材质球编辑器”选择一个空白材质球，转换为VRayMtl材质球。在“漫反射”通道中加载一张学习资源中的“实例文件> CH11>商业案例实训1——现代风格客厅>藤椅.jpg”文件，如图11-25所示。

02 设置“折射”颜色为（红:164，绿:164，蓝:164），然后设置“反射光泽”为0.8，接着设置“细分”为16，如图11-26所示。

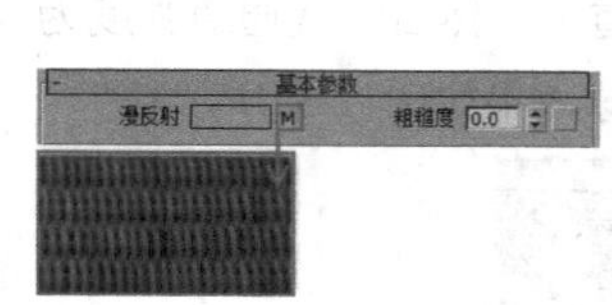

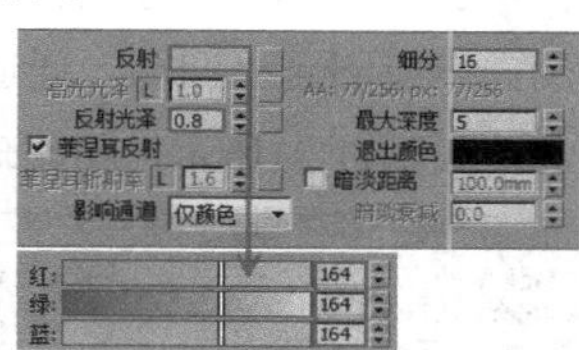

图11-25　图11-26

03 展开“贴图”卷展栏，然后在“凹凸”通道中加载一张本书学习资源中的“实例文件> CH11>商业案例实训1——现代风格客厅>藤椅bump.jpg”文件，接着设置“凹凸”通道强度为30，如图11-27所示。材质球效果如图11-28所示。

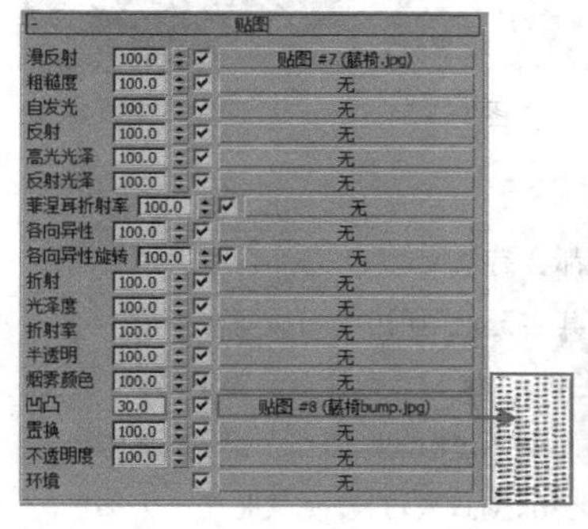

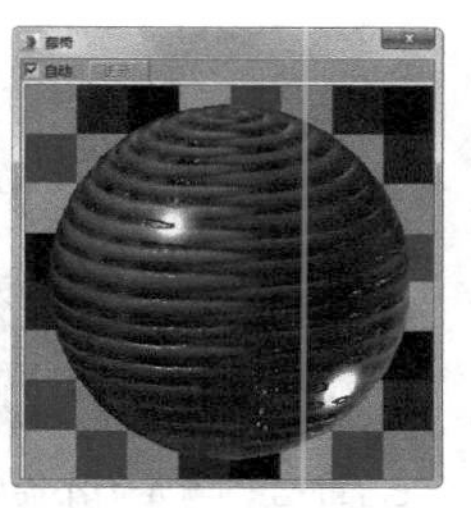

图11-27　图11-28

11.3.2 地板材质

地板材质依靠地板的贴图表现纹理效果，用凹凸通道表现地板的凹凸纹理。地板反射不是很强，不会太光滑，因此“反射光泽”的数值不会很大，具有一定的哑光质感。明确了这些属性之后，我们来设置地板材质。

01 打开“材质球编辑器”选择一个空白材质球，转换为VRayMtl材质球。在“漫反射”通道中加载一张学习资源中的“实例文件> CH11>商业案例实训1——现代风格客厅>黑地板砖.jpg”文件，如图11-29所示。

02 设置“折射”颜色为（红:165，绿:165，蓝:165），然后设置“反射光泽”为0.8，接着设置“细分”为16，如图11-30所示。

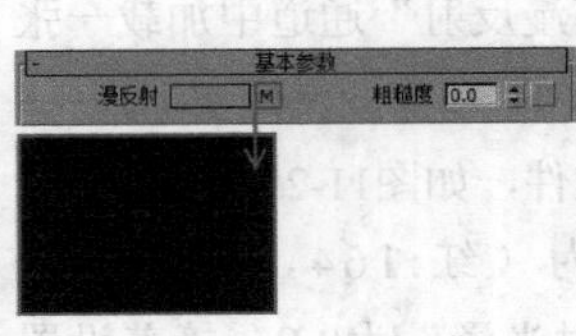

图11-29

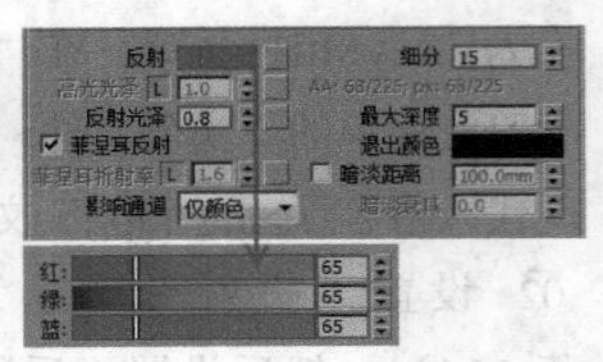

图11-30

03 打开“贴图”卷展栏，将“漫反射”通道中的贴图向下复制到“凹凸”通道中，然后设置通道强度为30，如图11-31所示，材质球效果如图11-32所示。

贴图			
漫反射	100.0	✓	Map #13 (黑胡桃砖.JPG)
粗糙度	100.0	✓	无
自发光	100.0	✓	无
反射	100.0	✓	无
高光光泽	100.0	✓	无
反射光泽	100.0	✓	无
菲涅耳折射率	100.0	✓	无
各向异性	100.0	✓	无
各向异性旋转	100.0	✓	无
折射	100.0	✓	无
光泽度	100.0	✓	无
折射率	100.0	✓	无
半透明	100.0	✓	无
烟雾颜色	100.0	✓	无
凹凸	30.0	✓	贴图 #4 (黑胡桃砖.JPG)
置换	100.0	✓	无
不透明度	100.0	✓	无
环境		✓	无

图11-31

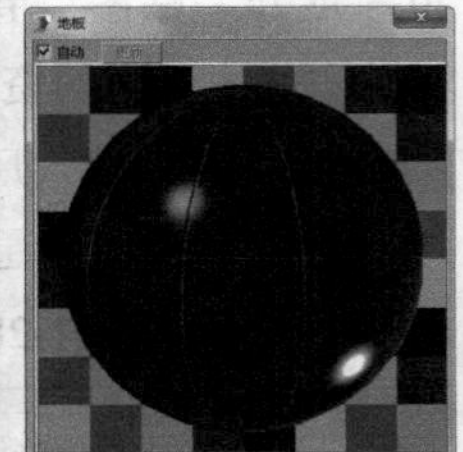

图11-32

技巧与提示

在这里，很多读者都会有个疑问，“为什么不用黑白的贴图，而要用彩色的呢”，其实无论是用黑白还是彩色贴图，效果都是一样的。如果用彩色的，3ds Max在计算渲染的时候，会把彩色贴图转换为黑白的。如果用黑白的贴图那么就不需要转换。它们的差别就是需不需要3ds Max来转换。如果是一个大场景，贴图很多，那么还是使用黑白的贴图，这样就不需要3ds Max再做转换处理，节约内存的使用量。而本场景比较小，所以就没做黑白的处理，直接用彩色图。

04 给木地板指定一个“UVW贴图”修改器，指定一个贴图坐标，设置“贴图”的类型为“平面”，然后设置“长度”为60mm、“宽度”为70mm，具体参数设置如图11-33所示。

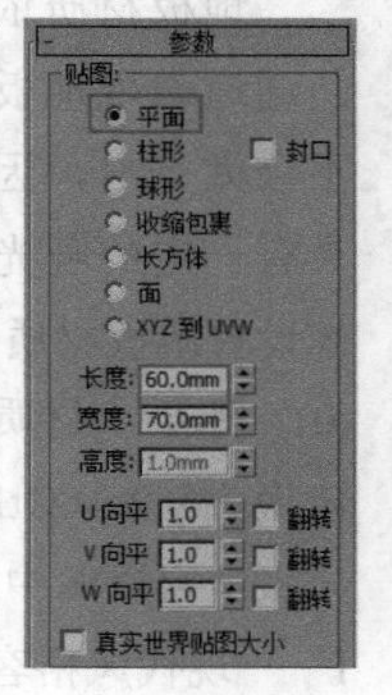

图11-33

11.3.3 地毯材质

地毯材质是依托于绒布材质进行制作的，通过“漫反射”通道中的衰减贴图表现地毯的渐变效果，在“凹凸”通道中添加凹凸纹理表现地毯的布纹质感。明确了这些属性之后，我们来设置地毯材质。

01 打开“材质球编辑器”选择一个空白材质球，转换为VRayMtl材质球。在“漫反射”通道中加载一张“衰减”贴图，然后在“前”通道和“侧”通道中加载一张学习资源中的“实例文件> CH11>商业案例实训1——现代风格客厅>地毯.jpg”文件，接着设置“侧”通道量为70，最后设置“衰减类型”为“垂直/平行”，如图11-34所示。

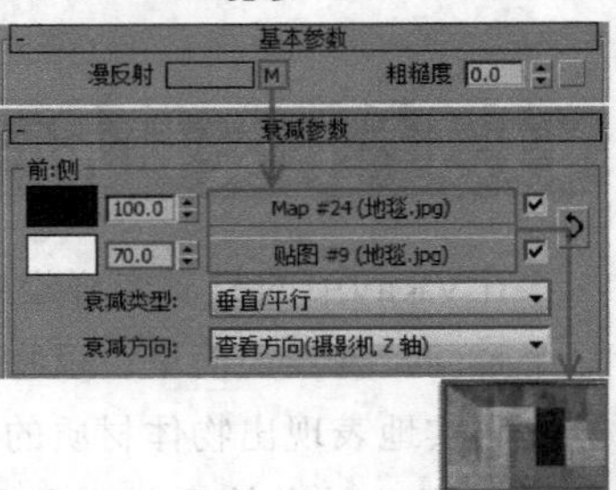

图11-34

02 设置“折射”颜色为(红:18，绿:18，蓝:18)，然后设置“反射光泽”为0.5，接着设置“细分”为16，如图11-35所示。

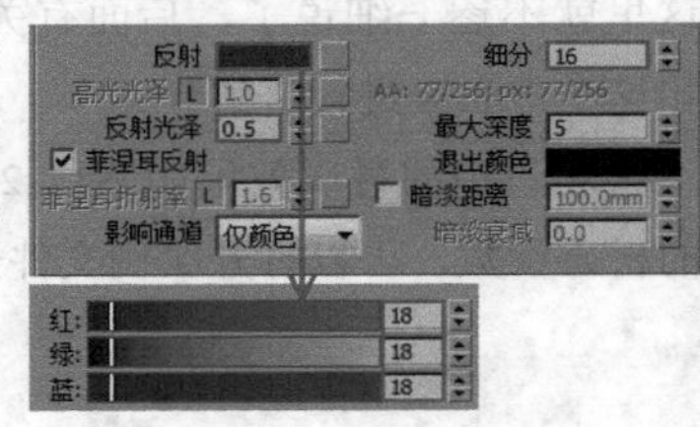

图11-35

03 展开“贴图”卷展栏，然后在“凹凸”通道加载一张本书学习资源中的“实例文件> CH11>商业案例实训1——现代风格客厅>地毯置换.jpg”文件，接着设置“凹凸”通道强度为30，如图11-36所示。材质球效果如图11-37所示。

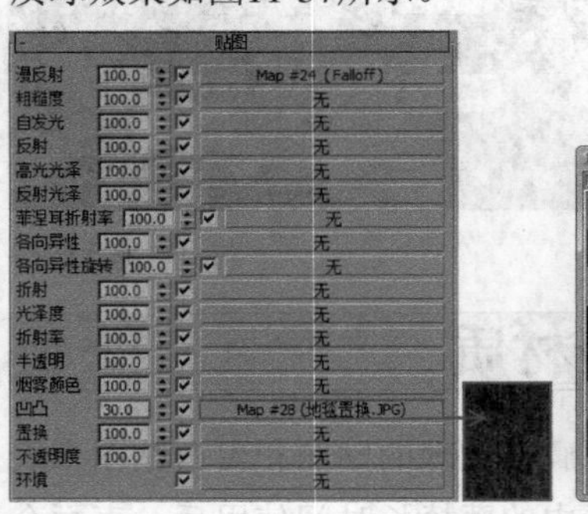

图11-36

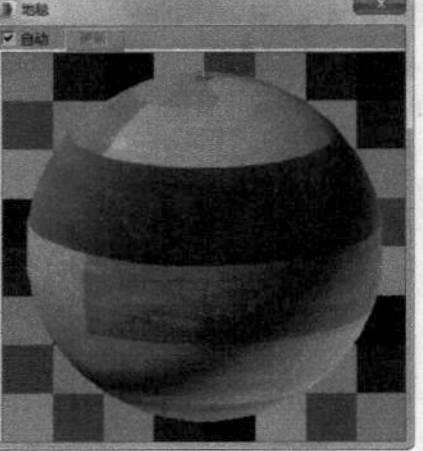

图11-37

04 接下来在“修改器列表”中为走廊指定一个“UVW贴图”，然后设置“贴图”类型为“平面”，接着设置“长度”为360.36mm、“宽度”为280.28mm，具体参数设置如图11-38所示。

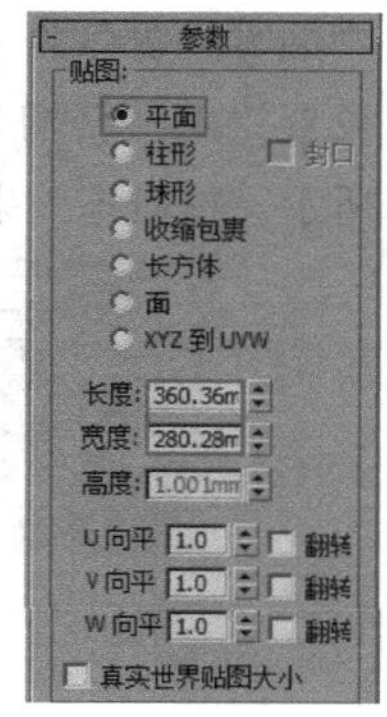

图11-38

11.3.4 木纹材质

木纹材质用木纹贴图表现材质的纹理。本例的木纹材质是半哑光状态，因此“反射光泽”数值不会很高。明确了这些属性之后，我们来设置木纹材质。

打开“材质球编辑器”选择一个空白材质球，转换为VRayMtl材质球。在“漫反射”通道中加载一张学习资源中的“实例文件> CH11>商业案例实训1——现代风格客厅>樱桃木-07.jpg”文件，具体参数设置如图11-39所示。

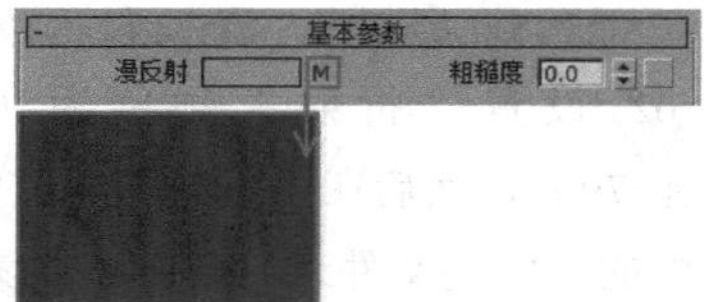

图11-39

设置“折射”颜色为（红:45，绿:45，蓝:45），然后设置“反射光泽”为0.85，接着设置“细分”为12，如图11-40所示。材质球效果如图11-41所示。

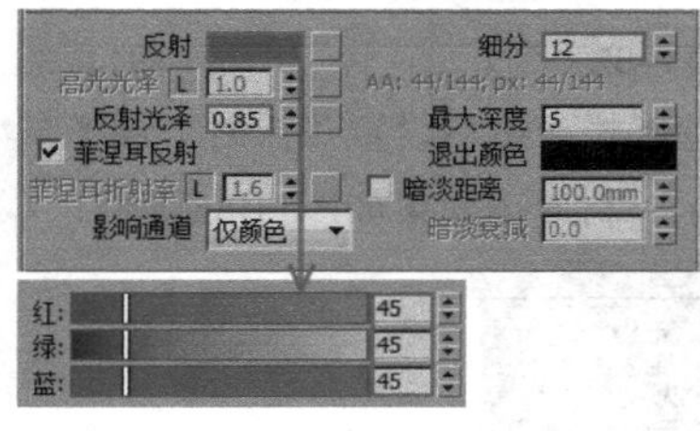

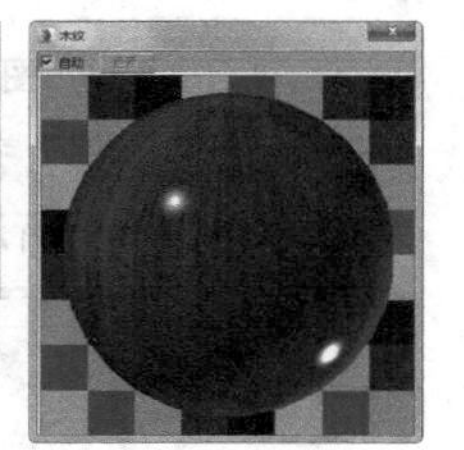

图11-40 图11-41

11.3.5 不锈钢材质

不锈钢材质是纯色的，不需要添加纹理贴图，反射很强，没有菲涅耳反射效果。因为本例是半哑光不锈钢，因此“反射光泽”参数不会很大。明确了这些属性之后，我们来设置不锈钢材质。

01 打开“材质球编辑器”选择一个空白材质球，转换为VRayMtl材质球。设置“漫反射”颜色为（红:221，绿:221，蓝:221），然后设置“反射”颜色为（红:220，绿:220，蓝:220），接着设置“反射光泽”为0.85，再设置“细分”为12，最后取消勾选“菲涅耳反射”选项，具体参数设置如图11-42所示。

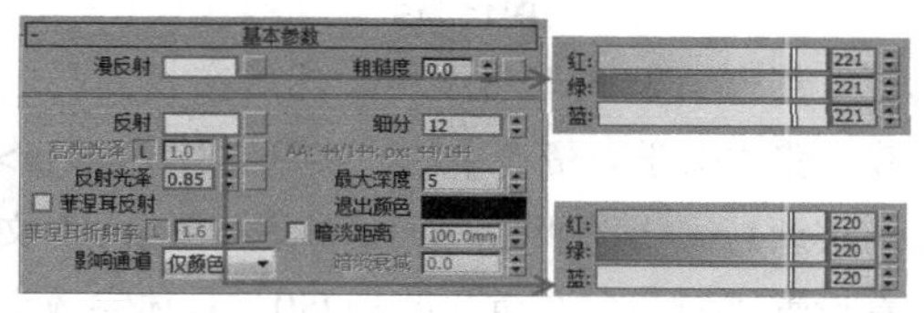

图11-42

02 展开“双向反射分布函数”卷展栏，然后设置类型为“微面GTR（GGX）”，如图11-43所示。材质球效果如图11-44所示。

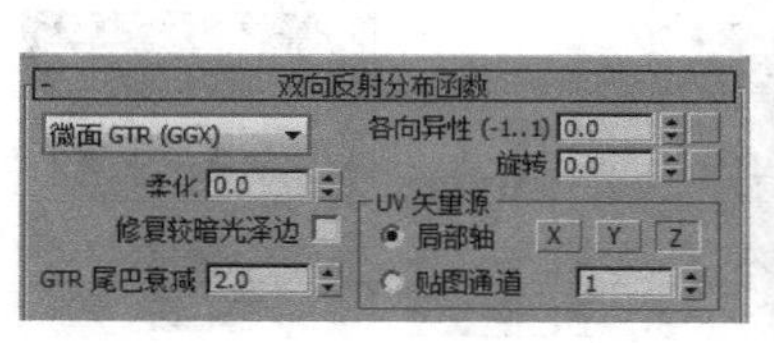

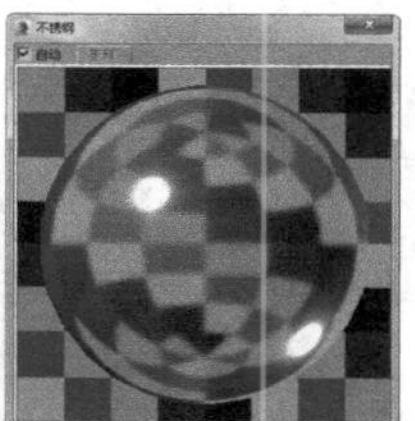

图11-43 图11-44

技巧与提示

不锈钢材质在现实中也是存在菲涅耳反射的，由于这个反射量很小，所以基本可以忽略不计。在设置材质球时，很多时候也不去勾选“菲涅耳反射”选项。如果要表现不锈钢材质的菲涅耳反射效果，就需要设置“菲涅耳折射率”数值。

11.3.6 靠垫材质

靠垫材质与地毯材质类似，都是绒布类的材质。需要在“漫反射”通道加载“衰减”贴图控制颜色和纹理，在“凹凸”通道添加褶皱的布纹贴图控制凹凸纹理。明确了这些属性之后，我们来设置靠垫材质。

01 打开“材质球编辑器”选择一个空白材质球，转换为VRayMtl材质球。在“漫反射”通道中加载一张“衰减”贴图，然后设置“前”通道颜色为（红:144，绿:144，蓝:144），接着设置“衰减类型”为“垂直/平行”，如图11-45所示。

02 设置“折射”颜色为（红:18，绿:18，蓝:18），然后设置“反射光泽”为0.7，接着设置“细分”为10，具体参数如图11-46所示。

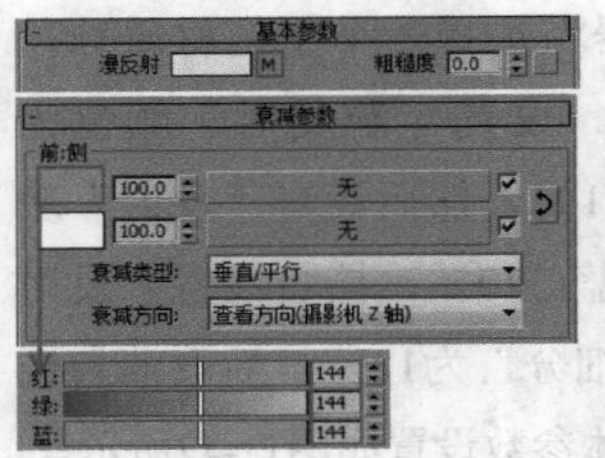

图11-45

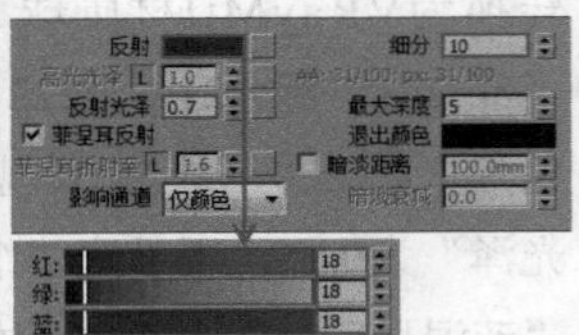

图11-46

03 展开“贴图”卷展栏，然后在“凹凸”通道加载一张本书学习资源中的“实例文件> CH11>商业案例实训1——现代风格客厅>布纹褶皱.jpg”文件，接着设置“凹凸”通道强度为250，具体参数设置如图11-47所示，材质球效果如图11-48所示。

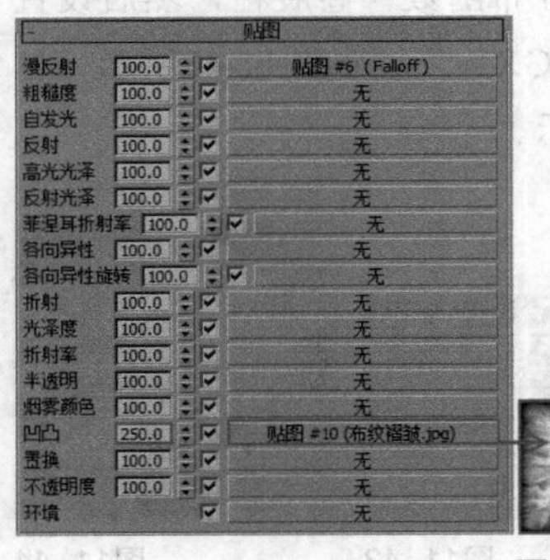

图11-47

图11-48

11.3.7 玻璃材质

玻璃材质具有强烈的反射且表面光滑，因此“反射”和“反射光泽”都要设置较高的数值。玻璃是透明的物体，因此需要将“折射”的数值设置得高一些，带有颜色的玻璃还需要设置“烟雾颜色”。明确了这些属性之后，我们来设置玻璃材质。

01 打开“材质球编辑器”选择一个空白材质球，转换为VRayMtl材质球。设置“漫反射”的颜色为（红:169，绿:210，蓝:183），然后设置“反射”颜色为（红:255，绿:255，蓝:255），接着设置“反射光泽”为0.9，最后设置“细分”为8，如图11-49所示。

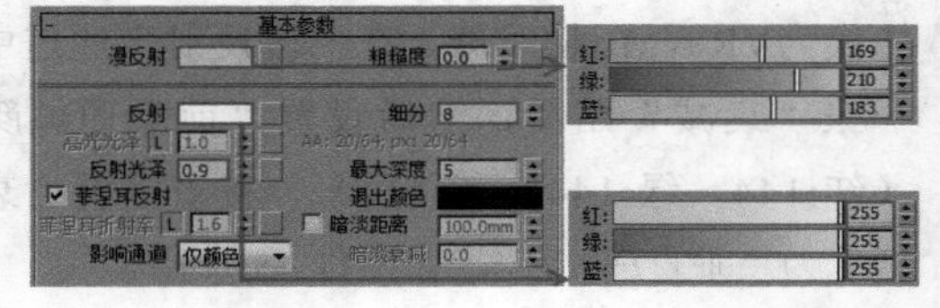

图11-49

02 设置“折射”颜色为（红:255，绿:255，蓝:255），然后设置“折射率”为1.517，接着设置“烟雾颜色”为（红:169，绿:210，蓝:183），最后设置“烟雾倍增”为0.02，具体参数设置如图11-50所示。材质球效果如图11-51所示。

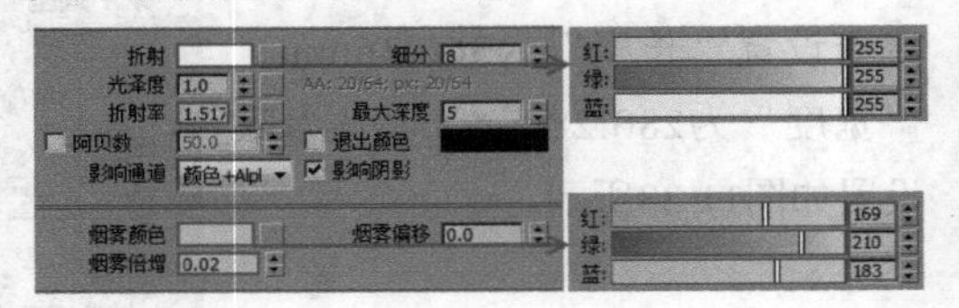

图11-50

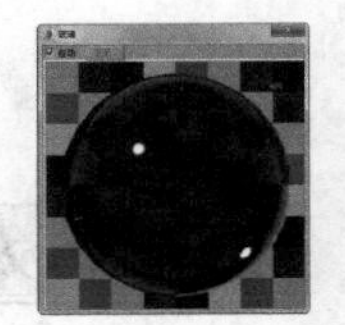

图11-51

11.3.8 窗帘材质

半透明的窗帘需要设置“折射”的参数。明确了这些属性之后，我们来设置窗帘材质。

01 打开“材质球编辑器”选择一个空白材质球，转换为VRayMtl材质球。设置“漫反射”的颜色为（红:245，绿:245，蓝:245），如图11-52所示。

02 设置“折射”颜色为（红:79，绿:79，蓝:79），然后在“折射”通道中加载一张学习资源中的“实例文件> CH11>商业案例实训1——现代风格客厅>窗帘花.jpg”文件，如图11-53所示。

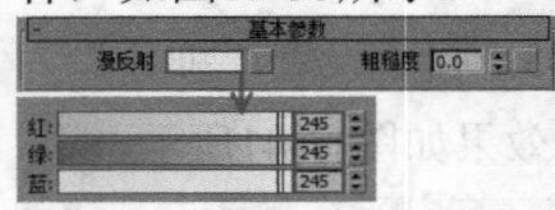

图11-52

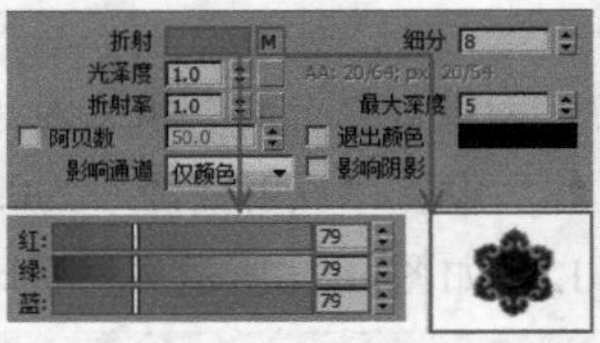

图11-53

03 展开“贴图”卷展栏，然后设置“折射”通道量为50，如图11-54所示。材质球效果如图11-55所示。

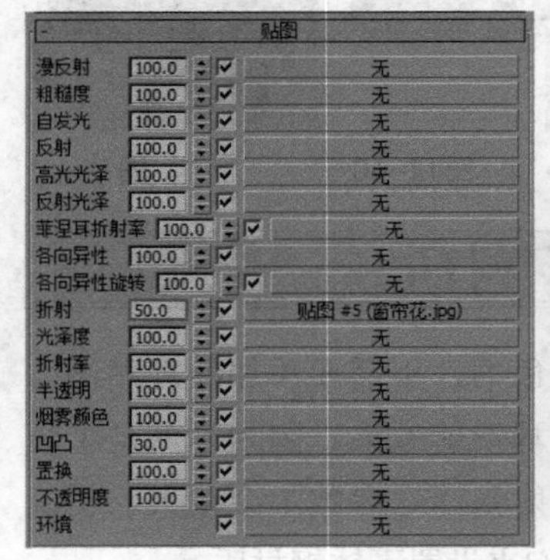

图11-54

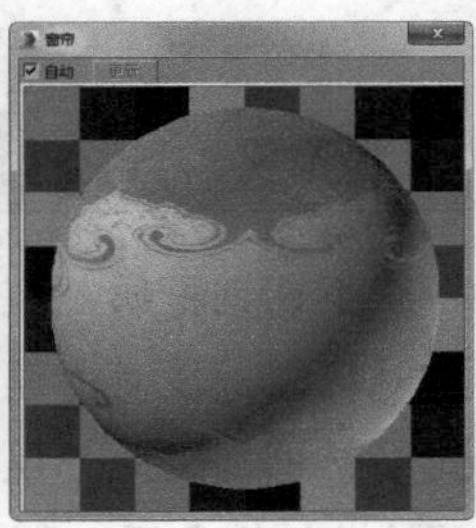

图11-55

技巧与提示

在本例中，不仅设置了“折射”的颜色，还在“折射”通道加载了贴图。“折射”通道的数值就起到了控制颜色和贴图混合量的作用。本例中的通道数值是50，意味着颜色和贴图以1：1的比例进行混合呈现折射效果，默认100则意味是以贴图来呈现折射效果，0则意味是以颜色来呈现折射效果。

11.4 灯光的设定

现在进行场景的灯光设置，本场景考虑到有两个比较大的开窗，所以采用了午后的阳光来表现出整个场景的太阳气息。

11.4.1 创建日光

01 在窗外创建一盏“VRay太阳”，并加载系统自带的“VRay天空”贴图，位置如图11-56所示。

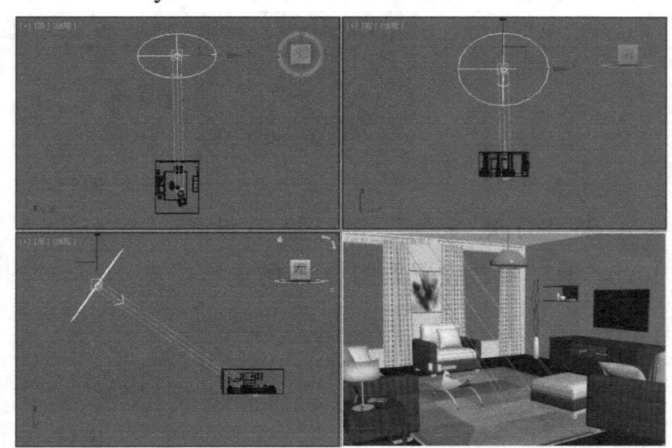

图11-56

02 选中上一步创建的“VRay太阳”，然后展开“VRay太阳参数”卷展栏，设置“强度倍增”为0.05、“大小倍增”为5、“阴影细分”为8，如图11-57所示。

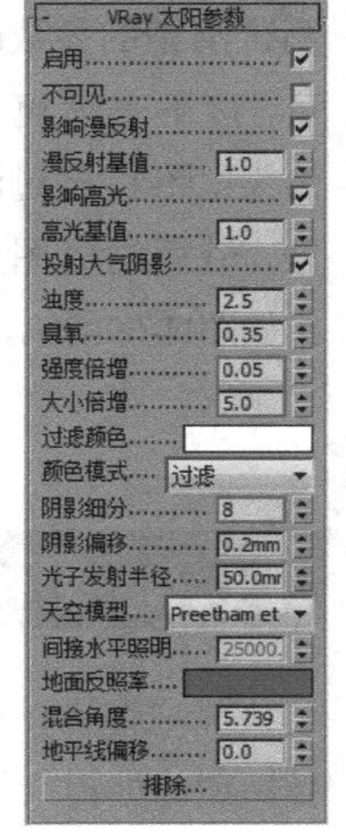

图11-57

03 按F9键，在摄影机视图渲染当前场景，如图11-58所示。观察测试渲染的效果，阳光的强度已经合适，但室内光感不足，需要在窗外创建天光。

图11-58

11.4.2 创建天光

01 在窗外创建一盏“VRay灯光”，位置如图11-59所示。

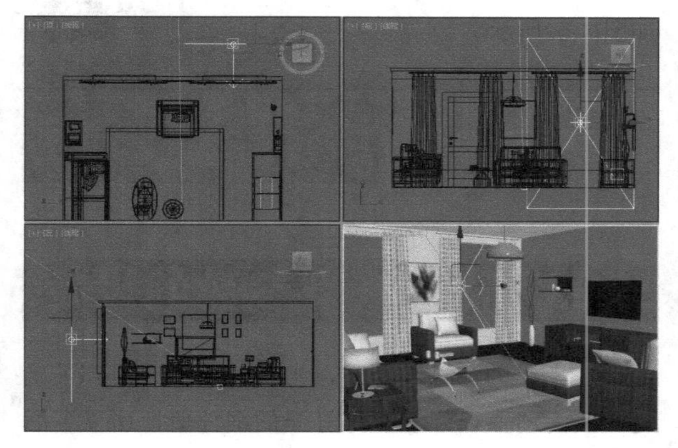

图11-59

02 选中上一步创建的“VRay灯光”，然后展开“参数”卷展栏，参数设置如图11-60所示。

设置步骤

① 在“常规”卷展栏下设置“类型”为“平面”、“1/2长”为114.586mm、“1/2宽”为190.19mm、“倍增”为15、“颜色”为（红:183，绿:207，蓝:255）。

② 在“选项”卷展栏下勾选“不可见”选项。

③ 在“采样”卷展栏下设置“细分”为15。

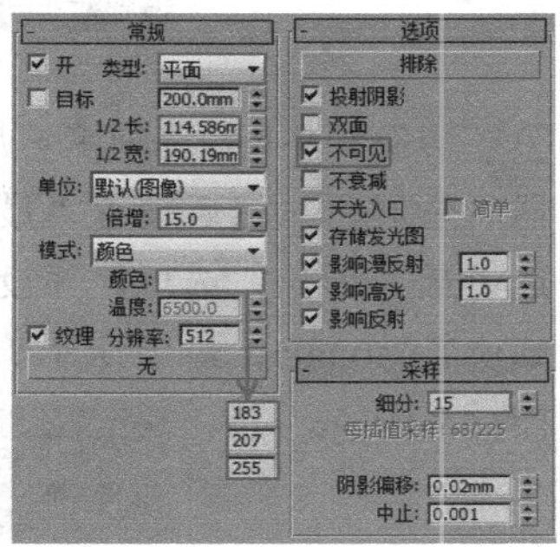

图11-60

03 将修改后的灯光以“实例”的形式复制到另一个窗外，位置如图11-61所示。

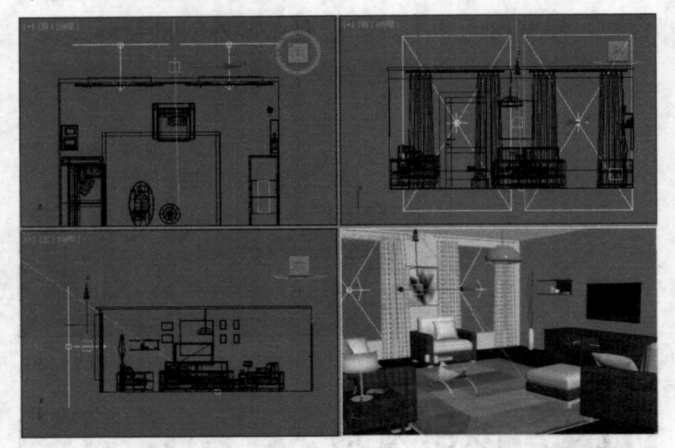

图11-61

04 按F9键，在摄影机视图渲染当前场景，如图11-62所示。

图11-62

11.5 最终渲染参数的设定

在上述的测试渲染中，大体效果已经得到了确定，因为前面已经设置好灯光的细分值，所以下面只需要提高渲染参数来完成最后的渲染。

01 按F10键打开“渲染设置”面板，然后在“输出大小”选项组中设置“宽度”为1500、“高度”为1125，如图11-63所示。

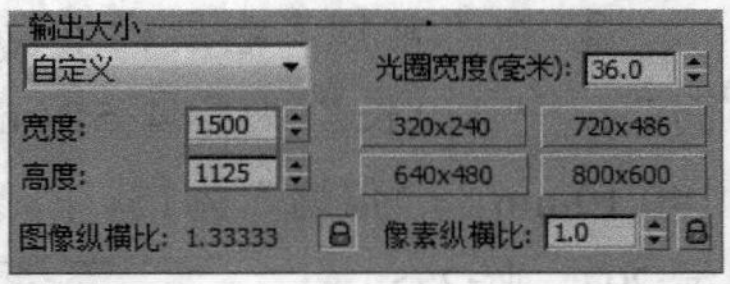

输出大小
自定义
光圈宽度(毫米): 36.0
宽度: 1500
高度: 1125
320x240
720x486
640x480
800x600
图像纵横比: 1.33333
像素纵横比: 1.0

图11-63

02 切换到V-Ray选项卡，展开“渲染块图像采样器”卷展栏，然后设置“最小细分”为1，接着勾选“最大细分”选项，并设置为4，再设置“噪波阈值”为0.005，最后设置“渲染块宽度”为32，如图11-64所示。

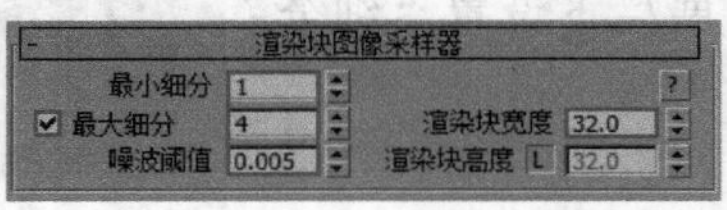

渲染块图像采样器
最小细分 1
最大细分 4
渲染块宽度 32.0
噪波阈值 0.005
渲染块高度 L 32.0

图11-64

03 展开“图像过滤器”卷展栏，然后设置“过滤器”为Catmull-Rom，如图11-65所示。

图11-65

04 展开“全局确定性蒙特卡洛”卷展栏，然后设置“最小采样”为16、“自适应数量”为0.8、“噪波阈值”为0.005，具体参数设置如图11-66所示。

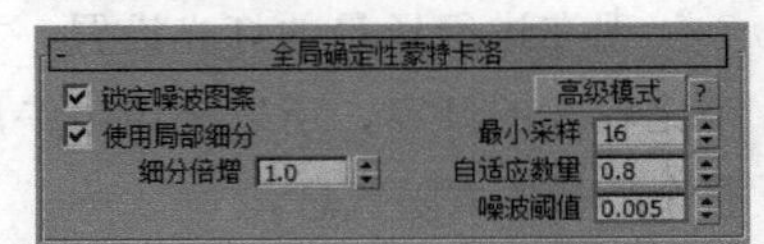

图11-66

05 切换到GI选项卡，然后展开“发光图”卷展栏，设置“当前预设”为“中”、“细分”为60、“插值采样”为30，具体参数设置如图11-67所示。

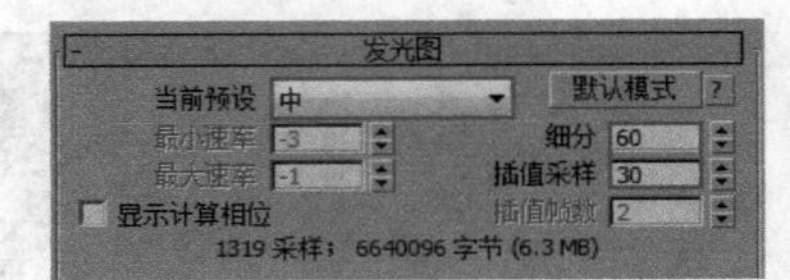

图11-67

06 在“灯光缓存”卷展栏中设置“细分”为1000，具体参数设置如图11-68所示。

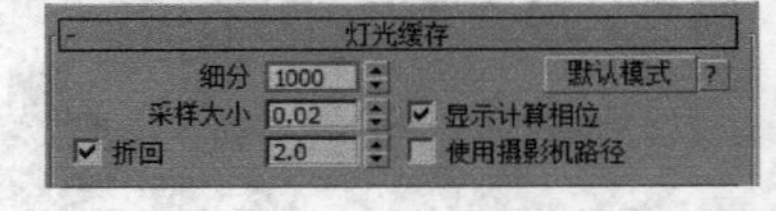

图11-68

07 其他参数保持测试渲染的参数即可，接下来就可以渲染出图了，经过渲染，最后的成图效果如图11-69所示。

图11-69

11.6 Photoshop后期处理

完成渲染以后，需要用Photoshop软件来对渲染图做后期的处理，使渲染图的效果更加逼真、细致。

01 在Photoshop里打开渲染的成图，观察和分析渲染的成图，发现图像暗部偏亮，所以复制背景图层，按快捷键Ctrl+L打开“色阶”对话框，然后调整图像的色阶，参数设置如图11-70所示。调整后的效果如图11-71所示。

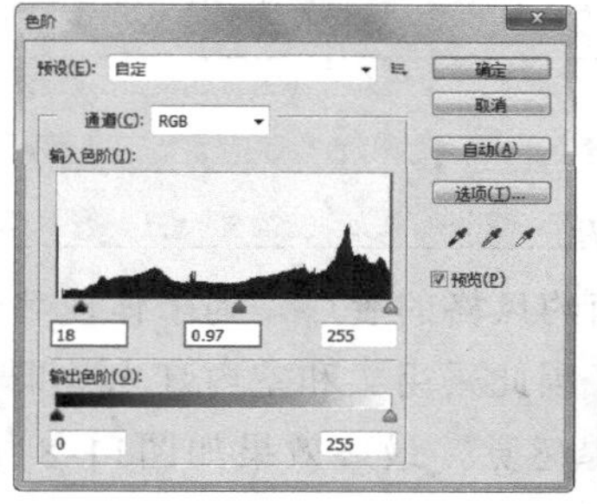

图11-70

图11-71

02 因为图像偏蓝，所以执行“图像>调整>色彩平衡”菜单命令，参数设置如图11-72所示。调整后的效果如图11-73所示。

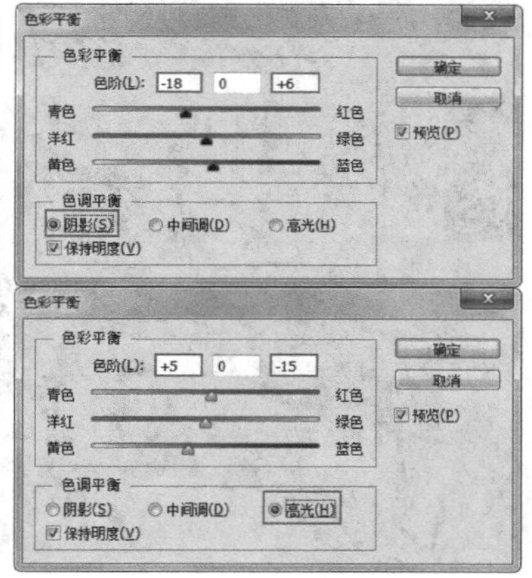

图11-72

图11-73

03 执行“图像>调整>自然饱和度”菜单命令，调整渲染图像的自然饱和度，如图11-74所示。调整后的效果如图11-75所示。

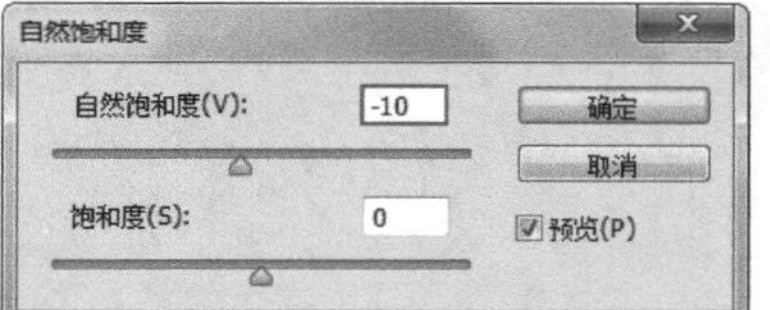

图11-74

图11-75

技巧与提示

近年来效果图制作更趋于写实的照片级效果，现实生活中的物品饱和度不会太高，因此效果图在后期处理时也不应有过于饱和的颜色。

04 下面需要添加一张比较合理的外景图片，希望读者平时多收集比较好的照片。这里用一张和本场景比较匹配的照片，用Photoshop打开，如图11-76所示。

图11-76

05 把渲染图里的窗外部分删除，然后放入准备好的外景图片，同时调整大小和角度，如图11-77所示。

图11-77

06 调整完外景图片的角度后还需要调整亮度，上一章中讲到日景的外景图片要比室内的亮度强，调整后的效果如图11-78所示。

图11-78

07 单击“创建新的填充或调整图层”按钮，为整个效果图添加一个“照片滤镜”，然后在弹出的对话框中设置参数，如图11-79所示，最终效果如图11-80所示。

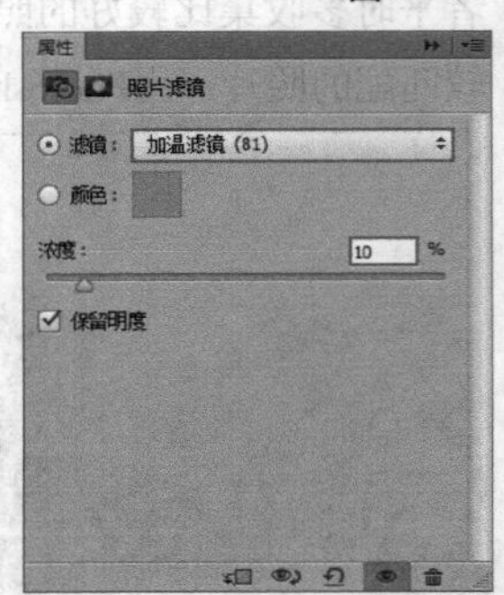

图11-79

图11-80

11.7 本章小结

本章主要采用了一个比较简单的场景来介绍摄影机、材质、灯光、渲染、后期制作的流程，让广大读者对作图流程有一个初步的了解和全局性的认识。当然，本章也涉及了很多VRay技术，以及很多笔者作图的经验之谈，希望这些内容能够对读者的工作和学习有所帮助。

课后习题

简约风格餐厅

场景文件	场景文件>CH11>02.max
实例文件	实例文件> CH11>课后习题：简约风格餐厅.max
视频名称	课后习题：简约风格餐厅.mp4
难易指数	★★★★★
学习目标	进一步熟悉效果图制作的流程和思路，学习柔和日光效果的布光方法

本场景是一个简约风格的餐厅，为了体现餐厅的温馨用餐环境，因此采用柔和室内灯光效果表现餐厅的舒适温馨感觉，最终效果如图11-81所示。

图11-81

第12章

商业案例实训2：简约风格卧室

在现代家装设计中，简约装修风格的运用越来越普遍。从效果图的制作层面来看，简约效果图的制作难度较低，首先是建模的难度很低，然后就是场景一般都不会很大，对计算机配置的要求都不高。简约风格效果图主要通过家具造型、屋内软装配色来表现场景的特点，所以从建模和渲染两方面来看，都比较容易实现。本章采用一个简约设计的卧室作为案例，向读者介绍卧室空间夜景的表现技法，其技术重点在于常见材质的做法以及夜景灯光的布置。

课堂学习目标

掌握“目标摄影机”的使用方法

使用VRayMtl制作布纹、木质、不锈钢等材质

使用VRay的“平面”灯光模拟室外天光

使用VRay的“球体”灯光模拟台灯效果

合理设置渲染输出的参数

灵活运用后期处理优化效果图

12.1 案例介绍

场景文件	场景文件>CH12>01.max
实例文件	实例文件> CH12>商业案例实训2：简约风格卧室.max
视频名称	商业案例实训2：简约风格卧室.mp4
难易指数	★★★★☆
学习目标	学习室内夜景表现的布光思路和技巧

本场景是一个简约风格的卧室，空间陈设比较简洁，没有多余的东西，色调以橙色为主，看起来青春活泼。场景表现夜晚时间段，因此灯光以室内光源作为主光，室外天光作为辅助光，案例效果如图12-1所示。

图12-1

12.2 创建摄影机及检查模型

在前面的案例中，我们在处理一个场景之前会对其进行测试，所以这里也不例外，首先要做的就是创建摄影机及测试模型。

12.2.1 创建摄影机

01 打开本书学习资源中的“场景文件>CH12>01.max”文件，如图12-2所示。

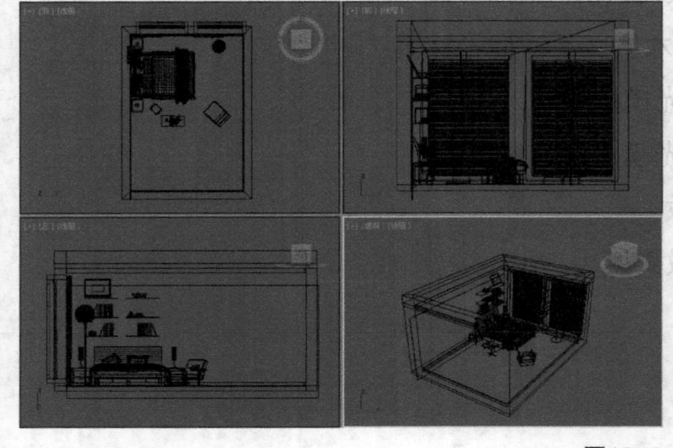

图12-2

02 在顶视图中创建一个“目标摄影机”，然后调整摄影机的焦距和位置，使摄影机有一个较好的观察范围，位置如图12-3所示。

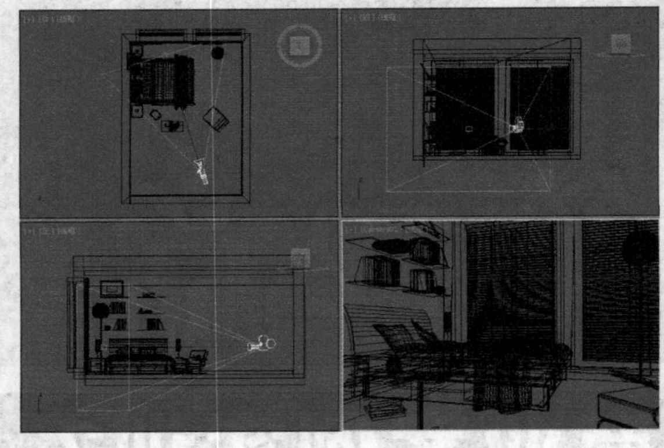

图12-3

03 切换到“修改”面板，然后设置“目标摄影机”的“镜头”为35mm，如图12-4所示。

04 按C键切换到摄影机视图，如图12-5所示。

图12-4

图12-5

12.2.2 检查模型

01 按F10键打开“渲染设置”对话框，在“输出大小”选项组设置图像输出的“宽度”为600、“高度”为450，如图12-6所示。

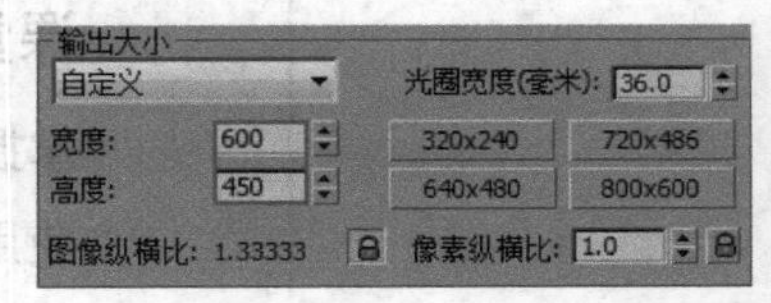

图12-6

02 切换到V-Ray选项卡，然后在“全局开关”卷展栏中拖曳一个测试材质（test）到“覆盖材质”的材质通道中，如图12-7所示。

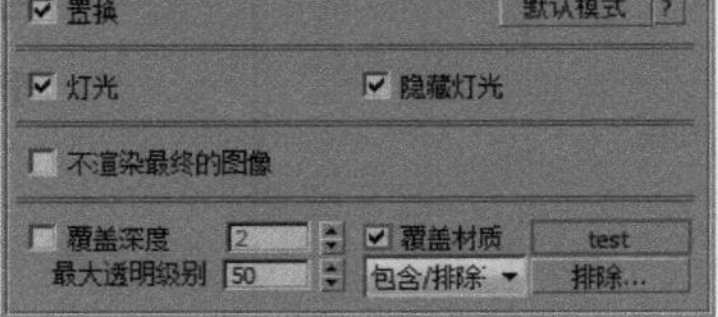

图12-7

> **技巧与提示**
>
> 关于test材质的参数，在第11章中已经介绍过，这里不做赘述。

03 展开“图像采样器（抗锯齿）”卷展栏，接着设置“类型”为“渲染块”，如图12-8所示。

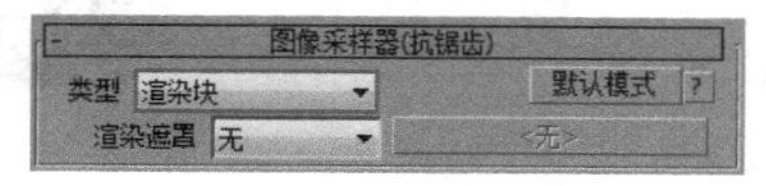

图12-8

04 展开“渲染块图像采样器”卷展栏，然后设置“最小细分”为1，接着取消勾选“最大细分”选项，再设置“渲染块宽度”为32，如图12-9所示。

图12-9

05 展开“图像过滤器”卷展栏，然后设置“过滤器”为“区域”，如图12-10所示。

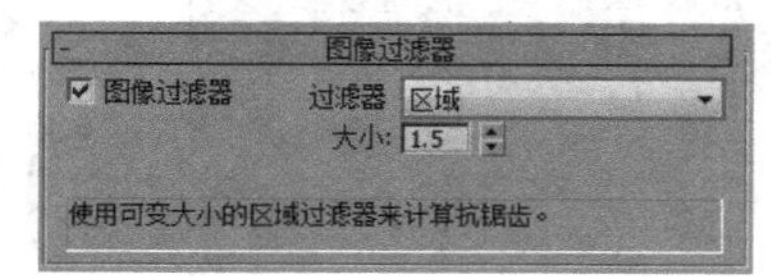

图12-10

06 展开“颜色贴图”卷展栏，然后设置“类型”为“莱因哈德”、“加深值”为0.5，如图12-11所示。

图12-11

> **技巧与提示**
>
> 本例也可以使用“指数”曝光类型。

07 切换到GI选项卡，然后展开“全局照明”选项卡，接着设置“首次引擎”为“发光图”、“二次引擎”为“灯光缓存”，如图12-12所示。

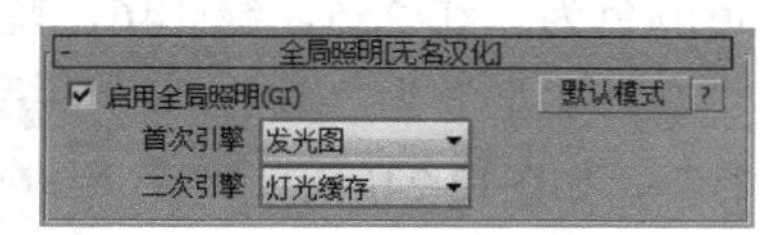

图12-12

08 展开“发光图”卷展栏，然后设置“当前预设”为“自定义”，接着设置“最小速率”和“最大速率”为-4，再设置“细分”为50，最后设置“插值采样”为20，如图12-13所示。

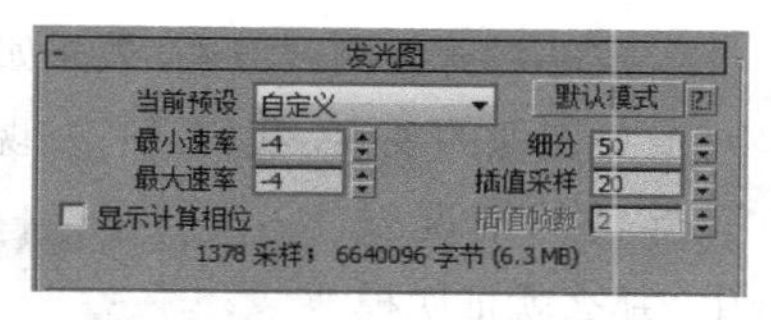

图12-13

09 展开“灯光缓存”卷展栏，然后设置“细分”为200，如图12-14所示。

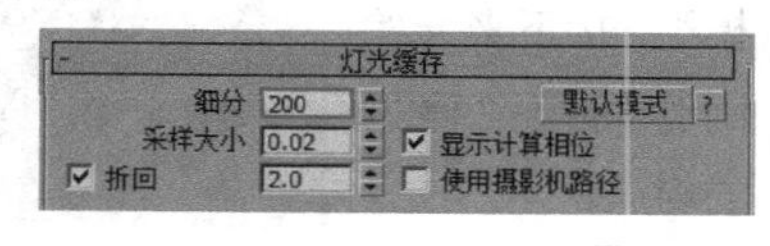

图12-14

10 切换到“设置”选项卡，展开“系统”卷展栏，然后设置“序列”为“上→下”，如图12-15所示。

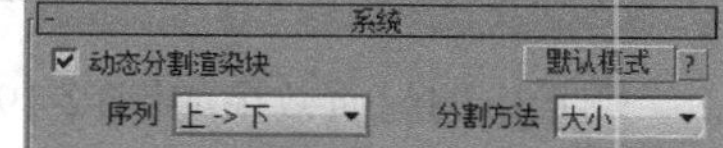

图12-15

11 接下来在场景中创建一个“VRay灯光”的“穹顶”灯，灯光的位置如图12-16所示，然后将灯光颜色设置为接近天空的颜色，接着设置“倍增”为1，最后勾选“不可见”选项，具体参数设置如图12-17所示。

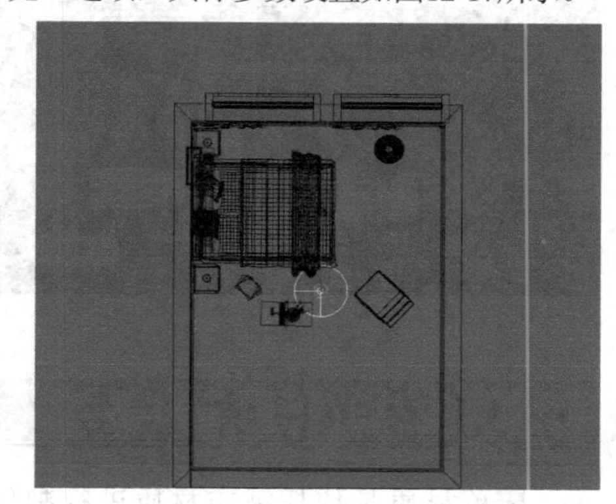

图12-16

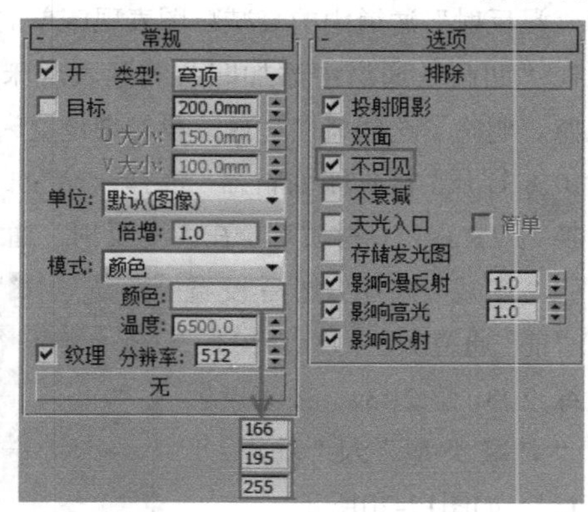

图12-17

12 按F9键开始测试渲染，效果如图12-18所示，通过对渲染图像的观察，我们没有发现异常的情况。如果有异常的情况发生，那么就证明模型的某个地方有问题，就需要修改模型。接下来开始制作场景中模型的材质。

图12-18

12.3 制作场景中的材质

场景中的材质效果如图12-19所示。对于未讲解的材质参数，可以打开实例文件查看。

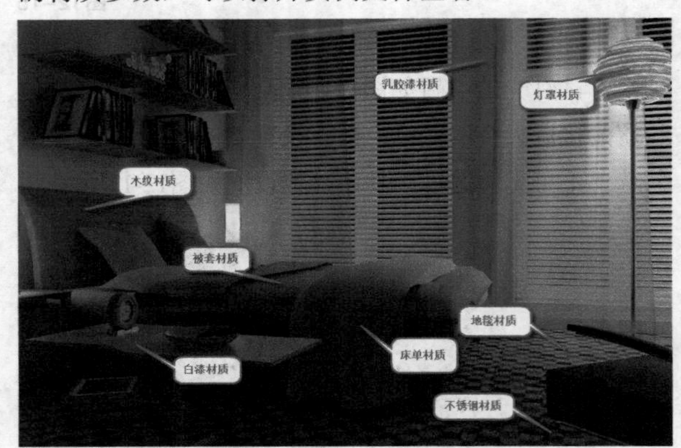

图12-19

12.3.1 床单材质

床单材质是依托绒布材质进行制作的，通过“漫反射”通道中的衰减贴图表现床单的渐变效果，在“凹凸”通道中添加凹凸纹理表现床单的布纹质感。明确了这些属性之后，我们来设置床单材质。

01 打开“材质球编辑器”选择一个空白材质球，转换为VRayMtl材质球。在“漫反射”通道中加载一张“衰减”贴图，然后设置“前”通道颜色为（红:203，绿:203，蓝:203），接着设置“衰减类型”为“垂直/平行”，如图12-20所示。

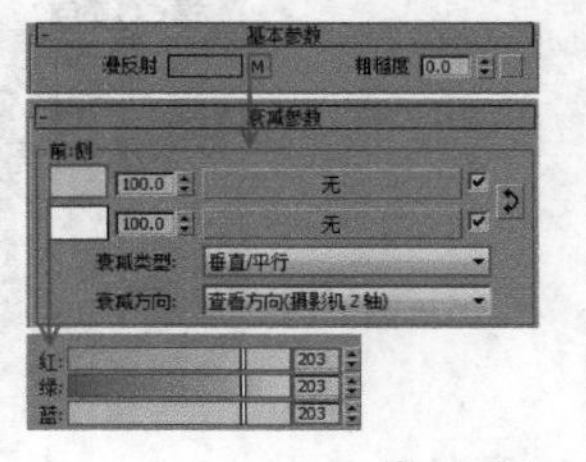

图12-20

02 设置“折射”颜色为（红:22，绿:22，蓝:22），然后设置“反射光泽”为0.6，接着设置“细分”为10，具体参数设置如图12-21所示。

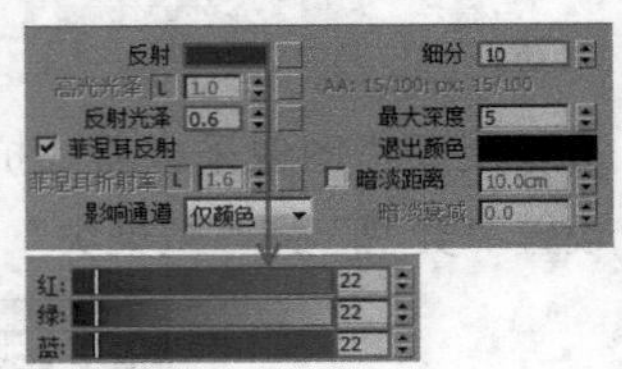

图12-21

03 展开“贴图”卷展栏，然后在“凹凸”通道中加载一张本书学习资源中的“实例文件> CH12>商业案例实训2——简约风格卧室>床单bump.jpg”文件，接着设置“凹凸”通道强度为15，具体参数设置如图12-22所示，材质球效果如图12-23所示。

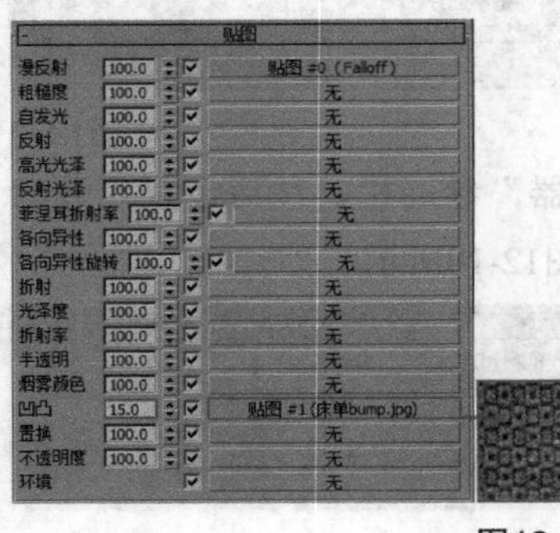

图12-22

图12-23

12.3.2 被罩材质

被罩材质与床单材质类似，通过“漫反射”通道中的衰减贴图表现被罩的渐变效果，在“凹凸”通道中添加凹凸纹理表现被罩的布纹质感。明确了这些属性之后，我们来设置被罩材质。

01 打开“材质球编辑器”选择一个空白材质球，转换为VRayMtl材质球。在“漫反射”通道中加载一张“衰减”贴图，然后设置“前”通道颜色为（红:255，绿:103，蓝:20），接着设置“侧”通道颜色为（红:255，绿:146，蓝:86），最后设置“衰减类型”为“垂直/平行”，如图12-24所示。

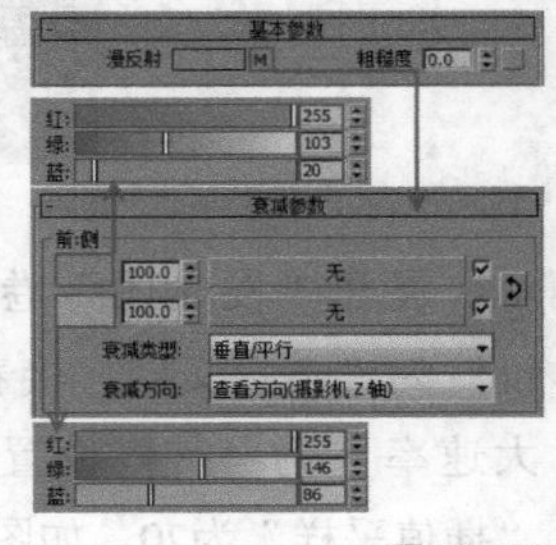

图12-24

02 设置“反射”颜色为（红:54，绿:54，蓝:54），然后设置“反射光泽”为0.6，接着设置“细分”为10，具体参数设置如图12-25所示。

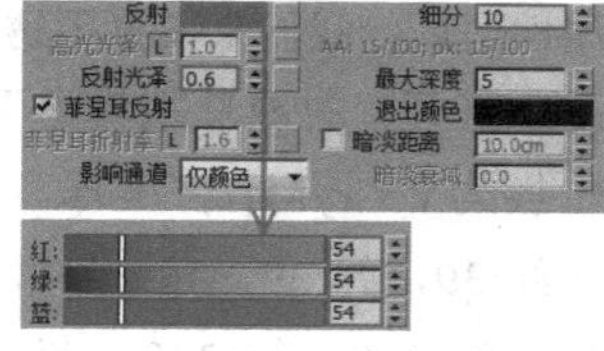

图12-25

03 展开“贴图”卷展栏，然后在“凹凸”通道中加载一张本书学习资源中的“实例文件> CH12>商业案例实训2——简约风格卧室>被罩bump.jpg”文件，接着设置“凹凸”通道强度为15，具体参数设置如图12-26所示，材质球效果如图12-27所示。

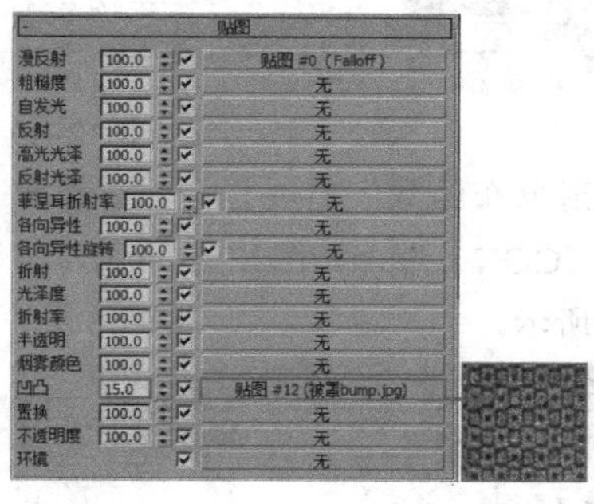

图12-26 图12-27

12.3.3 乳胶漆材质

乳胶漆材质非常简单，只需要设置漫反射颜色即可。用乳胶漆涂刷的墙面反射很弱，在调节材质时可以忽略不计。明确了这些属性之后，我们来设置乳胶漆材质。

打开“材质球编辑器”选择一个空白材质球，转换为VRayMtl材质球。设置“漫反射”颜色为（红:255，绿:201，蓝:130），参数设置如图12-28所示。材质球效果如图12-29所示。

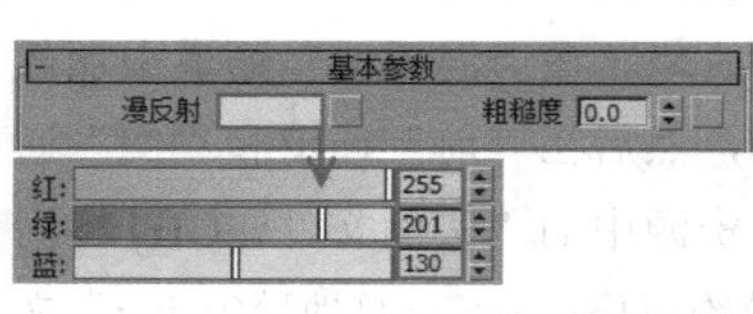

图12-28 图12-29

12.3.4 木纹材质

木纹材质依靠木纹贴图表现材质的纹理。本例的木纹材质比较光滑，因此“反射光泽”数值不会很低。明确了这些属性之后，我们来设置木纹材质。

01 打开“材质球编辑器”选择一个空白材质球，转换为VRayMtl材质球。在“漫反射”通道中加载一张学习资源中的“实例文件> CH12>商业案例实训2——简约风格卧室>枫木-14.jpg”文件，如图12-30所示。

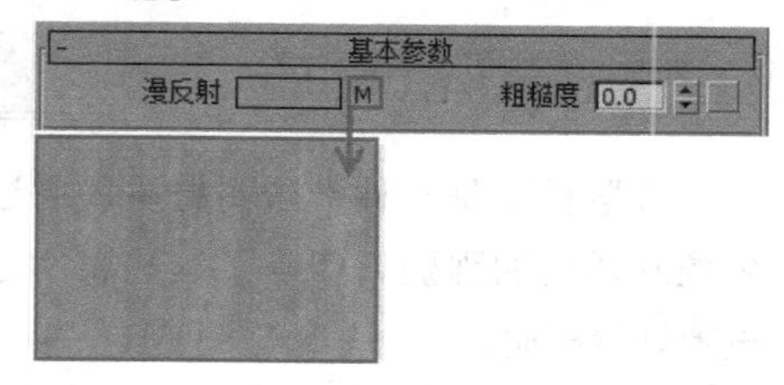

图12-30

02 设置“反射”颜色为（红:94，绿:94，蓝:94），然后设置“反射光泽”为0.85，接着设置“细分”为8，如图12-31所示。材质球效果如图12-32所示。

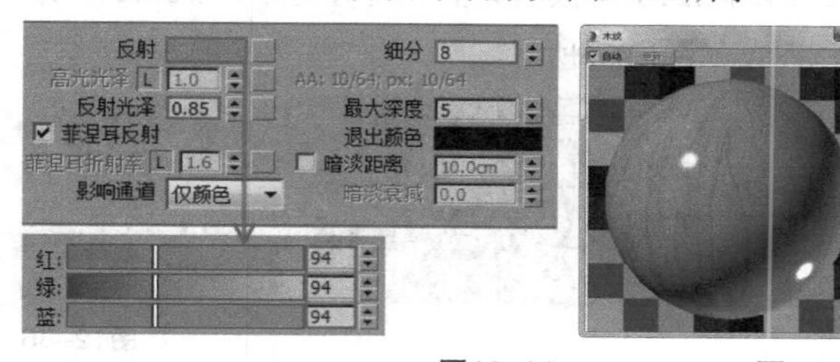

图12-31 图12-32

12.3.5 白漆材质

白漆材质反射较强。本例的白漆材质是半哑光白漆，高光点范围会增大。明确了这些属性之后，我们来设置白漆材质。

01 打开“材质球编辑器”选择一个空白材质球，转换为VRayMtl材质球。然后设置“漫反射”颜色为（红:237，绿:237，蓝:237），接着设置“反射”颜色值为（红:195，绿:195，蓝:195），再设置“反射光泽”为0.8、“细分”为12，如图12-33所示。

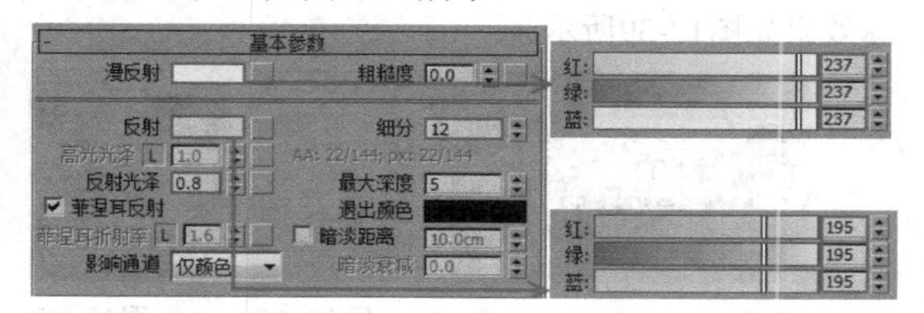

图12-33

02 展开“双向反射分布函数”卷展栏，然后设置类型为“沃德”，如图12-34所示。材质球效果如图12-35所示。

图12-34　图12-35

12.3.6 灯罩材质

灯罩材质是一种半透明材质，通过“折射”颜色控制透明的强弱。明确了这些属性之后，我们来设置灯罩材质。

01 打开“材质球编辑器”选择一个空白材质球，转换为VRayMtl材质球。设置“漫反射”颜色为（红:210，绿:210，蓝:210），然后设置“反射”颜色值为（红:210，绿:210，蓝:210），接着设置“反射光泽”为0.82、“细分”为8，如图12-36所示。

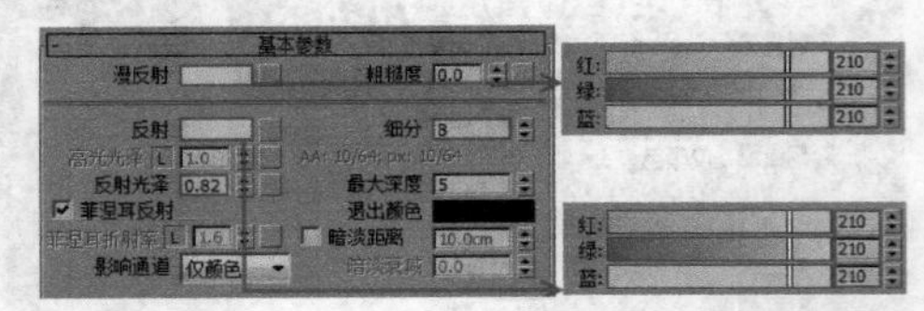

图12-36

02 设置“折射”颜色为（红:50，绿:50，蓝:50），然后设置“折射率”为1.517，接着设置“细分”为8，如图12-37所示。

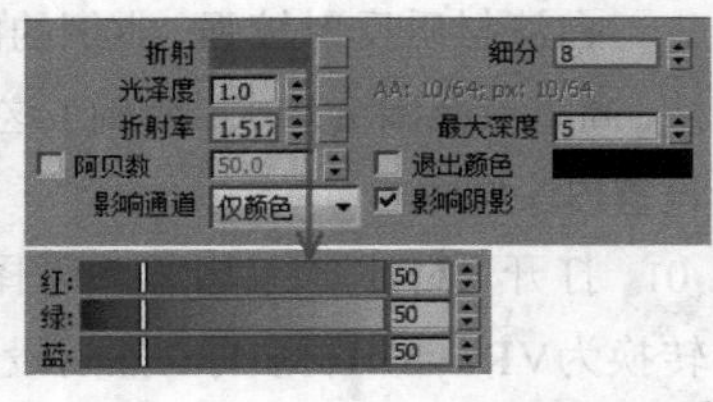

图12-37

03 展开“双向反射分布函数”卷展栏，然后设置“各向异性（-1,1）”为0.8，如图12-38所示，材质球效果如图12-39所示。

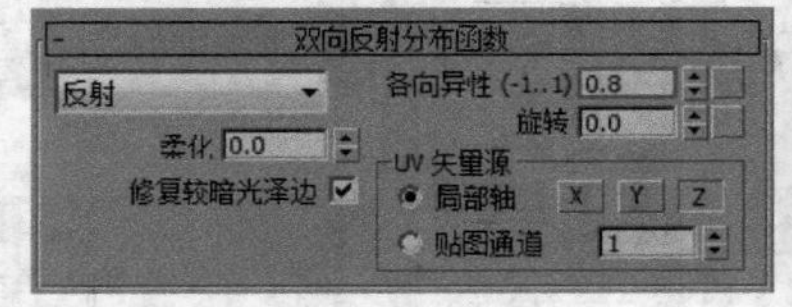

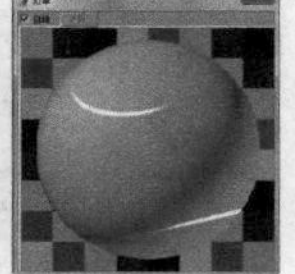

图12-38　图12-39

12.3.7 不锈钢材质

不锈钢材质是纯色的，不需要添加纹理贴图，反射很强，没有菲涅耳反射效果。因为本例是高光不锈钢，因此“反射光泽”参数较大。明确了这些属性之后，我们来设置不锈钢材质。

01 打开“材质球编辑器”选择一个空白材质球，转换为VRayMtl材质球。设置“漫反射”颜色为（红:39，绿:39，蓝:39），然后设置“反射”颜色为（红:230，绿:230，蓝:230），接着设置“反射光泽”为0.88，再设置“细分”为8，最后取消勾选“菲涅耳反射”选项，如图12-40所示。

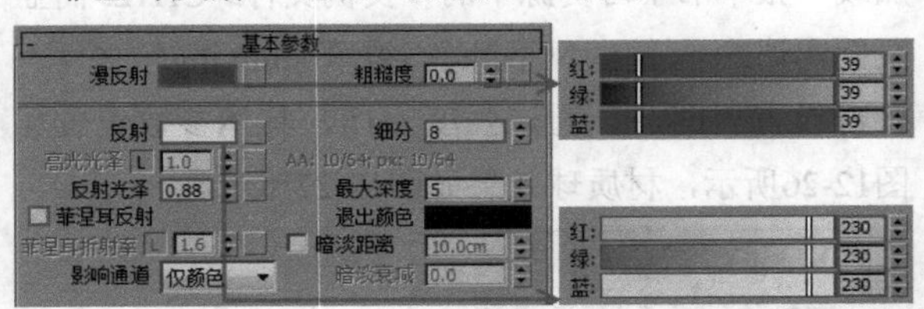

图12-40

02 展开“双向反射分布函数”卷展栏，然后设置类型为“微面GTR（GGX）”，如图12-41所示，材质球效果如图12-42所示。

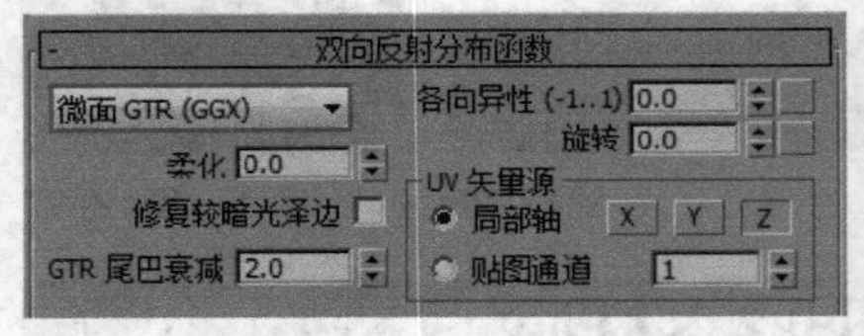

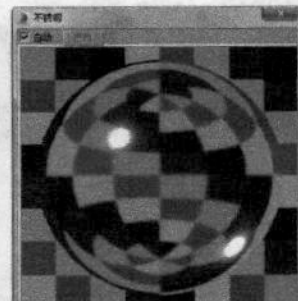

图12-41　图12-42

12.3.8 地毯材质

地毯材质与前面讲解的床单、被罩材质类似，都是布料类材质，通过“漫反射”通道中的衰减贴图表现地毯的渐变效果，在“凹凸”通道中添加凹凸纹理表现地毯的布纹质感。明确了这些属性之后，我们来设置地毯材质。

01 打开“材质球编辑器”选择一个空白材质球，转换为VRayMtl材质球。在“漫反射”通道中加载一张“衰减”贴图，然后在“前”通道和“侧”通道中加载一张学习资源中的“实例文件> CH12>商业案例实训2——简约风格卧室>花纹地毯01.jpg”文件，接着设置“侧”通道量为80，最后设置“衰减类型”为“垂直/平行”，如图12-43所示。

02 设置“折射”颜色为（红:17，绿:17，蓝:17），然后设置“反射光泽”为0.55，接着设置“细分”为10，如图12-44所示。

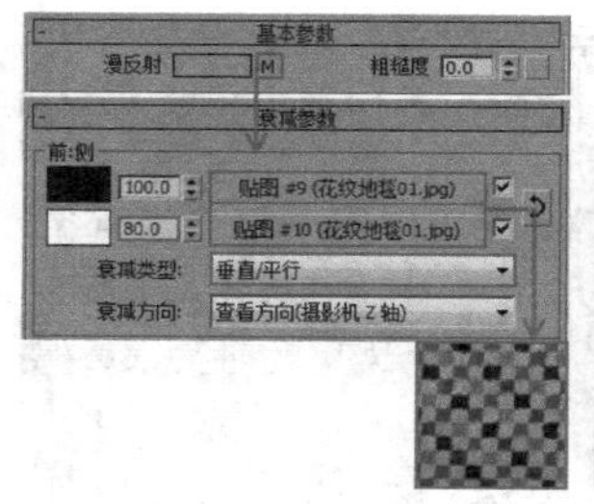

图12-43

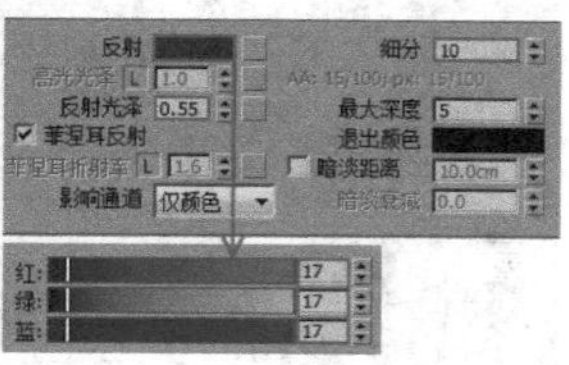

图12-44

03 展开“贴图”卷展栏，然后在“凹凸”通道中加载一张本书学习资源中的“实例文件> CH12>商业案例实训2——简约风格卧室>花纹地毯08.jpg”文件，接着设置“凹凸”通道强度为30，如图12-45所示，材质球效果如图12-46所示。

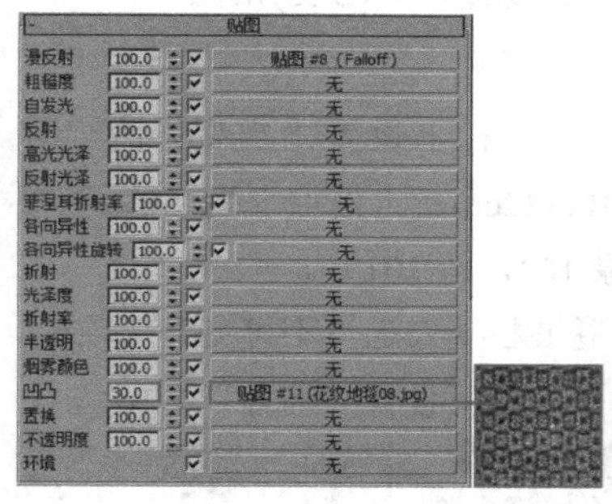

图12-45

图12-46

12.4 布置灯光

现在进行场景的灯光设置，本例是一个夜晚场景，以室内的台灯和地灯作为场景的主光源，室外的深蓝色天光作为辅助光源。夜晚场景不仅要用灯光照亮场景，还要有灯光的强弱层次和冷暖对比。

12.4.1 创建天光

01 在窗外创建一盏“VRay灯光”，位置如图12-47所示。

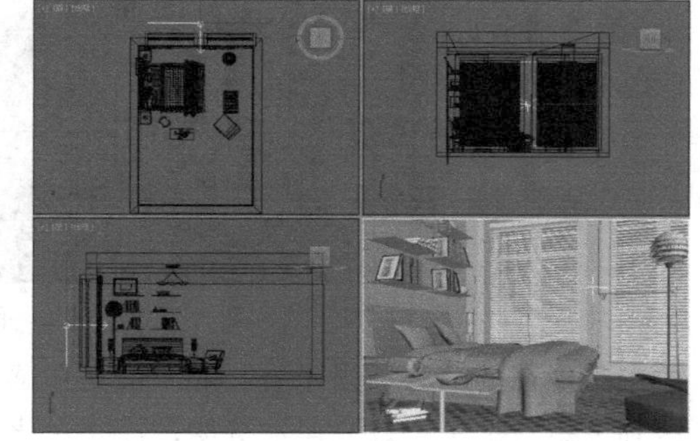

图12-47

02 选中上一步创建的“VRay灯光”，然后展开“参数”卷展栏，参数设置如图12-48所示。

设置步骤

① 在“常规”卷展栏下设置“类型”为“平面”、“1/2长”为158.843cm、“1/2宽”为101.298cm、“倍增”为6、“颜色”为（红23，绿38，蓝86）。

② 在“选项”卷展栏下勾选“不可见”选项。

③ 在“采样”卷展栏下设置“细分”为16。

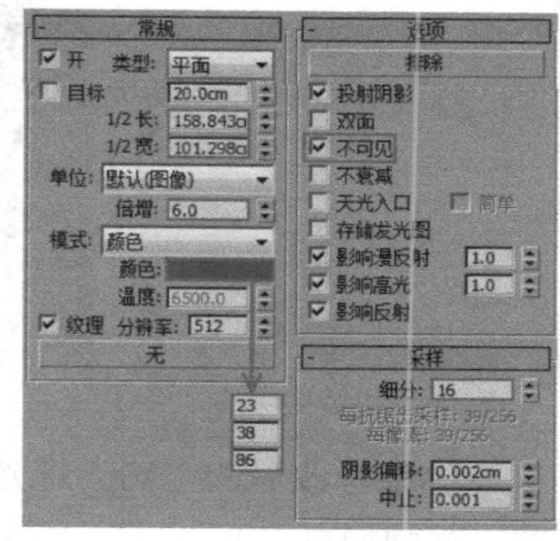

图12-48

03 按F9键对场景进行渲染，效果如图12-49所示。可以观察到夜晚深蓝的天光已经照亮整个场景，不会使暗部出现死黑的情况。下面为场景创建室内光源。

图12-49

12.4.2 创建台灯

01 在台灯模型内创建一盏“VRay灯光”，位置如图12-50所示。

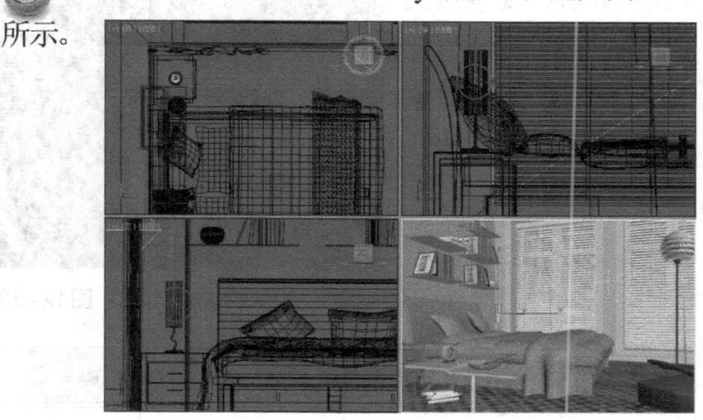

图12-50

02 选中上一步创建的“VRay灯光”，然后展开“参数”卷展栏，参数设置如图12-51所示。

设置步骤

① 在“常规”卷展栏下设置“类型”为“球

体”、“半径”为3.119cm、“倍增”为300、“颜色”为（红:255，绿:140，蓝:63）。

② 在“选项”卷展栏下勾选“不可见”选项。

③ 在“采样”卷展栏下设置“细分”为16。

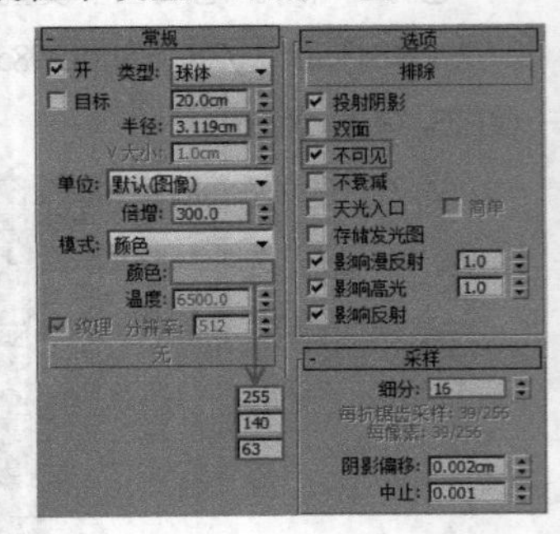

图12-51

03 选中修改后的“Vray灯光”，然后以“实例”的形式复制到另一盏台灯模型内，位置如图12-52所示。

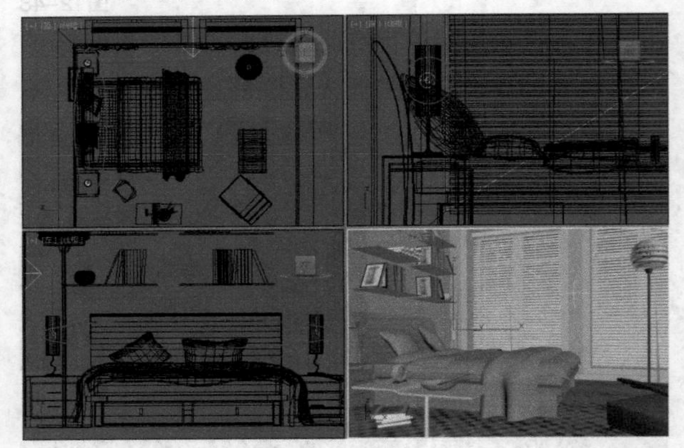

图12-52

04 按F9键对场景进行测试渲染，渲染结果如图12-53所示。观察渲染后的效果，场景中已有了冷暖对比，但整体的亮度依旧不够，需要更亮的光源。

图12-53

12.4.3 创建落地灯

落地灯的亮度要比台灯强，颜色可以比台灯颜色更白一些，这样暖色灯光之间也会出现层次，画面看起来更加丰富。

01 在落地灯模型中创建一盏“VRay灯光”，具体位置如图12-54所示。

图12-54

02 选中上一步创建的“VRay灯光”，然后展开“参数”卷展栏，参数设置如图12-55所示。

设置步骤

① 在“常规”卷展栏下设置“类型”为“球体”、“半径”为10.322cm、“倍增”为150、“颜色”为（红:255，绿:163，蓝:101）。

② 在“选项”卷展栏下勾选“不可见”选项。

③ 在“采样”卷展栏下设置“细分”为16。

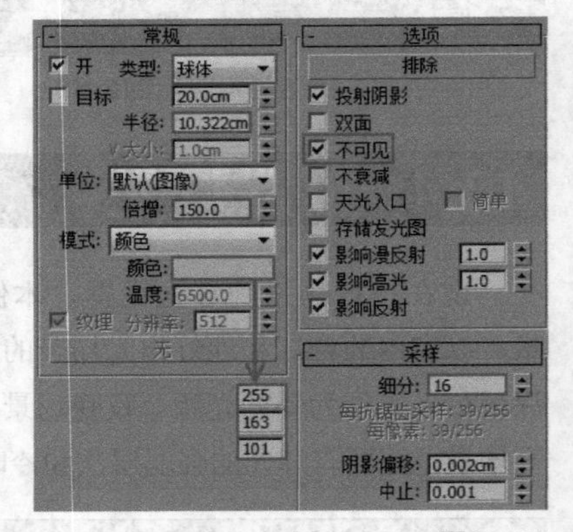

图12-55

03 按F9键对场景进行测试渲染，渲染结果如图12-56所示。

图12-56

从现在的渲染结果来看，场景的整体感觉已经达到理想状态了，灯光层次分明，冷暖对比明显，接下来设置一个较高的参数进行成图渲染。

12.5 渲染输出

灯光布置完成后，接下来就是设置合理的渲染参数，以渲染出真实、细腻的效果图。

01 按F10键打开“渲染设置”对话框，然后在“公用”选项卡中设置“输出大小”的“宽度”为1500、“高度”为1125像素，如图12-57所示。

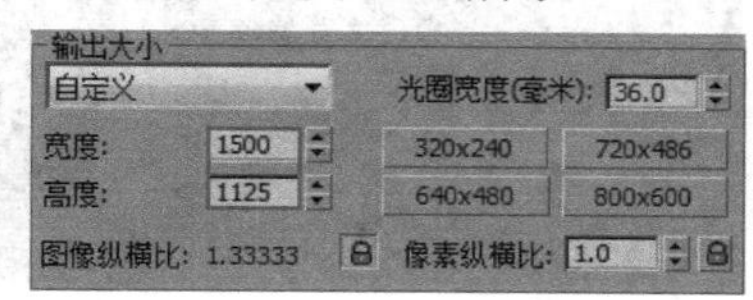

图12-57

02 切换到V-Ray选项卡，展开“渲染块图像采样器”卷展栏，然后设置“最小细分”为1，接着勾选“最大细分”选项并设置为4，再设置“噪波阈值”为0.005，最后设置“渲染块宽度”为32，如图12-58所示。

渲染块图像采样器
最小细分 1
最大细分 4
噪波阈值 0.005
渲染块宽度 32.0
渲染块高度 L 32.0

图12-58

03 展开“图像过滤器”卷展栏，然后设置“过滤器”为Catmull-Rom，如图12-59所示。

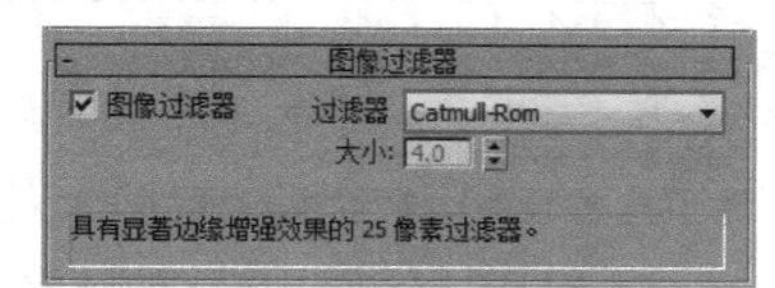

图12-59

04 展开“全局确定性蒙特卡洛”卷展栏，然后设置“最小采样”为16、“自适应数量”为0.8、“噪波阈值”为0.005，如图12-60所示。

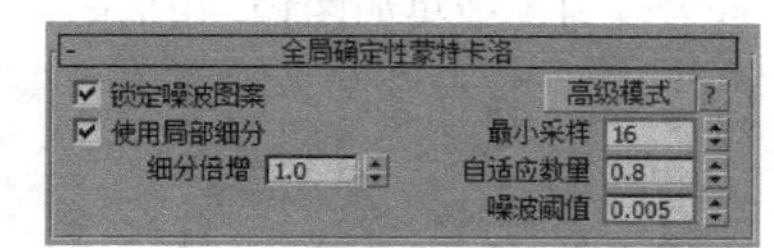

图12-60

05 切换到GI选项卡，然后展开“发光图”卷展栏，设置“当前预设”为“中”、“细分”为60、“插值采样”为30，如图12-61所示。

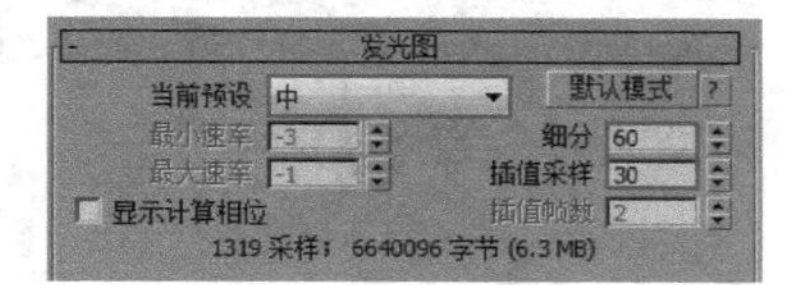

图12-61

06 在“灯光缓存”卷展栏中设置“细分”为1000，如图12-62所示。

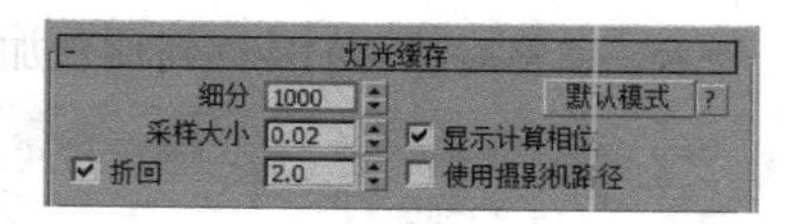

图12-62

07 其他参数保持默认设置即可，然后开始渲染出图，最后得到的成图效果如图12-63所示。

图12-63

12.6 Photoshop后期处理

从最终的渲染结果来看，整体效果不错，那么在后期阶段就不用做过多的处理，简单调试一下即可。

01 使用Photoshop打开渲染完成的图像，然后使用“曲线”工具调整画面的亮度，参数设置如图12-64所示。调整后的效果如图12-65所示。

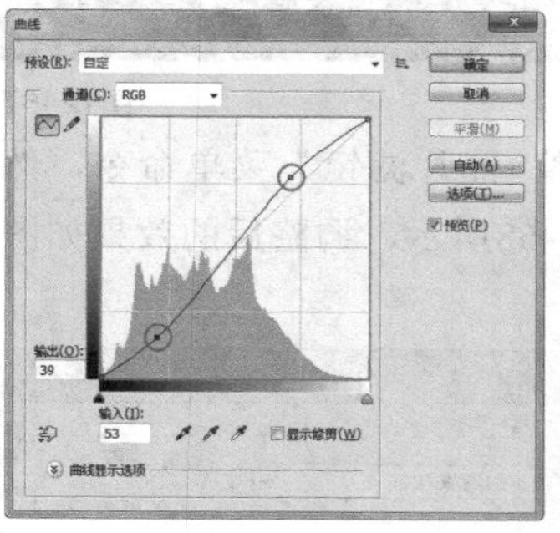

图12-64

图12-65

技巧与提示

调整夜景场景亮度时要注意，不能将亮度调整得如白天一般。

02 执行“图像>调整>色彩平衡”菜单命令，然后设置参数，如图12-66所示，调整后的效果如图12-67所示。调整后画面的冷暖对比更加强烈了。

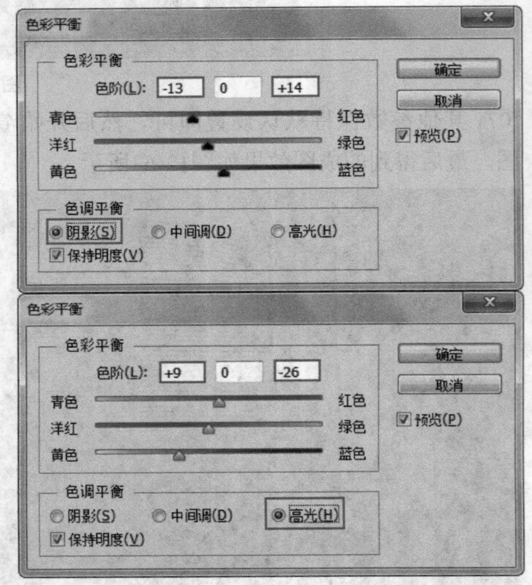

图12-66

图12-67

03 执行“图像>调整>照片滤镜”菜单命令，然后调整参数，如图12-68所示，调整后的效果如图12-69所示。

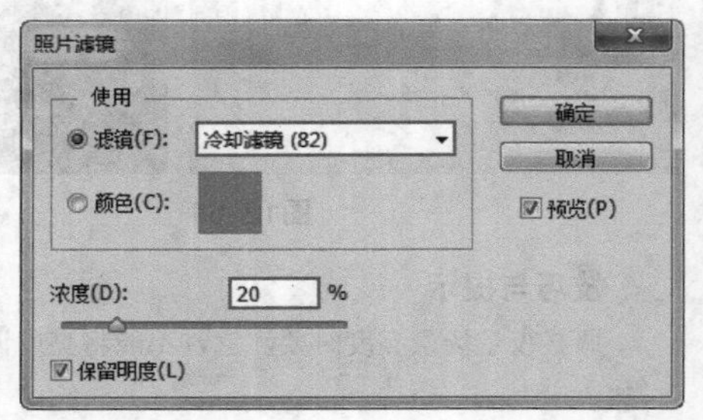

图12-68

图12-69

12.7 本章小结

本章讲解了一个简洁风格夜晚卧室的制作，这个场景中的材质与灯光都相对比较简单，但是往往就是这些看似简单的场景才难以把握，特别考验制作人员对材质的搭配，以及对灯光气氛的把握能力。小空间要出好效果其实并不容易，读者千万不要轻视小空间。

课后习题

现代风格卧室

场景文件	场景文件>CH12>02.max
实例文件	实例文件> CH12>课后习题：现代风格卧室.max
视频名称	课后习题：现代风格卧室.mp4
难易指数	★★★☆☆
学习目标	学习室内日景表现的布光思路和技巧

本例是一个现代风格的卧室空间，整个空间布置得既简洁又温馨。场景中都是一些常见的家装材质。场景中的灯光是多次讲解过的日光场景。考虑到制作的难度，这里选择了一个相对简单的场景供读者练习，效果如图12-70所示。

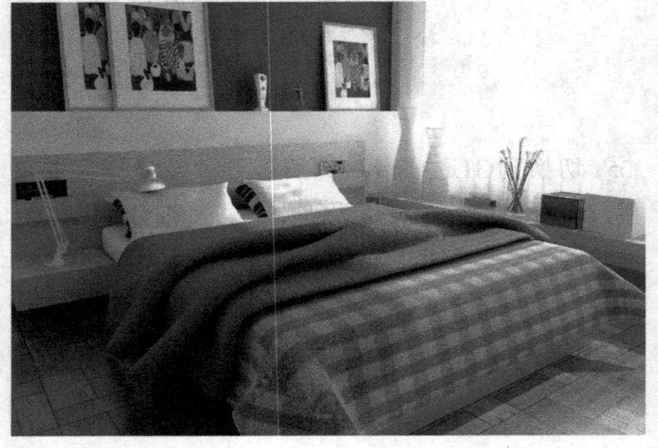

图12-70

第13章

商业案例实训3：现代风格电梯厅

前面两章，我们学习了家装效果图的制作技法和表现思路，本章将继续学习工装效果图的表现。无论是家装效果图，还是工装效果图，其实空间类型和设计风格都很多，本书受篇幅限制，能给读者提供的案例实训也不多，但所有室内效果图的制作方法和思路是相同的，希望读者通过本书的学习能够举一反三，并且在课外多做练习，从而掌握更多设计风格和不同类型空间的效果图表现方法。

课堂学习目标

了解工装空间在灯光、材质运用方面的要求

掌握“标准摄影机”的使用方法

掌握大理石、金属、镜面等材质的制作方法

合理搭配室内光来营造柔和的光感

13.1 案例介绍

场景文件　场景文件>CH11>01.max
实例文件　实例文件> CH11>商业案例实训1：现代风格客厅.max
视频名称　商业案例实训1：现代风格客厅.mp4
难易指数　★★★★☆
学习目标　学习商业效果图的制作流程

工装空间的类型有很多，不同空间的材质和布光也有所差异。例如，办公空间和KTV空间的色彩感觉、灯光气氛就明显不同，这就需要大家平时多观察各类空间的特性，在生活中积累经验。办公、会议、购物等空间，通常要有干净、明亮、稳重的感觉；而KTV、会所、酒店大堂等空间，则要有时尚、奢华的感觉。本例是一个电梯厅，设计风格简洁大方，大量石材的运用使空间显得大气有档次，灯光上通过室内光源的搭配，使画面看起来更加有质感，如图13-1所示。

图13-1

13.2 创建摄影机及检查模型

在前面的案例中，我们在处理一个场景之前会对其进行测试，所以这里也不例外，首先要做的就是创建摄影机及测试模型。

13.2.1 创建摄影机

01 打开本书学习资源中的“场景文件>CH13>01.max”文件，如图13-2所示。

02 在顶视图中途创建一个“目标摄影机”，然后调整摄影机的焦距和位置，使摄影机有一个较好的观察范围，位置如图13-3所示。

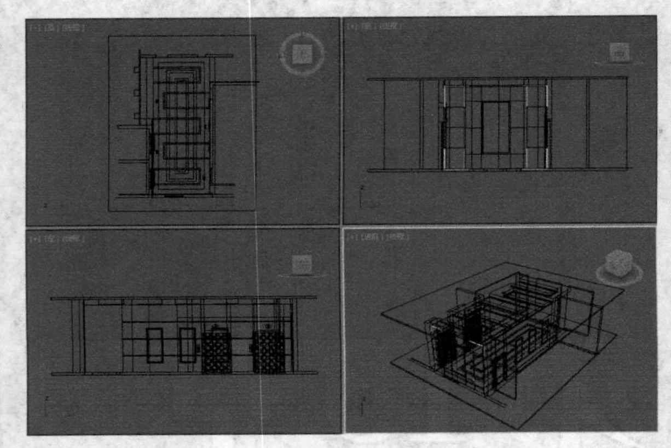

图13-2

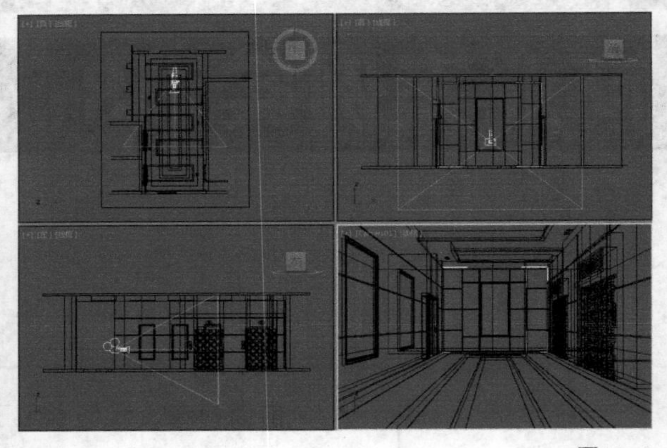

图13-3

03 切换到“修改”面板，然后设置“目标摄影机”的“镜头”为24mm，如图13-4所示。

04 按C键切换到摄影机视图，如图13-5所示。

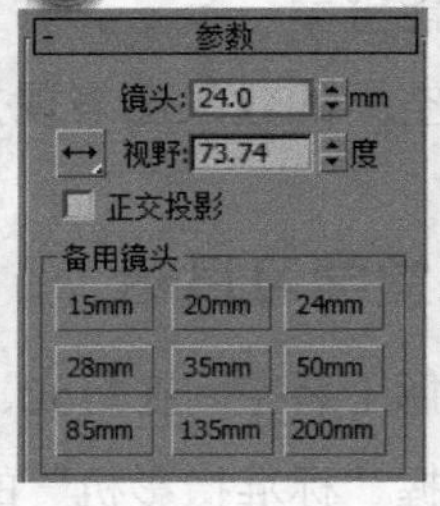

图13-4

图13-5

13.2.2 检查模型

01 按F10键打开“渲染设置”对话框，在“输出大小”选项组中设置图像输出的“宽度”为600、“高度”为450，如图13-6所示。

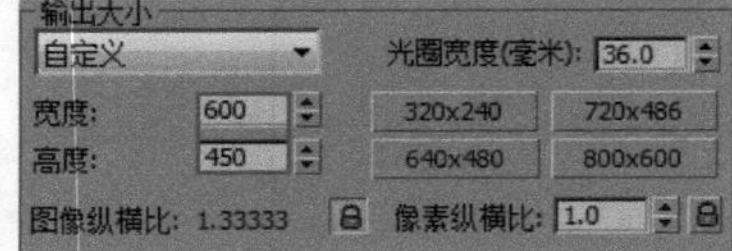

图13-6

02 切换到V-Ray选项卡，然后在“全局开关”卷展栏中拖曳一个测试材质（test）到“覆盖材质”的材质通道中，如图13-7所示。

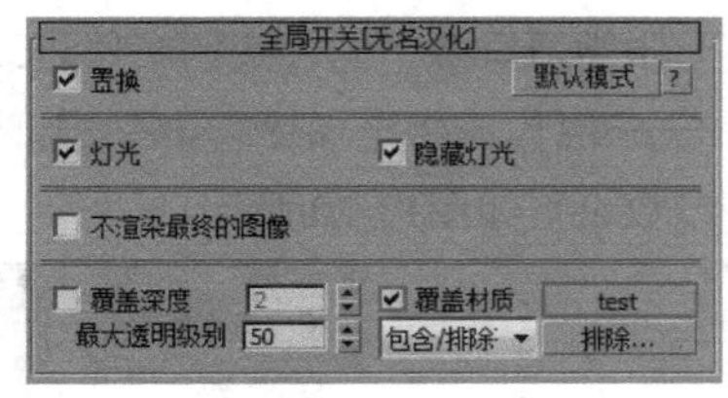

图13-7

技巧与提示

关于test材质的参数，在第11章中已经介绍过，这里不再赘述。

03 展开“图像采样器（抗锯齿）”卷展栏，接着设置“类型”为“渲染块”，如图13-8所示。

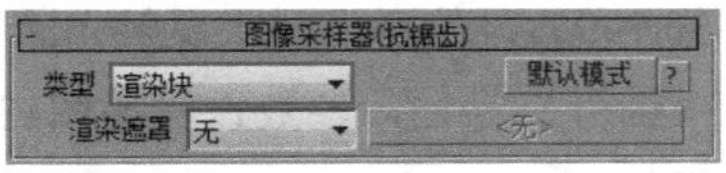

图13-8

04 展开“渲染块图像采样器”卷展栏，然后设置“最小细分”为1，接着取消勾选“最大细分”选项，再设置“渲染块宽度”为32，如图13-9所示。

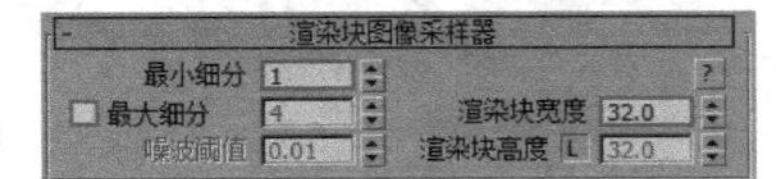

图13-9

05 展开“图像过滤器”卷展栏，然后设置“过滤器”为“区域”，如图13-10所示。

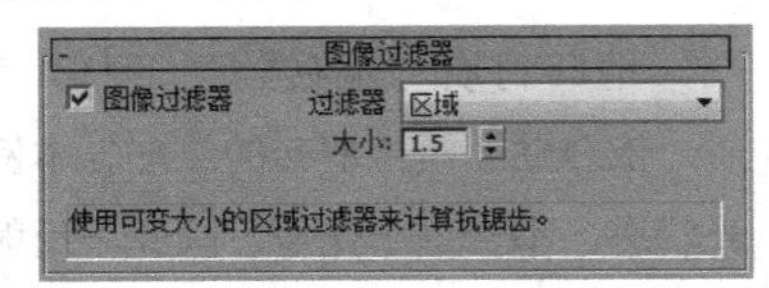

图13-10

06 展开“颜色贴图”卷展栏，然后设置“类型”为“指数”，如图13-11所示。

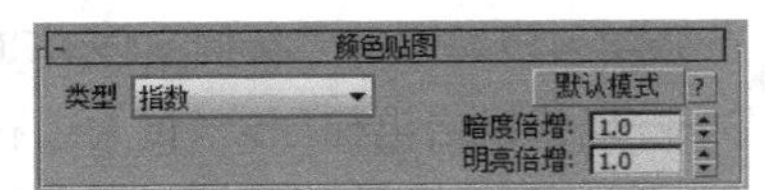

图13-11

07 切换到GI选项卡，然后展开“全局照明”卷展栏，接着设置“首次引擎”为“发光图”、“二次引擎”为“灯光缓存”，如图13-12所示。

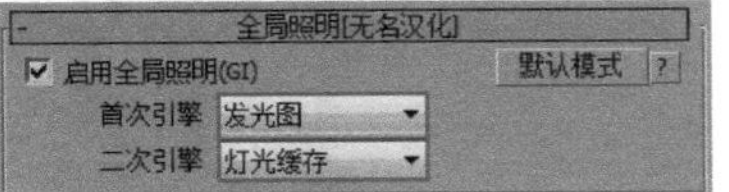

图13-12

08 展开“发光图”卷展栏，然后设置“当前预设”为“自定义”，接着设置“最小速率”和“最大速率”为-4，再设置“细分”为50，最后设置“插值采样”为20，位置如图13-13所示。

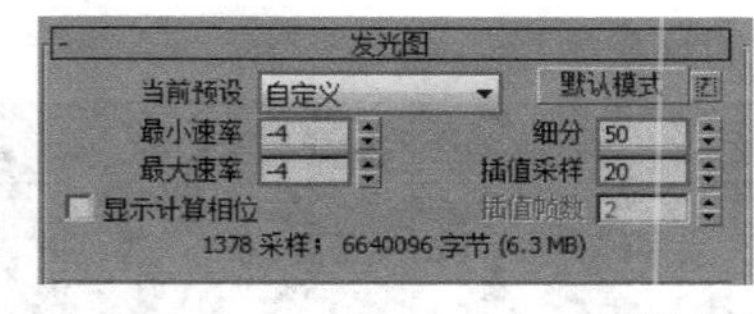

图13-13

09 展开“灯光缓存”卷展栏，然后设置“细分”为200，如图13-14所示。

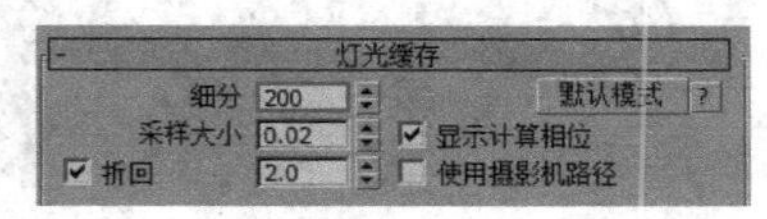

图13-14

10 切换到“设置”卷展栏，展开“系统”卷展栏，然后设置“序列”为“上→下”，如图13-15所示。

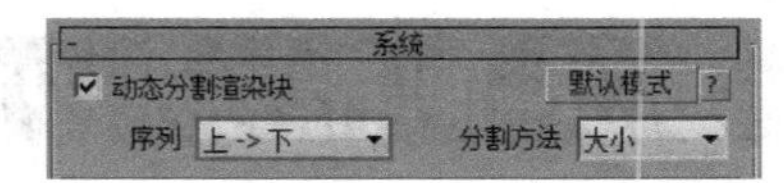

图13-15

11 接下来在场景中创建一个“VRay灯光”的“穹顶”灯，灯光的位置如图13-16所示，然后将灯光颜色设置为接近天空的颜色，接着设置“倍增”为1，最后勾选“不可见”选项，具体参数设置如图13-17所示。

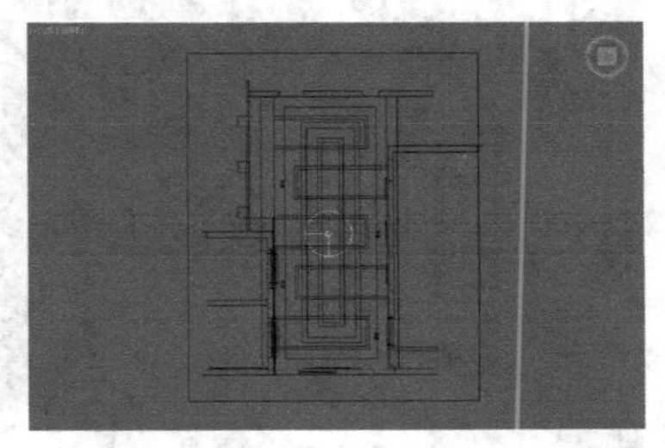

图13-16

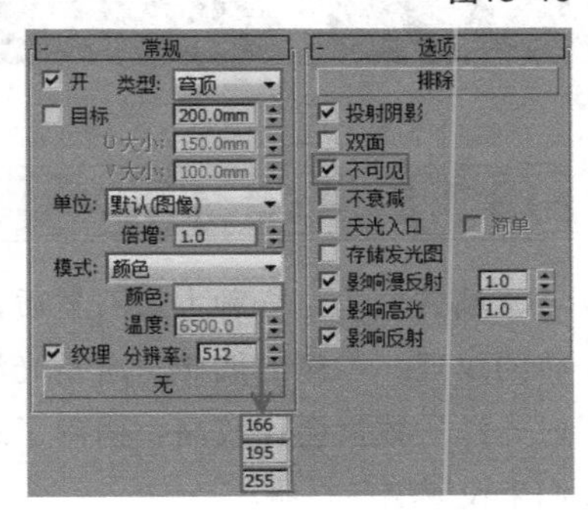

图13-17

12 按F9键开始测试渲染，效果如图13-18所示。观察渲染图像，我们没有发现异常的情况。如果有异常的情况发生，那么就证明模型的某个地方有问题，就需要修改模型。接下来开始制作场景中模型的材质。

图13-18

13.3 制作场景中的材质

场景中的材质效果如图13-19所示。对于未讲解的材质参数，可以打开实例文件查看。

图13-19

13.3.1 墙砖材质

墙砖材质是一种大理石材质，依靠贴图模拟墙砖的纹理。本例的墙砖材质是光滑状态，因此“反射光泽”数值会比较高。明确了这些属性之后，我们来设置墙砖材质。

01 打开“材质球编辑器”选择一个空白材质球，转换为VRayMtl材质球。在“漫反射”通道中加载一张学习资源中的“实例文件> CH13>商业案例实训3——现代风格电梯厅> sl萨安那米黄.jpg”文件，其参数设置如图13-20所示。

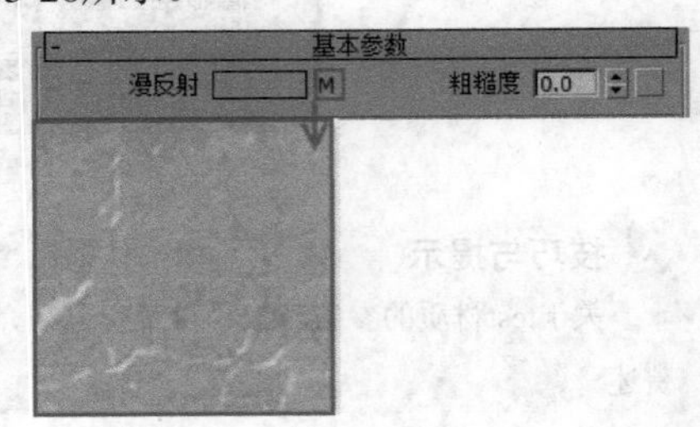

图13-20

02 设置“反射”颜色为（红:190，绿:190，蓝:190），然后设置“反射光泽”为0.92，接着设置“细分”为15，参数设置如图13-21所示。材质球效果如图13-22所示。

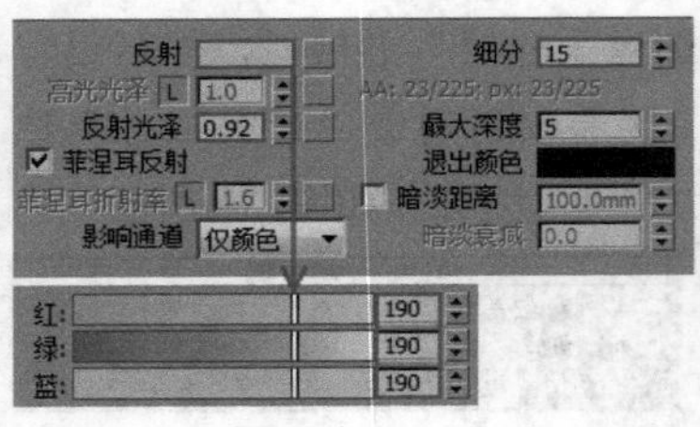

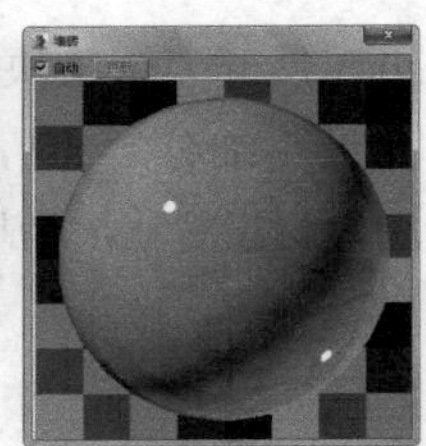

图13-21 图13-22

13.3.2 地砖材质

地砖材质与墙砖材质一样，都是一种大理石材质，依靠贴图模拟墙砖的纹理。本例的地砖材质是半哑光状态，不会过于光滑，因此“反射光泽”数值不会很高。明确了这些属性之后，我们来设置地砖材质。

01 打开“材质球编辑器”选择一个空白材质球，转换为VRayMtl材质球。在“漫反射”通道中加载一张学习资源中的“实例文件> CH13>商业案例实训3——现代风格电梯厅>米黄大理石11.jpg”文件，如图13-23所示。

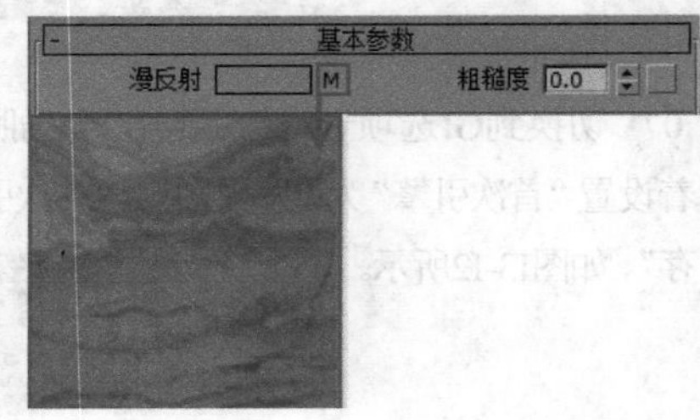

图13-23

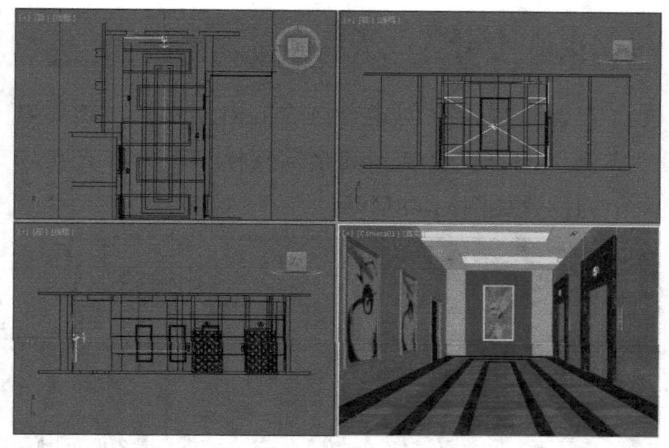

图13-41

02 选中上一步创建的“VRay灯光”，然后展开“参数”卷展栏，参数设置如图13-42所示。

设置步骤

① 在“常规”卷展栏下设置“类型”为“平面”、“1/2长”为826.389mm、“1/2宽”为457.053mm、“倍增”为1、“颜色”为（红:148，绿:183，蓝:255）。

② 在“选项”卷展栏下勾选“不可见”选项，然后取消勾选“影响高光”和“影响反射”选项。

③ 在“采样”卷展栏下设置“细分”为16。

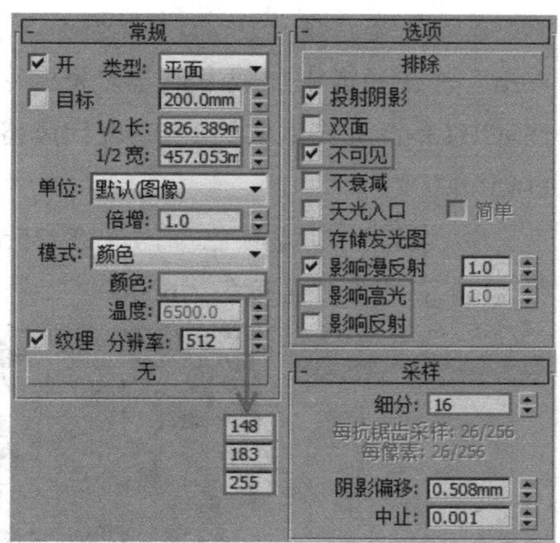

图13-42

技巧与提示

这里取消勾选“影响高光”和“影响反射”选项是为了不在墙面和地面反射出灯光的光片。

03 按F9键对场景进行渲染，效果如图13-43所示。观察渲染后的效果，可以看到场景的空间感已经体现，现在创建室内的灯光。

图13-43

13.4.2 创建灯带

观察场景可以看到，吊顶上有灯槽，下面就在灯槽内创建灯带。

01 在灯槽内创建一盏“VRay灯光”模拟灯带，位置如图13-44所示。

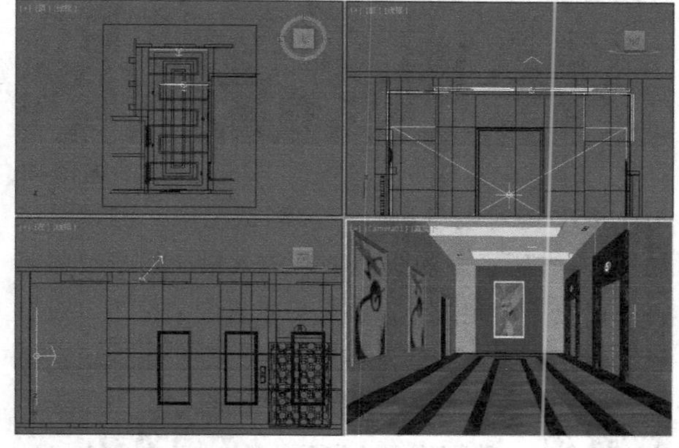

图13-44

02 选中上一步创建的“VRay灯光”，然后展开“参数”卷展栏，参数设置如图13-45所示。

设置步骤

① 在“常规”卷展栏下设置“类型”为“平面”、“1/2长”为46.248mm、“1/2宽”为1551.598mm、“倍增”为11、“颜色”为（红:255，绿:255，蓝:243）。

② 在“选项”卷展栏下勾选“不可见”选项，然后取消勾选“影响高光”和“影响反射”选项。

③ 在“采样”卷展栏下设置“细分”为16。

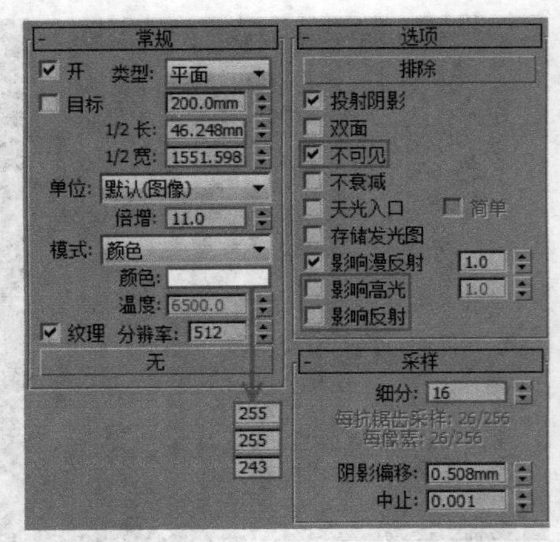

图13-45

03 选中修改后的“Vray灯光”，然后以“实例”的形式复制到其余灯槽中，位置如图13-46所示。

图13-46

04 按F9键对场景进行一次测试渲染，测试结果如图13-47所示。观察渲染后的效果，场景整体照亮，但缺乏高光部分，整个场景看起来很平，没有层次感。

图13-47

13.4.3 创建筒灯

01 在筒灯模型下创建一盏“自由灯光”，然后以“实例”的方式复制到其余筒灯模型下，灯光在场景中的位置如图13-48所示。

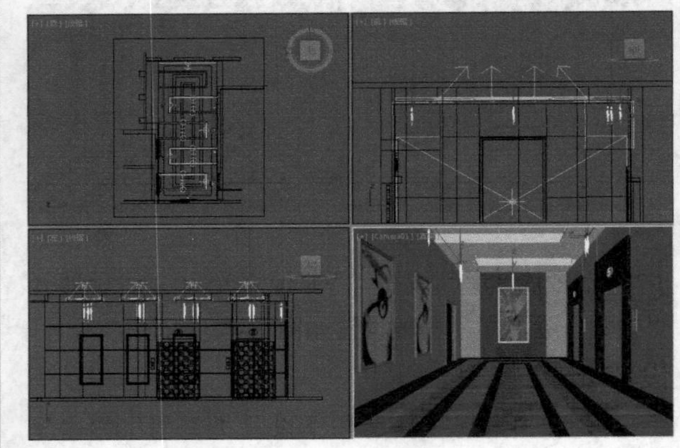

图13-48

02 选择一盏创建的“自由灯光” 然后展开“参数”卷展栏，其参数设置如图13-49所示。

设置步骤

① 勾选“阴影”下的“启用”选项，设置阴影类型为“V-R阴影”。

② 设置“灯光分布（类型）”为“光度学Web”，在通道中加载本书学习资源中的“实例文件>CH13>商业案例实训3——现代风格电梯厅>SD-116.IES”文件。

③ 设置“过滤颜色”为（红:255，绿:199，蓝:144），设置“强度”为60000。

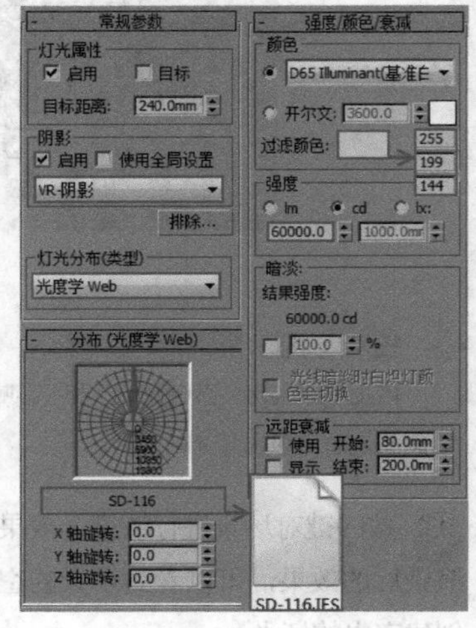

图13-49

03 按F9键对场景进行测试渲染，渲染结果如图13-50所示。可以观察到添加了筒灯后，场景中的灯光有了层次感。

图13-50

13.5 渲染输出

灯光布置完成后，接下来就是设置合理的渲染参数，以渲染出真实、细腻的效果图。

01 按F10键打开“渲染设置”对话框，然后在“公用”选项卡中设置“输出大小”的“宽度”为1500、“高度”为1125像素，如图13-51所示。

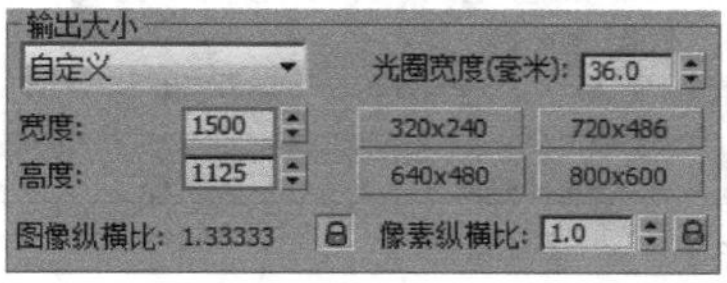

图13-51

02 切换到V-Ray选项卡，展开“渲染块图像采样器”卷展栏，然后设置“最小细分”为1，接着勾选“最大细分”选项并设置为4，再设置“噪波阈值”为0.005，最后设置“渲染块宽度”为32，如图13-52所示。

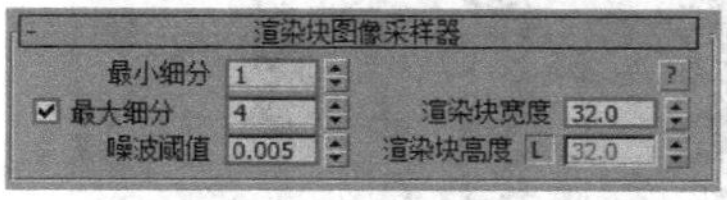

图13-52

03 展开“图像过滤器”卷展栏，然后设置“过滤器”为Mitchell-Netravali，如图13-53所示。

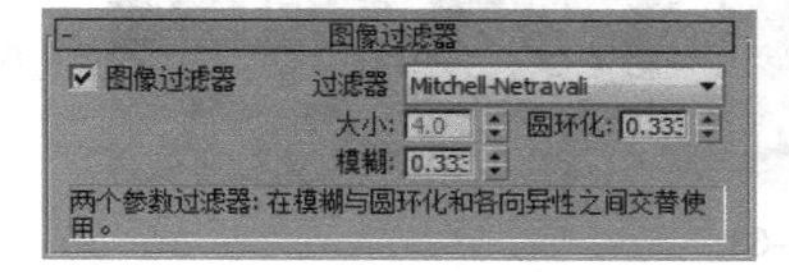

图13-53

04 展开“全局确定性蒙特卡洛”卷展栏，然后设置“最小采样”为16、“自适应数量”为0.8、“噪波阈值”为0.005，如图13-54所示。

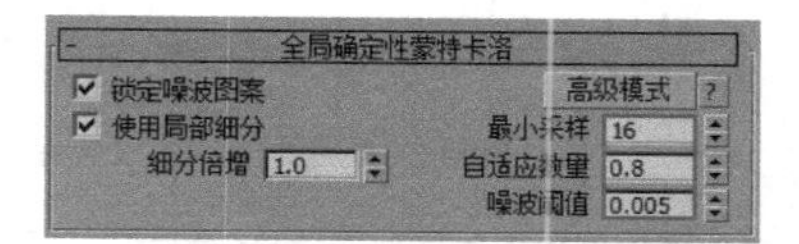

图13-54

05 切换到GI选项卡，然后展开“发光图”卷展栏，设置“当前预设”为“中”、“细分”为60、“插值采样”为30，如图13-55所示。

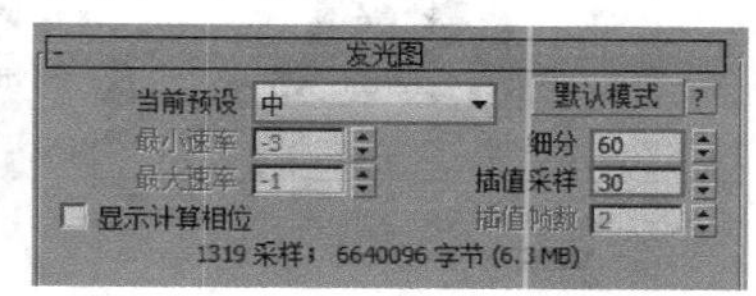

图13-55

06 在“灯光缓存”卷展栏中设置“细分”为1000，如图13-56所示。

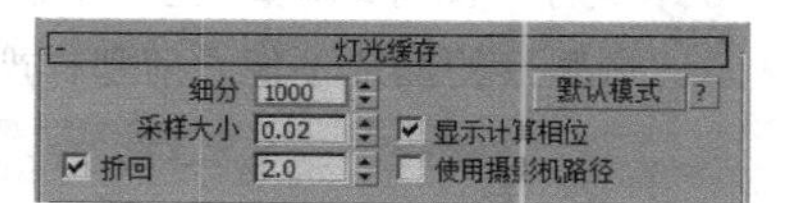

图13-56

07 其他参数保持默认设置即可，然后开始渲染出图，最后得到的成图效果如图13-57所示。

图13-57

13.6 Photoshop后期处理

从最终的渲染结果来看，整体效果还不错，那么在后期阶段就不用做过多的处理，简单调试一下即可。

01 使用Photoshop打开渲染完成的图像，然后使用“色阶”工具调整画面的亮度，如图13-58所示，调整后的效果如图13-59所示。

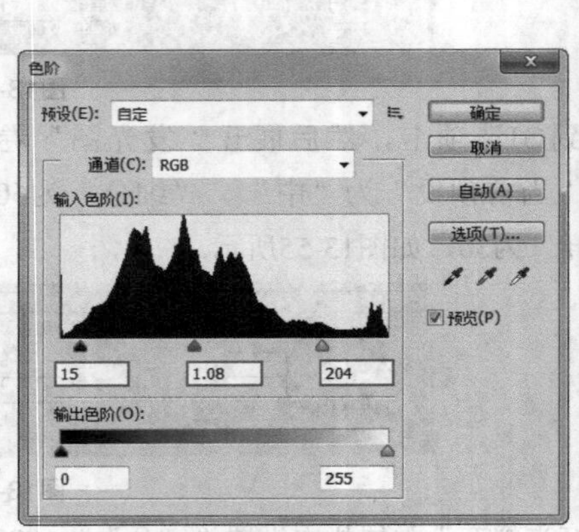

图13-58

图13-59

02 执行“图像>调整>色彩平衡”菜单命令，然后设置参数，如图13-60所示，调节后的效果如图13-61所示。调整后的图片不像之前那样严重偏暖，画面更加真实。

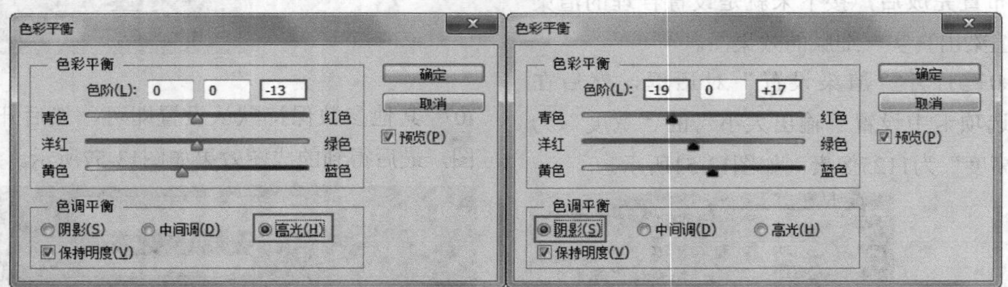

图13-60

图13-61

03 执行“图像>调整>自然饱和度”菜单命令，在弹出的“自然饱和度”对话框内设置“自然饱和度”为-10，如图13-62所示，调整后的效果如图13-63所示。

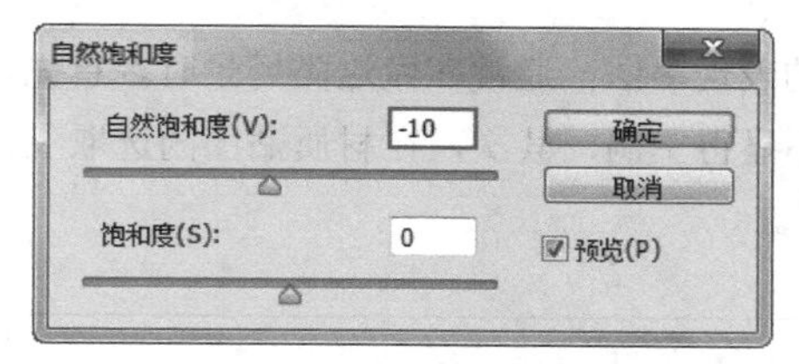

图13-62

图13-63

04 执行“图像>调整>照片滤镜”菜单命令，在弹出的对话框中设置“滤镜”为“冷却滤镜（82）”、“浓度”为25%，如图13-64所示，调整后的效果如图13-65所示。

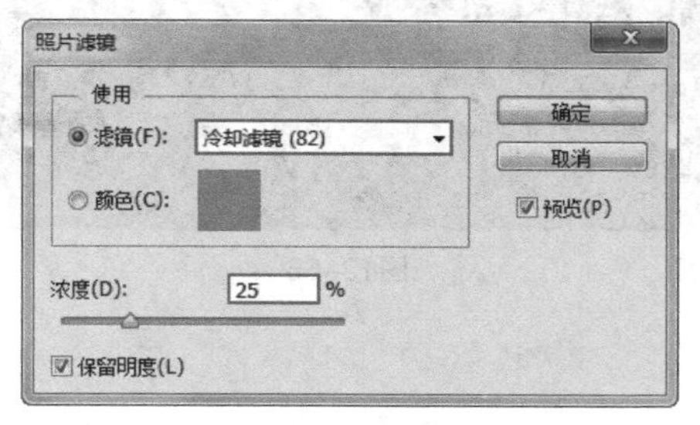

图13-64

图13-65

13.7 本章小结

本章讲解了一个电梯厅空间的表现手法，通常在做这类场景时，首先，要考虑如何在空旷、简单的场景环境中合理地表现光效，让场景不显得空洞，其次，在材质贴图的选取上，尽量使用强反射的材质贴图，以材质间的相互反射丰富画面的细节。

课后习题

简洁风格办公室

场景文件	场景文件>CH13>02.max
实例文件	实例文件> CH13>课后习题：简洁风格办公室.max
视频名称	课后习题：简洁风格办公室.mp4
难易指数	★★★★☆
学习目标	学习工装效果图夜景的表现手法

这是一个简洁风格的办公室，其设计风格比较简单，虽然空间不是很大，但看起来很有气势，烘托出了整个空间的气场。在用光方面，主要采用室内灯光，与室外的天光形成冷暖对比，让画面显得更有层次，如图13-66所示。

图13-66